Kryptogamenflora
für Anfänger

Eine Einführung
in das Studium der blütenlosen Gewächse
für Studierende und Liebhaber

Begründet von
Prof. Dr. Gustav Lindau †

Fortgesetzt von
Prof. Dr. R. Pilger

Erster Band
Die höheren Pilze

Springer-Verlag Berlin Heidelberg GmbH
1928

Die höheren Pilze

Basidiomycetes

Mit Ausschluß der Brand- und Rostpilze

Von

Prof. Dr. Gustav Lindau †

In dritter Auflage
völlig neu bearbeitet

von

Prof. Dr. Eberhard Ulbrich
Kustos am Botanischen Museum
der Universität Berlin

Mit 38 Abbildungen im Text, 607 Figuren
auf 14 Tafeln und einem Bild
von G. Lindau †

Springer-Verlag Berlin Heidelberg GmbH
1928

Alle Rechte, insbesondere das der Übersetzung
in fremde Sprachen, vorbehalten.

ISBN 978-3-642-88915-8   ISBN 978-3-642-90770-8 (eBook)
DOI 10.1007/978-3-642-90770-8

Softcover reprint of the hardcover 3rd edition 1928

Vorwort zur dritten Auflage.

Seit dem Erscheinen der 2. Auflage von G. Lindaus Bearbeitung der „Höheren Pilze" hat das System der Pilze, insbesondere der Basidiomyzeten grundlegende Veränderungen erfahren. Bei der Neubearbeitung mußten die Ergebnisse der neueren zytologischen, morphologischen und systematischen Untersuchungen berücksichtigt werden; als Richtschnur diente Gäumanns grundlegendes Werk „Vergleichende Morphologie der Pilze" (Jena 1926), doch mußte in der Stellung mancher Formenkreise abgewichen werden. Ein floristisches Werk über die Pilze Mitteleuropas, das die Ergebnisse der neuzeitlichen Pilzforschung berücksichtigt — Die Pilze Mitteleuropas, herausgeg. von der Deutschen Gesellschaft f. Pilzkunde usw., Leipzig: Verlag Dr. W. Klinkhardt —, hat soeben erst mit der Bearbeitung der Boletaceae von F. Kallenbach zu erscheinen begonnen. Zur Zeit liegen erst 6 Lieferungen vor, die besonders die Boletus-Arten der Luridus-Gruppe und einige seltene Arten behandeln. Es fehlt zur Zeit noch eine Darstellung des neuzeitlichen Systems der Basidiomyzeten Mitteleuropas. Die 2. Auflage der „Natürlichen Pflanzenfamilien" von A. Engler mit der Neubearbeitung der Basidiomyzeten ist noch nicht erschienen. Gäumanns treffliches Werk ist eine Morphologie und berücksichtigt nur einige Typen aller Gruppen, ohne auf die scharfe Umgrenzung der Formenkreise einzugehen. So mußte ich denn in dem vorliegenden Werke erstmalig den Versuch einer Darstellung der Pilze Mitteleuropas nach neuzeitlichen Gesichtspunkten wagen. Es war daher eine vollständige Neugestaltung des Systems gegenüber den Bearbeitungen Lindaus notwendig. Um das Auffinden der einzelnen Arten zu erleichtern, wurden, soweit dies notwendig erschien, den betreffenden Formen die wichtigsten Synonyme beigefügt und Hinweise auf erfolgte Umstellungen im Texte angebracht.

In dem Allgemeinen Teile wurden nur die von Lindau verfaßten Abschnitte I (Die mikroskopische Technik) unverändert, II—IV (Das Sammeln, Beobachten, Bestimmen, die Präparation für das Herbar) mit den erforderlichen Änderungen übernommen, die Abschnitte V—X dagegen vollständig neu hergestellt.

In dem Speziellen Teile habe ich die Basidiomyzeten mit mehrzelligen Basidien zur 1. Reihengruppe: Protobasidiomycetes zusammengefaßt, denen die Hauptmenge der Basidiomyzeten mit einzelligen Basidien (2. Reihengruppe: Autobasidiomycetes) gegenübersteht. Es schien mir nicht ratsam, in einer Anfängerflora in die von manchen Autoren vorgeschlagenen Heterobasidiales auch die Protobasidiomycetes und die ersten Familien der Autobasidiomycetes (Tulasnellales, Dacryomycetales) einzubeziehen, da ich fürchte, daß hierdurch dem Anfänger das Verständnis der mannigfachen morphologischen Verhältnisse der Basidien zu sehr erschwert wird. Nicht annehmbar erschien mir die von englischen und französischen Mykologen aufgestellte Gruppe der Aphyllophorales, welche fast alle nicht mit Blätterhymenium versehenen Verwandtschaftskreise umfaßt. Für die Umgrenzung der Familien mit geteilten oder gegliederten, aber ungeteilten Basidien (Reihe 1—6) ist der äußere und innere Bau der Basidien und der Fruchtkörper maßgebend. Von den Exobasidiales an wird die Ausbildung der Basidien viel einheitlicher. Die Stichobasidie mit Kernspindeln, deren Achse in der Längsachse der Basidie fällt, ist zweifellos als die primitivere anzusehen; sie findet sich nach den bisher vorliegenden Untersuchungen nur bei den Cantharellales und vielleicht auch bei den Tulostomataceae. Die letztgenannte Familie deshalb aus ihrer bisherigen Stellung bei den (Plectobasidiineae) Sclerodermatales herauszunehmen, wäre nicht gerechtfertigt, zumal zytologische Untersuchungen noch fehlen. Alle übrigen Basidiomyzeten besitzen, soweit die bisher vorliegenden Untersuchungen zeigen, Chiastobasidien mit quer zur Längsrichtung der Basidie stehenden Spindelachsen. Ob die Trennung der stichobasidialen Cantharellales und chiastobasidialen Polyporales wird aufrechterhalten werden können, müssen die künftigen zytologischen Untersuchungen zeigen. Wir stehen hier noch an den ersten Anfängen unserer Kenntnisse.

Die engere und schärfere Umgrenzung bringt es mit sich, daß die Zahl der in dem vorliegenden Buche behandelten Familien, einschließlich der inzwischen im Gebiete Mitteleuropas neu aufgefundenen, auf 41 (gegen 20 der Bearbeitung von Lindau) gestiegen ist. Die Zahl der aufgenommenen Gattungen beträgt 190 (gegen 125); diese Steigerung ist besonders darauf zurückzuführen, daß die zahlreichen Untergattungen der ehemaligen Gattung Agaricus nach dem Vorgange Rickens und der allermeisten neueren Autoren nunmehr den Rang von Gattungen erhalten haben. Es sind aber auch viele im Gebiet seither aufgefundene Gattungen aufgenommen worden. Die Zahl der Arten ist auf 1500 (gegen etwa 1100) gestiegen; zahlreiche Arten der früheren Bearbeitungen wurden gestrichen, weil sie doppelt enthalten oder nicht aufzuklären waren. Um ein leichtes Auffinden der Arten zu ermöglichen und Hinweise auf Umstellungen zu erleichtern, wurden alle Arten des ganzen Buches laufend durchnumeriert.

Sämtliche Bestimmungsschlüssel der Reihen, Familien, Unterfamilien und der allermeisten Gattungen wurden neu hergestellt. Zahlreiche Gattungen mußten gänzlich neu bearbeitet werden. Für die Thelephoraceae, Corticiaceae, Peniophoraceae u. a. diente Brinkmanns Arbeit über die Thelephoreen Westfalens als

Grundlage für die Arten und Gattungen (nicht der Familien). Rickens Vademecum, 2. Aufl. und Monographie der Agaricaceae, sowie Rea (British Basidiomycetae) gaben mir wertvolle Richtlinien für die Bearbeitung. Die Gattung Russula wurde nach Singer (1926) unter Berücksichtigung seither erschienener Arbeiten dargestellt. Es würde zu weit führen, auf alle sonstigen Änderungen einzugehen. Als Grundlage für die Darstellung der Gasteromycetes dienten die Arbeiten von Lohwag, Ed. Fischer u. a. Bei allen Arten wurden nach Möglichkeit die Sporengrößen angegeben.

Die kleinen Abbildungen, die ursprünglich im Texte verstreut und wegen der fehlenden Unterschriften schwer benutzbar waren, sind als besondere Tafeln an den Schluß des Bandes gestellt und mit Namen und Größenangaben versehen worden. Da eine Neuherstellung der Zeichnungen oder Änderung vieler, weniger gut gelungener Bilder nicht möglich war, ohne den Preis des Bandes zu stark zu erhöhen, sind die Tafeln unverändert geblieben und dafür eine größere Anzahl von Zeichnungen in den Text aufgenommen worden. Diese Abbildungen wurden teils nach der Natur, teils nach Boudier, Buller, Gäumann, Gvynne-Vaughan, Ramsbottom u. a. von Herrn J. Pohl gezeichnet.

Dem Herrn Verleger danke ich für das bereitwillige Eingehen auf meine Wünsche bezüglich der Aufnahme der neuen Textabbildungen und Verbesserungen in der Druckanordnung und der dringend notwendigen Ergänzungen, Berichtigungen und Verbesserungen im Texte.

Möge das Buch in seiner neuen Form dem angehenden Pilzforscher und allen Pilzfreunden, die nicht nur über den Speisewert der Pilze unterrichtet sein wollen, ein Helfer und Berater sein.

Berlin-Dahlem, im Mai 1928.

E. Ulbrich.

Vorwort zur ersten Auflage.

Für den Anfänger, der sich mit den blütenlosen Pflanzen beschäftigen will, macht sich seit langen Jahren das Fehlen eines billigen, praktischen und auf dem neuesten Standpunkt stehenden Werkes fühlbar, das in erster Linie dem Selbststudium dienen kann, aber zugleich auch dem Fortgeschritteneren noch etwas zu bieten vermag. Die kleinen Bücher von Kummer und Wünsche, aus denen die ältere Generation hauptsächlich ihre Belehrung schöpfen konnte, sind vollständig veraltet, ohne daß dafür ein vollwertiger Ersatz in Deutschland geschaffen worden wäre. In diese Lücke, die gerade jetzt, wo die Kryptogamenkunde in unaufhaltsamem Fortschritte begriffen ist, sehr fühlbar zutage tritt, soll die „Kryptogamenflora für Anfänger" einspringen.

Vorwort zur ersten Auflage.

Als Ziel dieser Bändchenserie, welche die gesamten blütenlosen Gewächse behandeln soll, schwebt mir ganz besonders die Rücksicht auf den Anfänger vor. Es gilt hier, wertvolles Terrain zu erobern und der Botanik neue Jünger und Liebhaber zuzuführen, die bisher durch den Mangel an brauchbarer Literatur abgeschreckt wurden, sich mit der niederen Pflanzenwelt zu beschäftigen. Vor allem sollen die Schüler und Lehrer für das reizvolle Studium der Kryptogamen wieder mehr interessiert werden, aber das Werk wendet sich nicht minder an Pharmazeuten, Mediziner, Landwirte, Forstleute, Gärtner, kurz an alle diejenigen, welche von Beruf aus gezwungen sind, sich mit diesen Gewächsen zu befassen. Nicht zu vergessen die große Zahl der Liebhaber, denen der Zugang zu den Kryptogamen verschlossen war, weil ihnen die Anregung und die Anleitung fehlte, um sich einzuarbeiten. Für alle diese soll das Werk ein Führer sein, den sie getrost verwerfen mögen, wenn ihre Kenntnisse über ihn hinausgewachsen sind.

Das zweite Ziel, das ich zu verwirklichen suchte, betrifft die strenge Wissenschaftlichkeit der Anlage und Ausführung. Bei allem Entgegenkommen gegen den Anfänger, das sich im Vermeiden unnötiger Kunstausdrücke und in der Beschränkung auf das kritisch geprüfte Material erstrecken mußte, durfte keinesfalls der neueste Standpunkt der Kryptogamenkunde außer acht gelassen werden. Die neueren Einteilungsprinzipien mußten als Grundlage dienen, selbst auf die Gefahr hin, daß das Werk zu gelehrt erscheinen könnte. Wie weit es mir gelungen ist, dem Bedürfnis des Anfängers Rechnung zu tragen, wird der Gebrauch des Buches bald ergeben. Jedenfalls würde ich für jeden Hinweis dankbar sein, der praktische Gesichtspunkte enthält, die noch nicht zur Anwendung gekommen sind.

Da das ganze Werk darauf zugeschnitten ist, erst die Arten kennen zu lernen, ehe das eigentliche mikroskopische Studium einzusetzen hat, so mußte auf die Ausarbeitung der Bestimmungsschlüssel die meiste Sorgfalt verwendet werden. Hierbei mußte ich mich auf die Literatur stützen, von der nicht bloß die großen Werke, sondern auch viele Spezialbehandlungen herangezogen wurden. Originaldiagnosen sind deshalb vermieden, eigene Beobachtungen werden nur herangezogen werden, wenn sie dem Hauptzweck sich unterordnen. Bei den Bestimmungstabellen gab es nur die Wahl zwischen der Schlüsselform und der dichotomischen Anordnung. Letztere läßt sich aber nicht anwenden, wenn auch die Diagnosen gleichzeitig hinein verflochten werden sollen. Mag auch die Schlüsselform etwas unübersichtlich sein, ich glaube es doch erreicht zu haben, daß die verwandten Arten möglichst nahe zusammenstehen, so daß auch die natürliche Einteilung einer Gattung, soweit davon heute überhaupt die Rede sein kann, zur Geltung zu kommen vermag.

Ich unterbreite der Kritik zuerst das Bändchen über Basidiomyzeten, ein zweites wird die übrigen Pilze behandeln. Es sollen dann die Flechten, Algen, Moose und Gefäßkryptogamen folgen, so daß in etwa 3—4 Jahren die Serie vollendet vorliegen soll.

Das Gebiet der Flora umfaßt etwa Mitteleuropa, so daß von der Nordküste Deutschlands bis zu den Alpen die häufigsten Arten wohl alle, die seltenen zum größten Teil darin zu finden sind.

So möge denn die Anfängerflora den Bedürfnissen und Anforderungen des Interessenten entgegenkommen und sich Freunde in allen Kreisen erwerben, welche der reizvollen Beschäftigung mit den niederen Gewächsen Verständnis und Liebe entgegenbringen. Den schönsten Lohn aber würde ich darin finden, wenn der Kryptogamenkunde dadurch neue Schüler und Anhänger zugeführt würden.

Für die vortreffliche Ausstattung möchte ich auch an dieser Stelle der Verlagsbuchhandlung, die mit Bereitwilligkeit auch auf meine übrigen Wünsche eingegangen ist, meinen ganz besonderen Dank aussprechen, denn das Schicksal eines Buches hängt nicht bloß von seinem Inhalt, sondern auch von seinem äußeren Gewande ab.

Groß-Lichterfelde, im Mai 1911.

G. Lindau.

Vorwort zur zweiten Auflage.

Die erste Auflage der Flora ist von den Sammlern und Freunden der höheren Pilzwelt freundlich aufgenommen worden, so daß schon nach verhältnismäßig kurzer Zeit sich eine neue Auflage nötig machte.

Geändert im Text habe ich fast nichts, nur die langen Schlüssel habe ich durch das Einsetzen der Untergattungen und Wiederholen der Zahlen so erleichtert, daß meiner Ansicht nach die Benutzung der Tabellen dadurch vereinfacht wird. Wesentliche Veränderungen in der Benennung der Arten haben sich nicht ergeben. Nur bei den ersten Familien (den Corticiazeen und Thelephorazeen) hätte ich gern tiefer eingegriffen, wenn die Arbeit von Brinkmann über die westfälischen Thelephorazeen früher erschienen wäre. Ich bekam sie erst, als die Bogen bereits das Imprimatur überschritten hatten. Die dadurch verbleibende Lücke will ich später ausfüllen.

Wie in den späteren Bänden, so habe ich auch hier im Gattungsverzeichnis die gebräuchlichsten Synonyme gegeben und glaube, dadurch die Benutzung noch erleichtert zu haben.

Möge dem Buche beschieden sein, auch in der neuen Auflage die Kenntnis der höheren Pilze zu verbreiten und dem Sammler und Anfänger in allen Fragen beizustehen.

Der Verlagsbuchhandlung gebührt für ihre Arbeit und Mühe mein ergebenster Dank.

Berlin-Lichterfelde, im Mai 1917.

G. Lindau.

Inhaltsverzeichnis.

A. Allgemeiner Teil.

Seite
- I. Die mikroskopische Technik 1
- II. Das Sammeln 2
- III. Das Beobachten und Bestimmen 7
- IV. Die Präparation für das Herbar 8
- V. Das wissenschaftliche System der Pilze 16
  - Bestimmungsschlüssel der Familien der Basidiomyzeten. 18
- VI. Biologie und Entwicklungsgeschichte der Basidiomyzeten. 26
  - Ausbildungsformen der Basidien 32
  - Verbreitungsmittel der Basidiomyzeten 34
- VII. Die Mykorrhiza der Basidiomyzeten 39
- VIII. Bildungsabweichungen der Basidiomyzeten 42
- IX. Erklärung der Fachausdrücke 45
  - Morphologische Bezeichnungen 45
  - Systematische Bezeichnungen 47
  - Wichtigste Literatur 49

B. Spezieller Teil.

- Unterklasse: **Eubasidii** 54
- 1. Reihengruppe: Protobasidiomycetes 54
  - 1. Reihe (Ordnung): **Auriculariales** 54
    - 1. Familie: Auriculariaceae 54
    - 2. Familie: Pilacraceae (Phleogenaceae, Ecchynaceae) . 57
  - 2. Reihe (Ordnung): **Tremellales** 58
    - 3. Familie: Tremellaceae 58
- 2. Reihengruppe: Autobasidiomycetes 65
  - 3. Reihe (Ordnung): **Tulasnellales** 65
    - 4. Familie: Tulasnellaceae 65
    - 5. Familie: Vuilleminiaceae 67
  - 4. Reihe (Ordnung): **Dacryomycetales** 68
    - 6. Familie: Dacryomycetaceae (Caloceraceae) 68
  - 5. Reihe (Ordnung): **Exobasidiales** 72
    - 7. Familie: Exobasidiaceae 72
  - 6. Reihe (Ordnung): **Cantharellales** 73
    - 8. Familie: Peniophoraceae 75
    - 9. Familie: Thelephoraceae 79
    - 10. Familie: Stichoclavariaceae 82

Inhaltsverzeichnis. XI

Seite

11. Familie: Cantharellaceae (Leistlinge) 84
   1. Unterfamilie: Craterelloideae 84
   2. Unterfamilie: Cantharelloideae 86
12. Familie: Hydnaceae (Stachelpilze) 89
7. Reihe (Ordnung): **Polyporales** 100
13. Familie: Hypochnaceae 101
14. Familie: Corticiaceae 105
   1. Unterfamilie: Corticioideae 106
   2. Unterfamilie: Cystocorticioideae. 112
   3. Unterfamilie: Stereoideae 115
15. Familie: Coniophoraceae 120
16. Familie: Cyphellaceae 122
17. Familie: Clavariaceae 130
18. Familie: Dictyolaceae 141
19. Familie: Radulaceae 142
20. Familie: Meruliaceae 145
21. Familie: Fistulinaceae 149
22. Familie: Polyporaceae (Löcherpilze) 149
23. Familie: Boletaceae (Röhrenpilze) 183
8. Reihe (Ordnung): **Agaricales**. 196
24. Familie: Paxillaceae (Kremplinge) 197
25. Familie: Hygrophoraceae (Saftlinge) 199
26. Familie: Schizophyllaceae (Spaltblättlinge) 208
27. Familie: Agaricaceae (Echte, eigentliche Blätterpilze) 209
   1. Unterfamilie: Marasmioideae 212
      § 1. Lentineae 212
      § 2. Marasmieae 215
   2. Unterfamilie: Clitocybeoideae 220
      § 3. Clitocybeae 221
      § 4. Entolomeae 233
      § 5. Leptonieae 236
      § 6. Clitopileae 242
   3. Unterfamilie: Cortinarioideae 242
      § 7. Inocybeae 244
      § 8. Cortinarieae 251
      § 9. Dermineae 269
   4. Unterfamilie: Psalliotoideae 286
      § 10. Coprinarieae 287
      § 11. Psilocybeae 292
      § 12. Hypholomeae 296
      § 13. Psalliotoideae 299
   5. Unterfamilie: Tricholomoideae 308
      § 14. Pluteeae 309
      § 15. Myceneae 310
      § 16. Tricholomeae 327

Inhaltsverzeichnis.

	Seite
6. Unterfamilie: Amanitoideae	352
§ 17. Volvarieae	352
§ 18. Lepioteae	354
§ 19. Amaniteae	362
28. Familie: Lactariaceae	370
29. Familie: Coprinaceae	401
9. Ordnung: **Gasteromycetes**	407
1. Unterordnung: **Sclerodermatales** (Plectobasidiineae)	409
30. Familie: Sclerodermataceae	411
31. Familie: Pisolithaceae	413
32. Familie: Calostomataceae	414
33. Familie: Sphaerobolaceae	415
34. Familie: Tulostomataceae	415
2. Unterordnung: **Nidulariales** (Nidulariineae)	416
35. Familie: Nidulariaceae	416
3. Unterordnung: **Eugasteromycetales**	418
1. Familiengruppe: Lycoperdineae	418
36. Familie: Lycoperdaceae (Stäublinge)	418
1. Unterfamilie: Lycoperdoideae	419
2. Unterfamilie: Geasteroideae	423
2. Familiengruppe: Phallinales (Phallineae)	427
37. Familie: Secotiaceae	428
38. Familie: Hymenogastraceae (Einschließl. Hydnangiaceae)	428
39. Familie: Hysterangiaceae	431
40. Familie: Clathraceae	433
41. Familie: Phallaceae	435
Sachverzeichnis	437

Tafeln und Figurenerklärungen (Tafel I—XIV) als Anhang.

A. Allgemeiner Teil.
I. Die mikroskopische Technik[1].

Bei der Bestimmung der höheren Pflanzen wird man fast stets mit der makroskopischen Betrachtung und der Musterung durch die Lupe zum Ziele kommen. Je tiefer man aber auf der Stufenreihe des Gewächsreiches hinabsteigt, um so kleiner werden die Formen und um so kleiner vor allem die Organe, welche für die sichere Unterscheidung und Definierung herangezogen werden müssen. Nur in Ausnahmefällen wird man mit der Lupe allein auskommen, Sicherheit in der Beobachtung gewährt nur das Mikroskop.

Für den Anfänger, namentlich wenn er nicht gelehrten Berufen angehört, sondern aus Liebhaberei sich dem Studium irgendeiner Gruppe der niederen Gewächse widmen will, bildet die Aussicht, mit dem Mikroskop arbeiten zu müssen, ein gewisses Abschreckungsmittel teils des Anschaffungspreises wegen, teils wegen der Unkenntnis mit der mikroskopischen Technik. Und doch brauchte beides nicht als Hinderungsgrund zu gelten, denn die Schwierigkeiten, die früher einmal vorhanden waren, sind heutzutage fast ganz beseitigt.

Die Preise der Mikroskope können nicht mehr für unerschwinglich gelten, denn für 150—200 M. erhält man schon ein völlig ausreichendes Instrument, das man später jederzeit noch mit stärkeren Linsen ausstatten kann. Selbst von kleineren Firmen werden jetzt gute Mikroskope für systematische Zwecke geliefert. Da es hier nicht die Absicht sein kann, Empfehlungen für bestimmte Firmen oder Systeme auszusprechen, so möchte ich nur betonen, daß der Anfänger sich bei der Beschaffung eines Mikroskops stets an jemanden wenden möge, der Erfahrung besitzt. Dem Anfänger wird gern jeder mit seinem Rate zur Verfügung stehen.

Schwieriger ist die Erlernung der mikroskopischen Technik, aber guter Wille und die Übung hilft über alles hinweg. Man muß mit dem Mikroskope nicht bloß sehen lernen, sondern man muß in erster Linie die Objekte so vorzubereiten verstehen, daß man überhaupt etwas sehen kann. Das mikroskopische Sehen ist Sache der Übung. Während man bei sonstigen Beobachtungen meist mehrere Sinne, vor allem den Tastsinn, noch zur Verfügung hat, muß beim Mikroskopieren der Gesichtssinn allein in die Schranken treten. Wenn deshalb im Anfange viel Verwechselungen und Irrtümer vorkommen, so darf man sich nicht abschrecken lassen; schließlich überwindet die Kritik des Auges und vor allem der Versuch, das Beobachtete auf das Papier

---

[1] Abschn. I von G. Lindau (unverändert), Abschn. II—IV von G. Lindau und E. Ulbrich, Abschn. V—X von E. Ulbrich.

zu übertragen, alle vorhandenen Schwierigkeiten. Man beobachte deshalb vom ersten Tage an nicht bloß, sondern zeichne die gesehenen Gegenstände nach, indem man mit den einfachsten Objekten beginnt. Ein Zeichenapparat ist dazu nicht erforderlich, erst wenn man Zeichnungen mit genauer Kontrolle der Vergrößerung anfertigen will, muß man sich einen solchen anschaffen. Dann wird man aber längst über das Anfängerstadium hinaus sein. Wenn man einige Stunden unter Leitung eines geübten Mikroskopikers arbeiten kann, so werden sich die ersten Schwierigkeiten in der Handhabung des Instrumentes und im Sehenlernen bald überwinden lassen.

Nicht so einfach erscheint das Präparieren. In vielen Fällen wird es ja genügen, die Objekte mit den Präpariernadeln auf dem Objektträger in Wasser zu zerteilen und auszubreiten, oft aber hindert die Natur des Gegenstandes daran. In solchen Fällen müssen Schnitte gemacht werden, die entweder quer oder längs das Objekt in feine Scheibchen zerlegen. Man bedarf dazu eines guten und scharfen Rasiermessers, das stets scharf gehalten werden muß. Die richtige Handhabung läßt sich am besten zeigen, man wird dann bald allein die nötige Übung gewinnen.

Für das Studium der Pilze kommen in erster Linie Querschnitte in Betracht, die durch den Fruchtkörper und unter Umständen auch durch das Substrat geführt werden müssen. Wie man ein Objekt zu behandeln hat, läßt sich allgemein nicht sagen, da fast jedes einzelne individuell anzugreifen ist. Bei den Basidiomyzeten (abgesehen von den parasitischen Brand- und Rostpilzen) macht man stets Querschnitte, welche das Hymenium treffen. Dadurch erhält man die Basidien, Zystiden und Sporen, die für die Beurteilung der Art oder Gattung häufig allein maßgebend sind. Der Schnitt muß das Hymenium stets senkrecht treffen. Bei den Lamellen erfordern Querschnitte große Übung, hier kommt man in den meisten Fällen dadurch zum Ziel, daß man einen möglichst feinen Flächenschnitt über die Lamelle führt und den Schnitt dann unter dem Deckglase etwas drückt. Meist finden sich dann am Rande des Schnittes Stellen, welche wie Querschnitte aussehen und alle Einzelheiten zeigen. Im allgemeinen wird man mit etwa 400facher Vergrößerung auskommen.

Das Färben der Objekte und die Anfertigung der Präparate läßt sich aus jeder Anleitung zum Mikroskopieren leicht ersehen. Das Messen gehört zu den wichtigsten Arbeiten, und man versäume daher nicht, beim Ankauf eines Mikroskops auch ein Okularmikrometer anzuschaffen. Die einfache Handhabung läßt sich leicht erlernen.

II. Das Sammeln.

Der Anfänger sollte seine Studienobjekte stets im frischen Zustande untersuchen, erst wenn er größere Erfahrung erlangt hat, braucht er vor getrockneten Herbarexemplaren nicht zurückzuschrecken. Im allgemeinen wird er also darauf angewiesen sein, sich die Exemplare selbst einzusammeln. Im Anfang gibt es natürlich viele Schwierigkeiten zu überwinden, denn nicht an allen Orten und zu allen Zeiten kann man Basidiomyzeten finden; zudem sehen viele Hutpilze von oben gleich aus und zeigen erst auf der Unterseite die charakteristischen Merkmale. Es erscheint deshalb nicht überflüssig, eine kurze Anleitung für das Sammeln zu geben.

Man versehe sich, um höhere Pilze zu sammeln, mit einem geeigneten Behälter, „Pilzkoffer", festem Karton oder dergleichen. Der Behälter muß so fest sein, daß die Pilze nicht gedrückt werden. Kleinere und besonders zerbrechliche Pilze bringt man in kleinen Schachteln (Streichholzschachteln), Kartons oder Blechbüchsen unter (Zigarettenschachteln u. dgl.). Glaszylinder beschweren das Gepäck unterwegs sehr. Als Packmaterial verwende man Papier (unbedrucktes Zeitungspapier, Seidenpapier, Kreppapier) nur für nicht klebrige Pilze; für diese nimmt man am besten trockenes, erdefreies Moos. Größere fleischige Pilze, die man nach der unten zu besprechenden Methode für das Herbar präparieren will, müssen besonders sorgfältig vor Beschädigung geschützt werden. Noch jugendliche Amaniteae bringe man senkrecht im Sammelbehälter unter, da sie sich sonst schon während eines mehrstündigen Transportes infolge geotropischer Wachstumskrümmungen verbiegen. Man beachte, daß die zur Bestimmung wichtigen Teile (Knolle, Manschette, Ring, Hutrand) unbeschädigt bleiben. Zum Einsammeln von harten Baumschwämmen ist ein starkes Messer oder eine Säge erforderlich. Sehr gute Dienste leistet ein starker Pflanzenstecher mit scharfer Schneide (vgl. Abb. 1). Spezielle Zwecke, etwa Ausgraben von Myzelien oder Hypogäen, erfordern natürlich besondere Instrumente, die der Anfänger nicht notwendig hat.

Jedes Exemplar wird einzeln oder zu mehreren verpackt. Zu jedem Exemplar legt man einen Zettel mit Nummer und Datum. Unter der gleichen Nummer macht man genaue Aufzeichnungen in ein „Sammelbuch" (Oktavheft), das man stets mit sich führen muß. Diese Aufzeichnungen müssen möglichst genaue Angaben enthalten über Fundort, Standort, Datum, Farbe, Geruch, Geschmack, Klebrigkeit, Milchsaft, Ausscheidung von Tropfen usw. Bei Pilzen, die auf anderen Pflanzen, Bäumen, Holz usw. gewachsen waren, stelle man die Namen dieser Pflanzen fest. Kennt man sie nicht, sammle man auch von ihnen zur Bestimmung ausreichende Proben. Die Numerierung erfolgt fortlaufend, nicht für jede Sammelreise oder jedes Jahr neu beginnend. Die Nummer im Sammelbuch wird zugleich Nummer im Herbar oder der sonstigen Sammlung. Die einzelnen Paketchen bringt man im Sammelbehälter unter. Man kann die Paketchen ziemlich fest aneinander legen, ohne befürchten zu müssen, daß die Hüte zerbrechen, doch empfiehlt es sich, feste Holzpilze

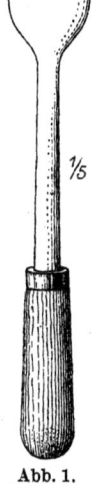

Abb. 1. Pflanzenstecher.

(Polyporeen) von den weicheren Arten getrennt zu verpacken. Diese härteren Pilze kann man in Leinenbeuteln (Pilzbeuteln) oder Netzen unterbringen. Damit man beim Sammeln und Schreiben nicht zu behindert ist, benutzt man eine Sammeltasche, die einen kleinen Vorrat von allem Nötigen enthält und bringt alles übrige im Rucksack unter. Sobald die Sammeltasche gefüllt ist, verpackt man ihren Inhalt im Rucksack, in den man größere Sammelbehälter unterbringt. Den zum Schreiben nötigen Bleistift (nicht Tintenstift!) trägt man zusammen mit der Lupe an einer Schnur, die man sich umhängt. Zu Haus bearbeitet man dann die Exemplare weiter für die Sammlung. Darüber im folgenden Abschnitt.

Wo soll man sammeln und wann? Diese beiden Fragen lassen sich allgemein nicht beantworten. Die meisten Arten lieben feuchte Luft und Nachttemperaturen nicht unter 8—10° C. Man findet deshalb die meisten Basidiomyzeten der Zahl und Art nach im Spätsommer und Herbst, also im September und Oktober[1]. Doch treten viele auch in Regenperioden vom Juni bis August auf. Eigentliche Winterpilze gibt es nur wenige, manche allerdings mit holzigem Fruchtkörper halten das ganze Jahr über oder mehrere Jahre aus. Der Anfänger tut gut, sich über das Erscheinen der einzelnen Arten Auszüge aus dem Text zu machen. Sie vermögen ihm manchen Hinweis auf die Bestimmung zu geben.

Mit wenigen Ausnahmen (Exobasidiazeen, Nyctalis, Baumschwämme) sind die Basidiomyzeten saprophytische Pilze, welche also auf totem Pflanzengewebe oder auf der Erde wohnen. In den Familien (9—12, 17, 18, 23—32, 34—41) finden sich besonders zahlreiche Erdbewohner, während die übrigen hauptsächlich holzbewohnende Arten umfassen. Dazwischen finden sich viele Formen, deren Myzel im Laube, Moose oder auf toten Ästen nistet; bisweilen ist der Wohnort nicht deutlich erkennbar, sondern der Fruchtkörper kommt aus der bloßen Erde hervor. Solche Formen sitzen häufig auf unterirdischen Ästen, an Wurzeln, Zapfen usw. Beim Einsammeln achte man auf diese Verhältnisse genauer. Die waldbewohnenden Formen zeigen sich meist auf Laub- oder Nadelwald beschränkt, manche allerdings machen keinen Unterschied und kommen in allen Waldarten vor. Manche Arten sind stets an das Vorkommen bestimmter Gehölze gebunden, z. B. Boletus luteus an Kiefern, B. elegans u. a. an Lärchen, B. scaber an Birken und Hainbuchen (Carpinus). Sie bilden mit den Wurzeln dieser Baumarten eine Lebensgemeinschaft („Mykorrhiza"). Man kann daher unter bestimmten Gehölzen mit einiger Sicherheit die entsprechenden Pilzarten antreffen. Kiefernwälder liefern eine reiche Ausbeute an Thelephorazeen,

---

[1] Im systematischen Teile sind Januar bis März mit W. (Winter), April bis Juni mit F. (Frühling), und entsprechend die weiteren Monate mit S. und H. bezeichnet, soweit nicht die Monate durch die Zahlen I—XII genauer angegeben sind. Die meisten Arten der Agaricazeen, welche mit S. H. bezeichnet sind, beschränken sich auf September und Oktober.

Das Sammeln.

Hydnazeen, erdbewohnenden Polyporazeen, Boletazeen und Agaricazeen. Laubwälder sind neben diesen meist reicher an Clavariazeen, Cantharellazeen (besonders Craterellus). Die holzbewohnenden Arten der Hypochnazeen, Corticiazeen, Hydnazeen u. a. finden sich meist an Ästen, welche auf dem Boden zwischen Laub liegen, manche aber bewohnen auch aufrechte Stämme oder noch hängende Äste oder überziehen Baumstümpfe. Stümpfe und Stämme bevorzugen die Polyporazeen, die oft riesige Konsolen hoch oben am lebenden Baum bilden. Die Holzbewohner unter den Agaricazeen sitzen an Stümpfen und am Grunde von Stämmen, soweit sie nicht Zweige bevorzugen, die im Laube verborgen liegen. Im Walde beachte man besonders die aufgeschichteten Holzklafter; hier wird man nur selten Stereum und andere Corticiazeen vergeblich suchen. Auch Tremellazeen und Dacryomycetazeen finden sich an solchen Holzstapeln, häufig aber auch an alten Zäunen aus Nadelholz. Namentlich nach Regenwetter wird man dort stets erfolgreich nach derartigen Formen suchen können.

In den Wäldern selbst achte man besonders auf Standorte, die sich durch irgendeine Besonderheit auszeichnen, also Lichtungen, Sumpfstellen, Hügel, Gebüsche, eingesprengte Laubholzpartien im Nadelwald und umgekehrt; immer wird man einige Arten finden, die von denen der normalen Umgebung verschieden sind.

Die offenen Gelände sind besonders reich an Agaricazeen, Boletazeen, Sclerodermatazeen, Gasteromyzeten, doch finden sich auch Hydnazeen, Clavariazeen u. a. Am ergiebigsten sind die Sandheiden, die licht bewachsenen Kiefernheiden, Wiesen, Dämme, Wegränder usw. Hier wird man im Herbst bei feuchtwarmem Wetter viele Arten antreffen. Besondere Aufmerksamkeit erfordern diejenigen Böden, welche gedüngt werden, und die Dungplätze selbst. Es kommen hier nicht bloß Wiesen, Felder, Gärten in Betracht, sondern auch Parks, Mistbeete, Komposthaufen, Gewächshäuser, Pflanzenkübel u. a. Überall wird man eine reiche Ausbeute finden, wenn man gerade die günstige Zeit trifft.

Vor allen Dingen lasse sich der Anfänger nicht entmutigen, wenn er an einer ihm günstig erscheinenden Stelle nicht gleich reiche Ausbeute macht oder das Vermutete nicht sofort findet. Man besuche solche Orte häufiger, und die Geduld wird schließlich doch belohnt werden. Es ist nämlich eine eigenartige Erscheinung, daß viele höhere Pilze nicht in jedem Jahre an dem beobachteten Standort auftreten, sondern sich nur mit Unterbrechungen, oft von vielen Jahren, zeigen. Ob in solchen Fällen das Myzel des Pilzes im Boden abgestorben ist oder erst wieder Kraft zur Fruchtkörperbildung schöpfen muß, darüber kann man nur Vermutungen aufstellen. In vielen Fällen wird ja ein Neuanfliegen der Sporen und daraus die Neubildung eines Myzels notwendig sein, oft ist wohl aber, wie z. B. bei den Phallazeen, eine wirkliche Ruhepause erforderlich.

Indessen liegt wohl ein Hauptgrund für das unregelmäßige Erscheinen der Fruchtkörper auch in der nicht in jedem Jahre gleichbleibenden Verteilung von Feuchtigkeit und Wärme. In Westfalen, Ostpreußen, Schlesien und in den Distrikten der Mittelgebirge findet gewöhnlich eine etwa gleiche Verteilung der Regenmengen (oder Nebel) auf die Monate August bis Oktober statt, aber in der Region der norddeutschen Kiefernwälder bleiben die Niederschläge häufig im September mehr oder weniger aus. Während daher in jenen Gegenden die Individuenzahl der Hutpilze weniger schwankt, findet man im Kiefernwalde häufig die ganze Vegetation auf wenige Tage beschränkt. Dann freilich erscheint der Boden wie bedeckt mit den vergänglichen Gebilden der Pilzwelt, aber wenige Tage Trockenheit oder ein Nachtfrost vernichten viele Hüte. Der Sammler muß daher im Spätsommer und Herbst immer gerüstet sein, um sofort Exkursionen zu machen, wenn feuchtwarmes Wetter geherrscht hat. Ein Herabgehen der Nachttemperatur unter 8° C läßt schon viele Hüte nicht mehr zur Entwicklung kommen, ein starker Nachtfrost gegen Ende September zerstört gewöhnlich schon alle Hoffnungen auf den Oktober. An lichteren Standorten setzt die Pilzvegetation oft schon im Frühling ein, ruht während der Sommermonate und bringt von der zweiten Hälfte des August an bis zum Eintreten der ersten Nachtfröste die Hauptmasse an Arten und Individuen. Besonders artenreich pflegen feuchtwarme Jahre zu sein, ärmer feuchtkalte, am ärmsten trockene Sommer und Herbste. Der Juli bis Anfang September bringt die Hauptmasse der Boletazeen, bis in den Winter hinein finden sich viele Agaricazeen, besonders Collybia, Clitocybe, Tricholoma- und Marasmius-Arten, Hygrophorazeen, Lactariazeen, Plectobasidiales und Gasteromyzeten. Manche Arten treten erst nach den ersten Frösten im Herbst auf, einige finden sich den ganzen Winter hindurch. Bei schneefreiem Wetter lohnen daher auch Exkursionen in den Wintermonaten, in denen besonders die holzbewohnenden Cantharellales und Polyporales mit ausdauernden Fruchtkörpern studiert werden können. In Nadelwäldern, die von Kahlfraß durch die Raupen der Forleule, Nonne, Kiefernblatthornwespe oder anderen Waldverwüstern betroffen sind, pflegt infolge der starken Vergrasung und Verkrautung des stärker belichteten Waldbodens der Reichtum an Basidiomyzeten bis zur Wiederkehr normaler Belichtungsverhältnisse zurückzugehen.

Die Individuenzahl ist aber nicht bloß von der Gunst der Witterung abhängig. Während viele Blätterpilze stets in großen Trupps erscheinen und oft Hunderte von Hüten auf begrenzter Fläche wahrscheinlich aus einem Myzel entwickeln, erscheinen andere wieder, z. B. Cortinarien, nur in einzelnen Exemplaren und häufig weit entfernt voneinander. Man hat mehr Aussicht, die Hüte der ersteren Arten regelmäßig zur bestimmten Jahreszeit zu finden, da ihr Myzel im Boden perenniert. Vielfach beobachtet man auch bei ihnen die Bildung von Hexenringen. Hier beginnt das Myzel sich von einem Punkte aus zentrifugal zu entwickeln und bringt in jedem Jahre an der Peripherie des Myzels die Fruchtkörper hervor. Von Jahr zu Jahr werden damit die Ringe größer, bis sie sich durch die Beschaffenheit des Bodens oder andere Zufälligkeiten in einzelne Gruppen auflösen. Unter günstigen Verhältnissen beobachtet man Hexenringe von 10 m und mehr im Durchmesser.

Alle diese Dinge möge der Anfänger gleich vom Beginn seiner Tätigkeit an notieren und beachten, denn erst dadurch gewinnt das Studium der Hutpilze seinen eigenartigen Reiz. Zu Anfang allerdings sollte stets auf die eigentliche Systematik, das Namengeben und Bestimmen, das Schwergewicht gelegt werden, später kommt, wenn erst die Schwierigkeiten überwunden sind, dann ganz von selbst die angenehme und anziehende Nutzanwendung.

Das erste Auffinden von Hypogäen ist meist Sache des Zufalls. Wer sich speziell auf das Einsammeln dieser Formen legt, wird im Laufe der Zeit eine solche Übung gewinnen, daß er dem Standort von vornherein ansieht, ob solche Formen vermutet werden können.

III. Das Beobachten und Bestimmen.

Aller Anfang ist schwer. Dieses Sprichwort gilt wie keines für das Studium der Basidiomyzeten. Die ungeheure Formenfülle, die minimalen Unterschiede der Gattungen und Arten, das z. T. schwierige Auffinden und Präparieren für die Sammlung werden jeden Anfänger zuerst in seinem Eifer erlahmen lassen. Aber sobald erst einige Erfolge da sind, wird das Einarbeiten leichter, die gewonnene Sicherheit wird bald auch den Eifer wieder erhöhen, so daß der tote Punkt, der sich bei jeder Arbeit einzustellen pflegt, sich dann leicht überwinden läßt.

Am besten bleibt es, wenn der Anfänger mit einem Kenner einige Exkursionen macht und sich von ihm eine Anzahl von gemeinen Arten sicher bestimmen läßt. Vor allem sollte dabei Rücksicht genommen werden auf Arten aus möglichst verschiedenen Gattungen, damit sich der Anfänger zuerst die Charaktere der Gattungen aneignen kann. Ist er imstande, eine möglichst große Zahl davon sicher zu erkennen und voneinander zu unterscheiden, wobei es zuerst gar nicht auf die Namen der Arten anzukommen braucht, so kann er getrost sich mit den Unterschieden der Arten vertraut machen. Man vermeide vor allem die Jagd nach seltenen Arten. Diese findet man von selbst, sobald man erst einen Überblick über die gemeinen Spezies gewonnen hat.

Wenn man von den systematisch sehr schwierigen Cortizieen und Gallertpilzen absieht, so würde für die Familien 22—30 in erster Linie die Bestimmung der Sporenfarbe notwendig sein. Die Sporen werden meist innerhalb weniger Stunden in solcher Zahl abgeworfen, daß ihre Farbe leicht bestimmt werden kann. Sollte sich auf dem Papier, in dem die frischen Pilze transportiert werden, nicht schon ein deutliches Sporenbild ergeben, so legt man zu Haus die Hüte oder

Fruchtkörper mit der Sporenseite nach unten auf weißes und blaues Papier. Auf letzterem heben sich weiße Sporen ab, auf ersterem die schwarz, braun oder rosa gefärbten. Oft zeigen die Lamellen selbst schon bei der Reife die Farbe der Sporen an. Ist der Hut schon zu alt zum Sporenwerfen, so muß die mikroskopische Untersuchung stattfinden, wobei aber zu beachten ist, daß die dunkel gefärbten Sporen im durchfallenden Lichte viel heller gefärbt erscheinen als die auf dem Papier in Haufen liegenden Sporenmassen.

Über die äußere Form des Hutes oder der verzweigten Fruchtkörper von Clavariazeen, Hydnazeen, Polyporazeen usw. entscheidet der makroskopische oder Lupenbefund.

Anders ist es mit dem Schleier oder Velum. Um dabei zu sicheren Beobachtungen zu gelangen, ist die Mitnahme einer Entwicklungsserie von Fruchtkörpern notwendig. Hat man erst Übung, so sieht man dem fertigen Hut schon häufig an, wie die Hüllenverhältnisse beschaffen waren. Für die Beobachtung mögen einige Angaben über die Entwicklung des Hutes bei den Agaricazeen als Anhalt dienen.

Der Hut entsteht am Myzel als kleines Knöpfchen. Nach der Differenzierung des Stieles vom Hute beginnt die Streckung des Stieles und später des Hutes. Bei vielen Gattungen sind beide Teile des Fruchtkörpers nicht weiter durch Fäden oder Hüllen verbunden. Beim fertigen Hute zeigen sich deshalb weder am Stiel noch oben auf der Hutoberfläche irgendwelche Andeutungen von Hautfetzen, Fasern, Schuppen oder Fäden, doch kann mitunter die Hutoberhaut selbst schuppig oder felderig zerreißen, wie z. B. bei manchen Russula- und Tricholoma-Arten u. a.

Bei anderen Gattungen wird der Hut mit dem Stiel vor dem Aufspannen durch eine Hülle verbunden, welche entweder aus feinen Fasern besteht oder aus häutigem Gewebe gebildet wird. Man nennt diese Hülle Velum partiale, weil nicht der ganze Hut, sondern nur die Lamellen dadurch eingehüllt und geschützt werden. Die Reste dieser Hülle findet man am Rande des Hutes (Hutrand „behangen") und am Stiel in Gestalt von feinen Fäden („Cortina"), Hautfetzen, Schuppen oder einem Hautringe („Ring", „Manschette") am Stiel. Auf der Hutoberfläche dagegen sind keine Reste zu sehen, weil die Hülle die Hutoberfläche nicht umfaßt.

Bei den höchst entwickelten Gattungen wird eine allgemeine Hülle ausgebildet (Velum universale), welche in der Jugend über die Hutoberfläche sich spannt und am Grunde des Stiels angesetzt erscheint. Beim Zerreißen findet man auf dem Hute meist Fetzen, Fasern oder Tupfen oft in regelmäßiger, kreisförmiger Anordnung, am Grunde des Stiels dagegen Fasern, ringförmige Schuppen oder eine lappige, mehr oder weniger hohe, kragenartige, häutige Hülle (Volva). Bei wenigen Gattungen kommen dann beide Hüllen gemeinsam vor. Dann finden sich also auf der Hutoberfläche Fetzen, Schuppen oder Fasern, am Hutrande Fetzen oder Fäden, in der Stielmitte ein Ring oder ringförmige Schuppen und Fasern und am Grunde endlich nur eine Andeutung einer Scheide oder eine wohlausgebildete kragenartige Hülle. Auf diese Verhältnisse der Boletazeen und Agaricazeen, die äußerst mannigfaltig ausgebildet sind, möge der Anfänger sorgfältig achten. Das klare Erkennen dieser Hüllenbildungen wird ihm viele Mühe beim Bestimmen ersparen.

Äußerst wichtig sind bei den Blätterpilzen (Hygrophorazeen, Schizophyllazeen, Lactariazeen, Agaricazeen, Coprinazeen) die Lamellen und ihre Ausgestaltung. Zur sicheren Erkenntnis mache man einen Längsschnitt durch den Hut und die Stielmitte. Zu beachten ist, ob die Lamellen alle vom Ansatz am Stiel bis zum Hutrande durchlaufen („durchlaufende" Lamellen), oder ob sich einzelne kürzere vom Rande her einschieben (L. „untermischt"), ob sie „unverzweigt" oder „gegabelt" sind, ob sie sehr dicht („gedrängt") oder locker stehen, dick- oder dünnfleischig, weich-biegsam oder spröde („splitternd") sind. Je nachdem der Hut bis zum Rande fleischig ist oder sich stark verdünnt, wird die Form der Lamelle in der Breite variieren. Sie kann fast gleich breit durchlaufen (L. „gleichbreit") oder nach dem Rande zu sich stark verschmälern (L. „verschmälert"). Sie kann am freien Rande, der Schneide, gerade oder mannigfach gebogen sein, an der Schneide auch Zähnelung oder feine Körnelung durch große Zystiden aufweisen. Wichtig ist der Ansatz der Lamellen am Stiel. Der einfachste Fall ist, daß sie breit angewachsen erscheinen, sich aber oft im Alter loslösen. Sie können gerade abgeschnitten sein am unteren Ende oder weit herablaufen; häufig sind sie kurz vor dem Ansatz „ausgebuchtet" und sitzen dann mit einem Zahn am Stiel an oder laufen zahnförmig herab. Endlich können sie mehr oder weniger weit vor dem Stiele endigen (L. „entfernt") oder nur mit einer Spitze bis gerade zum Stiel laufen. Diese Verhältnisse wechseln je nach der Art außerordentlich. Es hängt dies ebenfalls davon ab, ob der Hut in der Mitte dick- oder dünnfleischig ist, ob er emporgewölbt oder eingedrückt erscheint usw. Nähere Angaben hierüber sind bei den Beschreibungen der Gattungen und Arten zu finden. (Vgl. Abb. 24.) Am besten ist, wenn sich der Beobachter, sobald er die Art sicher bestimmt hat, durch eine einfache Bleistiftskizze bei der Diagnose am Rande diese Verhältnisse für späteres schnelles Bestimmen einzeichnet.

In den älteren Pilzwerken gar nicht, in den neueren wenigstens teilweise berücksichtigt ist der Bau des Hymeniums. Unter einem Hymenium versteht man bei den Pilzen ganz allgemein ein Lager, das aus Fruktifikationsorganen gebildet wird, zwischen denen gewöhnlich noch sterile Hyphenenden stehen. Ein solches Hymenium findet sich bei den Basidiomyzeten in allen Stadien der Ausbildung. Bei den niederen Gruppen (Fam. 1—6) kommt ein geschlossenes Hymenium noch nicht zustande, weil die Basidien regellos als Endigungen der Myzeläste gebildet werden. Die Differenzierung setzt aber bereits in der 7. Familie (Peniophoraceae) ein, indem die basidienbildenden

Äste enger und ungefähr in gleicher Höhe zusammentreten. Bei den Thelephorazeen, Cantharellazeen und Clavariazeen bilden die Hymenien ausgedehnte, glatte Flächen, Runzeln oder Leisten, welche die Fruchtkörper überziehen. Der ganze Fruchtkörper ist also hier noch gleichsam der Träger der Fruchtschicht. Bei den übrigen Familien tritt nun das Bestreben auf, die Fläche des Hymeniums zu vergrößern, ohne daß die Dimensionen des ganzen Fruchtkörpers wachsen. Dies wird in verschiedener Weise erreicht, aber stets so, daß das Hymenium nur bestimmte Anhangsgebilde des Fruchtkörpers überzieht. Bei den Hydnazeen werden Stacheln, die bei den hutbildenden Formen in großer Zahl auf der Unterseite des Hutes stehen, von dem Hymenium überzogen. Eine Auskleidung von röhrenartigen Einsenkungen, findet bei den Polyporazeen und Boletazeen statt. Die Agaricales zeigen die höchste Differenzierung und die beste Raumausnutzung, indem bei ihnen das Hymenium die Flächen von blätterartigen Organen, Lamellen genannt, überzieht. Durch die radiale Anordnung dieser Blätter wird eine wunderbare Ausnutzung des Raumes erreicht, wie sie besser nicht erdacht werden kann. Bei den Gastromyzeten entstehen die Basidien in ,,Kammern", deren Gesamtheit als ,,Gleba" bezeichnet wird.

In den einfachsten Fällen besteht das Hymenium aus den dicht aneinander stehenden Basidien. Man bezeichnet mit diesem Namen ungeteilte keulenartige Enden von Hyphen, an deren Scheitel gewöhnlich 4 feine Fädchen (Sterigmen) stehen, die je eine Spore (Basidiospore) tragen. Bei den Protobasidiomyzeten sind die Basidien anders gestaltet, weil sie durch Teilwände in meist 4 Zellen zerlegt werden, von denen jede ein Sterigma mit einer Spore entstehen läßt. Entweder ist die quergeteilte Basidie fädig und durch 3 Querwände in 4 übereinander stehende Zellen geteilt oder die über Kreuz geteilte Basidie ist kugelig und durch 2 sich rechtwinklig schneidende Wände in 4 Zellen geteilt. Die Sterigmen schleudern die an ihrer Spitze gebildeten Sporen (Basidiosporen) ab, die dann durch den Wind weiter verbreitet werden. Die Sterigmen fehlen oder sind sehr kurz bei Arten, deren Sporen nicht abgeschleudert, sondern durch Insekten (Phallazeen) oder andere Tiere verbreitet werden oder durch Fäulnis der Fruchtkörper freiwerdend in den Erdboden gelangen.

Oft mischen sich unter die Basidien sterile Hyphenendigungen, die in ihrer Form sehr abweichen und meist viel größer sind als die Basidien. Man bezeichnet diese Zellen mit dem Namen Zystiden. Bei den Corticiazeen, Cyphellazeen u. a. kommen sie in mannigfaltigster Ausbildung vor und charakterisieren die einzelnen Gattungen. Bei den übrigen Familien kommen sie fast regelmäßig vor und zeigen sich hier meist in Form von spitzen, langkeuligen Zellen, die oft mit dickerer Membran Inkrustierung oder stark lichtbrechendem Inhalt versehen sind.

Bei den Familien der Gastromyzeten werden die Basidien in Kammern gebildet an Hyphen, welche die Kammerwände auskleiden. Nach der Sporenreife zerfließen gewöhnlich die Basidien, und man findet dann nur lockere Sporenmassen vor, zwischen denen einzelne Fäden liegen können, die von den Resten der Kammerwände herrühren. Bei der zweiten Gruppe (Plectobasidiales) dagegen werden die Basidien regellos an den Hyphen gebildet, das die ganze Innere des Fruchtkörpers durchziehen. Nach der Reife liegen die Sporen frei zwischen besonders ausgebildeten Fäden, welche als Capillitium bezeichnet werden.

Die Sporen besitzen meist eine glatte, farblose oder gefärbte Membran. Bisweilen finden sich Stacheln, Warzen, Körnchen auf der Oberfläche. Der Inhalt ist meist farblos, seltener mit gefärbten Öltropfen versehen.

Um die geschilderten Verhältnisse sehen zu können, bedarf es natürlich der mikroskopischen Beobachtung. Man fertigt mit dem Rasiermesser feine Schnitte senkrecht zum Hymenium an, nur bei den Lamellen kommt man häufig mit Flächenschnitten schneller zum Ziel, die man bei der Beobachtung etwas drückt. Wichtig ist es, die Maße der Sporen, Basidien und Zystiden festzustellen; auch diese trage man sofort in das Sammelbuch ein. Von größter Wichtigkeit ist es, die gesammelten Pilze zu zeichnen und die Trachtbilder und Durchschnitte der Fruchtkörper in natürlichen Farben darzustellen. Man zeichne die Bilder möglichst in natürlicher Größe; bei Verkleinerungen oder Vergrößerungen gebe man die Maße bei der Zeichnung an. Die Technik der Herstellung solcher Farbenbilder erlernt sich schnell; besonderes Talent ist hierzu nicht notwendig. Bei der Unbestimmtheit und Veränderlichkeit vieler Pilzfarben ist es oft kaum möglich, sie mit Worten treffend zu schildern. Eine Farbenskizze macht es möglich, jederzeit die Richtigkeit der Bestimmungen nachzuprüfen, während das noch so sorgfältig präparierte Herbarmaterial oft genug im Stiche läßt, da die naturgetreue Erhaltung der Farben oft nicht möglich ist. Die gezeichneten und gemalten Pilze prägen sich dem Gedächtnis viel besser und fester ein als Notizen und lange Beschreibungen. Für die Herstellung der Zeichnungen wähle man ein handliches, einheitliches (Quer-)Format und gutes Zeichenpapier (Zeichenblock, Skizzenbuch). Man zeichne auf jeder Seite möglichst nur eine Art, die Fruchtkörper in verschiedenen Ansichten und Alterszuständen, füge die Zeichnungen der anatomischen Einzelheiten (Lamellen, Röhren, Sporen, Basidien usw.) mit genauen Maßangaben und Beschreibung bei. Die einzelnen Blätter werden in einem Ordner systematisch geordnet. Jede Zeichnung erhält die Nummer des betr. Pilzes im Sammelbuch und Herbar, Fundort-, Standort- und Fundzeit- und sonstige Angaben (Geruch, Geschmack u. a.).

Wenn man nun alle Beobachtungen über Farbe, Gestalt, Hüllenbildung, Lamellen, Hymenium, Sporen usw. gemacht und notiert hat, gilt es, die Bestimmung vorzunehmen. Wer mit dem Glauben an einen Bestimmungsschlüssel herangeht, daß er in ihm ein unfehlbares Mittel zur Bestimmung besäße, der wird in den meisten Fällen daneben treffen. Solche Schlüssel sind natürlich nur äußerliche Hilfsmittel, die der Formenfülle und der Variabilität der einzelnen Art gegenüber z. T. versagen. Man gewöhne sich deshalb von Anfang an, den Schlüssel kritisch zu benutzen. In allen irgendwie zweifelhaften Fällen verfolge man beide im Schlüssel angegebene Bahnen, eine führt dann zum Ziel. Ich habe von vornherein versucht, möglichst auffällige Merkmale an die Spitze zu stellen, die jederzeit leicht festzustellen sind. Bisweilen ist es sehr schwer, solche Merkmale zu finden, besonders bei polymorphen Gruppen. Dann empfiehlt es sich, möglichst alle Bahnen bei der Bestimmung einzuschlagen. Für den Anfänger ist die Benutzung der Schlüssel schwierig, deshalb soll sein Streben darauf gerichtet sein, möglichst viele gemeine Arten aus allen Gattungen kennen zu lernen. Kennt er erst einige Dutzend Arten sicher, so kann er sich leichter das Bild des Pilzes aus der Beschreibung vorstellen. Es mag auch gleich darauf hingewiesen werden, daß es empfehlenswert ist, neben dem Buche noch eine größere Flora oder ein koloriertes Abbildungswerk vergleichen zu können.

Viele Anfänger begehen den Fehler, daß sie ein Exemplar unter allen Umständen bestimmen wollen. Wenn es dann nicht gelingt, so verlieren sie die Lust oder klagen das Bestimmungsbuch an. Gewöhnlich aber liegt der Fall so, daß selbst ein Kenner die Art nicht sofort herausfinden könnte, weil das Material nicht ausreicht, oder die Art zu einer kritischen Gruppe gehört; solche Exemplare zeichne und male man und mache sich genaue Notizen. Ein günstiger Zufall bringt häufig den Namen ans Licht und damit den Grund, weshalb das Bestimmen durchaus nicht gelingen wollte.

IV. Die Präparation für das Herbar.

Die eingesammelten Schätze werden zu Haus sofort ausgepackt, gesondert, und vorläufig etikettiert. Wer bereits in die einzelnen Paketchen Zettel hineinlegt, spart das letztere. Kann die Präparation nicht sofort vorgenommen werden, so legt man das ganze Sammelbehältnis nachts an einen möglichst kühlen Platz, z. B. in den Keller.

Man trenne zuerst alle krustigen Pilze, die Holz, Laub oder Erde überziehen, ab, ebenso die gallertigen Fruchtkörper. Beide läßt man eintrocknen, allzu dicke Äste spalte man oder schneide flache Oberflächenstücke davon ab. Die Bestimmung und Zeichnung nehme man aber möglichst in frischem Zustande vor.

Ganz abweichend davon ist nun die Behandlung der fleischigen Hutpilze und der Gasteromyzeten. Man mag über den Wert eines Herbars von solchen Formen denken, wie man will, man wird, selbst wenn die Präparation nicht vorzüglich ausgefallen ist, doch ein gutes Hilfsmittel für die Bestimmung daran haben. Eine Zeichnung und gute Notizen können die Exemplare niemals ganz ersetzen, wenn es sich um kritische Formen handelt.

Am besten lassen sich die Hutpilze nach der Methode von Herpell präparieren, obwohl Zeit und Übung dazu gehören, um tadellose Präparate zu bekommen. Ich gebe eine etwas vereinfachte Form der Präparation, wie sie Hennings meist angewendet hat. Es kommt hauptsächlich dabei darauf an, die Farben möglichst zu erhalten, was aber trotz aller Sorgfalt nicht immer möglich ist. Man nimmt mehrere frische etwa gleichgroße Exemplare zur Herstellung eines Präparates. Von einem schneidet man den Hut am Stielansatz ab und legt ihn flach mit den Lamellen (Poren, Stacheln) nach unten auf weißes oder blaues Papier, wie das schon oben angegeben ist (S. 8). Da sich der Sporenstaub in trockenem Zustande leicht verwischt, so bereitet man sich das Papier für die Sporen dadurch vor, daß man es mit einer alkoholischen Lösung von Kolophonium oder Schellack tränkt. Wenn die Sporen abgeworfen sind, erhitzt man das Papier leicht oder feuchtet es mit Alkohol von der Unterseite her an; dann schmilzt oder löst sich das Harz und fixiert die Sporen. Nach dem Erkalten oder Trocknen sind die Sporen unverwischbar. Man macht dann durch Hut und Stiel einen nicht zu dünnen Längsschnitt, einen Flächenschnitt am Stiel, der die Beringung, Beschuppung usw. zeigt. Ferner zieht man die Oberfläche des Hutes ab; läßt sie sich nicht gut abtrennen, so schneidet man Fleisch und Lamellen möglichst vollständig heraus. Ferner kann man noch eine Huthälfte in derselben Weise behandeln. Unter Umständen kann man noch andere Schnitte ausführen, um den Fruchtkörper in den verschiedensten Stellungen zu bekommen. Alle diese Stücke legt man zwischen gutes Fließpapier mit gut saugenden Zwischenlagen und preßt bei gelindem Druck. Je schneller nun die Austrocknung vor sich geht, um so eher konservieren sich die Farben. Man presse nicht zu stark, nicht in einem geheizten Raum und wechsle am ersten Tage möglichst alle halben Stunden, dann nach 2—3, endlich nach 6 bis 7 Stunden die Zwischenlagen. Sind die Schnitte dann ganz trocken, so stelle man sie so zusammen, daß Längsschnitte von ganzen Pilzen oder Pilzgruppen entstehen, wie man sie in der Natur findet. Diese klebt man mit Stärkekleister auf glattes weißes Papier auf. Man preßt diese Präparate dann leicht, bis sie völlig trocken sind. Man wird im Zusammenstellen solcher Pilztafeln bald eine gewisse Übung erwerben und kann meist recht geschmackvolle Gruppen herstellen, die man durch Beigabe von Moos, Grashalmen usw. noch natürlicher gestalten kann. Einen großen Nachteil hat diese Präparationsmethode jedoch: eine nachträgliche Untersuchung der Einzelheiten des Hymeniums und des Fruchtfleisches ist nicht möglich, weil diese Teile bei der Präparation entfernt werden. Diesem Übelstande kann man nur dadurch begegnen, daß man die ganzen Pilze oder Längsschnitte usw. ohne Entfernung des Fleisches und Hymeniums trocknet. Kleinere und besonders die weniger wasserreichen Formen kann man ohne weiteres in der Pflanzenpresse trocknen. Frisch schmierige oder klebrige Pilze läßt man vorher abtrocknen. Fleischige und dickere

Pilze bedürfen einer besonderen Trockenvorrichtung, um ein Faulen in der Pflanzenpresse zu verhindern. Gute Erfolge habe ich erzielt mit einem **elektrisch geheizten Trockenofen**, der aus einer starkwandigen Holzkiste hergestellt ist, deren Wandungen innen mit Asbestpappe ausgeschlagen sind. Auf dem Boden der Kiste befindet sich der elektrische Heizkörper, darüber ein hölzerner Lattenrost, auf dem die Pflanzenpressen hochkant stehen. In der Vorderwand befindet sich am Grunde eine breite Lüftungsklappe; geschlossen wird die Kiste durch einen hölzernen Überfalldeckel, in den ein großes, mit weitmaschigem Drahtgitter bedecktes Lüftungsfenster geschnitten ist. Die in Längs- oder Querschnitte zerlegten Pilze werden in der Presse zunächst auf etwa 60—70° C erhitzt, um lebende Insekten und deren Brut zu töten. Nach etwa 1—2 Stunden werden die Zwischenlagen in den Pressen gewechselt und, wo sich stärkere Nässe zeigt, auch die Bogen, in denen die Pilze liegen. Die Zwischenlagen müssen dick sein (etwa 6—10 ineinander gelegte Bogen ungeleimtes, graues Löschpapier). In den neuen, trockenen Papierlagen bleiben die Pilze bei 30—40° C 3—4 Stunden, dann wird wieder alle 3—4 Stunden gewechselt. Bei gelinder Heizwärme (ca. 30° C) werden die Pilze fertig getrocknet, am 2. Tage alle 4—5 Stunden in frisches Trockenpapier gebracht. Zarte Pilze sind in 1—2, derbere und wasserreiche in 2—4 Tagen trocken. Hat man genügend umgelegt, bleiben auch selbst die so vergänglichen roten Farben von Amanita muscaria, Russula-Arten u. a. fast unverändert. Die Pressen dürfen nur mit leichtem Druck geschlossen werden, damit möglichst viel Luft durchstreichen kann. In gleicher Weise kann die Wärmeröhre eines Kachelofens, eines Bratofens usw. benutzt werden, der aber nicht geschlossen werden darf. Auf ungefähre Einhaltung der genannten Wärmegrade ist zu achten.

Durch die holzigen Fruchtkörper der Polyporazeen muß man Querschnitte anfertigen, um das Innere auf Jahrringbildung, Konsistenz und Farbe untersuchen zu können. Zerlegt man nun eine ganze Konsole in mehrere flache Scheiben, so kann man diese ins Herbar legen und durch Aufeinanderlegen der Scheiben jederzeit den Fruchtkörper wieder aufbauen. Im allgemeinen vermeide der Anfänger, sich etwa eine vom Herbar getrennte Sammlung von großen Fruchtkörpern anzulegen. Sie erfordert viel Platz und wird doch niemals so übersichtlich wie ein Herbarium.

Die Phallazeen kann man auf Papier auflegen, etwas eintrocknen lassen und dann in der Pflanzenpresse fertig trocknen.

Daß die Basidiomyzeten unter den Insekten viele Feinde haben, weiß jeder, der einen Hut im Herbste einmal durchgebrochen hat. Es wimmelt darin von Maden, in den harten Konsolen von kleinen Käfern; würde man diese Eindringlinge nicht abtöten, so würde das Herbar bald zerfressen sein. Es muß deshalb die Hauptaufgabe sein, die Exemplare steril dem Herbar einzuverleiben. Wenn man die soeben geschilderte Präparationstechnik befolgt, so werden im all-

Die Präparation für das Herbar. 15

gemeinen die Tiere nach Beendigung der Präparation verschwunden sein. Um aber alle etwa noch vorhandenen abzutöten, ist es am besten, sie den Dämpfen von Schwefelkohlenstoff oder noch besser von Carboneum tetrachloratum auszusetzen. Man nimmt eine Kiste mit gut schließendem Deckel und legt die zu vergiftenden Präparate hinein. In einem kleinen flachen Gefäß stellt man dann einen von den genannten Stoffen hinein und schließt den Deckel. Die Kiste muß auf dem Boden oder in einem unbewohnten, gutdurchlüfteten Raum (Balkon) stehen. Die Menge der Flüssigkeit läßt sich leicht ausprobieren, allgemeine Vorschriften sind darüber schwer zu geben. Die Präparate müssen in Karboneumdämpfen 48 Stunden, in Schwefelkohlenstoffdämpfen 4—6 Tage bleiben. Dann werden sie herausgenommen und etwas ausgelüftet. Diese Behandlung tötet zwar alle Insekten, schützt aber nicht gegen ihr Wiedereindringen. Daher muß man in das Herbar oder die Schränke Naphthalin oder das wirksamere, aber weniger lästig riechende „Globol" (p-Dichlorbenzol) bringen. Das einfachste Mittel, die Insekten und Milben abzutöten, ist das Erhitzen der trockenen Präparate auf 100° C 1—2 Stunden lang. Vorkehrungen gegen Entflammung sind zu treffen. Werden die Mappen in Schränken aufbewahrt, und wird das verdunstete Naphthalin oder Globol von Zeit zu Zeit ersetzt, so ist die Gefahr, daß nachträglich Fraß ins Herbar kommt, sehr gering. Größere Sicherheit gegen Eindringen von Fraß gewährt das bei Blütenpflanzen gebräuchliche Verfahren des Vergiftens der getrockneten Pilze mit Sublimatalkohol. Das Verfahren ist teuer; da Brennspiritus-Sublimatlösung die Pilzfarben verändert, ist der billigere Brennspiritus als Lösungsmittel nicht zu empfehlen. Bei der starken Giftigkeit des Sublimats ist Vorsicht geboten.

Wer sich einzelne Hüte (oder etwa Phallazeen) in natura konservieren will, der möge dazu Alkohol nehmen. Zwar zieht Alkohol die Farben aus und läßt die Gewebe schrumpfen, so daß die Exemplare viel kleiner werden, aber diese Nachteile werden dadurch wieder aufgewogen, daß die Pilze fest und hart bleiben. Formol härtet das Gewebe nicht genügend und ist deshalb wenig geeignet, als Konservierungsflüssigkeit zu dienen, zumal die Farben ebenfalls darin ausbleichen. Man setze die Pilze zuerst in 50 proz. Spiritus und steigere innerhalb von 8 Tagen die Konzentration bis auf 90%. In dieser Flüssigkeit bleiben die Exemplare dann unveränderlich. Da eine solche Alkoholsammlung aber teuer ist und viel Platz beansprucht, wird man im allgemeinen dem Herbar den Vorzug geben.

Wer sich seine mikroskopischen Präparate aufhebt, der stecke sie zu den Exemplaren im Herbar. Es gibt in den Handlungen für mikroskopische Bedarfsartikel kleine Kartons, in die gerade ein Präparat hineingeht. Diese klebt man auf dem Herbarbogen fest. Man hat dann den Vorteil, daß Exemplar, Zeichnung und Präparat stets beisammen bleiben und immer zu finden sind.

Über das Format des Herbars, die Stärke der Herbarbogen, die Feinheit der Umschlagbögen, Zettel usw. entscheiden der Geschmack und der Geldbeutel des Besitzers. Vorschriften können darüber nicht gegeben werden, ebensowenig über die allgemeine Anlage eines Herbars, die den meisten Pilzsammlern ja bekannt sein wird.

V. Das wissenschaftliche System der Pilze.

Als Pilze werden häufig Pflanzenformen bezeichnet, die zwar manche biologischen Merkmale (Fehlen des Chlorophylls, saprophytische oder parasitische Lebensweise) mit den echten Pilzen (Fungi, Eumycetes) teilen, aber keinerlei Verwandtschaft mit ihnen besitzen: die Spaltpilze (Schizomycetes, Bacteria) und die Schleimpilze (Myxomycetes). Diese Formenkreise gehören nicht ins Pilzreich, sondern stellen eigene Abteilungen des Pflanzenreiches dar. Das Pilzreich umfaßt nur die eigentlichen Pilze, deren Vegetationskörper ein Myzel ist, das aus mikroskopisch kleinen und feinen, röhrigen Fäden (Hyphen) aus reiner oder durch Einlagerung chitinartiger Stoffe veränderter Zellulose („Pilzzellulose") besteht.

Der vorliegende 1. Band wird nur einen Teil des Pilzreiches behandeln, und zwar die Basidiomyzeten in ihren höheren Formen, während alles übrige sowie die Brand- und Rostpilze dem zweiten Bande vorbehalten werden sollen.

Wenn auch das System der Pilze im einzelnen große Wandlungen durchgemacht hat und gerade die letzten Jahre tiefgreifende Änderungen gebracht haben, so sind die Grundpfeiler des Systems, die einst De Bary, Brefeld u. a. aufstellten, bestehen geblieben: Die Phycomyzeten, Ascomyzeten und Basidiomyzeten; sie bilden auch nach gegenwärtiger Auffassung die drei Hauptgruppen der Pilze. Eine Gruppe von Formen, die durch membranlose Schwärmer ausgezeichnet ist, die bisher den Phycomyzeten zugerechnet wurde, nimmt wegen ihres sehr einfachen Baues eine besondere Stellung ein und wird als I. Klasse Archimycetes an den Anfang des Systems gestellt. Die Archimyzeten und Phycomyzeten sind ausschließlich mikroskopisch kleine Formen, die nur dort, wo sie massenhaft auftreten, oder an den auffälligen Veränderungen, die sie an den von ihnen befallenen Pflanzen, Tieren oder toten organischen Substraten hervorrufen, auch dem unbewaffneten Auge sichtbar werden. Sie sind noch ganz oder weitgehend an das Leben im Wasser oder auf sehr feuchten Substraten angepaßt und bilden sowohl bei der ungeschlechtlichen, wie bei der geschlechtlichen Vermehrung Fortpflanzungsorgane, die wenigstens zeitweise das Vorhandensein von flüssigem Wasser voraussetzen (Schwärmsporen). Die Archimyzeten und Phycomyzeten sind Wasserpflanzen, parasitische oder saprophytische Landpflanzen, vielfach mit stark reduziertem Myzel. Das Myzel ist einzellig und vielkernig und zeigt nur bei der Ausbildung der vegetativen Ver-

Das wissenschaftliche System der Pilze.

mehrungs- oder geschlechtlichen Fortpflanzungsorgane Querwandbildung. Die Wandung der Hyphen besteht vielfach noch aus reiner Zellulose. Besondere Fruchtkörper werden noch nicht gebildet. Ungeschlechtliche und geschlechtliche Generation sind deutlich getrennt.

Die Ascomyzeten und Basidiomyzeten besitzen dagegen — mit ganz wenigen Ausnahmen (Saccharomycetes) — ein gut entwickeltes, vielzelliges Myzel, dessen Wandungen aus Pilzzellulose bestehen. Fast immer werden besondere Fruchtkörper gebildet. Der Wechsel zwischen einer ungeschlechtlichen und geschlechtlichen Generation ist nur bei den niederen Formen der Ascomyzeten noch deutlich, bei allen übrigen verdeckt. Der Ausbildung der Fruchtkörper geht stets ein Geschlechtsakt voraus, der bei den niederen Ascomyzeten den Phycomyzeten ähnelt, bei den höherstehenden Formen der Ascomyzeten und Basidiomyzeten auf Kernverschmelzungen reduziert ist.

Die Ascomyzeten bilden als Hauptsporenform die Askussporen aus, welche in besonderen Behältern (Asken, Schläuchen) endogen gebildet werden, während die Basidiomyzeten als Hauptsporenform die Basidiosporen ausbilden, welche exogen an besonderen Zellen, den Basidien, entstehen. Asken und Basidien werden bei den meisten Formen in besonderen Behältern und Fruchtkörpern gebildet, deren Ausgestaltung äußerst mannigfaltig ist.

Mit ganz wenigen Ausnahmen sind die Ascomyzeten und Basidiomyzeten Landpflanzen, die als Humusbewohner im Erdboden oder in toter organischer Substanz saprophytisch oder in lebenden Pflanzen (seltener auch Tieren) parasitisch leben. Neben den auf geschlechtlichem Wege (nach Kernverschmelzungen) gebildeten Hauptsporenformen (Askussporen und Basidiosporen) werden vielfach Nebensporenformen, Konidien oder auch Chlamydosporen, gebildet, welche zumeist der schnellen Vermehrung während der günstigen Vegetationszeit dienen. Bei den Ascomyzeten ist diese Konidienbildung allgemein verbreitet und sehr mannigfaltig, bei den Basidiomyzeten beschränkt sie sich auf besondere Gruppen oder fehlt ganz.

Außer den Sporen bilden viele Ascomyzeten und einige Basidiomyzeten harte Dauerzustände des Myzels, sogenannte Sklerotien, die meist aus den vom Myzel durchsponnenen Pflanzenteilen hervorgehen und aus dicht verflochtenen Hyphen gebildet werden.

Das Pilzreich gliedert sich demnach in folgender Weise:

1. Klasse: **Archimycetes (Urpilze)**.
Mikroskopisch kleine, parasitisch lebende, membranlose, oft amöboide Pilze, deren Vegetationskörper ganz in die Bildung der Fruktifikationsorgane aufgeht. Vermehrung durch nackte Schwärmer.
2. Klasse: **Phycomycetes (Siphonomycetes, Algenpilze)**.
Meist mikroskopisch kleine, saprophytisch oder parasitisch lebende Pilze mit ein- oder vielzelligem Myzel, das bei der ungeschlechtlichen Vermehrung Schwärmer mit fester Wandung oder Konidien,

bei der geschlechtlichen Fortpflanzung Oosporen oder Zygosporen bildet.

3. Klasse: **Ascomycetes** (Schlauchpilze). Mikroskopisch kleine bis stattliche, saprophytisch oder parasitisch lebende Pilze mit vielzelligem Myzel. Ungeschlechtliche Vermehrung durch Konidien oder Chlamydosporen. Geschlechtliche Fortpflanzung durch endogene Askussporen, die im Innern eines Askus gebildet werden.

4. Klasse: **Basidiomycetes** (Ständerpilze). Mikroskopisch kleine bis stattliche, saprophytisch, symbiotisch oder parasitisch lebende Pilze mit vielzelligem Myzel mit stark chitinhaltigen Wandungen. Ungeschlechtliche Vermehrung durch Konidien oder Chlamydosporen. Geschlechtliche Fortpflanzung durch exogene Basidiosporen, die äußerlich an Basidien, meist auf besonderen Stielchen (Sterigmen) gebildet werden.

Die Basidiomyzeten, die uns hier ausschließlich angehen, umfassen sehr heterogene Elemente. An der Spitze stehen solche mit gallertigen Fruchtkörpern, dann folgen die parasitischen Formen der Brand- und Rostpilze, darauf beginnt sich bei den höheren Familien der Fruchtkörper in verschiedener Weise auszubilden, wodurch eine höchst mannigfaltige Ausgestaltung zustande kommt, die für die Haupteinteilung in Familien sehr wichtig ist.

Um die Familie bestimmen zu können, muß man die Form der Basidien kennen. Bei den Brand- und Rostpilzen macht die Basidie gleichsam erst eine Ruhepause durch, ehe sie aus der Chlamydospore (Brandspore, Teleutospore) hervorkeimt. Man wird aber diese beiden Pilzgruppen jederzeit leicht an diesen Chlamydosporen erkennen können. Im zweiten Bande soll darüber das Nähere mitgeteilt werden. Bei allen übrigen Basidiomyzeten entsteht die Basidie an den Enden von Hyphen des Myzels (Exobasidiales) oder in besonderen spinnwebartigen, krusten-, lager- oder polsterförmigen, in Stiel und Hut gegliederten oder sonstwie gebildeten gallertigen, knorpeligen, fleischigen, korkigen oder holzigen Fruchtkörpern in besonderen Fruchtschichten, dem sog. Hymenophor oder Hymenium.

Da der Bau der Basidien sich der makroskopischen Betrachtung entzieht, soll in dem nachstehenden Bestimmungsschlüssel der Familien der Basidiomyzeten in erster Linie von makroskopisch sichtbaren Merkmalen der Fruchtkörper ausgegangen werden.

Bestimmungsschlüssel der Familien der Basidiomyzeten.

A. Fruchtkörperbildung fehlt. Parasiten.
  I. Auf den befallenen Pflanzen keine Basidien, nur Konidien oder Chlamydosporen.
    a) Befallene Pflanzenteile von dunkler (meist fast schwarzer) pulveriger Sporenmasse (Brandsporen) erfüllt.
      Ustilaginales (Brandpilze). (Siehe Bd. I, 2.)

Das wissenschaftliche System der Pilze. 19

b) Befallene Pflanzenteile mit mikroskopisch kleinen weißen oder lebhaft gefärbten (gelben) Becherchen (Aezidien) oder rostroten (Uredosporen) bis dunkelbraunen (Teleutosporen) Sporenlagern besetzt.
Uredinales (Rostpilze). (Siehe Bd. I, 2.)

II. Auf den befallenen Pflanzenteilen (Ericazeen) einzellige Basidien pallisadenartig nebeneinander stehend; befallene krautige Pflanzenteile meist gallenartig verändert mit weißem Überzug.
7. Fam. Exobasidiaceae.

B. Fruchtkörperbildung sehr mannigfach; befallene Pflanzenteile nicht gallig verändert.
I. Fruchtkörper gallertig; Basidien mannigfach:
a) Basidien mehrzellig, quer- oder längsgeteilt.
1. Basidien quergeteilt, vierzellig, fast fadenfg. (lang-zylindr.).
α) Fk. 5 mm bis über 5 cm ∓ ohrförmig oder muschelfg. unregelmäßig gelappt od. krustenfg., oberseits mit Basidien mit langen Sterigmen; auf Holz. **1. Auriculariaceae.**
β) Fk. aufrecht, nicht krustenfg. od. ohrfg.
1) Fk. über 10 mm gr., keulenfg.; Basidien mit langen Sterigmen; auf Moosen.
1. Auriculariaceae (Eocronartium).
2) Fk. kleine (1—3 mm gr.) gestielte Köpfchen; Basidien im Fk. regellos, ohne Sterigmen; auf Holz oder Rinde.
2. Pilacraceae (Phleogenaceae).
2. Basidien längsgeteilt, zwei oder vierzellig, ∓ birnenfg. bis fast kuglig, mit langen Sterigmen. Fk. e. gekröseartige Masse bildend oder trichterfg. oder unterseits mit leisten- oder zapfenartigen Erhebungen. Meist auf Holz.
3. Tremellaceae.
b) Basidien einzellig, ungeteilt oder gegabelt:
1. Fk. flache bis gekröseartige Überzüge auf Holz od. Rinde bildend.
a. Basidien kuglig, unten stielartig zusammengezogen, ohne Sterigmen; Fk. oberflächlich auf Holz oder Rinde; Sporen sofort keimend u. Konidien bildend.
4. Tulasnellaceae.
b. Basidien am Grunde schmal zylindrisch, am Scheitel kugelig verbreitert mit fast kegelförmigen, leicht gekrümmten Sterigmen; Fk. unter der sich lösenden Rinde; Sporen nicht sofort keimend; keine Konidien bildend. **5. Vuilleminiaceae.**
2. Fk. meist lebhaft (gelb od. rötlich) gefärbt, kissenfg., faltig, peziza-artig, hornfg. oder geweihartig od. in Stiel und morchelartigen Hut gegliedert; Basidien langkeulig an der Spitze gegabelt mit 2 langen Sterigmen.
6. Dacryomycetaceae.

II. Fk. nicht gallertig; Basidien stets einzellig:
  a) Basidien schmal zylindrisch-keulig (Stichobasidien).
    a' Fk. nackt (gymnokarp), nicht von einer Peridie umgeben; Basidien äußerlich an den Fk. in besonderen Hymenien.
      1. Fk. krustenfg., knorpelige, wachsartige oder lederige Überzüge auf Holz bildend; zwischen den Basidien ∓ große Zystiden. **8. Peniophoraceae.**
      2. Fk. nicht krustenfg., ∓ aufrecht.
        α Fk. häutig, lederig od. korkig, von unbestimmter Gestalt, muschelfg., kelchfg. bis korallenartig verzweigt. **9. Thelephoraceae.**
        β Fk. fleischig, seltener knorpelig, keulen-, kopf- od. geweihförmig verzweigt, ganz vom Hymenium überzogen. **10. Stichoclavariaceae.**
        γ Fk. fleischig, ∓ trichterfg. od. ∓ deutlich in Stiel und Hut gegliedert; Hymenium nur auf der Unterseite auf Runzeln oder unregelmäßig gabeligen u. ∓ netzigen Leisten. **11. Cantharellaceae.**
        δ Fk. fleischig od. korkig, krustenfg., kreiselfg. od. in Stiel u. Hut gegliedert; Hymenophor auf kleinen zapfenfg. Erhebungen, bei den in Stiel u. Hut gegliederten Fk. auf der Unterseite des Hutes. **12. Hydnaceae.**
    b' Fk. von Haut (Peridie) umgeben (angiokarp), Basidien im Innern des gestielten, stäubenden, 2—5 cm h. Fk. **34. Tulostomataceae.**
  b) Basidien keulenfg. bis fast kugelig, regelmäßig (Chiastobasidien).
    a' Fk. ohne Peridie, höchststehende Familien mit Velum od. Cortina (gymnokarp bis hemiangiokarp).
      1. Fk. Überzüge bildend, krustenfg. od. lagerartig dem Substrat aufliegend.
        α. Fk. vom Substrat nicht od. kaum ablösbar.
          1) Fk. spinneweb-flockig, Hymenium undeutlich, nicht geschlossen.
            α' Zwischen den Basidien keine Zystiden; Sporen stachelig, warzig od. eckig; vor der Basidienbildung reichliche Konidienbildung. **13. Hypochnaceae.**
            β' Zwischen den Basidien mannigfache Zystiden, Dendrophysen od. Paraphysen u. Gloeozystiden; Sporen farblos od. gefärbt, glatt od. etwas stachelig; keine Konidienbildung vor den Basidien. **16. Cyphellaceae.**
          2) Fk. filzig, häutig bis fleischig-lederig, dem Substrat (meist Holz) flach aufliegend od. am Rande ∓ ab-

Das wissenschaftliche System der Pilze. 21

stehend bis muschel- od. fast hutförmig; Hymenium deutlich geschlossen.
α′ Hymenium glatt od. schwach runzelig; Sporen farblos, glatt. **14. Corticiaceae.**
β′ Hymenium anfangs glatt, dann wellig bis warzig; Sporen stets bräunlich bis dunkelbraun, glatt.
15. Coniophoraceae.
γ′ Hymenium auf deutlichen Körnchen, Warzen, Stacheln od. Zähnen. **19. Radulaceae.**
δ′ Hymenium in feinen Röhren.
  + Röhren durch gesonderte Wandung getrennt, in der Mitte gedrängt, am faserigen Rande des krustenfg. Fk. einzeln stehend.
  16. Cyphellaceae-Porothelium.
  ++ Röhren mit gemeinsamer Wandung, nicht trennbar, in den ∓ fleischigen Fk. eingesenkt. **22. Polyporaceae-Poria.**
β. Fk. vom Substrate (meist Holz) ∓ leicht abhebbar, nur in der Mitte dem Substrat ∓ fest angeheftet.
1) Fk. krustenfg. od. muschelfg. bis fast hutfg., fleischig-lederig; Hymenium glatt od. schwach runzelig bis wellig.
  α′ Sporen farblos od. hell.
  14. Corticiaceae-Stereoideae.
  β′ Sporen bräunlich bis dunkelbraun.
  15. Coniophoraceae.
2) Fk. krustenfg., fleischig-lederig bis dickfleischig od. fast gallertig-fleischig, eierkuchenartig ausgebreitet od. ∓ konsolenfg.; Hymenium in flachen Gruben od. Falten. Myzel mit Strangbildungen.
  20. Meruliaceae.
2. Fk. aufrecht, vom Substrat abstehend.
α Fk. nicht in Stiel und Hut gegliedert.
1) Fk. winzig klein (unter 1 cm), becher- od. schüsselförmig, ∓ gestielt, häutig bis fleischig od. ∓ fleischig-gallertig. Hymenium nur auf d. Innenseite der Fk.; auf Holz, Zweigen u. Stengeln krautiger Pflanzen. **16. Cyphellaceae.**
2) Fk. meist ansehnlicher (über 1 cm gr.).
  α′ Fk. stäbchenfg.; keulenfg. od. ∓ geweih- od. korallenartig- od. blumenkohlartig verzweigt, einzeln, rasenfg. od. polsterfg., fleischig, seltener knorpelig od. hornartig. Meist auf d. Erdboden, einige auf Holz. **17. Clavariaceae.**
  β′ Fk. ∓ trichterfg., fleischig bis knorpelig-fleischig, einzeln od. gesellig-verwachsen. Hymenium glatt

od. runzelig-leistenfg. Erdbewohner (Tracht von
Cantharellus). **18. Dictyolaceae.**
β) Fk. ∓ konsolenfg. ohne od. mit undeutl. od. seitlichem
Stiel; auf Holz.
1) Fk. ∓ saftig, faulend, einjährig.
α) Hymenium glatt, höchstens schwach runzelig
bis wellig.
+ Sporen weiß. **14. Corticiaceae-Stereoideae.**
++ Sporen bräunlich bis braun.
15. Coniophoraceae.
β) Hymenium in Röhren.
+ Röhren sehr eng, lang, leicht trennbar und
unter sich frei. Fk. fleischig, leberrot. An
lebenden Eichen u. Buchen. **21. Fistulinaceae.**
++ Röhren eng od. breit, kurz, unter sich u. mit
dem Hutfleisch verwachsen, nicht trennbar.
22. Polyporaceae.
γ) Hymenium in flachen Gruben od. Falten.
23. Meruliaceae.
δ) Hymenium auf blattartigen Lamellen.
+ Lamellen am Stielansatz maschenfg. verbunden, sich vom Hutfleisch leicht lösend.
24. Paxillaceae.
++ Lamellen am Stielansatz nicht verbunden.
27. Agaricaceae (Pleurotus).
2) Fk. trocknend, dünnhäutig od. derb-lederig bis
holzig.
α) Fk. einjährig, häutig bis lederig, trocknend u. bei
Feuchtigkeit wieder auflebend.
+ Hymenium aus der Länge nach gespaltenen
behaarten Lamellen bestehend, deren Hälften
b. Trockenheit nach außen umgeschlagen sind.
26. Schizophyllaceae.
++ Hymenium aus ungespaltenen L. bestehend.
27. Agaricaceae-Marasmioideae.
β) Fk. mehrjährig-ausdauernd, lederig-fleischig bis
korkig od. holzig.
+ Hymenium ∓ glatt.
14. Corticiaceae-Stereoideae.
++ Hymenium aus nicht vom Fk. trennbaren,
∓ engen Röhren, gewundenen Gängen od.
blattartigen Platten bestehend.
22. Polyporaceae.
γ Fk. in Stiel u. Hut gegliedert. Stiel normal unter der
Hutmitte. Fk. einjährig, seltener ausdauernd. Hymenium auf der Unterseite des Hutes.

Das wissenschaftliche System der Pilze. 23

1) Hymenium in Poren oder Röhren.
α) Hymenium in unter sich u. mit dem Hutfleisch verwachsenen Röhren (Poren); Erd- od. Holzbewohner. **22. Polyporaceae.**
β) Hymenium in unter sich verwachsenen, aber vom Hutfleisch trennbaren Röhren; Fk. einj., fleischig, faulend. **23. Boletaceae.**
2) Hymenium auf blattartigen Lamellen, die vom Stiel fächerig ausstrahlen.
α) Fk. ohne Milchsaft od. Milchsaftgefäße in Hut u. L., weder milchend, noch mit brüchigen L.
+ Fk. u. Lamellen bei der Sporenreife nicht zerfließend.
○ Lamellen am Stielansatz maschen- od. wabenartig verbunden. **24. Paxillaceae.**
○○ Lamellen am Stielansatz unter sich frei.
* L. dick u. fleischig, wachsartig, entferntstehend, am Stiel sichelfg. herablaufend.
25. Hygrophoraceae.
** L. dünn, häutig bis lederig-häutig.
27. Agaricaceae.
++ Fk. od. wenigstens Lamellen bei der Reife der meist schwarzen, seltener braunen Sporen wässerig-tintig zerfließend. **29. Coprinaceae.**
β) Fk. mit Milchröhren in Hut u. L., milchend od. mit brüchigen („splitternden") Lamellen.
28. Lactariaceae.
b′ Fk. rings von einer Peridie umgeben (angiokarp).
Gasteromycetes.
Fk. über dem Erdboden (Substrat), epigäisch.
ά Fk. nicht gestielt.
1.) Fk. kuglig od. knollig, birnfg. bis schlauchfg.
α) Fk. viel größer als 2 mm.
+ Fk. fleischig-faulend, saftig.
○ Inneres mit ∓ deutlicher Kammerung (Glebakammern) nicht aus der Peridie emporgehoben.
* Fk. im Innern mit kurzem basalem, unverzweigten, sterilem od. ganz ohne Zentralstranggewebe.
38. Hymenogastraceae.
** Fk. im Innern mit koralloid verzweigtem, sterilem Zentralstranggewebe, dessen Enden die Glebakammern tragen. **39. Hysterangiaceae.**
○○ Inneres von einem gitterförmigen roten, fleischigen Rezeptakulum aus der Peridie emporgehoben, die am Grunde als „Volva" zurückbleibt.
40. Clathraceae.

++ Fk. nur anfangs fleischig-kernig od. schwammig, dann trocken, mit stäubendem Sporeninhalt.
   ○ Peridie ∓ derb-lederig bis häutig, nicht sternfg. aufreißend.
     * Kapillitum spärlich od. fehlend; Peridie einfach.
     ⊿ Im Innern des Fk. keine mit Haut umgebenen Kammern; Sporenstaub regellos den Fk. erfüllend. **30. Sclerodermataceae.**
     ⊿⊿ Im Innern des Fk. Sporenmasse in kugligen od. eifg. ∓ eckigen mit dünner, sehr zerbrechlicher Haut umgebenen Kammern (Peridiolen). **31. Pisolithaceae.**
     ** Kapillitium reichlich vorhanden. Peridie doppelt; äußere kleiig-abschülfernd (in Form von weichen Stacheln od. Wärzchen) od. zerbrechend, innere Peridie häutig-papierartig, sich meist an der Spitze mit Loch öffnend od. zerbrechend. **36. Lycoperdaceae-Lycoperdeae.**
   ○○ Peridie doppelt bis mehrschichtig, sehr derb, äußere sehr dick, sternfg. aufreißend. Kapillitium reichlich vorhanden.
     * Äußere Peridie fast holzig, sehr dick, stark hygroskopisch, in ungleich große, spitze Lappen aufreißend, die sich bei Trockenheit zurückschlagen u. den ganzen Fk. ∓ vollständig aus dem Boden heben. Basidien in Knäueln, regellos, kein Hymenium bildend. **32. Calostomataceae(-Astraeus).**
     ** Äußere Peridie derb-häutig bis lederig-korkig ∓ regelmäßig aufreißend. Basidien in Kammern, ein Hymenium bildend. **36. Lycoperdaceae-Geastereae.**
 β) Fk. 1,5—2 mm groß, mit vierschichtiger Peridie, deren Außenschicht sternfg. aufreißt u. durch Quellung der Mittelschicht die kugelige Sporenmasse abschleudert. Auf mulmigem Holze an schattigen Stellen. **33. Sphaerobolaceae.**
2) Fk. nur anfangs kugelig bis kreiself., dann sich oben öffnend, tiegel- od. becherfg., derbhäutig bis fast holzig, ¼—2 cm hoch, im Innern mit harten, linsenfg. Sporenbehältern (Kammern, Sporangiolen) auf Holz od. humösem Boden. **35. Nidulariaceae.**
ᵦ Fk. gestielt.
 1) Fk. trocken, fertiler Teil von pulveriger Sporenmasse erfüllt.
  α) Stiel vom eigentlichen Fk. scharf abgesetzt, säulenfg.
     + Stiel schwammig, die Gleba nicht durchsetzend, die als häutige, von Sporen und reichlichem Kapillitium erfüllte, an der Spitze sich papillenartig öffnende,

Das wissenschaftliche System der Pilze. 25

stäubende Kugel den Stiel krönt. Auf trockenem, sonnigem Boden. **34. Tulostomataceae.**
++ Stiel fest, als säulenförmige Kolumella die hutförmige, kein Kapillitium enthaltende Gleba durchsetzend. Auf dürrem Heideboden im östlichsten Teile des Gebietes. **37. Secotiaceae.**
β) Stiel vom sporenbildenden Teile des Fk. nicht scharf abgesetzt.
+ Stiel am Grunde zerfasert in das nicht strangförmige Myzel übergehend, ohne Kapillitium, höchstens mit einzelnen Gewebeflocken; Peridie einfach.
o Fruchtfleisch anfangs weiß u. kernig-fest, dann gleichmäßige dunkle, ungekammerte Sporenmasse mit Gewebeflocken. **30. Sclerodermataceae.**
oo Fruchtfleisch bald deutlich gekammert, Sporenmasse in eifg. od. kugeligen häutigen Kammern (Peridiolen). **31. Pisolithaceae.**
++ Stiel am Grunde nicht zerfasert, nur an einer od. wenigen Stellen mit dem ∓ strangförmigen Myzel zusammenhängend, mit reichlichem Kapillitium; Peridie doppelt. **36. Lycoperdaceae.**
2) Fk. fleischig, faulend, Stiel (= Rezeptakulum) schwammighohl, die abtropfende Gleba auf seiner Spitze tragend. Peridie bei Reife der Gleba an der Spitze durchbrochen und als Volva mit Gallert am Grunde des Stieles im Erdboden zurückbleibend. Jugendzustand „Hexenei".
α) Rezeptakulum an der Spitze in Lappen od. Arme geteilt (od. gitterförmig). **40. Clathraceae.**
β) Rezeptakulum an der Spitze ungeteilt, glockig.
41. Phallaceae.
2. Fk. unter der Erdoberfläche, hypogäisch, stets ∓ knolligkugelig, fleischig-faulend, nicht stäubend.
α Fk. von strangfg. Myzelfäden umsponnen; Peridie von der Gleba nicht scharf geschieden.
1) Peridie festfleischig, Gleba mit ∓ rundlichen, ein Gerüst bildenden Kammern, Sporenmasse gallertig-zerfließend, schwärzlich. **30. Sclerodermataceae: Melanogaster.**
2) Peridie häutig, Gleba mit feinen Gängen, Sporenmasse gallertig-zerfließend, grünlich.
38. Hymenogastraceae: Rhizopogon.
β Fk. nicht von Myzelsträngen umsponnen.
1) Peridie fehlt ganz, Fk. dann mit morchelartiger Oberfläche (Gautieria), od. leicht ablösbar (Hysterangium). Sporen längsrippig od. glatt. **39. Hysterangiaceae.**
2) Peridie sich in die Glebakammern fortsetzend, nicht ablösbar. Sporen stachelig od. warzig. **38. Hymenogastraceae.**

VI. Biologie und Entwicklungsgeschichte der Basidiomyzeten.

Die Basidiomyzeten verdanken ihren Namen ihrer Hauptsporenform, der Basidiospore, die an den Basidien, meist in besonders gestalteten „Fruchtkörpern" gebildet werden. Zum Verständnis der Biologie und Entwicklungsgeschichte müssen wir daher von der Basidiospore ausgehen und das Leben und die Entwicklung bis zur Neubildung der Basidiosporen verfolgen.

Die Keimung der Basidiospore erfolgt unter günstigen Bedingungen (bei sehr vielen höheren Basidiomyzeten ist sie bisher noch nicht beobachtet worden) und liefert zunächst ein „primäres Myzel" oder „Keimmyzel", das aus einkernigen oder zweikernigen Zellen besteht oder auch querwandlos bleiben und vielkernige, dünnwandige Hyphen bilden kann. Dieses primäre Myzel bildet keine Fruchtkörper, sondern wächst regellos, zeigt aber oft mannigfache Nebensporenbildungen, Konidien. Das primäre Myzel ist haploid und ungeschlechtlich. (Vgl. Abb. 2.) Aus ihm geht allmählich hervor ein diploides „sekundäres Myzel", das sich durch eigenartige „Schnallenbildungen" und lebhaftes Wachstum mit reichlicher Verzweigung der meist zweikernigen Hyphen auszeichnet. Diese Schnallenbildungen entstehen meist in der Mitte zwischen den beiden Kernen einer Hyphenzelle als kleiner seitlicher henkelförmiger Auswuchs. (Vgl. Abb. 3.) Ein Kern wandert in die Schnalle hinein, während der zweite des Kernpaares in der Nähe der Ansatzstelle der Schnalle bleibt. Beide Kerne treten hierauf in konjugierte Teilung ein, wobei die Spindelachse des in die Schnalle gewanderten Kernes in die Richtung der Schnalle fällt, während die des außerhalb der Schnalle verbliebenen Kernes in die Richtung der Haupthyphe fällt. Noch bevor die vier neu entstandenen Kerne fertig gebildet sind, entfernen sie sich voneinander: nur 1 Kern bleibt in der Schnalle, 1 Kern wandert basalwärts, die beiden übrigen nach der Spitze der Haupthyphe. Unmittelbar unterhalb der Ansatzstelle der Schnalle bildet sich nunmehr eine

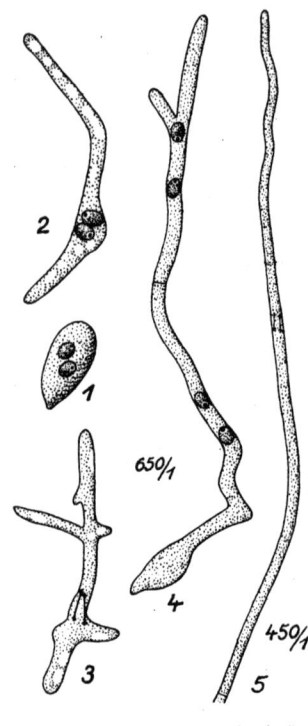

Abb. 2. Sporenkeimung und primäres Myzel. (Nach Kniep.)

Querwand, welche das Kernpaar in der Spitze der Hyphe von dem basalen Teile trennt. Hierauf schließt sich die Schnalle am Vorderende durch eine Querwand ab, und ihr Ende verschmilzt mit der einkernigen Basalzelle. Nunmehr wandert der Kern aus der Schnalle zu dem Kern in der Basalzelle, so daß auch diese wieder zweikernig wird. Das sekundäre Myzel ist für die allermeisten Basidiomyzeten das eigentliche vegetative Myzel, das die mannigfachsten Ausbildungsformen zeigen kann. Nur bei den niederen Auriculariales, Cantharellales und Polyporales und bei den Exobasidiales ist es die abschließende Myzelform: die Enden seiner Hyphen bilden sich zu den Basidien um, ohne daß es zur Ausbildung höher organisierter Fruchtkörper kommt. Das sekundäre Myzel ist völlig selbständig und in seiner Ernährung nicht vom primären Myzel abhängig im Gegensatz zum primären Myzel der Askomyzeten (Myzel) und den askogenen Hyphen, welche das sekundäre Myzel darstellen. Das sekundäre Myzel der Basidiomyzeten kann einjährig sein (z. B. bei vielen Coprinus-Arten u. a.), oder es kann perennieren. Wächst es bei den bodenbewohnenden Basidiomyzeten ungestört, so breitet es sich zentrifugal nach allen Richtungen gleichmäßig aus, und die Fruchtkörper erscheinen dann in kreisförmiger

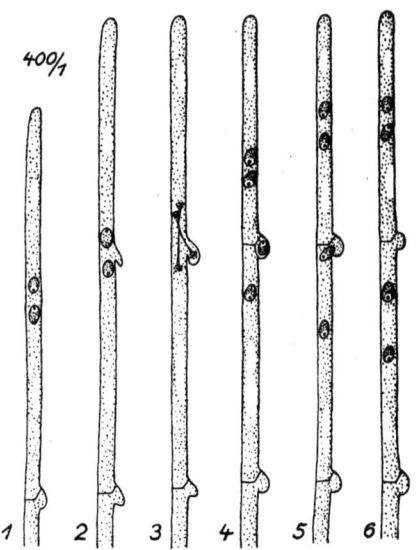

Abb. 3. Schnallenbildung am sekundären Myzel. (Schematisch nach Kniep.)

Anordnung in „Hexenringen", die sich bei perennierenden Myzelien von Jahr zu Jahr erweitern. Der Jahreszuwachs hängt von den Ernährungsbedingungen des Myzels ab und ist in feuchten (guten Pilz-) Jahren stärker als in ungünstigen Jahren; er kann in trockenen Jahren ganz ausbleiben. Das Wachstum der Hexenringe wirkt mitunter deutlich auf den phanerogamen Bodenwuchs ein: in der Zone vor dem Hexenringe zeigt sich bisweilen stärkeres Wachstum der Bodenpflanzen infolge der chemischen Umsetzungen im Boden, in der Hexenringszone selbst geht das Wachstum der phanerogamen Bodenpflanzen mitunter bis zum Absterben zurück infolge der Entziehung der Nährstoffe; innerhalb der Hexenringzone tritt dann wieder eine oft sehr deutliche Förderung des Bodenwuchses ein infolge der Zufuhr von Nährstoffen durch die verfaulenden Fruchtkörper. Die Lebensdauer

28   Biologie und Entwicklungsgeschichte der Basidiomyzeten.

perennierender Myzelien kann nach Messungen an großen Hexenringen mitunter Jahrzehnte, ja Jahrhunderte erreichen. Das sekundäre Myzel vieler Basidiomyzeten geht mit den Wurzeln von Blütenpflanzen, insbesondere mit den meisten unserer Waldbäume eine Lebensgemeinschaft ein, die man als „Mykorrhiza" bezeichnet. (Vgl. unten den Abschnitt: „Die Mykorrhiza der Basidiomyzeten.") Bei einigen tropischen Basidiomyzeten (Thelephora-

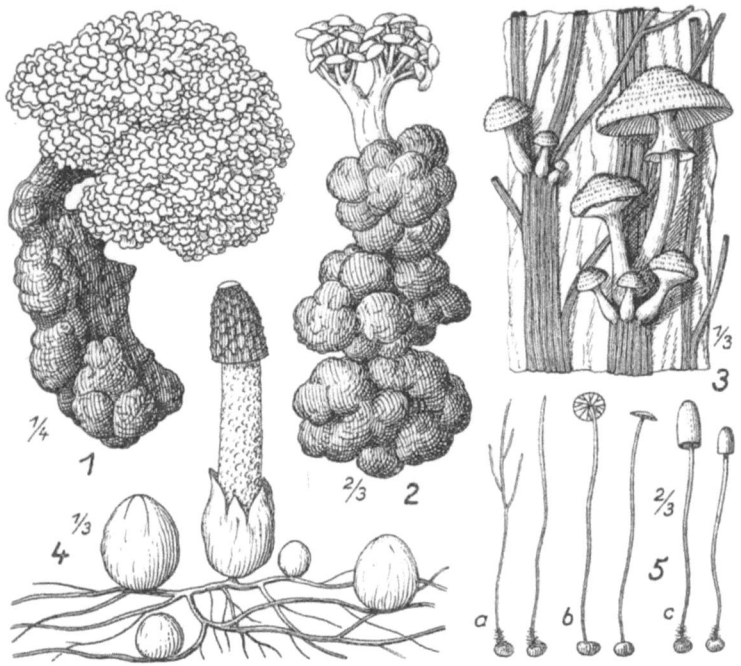

Abb. 4. Formen des tertiären Myzels. 1, 2, 5 Sklerotien; 3, 4 Strangbildungen. 1. Sparassis ramosa. 2. Polyporus umbellatus. 3. Armillaria mellea. 4. Phallus impudicus. 5a. Typhula phacorrhiza, b. Collybia tuberosa, c. Coprinus stercorarius. (Originalzeichnungen.)

ceae) bildet es in Lebensgemeinschaft mit Spaltalgen (Scytonemataceae, Chroococcaceae) Flechten (Hymenolichenes). Bei manchen holzbewohnenden Basidiomyzeten bildet das sekundäre Myzel reichlich Lufthyphen, die als mächtige „Wattenbildungen" in die Erscheinung treten können.

Wie beim primären, können auch beim sekundären Myzel mannigfache Konidienbildungen, Gemmen und andere Nebensporenformen auftreten. Zur Fruchtkörperbildung selbst kommt das sekundäre Myzel mit Ausnahme der oben genannten niederen Formen und einiger Parasiten jedoch nicht.

Biologie und Entwicklungsgeschichte der Basidiomyzeten.

Hierauf erfolgen mannigfache Umbildungen des ursprünglich einheitlichen sekundären Myzels zu einem hochorganisierten „tertiären Myzel", dessen meist engverflochtene Hyphen eine oft weitgehende Spezialisierung aufweisen. (Vgl. Abb. 4.) Dieses tertiäre Myzel kann sich zu Leitsträngen entwickeln, meist im Zusammenhang mit Sklerotien und Fruchtkörperbildungen. Diese Leitstränge sind für lebendes oder totes Holz bewohnende Basidiomyzeten besonders charakteristisch. Ihrer äußeren Gestalt nach ähneln sie oft den Wurzelbildungen höherer Pflanzen und haben daher auch den Namen „Rhizomorphen" erhalten. (Abb. 4, 3.) Sie führen den Fruchtkörpern die Nährstoffe zu und gehen aus strangartig umgebildeten Hyphenbündeln des sekundären Myzels hervor. Sie bestehen aus Gefäßhyphen mit weitem Lumen und dicker Wandung, die durch Auflösung der Querwände (auch bei den Schnallenbildungen) zu Leitungsbahnen für die Nährstoffe werden. Ring- und Spiralverdickungen der Hyphenwandungen treten oft auf und erhöhen die Druckfestigkeit. Daneben treten sehr dickwandige, englumige Faserhyphen auf als mechanische Elemente der Leitstränge, die in ihrem Bau an die Sklerenchymfasern der Blütenpflanzen erinnern. Diese Leitstränge zeigen ein ausgeprägtes Längenwachstum und können meterweit durch den Boden, durch Holz und Mauern vordringen. Im Gegensatz hierzu zeigen die „Sklerotien" kein Längen-, sondern Dickenwachstum. (Abb. 4, 1—2, 5.) Das Myzel verflicht sich in den Sklerotien zu dichtem, hartem Pseudoparenchym, das außen eine derbe Rinde, innen ein meist etwas lockeres Mark aufweist. Kleine und in großer Zahl angelegte Sklerotien werden als „Bulbillen" bezeichnet. Die Sklerotien und Bulbillen können lange Ruheperioden durchmachen und wie die Leitstränge sehr ungünstige Verhältnisse ohne Schaden ertragen. Unter günstigen Bedingungen wachsen sie meist zu einem sekundären Myzel aus, seltener bilden sie sofort und alljährlich Fruchtkörper aus, wie z. B. Sparassis ramosa, Polyporus umbellatus, P. tuberaster, Lentinus tuber regium und andere Arten.

Die Fruchtkörper sind die gewöhnliche Form des tertiären Myzels. Ihrer Ausbildung geht nicht wie bei den Askomyzeten ein Sexualakt unmittelbar voraus, sondern auslösende Momente sind günstige Ernährungsbedingungen (Feuchtigkeit, Lichtverhältnisse u. a.). Daher ist in trockenen Jahren („schlechten Pilzjahren") die Ausbildung der Fruchtkörper sehr spärlich, kann sogar ganz ausbleiben, und die Myzelien bleiben rein vegetativ; dagegen zeigen feuchte Jahre („gute Pilzjahre") eine reichliche Ausbildung von Fruchtkörpern. Die Hyphen der Fruchtkörper sind wie die des sekundären Myzels zweikernig und mit Schnallenbildungen versehen. Es kommen jedoch bei einigen Arten auch parthenogenetische Fruchtkörperbildungen aus einkernigen Hyphen vor. Diese sind dann aber oft durch Mangelbildungen ausgezeichnet (Fehlen oder unvollkommene Ausbildung der Basidien) oder überhaupt mißbildet: geweihartig oder korallig ohne Basidien. (Vgl.

Abb. 10, 6.) Normale Fruchtkörper enthalten außer der Hauptmasse der sterilen (den Stiel und Hut bildenden) Hyphen an bestimmten Stellen das „Hymenophor" oder „Hymenium", d. h. die Basidien bildenden Gewebe mit den Basidiosporen. Gestalt und Beschaffenheit der Fruchtkörper ist außerordentlich verschieden; das Nähere wird bei den einzelnen Familien mitgeteilt werden. Wie die Leitstränge und Sklerotien weisen auch die Fruchtkörper eine oft weitgehende Differenzierung auf. Ihre Struktur ist gallertig (Auriculariaceae, Tremellaceae, Dacryomycetaceae u. a.) oder faserig-fleischig, -korkig-, holzig. Bei manchen Formen (Lactariaceae, Corticiaceae u. a.) treten langgestreckte, meist reich verzweigte, gewöhnlich querwandlose ungleich dicke, vielfach anastomosierende vielkernige Milchsaftschläuche auf. In der einfachsten Form stellen die Fruchtkörper ein mehr oder weniger

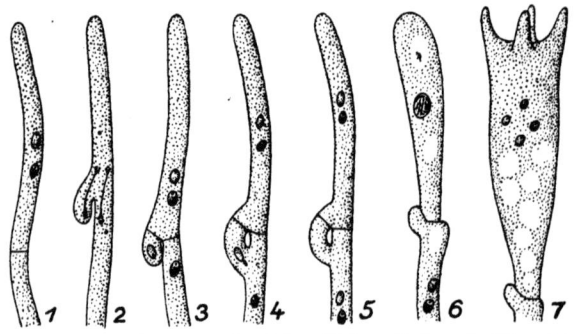

Abb. 5. Entstehung der Basidie. (Schematisch nach Gäumann.)

dichtes Hyphengeflecht dar, das dem Substrat ganz aufliegt, strahlig nach außen wächst und das Hymenophor auf der Oberseite trägt. Derartige krustenförmige Fruchtkörper nennen wir „resupinat". Sie können einjährig oder ausdauernd sein; im letzteren Falle liegen die alljährlich gebildeten Hymenophore übereinander und bilden eine dicke Kruste. Die resupinaten Krusten stellen die niederste Stufe der Fruchtkörperbildung dar, von der die Entwicklung zu höher organisierten Fruchtkörperformen ihren Ausgang genommen hat. Diese Entwicklung ging nach zwei Richtungen: zur Ausbildung unterirdischer, hypogäischer und zur Ausbildung oberirdischer, epigäischer Fruchtkörper.

Die unterirdischen Fruchtkörper entwickelten sich zur Knollenform: es entstanden trüffelähnliche Fruchtkörper mit steriler Rinde und fruchtbarem, basidienführendem Inhalt (Hymenogastraceae u. a.). Das Basidien führende Gewebe wurde zur „Gleba". Bei den höher organisierten Formen (Phallaceae, Clathraceae u. a.) wird die unterirdisch angelegte Gleba nachträglich durch Streckung be-

Biologie und Entwicklungsgeschichte der Basidiomyzeten.

stimmter Teile des Fruchtkörpers (des „Rezeptakulums") über den Erdboden gehoben.

Bei den oberirdischen Fruchtkörpern ist die Krustenform lange erhalten geblieben und hat sich weiter entwickelt zur Konsolenform und schließlich zum in Stiel und Hut gegliederten Fruchtkörper. Wir finden in manchen Familien (z. B. Thelephoraceae, Hydnaceae, Polyporaceae u. a.) alle Fruchtkörperformen von der resupinaten Kruste, über Konsole bis zu den in Stiel und Hut gegliederten Fruchtkörpern. Dies erschwert dem Anfänger das Erkennen der Verwandtschaftskreise gefundener Pilze sehr. Die Beachtung der Merkmale des Hymenophors wird aber stets den richtigen Weg weisen. Die Ausbildung von Fruchtkörpermasse nimmt bei der oberirdischen Entwicklung der Fruchtkörper erstaunlich zu. Während die unterirdisch entwickelten Fruchtkörper verhältnismäßig klein bleiben, treten bereits bei den Clavariaceae und Hydnaceae sehr große Fruchtkörper auf, die ein stattliches Gewicht erreichen können. Am größten werden die Fruchtkörper mancher Polyporaceae, z. B. Polyporus giganteus u. a., die einen Durchmesser von 1 m und ein Gewicht von 50 kg und darüber erreichen können. Wenn man bedenkt, daß diese Fruchtkörper einjährig sind, wird verständlich, daß ein außerordentlich großer Nährstoffbedarf vorhanden ist zum Aufbau derartiger Fruchtkörper. Am bekanntesten ist, welche Zerstörungen durch manche holzbewohnenden Basidiomyzeten angerichtet werden können, die zum Aufbau ihrer großen oder sehr zahlreichen Fruchtkörper viel Nährstoffe brauchen, die mitunter durch lange Leitstränge (Rhizomorphen) den Fruchtkörpern zugeführt werden, z. B. Fistulina hepatica, Polyporus caudicinus, Merulius lacrimans, Armillaria mellea (Hallimasch); bei den beiden letztgenannten Arten sind die Leitstränge besonders kräftig entwickelt. (Vgl. Abb. 4, 3.)

Weitaus die meisten Fruchtkörper der Basidiomyzeten enthalten nur Basidiosporen, jedoch bei den niederen Familien (1—6), sowie bei den Familien 8, 13, 15—22, vorwiegend bei holzbewohnenden Arten, z. B. Fistulina, Fomes annosus und vielen anderen Fomes- und Polyporus-Arten treten an den jugendlichen Fruchtkörper zunächst Konidienbildungen auf, und erst der reife Fruchtkörper bildet ausschließlich Basidien. (Vgl. Abb. 12.) Bei den Agaricazeen sind nur sehr wenige Fälle bekannt, in denen in den Fruchtkörpern andere Sporen als Basidiosporen gebildet werden: so bildet Collybia dryophila gelegentlich sehr kleine Konidien auf der Oberseite des Hutes und bisweilen auch am Stiel in eigenartig veränderten Gewebepartien, die den Eindruck eines parasitären Befalles machen (vgl. bei Collybia dryophila, Abb. 30, 3) und auch lange Zeit hierfür gehalten wurden. Bei den parasitisch auf hartfleischigen Russula- und Lactarius-Fruchtkörpern lebenden Nyctalis-Arten bilden sich in den Fruchtkörpern häufig statt der Basidien derbwandige Konidien, die als Chlamydosporen bezeichnet werden.

32 Biologie und Entwicklungsgeschichte der Basidiomyzeten.

Die normale Sporenform der Basidiomyzetenfruchtkörper ist aber die Basidiospore, die an mehr oder weniger keulenförmigen Hyphen-Enden, den Basidien, gebildet werden. Die Ausbildung der Basidien ist bei den Hauptgruppen der Basidiomyzeten verschieden: Alle Autobasidiomyzeten besitzen ungeteilte (Auto-)Basidien. Diese kommen in zwei Ausbildungsformen vor:

1. Typus die Stichobasidie (stichobasidiale Autobasidie) ist meist zylindrisch, verlängert sich während der Entwicklung noch

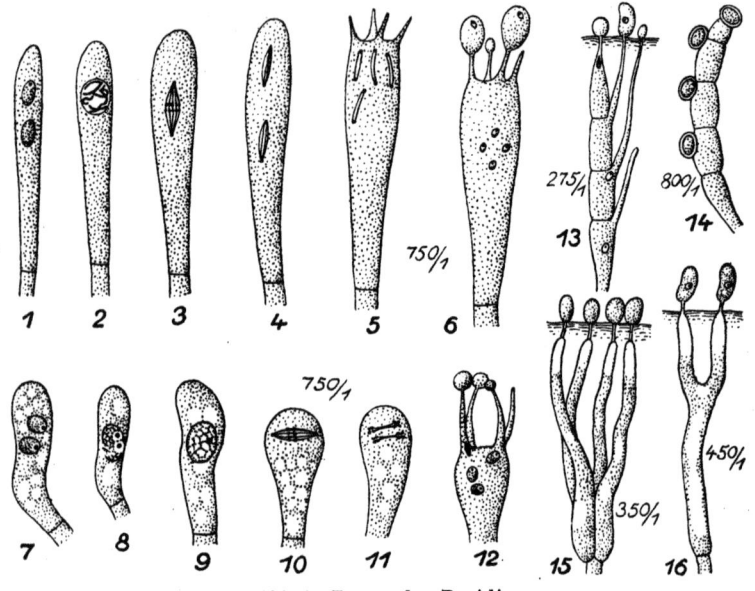

Abb. 6. Typen der Basidien.
1 bis 6 Stichobasidie von Cantharellus cibarius. — 7 bis 12 Chiastobasidien von Corticium terrestre Kniep. — 13 u. 14 Quergeteilte Basidie von Auricularia auricula Judae (13) und Pilacre Petersii (14). — 15 Längsgeteilte Basidie von Tremella lutescens. — 16 Gegabelte Basidie von Dacryomyces deliquescens. (Nach Gäumann.)

erheblich, verbreitert sich dagegen nur unbedeutend. Bei der Sporenreife ragt sie oft über das Hymenium beträchtlich empor. Sie besitzt in der Jugend einen in ihrer Mitte liegenden Zentralkern, dessen Kernspindel bei der ersten Kernteilung, der Reduktionsteilung, longitudinal, d. h. in der Richtung der Längsachse der Basidie liegt. Die Spindeln der späteren Kernteilungen liegen auf ungleicher Höhe und sind gleichfalls längsgestellt. Da gewöhnlich drei Teilungen des diploiden Zentralkernes erfolgen, ist die junge Basidie achtkernig; es gelangen jedoch nur 2 oder 4 Kerne in die Basidiosporen; die restlichen 6 oder 4 Kerne gehen zugrunde. Stichobasidien besitzen u. a.

die Dacryomycetaceae, Peniophoraceae, Exobasidiaceae, Thelephoraceae, Stichoclavariaceae, Cantharellaceae, Hydnaceae. (Abb. 6, 1—6.)

2. Typus die Chiastobasidie (chiastobasidiale Autobasidie) ist mehr oder weniger keulenförmig, verlängert sich nur unwesentlich und ist im Gegensatz zu der variablen Stichobasidie in ihrer Gestalt sehr konstant. Bei der Sporenreife ragen die Chiastobasidien nicht über das Hymenium empor, sondern stehen alle in etwa gleicher Höhe, bisweilen in zwei Stockwerken (z. B. Coprinus). Der Zentralkern der jungen Basidie liegt dem Scheitel der Basidie genähert; die Kernspindeln aller Kernteilungen liegen in ungefähr gleicher Höhe nahe dem Scheitel und sind quergestellt. Die Chiastobasidie ist für alle höheren Basidiomyzeten (Polyporales, Agaricales, Plectobasidiales, Gasteromycetes) charakteristisch. (Abb. 6, 7—12.)

Bei beiden Basidientypen (Sticho- und Chiastobasidien) entstehen während der Kernteilungen unabhängig von der Lage der Kerne kleine Auswüchse oben auf dem Scheitel der Basidie, die Sterigmen (Stielchen) und Sporen, deren Zahl meist der Zahl der Kerne in der Basidie entspricht. Derartige Basidien sind akrospor. Dies ist die Regel bei den allermeisten Basidiomyzeten. Bei einigen Familien (Tulostomataceae u. a.) bilden sich die Sterigmen und Sporen seitlich an den Basidien; derartige Basidien sind pleurospor.

Während bei den Autobasidien nach der Kernteilung keine Wandbildungen in der Basidie erfolgen, treten bei den Protobasidiamycetes nach der Kernteilung Wandbildungen auf: es wird die mehrzellige Protobasidie gebildet. Entsprechend den beiden Typen der Autobasidie können wir auch hier zwei Typen unterscheiden:

3. Typus: Die Auricularia-Basidie entspricht der Stichobasidie. Die Basidien sind schlank zylindrisch, der Zentralkern der Basidie teilt sich zweimal so, daß die Kernspindeln in die Längsrichtung der Basidie fallen. Die entstandenen vier Kerne werden durch Querwände voneinander getrennt, so daß die Basidie vierzellig wird. Jede Zelle erzeugt seitlich ein Sterigma und eine Basidiospore. Diese Basidienform ist für die Auriculariales charakteristisch. (Abb. 6, 13—14).

4. Typus: die Tremella-Basidie entspricht der Chiastobasidie; sie ist kugelig oder birnenförmig, die Kernspindeln liegen auf gleicher Höhe und sind quergestellt. Dementsprechend fallen die bei der Kernteilung gebildeten Wände in die Längsrichtung der Basidie: die Tremella-Basidie ist längsgeteilt. Jede Zelle bildet auf ihrer Spitze je ein Sterigma und Basidiospore. (Abb. 6, 15).

Bei allen vier Basidientypen ist die vorherrschende Zahl der Basidiosporen vier, entsprechend der Zahl der zur Sporenbildung gelangenden Kerne der Basidien. Ursprünglich enthält die ganze junge Basidie, wie jede Zelle des sekundären und tertiären Basidiomyzeten-Myzels zwei Kerne. Dieses Kernpaar verschmilzt in der jungen Basidie zu einem diploiden Kern, dem Zentralkern. Dieser teilt sich

34 Biologie und Entwicklungsgeschichte der Basidiomyzeten.

unter entsprechender Reduktion der Chromosomen zwei- oder dreimal hintereinander in vier oder acht Basidienkerne. Normalerweise wandern 4 Kerne durch die Sterigmen in die 4 Basidiosporen ein. Dann grenzt sich die Basidiospore durch eine Querwand vom Sterigma ab und ist reif zur Verbreitung. Die Sterigmen wirken bei der Abschleuderung der reifen Basidiosporen mit: unmittelbar vor der Abschleuderung der Basidiosporen erscheint an der Spitze des Sterigmas ein Flüssigkeitströpfchen, mit dem zusammen die Spore abgeschleudert wird. Die Kraft, mit welcher die Abschleuderung der Basidiospore erfolgt, ist verhältnismäßig gering: die Wurfweite beträgt nur das 10- bis 20fache der Länge der Basidiospore, etwa 0,1—0,2 mm, reicht also nicht aus, um die Basidiosporen aus becherförmigen oder resupinaten Fruchtkörpern herauszubefördern, ohne andere Kräfte zur Sporenverbreitung heranzuziehen. Diese anderen Kräfte, die bei der Sporenverbreitung der Basidiomyzeten mitwirken, sind der Wind und Insekten oder andere Tiere.

Das wichtigste Verbreitungsmittel der Basidiosporen sind Luftströmungen. Da die Wurfweite der Sporen bei der Abschleuderung durch die Sterigmen nur gering ist, sind die basidiosporenbildenden Gewebe der Fruchtkörper meist nach unten gerichtet, so daß der freie Sporenfall dem Winde Gelegenheit gibt zur Sporenverbreitung. Die geringe Wurfweite der Sporen ist hier günstig und ermöglicht eine Vergrößerung der Oberfläche der sporenbildenden Gewebe, wie sie erreicht wird durch Bildung der Basidien in Röhren (Polyporaceae, Boletaceae) oder in Falten (Agaricales). Wie bedeutend diese Oberflächenvergrößerung ist, ergibt sich aus folgenden Zahlen: bei einem Blätterpilze (Agaricaceae, z. B. Russula, Hypholoma, Psalliota) ist die basidienbildende Fläche 7- bis 30mal, bei einer Polyporacee, z. B. Fomes igniarius, F. applanatus, 38- bis 164mal so groß, als wenn die entsprechenden Fruchtkörperschichten glatt wären. Bei weitwirkender Abschleuderung würden die Sporen in die gegenüberliegenden Basidien der Falten oder Röhren geschleudert werden. Um den ungehinderten freien Fall der Sporen zu sichern, ist genau senkrechte Stellung des Hymeniums nach unten erforderlich. Infolgedessen zeigen die Fruchtkörper der höheren Basidiomyzeten einen ausgeprägten Geotropismus: das Hymenium ist positiv geotropisch, d. h. es wendet sich nach unten, der Stiel, bei den stiellosen Fruchtkörpern der Hut, sind negativ geotropisch. Sehr schön kann man diesen Geotropismus bei den Knollenblätterpilzen, den Amanita-Arten, beobachten: bereits nach wenigen Stunden wird der Stiel eines jugendlichen Fruchtkörpers, den man horizontal auf den Tisch gelegt hat, krumm; er biegt sein Ende nach oben, so daß das Hymenium des sich entfaltenden Hutes genau senkrecht nach unten sieht. Besonders fein ausgeprägt ist dieser Geotropismus auch bei den großen Fruchtkörpern der holzbewohnenden Polyporaceae mit engen Röhrenmündungen und leicht zu beobachten bei den konsolenförmigen, mehrjährigen Fruchtkörpern

Biologie und Entwicklungsgeschichte der Basidiomyzeten. 35

der Fomes-Arten. Die Fruchtkörper brechen seitlich aus dem Holze hervor und entwickeln ihr primäres Hymenium so, daß die Röhren genau senkrecht nach unten gerichtet sind. Kommt das Hymenium durch Sturz des Baumes aus seiner Lage, so bildet sich ein neues Hymenium, das wieder die für den ungehinderten Ausfall der Sporen notwendige Lage einnimmt. Das alte, primäre Hymenium wird häufig ganz überwachsen von sterilem Fruchtkörpergewebe, da es funktionslos geworden ist.

Bei den fleischigen, in Stiel und Hut gegliederten Fruchtkörpern der Basidiomyzeten (Boletaceae, Polyporaceae, Agaricales) ist die sterile Fruchtkörpermasse im Verhältnis zu den sporenbilden-

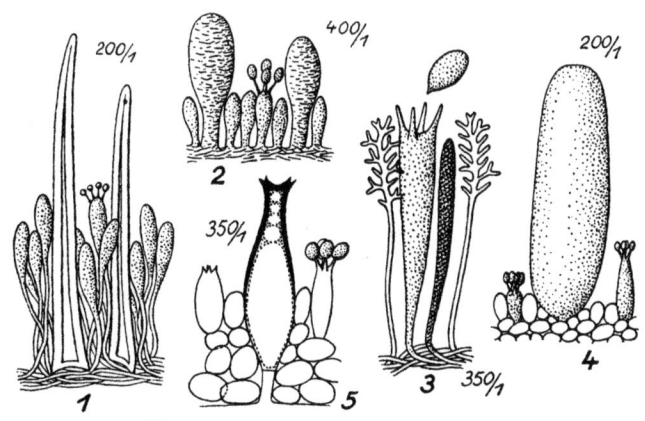

Abb. 7. Elemente des Hymeniums der Basidiomyzeten.
1. Peniophora chaetophora mit unreifen und 1 reifen Basidie (Stichobasidie) und langen borstenförmigen Zystiden. — 2. Gloeocystidium clavuligerum mit 2 großen Gloeozystiden. — 3. Aleurodiscus sparsus: 1 Basidie, rechts daneben eine Gloeozystide, außen 2 Paraphysen. — 4. Coprinus micaceus Basidien 2 Stockwerke bildend, 1 große blasenförmige Zystide. — 5. Pluteus cervinus Basidien und eine Zystide. — 2 bis 5 Chiastobasidien. (1 bis 3 nach Gäumann, 4 u. 5 nach Buller.)

den Teilen auf der Unterseite des Hutes sehr groß, so daß man geneigt sein könnte, darin eine unnötige Materialverschwendung zu sehen. Die großen Fruchtkörper zeigen jedoch zur Zeit der Sporenbildung eine sehr lebhafte Atmung, die mit merklicher Temperaturerhöhung verbunden ist. (Dicht zusammenliegende Fruchtkörper erwärmen sich in geschlossenen Behältern stark.) Diese Temperaturerhöhung erzeugt unterhalb des Hymeniums leichte Luftströmungen, die genügen, um die ausfallenden, winzigen Basidiosporen einige Zeit schwebend zu erhalten, so daß sie vom Winde davongetragen werden können.

Weitaus die meisten Basidiomyzeten sind anemochor, d. h. an die Verbreitung ihrer Sporen durch den Wind angepaßt. Bei diesen Formen sind die Sterigmen der Basidien meist gut entwickelt und

3*

bewirken die Trennung der reifen Spore von der Basidie. Als Hilfsorgane wirken bei der Sporenbildung häufig besondere Hyphenenden in der sporenbildenden Schicht mit, die als „Paraphysen" und „Zystiden" bezeichnet werden. Die Paraphysen und Zystiden unterscheiden sich abgesehen von dem Fehlen der Sterigmen von den Basidien dadurch, daß die Kerne der Endzelle degenerieren und sich allmählich auflösen. Die Zystiden gehen meist stark in die Breite und dienen wohl dazu, die sporenbildenden Basidien auseinander zu halten, so daß die Basidien und Sporen nicht verkleben, dann wirken sie wohl auch durch ihre Breitenausdehnung mit bei der Ausbreitung des Hutes. Die Paraphysen zeigen dagegen eine sehr bedeutende Streckung, so daß sie meist weit über die Basidien hinausragen. Ihre biologische Bedeutung ist noch nicht klargestellt. Vielleicht dienen die Zystiden und Gloeozystiden gleich den Drüsen der höheren Pflanzen als Exkretionsorgane, vielleicht sind sie aber auch mechanische Organe zur Stützung der Lamellen. Enthalten sie öligen, körnigen Inhalt, so werden sie in besonderen Formen als „Gloeozystiden" bezeichnet. Außer dieser gewöhnlichen Form der anemochoren Sporenverbreitung mit oder ohne besondere Hilfsorgane kommt bei den Lycoperdaceae, Tulostomataceae, Calostomataceae und anderen Familien der Plectobasidiineae und Gasteromycetes noch eine ganz andere Form der Anemochorie vor: die ganzen Fruchtkörper werden bei der Sporenreife aus dem Boden gerissen und vom Winde fortgekollert. Diese „Steppenläufer" finden sich besonders bei Pilzen offener Standorte, wie Heiden, Triften, Steppen u. a. Derartige Fruchtkörper stehen mit dem Myzel im Boden meist nur durch wenige Stränge in Verbindung, so daß sie leicht losreißen. In diesen Fällen spielen die Basidien mit ihren Sterigmen keine Rolle bei der Ausstreuung der Sporen. Da die Sporen nicht abgeschleudert, sondern mit dem ganzen Fruchtkörper fortgeführt werden, fehlen die Sterigmen ganz oder sind kurz (Lycoperdaceae); sie vergehen bei der Sporenreife vollständig, so daß die reifen Sporen das Innere der Fruchtkörper als trockene, pulverige Masse erfüllen. Als besondere Hilfsorgane treten dafür steril bleibende, feste Hyphen auf, das „Kapillitium", welche die Aufgabe haben, das Zusammenballen der trockenen Sporenmassen zu verhindern und bei Deformierung der Fruchtkörperwandungen die ursprüngliche Gestalt der Fruchtkörper wiederherzustellen. Wir können hier verschiedene Ausbildungsformen unterscheiden:

Die häufigste Form (Lycoperdon, Tulostoma) ist der $\mp$ birnen- oder flaschenförmige bzw. kugelige Fruchtkörper, dessen zarte äußere Haut kleiig abschülfert und papierartige innere Haut sich an der Spitze oder an mehreren Stellen mit einem Loch öffnet. Durch blasebalgartige Wirkung des Fruchtkörpers werden die Sporen verbreitet. Bei anderen Formen (Lycoperdon-Calvatia u. a.) zerbricht die ganze obere Hälfte der Fruchtkörperwandung, so daß die

Sporen mit dem Kapillitium fortgeweht werden und die sterile untere Hälfte als hohler Becher übrigbleibt. Bei Geaster und Astraeus ist dagegen die äußere Hülle sehr dick, reißt $\mp$ regelmäßig sternförmig auf und ist hygroskopisch: bei Trockenheit legt sie sich zusammen, bei Feuchtigkeit breitet sie sich sternförmig aus. Die innere Hülle ist wie bei Lycoperdon gebaut.

Durch den Wind oder auch durch Regen werden die in besonderen Behältern, den sog. „Sporangiolen" (Peridiolen), geborgenen Sporen aus den offenen, becherförmigen Fruchtkörpern der Nidulariaceae entfernt.

Nur bei verhältnismäßig wenigen Basidiomyzeten findet die Verbreitung der Sporen durch Tiere statt. Derartige zoochore Verbreitung zeigen die Phallaceae, Clathraceae. Insekten, besonders Fliegen sind die Verbreiter, die durch einen meist sehr auffälligen Geruch angelockt werden, welchen die Fruchtkörper zur Zeit der Sporenreife ausströmen. Auch bei derartigen Fruchtkörpern besitzen die Basidien keine Sterigmen: die Sporenmasse (Gleba) zerfließt zu einer oft fade süßlich schmeckenden Masse.

Die Fruchtkörper der „Steppenläufer" und Arten mit ausschließlich zoochorer Verbreitung zeigen keinen oder wenigstens keinen ausgeprägten Geotropismus.

Eine gelegentliche zoochore Verbreitung der Sporen erfolgt wohl auch bei sonst anemochoren Arten durch Schnecken, Käfer, Nagetiere u. a., die den Fruchtkörpern nachstellen, ebenso bei den unterirdischen Fruchtkörpern.

Selbstverbreitung der Sporen, „Autochorie", findet sich als ausschließliche Verbreitungsform nur bei Sphaerobolus carpobolus, welcher die Sporenmasse (Gleba) selbst abschleudert. Schwache Autochorie in Verbindung mit wirksamer Anemochorie zeigen alle Basidiomyzeten, deren Basidien die Sporen mit Hilfe der Sterigmen abschleudern.

Die Sporenmenge, welche ein Fruchtkörper hervorbringt, ist außerordentlich groß. So bildet ein Hut von Polyporus squamosus in 1 Jahre über 100 Milliarden Sporen. Während der Zeit der Sporenproduktion schleudert er in jeder Minute mindestens 1 Million Sporen ab und behält diese Sporenproduktion mehrere Stunden oder Tage bei. Welch ungeheure Sporenmengen enthält ein Riesenbovist, Globaria bovista, dessen große Fruchtkörper einen Durchmesser von ½ m erreichen können und im Innern von der Sporenmasse erfüllt sind! Diese ungeheure Überproduktion von Sporen ist zur Erhaltung der Art notwendig, da nur ein ganz verschwindender Bruchteil von Sporen zur Keimung und wieder zur Sporenbildung gelangt.

Die Zeitspanne, in welcher die Sporenbildung erfolgt, ist bei den Basidiomyzeten sehr verschieden groß und hängt eng zusammen mit der Ausbildung der Fruchtkörper: Bei den niedrig organisierten krusten- oder konsolenförmigen und bei einfach gebauten hutförmigen

38 Biologie und Entwicklungsgeschichte der Basidiomyzeten.

Fruchtkörpern (Hydnaceae, Cantharellaceae, Polyporaceae) erfolgt die Sporenbildung während längerer Zeit, bei ausdauernden Fruchtkörpern viele Jahre hindurch, wobei allerdings nur das diesjährige Hymenium Sporen bildet. Derartige Fruchtkörper zeigen keine besonderen Hüllen zum Schutze der sich entwickelnden Sporen; sie sind „gymnokarp". Bei ihnen können die älteren, zuerst angelegten Teile der Fruchktörper die Sporenbildung längst eingestellt haben, während die jüngeren Teile noch sporenbildend fortwachsen.

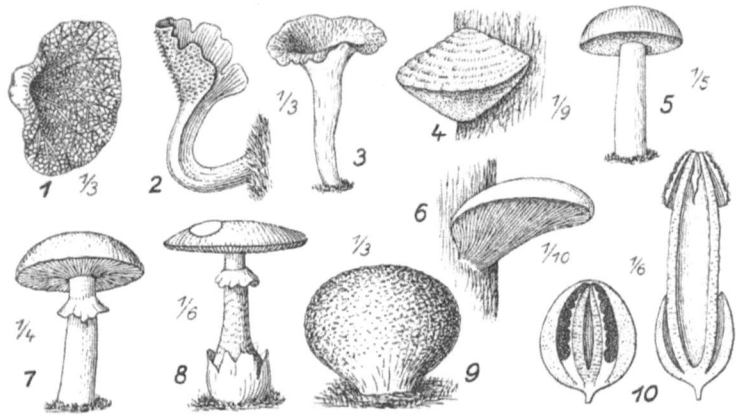

Abb. 8. Fruchtkörpertypen der Basidiomyzeten.
1 bis 6 gymnokarpe, 7 u. 8 hemiangiokarpe, 9 u. 10 angiokarpe Fruchtkörper.
1. Auricularia auricula Judae. — 2. Tremellodon gelatinosus. — 3. Craterellus cornucopioides. — 4. Fomes fomentarius. — 5. Boletus badius. — 6. Pleurotus ostreatus. — 7. Psalliota arvensis (mit velum partiale). — 8. Amanita phalloides (mit velum partiale und universale). — 9. Scleroderma vulgare (mit rings geschlossener Peridie). — 10. Phallus impudicus, links jung als „Hexenei" rechts gestreckt (mit oben aufreißender Peridie und emporgehobener Gleba). (6 nach Buller, 3, 7, 8 nach Michael-Schulz, die übrigen Figuren nach Natürl. Pflanzenfam.)

Die Mehrzahl der Hutpilze zeigt einen etwas höher entwickelten Fruchtkörperbau: die Fruchtkörper gehen aus knöllchenförmigen Anlagen des sekundären Myzels hervor. Die sporenbildenden Schichten sind wenigstens in der Jugend von besonderen Schutzhüllen umgeben: ein häutiger oder fädiger Schleier spannt sich zwischen Stiel und Hutrand aus (velum partiale), oder auch der ganze Fruchtkörper ist in der Jugend von einer häutigen Hülle (velum universale) umgeben, die mit der Streckung des Stieles zerreißt und als Rest den Stielgrund als häutige Scheide (volva) umgibt oder auf der Hutoberseite als Tupfen oder Lappen erhalten bleibt (Amaniteae). Derartige Fruchtkörper nennen wir „hemiangiokarp". (Vgl. Abb. 8, 8.)

Die höchste Stufe erreichen die Fruchtkörper der Gasteromyzeten und Plectobasidiales, bei denen die Ausbildung der Basidien und

Sporen im Innern eines rings geschlossenen Fruchtkörpers erfolgt. Nur bei den Phallazeen und Clathrazeen werden die sporenbildenden Schichten (die „Gleba") aus ihrer schützenden Hülle heraus emporgehoben, und diese umgibt als volva scheidenartig den Grund des Fruchtkörperinnern. Derartige Fruchtkörper nennen wir „angiokarp". (Vgl. Abb. 8, 9 bis 10.) Bei den hemiangiokarpen und angiokarpen Fruchtkörpern dauert die Sporenbildung nur kurze Zeit — wenige Tage oder gar nur wenige Stunden —. Die Fruchtkörper vertragen meist keine Austrocknung; nur die Schizophyllaceae und Agaricaceae-Marasmieae vermögen bei Eintritt von Trockenheit die Sporenbildung einzustellen, um sie mit Wiedereintritt von Feuchtigkeit fortzusetzen.

VII. Die Mykorrhiza der Basidiomyzeten.

Daß manche Basidiomyzeten stets unter gleichen Baumarten vorkommen oder bestimmte Baumarten bevorzugen, ist eine Tatsache, die jeder aufmerksame Pilzsammler leicht beobachten kann. Führen doch einige Pilze ihre volkstümlichen Bezeichnungen nach diesem Verhalten, wie z. B. Birkenpilz (Boletus scaber), Birkenreizker (Lactarius torminosus) nach ihrem Vorkommen unter Birken (Betula). Den vermutlichen Zusammenhang dieses Verhaltens wissenschaftlich nachzuprüfen, lag daher nahe. Erst den neuzeitlichen biologischen Arbeitsmethoden war es vorbehalten, in die schon seit B. Franks Untersuchungen (1885) schwebende Frage der Mykorrhiza unserer Waldbäume Klarheit zu bringen. Es ist das besondere Verdienst schwedischer Forscher, vor allem von Elias Melin und C. Hammerlund, die Mykorrhiza experimentell untersucht zu haben. Frank beobachtete zuerst, daß die Wurzeln vieler unserer Waldbäume von Pilzmyzel umsponnen und durchsponnen sind, und schuf für diese augenscheinliche Lebensgemeinschaft die Bezeichnung „Mykorrhiza", d. i. Pilzwurzel. Da an der Bildung der Mykorrhizen aber nur Myzel teilnimmt, gelang es ihm nicht, festzustellen, welche Pilzarten diese Mykorrhiza bilden. E. Melin gelang es, aus den Mykorrhizen gewonnene Myzelien bis zur Fruchtkörperbildung zu züchten und mit erhaltenen Myzelien Mykorrhizabildungen experimentell hervorzurufen. Er konnte nachweisen, daß Boletus elegans ein scharf spezialisierter Mykorrhizapilz der Lärche (Larix decidua) ist, der in seinem Vorkommen unbedingt an das Vorhandensein von Lärchenwurzeln gebunden ist. Andere Basidiomyzeten sind weniger speziell an eine Baumart gebunden, wenn sie auch gewisse Baumarten bevorzugen. So sind Mykorrhizapilze der Kiefer (Pinus silvestris) Boletus luteus, B. granulatus, B. badius u. a., der Birken (Betula verrucosa und B. pubescens) und Hainbuchen (Carpinus betulus) Boletus scaber, der Zitterpappeln (Populus tremula) Boletus rufus.

Die Mykorrhiza der Basidiomyzeten.

Die echte Mykorrhiza ist ein symbiotisches Verhältnis, eine Lebensgemeinschaft, aus welcher Pilz und Baum ihre Vorteile ziehen. Das sekundäre Myzel des Pilzes umspinnt Teile des Wurzelsystems, die Endigungen der Fadenwurzeln oder Seitenzweige; diese bleiben kürzer, verzweigen sich mehr oder weniger gabelig und werden dicker als die pilzfreien Wurzeln. Die Boletus-Arten erzeugen eine

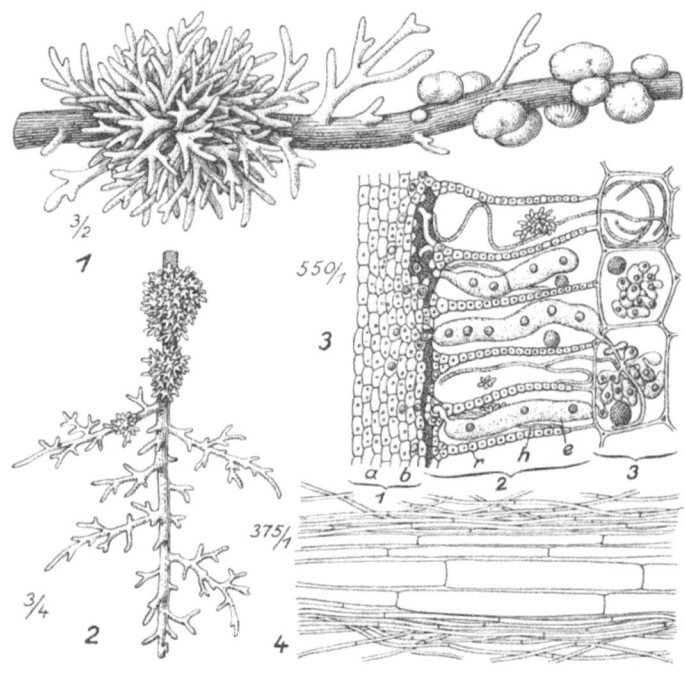

Abb. 9. Mykorrhiza der Basidiomyzeten.
1. Straußförmige und Knollen-Mykorrhiza an einer Wurzel von Pinus silvestris. — 2. Straußförmige und traubige (razemöse) Mykorrhiza an Pinus montana. — 3. Längsschnitt durch die Mykorrhiza der Birke (Boletus scaber an Betula verrucosa): 1 Rindenschicht, fast pilzfrei, 2 „Saugschicht", 3 „Verdauungsschicht"; r = Hartigsches Netz, h = Saughyphen, e = Eiweißhyphen. — 4. Hyphenstrang von der Baumwurzel nach dem Erdboden ausstrahlend. (Nach Melin.)

knollenförmige Ausbildungsform, eine „Knollenmykorrhiza", die Agaricaceae dagegen eine sog. „Straußmykorrhiza", bei welcher die gabeligen Zweige der Wurzeln etwas länger werden. Als dritte Ausbildungsform tritt die „traubige" (razemöse) Mykorrhiza an Wurzelenden auf. Der innere Bau der Mykorrhiza ist folgender: von dem äußerlich die Wurzel umspinnenden Myzelmantel dringen Pilzhyphen zwischen die Zellen der Baumwurzel in das Interzellularsystem vor und bilden das sog. „Hartigsche Netz" (Abb. 9, 3, 2r). Von diesen und von den äußeren Hyphen dringen einzelne Pilzhyphen auch in die Zellen ein und bilden „Saughyphen", welche den Zellen der Wurzel wohl bestimmte Nährstoffe entziehen, während die tiefer in die inneren Gewebe der Wurzel eindringenden Pilzhyphen von den Wurzelzellen zerstört werden. Daher bleiben die tieferen Zellschichten der Wurzel pilzfrei. In der Schicht der Saughyphen sind die Kerne der Wurzelzellen mehr oder weniger degeneriert, in der tieferen Schicht, der „Verdauungsschicht", dagegen die Pilzzellen in Verfall, dagegen die Kerne der Wurzelzellen vergrößert. (Vgl. Abb. 9, 3.) Von diesem Grundtypus treten allerlei Abweichungen auf.

Neben dieser symbiotischen echten Mykorrhiza tritt eine „falsche Mykorrhiza" oder „Pseudomykorrhiza" auf, die äußerlich kaum zu unterscheiden ist, bei der aber der Pilz als Parasit in der Baumwurzel lebt und diese zum Absterben bringt. Eine Pseudomykorrhiza bilden teils Askomyzeten, teils Basidiomyzeten, unter denen manche Arten augenscheinlich bei der einen Baumart als symbiophile echte Mykorrhizabildner, bei der anderen Baumart dagegen als parasitäre falsche Mykorrhizabildner auftreten können.

Die Mykorrhizapilze sind unter den Basidiomyzeten augenscheinlich sehr zahlreich und spielen eine große Rolle. Im Gegensatz zu den humusbewohnenden oder auf totem Holz lebenden Saprophyten und den aus lebenden Pflanzen Nahrung nehmenden Parasiten, bezeichnen wir die echten Mykorrhizapilze als „Symbiophile" (Melin 1925). Wie die Grenze zwischen Parasiten und Saprophyten nicht scharf ist (z. B. Hallimasch, Hypholoma-, Collybia-Arten), so gehen auch Symbiophilie, Parasitismus und Saprophytismus ohne scharfe Grenze ineinander über. Wir dürfen annehmen, daß sehr viele Arten der Gattungen Boletus, Amanita, Cortinarius, Lactarius, Russula und Tricholoma, die mit wenigen Ausnahmen an besondere Gehölzarten gebunden sind, als Mykorrhizabildner anzusehen sind. Aber auch bei anderen Gattungen, wie Cantharellus, Craterellus, Clavaria, Ramaria, Sparassis, Hydnum, Hygrophorus, Gomphidius, Inocybe u. v. a. dürften viele Mykorrhizapilze vorkommen.

Die Unmöglichkeit, die meisten Hutpilze unserer Wälder aus Sporen zu ziehen, dürfte damit zusammenhängen, daß es sich um Mykorrhizapilze handelt, die zur Keimung ihrer Sporen und Entwicklung eines Myzels besonderer Reizstoffe bedürfen, die sie von den entsprechenden Wurzeln erhalten. Die Mykorrhiza ist nicht nur bei Sträuchern und Bäumen verbreitet, wir finden sie auch z. B. bei den Erikazeen, Pirolazeen, Orchidazeen und anderen Pflanzenfamilien. Doch ist uns über die systematische Stellung dieser Mykorrhizapilze noch nichts Sicheres bekannt; manche Beobachtungen sprechen dafür, daß auch unter den Mykorrhizapilzen dieser Pflanzen Basidiomyzeten eine Rolle spielen.

Die Beobachtungen über die Mykorrhizapilze drängen sich auch dem Anfänger auf, zumal die Gebundenheit vieler Pilze an bestimmte Pflanzen das Auffinden solcher Arten wesentlich erleichtert und vor wahllosem Suchen bewahrt.

VIII. Bildungsabweichungen der Basidiomyzeten.

Häufiger auftretende Bildungsabweichungen erschweren dem Anfänger die Bestimmung gefundener Pilze, ja stellen mitunter sogar den erfahrenen Mykologen vor Rätsel, da sie bisweilen die Charaktermerkmale der Gruppen verändern oder gar nicht zur Ausbildung kommen lassen. Begegnen einem derartige Bildungsabweichungen, so wird man fast in allen Fällen in der Nachbarschaft normal ausgebildete Pilze finden, die das Bestimmen der Art ermöglichen. Der Anfänger mühe sich nicht zu sehr mit derartigen Formen ab, wenn es ihm nicht gelingt, sofort festzustellen, worum es sich handelt, sondern man sende die gefundenen Formen lieber sofort — als Muster ohne Wert in kleinem Karton oder in Blechschachtel in trockenes Moos oder Seidenpapier verpackt — an das Botanische Museum in Berlin-Dahlem ein mit genauen Angaben über Fundort, Standort, Fundzeit, Farbe, Geruch usw. Er erhält dann sofort Auskunft, und sein Fund bleibt dauernd erhalten.

Weitaus die meisten Bildungsabweichungen werden nicht durch Befall mit parasitischen Pilzen hervorgerufen. Gute Pilzjahre pflegen besonders reich an Bildungsabweichungen zu sein. Sehr auffällig sind Riesenformen oder Zwergformen, die von den für die betreffende Pilzart normalen Größenverhältnissen stark abweichen. Bei andauernder Nässe stülpt sich häufig bei älteren, weichfleischigen Pilzen (Boletus bovinus, piperatus, subtomentosus, Marasmius-, Russuliopsis u. v. a.) der Hutrand vollständig um, so daß die normale Gestalt des Hutes überhaupt nicht mehr erkennbar ist. Bei den in Stiel und Hut gegliederten Pilzen kann der Ansatz des Stieles infolge besonderer Standortsbedingungen von der Norm vollständig abweichen: Pilze mit normal zentralem Stiele können bei seitlichem Hervorbrechen aus dem Substrate (an Hohlwegen, Wegeabstichen, Stämmen, Wurzeln, Mauern) seitlich gestielt (pleuropod) werden, und umgekehrt können normal pleuropode Pilze z. B. bei Hervorbrechen aus der Oberfläche eines Baumstumpfes zentralgestielte Fruchtkörper entwickeln.

Am häufigsten sind Verwachsungen benachbarter Pilze oder einzelner oder aller Äste verzweigter Fruchtkörper. Bei Boletus, Polyporus, Polystictus, Agaricazeen (gymnokarpen und hemiangiokarpen Arten) findet man Verschmelzungen der Hüte und Stiele häufig, wenn die Fruchtkörper etwa gleichgroß sind. Diese Verwachsungen können so weit gehen, daß unförmige Massen entstehen oder Formen ausgebildet werden, die aussehen wie Verbänderungen (Stiel flach, Hut schmal). Sind die verwachsenen Fruchtkörper ungleich groß, so kann der größere Fruchtkörper den kleineren aus dem Boden reißen und emporheben, so daß er mit seinem Stiele frei in die Luft ragt. (Abb. 10, 4, 5, 7.) Seltener treten Verzweigungen normal unverzweigter Fruchtkörper auf. Die Pilze brauchen zur Ausbildung ihrer Fruchtkörper Licht, wenn auch das Lichtbedürfnis bei den verschiedenen Arten sehr verschieden ist. Wachsen lichtbedürftige Arten an sehr dunklen Standorten, so bilden sie abnorm verzweigte, mitunter geweihartige oder einer Clavariazee ähnliche Fruchtkörper ohne Basidien aus. Die Feststellung der Art wird bei derartigen Formen dem Anfänger meist unmöglich sein. (Vgl. Abb. 10, 6.)

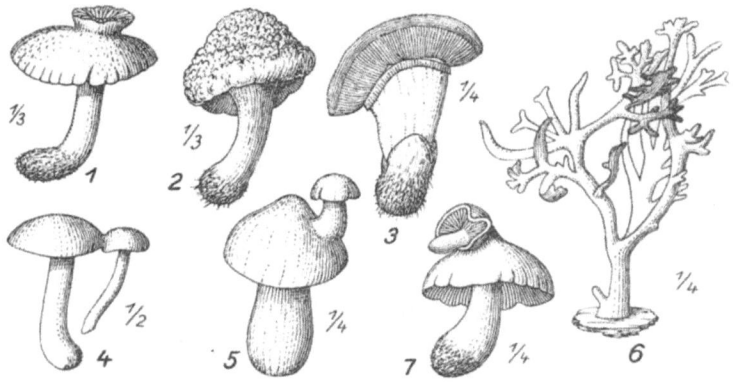

Abb. 10. **Häufigere Bildungsabweichungen hutbildender Basidiomyzeten.**
1. Becherförmige Prolifikation bei Russuliopsis laccata. — 2. Morchelloide Form von Clitocybe odora. — 3. „Verbänderung" von Amanita mappa. — 4 bis 7. Verwachsung zweier Fruchtkörper: 4. Russula fragilis, 5. Boletus edulis, 7. Tricholoma nudum. — 6. Lichtmangelbildung: Geweihartiger steriler Fruchtkörper von Lentinus squamosus. (Nach E. Ulbrich.)

Sehr eigenartig sind Bildungsabweichungen, bei denen die Fruchtkörper außer ihrem an normaler Stelle (auf der Unterseite des Hutes) gebildeten Hymenium auch auf der Oberseite des Hutes Hymenium (Röhren, Lamellen) ausbilden, das bei den Agaricazeen meist in mehr oder weniger becherförmigen Behältern erzeugt wird und oft statt der normalen Blätter Waben enthält. (Vgl. Abb. 10, 1.) Mitunter kann es zur Ausbildung fast ganzer Fruchtkörper auf dem primären Hute kommen. In Verbindung mit Verwachsungen zweier oder mehrerer Fruchtkörper können höchst sonderbare Bildungsabweichungen entstehen, wenn der Stiel des durch Verwachsung emporgehobenen Hutes nach oben steht und einen neuen Hut regeneriert. Es stehen dann scheinbar drei Fruchtkörper übereinander.

Parthenogenetisch entstandene Fruchtkörper zeigen meist allerlei Mangelbildungen: die Hüte schirmen nicht normal auf, die Basidien erzeugen keine oder weniger und anomale Sporen, oder die Fruchtkörper zeigen ganz abweichende Ausbildungsformen (korallenartig verzweigt, ohne Hymenium). Höchst sonderbare Bildungsabweichungen, die wir als Mutationen auffassen müssen, kommen mitunter dadurch zustande, daß Agaricazeen morchelartige Fruchtkörper ausbilden, deren Hymenium (mit normalen Basidien) in Waben und Gruben auf der Hutoberseite liegt. (Vgl. Abb. 10, 2.) Abnorme Konidienbildung im Fruchtkörper ist mitunter mit völlig abweichender Ausgestaltung des Hutes verbunden (tremelloide Formen). (Vgl. Abb. 30, 3.) Ganz rätselhaft sind diejenigen Fälle, bei denen statt des normalen Hymenien anderer Verwandtschaftskreise ausgebildet werden. So kommen mitunter bei Agaricazeen Hymenien vor, die an Hydnazeen oder Polyporazeen erinnern. Derartige Formen bleiben für den Anfänger unbestimmbar. Da sie wissenschaftlich ein hohes Interesse haben, ist ihre Einsendung an das Botanische Museum in Berlin-Dahlem dringend erwünscht.

Werden die Fruchtkörper von anderen, parasitären Pilzen befallen, so können sie starke Mißbildungen zeigen. Am häufigsten sind Hypomyces-Arten, die als feiner, erst schneeweißer, dann goldgelber oder rosa bis grünlich gefärbter Überzug auf den Fruchtkörpern (besonders Boletus, Paxillus u. a.) auftreten, ohne daß die Ausbildung des Hymeniums unterbleibt. Die Fruchtkörper faulen dann meist rasch. Bei dem Befall von Russula- und Lactarius-Fruchtkörpern wird jedoch häufig das Hymenium abnorm: die Lamellen zeigen Verbiegungen oder Querverbindungen, oder das ganze Hymenium wird unterdrückt, und an seiner Stelle sitzt das Myzel und später die Fruchtkörper des Hypomyces. Die sonstige Gestalt der Russula- und Lactarius-Fruchtkörper bleibt unverändert; die Abweichungen bemerkt man daher erst, wenn man die Fruchtkörper von der Unterseite betrachtet. Während der Befall von Basidiomyzeten-Fruchtkörpern durch Askomyzeten mehr oder weniger starke Bildungsabweichungen verursacht, bleiben Basidiomyzeten-Fruchtkörper, die von anderen Basidiomyzeten befallen werden, unverändert, selbst wenn der Parasit recht erhebliche Größe erreicht. So werden Scleroderma-Fruchtkörper, die von Boletus parasiticus oder Clitocybe-Fruchtkörper, die von Volvaria Loveyana befallen sind, nicht verändert. Wirtspflanze, wie Parasit bilden ihre Fruchtkörper bis zu den Basidiosporen aus. Gallenbildungen sind in Mitteleuropa an Basidiomyzeten bisher nur bei Fomes applanatus beobachtet worden.

Starke Abweichungen der Färbung der Basidiomyzeten kommen gelegentlich vor. Am auffälligsten sind abnorm weiße Formen (Albinos) sonst anders gefärbter Pilze. Bei Basidiomyzeten, deren Fruchtkörperfarben schwanken, oder starken Verfärbungen unterliegen (z. B. Russula), sind derartige Farbenänderungen normal.

IX. Erklärung der Fachausdrücke.

Morphologische Bezeichnungen.

1. **Myzel** (Mycelium). Im Substrat lebender Vegetationskörper der Pilze; besteht aus Hyphen, fadenförmigen, röhrigen Zellreihen, welche einzeln oder zu feinen (fädiges Myzel") bis derberen Strängen („strangförmiges Myzel"; vgl. Abb. 4, 4) verflochten das Substrat (Boden, Holz u. a.) durchspinnen.

   Myzelflächen. Filzige bis papierartige, flächenförmige Ausbreitungen des Myzels bei manchen holzbewohnenden Pilzen.

   Myzelwatten. Äußerst zarte Lufthyphen meist holzbewohnender Pilze, die zu watteartigen Bildungen locker verflochten sind.

   Rhizomorphen. Dicke, wurzelähnliche oder abgeplattete, bisweilen fest holzige Myzelstränge holzbewohnender Pilze, meist unter der Rinde, aber auch im Erdboden, in Mauern usw. wachsend, z. B. Hallimasch (Armillaria mellea, vgl. Abb. 4, 3), Hausschwamm (Merulius lacrimans) u. a.

   Sklerotien. Sehr dichte und harte Myzelverflechtungen, die scheinbar zelliges Gefüge zeigen, dessen äußerste Schichten rindenartig und meist dunkel gefärbt sind. (Vgl. Abb. 4, 1, 2, 5.) Dauerzustände des Myzels.

   Schnallen. Henkelartige Verbindungen zwischen den Zellen der Hyphen des fruchtkörperbildenden Myzels und der Fruchtkörper, welche Kernverschmelzungen vermitteln. (Vgl. Abb. 3 und 5.)

   Kokken oder Gemmen. Teilstücke von Hyphen des Myzels holzbewohnender Pilze, die sich mit dickerer Wandung umgeben und Dauerzustände darstellen; sie keimen nach $\mp$ langer Ruhezeit wie Sporen zu neuem Myzel aus.

2. **Fruchtkörper** heißt derjenige Teil des Pilzes, welcher das basidienbildende Gewebe enthält und meist durch dichteres Hyphengeflecht und besondere Gestalt vom vegetativen Myzel verschieden ist.

   Der Fruchtkörper bildet Basidien, die in $\mp$ regelloser Anordnung oder in besonderen Fruchtschichten (Hymenien) entstehen.

   Fruchtkörper, deren Fruchtschicht nach oben gewendet ist, nennt man resupinat.

   Zeigt der Fruchtkörper keinerlei Hüllenbildungen, so ist er nackt oder gymnokarp; treten Hüllen auf, die während der Entwicklung $\mp$ vergehen und nur als Reste (Ring am Stiel, Behang am Hutrande, Tupfen oder Fetzen auf der Hutoberfläche, Volva am Stielgrunde) erhalten bleiben, ist er hemiangiokarp oder halbbedeckt.

Mit einer rings geschlossenen Hülle, einer **Peridie** umgeben und **angiokarp** sind nur die Fruchtkörper der Gasteromyzeten oder Bauchpilze.

Hygrophan sind (meist dünnfleischige) Fruchtkörper, die sich bei Feuchtigkeit (Regen) mit Wasser durchtränken und infolge ihrer dünnen Oberhaut dabei verfärben. Derartige Fruchtkörper besitzen viele Clitocybe-, Collybia-, Tricholoma-, Omphalia-Arten u. a.

Hymenium ist die Fruchtschicht, in welcher die Basidien in regelmäßiger Anordnung aufrecht nebeneinander stehend gebildet werden. Das Hymenium überzieht den ganzen Fruchtkörper oder bestimmte Teile, die meist eine besondere Ausgestaltung zeigen (Stacheln, Leisten, Röhren, Gruben, Blätter usw.) und $\mp$ äußerlich am Fruchtkörper auftreten. Bei den Gasteromyzeten findet sich das Hymenium nur im Innern der Fruchtkörper, meist in besonderen Kammern; die Fruchtschicht wird hier als **Gleba** bezeichnet.

Trama ist die Schicht von Hyphen, aus der das Hymenium unmittelbar hervorgeht, z. B. die Schicht zwischen den Poren, die mittlere Schicht der Lamellen usw.

Basidien oder **Sporenständer** heißen die Hyphenenden, an denen die **Basidiosporen**, die Hauptsporenformen der Basidiomyzeten gebildet werden. (Näheres S. 32.) Ihre Ausbildung und Gestalt ist bei den einzelnen Arten konstant und gibt das Hauptmerkmal für die Unterscheidung der Verwandtschaftskreise.

Zystiden sind $\mp$ keulenförmige oder zylindrische, die Basidien meist überragende, meist sehr dickwandige Zellen von sehr charakteristischer Gestalt, die im Hymenium zwischen den Basidien auftreten. Sie geben wichtige Merkmale zur Unterscheidung der Gruppen.

Gloeozystiden sind den Zystiden ähnlich, aber durch besonderen, dunkleren, öligen, körnigen Inhalt von ihnen verschieden; sie sind Exkretionsorgane, welche von ihrem Inhalt ausscheiden.

Dendrophysen sind feine, stachelige oder bäumchenartig verzweigte Hyphen auf $\mp$ langem Stiele, welche die Basidien überragen und bisweilen das Hymenium wie mit einem Sternfilz bedecken. (Vgl. Cyphellaceae.)

Borsten (setulae) sind lange, scharf zugespitzte, dickwandige, $\mp$ braune Gebilde im Hymenium der Peniophoraceae, Corticiaceae, Cyphellaceae u. a., welche das Hymenium meist weit überragen.

Paraphysen sind $\mp$ haarförmige, bisweilen verzweigte Hyphen in der Fruchtschicht.

Zystiden, Gloeozystiden und Paraphysen bilden keine Sporen, treten aber in der sporenbildenden Fruchtschicht auf. (Vgl. S. 35.)

Erklärung der Fachausdrücke. 47

Hüllenbildungen der Fruchtkörper:
Velum partiale oder Teilschleier ist die $\mp$ häutige Hülle, welche den Hutrand mit dem Stiel verbindet. Sie kann am Hutrand als „Behang", am Stiel als Ring (annulus) erhalten bleiben.
Cortina ist die fadenförmige Hülle, welche Hutrand und Stiel verbindet und später meist $\mp$ vollständig verschwindet.
Velum universale oder Gesamtschleier ist die meist häutige Hülle, welche den ganzen Fruchtkörper in der Jugend umgibt. Ihre Reste können am Stielgrund als Volva, auf dem Hute als Tupfen oder Hautfetzen, seltener auch als feiner Reif erhalten bleiben.
Peridie ist die Hülle der Fruchtkörper der angiokarpen Familien (der Gasteromyzeten).

Sporenbildungen:
Sporen heißen alle an besonderen Hyphen gebildeten Fortpflanzungszellen der Pilze.
Basidiosporen an Basidien gebildet, Hauptsporenform der Basidiomyzeten.
Chlamydosporen oder Mantelsporen sind derbwandige Sporen, die nicht an Basidien gebildet werden und meist erst nach längerer Ruhezeit keimen. Bei den Brand- und Rostpilzen Sporenform, aus denen die Basidien hervorgehen. Bei den höheren Basidiomyzeten und bei Nyctalis an Stelle der Basidiosporen gebildet.
Konidien sind Nebenfruchtformen, die an besonderen fadenförmigen Konidienträgern am Myzel oder an den Fruchtkörpern (namentlich bei Tremellazeen, Hypochnazeen, Corticiazeen, Fistulinazeen und Polyporazeen, selten auch bei Agarizeen) gebildet werden. Sie keimen meist ohne eine Ruheperiode sofort zu neuem Myzel aus. Ihre Bildung geht oft der Basidenbildung voraus (S. 31).

Systematische Bezeichnungen.

Artnamen. Die systematische Einheit ist die Art, species; sie wird mit zwei lateinischen Namen, binär, Gattungs-(Genus-) und Art-(= Species)Namen bezeichnet. Dieser Bezeichnung wird der Name des Autors beigefügt, welcher den Namen zuerst gab, z. B. Boletus appendiculatus Schaeff. Wurde die Art später in eine andere Gattung gestellt, so wird der Name des ersten Autors in Klammern beigefügt, z. B. Psalliota campestris (Linné) (= Agaricus campestris L.). Bekanntere Autoren werden meist abgekürzt geschrieben, z. B. L. = Linné, Pers. = Persoon, Schaeff. = Schaeffer, Fr. = Fries usw. Will man auch den Autor angeben, welcher die Umstellung der Art in eine andere Gattung zuerst vornahm, so fügt man auch diesen Namen der Bezeichnung bei, z. B. Psalliota campestris (L.) Fr. In sehr vielen Fällen ist jedoch die Feststellung, wer zuerst die Umtaufung vornahm, sehr schwierig und Sache des Monographen oder Spezialisten einer Gruppe, nicht aber einer Flora, die den angehenden Mykologen in das Reich der Pilze Mitteleuropas einführen soll. Daher ist dieser zweite Autor in der vorliegenden Flora in zweifelhaften Fällen fortgelassen.

Synonyme. Wurde eine Art später noch einmal unter einem anderen Namen beschrieben, so ist dieser Name Synonym und muß dem älteren gültigen Namen den Vorrang lassen, z. B. R. heterophylla Fr. 1821 = Russula livida Schröter 1889. Eine vollständige Synonymie den im speziellen Teile aufgeführten Arten beizugeben, würde über die Aufgaben dieser Flora weit hinausgehen. Es sind daher nur besonders wichtige Synonyme genannt. Die Feststellung der vollständigen Nomenklatur einer Art mit allen Synonymen gehört zu den schwierigsten und unerquicklichsten Arbeiten und ist oft genug nicht befriedigend zu lösen. Die Ansichten der einzelnen Autoren sind daher oft genug recht verschieden. In sehr vielen Fällen ist infolge der Unvollkommenheit der Beschreibungen und des Fehlens von Originalmaterial oder guten Abbildungen heute überhaupt nicht mehr feststellbar, was der betreffende Autor unter dem seiner Art gegebenen Namen verstanden hat. Solche zweifelhaften Arten sind in der Flora fortgelassen und nur die wegen ihrer Häufigkeit oder aus anderen Gründen wichtigen Arten aufgeführt.

In allen Zweifelsfällen wird der Benutzer dieses Buches noch größere Werke zu Rate ziehen müssen. Vor allem wird die Benutzung guter Tafelwerke mit farbigen Abbildungen oft genug unumgänglich notwendig sein, da sich bei der im Rahmen dieser Flora gebotenen Kürze nicht alle Merkmale der Art in der notwendigen Kürze der Beschreibung wiedergeben lassen.

Verwandtschaftskreise. Verwandte Arten werden in die gleiche Gattung gestellt und die verwandten Gattungen zu Familien vereinigt. Während für die Namen der Gattungen bestimmte Regeln nicht gelten, werden die Familien durch die Endung ...aceae gekennzeichnet, z. B. Corticiaceae, Boletaceae. Der Name der Familie ist meist der wichtigsten ihr zugehörigen Gattung entlehnt. Innerhalb größerer Familien können die einander näher stehenden Gattungen zu Unterfamilien oder innerhalb dieser noch zu kleineren Gruppen (Tribus) zusammengefaßt werden. Die Unterfamilien werden durch die Endung ...oideae, z. B. Tricholomoideae, die Tribus durch die Endung ...eae gekennzeichnet, z. B. Tricholomeae.

Verwandte Familien werden zu Reihen (oder Ordnungen) zusammengefaßt, die durch die Endung ...ales gekennzeichnet sind, z. B. Agaricales, Polyporales usw.

Nur bei der 10. Reihe, welche die angiokarpen Familien umfaßt, habe ich den allgemein angenommenen Namen Gasteromycetes,

Bauchpilze, bestehen lassen, weil dieser Ordnung ein etwas höherer Wert zukommt als den übrigen Reihen. Um die in dieser Reihe bestehenden Verwandtschaftsverhältnisse zum Ausdruck zu bringen, wurden hier 3 Unterreihen (Unterordnungen) unterschieden, welche die Endung ... ales wie bei den Reihen der gymnokarpen Verwandtschaftskreise erhielten, denen sie an systematischem Werte etwa gleichkommen. Innerhalb der 3. Unterreihe: Eugasteromycetales wurden die enger miteinander verwandten Familien zu zwei Familiengruppen Lycoperdinales und Phallinales zusammengefaßt. (Näheres bei den Gruppen.)

Wichtigste Literatur.

(Chronologisch geordnet.)

Schaeffer, J. Chr.: 1. Fungorum qui in Bavaria et Palatinatu circa Ratisbonam nascuntur icones (mit 330 farbigen Tafeln). Regensburg 1762—1774.
— 2. Mycologia Europaea. 3 Bde. (mit 30 farbigen Tafeln). Erlangen 1822—1828.

Bulliard, P.: 1. Herbier de la France, Paris 1780—1793; mit 2. Histoire des Champignons de la France, Paris 1791—1812; zusammen mit 602 farbigen Tafeln.

Batsch, A. J.: Elenchus Fungorum (mit 42 farbigen Tafeln). Halae 1783—1789.

Bolton, J.: History of Fungusses growing about Halifax (mit 182 farbigen Tafeln). Huddersfield 1788—1791.

Sowerby, James: Coloured Figures of English Fungi or Mushrooms (mit 440 farbigen Tafeln). London 1797—1809.

Persoon, Chr. H.: Synopsis methodica Fungorum. Göttingen 1801—1808.

Albertini und Schweiniz: Conspectus Fungorum in Lusatiae superioris agro Niskiensi crescentium e methodo Persooniana (mit 12 farbigen Tafeln). Leipzig 1805.

Fries, Elias: 1. Systema Mycologicum (Gryphiswaldiae). 1821—1829.
— 2. Epicrisis Systematis Mycologici seu Synopsis Hymenomycetum. Upsaliae et Lundae. 1836—1838.
— 3. Monographia Hymenomycetum Sueciae. Upsala 1857—1863.
— 4. Sveriges ätliga och giftiga Svampar (mit 93 farbigen Tafeln). Upsala 1862—1869.
— 5. Hymenomycetes Europaei (mit 200 farbigen Tafeln). Upsala 1874.

Krombholz, J. V.: Naturgetreue Abbildungen und Beschreibungen der eßbaren, schädlichen und verdächtigen Schwämme (mit 76 farbigen Tafeln). Prag 1831—1846.

Viviani, D.: Funghi d'Italia (mit 60 farbigen Tafeln). Genua 1834.

Vittadini, C.: Descrizione dei Funghi mangerecci più comuni del l'Italia e de velenosi (mit 44 farbigen Tafeln). Milano 1835.

Rostkovius, Fr. W.: Die Pilze Deutschlands in Jacob Sturm, Deutschlands Flora (mit 128 farbigen Tafeln). Nürnberg-Berlin 1838—1844.

Harzer, C. A. Fr.: Naturgetreue Abbildungen der vorzüglichsten eßbaren, giftigen und verdächtigen Pilze (mit 80 farbigen Tafeln). Dresden 1842.

Berkeley, J.: Outlines of British Fungology (mit 24 farbigen Tafeln). London 1860.

Cordier, F.: Les Champignons. Hist. descr. cult. usages des espèces comest. vénén. et susp. (mit 60 farbigen Tafeln). Paris, Rothschild 1870.

Saunders und Smith: Mycological Illustrations; Figures and Descriptions of new and rare Hymenomycetous Fungi (mit 48 farbigen Tafeln). London 1871—72.

Weberbauer, O.: Die Pilze Norddeutschlands mit besonderer Berücksichtigung Schlesiens (mit 12 farbigen Tafeln). Breslau: J. U. Kern 1873—1875.

Kalchbrenner, K. und St. Schulzer: Icones selectae Hymenomycetum Hungariae (mit 40 farbigen Tafeln). Pestini 1873—1877.

Gillet, C. C.: Les Champignons qui croissant en France (mit 886 farbigen Tafeln). Paris: J. B. Baillière et Fils 1878.

Cooke, M. C.: 1. Handbook of British Fungi (mit Abbildungen). London: Macmillan and Co. 1871; 2. edit. 1883.

— 2. Illustrations of British Fungi (Hymenomycetes) (mit 1198 farbigen Tafeln). London: Williams and Norgate 1881—1891.

— 3. Britsh edible Fungi (mit 12 farbigen Tafeln). London: Kegan Paul, Trench, Trübner 1891.

— und L. Quélet: Clavis Synoptica Hymenomycetum Europaeorum. London: Hardwicke et Bogue 1878.

Kummer, P.: Führer in die Pilzkunde. 2. Aufl. Zerbst 1881.

Bresadola, Abb. J.: 1. Fungi Tridentini (mit 217 farbigen Tafeln). Tridenti: J. B. Monaun 1881—1900.

— 2. I Funghi mangerecci e velenosi dell' Europa media. Milano 1899; 2 ed. Trento 1906.

— 3. Iconographia Mycologica. Soc. Botan. Italiana Mus. Civico di Storia Natur. di Trento Mediolani seit 1927.

Quélet, L.: 1. Enchiridion Fungorum in Europa media et praesertim in Gallia vigentium. Lutetiae 1886.

— 2. Flore Mycologique de la France. Paris: O. Doin 1888.

Richon und Roze: Atlas des Champignons comestibles et vénéneux de la France et des pays circonvoisins (mit 72 farbigen Tafeln). Paris 1885—1889.

Lambotte: Flore mycologique de Belgique (mit 15 Tafeln). Liège 1888.

Wichtigste Literatur.

Patouillard, N.: 1. Dès Hyménomycètes au point de vue de leur structure et de leur classification (mit 4 Tafeln). Lille 1884. — 2. Les Hyménomycètes d'Europe. Anatomie générale et classification des champignons supérieures. Paris 1887.

Saccardo, P. A.: Sylloge Fungorum omnium hucusque cognitorum. Padua 1882—1927. Bd. 5 und 6 1887—88.

Winter, G.: Pilze in Rabenhorsts Kryptogamenflora Deutschlands. Bd. I. Leipzig: Kummer 1881—1883.

Schroeter, J.: Pilze in Cohns Kryptogamenflora von Schlesien III. Breslau 1885—1908.

Lenz, H. O.: Die nützlichen und schädlichen Schwämme. 7. Aufl. 1890.

Hesse, R.: Die Hypagaeen Deutschlands. 2 Bde. mit je 11 Tafeln. Halle a. S. 1891, 1894.

Laplanche, M. de: Dictionnaire iconographique des Champignons supér. (Hyménomycètes) qui croissant en Europe, Algérie et Tunisie. 1891.

Wünsche, O.: Die verbreitetsten Pilze Deutschlands. Leipzig 1896.

Engler-Prantl: Natürliche Pflanzenfamilien I, 1**. Leipzig: W. Engelmann 1900. Lindau, G.: Auriculariales, Tremellineae. — Hennings, P.: Dacryomycetineae, Exobasidiineae, Hymenomycetineae. — Fischer, Ed.: Phallineae, Hymenogastrineae, Lycoperdineae, Nidulariineae, Plectobasidiineae (Sclerodermatineae). 2. Aufl. im Erscheinen seit 1924.

Massee, G.: British Fungus-Flora. A classified Text-book of mycology. 4 Bde. 8⁰ (ohne Abbildungen). London: Bell and Sons 1892—1895.

Boudier, E.: Icones Mycologicae ou Iconographie des Champignons de France. Bd. 1 und 4. Paris: P. Klincksieck 1905—1910.

Möller, A.: Hausschwamm-Forschungen I—VII. Jena: G. Fischer 1907—1913.

Smith, W. G.: Synopsis of the British Basidiomycetes. London: Trustees of Brit. Museum 1908.

Mez, Carl: Der Hausschwamm und die übrigen holzzerstörenden Pilze der menschlichen Wohnungen. Dresden: R. Lincke 1908.

Buller, A. H. R.: Researches on fungi. 3 Bde. London 1909—1924.

Herter, W.: Autobasidiomycetes in Kryptogamenflora der Mark Brandenburg Bd. 6, H. 1. 1910.

Migula, W.: Kryptogamenflora von Deutschland, Deutsch-Österreich und der Schweiz. Bd. 3. Gera-R.: Fr. v. Zezschwitz 1910 ff.

Rolland, L.: Atlas des Champignons de France, Suisse et Belgique (mit 121 Farbentafeln). Paris 1910.

Falck, R.: Die Meruliusfäule des Bauholzes. Jena: G. Fischer 1912.

Brinkmann, W.: Die Thelephoreen Westfalens. Münster 1916.

Wichtigste Literatur.

Ricken, A.: 1. Die Blätterpilze (Agaricaceae). 2 Bde. 8⁰ (mit 112 farbigen Tafeln). Leipzig: Weigel 1910—1915.
— 2. Vademecum für Pilzfreunde. Leipzig 1918. 2. Aufl. Leipzig: Quelle u. Meyer 1920.
Michael, E. und R. Schulz: Führer für Pilzfreunde. 2. Aufl. 3 Bde. 3. Bd. herausgeg. von Br. Hennig. Zwickau i. Sa. und Leipzig: Förster u. Borries und Quelle u. Meyer 1922—1927.
Nüesch, E.: 1. Die braunsporigen Normalblätterpilze der Kantone St. Gallen u. Appenzell. Jahrb. St. Gall. naturwiss. Gesellsch. Bd. 55.
— 2. Die schwarzsporigen Blätterpilze der Kantone St. Gallen u. Appenzell. Jahrb. St. Gall. naturwiss. Gesellsch. Bd. 57.
— 3. Die Röhrlinge (Pilzgattung Boletus). Frauenfeld: Huber u. Co. 1920.
— 4. Die Milchlinge (Pilzgattung Lactarius). Selbstverlag des Verf.
— 5. Die weißsporigen Hygrophoreen (Pilzgattungen Limacium, Hygrophorus, Nyctalis). Heilbronn a. N.: C. Rembold.
Julliard-Hartmann: Iconographie des champignons supérieures. 5 Bde. m. 250 farbigen Tafeln. 1921.
Costantin, J. und L. Dufour: Nouvelle Flore des Champignons pour la détermination facile des toutes les espèces de France. 4. édit. Paris.
Gramberg, E.: Die Pilze der Heimat. 2 Bde. mit 116 farbigen und 20 Schwarzdrucktafeln. 2. Aufl. Leipzig: Quelle u. Meyer 1921.
Klein, L.: Gift- und Speisepilze und ihre Verwechselungen (mit 96 farbigen Tafeln). Heidelberg: C. Winter 1921. — Neubearbeitung von P. Sydow, Taschenbuch der wichtigen eßbaren und giftigen Pilze.
Beck, G.: Das System der Blätterpilze. Der Pilz- u. Kräuterfreund. Jg. 5, Heft 7—10. 1922.
Rea, Carleton: British Basidiomycetae. A Handbook to the larger British Fungi. Cambridge: Univers. Press 1922.
Neuhoff, W.: Zytologie und systematische Stellung der Auriculariazeen und Tremellazeen. Botanisches Archiv, herausgeg. von C. Mez. Bd. 8. Berlin-Dahlem 1924.
Lohwag, H.: 1. Entwicklungsgeschichte und systematische Stellung von Secotium agaricoides. Österr. botan. Zeitschr. Bd. 73, S. 161—174. Wien 1924.
— 2. Zur Stellung und Systematik der Gastromyzeten. Wien, Zool.-Bot. Gesellsch. Bd. 74, S. 38—55. 1924.
Melin, Elias: Untersuchungen über die Bedeutung der Baummykorrhiza, eine ökologisch-physiologische Studie. Jena: G. Fischer 1925.
Singer, Rolf: Monographie der Gattung Russula. Hedwigia Bd. 66. Dresden 1926.
Gäumann, E.: Vergleichende Morphologie der Pilze. Jena: G. Fischer 1926.

Wichtigste Literatur.

Die Pilze Mitteleuropas. Bd. 1: Die Röhrlinge (Boletaceae) von F. Kallenbach. Leipzig: W. Klinkhardt, erscheint seit 1924. Monographisches Tafelwerk, herausg. von der Deutschen Gesellschaft f. Pilzkunde, der Deutsch. Botan. Gesellschaft und dem Deutschen Lehrerverein f. Naturkunde. Bis Ende 1927 sind 5 Lieferungen erschienen.

Maublanc, A.: Les Champignons comestibles et vénéneux (mit 192 farbigen Tafeln.) Paris: Le Chevalier. 2. édit. 1926/27.

Konrad und Maublanc: Icones selectae fungorum. 3 Bde. 4⁰ (mit 150 farbigen Tafeln).

Kallenbach, F.: Boletaceae (Röhrlinge); Spilger: Polyporaceae (Porlinge), Hydnaceae (Stachelpilze) in „Adna"-Sammlung aus d. Natur. Bd. 4/5 Pilze (mit 32 farbigen Tafeln). Stuttgart: K. C. Lutz 1926.

Bourdot, H. und A. Galzin: Hyménomycètes de France. Contributions à la flore mycologique de la France. Paris 1927.

Zeitschriften: Ztschr. f. Pilzkunde. Leipzig: Verlag Dr. Werner Klinkhardt.

Annales Mycologici. Berlin: Verlag R. Friedländer u. Sohn.

Hedwigia, Organ für Kryptogamenkunde. Dresden-N.: Verlag C. Heinrich.

B. Spezieller Teil.

Abkürzungen im Text.

Fk.	= Fruchtkörper.	W.	= Winter.
St.	= Stiel.	I—XII	= Monate.
L.	= Lamellen.	Lb.	= Laubholz, Laub.
fg.	= -förmig.	Nd.	= Nadelholz, Nadel.
br.	= breit.	u.	= und.
lg.	= lang.	od.	= oder.
h.	= hoch.	$\mp$	= mehr oder weniger.
F.	= Frühjahr.	Fig.	= Figuren auf den Tafeln 1—14 am Schlusse des Buches.
S.	= Sommer.		
H.	= Herbst.		
		Abb.	= Abbildung im Text.

Unterklasse: Eubasidii.

Basidien als Fortsetzung von Hyphen (Hyphenenden).

1. Reihengruppe: Protobasidiomycetes.

Basidien mehrzellig (Protobasidien); quer- oder längsgeteilt.

1. Reihe (Ordnung): Auriculariales.

Basidien langgestreckt, quergeteilt (stichobasidial) in $\mp$ gallertigen, knorpeligen od. wachsartigen, sehr selten flockigen Fruchtkörpern.

1. Familie: Auriculariaceae.

Fk. krustenfg., das Substrat überziehend od. gekröseartig bis $\mp$ ohrfg. od. typhula-artig, $\mp$ aufrecht, ziemlich groß, meist gallertig, in der äußeren Gallertschicht die langen, aus vier übereinander stehenden Zellen gebildeten Basidien. Sporen je eine an jeder Basidienzelle, mit Sterigma. — Meist auf Holz saprophytisch, seltener parasitisch; selten (Eocronartium) auf Moosen.

Bestimmungsschlüssel der Gattungen.

A. Fk. dem Substrat (meist Holz) flach aufliegend.
  a) Fk. häutig-flockige Überzüge auf Holz od. Erdboden bildend.   **1. Helicobasidium.**
  b) Fk. unregelmäßig umgrenzte gelatinöse od. $\mp$ wachsartige Überzüge auf Holz bildend.
    I. Fk. klein mit warzenfg. Oberfl. an Linde.   **2. Achroomyces.**

II. Fk. größer mit körniger Oberfl. an
versch. Laubhölzern. 3. **Platygloea.**
B. Fk. sich vom Substrat ∓ erhebend, nicht
krustenförmig.
a) Fk. knorpelig-gelatinös, gekröseartig od.
ohrfg.; auf Laubholz parasitisch. 4. **Auricularia.**
b) Fk. fadenfg. aufrecht, einer Typhula gleich,
auf lebenden Moosen parasitisch. 5. **Eocronartium.**

1. Gattung: **Helicobasidium** Patouillard.
Fk. weich, flockig-häutig, ausgebreitet, krustenfg. Überzüge bildend. Fruchtschicht glatt. Basidien zylindrisch, ∓ gekrümmt, 2—4zellig, quergeteilt; jede Zelle mit 1 pfriemenfg. seitlichen Sterigma. Sporen ei- od. birnenfg., glatt, bei der Keimung sprossend (konidienbildend) od. zum Myzel auswachsend. — Auf dem Erdboden od. Holz saprophytisch.
Einzige Art im Gebiete: Fk. 3—6 cm br., schmutzig-rötlich purpurn mit blasserem Rande, weit ausgebreitet, von unbestimmter Gestalt, angewachsen u. nicht vom Substrat ablösbar. Fruchtschicht gleichfarbig, dann tief weinrot u. weißlich bereift. Fkmasse weißlich, flockig, locker, dünn. Sp. weiß, birnfg. 10—12 × 6—8 μ. Basidien zylindrisch, gekrümmt 3—5 μ dick. Auf faulenden Eschenzweigen zwischen Laub auf dem Erdboden. III. Selten.
1. (Corticium lilacinum Quél.) **H. purpureum** (Tul.) Patouillard

2. Gattung: **Achroomyces** Bonorden, Linden-Gallertkruste.
Fk. klein, ausgebreitet, wachsartig-gelatinös, Oberfl. warzenfg.; Basidien (Heterobasidien)[1] palisadenartig angeordnet, stets deutlich gegliedert (in Hypobasidie u. Epibasidie)[1]. — Auf Lindenholz.
Einzige Art: Sp. 26—30 × 7,5—9 μ, Basidien 95—100 × 9—12 μ. An Lindenholz. (Stictis tiliae Lasch, Platygloea nigricans Schröter, Tachaphantium Tiliae Brefeld, Achroomyces pubescens Rieß.)
2. Linden-G. **A. Tiliae** (Lasch) v. Höhnel

3. Gattung: **Platygloea** Schroeter, Gallertkruste.
Fk. homogene wachsartige, gelatinöse od. knorpelige, körnige flache Überzüge bildend od. sich ∓ erhebend. Fruchtschicht glatt, ein- od. allseitig. Basidien zylindrisch, quergeteilt mit langen Ste-

---

[1] Die Auriculariales, Tremellales, Rost- und Brandpilze, Dacryomycetales und Tulasnellales werden von manchen Autoren als Reihe der Heterobasidiales zusammengefaßt; ihre stets ∓ deutlich gegliederte Basidie wird als Heterobasidie bezeichnet, die aus „Hypobasidie" (Tragzelle der Basidie der Auriculariales, Teleutospore der Uredinen, Brandspore der Ustilageneen, Basidie der Tremellazeen und Tulasnellazeen) und einer oder mehreren „Epibasidien" (= Basidie der Auriculariazeen, Promyzel der Brand- und Rostpilze, Basidie + Sterigmen (z. T.) der Dacryomycetazeen, Sterigmen der Tremellazeen, Sporen + Keimschlauch der Tulasnellazeen) besteht.

rigmen. Sp. weiß, vielgestaltig eifg., elliptisch, stumpf od. zugespitzt, gerade od. gekrümmt, bei der Keimung sprossend. — Auf totem Holz saprophytisch.

Einzige Art im Gebiete: Fk. zartlila-grau, dann weiß, ausgebreitet dem Substrat angewachsen, dünn, vergänglich knorpelig-gallertig. Fruchtschicht gleichfarbig, feinbestäubt (unter der Lupe). Sp. weiß, glatt, 15—18 × 5—7 μ. Basidien verlängert, Tragzelle (Hypobasidie) 12—24 × 14—18 μ, Epibasidien[1] 16—40 × 4 μ mit d. Spitze $\mp$ gekrümmt bis schneckenfg. eingerollt, 4 zellig-schiefquer geteilt. — Auf abgefallenen Laubholzzweigen, bes. Quercus, Fagus, Alnus. VI—VII. Selten. (Exidiopsis effusa Bref., Corticium uvidum Fries, Sebacina effusa [Bref.] Patouillard)

3. Ausgebreitete G. **Platygloea effusa** (Bref.) Schroeter

4. Gattung: Auricularia Bull., Ohrenpilz.

Fk. dreischichtig, oberste Schicht dünn, haarig, mittelste stark gallertig aufquellend, unterste schwach gallertig u. die palisadenartig stehenden Basidien enthaltend, muschel-ohrförmig. — Parasitisch auf lebendem Laubholz.

1. Die häufigste Art bildet trocken unscheinbare, schwärzliche Krusten auf Lbzweigen, die feucht dick gallertig aufschwellen und dann ohrenförmige, mit Runzeln, Gruben und Adern versehene samtige, ungezonte, einfarbige, außen oliv braunrote, innen graufleischigrötliche, 3—8 cm große Klumpen darstellen. Sp. zylindrisch, 12—15 × 5—7 μ, gekrümmt, farblos, glatt. Besonders auf lebendem Sambucus nigra. VIII—XI. (Fig. 1.) (A. sambucina Mart.)

4. Judasohr. **A. auricula judae** (L.). Schroet.

2. Fk. muschel- od. ohrfg., abgebogen, grau- u. olivgrün gezont mit dunkleren Zwischenlinien, striegelig-filzig, 5—7 cm breit, 2—4 mm dick, unterseits purpurbraun, derb runzelig-gerippt. Sp. zylindrisch, 12—14 × 5—6 μ gr., gekrümmt, glatt, farblos. An lebenden Laubhölzern, besonders Apfel. VIII—XII. Zerstreut. (Helvella mes. Dicks.)

5. Gezonter Ohrenpilz. **A. mesenterica** (Dicks.) Fries

5. Gattung: Eocronartium Atkinson, Mooskeule.

Fk. $\mp$ gallertig-knorpelig-zäh, fadenfg., aufrecht od. pfriemfg. Fruchtschicht glatt. Basidien zylindrisch, quergeteilt, 3—4zellig.

---

[1] Die Auriculariales, Tremellales, Rost- und Brandpilze, Dacryomycetales und Tulasnellales werden von manchen Autoren als Reihe der Heterobasidiales zusammengefaßt; ihre stets $\mp$ deutlich gegliederte Basidie wird als Heterobasidie bezeichnet, die aus „Hypobasidie" (Tragzelle der Basidie der Auriculariales, Teleutospore der Uredinen, Brandspore der Ustilageneen, Basidie der Tremellazeen und Tulasnellazeen) und einer oder mehreren „Epibasidien" (= Basidie der Auriculariazeen, Promyzel der Brand- und Rostpilze, Basidie + Sterigmen (z. T.) der Dacryomycetazeen, Sterigmen der Tremellazeen, Sporen + Keimschlauch der Tulasnellazeen) besteht.

Sp. weiß; bei der Keimung nicht sprossend, sondern myzelbildend. — Auf Moosen.
Einzige Art: Fk. 5—7,5 cm h., weiß, einfach, fadenfg. od. dünn-keulenfg., fast zylindrisch, in einen dünnen, langen Stiel verjüngt, stumpflich, 2—4 mm dick. Fleisch weiß, dünn. Sp. weiß, bohnen-sichelfg., 18—24 × 3,5—5 μ. Basidien gekrümmt 25—40 μ lg., 6—9 μ br., 3—5 zellig mit 10—20 μ lg. u. 3—4 μ br. Sterigmen. — Auf Moosen, nicht sehr häufig, VIII—X. (Typhula muscicola [Pers.] Fries, Clavaria muscicola Pers.) (Abb. 11, 1—3.)

6. **Weiße Mooskeule. Eocronartium muscicola (Pers.) Fitzpatrik**

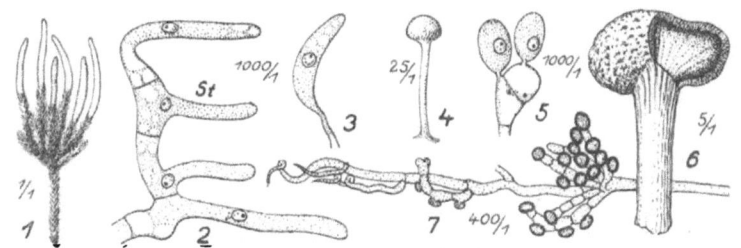

Abb. 11. Dacryomycetales. 1 bis 3. Eocronartium muscicola, 1 sechs Fk. auf einem Moose (Climacium), 2 Basidie mit 4 Sterigmen (St), 3 Basidiospore. — 4 u. 5. Stilbum vulgare (Tode) Fries. — 6 u. 7. Pilacre Petersii: 6. Fk. oben im Längsschnitt; 7. Hyphe mit Basidien. (1. Nach der Natur, das übrige nach Gäumann.)

2. Familie: Pilacraceae (Phleogenaceae, Ecchynaceae).

Fk. gestielt mit Köpfchen, klein. Basidien wie bei vor. Fam., aber ohne Sterigmen im Innern des fädig-offenen od. häutig geschlossenen Fk. — Meist auf Holz saprophytisch.

Bestimmungsschlüssel der Gattungen.
A. Fk. sehr klein (kleiner als 2 mm), weiß, ohne Peridie.
  I. Basidien kurz, birnenfg., 2 zellig, schief-quer geteilt, auf morschem Holz usw.   **1. Stilbum.**
  II. Basidien länglich, 4 zellig, quergeteilt; Fk. nur von lockeren Hüllfäden umgeben; auf faulenden Kartoffeln.   **2. Pilacrella.**
B. Fk. 3—10 mm hoch, weißlich, dann falb mit häutiger Peridie; Basidien zylindrisch, 4 zellig quergeteilt; Sp. falb, bei der Keimung sprossend. Auf Lbholz.   **3. Pilacre.**

1. Gattung: **Stilbum** (Tode) Juel. Stielkügelchen.
Fk. aufrecht, kugelig, gestielt. Basidien an den Enden reichverzweigter Hyphen, kurz birnenfg., 2 zellig. Sp. weiß, elliptisch. — Auf totem Holz saprophytisch.

Einzige Art: Fk. 1—2 mm hoch, weiß, dann gelblich, kugelig. Stiel gleichfarbig nach oben verjüngt, fädig, glatt. Sp. weiß-hyalin

Tremellaceae.

8 × 5—6 μ. — Auf morschem Holz, Eichelnäpfchen usw. häufig, IX—XI. (Abb. 11, 4—5.)

7. Gemeines St. **Stilbum vulgare** (Tode) Fries

2. Gattung: **Pilacrella** Schröter. Stielköpfchen.

Fk. klein, gestielt, oben in ein kugliges Köpfchen od. ein Scheibchen endend. Basidien 4zellig, quergeteilt, in einer kugligen Zone des Fk. gebildet, von Hüllfäden umgeben; ohne feste Peridie. Sp. eifg. hyalin, ohne od. mit sehr kurzem Stielchen. Im Gebiete einzige Art: Fk. bis 1 mm gr., weiß, gestielt, oben ein kleines konidien- u. basidienbildendes Scheibchen tragend. — Auf faulenden Kartoffeln. Bisher nur aus Schlesien bekannt, sehr selten.

8. Kartoffel-St. **P. solani** Cohn et Schröt.

3. Gattung: **Pilacre** Fries (Phleogena Fr. Ecchyna Fries) Hütchenträger.

Einzige Art höchstens 1 cm hohe Fk. von graubräunlicher Farbe bildend, gesellig zusammenstehend. Hülle des Köpfchens fest, dann vergehend u. der staubige Inhalt frei werdend. Sp. falb, von unregelmäßiger Gestalt, 5—6 × 4—5 μ gr. Auf Rinde von alten Eichen und Buchen, selten. IX—I. (Fig. 2. Abb. 11, 6—7) (Ecchyna faginea [B. et Br.] Fries. Ph. faginea [Fr.] Lk.)

9. Buchen-H. **P. Petersii** Berk. et Curt.

2. Reihe (Ordnung): **Tremellales**.
Basidien rundlich birnförmig, längs geteilt (chiastobasidial).

3. Familie: **Tremellaceae**.

Fk. gallertig, in der äußeren Gallertschicht die kugligen oder eifg., von oben über Kreuz vierteiligen Basidien stehend. Sporen je eine an jeder Basidienzelle, mit sehr langem Sterigma. — Auf Holz.

Bestimmungsschlüssel der Gattungen.
A. Fk. glatte od. höckerige Krusten bildend.
  a) Fk. ganz das Substrat überziehend; Rand nicht abstehend.
    I. Fk. sehr dünn u. zart, hyalin-weiß, 1 bis 2 cm br. unscharf begrenzt, Hymenium auf kleinen spitzen Zähnchen, Odontiaartig. Basidien kuglig.   **1. Protodontia.**
    II. Fk. wachsartig-häutig, flockig od. bestäubt, 5—10 cm br., corticiumartig; Basidien länglich.   **2. Sebacina.**
  b) Fk. mit ∓ freiem Rande, fast becher- od. schüsselfg. runzelig od. Radulumartig; Basidien birnenfg.   **3. Eichleriella.**

Tremellaceae. 59

B. Fk. vom Substrat (Zweigen, Holz) abstehend, dick, gallertig, nicht krustenfg.
a) Fk. gallertig, gekröseartig od. polsterfg., faltig, vom Hymenium überzogen.
I. Konidienträger der Nebenfruchtformen nicht zu Lagern zusammentretend, sondern stets einzeln im gleichen Hymenium (Diploidkonidien). Basidiosporen bei der Keimung hefeartig sprossend.
1. Basidien oberflächlich.
α) Fk. ohne harten Kern.
+ Sp. weiß.   4. Tremella.
++ Sp. braun.   5. Phaeotremella.
β) Fk. mit hartem Kern.   6. Naematelia.
2. Basidien tief eingesenkt.
α) Myzelkonidien stark gekrümmt.   7. Exidia.
β) Myzelkonidien gerade, $\mp$ stäbchenfg.   8. Ulocolla.
II. Konidienträger (Haploidkonidien) zu Lagern zusammenstehend.   9. Ditangium.
b) Fk. gallertig-gelatinös aufrecht, nicht polsterförmig.
I. Fk. ohrenfg., spatelig od. trichterfg., fast gestielt od. sitzend, rotbraun, unterseits glatt.   10. Gyrocephalus.
II. Fk. gestielt, hydnumartig, aber gallertig, $\mp$ grau, hutfg., unterseits mit gallertigen Stacheln.   11. Tremellodon.

1. Gattung: **Protodontia** von Hoehnel, Gallertzahn.

Fk. sehr zart, dünne, hyalinweiße, unscharfe Überzüge auf morschem Holz bildend; Basidien in kleinen hyalinen, vergänglichen, bis 0,4 mm hohen, spitzen Zähnen, eingesenkt, kugelig, längsgeteilt mit 2—4 Sterigmen. Sp. weiß, elliptisch, auf einer Seite abgeplattet.
Einzige Art: Fk. 1—2 cm, frisch reinweiß u. hyalin, trocken gelblich. Zähne hyalinweiß, dann gelblich u. vergehend, spitz, bis 400 μ lg., am Grunde 100—150 μ br. Sp. 6—8(—9) × 3—4 μ. Auf morschem Holz im Winter, selten.
10. Wässeriger G.   **P. uda** von Hoehnel

2. Gattung: **Sebacina** Tul., Wachskruste.

Fk. krustig, corticiumartig, dünn, hauchartig, oft flockig, schwach gallertig, Moos, Halme, Erde überziehend, zuerst wergartig, später fest, wachsartig, brüchig.
1. Mit milchweißer, im Alter gelblicher Kruste und flockiger Umrandung, 5—10 cm ausgebreitet. Hymenium weißlich, flockig-

bereift. Sp. weiß, länglich ∓ gekrümmt, 11—13 × 4—5 μ. In Wäldern zerstreut. II—XI. (Fig. 3.) (Thelephora sebacea [Pers.] Fries, Th. cristata [Pers.] Fries)

11. Überziehende W. **Sebacina incrustans** (Pers.) Tul. 2. Auf Rinde u. Holz von Nadelhölzern, bes. Picea. 3. Auf Laubhölzern. 4.
3. Fk. kalkweiß bis 6 cm gr., Mitte graubraun, bereift; Basidien dicht (20—40 μ) unter der Oberfläche, Hypobasidie nach Bildung der 4 Sp.-Kerne 16—24 × 13—14 μ, Epibasidie unregelmäßig 10—30 × 3—4 μ. Sp. wurstfg. 13—17 × 4—6 μ, nach dem Abfallen reichlich sprossend. — Auf Rinde u. Holz bes. von Picea. III—VI. Nicht häufig.
12. Kreidige W. (Thelephora calcea Pers.) **S. calcea** (Pers.) Bres.

3. Gattung: **Eichleriella** Bresadola, Eichlerielle.
Fk. wachsartig-häutig-knorpelig, fast schüsselfg.-ausgebreitet mit freiem Rande. Hymenium glatt od. runzelig od. radulumartig. Basidien eifg.-kugelig, längsgeteilt mit 2—4 Sterigmen. Sp. weiß, zylindrisch od. länglich, bei der Keimung hefeartig sprossend. — An morschem Laubholz.

Einzige Art: Fk. 3—6 cm br. fleischfarben, dann braun, auf dem Substrat ausgebreitet, ablösbar; Rand frei, weiß, ∓ zurückgeschlagen, feinfilzig. Hymenium gleichfarbig, bereift, bei Druck rötend, gekörnt. Fleisch gleichfarbig, ziemlich dick, knorpeliglederig. Sp. ∓ gekrümmt 15—18 × 6—10 μ. Basidien keulenfg., dann ∓ spindelfg. 30—45 × 9—12 μ, mit 2—3, selten 4 Sterigmen. Zwischen den Basidien an der Spitze braune Paraphysen. — Auf toten Zweigen von Eschen u. Pappeln. Nicht selten. IX—III. (Radulum spinulosum Berk. et Curt., R. deglubens B. et Br.; Eichleriella Kmetii Bres., Stereum rufum Auct. ang. non Fries)
13. Dornige E. **E. spinulosa** (Berk. et Curt.) Burt.

4. Gattung: **Tremella** (Dill.) Fries, Zitterpilz.
Fk. feucht gallertig od. knorpelig, trocken hart, hornartig, kuglig bis eifg. verschmälertem Grunde aufsitzend, Oberfläche mit gehirnartigen, z. T. tiefen Windungen u. Falten. Hymenium ober- u. unterseits ohne Papillenbildungen. Vor Bildung der Basidien u. im Fruchtkörper zwischen den Basidien reichlich Konidien im gleichen Hymenium (Diploidkonidien). Fk. ohne festen Kern. Sp. kuglig, ei- od. mandelfg. weiß, bei der Keimung hefeartig sprossend.
1. Fk. leuchtend orangefarben. 2.
Fk. blaßzimtfarben od. bernsteinbräunlich. 3.
2. Fk. vor Auftreten der Basidien durch 2,5—3 μ große Konidien leuchtend orangerot, anf. schwach gallertig, angenehm obstartig riechend, dann (Basidienfk.) stark gallertig, fast zerfließend, 1—4 cm gr., wellig, nicht bestäubt. Sp. rundlich eifg. 10—16

× 7—10 μ (12—15 μ) gr. — Auf Laubholzzweigen VIII—V, nicht selten. (Abb. 12, 8.)

14. **Gelblicher Z.**   **Tremella lutescens** Pers.
Fk. lebhaft goldgelb oder orangefarben, weißbestäubt, ziemlich zäh, 1—8 cm im Durchm., mit gehirnartigen Falten, an der Basis zusammengezogen und weißlich. Sp. rundlich 10 × 12 μ. Vor den Basidien erscheinen reichlich an verzweigten Trägern ca. 3 μ große rundliche Konidien. Auf Lbzweigen. I—XII. (Fig. 5.) (Abb. 12, 4—5.)

15. **Eingeweide-Z.**   **T. mesenterica** (Retz.) Fr.
3. Fk. 3—10 cm gr., anfangs blaß zimtfarben, später dunkel kandisbraun, blätterig-, rosettenfg., am Grunde faltig, gallertig, etwas durchscheinend. Geruch fast jodoformartig. Hypobasidien 12—16 × 10—14 μ, gelbbraun; Epibasidien 24—36 × 4 μ; Sp. rundlich bis eifg.-zugespitzt (nicht zylindrisch), 7—10 × 7—9 μ; vor u. während der Basidienbildung reichlich paarkernige, 2—2,5 μ gr. Fk.-Konidien.

16. **Rosettenförmiger Z. T. foliacea** (Pers.) Fries (von Brefeld)
Fk. die Rinde durchbrechend, rundlich, anf. kaum 1 mm gr., bernsteinbräunlich, kaum gefaltet, nicht zusammenfließend, dann bis 15 mm br., 10 mm dick, rundlich, mit ca. 1,5 mm breiten, gehirnartigen Windungen u. Aussackungen, durchscheinend blaß bräunlich, Aussackungen hyalinweiß, bereift, weich-gelatinös. Sp. rund m. kleinem Spitzchen 10—11 μ; Hypobasidien fast kuglig 14—18 × 14—16 μ; Hyphen 4—4,5 μ dick mit reichl. Schnallenbildung. (Abb. 12, 3.) — Auf Laubholzästchen, bes. Birken, Eichen, Pappeln, gesellig. IV—X. Ostpreußen, Schlesien. (Abb. 12, 1—3.)

17. **Bernsteinbräunlicher Z. T. indecorata** Sommerf., Neuhoff

4. Fk. olivenfarben od. grün, trocken ∓ schwärzlich.   5.
   Fk. gelblich od. weißlich.   6.
5. Fk. 5—7,5 cm hoch u. br., olivenfarben-schwärzlich, aufrecht, runzelig, lappig geteilt; Lappen schlaff, Rand eingeschnitten, welligbewimpert, gallertig, sehr weich. Sp. weiß, fast birnenfg. Rasenfg. In dem Fk. angesammeltes Wasser wird schwarz; färbt schwarz ab. Auf toten Zweigen, besonders von Alnus. XI—II. Nicht häufig.

18. **Bewimperter Z.**   **T. fimbriata** (Pers.) Fries
Fk. 1—6 mm, feucht schwärzlich-grün, trocken ruß-schwarz, hervorbrechend, polsterfg., gesellig, sehr fein papillös u. runzelig. Sp. weiß, elliptisch, 10—12 × 7—9 μ. Auf toten Zweigen von Sarothamnus u. Ginster. Nicht häufig. X.

19. **Schwarzgrüner Z.** (T. genistae Lib.)   **T. atrovirens** Fries
6. Fk. 1—3 mm br., orange-gelblich, schließlich braun, warzig, gewölbt, ungeteilt, unbewimpert, fleischig-gelatinös, ziemlich fest. Sp. weiß, breit, elliptisch zugespitzt, 6 × 4 μ. — Auf Peniophora u. abgefallenen Ästen von Eschen u. Rosen. II—V. Nicht häufig.

20. **Farbenwechselnder Z.**   **T. versicolor** Berk.

Fk. 4—8 mm hoch, schmutzigweiß, trocken fast schwarz, aus der Rinde hervorbrechend, gestielt, fast hutfg. St. kurz, rund, fast durchsichtig-knorpelig. Sp. fast kuglig mit seitl. Spitzchen, 5—7 × 5—8 μ. Konidien gerade od. gekrümmt 2 × 0,5 μ. — Auf abgefallenen Ästen, bes. von Eichen. X—XII. Häufig.
21. Schmutzigweißer Z. **Tremella tubercularia** Berk.

5. Gattung: **Phaeotremella** Rea, Braunspor-Zitterpilz.
Wie Tremella, aber mit dunkelbraunen Sp.
Einzige Art: Fk. 4—10 cm br., ∓ zimtfarben, stark gelappt, wellig, am Grunde gefaltet, gelatinös, fast hyalin-fleischfarben. Sp. umbrabraun, kuglig od. breit eifg. 12 × 9—12 μ. Konidien hyalin, elliptisch 9 × 6 μ. — An Pfählen u. Baumstümpfen, nicht selten. V—XI.
22. Braunspor-Zitterpilz. **Ph. pseudofoliacea** Rea

6. Gattung: **Naematelia** Fr., Naematelie.
Fk. mit festem, hartem Kern, sonst wie Tremella.
1. Fk. blaß fleischfarben, trocken schmutzig rötlich bis braun, innerer Kern groß, weiß, 1—3 cm br., polsterfg., fast sitzend, durchscheinend, faltig-runzelig, weiß bereift, wurzelnd. Sp. weiß, birnenfg. od. fast kuglig 12—16 × 10 μ od. 9—10 μ. — An Kiefernholz u. -zweigen einzeln od. gesellig. IX—III. Nicht selten. (Fig. 4.) (Tremella encephala [Willd.] Quél.)
23. Kiefern-N. **N. encephala** (Willd.) Fries
2. Fk. grünlich, fast kreisfg., sitzend, niedergedrückt, gewundenwarzig, 5—6 mm gr., fast gelatinös. Sp. weiß, elliptisch, zugespitzt, 18 × 11 μ. — Auf morschem Holz u. Zweigen von Ginster u. Efeu. I—XII. Nicht häufig. (Tremella virescens [Schum.] Quél.)
24. Grünliche N. **N. virescens** (Schum.) Cda.

7. Gattung: **Exidia** Fries, Drüsling.
Fk. wie bei Tremella, nur durch die tief eingesenkten Basidien u. häkchenförmigen Konidien sicher zu unterscheiden.
1. Fk. weißlich bis milchweiß, durchscheinend glasig, oberflächlich glatt, später mit seichten gewundenen Furchen, 2—3 cm im Durchm., oft auf weite Strecken zusammenfließend. Sp. wurstfg., 15—20 × 5—7 μ. Auf Zweigen von Laubbäumen, besonders Rotbuche. H. W. F.
25. Weißlicher D. **E. albida** (Huds.) Fries
Fk. feucht, stets dunkel gefärbt, braun, grau, schwärzlich. 2.
2. Fk. mit braunem Ton. 3.
Fk. mit grauem od. schwärzlichem Ton. 4.
3. Fk. bernsteinbraun, dann dunkler, trocken glänzend schwarz, fast kreiselfg., gestielt, oben scheibig abgeflacht oder etwas schüssel-

artig vertieft, 0,5—2 cm br. Hymenium die scheibige Oberfläche überziehend. Auf abgefallenen Zweigen von Laubbäumen häufig, besonders von Weiden, Pappeln, Kirschen usw. H. W. F.

26. Zäher D. **Exidia gelatinosa** (Bull.) Fries

Fk. dunkel fleisch-zimtrotbraun, durchscheinend, am Rande gekerbt, kraus, kuglig abgeflacht, 3—5 cm breit, häufig zusammenfließend zu Rasen von 10—15 cm. Sp. 14—18 × 4—5 μ (Bre-

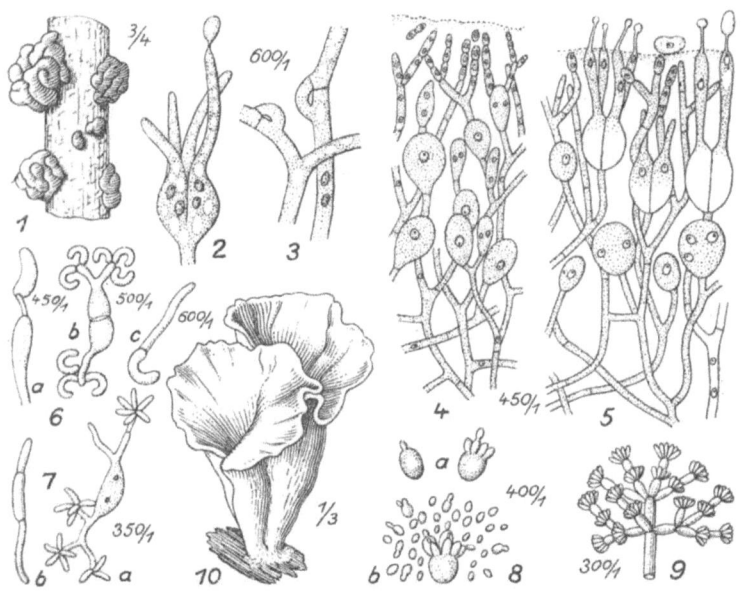

Abb. 12. Tremellaceae. 1 bis 3. Tremella indecorata: 1. Fk. auf Holz, 2. Basidie mit 1 Spore, 3. Schnallenhyphen. — 4 u. 5. Tr. mesenterica: 4. Junger Fk. mit Konidien u. jungen Basidien; 5. Fk. mit jungen und reifen Basidien (Längsschn.). — 6a bis c. Exidia repanda: a Sterigme mit 1 Basidiospore; b Keimende Basidiospore; c Keimende Konidie. — 7. Ulocolla saccharina var. foliacea: a Keimende und sprossende Basidiospore; b Keimende Sproßkonidie. — 8. Tremella lutescens: a u. b Hefeartig sprossende Basidiosporen. — 9. Ditangium cerasi: Konidienträger. — 10. Gyrocephalus helvelloides 2 Fk. auf Holz. — (1 bis 3 Nach Neuhoff, 10 nach Ramsbottom, das übrige nach Gäumann.)

feld), 10—12 × 3—4 μ (Neuhoff). Auf Stümpfen und abgefallenen Zweigen von Erlen u. Birken. IV—X. (Abb. 12, 6a—c.)

27. Ausgebreiteter D. **E. repanda** Fries

4. Fk. zuerst grau, dann schwärzlich, trocken zu papierartiger, glänzend schwarzer Haut zusammenschrumpfend, knollig, mit schmalem Grunde aufsitzend, 3—10 cm br., zu großen Lagern zusammenfließend, oben flach und vom Hymenium überzogen, zuerst glatt, dann mit kegelförmigen Warzen bedeckt, unten un-

regelmäßig faltig. Sp. 10—12—15 × 4—5 µ. Auf abgefallenen Zweigen von Laubbäumen häufig, besonders auf Eiche u. Rotbuche. H. W. F. (Fig. 6.)

28. Drüsiger D. **Exidia glandulosa** (Bull.) Fries

Fk. etwas kleiner u. dünner, unterseits trocken lebhaft olivgrün u. runzelfaltig. Hypobasidien 14—16 × 12—14 µ, Epibasidien 20—26 × 3 µ. Sp. 12—15 × 4—6 µ. Nur auf Pinus. In Schlesien.

28a. Kiefern-D. **E. pithya** Fries

Fk. schwärzlich, trocken glänzend schwarz, kreisel- bis becherfg. gestielt, 1—2 cm hoch, 2—3 cm breit, unterseits mit Höckern u. Runzeln, stets einzeln, selten wenige mit den Rändern verwachsend, oberseits vom Hymenium bekleidet und mit einzelnen drüsigen Warzen bedeckt. Sp. zylindrisch 14—20 × 4—6 µ. Einzeln od. gesellig aus der Rinde abgefallener Lindenzweige hervorbrechend. XII—II. (Fig. 7.)

29. Abgestutzter D. (E. spiculosa Tul.) **E. truncata** Fries

8. Gattung: **Ulocolla** Bref., Kräuselgallerte.

Fk. wie bei Exidia, von der sie nur durch die stäbchenförmigen, in Köpfchen zusammenstehenden Konidien sich unterscheidet. Diese sind mit Sicherheit nur in der Kultur zu erzielen.

Fk. gelbbraun wie gebrannter Zucker, vielfach gewunden und gefaltet, ausgebreitet, abgeflacht. 3—8 cm br., meist weit zusammenfließend. Koindien 5,5—7 × 1—1,5 µ stäbchenfg. An Holz und Stümpfen, besonders an Nadelhölzern, gern auf Stapelholz. Sp. nierenfg. 10—12—15×5—6µ. Hypobasidien 2—16×10—12µ. Epibasidien 20—30×2,5—3 µ. H. W. F. (Fig. 8.) (Abb. 12, 7.)

30. Zucker-K. (Exidia s. Fries) **U. saccharina** (Fries) Brefeld

30a. Blättrige K. **U. saccharina var. foliacea** (Brefeld) Bres.

9. Gattung: **Ditangium** Karsten (Craterocolla Bref.), Kruggallerte.

Fk. von zweierlei Art, gallertig. Basidienfk. kuglig, oben faltig, stark aufquellend. Konidienfk. klein krugfg., innen von den Konidienträgern ausgekleidet.

Basidienfk. der einzigen Art blaß fleischfarben, 1—5 cm br. Konidienfk. rot, zuerst geschlossen, dann krugfg. geöffnet, viel kleiner. Sp. nierenfg. 12—15 × 5—7 µ. An Stämmen u. Zweigen von Prunus avium. H. (Fig. 9.) (Craterocolla cerasi [Schum.] Brefeld)

31. Kirsch-K. **D. cerasi** (Schum.) Karst.

10. Gattung: **Gyrocephalus** Pers., Gallerttrichterling.

Fk. gallertig, füllhornartig-trichterfg., aufgerichtet in breiten knorpelig-gallertigen Stiel übergehend, mit fast glatter, vom Hymenium überzogener Unterseite.

Fk. der einzigen Art rosarot, zuletzt braunrötlich. 5—8 cm h., 4—6 cm br. Sporen zylindrisch 9—11 × 5—6 μ gekrümmt. An Holzstückchen, Stümpfen und auf dem Erdboden, vereinzelt od. gesellig. In Norddeutschland selten. IX—X. (Gyrocephalus rufus [Jacq.] Bref., Tremella rufa Jacq.) (Abb. 12, 10.)

32. Roter Gallerttr. **Gyrocephalus helvelloides** (D. C.) Pers.

11. Gattung: **Tremellodon** Pers., Zitterzahn.

Fk. gallertig, trocken knorpelig, abstehend, halbkreisfg. od. seitlich gestielt, unterseits mit Stacheln besetzt, die das Hymenium tragen. Fk. der einzigen Art milchweiß, hellgrau oder fast farblos, 2—8 cm br., mit 2—4 mm langen Stacheln. Sp. rundlich 6—8 μ glatt, farblos. An Stümpfen von Nadelholz, nicht häufig. IX—XII. (Taf. I, Fig. 10, Abb. 8, 2.)

33. Gallertartiger Z.   **T. gelatinosus** (Scop.) Pers.

2. Reihengruppe: **Autobasidiomycetes**.
Basidien ungeteilt.

3. Ordnung: **Tulasnellales**.

Fk. $\mp$ gallertartige od. wachsartige Lager, ohne eigentliches Hymenium bildend. Basidien $\mp$ kugelig od. eiförmig, ungeteilt mit stielförmig verschmälertem Grunde (Tremella-Basidien). — Meist saprophytische Holzbewohner.

Bestimmungsschlüssel der Familien.

Fk. auf der Rinde gallertige Lager bildend; Basidien kuglig od. eifg. ohne Sterigmen. Basidiosporen sehr groß, vor dem Abfallen keimend u. sofort je 1 leicht abfallende Konidie bildend.   **Tulasnellaceae**.

Fk. unter der Rinde toter Eichenzweige wachsend; Basidien kugelig mit kegelförmigen, gekrümmten Sterigmen. Basidiosporen bohnenfg., nicht vor dem Abfallen keimend; keine Konidien bildend.   **Vuilleminiaceae**.

4. Familie: **Tulasnellaceae**.

Fk. auf der Rinde lebender od. toter Zweige u. Stämme flach ausgebreitete, wachsartig-gallertige Lager bildend, die aus $\mp$ regellos angeordneten Basidien mit od. ohne Gloeozystiden bestehen. Basidien kuglig od. eifg., am Grunde $\mp$ stielartig zusammengezogen, ohne Sterigmen, mit 1—4(—6) kugligen od. eiförmigen, sofort keimenden Basidiosporen. Basidiosporen auf dünnem od. flaschenförmigem Keimschlauch je 1 gekrümmte od. eiförmige, sofort abfallende Konidie bildend.

Bestimmungsschlüssel der Gattungen.

Fk. nur Basidien enthaltend; Basidien ∓
ordnungslos gehäuft od. büschelig. **1. Tulasnella.**

Fk. neben den Basidien auch Gloeozystiden
enthaltend; Basidien weniger regellos. **2. Gloeotulasnella.**

1. Gattung: **Tulasnella** Schroet. (Pachysterigma Brefeld)
Tulasnelle.

Fk. ∓ weit ausgebreitete, dem Substrat eng anliegende, dünne, frisch wachs- oder gallertartige violette bis bräunliche od. rosenrote Lager bildend, nur Basidien enthaltend. Basidien kugelig od. eifg. mit stielartigem Grunde, ohne Sterigmen mit (1—)4—6 sofort keimenden Basidiosporen. — Meist Holzbewohner.

1. Auf Holz wachsend. 2.
Auf Kiefernnadeln am Erdboden. 8.
2. Auf Nadelholz. 3.
Auf anderen Hölzern. 4.
3. Fk. frisch braunviolett, trocken lila, dünnhäutig, wachs- bis gallertartig. Hymenium eben, etwas warzig. Basidien eifg., unten stielfg. zusammengezogen, mit 1—4 Sporen; Konidien zylindrisch, etwas gekrümmt, 11—14 × 4—5 μ. An Nadelholz; selten. (Fig. 20.)
34. Braunviolette T. **T. fusco-violacea** Bres.

An Kiefernholz-Stümpfen. Siehe *40.* **T. tremelloides** Wakef.etPears.

4. An verschiedenen Laubhölzern. 5.
An einzelnen Laubholzarten. 6.

5. Fk. frisch grauviolett, getrocknet sehr blaß rosenrot, bald verbleichend. Konidien 3,5—5 × 3—3,5 μ. An Laubholz nicht selten.
35. Eichlers T. **T. Eichleriana** Bres.

Fk. frisch blaßviolett, trocken lebhaft hellrosenrot. Konidien 6—8 × 6—7 μ. An Rinde u. Holz der Laubbäume; nicht selten.
36. Tulasne's T. **T. Tulasnei** (Patouillard) Juel

Fk. frisch lilaviolett od. rosa-lila, trocken rötlich gelblich od. verfärbt, 2—10 cm weit ausgebreitet, Rand heller, byssusartig. Basidienschicht gleichfarbig, häutig, filzig, dünn. Basidiosporen elliptisch 6 × 4 μ od. ∓ kuglig 5—7,5—10 × 4,5—6,5—8 μ. — Auf totem Holz. IX—XII. Nicht selten. (Hypochnus violeus Quélet)
37. Veilchenfarbige T. **T. violea** (Quél.) Bourd. et Galz.

6. An Eichenzweigen od. Erlen. 7.
7. Fk. hellrot 1—3 cm breite unregelmäßige Flecke bildend. Basidienschicht gleichfarbig, häutig; Sp. weiß, birnenfg. 8—11 × 5—7 μ. Basidien eifg. od. keulenfg. 9 μ dick, mit 4, seltener 3 od. 5 Sp. — An abgefallenen Eichenzweigen. IX—X. Nicht häufig.
38. Fleischfarbige T. **T. incarnata** Juel

Fk. violett; Konidien länglich, zitronenfg. 8 × 15 μ. An feuchtem Holz, besonders an Alnus; selten.
39. Violette T. **Tulasnella violacea** (Bref. et Olsen) Juel
8. Fk. 1—30 cm ausgebreitet, frisch purpurn, trocken schwärzlich, Rand gleichfarbig. Basidienschicht gleichfarbig, faltig-wellig. Fleisch blaßpurpurn gelatinös, dann ∓ hornig, schließlich zu dünner Kruste zusammenfallend. Sp. weiß, elliptisch, von einer Seite flach, am Grunde mit seitlicher Spitze 8—10 × 4,5—5,5 μ. Basidien keulenfg. mit 4 Sp. — Auf Kiefernnadeln am Boden u. auf Kiefernstümpfen. XI—XII; selten.
40. Kiefern-T. **T. tremelloides** Wakef. et Pearson

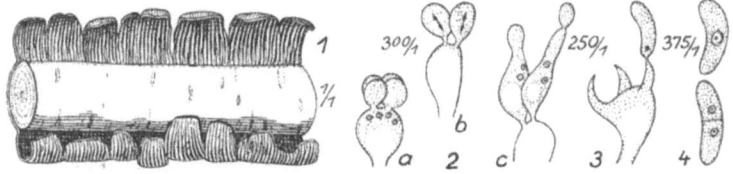

Abb. 13. Tulasnellaceae und Vuilleminiaceae.
2 *a* bis *c* Tulasnella telephorea Juel. *a* Basidie mit 4 Sporen; *b* Kernteilung in den Basidiosporen; *c* Keimende und je 1 Konidie bildende Basidiosporen (nach Juel). — 1, 3 u. 4. Vuilleminia comedens (Nees) Maire: 1. Tracht des Pilzes auf einem Zweige, dessen Rinde er abgelöst hat; 3. Basidie mit 3 Sterigmen und 1 Spore; 4. Basidiosporen, untere in Teilung. (1. Nach der Natur, 3 u. 4. nach Maire.)

2. Gattung: **Gloeotulasnella** v. Höhnel et Litschauer.
Fk. dem Substrate eng anliegend, zart gallertig- od. wachsartig. Basidien fast ein Hymenium bildend mit Gloeozystiden.
Einzige Art: Frisch dünne, reifartige, rötliche Überzüge bildend, die trocken fast ganz verschwinden. Gloeozystiden zartwandig 15—30 × 8—12 μ groß, bauchig od. zylindrisch mit ölartigem Inhalt. Sporen ∓ kuglig 4—6 μ groß. Auf Rinde morscher Fichten.
41. Glasige G. **G. hyalina** v. H. et Litsch.

5. Familie: **Vuilleminiaceae**.

Fk. gelatinöse, corticium-ähnliche Lager bildend. Basidien im Innern des Hyphengeflechtes angelegt, an die Oberfläche vordringend, kein geschlossenes Hymenium bildend, am Grunde schmal, am Scheitel kugelig verbreitert, ungeteilt, mit 3—4 kegelförmigen, etwas gebogenen Sterigmen. Sporen farblos, glatt, bohnenfg. — Holzbewohner.

Einzige Gattung: **Vuilleminia** Maire, Vuilleminie.
Fk. unter der sich lösenden Rinde wachsend. Sporen farblos, glatt.
Fk. der einzigen Art weithin unter der Rinde wachsend u. sie abhebend, frisch weich fleischig bis wachsartig, dick, schmutzig weiß

od. grau bis rötlich od. gelblich grau, glatt, trocken dünnkrustig, rissig, schmutzigbraun. Sporen zylindrisch-ellipsoidisch, etwas gekrümmt, 17—24 μ × 5—7 μ dick. An feuchtliegenden Lbzweigen, besonders von Eiche, Prunus spinosa, Fagus, Juglans, Castanea vesca u. a., überall in Wäldern häufig. Das ganze Jahr. (Taf. I, Fig. 23, Abb. 13, 1, 3—4.) (Corticium c. [Nees] Fr.)

42. Fressende V.   **Vuilleminia comedens** (Nees) Maire

4. Ordnung: Dacryomycetales.

Basidien zylindrisch, sehr lang, oben gegabelt, einzellig, mit 2 Sterigmen u. Sporen. Sp. bei der Keimung septiert u. sprossend Konidien bildend).

6. Familie: Dacryomycetaceae.
(Caloceraceae.)

Fk. gallertig od. knorpelig, trocken meist ganz unscheinbar zusammenschrumpfend. Basidienlager den Fk. ganz od. nur teilweise bedeckend. Basidien (Heterobasidien) lang, keulig, nach oben in zwei lange Epibasidien (Sterigmen) auswachsend, an deren Spitze je eine ei- oder etwas nierenfg. Spore entsteht. Sporen meist sofort auskeimend, sich teilend u. Sproßkonidien bildend.

Bestimmungsschlüssel der Gattungen.

A. Fk. tremellaartig, ungestaltet, mit Windungen auf der Oberfläche sitzend.   **1. Dacryomyces.**

B. Fk. von bestimmter Gestalt. ∓ gestielt, stift-, zahn-, kreisel- od. schüsselförmig od. fädighornartig, unverzweigt od. verzweigt.

  a) Fk. wurzelnd, St. ∓ im Holz verborgen.

    I. St. nach unten wurzelartig geteilt, Fk. stift- od. knopffg., dann fast backenzahnartig.   **2. Ditiola.**

    II. St. ungeteilt.

      α) Fk. unregelmäßig polsterfg., dann ∓ gelappt, oben flach-schüsselförmig mit dickem Rande. St. sehr kurz, gedrungen, ganz am Holz steckend. Sp. gelblich, mondsichelfg. 12 bis über 20 μ lg.   **3. Femjonia.**

      β) Fk. regelmäßig scheibenfg., peziza-artig, mit nach innen eingebogenem z. dünnem Rande. St. deutlich, z. schlank, nur mit seinem Grunde im Holz. Sp. weiß, einseitig-flach-eifg. bis länglich 9—13 μ lg.   **4. Guepinia.**

b) Fk. nicht wurzelnd, gestielt.
 I. Fk. hutfg., einer winzigen Morchel ähnlich. 5. **Dacryomitra.**
 II. Fk. hornfg. od. geweihfg. bis korallenartig
 verzweigt, einer Clavaria ähnlich, aber
 knorpelig-gallertig. 6. **Calocera.**

1. Gattung: Dacryomyces Nees, Tränenpilz.

Fk. zu gelben oder roten Flecken eintrocknend, feucht gallertig aufquellend, ohne bestimmte Gestalt, mit Windungen, wie Tremella aussehend, aber kleiner, bisweilen fast becherfg. abgeplattet, sitzend. Basidien die der Familie.

1. Fk. gelbrot, rot oder orangefarben. 2.

Fk. gelb, gallertig, zuerst fast kuglig oder flachgedrückt, später unregelmäßig rundlich, auf der Oberfläche gefaltet, 2—12 cm br. Sporen länglich zylindrisch, beidendig gerundet, kaum gekrümmt, 15—22 μ lg., 4—7 μ dick. Auf bearbeitetem Holz, besonders von Nd. I—XII, besonders X—XII; häufig. (Abb. 14, 1—3.)
43. Zerfließender T. **D. deliquescens** Bull.

Zuerst ganz hyalin, dann opalartig. — An Birken IX—V. Nicht selten.
43a. (D. hyalinus [Pers.] Quél.) var. **hyalinus** (Pers.) Bourd. et Galz.

Fk. 2—8 mm br., gelb, dann orange, kugelig, dann genabelt u. peziza-artig, etwas zusammenfließend, längs gefaltet, sitzend od. etwas gestielt, am Grunde weißzottig, oft gelb bereift, gelatinös, dann fest. Sp. weiß od. gelblich, eifg. od. länglich 18—25 × 7—10 μ mit gelben Tröpfchen, schließlich mit 1 Querwand. — An toten Kiefernzweigen. Häufig. I—X.
44. Getropfter T. **D. stillatus** (Nees) Fries

2. Fk. gelbrot bis etwas orange, knorpelig-gallertig, zuerst kuglig, dann mehr unregelmäßig, etwas faltig, 4—6 mm br. Sporen wie bei vor., etwas stärker gekrümmt, 20—30 μ lg., 9—12 μ dick. An Ästen u. bearbeitetem Holz der Nd. Das ganze Jahr. (Fig. 11.)
44a. Tannen-T. (= *44*?) **D. abietinus** (Pers.)

Fk. lebhaft orangefarben, weich gallertig, zuerst fast kuglig, dann mit Falten, zuletzt schleimig zerfließend, peziza-artig. Sporen gelblich lg. eifg., innen etwas gebuchtet, 12—24 × 6—9 μ, dann größer u. mit 10 Querwänden. An Stümpfen u. Zweigen von Nd. Fast das ganze Jahr.
45. Goldhaariger T. **D. chrysocomus** (Bull.) Tul.

3. Fk. 6—20 mm, rosa, warzig, rundlich, unregelmäßig gekröseartig, gelatinös-durchsichtig, fest. Sp. weiß, länglich, 40—50 × 8—11 μ mit 3—5 Querwänden. Konidien elliptisch 14 μ. Parasitisch auf Diatrype stigma, nicht selten. XII—IV. (Dacr. fragiformis [Pers.] Fries)
46. Großsporiger T. **D. macrosporus** B. et Br.

2. Gattung: Ditiola Fries, Kopfträne.

Fk. knorpelig gallertig, keulig-kopfig, etwas flach, vom Basidienlager überzogen, im Substrat mit mehreren starken stielartigen Wurzeln, im ganzen wie ein Backenzahn aussehend. Fr. 2—9 mm hoch, goldgelb, anfangs wie von einem weißen Schleier umhüllt, Stiel 3—6 × 2—3 mm, anfangs weißlich, dann gleichfarbig, wurzelnd. Sporen weiß länglich, $\mp$ zylindrisch, an der Basis schief zugespitzt, 9—10 μ lg., 4 μ dick mit 1—3 Querwänden. Auf feuchten, faulenden Kieferbrettern, nicht häufig. X—III. (Taf. I, Fig. 12.)

47. Bewurzelte K. **D. radicata** (Alb. et Schw.) Fries

Fk. 1,5—5 mm br., blaß orange, dann dunkler, Hut anfangs kuglig u. fein hyalin filzig, dann flach, wurzelig, St. 0,5—1 mm lg. od. fehlend, jung hyalin-zottig; Sp. weiß, elliptisch-zylindrisch 15 × 5 μ, dann zylindrisch, am Grunde breit, schief zugespitzt 15—18 × 5 μ, 4 zellig. — An toten Ulex-Stämmen. Im Nordwesten des Gebietes. (Abb. 14, 4.)

48. Stechgister-K. **D. ulicis** Plowright

3. Gattung: Femsjonia Fries, Femsjonie.

Fk. gallertig-knorpelig, anfangs kreiselfg.-polsterfg., dann unregelmäßig $\mp$ gelappt mit ganz im Holze steckendem, wurzelndem, nach unten nicht verzweigtem St., dann oben flach u. dick- $\mp$ schüsselfg. mit flachem, wulstigem, nicht eingerolltem Rande. Nur die Fläche Basidien enthaltend. Sp. mondsichelfg. bis kahnfg. zieml. groß, gelblich; Basidien mit 2 langen Sterigmen.

Einzige Art: Fk. 2—15 mm br., leuchtend goldgelb, dann $\mp$ schmutzig weißlich, aus dem Holze hervorbrechend, anfangs gewölbt, dann flach u. lappig, wurzelnd, Stiel nicht od. kaum über die Holzoberfläche emporragend, gedrungen. Sp. 12—21 × 7—8 μ, dann auf 18—24 μ verlängert mit 8—10 und mehr Querwänden. — Auf abgefallenen Eichen- u. Birkenzweigen. Stellenweise nicht selten. IX—XI. (Abb. 14, 5.)

49. GelbweißeF. (Guepinia Femsjoniana Olsen.) **F.luteo alba** Fries

4. Gattung: Guepinia Fries, Guepinie.

Fk. gallertig-knorpelig, gestielt-scheiben-becherfg., einer Peziza sehr ähnlich. St. ziemlich schlank, nur mit dem Grunde im Holz steckend, sonst frei. Sp. weiß, eifg. bis länglich, einseitig-flach.

Fk. hellgelblich, becherfg., 0,5—2,5 cm h. u. 3—8 mm br., Rand dünn, wellig eingerollt, Sporen elliptisch, beidendig schief, oft unregelmäßig abgerundet, innen abgeflacht, 9—13 μ lg., 5—9 μ dick. Auf toten Zweigen, Stümpfen u. Holz von Buchen u. Eichen, selten. XII—II (Ditiola merulina [Pers.] Rea, G. merulina [Pers.] Quél.)

50. Schüssel-G. (Abb. 14, 6*a*—*c*.) **G. peziza** Tul.

4. Gattung: **Dacryomitra** Tul. (Dacryopsis Massee) Tränenmütze. Fk. gallertig-knorpelig, mit Stiel u. einem keulen- od. zungenfg., etwas gefurchten Kopfteil. Hymenium glatt od. runzelig bis warzig. Basidien zylindrisch mit 2 langen Sterigmen, mit od. ohne Konidienträgern im Fk. Sp. weiß.

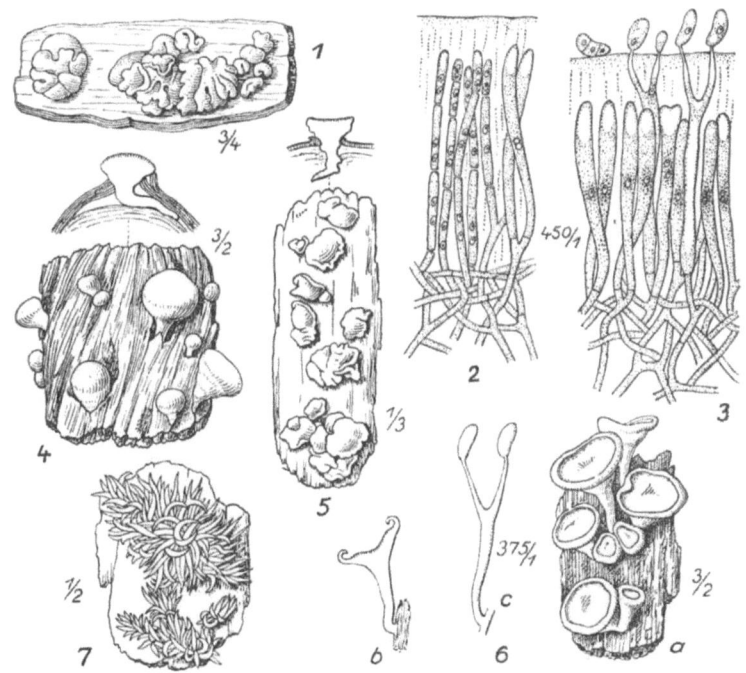

Abb. 14. Dacryomycetaceae.
1 bis 3. Dacryomyces deliquescens Bull.: 1. Tracht des Pilzes; 2. Oidienbildender Fk., am Rande rechts 2 junge Basidien; 3. Fk. mit Basidien; 2. u. 3. Querschn. — 4. Ditiola ulicis Plowr. — 5. Femsjonia luteo-alba Fries. — 6. Guepinia peziza Tul.: *a* Tracht; *b* Einzelfk., Längsschn.; *c* Basidie. — 7. Calocera cornea (Batsch) Fries. (1. Nach Brefeld, 2, 3. nach Dangeard, 4 bis 7. nach Ramsbottom.)

1. Fk. ohne Konidienträger mit gelbem Stiel u. orangefarbener Keule, fast wie eine kleine Morchel aussehend, 3—12 mm h. Sp. 13—15 × 5—6 μ mit 2 od. 3 Querwänden. An Stümpfen u. Brettern von Eichen, selten. IX—XII. (Taf. I, Fig. 14.) (Calocera gloss. [Pers.] Fries)
   51. Zungenfg. T.   **D. glossoides** (Pers.) Bref.
2. Fk. mit Konidienträgern u. Basidien, 3—4 mm, rötlich orange, Hut halbkugelig, später abgeflacht. Stiel 3—4 × 2—3,5 mm weiß od. gelblich; Fleisch weicher. Sp. 14 × 5 μ, mit 3 Querwänden.

Konidienträger 35—40 μ h., linear, einfach od. wenig verzweigt, Konidien 3 × 1 μ länglich. — An Nadelholzstümpfen. IX—XI, nicht häufig. (Ditiola nuda [Berk.] Massee)
52. Nackte T. **Dacryomitra nuda** (Berk.) Pat.

5. Gattung: **Calocera** Fries, Hörnling.

Fk. knorpelig zähe, keulenfg. od. pfriemlich, einfach od. verzweigt, wie Clavaria aussehend, aber hornartig durchsichtig.
1. Fk. verzweigt. 2.
   Fk. unverzweigt, pfriemlich, orangegelb, trocken rot u. hornartig, feucht knorpelig, 1—1,5 cm h., 1—2 mm dick. Sp. 7—9 × 3,5—4 μ. An Holz u. Stümpfen von Lb., besonders Eichen, gesellig od. rasig. I—XII. (Taf. I, Fig. 15, Abb. 14, 7.)
53. Hornartiger H. **C. cornea** (Batsch) Fries
2. Äste des Fk. nicht br. an der Spitze, sondern spitz, stielrund. 3.
   Fk. am Ende od. von der Mitte ab mit einigen kurzen, abstehenden Ästchen, Hauptstamm keulig, nach oben verbreitert u. etwas flach gedrückt, 2—4 cm hoch, dunkel orangefarben. Sporen zylindrisch 10—12 × 4—5 μ. An altem Holz. Fast das ganze Jahr. (Taf. I, Fig. 16.)
54. Handförmiger H. **C. palmata** (Schum.) Fries
3. Fk. feucht knorpelig zähe, klebrig, glatt, goldgelb bis orangefarben, von unten od. der Mitte ab mehrfach bis reichlich gabelteilig, 2—10 cm h., Äste spitz, drehrund. Wurzelartige Basis weit in das Holz reichend, weiß, zottig. An Stümpfen und Holz von Nadelhölzern. Sporen zylindrisch, leicht gekrümmt 10—12 × 4 bis 5 μ. Häufig. VII—I. (Taf. I, Fig. 17.) (C. flammea [Schaeff.] Quél.)
55. Klebriger H. **C. viscosa** (Pers.) Fries
Fk. weich, stark schrumpfend beim Trocknen, gelb, 1—3 cm h., mit weitläufig stehenden, gabeligen, spitzen, drehrunden Ästen, am Grunde weißfilzig. Sporen zylindrisch, 8—10 × 4—5 μ. An Nadelholzstümpfen, viel seltener als vor. H.
56. Gabelteiliger H. **C. furcata** Fries

5. Reihe (Ordnung): **Exobasidiales.**
Parasitisch auf Blättern und Stengeln von Zwergsträuchern, Bäumen und Kräutern, ohne Fruchtkörperbildung.

7. Familie: **Exobasidiaceae.**
Ausschließlich Parasiten. Fk. fehlend. Basidienlager nackt, aus der Oberhaut der Wirtspflanzen hervorbrechend. Basidien mit 2—6 Sterigmen.

Bestimmungsschlüssel der Gattungen.
A. Basidien ausgebreitete, zusammenhängende Lager auf der Wirtspflanze bildend. Basidien viersporig. 1. **Exobasidium.**
B. Basidien in kleiner Zahl aus den Spaltöffnungen hervorbrechend, meist sechssporig. 2. **Microstroma.**[1]

1. Gattung: **Exobasidium** Woron., Nacktbasidie.

Myzel im Wirt, oft gallenartige Anschwellungen der Stengel u. Blätter verursachend. Basidien 2—4 sporig, aus der Oberhaut in großen, weit ausgebreiteten, weißlichen Lagern hervorbrechend.
1. Auf Vaccinium-Arten, besonders Preißelbeeren, seltener Blaubeeren u. Moosbeeren, weißlich-rötliche Überzüge an den meist geschwollenen Stengeln u. Blättern bildend, Sp. weiß, lang spindelfg. 10—20 × 2,5—5 μ, häufig. V—XI. (Taf. I, Fig. 18, Abb. 15, I.)
57. Preißelbeer-N. **E. vaccinii** (Fuck.) Woronin
2. Auf Rhododendron-Arten in den Alpen ∓ große, weiße od. fleischrote, eßbare Gallen erzeugend, seltener in Gärten. V—X.
57β. Rhododendron-N. forma **rhododendri** Cram.
3. Auf Andromeda polifolia, nicht selten. VI—X.
57γ. Andromeda-N. forma **andromedae** Peck
4. Auf Azalea indica und anderen Azalea-Arten in Gärtnereien 1—3 cm große, weißlich-grüne Gallen an den Blättern u. Zweigspitzen erzeugend. Sp. 14,5 × 4 μ länglich-nierenfg. Nicht selten, mitunter schädlich.
58. Japanische N. **E. japonicum** Shirai

[Gattung: **Microstroma** Niessl (Kleinstroma).

„Basidien" büschelfg. zu den Spaltöffnungen der Blätter (meist nur unterseits) hervorwachsend, punktfg. Räschen bildend, die zu einem weißen, kreidigen Überzug verschmelzen. Hyphomyzeten.

Auf Juglans regia über 1 cm große, eckige Überzüge auf den Blättern bildend, im Gebirge häufiger. S. (Fig. 19.)
59. Nußbaum-K. **M. juglandis** (Bér.)

Auf Quercus-Arten 2—4 mm große, eckige Überzüge auf den Blättern bildend. Seltner als vor. S.
60. Eichen-K. **M. album** (Desm.).]

6. Ordnung: **Cantharellales.**

Fk. äußerst mannigfach, wachsartig, häutig, knorpelig od. lederig bis fleischig od. korkig, krustenfg., ungegliedert kreiselfg., korallenartig verzweigt bis in Stiel u. Hut gegliedert. Stets mit Stichobasidien;

---

[1] Nach neueren zytologischen Untersuchungen gehört die Gattung nicht zu den Basidiomyzeten. Da man sie aber hier gewöhnlich sucht, habe ich sie stehen gelassen. Die „Basidien" sind Konidienträger.

häufig außer den Basidien mannigfache Zystiden im Hymenium. — Vorwiegend Holzbewohner, aber auch zahlreiche Bodenpilze.

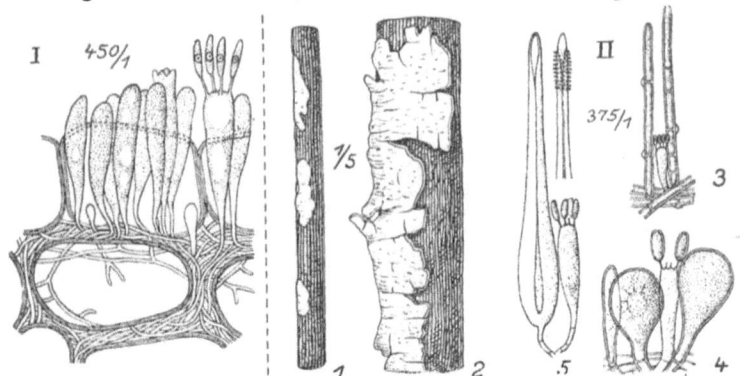

Abb. 15. I. Exobasidiaceae; II. Peniophoraceae.
I. **Exobasidium vaccinii** (Fuckel) Wor. (nach Woronin). — II. **Peniophora**:
1 u. 2. P. areolata (Fr.) Brinkm. — 3. P. byssoidea (Pers.) Brinkm. Basidie und 2 Zystiden mit Schnallen. — 4. P. lycii (Pers.) v. H. et L. Basidie und 3 Zystiden. — 5. P. glebulosa (Fr.) Bres. Basidie und Zystide; oben Zystidenspitze mit körnigen Ausscheidungen. (Nach Brinkmann.)

Bestimmungsschlüssel der Familien.

A. Fk. krustenfg., dem Substrat aufliegend.
  a) Hymenium glatt.
    I. Hymenium mit großen, überragenden, dickwandigen Zystiden; Sporen farblos, glatt od. etwas rauh.   8. Fam. **Peniophoraceae**.
    II. Hymenium ohne Zystiden; Sporen stachelig od. eckig, meist braun.   9. Fam. **Thelephoraceae**.
  b) Hymenium auf pfriemlichen od. zahnförmigen Stacheln.   12. Fam. **Hydnaceae**.
B. Fk. ∓ aufrecht od. sich am Rande vom Substrat abhebend, ∓ muschelförmig.
  a) Fk. muschelfg. od. trichterfg. od. in Stiel u. Hut gegliedert.
    I. Hymenium glatt.   9. Fam. **Thelephoraceae**.
    II. Hymenium nicht glatt.
      1. Hymenium nur anfangs glatt, bald runzelig od. auf Runzeln od. gabelig verzweigten Adern od. Leisten.   11. Fam. **Cantharellaceae**.
      2. Hymenium auf Stacheln.   12. Fam. **Hydnaceae**.

b) Fk. keulenfg. od. ∓ korallenartig verzweigt, fleischig.
I. Fk. lederig-fleischig bis korkig; Sporen stachelig od. eckig, meist braun. 9. Fam. **Thelephoraceae.**
II. Fk. saftig-fleischig nicht korkig, Sporen glatt, meist farblos. 10. Fam. **Stichoclavariaceae.**

8. Familie: Peniophoraceae.

Fk. fädig-filzige od. krustenförmige Überzüge auf Holz usw. bildend, wachsartig, knorpelig, lederig od. häutig. Hymenium glatt od. schwach runzelig, aus viersporigen lang-keulenförmigen Stichobasidien u. großen, meist dickwandigen Zystiden bestehend. Sporen farblos, glatt od. etwas rauh.

Einzige Gattung: **Peniophora** Cooke (einschl. **Kneiffia** Fries), Borstenrindenpilz.

Fk. weit ausgebreitet, der Unterlage eng anliegend, sehr zart spinnwebfilzig, häutig od. fleischig-wachsartig, ohne abstehenden Rand. Hymenium mit großen, meist sehr dickwandigen Zystiden zwischen den Basidien. Gloeozystiden fehlen. (Vgl. Abb. 15 II, 3—5.) Sporen farblos, glatt od. etwas rauh, niemals stachelig. — Weißliche, unscheinbar od. lebhaft gefärbte Pilze auf Holz, besonders im W. F. oder I—XII.

1. Fk. sehr zart, spinnwebartig fädig od. filzig, nicht fleischig. Hymenium nicht geschlossen (mit Lücken); Fk. weißlich. 2.
Fk. häutig, fleischig od. wachsartig. Hymenium fest gefügt, geschlossen, aber durch die Zystiden filzig, samtartig od. borstig. 7.
2. Fk. weißlich, bei Verletzung gelbfleckig, ausschließlich auf Holz. 3.
Fk. weißlich, später gelblich bis fatt ockerfarbig, auf Holz, abgefallenen Blättern od. auf dem Boden. 4.
3. Fk. anfangs sehr dünn u. zart, 2—5 cm weit ausgebreitet, später fast häutig, fleischig. Sporen zylindrisch, gekrümmt, $12-15 \times 2,5\,\mu$, Zystiden $70-90 \times 3-3,5\,\mu$, leicht gekörnelt. An faulem Holz; nicht selten. I—XII. (Hypochnus longisporus Pat.)
61. Langsporiger B. **P. longispora** (Patouillard) v. H. et Litsch.
4. Fk. sehr zart, weißlich, später gelblich, nicht gelbfleckig. 5.
Fk. anfangs fein, dünn, weißlich, bald sehr stark vergilbend, satt ockerfarbig. 6.
5. Sporen fast zitronenfg., oft schief, unten immer mit einer Spitze, $10-15 \times 6-8,5\,\mu$. Zystiden zylindrisch, stumpf, $100-130 \times 7$ bis $12\,\mu$. An Laubholz od. abgefallenen Blättern; selten. X—III.
62. Spindelsporiger B. **P. fusispora** (Schroet.) v. H. et L.

6. Sporen länglich 5—6 × 3—3,5 μ. Fk. sich 1—6 cm weit ausbreitend, dichte weichwollige Massen auf Holz, Erdboden, in Erdhöhlungen, am Grunde von Pflanzen, diese mitunter schädigend. Zystiden 70—90 × 4,5—6 μ, spindelfg. od. zylindrisch, glatt, oft mit Schnallen an den Scheidewänden. IX—IV. Häufig. (Kneiffia byss. Pers., Coniophora b. Pers., Corticium b. [Pers.] Fries, Corticium lacunosum B. et Br., Peniophora tomentella Bres.) — Abb. 15 II, 3.

63. **Byssusartiger B.** **Peniophora byssoidea** (Pers.) Brinkm.

7. Fk. ∓ weiß, blaßgrau, cremefarbig od. schwach gelblich, nicht lebhaft gefärbt. 8.
   Fk. ockerfarbig, gelbbraun od. lebhaft gefärbt. 19.
8. Zystiden ohne körnige Bekleidung, höchstens an der Spitze zart rauh. 9.
   Zystiden mit körniger, kleiiger Bekleidung. 12.
9. Sporen schmal, zylindrisch, weniger als 3 μ br. 10.
   Sporen breit zylindrisch, breiter als 3 μ. 11.
10. Fk. 2—5 cm br., anfangs weiß, bald blaßlederfarbig, dünnhäutig, fein borstig, trocken in kleine Klümpchen od. Schollen (glebae) zerrissen. Sporen 7—9 × 1,5—2,5 μ, gekrümmt. Basidien 6—7 μ br. Zystiden 70—160 × 6—14 μ, bis 40 μ hervorragend, sehr dickwandig. An morschem Laub- u. Nadelholz. I—XII. Nicht selten. (Abb. 15 II, 5.)

64. **Klümpchenbildender B.** **P. glebulosa** (Fr.) Sacc. et Sydow

Fk. 5—10 cm br., anfangs mit weißlichem Rande, bald bräunlich, alt oft ganz dunkelrotbraun, fleischig-häutig, stark rissig. Sporen 5—7 × 2—2,5 μ, schwach gerkümmt. Basidien 4—5 μ br. Zystiden 50—70 × 4—5 μ, spindelfg., zugespitzt. An altem Nadelholz, nicht selten. (Corticium sordidum Karsten, C. seriale Fr.)

65. **Rissiger B.** **P. serialis** (Fr.) v. H. et L.

11. Fk. 2—6 cm br., anfangs weiß, im Umfange faserig-kleiig, dann cremefarbig, trocken häufig mit schwach grünlichem Ton. Sporen 3—4 × 6—8 μ. Basidien 5—6 μ br. Zystiden spindelfg. 80—90 × 7—9 μ glatt od. schwach gekörnelt. An Laub- u. Nadelholz, nicht selten.

66. **Cremefarbiger B.** (Kneiffia cremea Bres.) **P. cremea** Bres.

12. Sporen kugelig od. kurz eifg. 13.
    Sporen länglich. 14.
13. Fk. weiß, etwas vergilbend, zart krümelig; Hymenium geschlossen, mehlig, bei großer Feuchtigkeit in Körner zerfallend (= Aegerita candida). Sporen 5—7 × 4—6 μ mit großen Öltropfen. Basidien 4—5 μ br. Zystiden 60—100 × 6—12 μ, fast zylindrisch, nach oben ∓ verschmälert, stumpf, sehr dickwandig. Auf feuchtliegendem Holze (besonders in fast ausgetrockneten Gräben), nicht selten, meist zusammen mit Aegerita candida Pers.

67. **Mehliger B.** (Kneiffia aeg.) **P. aegerita** (Hoffm.) v. H. et L.

14. Sporen 8 μ u. länger. 15.
    Sporen kürzer als 8 μ. 16.
15. Hymenium gleichmäßig eben, filzig-samtartig (durch die Borsten), anfangs weiß, dann trübgelblich, blaß-lederfarben, wachsartig, am Rande anfangs mehlig. Sporen länglich, fast zylindrisch, 10—12 × 4,5—5,5 μ, Basidien 7—9 μ br. Zystiden 60—150 × 12—14 μ, bauchig-spindelig, zugespitzt. An Laub- u. Nadelholz, nicht selten. (Corticium puberum Fr.)
    68. Samtiger B. **Peniophora pubera** (Fr.) Sacc.
    Hymenium bald warzig, von den 120—250 μ langen Zystiden borstig, fleischig-häutig, im Umfang faserig od. strahlig. Bei andauernder Feuchtigkeit Wülste bildend, die auf der Unterseite das Hymenium tragen. Sporen zylindrisch, $\mp$ gekrümmt, 10—15 × 4—5.5 μ, Basidien 6—7 μ br. An allen Holzarten, häufig. (Kneiffia s. Fr., Corticium setigerum [Fr.] Karst.)
    69. Borstentragender B. **P. setigera** (Fr.) v. H. et L.
16. Hymenium eben. 17.
    Hymenium mit Papillen u. Warzen bedeckt, die zu kleinen Stacheln auswachsen können. 18.
17. Fk. 3—30 cm br., frisch wachsartig, durchscheinend, trocken mattweiß, im Umfang mit kräftigen Fasern nach außen wachsend. Sporen 6—8 × 3—3,5 μ, Basidien 5—6 μ br., Zystiden 50—100 × 8—15 μ spindelfg. Nur an Nadelholz; häufig. (Taf. I, Fig. 26.) (Corticium giganteum Fr., Kneiffia g. Fr.)
    70. Riesen-B. **P. gigantea** (Fr.) Mass.
    Fk. 1—3 cm br., wachsartig, häutig, ohne besonderen Rand, erst weißlich, dann lehmfarbig, hell-lederfarbig. Hymenium eben, fein filzig, trocken oft rissig. Sporen 5—7 × 2,5—3 μ, ellipsoidisch, Basidien 6—7 μ br., Zystiden 50—90 × 9—15 μ, spindelfg., zugespitzt. An Laubholz, besonders Betula; XI—XII; selten.
    71. Glatter B. **P. laevis** (Pers.) v. H. et L.
18. Fk. 5—13 cm br., anfangs dünn, reifartig, dann wachsartig, fleischig, etwas durchscheinend, anfangs weißlich, dann $\mp$ bläulich, trocken meist mißfarben grau od. graubräunlich. Sporen sehr klein, fast zylindrisch, 3—5 × 1,5—2 μ, Basidien 3—4 μ br., Zystiden 20—45 × 5—9 μ, unten bauchig, oben zugespitzt, körnig-rauh, zu 60—120 × 10—12 μ gr. säulenfg. Büscheln gehäuft. An Laubholz, häufig. (Odontia hydnoides [Cooke et Mass.] v. H. et L.; Od. conspersa Bres., Peniophora rimosa Cke., P. terrestris Massee, P. crystallina v. H. et L., P. conspersa [Bres.] Brinkm.)
    72. Stachelpilzartiger B. **P. hydnoides** Cooke et Mass.
19. Fk. ockergelb. 20.
    Fk. rot, violett od. bläulich. 21.
20. Fk. ockerfarbig, gelbbraun, im Umfang strahlig, gleichfarbig, filzig-häutig, bis 50 cm br. Flächen bedeckend, mannigfache, oft blumenkohlartige Wucherungen bildend; Hymenium auf der

Unterseite von Hölzern, geschlossen; Sporen länglich, 4—6
× 2—2,5 μ. Zystiden zahlreich, wenig hervorragend, stumpf-
abgerundet, stark körnig-rauh, 50—70 × 10—18 μ. Holzteile, Gras,
Moos, Erdhöhlungen weit überspinnend. An Laub- u. Nadelholz.
73. **Ockerfarbiger B. Peniophora subsulfurea** (Karst.) v. H. et L.
21. Fk. mit blut- od. feuerroten Myzelsträngen. 22.
    Fk. fleischfarben, violett od. bläulich. 23.
22. Fk. 2—30 cm br.; Hymenium meist wenig ausgebreitet, frisch
blaßrötlich, trocken auch rotfleckig. Sporen farblos, eifg.,
5—6 × 3 μ. Zystiden spindelig, zugespitzt, glatt, 55—60 × 6—7 μ.
Auf faulem, tief im Erdboden versenktem Holz, in Erdhöhlen u.
am Boden unter Laub. I—XII. (Kneiffia sanguinea [Fr.] Bres.,
Corticium sanguineum Fr.)
74. **Blutroter B.** **P. sanguinea** (Fr.) Brinkmann
23. Fk. ∓ lebhaft fleischfarbig od. hellrot, nicht bräunlich werdend. 24.
    Fk. anfangs ∓ rötlich, dann bräunlich bis schwarz od. dunkel-
blau. 25.
24. Fk. 3—15 cm br., anfangs frisch weißlich bis gelblich, dann trocken
(oft erst nach Tagen) lebhaft fleischfarbig rot; Sporen länglich,
5—6 × 3—3,5 μ. Zystiden wenig hervorragend, spindelig, körnig,
80—150 × 8—15 μ. An Laub- u. Nadelholz, ziemlich häufig.
(Kneiffia velutina [D. C.] Bres., Corticium velutinum [D. C.] Fr.)
75. **Samtiger B.** **P. velutina** (D. C.) Cooke
    Fk. 1—18 cm br., von Anfang an fleischfarbig bis rötlichviolett,
trocken oft schön hellrot, frisch knorpelig-wachsartig, in rundlichen,
höckerig-warzigen Flecken der Rinde aufliegend, später zusammenfließend, trocken mit schwärzlichem Rande unregelmäßig umgeschlagen, sich ablösend. Sporen zylindrisch, etwas gekrümmt, 9—12
× 2,5—3,5 μ. Zystiden keulenfg. od. spindelig, 50—70 × 5—12 μ,
glatt od. runzelig. — An Eichenzweigen sehr häufig, auch an
Buchen und anderen Laubhölzern. (Fig. 27.) I—XII. (Corticium
quercinum [Pers.] Fr., Thelephora quercina Pers., Th. corticalis
Bull., Peniophora corticalis [Bull.] Bres.)
76. **Eichen-B.** **P. quercina** (Pers.) Cke.
25. Fk. grau-bräunlich, nicht bereift. 26.
    Fk. grau bräunlich, bereift od. graubläulich. 28.
26. Zystiden spindel- od. keulenfg., mindestens dreimal so lang als
breit, stark inkrustiert. 27.
    Zystiden keulen- od. kopffg. nur 30—35 μ lg., 13—30 μ br. 28.
27. Fk. 2—15 cm br., graubräunlich, rötlichviolett, mit dünnem hellem
Rande, trocken grau, im Alter mehrschichtig, in größeren Brocken
sich ablösend, abgestorben ganz schwarz. Sporen schmal 8—11
× 2,5—3 μ, Zystiden spindelfg. 36—80 × 7—12 μ, körnig. —
An Laub- u. Nadelholz; häufig. (Corticium cinereum Fr.)
77. **Grauer B.** **P. cinerea** (Fries) Cooke

Fk. wie vor. Art, aber dicker, derber u. dunkler; alt dunkelbläulich-violett. Sporen 9—12 × 4—6 μ; zylindrisch. An Prunus cerasus u. Betula; nicht häufig. (Corticium v. Sommerf.)
78. Violettlicher B. **Peniophora violaceo-livida** (Sommerf.) Bres.
  Fk. wie P. cinerea, aber mit kräftigerem, strahligem, gewimpertem Rande. Sporen 9—12 × 3—4 μ. An Eschenzweigen.
79. Bewimperter B. **P. ciliata** (Fr.) Bres.
28. Fk. frisch mit abwischbarem, weißem Reif bedeckt, darunter purpurn, violettbraun od. gelblich. Sporen sehr breit, 8—11 × 4—6,5 μ, fast nierenfg. An Cornus sanguinea, selten.
80. Farbenändernder B. **P. versicolor** Bres.
  Fk. grau, bräunlich, mehrjährig; anfangs dünn, mehlig, bisweilen fast wachsartig, häutig, später mehrschichtig, schließlich dickhäutig, holzig, starr, sich in größeren Stücken ablösend u. dann oft abstehend. An Juniperus-Zweigen sehr häufig, auch an anderen Nadelhölzern. (Abb. 15, II 1—2.)
81. Zerklüftender B. **P. areolata** (Fr.) Brinkmann
29. Fk. grau, graubläulich, nicht rötlich, dünn, trocken, ohne besonderen Rand, später rissig. Zystiden keulenfg. Sporen zylindrisch, 8—11 × 3—4 μ. An Laubholz, z. B. Lycium, Syringa; nicht häufig. XI—II. (Abb. 15, II 4.) (Corticium lycii [Pers.] Cke., C. caesium Bres., P. caesia Bres.)
82. Bocksdorn-B. **P. lycii** (Pers.) v. H. et L.

9. Familie: Thelephoraceae.

Fk. meist ∓ lederig zäh, selten häutig, krustenartig, halbkreisfg. bis fast hutfg. od. korallenartig verzweigt; ungestielt od. gestielt. Hymenium keine Zystiden, nur Basidien (Stichobasidien) enthaltend; Sporen stachelig od. eckig, braun od. farblos. — Auf dem Erdboden od. am Grunde von Gehölzen od. Zwergsträuchern od. Überzüge auf Blättern, Moos, Gräsern usw. bildend.

Bestimmungsschlüssel der Gattungen.

Fk. sehr unregelmäßig, häutig, weiß,
später blaßgelblich; Sporen farblos,
stachelig. **1. Cristella** Pat.
Fk. derb, krustenfg. bis hutfg. od.
korallenartig verzweigt; Sporen braun,
eckig od. stachelig. **2. Thelephora** Ehrh.; Fr.

1. Gattung: **Cristella** Patouillard, Kammkoralle.
Fk. häutig, sehr unregelmäßig, krustenartig den Erdboden, abgefallene Blätter und andere Pflanzenteile überziehend, weiß, später blaßgelblich. Sporen farblos, stachelig. Hymenium in geschützter Lage allseitig, sonst nur auf der Unterseite der Fk.

Einzige Art: Fk. 5—30 cm weit ergossen, weich, anfangs weiß, später blaßgelblich, trocken gelblich, krustenfg.-häutig, sehr verschieden gestaltet, in zahlreiche, flach niederliegende od. halb abstehende, schmale, flache, band- od. keulenfg. Lappen mit breiten, abgestutzten Enden geteilt. Hymenium unterseitig, hell rötlich braun. Sporen 5—9 × 3—4 μ. Geruch stechend, sehr unangenehm. In schattigen Laubwäldern am Grunde der Stämme, in hohlen Bäumen, auf dem Erdboden; bisweilen große Nester im Laube u. auf der Erde bildend, zuweilen auch in Kreisen (Hexenringen). Bei feuchter Witterung ziemlich häufig auf Kalkboden. I—XII. (Taf. I, Fig. 32.) (Thelephora fastidiosa [Pers.] Fr., Corticium fastidiosum [Fr.] Bourd. et Galz., Cr. cristata [Pers.] Pat., Thelephora cr. Pers.) — Stinkkoralle.

83. Ekelerregende K.   Cristella fastidiosa (Pers.) Pat.

2. Gattung: Thelephora Fries, Warzenpilz.

Fk. lederig-zähe, sehr mannigfach, ohne besonderes Mittelgewebe, krustig, halbkreisfg., hutfg., lappig zerteilt, gestielt od. ungestielt. Hymenium unterseits od. allseitig, meist mit unregelmäßigen, stumpfen Warzen od. Runzeln, bräunlich od. graubräunlich. Sporen ellipsoidisch, oft eckig, braun, stachlig.

1. Fk. ganz ungestielt. 2.
   Fk. irgendwie, wenn auch nur kurz gestielt. 6.
2. Fk. sich irgendwie von der Unterlage abhebend, aber ohne Stiel (Sect. Euthelephora). 3.
   Fk. flach, der Unterlage anliegend, fleischig-lederig, oft 15 bis 30—50 cm weit verbreitet, umbrabraun, im Umfange weißflockig. Hymenium schwach warzig. Sporen gelbbraun, rundlich eckig u. stachelig; 8—10 μ lg., 6—8 μ dick. (Sect. Hypochniopsis.) Auf der Erde in Wäldern, auch Moos, Ästchen, Lb. u. Nd. überziehend, nicht selten, namentlich im Vorgebirgswald. S. H.

84. Pinsel-W. (Abb. 18, II 1 S. 106.) T. penicillata (Pers.) Fr.

3. Fk. am Rande nicht weißlich gefranst, höchstens wollig zottig. 4.
   Fk. weit verbreitet, kriechend, im Umfange, oft auch von der Mitte aus in lappenartige, nach oben verbreiterte, niederliegende od. etwas aufsteigende Zweige gespalten, deren Enden am Rande kammartig weißlich gefranst sind. Hymenium unterseitig, graubraun, unregelmäßig stumpf-warzig. Geruch dumpfig, unangenehm. Auf dem Boden in Wäldern, zerstreut. I—XII. (Fig. 32.) T. cristata (Pers.) siehe *83.* Cristella fastidiosa (Pers.) Pat.
4. Ausschließlich in trockenen Ndwäldern, Heiden (sehr selten auch einmal im trockenen Lbwald am Rande) vorkommend. 5.
   Fk. rasig-dachziegelig übereinander stehend, fast stielartig zusammengezogen am Grunde u. zusammenfließend, oberseits gelblichweiß, dann rotbraun, wollig-zottig, am Rande erweitert. Hymenium unterseits, warzig, bräunlich. In Lbwäldern am Boden, über Ästen u. Lb., besonders in Buchenwäldern, nicht

häufig. H. (Taf. I, Fig. 33.) (Th. intybacea Fr., Phylacteria intybacea [Pers.] Pat.)

85 β. Endivien-W. **Thelephora terrestris** Erh. var. **intybacea** Pers.

5. Fk. schief aufrecht, muschelfg., am Grunde stielartig zusammengezogen, bis 5 cm hoch, in rundlichen, fast trichterfg. Rasen zusammenstehend, erst weich, dann hart, fast holzig, oberseits dunkelbraun, rauh striegelhaarig u. zottig, am Rande ebenso. Hymenium unterseitig, graubraun, unregelmäßig warzig u. faltig. Sporen rundlich eckig, stachlig, 7—10 μ lg., 6—8 μ dick. Auf der Erde, über Ästen, Nd., Moosen in Ndwäldern u. Heiden, häufig. VII—XII. (Fig. 34.) (Phylacteria t. [Ehrh.] Big. et Guill.)

85. Erd-W. **T. terrestris** Ehrh.

Fk. 3—10 cm weit ausgebreitet, meist ganz od. im oberen Teil lappenartig, oft halbkreisfg. horizontal abstehend u. dachziegeligrasig, oberseits dunkelbraun, grob faserig-schuppig, am Rande dünn, weißlich, dann dunkelbraun, faserig. Hymenium unterseitig, graubraun, stumpf warzig. Sporen rundlich eckig, stachlig, 7—9 μ lg., 6—7 μ dick. Auf der Erde, über Zweigen, oft an jungen Kiefernstämmchen hinaufwachsend u. sie erstickend, häufig. VII—XII (Phylacteria terrestris [Ehrh.] Big. et Guill.)

86. Lappiger W. **T. laciniata** (Pers.) Fries

6. Stamm der Fk. vielfach verzweigt, sich in zahlreiche Lappen auflösend, die allseitig vom Hymenium bedeckt sind (Sect. Merisma). 7.

Fk. zentral gestielt, hutartig, Hymenium nur außen (Sect. Scyphopilus). 11.

7. Fk. stets mit aufrechtem Stamm, nicht krustig ergossen. 8.

8. Letzte Auszweigungen der Fk. stets flach. 9.

Fk. mit knolligem Stiel, unregelmäßig verzweigt, lederartigweich, rotbraun, Zweige stielrund, nach oben dünner, weißlich bereift, mit scharfer weißlicher Spitze. Kleiner als die Arten unter 9. Geruchlos. Auf der Erde in Ndwäldern, selten. IX—X. (Phylacteria c. [Fr.] B. et G.)

87. Stielrunder W. **T. clavularis** Fries

9. St. dick, stammartig od. vor den Verzweigungen fast ganz verschwindend. 10.

St. gleichdick, zottig, braun, scharf abgesetzt, oben in gefranste, hell rostbraune, später dunkler werdende Lappen geteilt, die an den Enden weißlich gezähnt od. in unregelmäßige, aufrechte, verästelte, glatte Zweige geteilt sind. In Lbwäldern, meist am Grunde der Stämme, nicht häufig. VIII—XI. (Tafel I, Fig. 35.) (Phylacteria a. [Bull.] Pat.)

88. Blütenkopf-W. **T. anthocephala** (Bull.). Fries

10. St. verhältnismäßig dick, stammartig, oben nicht abgesetzt, sondern sofort in die bandfg., 2—4 cm br., dicht stehenden, braunen, aufrechten Äste übergehend, die an der Spitze weiß

gefranst sind. Im ganzen 4—7 cm hoch, weich lederig, zähe. Geruch widerlich. Hauptsächlich in Kiefernwäldern auf der Erde, häufg. VIII—XI. (Tafel I, Fig. 36.) (Phylacteria p. [Scop.] Pat.)

89. **Handfg. W.** **Thelephora palmata** (Scop.) Fries

St. fast verschwindend, dann der Fk. von der Basis an korallenartig verzweigt, weich lederig, graubraun bis braunschwarz. Äste aufrecht, gedrängt, viel schmaler als bei vor., die äußeren stufenweise kleiner, an der Spitze fransig-zähnig, nach oben etwas verdickt, zusammengedrückt. Geruchlos. Auf der Erde in feuchten Wäldern, zerstreut. H. (Tafel I, Fig. 37.)

90. **Korallen-W.** **T. coralloides** Fries

11. Rand des Hutes ganz. 12.

St. aufrecht, bis 1,5 cm dick, Hut 2—4 cm br., trichterfg., lederig, am Rande oft in mehrere Lappen geteilt, jedenfalls nie ganzrandig, braun, etwas gezont, zottig-schuppig, im Alter glatt, am Rande dünn u. blasser. Hymenium graubraun, schwach runzelig. Sporen unregelmäßig eckig, 8—10 μ lg., 6—7 μ dick. In Kiefernwäldern u. auf Heiden, auf dem Sandboden od. zwischen Gras, häufig. VIII—XI. (Fig. 38.) (Phylacteria c. [Schaeff.] Pat.)

91. **Muskatbrauner W.** **T. caryophyllea** (Schaeff.) Fries

12. Hut nicht strahlig streifig. 13.

St. kurz, Hut trichterfg., weich lederig, rostfarbig, kleinhöckerig, etwas schuppig, stets deutlich strahlig streifig. Hymenium rostbraun, schwach bereift, streifig. Auf der Erde in trockenen Ndwäldern, häufig. H.

92. **Strahliger W.** **T. radiata** (Holmsk.) Fries

13. St. kurz, zottig, Hut niedergedrückt, häutig lederig, kahl, blaß bräunlich, Rand wellig. Hymenium gerippt, borstig, blaß. Sporen ellipsoidisch, 4—5 μ lg., 2—3 μ dick. Auf Sandboden in Heiden, zerstreut. H.

93. **Welliger W.** **T. undulata** (Pers.) Fries

10. Familie: Stichoclavariaceae Ulbrich n. fam.

Fk. aufrecht, keulig od. kopffg. od. korallenartig verzweigt mit meist stielrunden Ästen, fleischig, seltener knorpelig od. schwach gelatinös u. in ihrer ganzen Ausdehnung vom Hymenium überzogen. Basidien lang-zylindrisch (Stichobasidien), im Hymenium ungleich alt, mit 2, 4, 6, 7 od. 8 Sterigmen; Sporen meist farblos, seltener gelblich, glatt. — Die Familie stellt die stichobasidiale Parallelgruppe zu den chiastobasidialen Clavariaceae dar.

Bestimmungsschlüssel der Gattungen.

A. Fk. ∓ keulig, unverzweigt. **1. Stichoclavaria.**
B. Fk. ∓ korallenartig verästelt. **2. Stichoramaria.**

Stichoclavariaceae.

1. Gattung: Stichoclavaria Ulbrich, Keulenpilz.

Fk. aufrecht, keulenfg., unverzweigt, knorpelig fleischig, nach unten in einen nicht scharf abgesetzten Stiel übergehend. Basidien mit 6—8, meist 7 Sterigmen. Sporen farblos, glatt. — Einzige bisher als hierher gehörig erkannte Art. Fk. 2,5—4 cm h., weiß, kahl, keulig-verdickt, mit durchscheinendem Stiel, fast sichelfg. gebogen, stumpf. Einzeln zwischen Gras in feuchten Laubwäldern auf humösem Boden; selten. H. (Tafel II, Fig. 56.) (= Clavaria falcata Pers.)

94. Sichelförmiger K. **St. falcata** (Pers.) Ulbrich

2. Gattung: Stichoramaria Ulbrich, Korallenpilz.

Fk. aufrecht, ∓ korallenartig verzweigt; Zweige rundlich, meist von derbem Strunk entspringend, fleischig. Basidien mit 4 od. 2 Sterigmen. Sporen farblos, seltener schwach braungelblich, rundlich od. zylindrisch, glatt.

1. Fk. schwach verzweigt, bisweilen fast einfach-keulenfg., weißlich, abwärts verjüngt, aufwärts breitgedrückt, 5—10 cm h., 3—5 mm dick, mit stumpflichen Zweigspitzen, Hymenium runzelig, gebrechlich. Basidien mit 4, selten 2 Sterigmen. Sporen rundlich 9—11 × 8—9 μ, farblos, glatt. Oft scharenweise zwischen Moosen, meist im schattigen Nadelwald, besonders im Vorgebirge. VIII—XI. (Tafel II, Fig. 52.) (Clavaria r. Bull., Ramaria r. Ricken, Clavulina r. [Bull.] Schroet.)

95. Runzliger K. **St. rugosa** (Bull.) Ulbrich

2. Fk. stark korallenartig verzweigt, Zweige von gemeinsamem Strunke ausgehend. 3.

3. Fk. weißlich, 3—8 cm h., Zweige oben verbreitert, kammfg. eingeschnitten mit scharfen Spitzen. Basidien stets mit 2 Sterigmen, Sporen farblos, glatt, rundlich 8—10 × 6—8 μ. Im Laub- u. Nadelwald, auf nacktem Boden. VII—XI (Clavaria cristata Holmsk., Ramaria cr. [Holmsk.] Ricken)

96. Kammförmiger K. **St. cristata** (Holmsk.) Ulbrich

Fk. schmutzigblaß bis grau, stark verzweigt; Zweige runzelig. 4.

4. Fk. anfangs schmutzigblaß, später grau, zerbrechlich, bis 5 cm h.; Strunk kurz, 5—10 mm dick; Zweige rundlich oder breitgedrückt, verdickt, mit stumpfen Endästchen. Basidien stets zweisporig; Sporen rundlich 8—10 × 7—8 μ, glatt, farblos. Im Laub- u. Nadelwald. VII—XI (Cl. c. Bull., R. c. [Bull.] Ricken)

97. Grauender K. **St. cinerea** (Bull.) Ulbrich

Fk. von Anfang an rauchgrau, 8—12 cm h., Strunk weißlich, derb, 3 cm h., 3 cm dick. Zweige rußgrau, verjüngt, ungleich lang, mit stumpfen Enden. Basidien meist vier,- selten zweisporig. Sporen fast zylindrisch, 8—11 × 4 μ, Staub braungelb. Im Laub-

u. Nadelwald auf dem Erdboden u. an Stümpfen. Selten. IX—X. (Clavaria gr. Pers., Ramaria gr. [Pers.] Ricken)
98. **Rauchgrauer** K. **Stichoramaria grisea** (Pers.) Ulbrich
Bemerkung: Es ist wahrscheinlich, daß noch einige unter den chiastobasidialen Clavariaceae aufgeführte Formen hierher gehören; doch fehlen z. Zt. noch Untersuchungen.

11. Familie: Cantharelláceae. Leistlinge.

Fk. fleischig, ∓ trichterfg., ∓ deutlich in Stiel u. Hut gegliedert. Hymenium fast glatt, runzelig od. auf dicken, unregelmäßig gegabelten Leisten od. Adern, nur auf der Unterseite des Hutes. Basidien lang-gestreckt mit wechselnder Zahl (2—5—7) Sterigmen u. farblosen bis schwach gelblichen, glatten Sporen (Stichobasidien). Zystiden selten od. fehlend. — Bodenpilze der Wälder od. auf Holz, selten auf Moosen.

Bestimmungsschlüssel der Gattungen.

A. Fk. (Hut) außen (unterseits) fast glatt oder runzelig: **Craterelloídeae.**
 I. Hymenium fast glatt od. runzelig; ohne Zystiden. **1. Craterellus.**
 II. Hymenium glatt od. mit schwachen Leisten durch farblose überragende Zystiden fein filzig.
 2. Bresadolina.
B. Fk. (Hut) unterseits mit Adern od. Leisten. **Cantharelloídeae.**
 I. Hut auf der Unterseite mit dünnen einfachen Adern. **3. Arrhenia.**
 II. Hut auf der Unterseite mit derben Leisten od. Falten.
  a) Substanz des Fk. häutig-lederig, zähe. (**Trogia.**)
  b) Substanz des Fk. weichhäutig, dünn.
   1. Hut ungestielt, zuerst schüsselfg. **4. Leptotus.**
   2. Hut seitlich gestielt, fächerfg. **5. Leptoglossum.**
  c) Substanz des zentral gestielten Hutes fleischig, derb. **6. Cantharellus.**

1. Unterfamilie: Craterelloídeae.

Fk. trompeten- od. trichterfg., fleischig-knorpelig, brüchig, mit glattem od. runzeligem Hymenium auf der Außenseite.

1. Gattung: Craterellus Fries, Trompetenpilz.

Fk. fleischig bis fleischig lederig, trichterfg., seltener kreiselfg., gestielt. Hymenium außenseitig, kahl, glatt od. mit Längsrunzeln; ohne Zystiden. Basidien 2—4sporig. Sporen farblos, glatt.

1. Hymenium runzelig gelb. Sporenpulver hellgelblich (Sect. Cantharellopsis). 2.
— Hymenium glatt od. schwach runzelig grau. Sporenpulver weiß (Sect. Eucraterellus).
— Fk. dünnfleischig, zähe, röhrenfg., bis zum Grunde hohl, dann oben erweitert, trompeten- od. füllhornartig, 5—12 cm h. (bisweilen bis 15 cm), mit dünnem, später welligem Rand, innen rauchgrau bis schwarz, trocken graubräunlich. Hymenium außenseitig, zuerst glatt, dann mit Runzeln, Sporen eifg., innen abgeflacht, 11—13 μ lg., 6—8 μ dick, farblos. Auf der Erde, meist herdenweise, in Lb.-, besonders Rotbuchenwäldern, häufig. VII bis XI. (Tafel I, Fig. 44.) — Eßbar. (Oft vorherrschend 2 sporig.)
99. Totentrompete. **Craterellus cornucopioídes** (L.) Fries
2. Fk kreiselfg., d. h der Fk. fast bis zum Scheitel voll, nicht bis zu n Grunde hohl. 3.
— Fk. bis zum Grunde röhrig hohl, 2—10 cm h. u. br., oben trichterfg. erweitert, fleischig-häutig, mit dünnem, welligem Rande, oben rauchgrau. St. glatt, lebhaft gelb. Hymenium gelb, glatt, später mit stumpfen, gewundenen u. verzweigten Längsfalten. Sporen eifg., 10—12 μ lg., 6—7 μ dick. Geruch fast erdbeerartig od. alkoholisch. Zwischen Moos auf Erde, in Lbwäldern, nicht häufig. IX—XI. (Cantharellus l. [Pers.] Fries.)
100. Gelblicher T. **C. lutescens** (Pers.) Fr.
3. Fk. gestielt, häutig lederig, 2—4 cm h., St. voll od. höchstens im oberen Teil röhrig, glatt, graubraun. Hut anfangs kreisfg., wenig eingesunken in der Mitte, später trichterfg., mit scharfem, oft stark welligem Rande, graubräunlich, glatt, später schwach runzelig. Sporen eifg., 9—11 μ lg., 6—7 μ dick. In feuchten Laubwäldern auf der Erde zwischen Moos u. Lb., nicht selten. VIII bis XI. (Tafel I, Fig. 45.)
101. Krauser T. **C. crispus** (Sowerby) Fr.
C. clavatus Fries siehe *335.* **Neurophyllum.**

2. Gattung: **Bresadolína** Brinkmann, Bresadoline.

Fk. lederartig, zäh, aufrecht, meist trichter- od. kreiselfg., mit zentralem St. Hymenium unterhalb des Hutes, eben od. mit schwachen Leisten. Sporen u. Zystiden farblos, glatt od. etwas rauh. — Bodenpilze.

Einzige Art: Fk. kegelfg. mit kurzem, zottigem St., 1—5 cm, oben blaß-rötlich. Hymenium durch die Zystiden feinfilzig, eben, später gerippt, blaß. Sporen fast eifg., farblos, glatt od. etwas rauh 6—8 × 4—5 μ. Zystiden zylindrisch mit zusammengezogenem Grunde 80—100 × 12—14 μ. — In Lbwäldern in dichtem Rasen, seltener einzeln. VII—XI. (Craterella pallida Pers., Stereum pallidum [Pers.] Cooke.)
102. Blasse B. (Thelephora pallida Pers.) **Br. pallida** (Pers.) Brinkm.

2. Unterfamilie: **Cantharelloideae**.

Fk. unterseits mit Adern od. Leisten, welche das Hymenium tragen.

3. Gattung: **Arrhenia** Fries, Arrhenie.

Hut nicht od. wenig gest., häutig, sehr zart. Adern dünn, einfach, in geringer Zahl.

Hut umgewendet, kreisfg., hanfkorngroß, außen glatt, zottig, grau, nach dem Rande hin faltig. Auf faulem Holz, selten. (Fig. 201.)
103. Schüsselfg. A. **A. cupularis** (Wahlenberg) Fries

Hut braun, häutig, rundlich, gewölbt, kahl, mit seitlichem, fädigem, braunem, ca. 1 cm lg., steifem, zottigem St. Adern entfernt stehend, einfach. Auf nackter Erde in Buchenwäldern, selten.
104. Ohrfg. A. **A. auriscalpium** Fries

Gattung: **Trogia** Fries (Trogie).

Hut ungestielt, häutig-lederartig, dünn, zähe, dauerhaft, lappig, Falten dichotom verzweigt, aderig verbunden.

Einzige Art mit sitzendem, an einem Punkt befestigtem, becherfg. od. lappig abstehendem Hut, meist dachziegelig, außen gelblich bis hellbräunlich, fein striegelhaarig, gezont. Falten dichotom verzweigt, am Grunde aderig verbunden. Sporen 5—6 × 3 μ. An Lbästen, besonders Rotbuche, selten. I—XII. (Fig. 202.) (Plicatura crispa [Pers.] Rea, Trogia crispa [Pers.] Fr., Merulius crispus [Pers.] Quél.)
105. Buchen-T. siehe *349a* **Meruliaceae**.

4. Gattung: **Leptotus** Karsten, Weichohr.

Hut ungestielt, an einem Punkt angeheftet, dünnhäutig, weich, anfangs becherfg., innen von niedrigen, strahligen, gabelteiligen Falten durchzogen. Diese und die folgende Gattung werden von den englischen und französischen Forschern auch zu Dictyolus (S. *336*) gestellt.

1. Hut braun. 2.

Hut häutig, becherfg., in der Mitte angewachsen, 4—8 cm br., weiß, außen zottig. Falten scharf, ziemlich hoch, nach dem Rande 2—3-, auch 5mal gabelteilig, weiß. Über Moos auf feuchten Wiesen, nicht häufig. IV—VIII. (Tafel V, Fig. 203.)
106. Moosliebendes W. **L. bryophilus** (Pers.) Karst.

2. Hut häutig, weich, flach, 2—3 cm br., am Rande lappig, kraus, braun od. rotbraun. Falten niedrig, strahlig, gabelig. Sporen 8—10 × 6—7 μ. Ebenda zerstreut. IV—X. (Dictyolus lobatus [Pers.] Quél.)
107. Lappiges W. **L. lobatus** (Pers.) Karst.

Hut dünnhäutig, weich, sitzend, am untern Rand mit weißlichen Fasern angeheftet, 1—3 cm br., lappig abstehend, graubraun, gegen den Grund heller, außen glatt. Falten weitläufig, dichotom, netzaderig verbunden. Sp. 7—8 × 5—6 µ. Ebenda, zerstreut. IV—VII. (Tafel V, Fig. 204.) (Dictyolus retirugus [Bull.] Quél., Cantharellus r. Fr.)

108. Netzaderiges W. **Leptotus retirugus** (Bulliard) Karst.

5. Gattung: Leptoglossum Karst., Weichzunge.

Hut seitlich gestielt, häutig, weich. Falten gabelteilig. Hut sehr weich u. zart, zuletzt zungenartig vorgestreckt, ca. 1,5 cm br., grau, seidenhaarig, ungezont. St. grau, kurz, weiß bereift. Falten weitläufig, niedrig, grau. Sp. 5—6 × 4 µ. Über Moosen, zerstreut. VIII—XI. (Tafel V, Fig. 205.) (Cantharellus glaucus Batsch, Dictyolus gl. [Batsch] Quél.)

109. Graugrüne W. **L. glaucum** (Batsch) Karst.

Hut häufig, fächerfg., fast trichterfg., 1—2,5 cm br., bräunlich od. graubraun, gezont, glatt, am Rande gelappt u. kraus. St. höchstens 1 cm lg., am Grunde weißzottig. Sp. 7—9 × 4—6 µ. Über Moosen zerstreut. VI—XI. (Tafel V, Fig. 206.) (Cantharellus muscigenus Bull., Dictyolus m. [Bull.] Quél.)

110. Moosliebende W. **L. muscigenum** (Bulliard) Karst.

6. Gattung: Cantharellus Adanson, Pfifferling, Leistling.

Hut zentral gestielt, fleischig. Falten od. Leisten ∓ hoch, gabelteilig, oft durch Querfalten verbunden. Basidien mit 2—8 Sterigmen. Zystiden vorhanden od. fehlend. — Auf dem Erdboden.

1. Hut u. St. fleischig, St. voll, nicht röhrig. 2.
   Hut ∓ dünnfleischig od. häutig, St. röhrig-hohl. 5.
2. Hut u. St. orange- od. dottergelb. 3.
   Hut u. St. andersfarbig. 4.
3. Hut 5—10 cm br., gewölbt, eingedrückt, kreiselfg., flach, kahl, dottergelb bis orangerot, selten weiß (var. albus Fries), St. nach unten verjüngt, voll u. fest. Falten dick aderfg., vielfach gabelteilig. Geschmack würzig-mild. Bekannter Speisepilz. Sporen 10 × 8 µ. In Lb.- u. Ndwäldern, besonders Heiden, Grasplätzen, gemein. VI—XII. (Tafel V, Fig. 207.) (Geelchen, Pfefferling, Gähling, Rehling, Eierschwamm, Galluschel, Gelbschwämmchen.)

111. Pfifferling. **C. cibarus** Fries

Hut 2—4 cm br., gewölbt, dann flach, z. dünn, sammetig bis zottig, orange bis ockergelb; St. gelb, bereift, 2—4 cm lg. mit weißfilzig-zottigem Grunde. Leisten fleisch-gelblichrosa od. orange, entfernt, verzweigt. Sp. 6—7 × 3—4 µ, blaßocker im Pulver. Geschmack etwas herb. Eßbar. In Buchenwäldern u. Vorgebirgswäldern. VII—X. Nicht häufig.

112. Fries' Pf. **C. Friesii** Quél.

Cantharellus aurantiacus (Wulf.) Fries siehe *672* **Clitocybe**

4. Hut aschgrau, genabelt, Fleisch bei Verletzung rötend siehe *336*. **Dictyolus umbonátus** (Gmel.) Pat.

Meist büschelig zu 10—20 zusammenstehend. Hut in der Mitte eingedrückt, ohne Höcker, 1—6 cm br., graubraun, später schwärzlich, graubraun, Fleisch weißbleibend. St. bis 2 cm lg., spindelig, nach oben verdickt, hellgrau. Adern dichtstehend, weiß, herablaufend. Sp. 9—10 × 5—6 μ. Zystiden bauchig 95—120 × 13 bis 14 μ. Auf Brandstellen in Wäldern, nicht selten. VII—XII. (Tafel V, Fig. 210.) (C. radicosus [B. et Br.] Fr.)

113. Kohlen-Pf.   **Cantharellus carbonarius** (A. et Schw.) Fr.

Hut weißlich mit gelblichem od. rötlichem Schimmer, gewölbtgenabelt 1—2,5 cm br., z. dünn ∓ gelappt, seidig-filzig. St. 2—4 cm lg., weiß, selten gelblich. Leisten weiß, dann gelblich, gegabelt. Sp. 6—7 × 4—5 μ; ohne Zystiden. Geschmack mild, eßbar. Wälder u. Triften. IX—XI.

114. Weißlicher Pf.   **C. albidus** Fries

5. Hut u. St. irgendwie gelblich.   6.
 Hut u. St. grau gleichfarbig.   7.

6. Hut fast häutig, trichterfg., in der Mitte vertieft, später durchbohrt, 2—6 cm br., graubraun bis graugelb, flockig-runzlig. St. 5—8 cm h., gelb, glatt. Falten dick, entfernt stehend, gelb od. grau, gabelig, bereift, Sp. 7—9 × 6 μ. In Wäldern zwischen Moos, besonders im Gebirge, nicht selten. VII—XII. (Taf. V, Fig. 211.)

115. Trichter-Pf.   **C. infundibulifórmis** (Scopoli) Fries

Hut trichterfg., dünnfleischig, 2—6 cm br., bräunlich, flockig, am Rande oft gelappt u. kraus. St. gelb od. gelbbraun, meist zusammengedrückt, hohl, 3—7 cm lg. Hymenium gelb od. graugelb. Falten leistenfg., entfernt voneinander, gabelig, bereift; Bas. 2—8sporig. Sp. 8—10 × 6 μ. In Wäldern zwischen Moos, zerstreut. VIII—XI. (Tafel V, Fig. 212.)

116. Trompeten-Pf.   **C. tubiformis** Fries

Hut gewölbt-genabelt, regelmäßiger, Adern weniger gegabelt.

116*. (C. lutescens Bull.)   **C. tubif. var. lutescens** (Bull.) Fries

Hut trichterfg., vom Scheitel bis zur Stbasis röhrig hohl, dünnfleischig, 2—5 cm br., schwärzlich grau, zottig schuppig, Rand scharf. St. 3—8 cm h., schwärzlich. Hymenium blaugrau, dann weißlich bereift, Falten dick, entfernt stehend, mehrfach gabelteilig. Sp. 7 × 5 μ. Geschmack angenehm, eßbar. In Lb.- u. Ndwäldern nicht selten, gern zusammen mit *99*, der sie in der Tracht ähnelt. In Norddeutschland selten. (C. hydrolips Bull.)

117. Grauer Pf.   **C. cinereus** (Pers.) Fries

C. clavatus Pers. siehe *335*. **Neurophyllum.**

C. lutescens Pers. siehe *100*. **Craterellus.**

C. umbonatus Gmel. siehe *336*. **Dictyolus.**

12. Familie: **Hydnaceae, Stachelpilze.**

Fk. von verschiedener Gestalt, fleischig korkig bis fast holzig, einfach häutig-krustenfg. resupinat, clavaria-artig, konsolenfg., kreiselfg. bis hutpilzartig (in St. u. Hut gegliedert), bisweilen nur aus Stacheln bestehend. Hymenium auf abgerundeten, pfriemlichen od. flach zusammengedrückten Stacheln mit Stichobasidien mit meist 4 Sterigmen. Sporen meist farblos u. glatt, seltener gefärbt. — Vorherrschend Holzbewohner, einige Arten Bodenpilze u. als Speisepilze bekannt.

Anmerkung: Die mit Chiastobasidien versehenen Gattungen Grandinia, Odontia, Radulum, Phlebia, Kneiffiella, Hydnochaete siehe bei den Radulaceae.

Bestimmungsschlüssel der Gattungen.

A. Der·ganze Pilz nur aus Stacheln bestehend.   **1. Mucronella.**
B. Stacheln auf einem Fk.
  a) Hymenium auf pfriemlichen, spitzen, stielrunden Stacheln.
    I. Sporen farblos.   **2. Hydnum.**
    II. Sporen violett.   **3. Amaurodon.**
    III. Sporen braun.
      1. Fk. flach ausgebreitet knollig, gestielt, holzig od. korkig.   **4. Phaeodon.**
      2. Fk. gestielt, fleischig.   **5. Sarcodon.**
  b) Hymenium aus flachgedrückten, blattfg., nicht strahlig angeordneten Zähnen bestehend.
    1. Fk. flach ausgebreitet od. resupinat, filzig od. lederig.   **6. Irpex.**
    2. Fk. flach ausgebreitet od. resupinat, fleischig od. häutig.   **7. Sistotrema.**

1. Gattung: **Mucronella** Fries, Stachelspitzchen.

Der ganze Pilz nur aus spitzen, glatten Stacheln bestehend. Basidien 2—4sporig. Sporen farblos, glatt.

Stacheln zu 4—12 am Grunde verwachsen, hängend, 6—20 mm lg., weiß, später gelblich. Sp. 4—6 × 2,5—4 μ. An faulenden Lb.- u. Ndstämmen, selten. I—XII. (Tafel II, Fig. 72.) (M. fascicularis A. et Schw).
118. Bündeliges S.   **M. aggregata** Fries

Stacheln einzeln, gerade aufrecht, unregelmäßig zerstreut, 2 bis 5 mm lg., spitz, weiß, später gelblich. Sp. 4—6 × 3 μ. Auf faulem Kiefernholz, selten. IX—X.
119. Kahles S.   **M. calva** (Alb. et Schwein.) Fries

2. Gattung: **Hydnum** L., Stachelpilz.

Fk. von verschiedenartigster Konsistenz u. von Gestalt flach ausgebreiteter Krusten bis zu hutfg. Gebilden. Hymenium die Außen-

90 Hydnaceae. Stachelpilze.

seite von drehrunden, pfriemlichen, langen Stacheln bedeckend aus **Stichobasidien** bestehend, mit meist 4 Sporen. Sporen farblos, glatt. Einige größere Arten jung eßbar.
1. Fk. ∓ der Unterlage anliegend, nicht ein unterscheidbarer Strunk vorhanden. 2.
Fk. mit deutlich unterschiedenem Strunkteil, daher meist gestielt. 3.
2. Fk. flach ausgebreitet, anliegend, Stacheln von der Oberfläche meist senkrecht abstehend (Sect. **Microdon**). 6.
Fk. im ganzen anliegend, aber sich teilweise von der Unterlage abhebend, daher die Stacheln liegend (Sect. **Hypodon**). 14.
3. Strunk reichlich verästelt. Stacheln an den Zweigenden hängend (Sect. **Dryodon**). 17.
Strunk nicht verästelt. 4.
4. St. seitlich am Hut ansitzend, Hut halbiert kreisfg. (Sect. **Pleurodon**). 18.
St. zentral unter dem Hut. 5.
5. St. allmählich in den kegel- od. trichterfg. Hut übergehend (Sect. **Phellodon**). 19.
St. vom Hut scharf abgesetzt (Sect. **Tyrodon**). 22.
6. Stacheln weiß. 7.
Stacheln gefärbt. 12.
7. Stacheln drehrund, ungezähnelt. 8.
Fk. 3—6 cm, weit ausgebreitet, filzig, weiß, am Rande gleichartig. Stacheln pfriemlich ziemlich lg., unter der Lupe seitlich fein gezähnelt. Sp. 4—6 × 3—5 μ. An faulem Holz, Zweigen von Lbbäumen, gern in hohlen Weiden u. Pappeln, nicht selten. Fast das ganze Jahr. (Odontia arg. [Fr.] Quél., O. barba-Jovis Fr.)
120. Ausgeprägter S. **Hydnum argútum** Fries
8. Rand des Fk. kahl, meist scharf abgesetzt. 9.
Rand des Fk. flockig, faserig od. filzig. 10.
9. Fk. sehr dünn u. zart, eingewachsen, trocken fast verschwindend, rundlich od. länglich, später 5—20 cm weit ausgebreitet, mit scharf begrenztem Rand, weiß, trocken hellgrau. Stacheln sehr entfernt stehend, kaum 1 mm lg., leicht abwischbar, spitz. Sp. 4,5—7 × 3—4 μ. An faulen Stümpfen u. Holz von Kiefern, zerstreut. X—III. (Odontia bicolor [A. et S.] Bres., H. bicolor [A. et S.] Fr., Hydnum echinosporum Velenovsky)
121. Zarter S. **H. subtile** Fries

Fk. dünnhäutig, durchscheinend, weiß, weit ausgebreitet, am Rand kahl. Stacheln ca. 2 mm lg., pfriemlich, gleich lg., trocken gelblich. Sporen 3—4,5 (—6,5)×1,5—2,75 μ. An Stämmen u. Holz von Lb., seltener an Kiefern, zerstreut. I—XII, besonders VII—IX. (Acia stenodon [Pers.] Bourd. et Galz.)
122. Durchscheinender S. **H. diáphanum** Schrad.

Hydnaceae. Stachelpilze. 91

10. Fk. häutig. 11.
Fk. mehlig, 2—13 cm weit ausgebreitet, schneeweiß, dann creme, krustig, am Rande schwach flockig. Stacheln sehr fein, kurz, 1—2 mm lg., etwas entfernt stehend. Sp. stachelig, kuglig 3—4 μ. An faulem Holz u. Zweigen von Lb. u. Kiefern, zerstreut. I—XII. (Grandinia farinacea [Pers.] Bourd. et Galz., Hydnum niveum [Pers.] Fr., Odontia nivea [Pers.] Quel.)

123. Mehliger S. **Hydnum farinaceum** (Pers.) Fries

11. Fk. häutig, 2—10 cm weit ausgebreitet, ablösbar, blaß gelblichweiß, unterseitig u. am Rande faserig od. filzig. Stacheln dicht stehend, 2—3 mm lg., trocken gelblich. Sp. 4,5—7 × 4—5 μ. An faulenden Stümpfen u. Ästen von Lb., häufig. V—II. (Radulum mucidum Pers.)

124. Schleimiger S. **H. mucidum** (Pers.) Bourd. et Galz.

12. Stacheln gelblich od. ockerfarben. 13.
Fk. 5—15 cm br., dünn, krustig, zuerst graugrün, flockig bereift, dann kahl u. rostbraun, am Rand bläulich faserig, später die kleinen rundlichen Fk. zusammenfließend. Stacheln 1—2 mm lg., kegelig-pfriemlich, hirschbraun, später schwärzlich. Sp. 4,5—6 × 2—3 μ. An faulem Lb., bes. Esche, seltener an Kiefern, selten. XI—III. (Acia fuscoatra [Fr.] Pat., Hydnum Weinmanii Fries)

125. Braunschwarzer S. **H. fuscoatrum** Fries

13. Fk. 2—20 cm br., hautartig, ausgebreitet, leicht ablösbar, gelblich, unterseitig u. am Rande in der Jugend zottig. Stacheln spitz, etwas schief stehend, am Grunde zusammenfließend u. dadurch gabelig od. eingeschnitten erscheinend. Sp. 5—7 × 3,5—5 μ. An Holz u. Rinde von Kiefern, zerstreut. IX—XI. (Fig. 77.) (Merulius pinastri [Fr.] Burt., Gyrophana p. [Fr.] Bourd. et Galz., Hydnum sordidum Weinm., Merulius himantioides Bres.)

126. Kiefern-S. **H. pinastri** Fries
Fk. längs ausgebreitet, krustig angewachsen, blaß ockergelb, am Rande kahl. Stacheln klein, gedrängt, spitz. Sporen fast zylindrisch, gebogen 6—10 × 1,5—2 μ. An Kiefernstümpfen, selten. IX—XII. (Odontia alutacea [Fr.] Bourd. et Galz., Kneiffia stenospora Karst.)

127. Lederfarbener S. **H. alutaceum** Fries

14. Fk. lederig, dünn. 15.
Fk. fleischig od. weichkorkig, dick. 16.

15. Fk. 3—7 cm br., zum größeren Teil angewachsen, meist sich lappenartig von der Unterlage abhebend, seltener nur am Rande frei, ockerfarben, oberseits konzentrisch gezont. Stacheln sehr klein, ockerfarben. Sporen 3—5 × 2,5 μ. An Stämmen u. Zweigen, besonders von Nd., selten. I—XII. (Mycoleptodon ochraceum [Pers.] Pat., Hydnum alnicolum Velenovsky)

128. Ockerfarbiger S. **H. ochraceum** (Pers.) Fries

Fk. 1—1,5 cm br., nur mit dem oberen Rande abstehend, sonst angewachsen, muschelfg. flach, oberseits weißfilzig-zottig, ungezont. Stacheln dichtstehend, kurz, rötlich-gelb. 1—2 mm lg.; Sporen 3—4×2—2,5 μ. An abgefallenen Lbzweigen, besonders von Eichen, zerstreut. I—XII. (Nach Bourd. et Galz. = *128*.)

129. Verschämter S.   **Hydnum pudorinum** Fries
16. Fk. fleischig, flach, 30 cm u. mehr ausgebreitet od. häufiger dick unfg. knollig, höckrig u. fast ästig, schwefelgelb, später oft bräunlich, oben höckerig. Stacheln hängend, dichtstehend, pfriemlich, 1—2 cm lg. Geruch frisch apfelartig, dann widerlich. Sporen 5—6 × 3—4 μ. An lebenden Äpfelbäumen, sie sehr schädigend, nicht selten. Fast das ganze Jahr. (Hydnum setosum [Pers.] Bres., Dryodon luteocarneum [Secr.] Quel., Acia setosa [Pers.] Bourd. et Galz.)

130. Schiedermayrs S.   **H. (Dryodon) Schiedermayri** Heufler
Fk. fleischig, weit ausgebreitet, dick, fast halbkreisfg., 3—7 cm lg., 2—4 cm br. abstehend, meist in dachziegeligen Rasen, blaß od. ockerfarben bis rötlich, oberseits faserig-zottig, am Rande gewimpert. Stacheln hängend, spitz, 10—15 mm lg. Fleisch weich, angenehm riechend, Sporen 3—4 μ glatt, farblos. An Lbstämmen, besonders Rotbuchen Weißfäule hervorrufend, nicht häufig. Eßbar.VIII—X. (Taf. II, Fig. 79.) (Dryodon c. [Pers.] Quél.)

131. Gewimperter S.   **H. (Pleurodon) cirrhatum** (Pers.) Fries
17. Fk. herzfg., am Grunde in einen bis 8 cm lg. St. zusammengezogen, 10—30 cm br. u. lg., oberhalb faserig zerschlitzt, zuerst weiß, dann gelblich, fleischig, am Grunde zähe. Stacheln sehr dicht stehend, 3—6 cm lg., gerade, weiß, trocken delblich. Fleisch weiß, derb, mit starkem Pilzgeruch. Sporen rundlich 5—6 μ. Auf kranken Lbstämmen, besonders von Eichen u. Buchen, zerstreut. Eßbar. VIII—XII. (Tafel II, Fig. 80.)

132. Igel-S.   **H. (Dryodon) erinaceus** (Bull.) Fries
Fk. aus kurzem, rundlichem Strunke bald in zahlreiche dünne, dicht stehende Äste aufgelöst, fleischig, weiß, später gelblich, 6—40 cm lg. u. br. Stacheln hängend, 1—1,5 cm lg., spitz. Fleisch etwas zählich, Geschmack fast rettigartig. Sporen 4—5 × 3—4 μ. An Ästen, in hohlen Stämmen von Lb. u. Nd., besonders von Rotbuche, Eiche, Tanne usw., nicht häufig. IX—Xl. Eßbar. (Tafel II, Fig. 81.)

133. Korallen-Stacheling.   **H. (Dryodon) coralloides** (Scop.) Fries
18. Fk. klein, 3—4 cm, rasig gehäuft, gelblich, Hut fleischig, spatelod. nierenfg., fleischig, St. kurz, dick, seitlich ansitzend. Stacheln blaß. Sporen 3—3,5×1,75 μ. An dürren Ästen von Quercus u. Prunus padus, selten. VIII—X.

134. Gelblicher S.   **H. (Pleurodon) luteolum** Fries
Hut halbkreisfg., am St.-Ansatz ausgebuchtet, flach, dünn lederartig, behaart, anfangs braun, dann schwärzlich, 1—2 cm br.,

Rand scharf. St. 4—6 cm lg., 2—3 mm dick, braun, dicht abstehend behaart, innen schwärzlich. Stacheln dichtstehend, 2—3 mm lg., grau, später braun. Sporen rundlich 4—5 × 3,5—4 μ. Auf alten, faulen, in der Erde liegenden Kiefernzapfen, nicht häufig. Fast das ganze Jahr. (Tafel II, Fig. 82.)
135. Ohrlöffel-S. **Hydnum (Pleurodon) auriscalpium** (L.) Fr.
19. Hut ungezont. 20.
Hut konzentrisch gezont, lederig, keulenfg., später flach trichterig, 3—6 cm br., hell graubraun, oben schwach filzig. St. 2 bis 3 cm h., 3—5 mm dick, graubraun, zähe. Stacheln weiß, 3 bis 4 mm lg., spitz. Geruch schwach zimtartig. Sporen rundlich 3,5—4,5 μ, punktiert, farblos. Rasig auf dem Boden in Ndwäldern, oft miteinander verwachsend, nicht selten. VIII—XI. (Calodon c. [Schaeff.] Quél.)
136. Becherförmiger S. **H. cyathiforme** (Schaeffer) Fries
20. Ganz kahl. 21.
Hut 2—10 cm br., filzig, korkig-lederig, starr, niedergedrückt, etwas höckerig, blauschwarz, am Rande weiß, dann schwarz. St. schwarz, dick. Stacheln weiß, dann grau. Fleisch schwarz, korkig, gezont, geruchlos. Sporen rundlich 3—4,5 μ, rauh, farblos. Am Boden gesellig in Ndwäldern, zerstreut. IX—XI.
137. Schwarzer S. (Calodon n. [Fr.] Quél.) **H. nigrum** Fries
21. Hut dünn, lederig, starr, trichterfg., später flach u. unregelmäßig, streifig, nicht gezont, 3—5 cm br., mit schwarzer, rissig-grubiger Scheibe, Rand weiß. St. dünn, braunschwarz, 2—3 cm h. Stacheln weiß, kurz. Fleisch braunblaß, gezont, lederig. Geruch mehlartig. Sporen rundlich 4—4,5 μ rauh. Auf dem Boden der Lb.- u. Kiefernwälder ∓ rasig, zerstreut. IX—X.
138. Schwarzweißer S. **H. melaleucum** Fries
Hut sehr dünn, lederig, trichterfg., schwarzbraun, trocken grau werdend, 2—4 cm br., Rand weiß. St. braungrau, kahl, schlank, 2—3 cm lg., dünn, Stacheln dichtstehend, ca. 1,5 cm lg., weiß, später grau. Stark nach Steinklee od. Trigonella foenum graecum riechend. Sporen eckig-rundlich, schwach-punktiert, 3—4 μ. Rasig auf der Erde von Lbwäldern, nicht zusammengewachsen, zerstreut. IX—XI. (Tafel II, Fig. 83.)
139. Starkriechender S. **H. graveolens** (Delast.) Fries
22. Hut grau od. gelbbräunlich bis dunkler bräunlich. 23.
Hut zuerst grau od. rotbräunlich, später aber schmutzig violett, feinfilzig, in der Mitte grubig, am Rande gebogen u. gelappt, fleischig, 3—11 cm br., innen weiß, seltener violett. St. 2—4 cm lg., 1,5—2 cm dick, bisweilen verzweigt. Stacheln dünn, weiß, nicht verfärbend, spitz. Sporen rundlich zartwarzig, farblos, 5 × 4 μ. In moosigen, feuchten Ndwäldern, besonders in den Vorbergen, einzeln, zerstreut. VII—X. (Sarcodon v. [A. et S.] Quél.)
140. Violetter S. **H. violascens** Alb. u. Schwein.

23. Hut oben ganz glatt u. kahl. 24.
Hut oben mit Schüppchen, Fasern od. Filz bedeckt, wenigstens
in der Jugend. 25.
24. Hut fleischig, ausgebreitet, bisweilen am Rande gelappt, graubraun, 5—16 cm br., nackt, kahl, glatt. St. 3—6 cm lg., 2—3 cm dick, bräunlich, oft exzentrisch. Stacheln braun mit weißer Spitze, später grau, bis 25 mm lg., pfriemlich. Fleisch hellgrau, purpurn belaufend, bitterlich, unangenehm süßlich riechend. Sporen rundlich 6—7 × 4—5 μ, eckig-höckerig, bräunlich. Auf dem Boden in Ndwäldern, selten. VIII—XI. (Sarcodon l. [Sw.] Quél.)
141. Glatter S. **Hydnum laevigatum** (Swartz) Fries
Hut fleischig, zerbrechlich, 4—15(—20) cm br., flach, gebuckelt, seltener etwas eingedrückt, am Rande verbogen und oft gelappt, weißlich, gelblich bis ockerfarben. St. dick, kurz. Stacheln dicht stehend, sehr zerbrechlich, selten zusammengedrückt, meist stielrund, gewöhnlich heller als der Hut. Fleisch gelblichweiß, derb, brüchig. Sporen rundlich 8—9 × 7 μ glatt. Jung eßbar. In Lb.- u. Ndwäldern, auch im Vorgebirge, häufig. VII—XI. (Tafel II, Fig. 84.) (Sarcodon rufescens Pers., Fr.)
142. Stoppelpilz, Steinschwamm. **H. repandum** (L.) Fries
25. Hut in der Jugend filzig od. rötlich zottig, später kahl. 26.
Hüte 5—8 cm br., rasig verwachsen, fleischig, rötlich rostfarben, oberseits mit kleinen, faserigen, angedrückten Schuppen bedeckt. St. blasser, kahl, bisweilen verzweigt. Stacheln kurz sich verfärbend, rostbraun. Sporen 4—5 μ. Fleisch blasser, brüchig, zellig, geruchlos. Eßbar. In Ndwäldern am Boden, selten. S. H.
143. Veränderlicher S. **H. versipelle** Fries
26. Hut fleischig, zerbrechlich, 10—25 cm br., zuerst fein filzig, später glatt, grau od. schmutzig ockerbraun, am Rande heller u. dick, wellig verbogen, trocken eingerollt. St. 5 cm lg., bis 2 cm br., grau, glatt. Stacheln 4—8 mm lg., weißgrau, später grau mit weißer Spitze, sehr zerbrechlich. Fleisch weich. Sporen kuglig, etwas eckig 4—4,5 μ. Geruch anisartig. Eßbar. Am Boden in Ndwäldern, selten. IX—XI. (Tafel II, Fig. 85.) (Sarcodon fr. [Fr.] Quél.)
144. Zerbrechlicher S. **H. fragile** Fries
Hut in der Mitte niedergedrückt, fleischig, dünn, weiß, nach dem Rande hin rötlich od. bräunlich, 5—10 cm br., in der Jugend oben mit dünnen, anliegenden, rötlichen Zotten. St. 4—6 cm h., unten verdickt, weißlichrosa, zentral od. exzentrisch, rauh. Stacheln kurz, weiß, bei Berührung rötlich werdend. Fleisch weiß, bei Verletzung rosa. Sporen eckig-rundlich 4—5 × 3,5—4 μ, lose stachelig, hyalin. In Lb.- u. Kiefernwäldern gesellig, oft in Hexenringen, nicht häufig. VII—X. (Sarcodon f. [Schm.] Quél.)
145. Rötender S. **H. fuligineoalbum** Schmidt

3. Gattung: **Amaurodon** Schroet., Schwarzzahn.

Fk. flach ausgebreitet, sonst wie Hydnum Sect. Microdon. Sporenpulver schwarz. Sporen dunkel violett, trocken verblassend, gelbbräunlich, durch Alkalien wieder dunkel werdend.

Einzige Art dunkel blauviolett, trocken bis gelbgrün abblassend, Fk. flach ausgebreitet, locker, filzig. Stacheln dicht stehend, bis 3 mm lg., drehrund, spitz, an der Spitze oft zerfasert, meist büschelig zusammenstehend. Sporen kuglig, 4—5 μ im Durchm. Auf faulem Lb. in Wäldern, besonders Erle u. Weißbuche, selten. IX—X. (Caldesiella viridis [A. et Schw.] Pat., Hydnum v. A. et S., H. Sobolewski Weinm.)

146. Grüner S.   **A. viridis** (Alb. et Schwein.) Fries

4. Gattung: **Phaeodon** Schröt., Braunzahn.

Fk. von verschiedener Gestalt u. Beschaffenheit. Hymenium auf drehrunden, pfriemlichen Stacheln. Basidien mit 4 Sterigmen, Sporen braun, höckerig-stachelig od. punktiert. Sporenpulver braun.

1. Fk. flach ausgebreitet, sonst wie Calodon. Sporen braun, höckerigstachlig. (Sect. Caldesiella Sacc., Hydnopsis Schröt.)

    Fk. eine weit ausgebreitete, filzige Unterlage bildend, die lebhaft rostbraun, am Rande flockig od. strahlig-filzig ist. Stacheln dicht stehend, 5—8 mm lg., zusammengedrückt, spitz, rostbraun, im Alter umbrabraun. Sporen fast kuglig, 8—12 μ lg., 7—10 μ dick. Auf faulem Holz von Kiefern od. anderen Bäumen, selten. H. (Hydnum tomentosum Schrad., H. ferruginosum Fr., H. crinale Fr., Caldesiella ferruginosa [Fr.] Sacc.)

147. Filziger B.   **Ph. tomentosus** (Schrad.) Schröt.

2. Fk. von lederiger, korkiger od. $\pm$ holziger Konsistenz, gestielt, St. in den kegel- od. trichterfg. Hut übergehend. Stacheln am Hut unterseitig. Sporen braun, punktiert od. höckerig. (Sect. Calodon Quelet)   3.

3. St. braun od. orange.   4.

    St. violett, kurz, filzig. Fk. weich, korkig-schwammig, bis 10 cm h., innen ganz violett u. später weißlich u. nur violett gezont. Hut 8—15 cm br., kreiselfg., später mit ausgebreitetem, stumpfem Rande, weißlich bis ockerfarben, bei Druck braun werdend, in der Mitte höckerig, eingewachsen-filzig. Stacheln dicht stehend, 4—8 mm lg., zuerst rötlich, dann violett, endlich braun. Geruch stark anis- od. fenchelartig. Sporen rundlich 4—6 μ. Gesellig auf dem Boden in Gebirgs-Nd.- u. trockenen Lbwäldern, nicht selten. VII—XI. (Tafel II, Fig. 86.) (Hydnum s. Scop., Calodon s. [Scop.] Quel.

148. Duftender B.   **Ph. suaveolens** (Scopoli) Schröt.

4. St. braun.   5.

    Hut korkig filzig, 3—15 cm br., kreiselfg., in der Mitte grubighöckerig, orangefarben, ungezont, am Rande dünn, abgerundet,

anfangs weißfilzig. St. orangefarben, 2—5 cm h., 1—3 cm dick.
Stacheln dicht stehend, 4—6 mm lg., anfangs weißlich, dann
braun mit helleren Spitzen. Sporen warzig, eckig-kugelig, 4—6
× 4—5 μ. Geruch angenehm. Am Boden in trockenen Ndwäldern,
zerstreut. IX—XI. (Hydnum aurantiacum [A. et S.] Fries,
Calodon a. [A. et S.] Quél.)

149. Orangefarb. B. **Phaeodon aurantiacus** (A. et S.) Schröt.

5. Hut u. St. in der Jugend von weißem Filz überzogen. 5.
Hut 3—8 cm br., filzig, lederig, flach trichterfg., rostbraun od.
dunkel ockerfarben, glatt, konzentrisch gezont, strahlig runzelig,
Rand dünn, unten steril. St. bis 2,5 cm h., rostbraun, angedrückt —filzig, am Grunde knollig. Stacheln am St. herablaufend,
dicht stehend, 3—5 mm lg., dünn, hell-, später rostbraun. Sporen
rundlich 5—6 × 4—5 μ, höckerig, rostbraun. Gesellig, oft zusammengewachsen, auf der Erde u. über Zweigen in Lb.- u. Nd.-
wäldern, zerstreut. VIII—X. (Hydnum zonatum [Batsch] Fries,
Calodon z. [Batsch] Quél.)

150. Gezonter B. **Ph. zonatus** (Batsch) Schröt.

5. Hut kreiselfg., oben flach od. eingedrückt, mit stumpfem Rande,
5—11 cm br., schwammig-korkig, anfangs mit weißem, blutrote
Tropfen ausschwitzendem Filz bedeckt, dann glatt, rostbraun.
St. bis 2 cm h., rostbraun. Stacheln bis 5 mm lg., spitz, rostbraun. Sporen eckig-elliptisch, stachelig, 4—5 × 6 μ, bräunlich.
Frisch nach Mehl riechend. Gesellig am Boden, oft Hexenringe
bildend, in Ndwäldern, nicht selten. VII—XI. (Hydnum floriforme [Schaeff.] Quél., H. ferrugineum Fr., Calodon f. [Fr.] Pat.)

151. Rotbrauner B. **Ph. ferrugineus** (Fries) Schröt.

Hut kreiselfg., dann am Rande ausgebreitet u. verflachend,
braun, selten gezont, korkig-filzig, 5—15 cm br., 10 cm h., anfangs mit weißem Filz überzogen, sehr vielgestaltig u. oft zusammenfließend. St. kurz, oft fehlend, rötlichbraun. Stacheln spitz,
8 mm lg., nach dem Rande kürzer, grau, später braun, an der
Spitze heller. Sporen rundlich, stachelig, bräunlich 5 μ. Geruch
frisch zimmetartig. Auf der Erde in dürren, sandigen Kiefernwäldern, nicht selten. VII—XI (Hydnum compactum [Pers.] Fr.)

152. Fester B. **Ph. compactus** (Pers.) Schröt.

5. Gattung: **Sarcodon** Quélet, Fleischzahn-Stacheling.

Fk. fleischig, mit zentralem St. Hut scharf abgesetzt, gewölbt.
Stacheln pfriemlich, braun werdend. Fleisch brüchig, ungezont.
Sporen braun, stachlig od. höckerig.

Hut kreisfg., 4—15—25 cm u. breiter, flach gewölbt, später in der
Mitte niedergedrückt, am Rand anfangs eingerollt, ungezont, umbrabraun, mit großen, dicken, konzentrischen, sparrigen Schuppen. St.
2—8 cm lg., unten braun, nach oben weißlich. Stacheln pfriemlich,
dicht stehend, etwas am St. herablaufend, 5—6 mm lg., weiß, dann

braun. Jung eßbar. Sporen rundlich 6—7 × 5—6 μ, höckerigstachelig. Am Boden in dürren Kiefernwäldern, im Gebirge in Fichtenwäldern, nicht selten. VIII—XI. (Tafel II, Fig. 87.) (Rehpilz, Hirschschwamm; Hydnum imbricatum [L.] Fries)

153. Habichtspilz. **Sarcodon imbricatus** (L.) Quél.

Hut kreisfg., 8—12 cm br., flach gewölbt, in der Mitte etwas eingedrückt, ocker- bis rotbraun od. rostbraun, $\mp$ dicht mit dunkelbraunen, anliegenden, später abfallenden Schuppen besetzt. St. schwärzlich kahl, ungleich dick. Stacheln weißlich, dann braun mit weißlicher Spitze bis 8 mm lg., Fleisch dunkelbraun. Riecht stark nach Steinklee. Sporen rundlich, stachelig, 4—6 μ, bräunlich. Am Boden in Ndwäldern, selten. X. (Tafel II, Fig. 88.) (S. badium Pers.)

154. Schuppiger F. **S. subsquamosus** (Batsch) Quél.

Hut rund, schwach gewölbt, 5—15 cm br., meist etwas wellig, in der Mitte meist $\mp$ eingedrückt, rostfarbig bis dunkelrotbraun, mit zahlreichen, kleinen, dichten, anfangs anliegenden, dann $\mp$ abstehenden Schuppen bedeckt, filzig, wenig rauh; Rand scharf, anfangs eingerollt, dann wellig verbogen. Stacheln kurz, anfangs weißgrau, dann graubraun mit weißlicher Spitze. St. 4—6 cm lg., 1 bis 1,5 cm dick, grauweißlich, dann dunkler, graubräunlich; Unterende bei Berührung schwärzend. Fleisch weich, saftig, weißlichgrau, schmutzig-violett verfärbend. Sporen rundlich 6 × 5 μ, höckerig, bräunlich. Geruch schwach, Geschmack sehr bitter. In Ndwäldern, nicht häufig. IX—XI. (Hydnum sc. Fries)

155. Gallen-Stacheling. **S. scabrosum** (Fr.) Quél.

6. Gattung: Irpex Fries, Eggenpilz.

Fk. zähe, filzig od. lederig, flach ausgebreitet, umgewendet (resupinat), sitzend od. gestielt bis fast hutfg. Platten zahnartig, dicht stehend, flach, vom Hymenium überzogen. Sporen farblos, glatt.

1. Fk. hängend. 2.
   Fk. sitzend od. ausgebreitet. 3.
2. Fk. sehr dünn, häutig-lederig, fast halbkreisfg., am Grunde zu einem kurzen St. zusammengezogen, hängend, 1—4 cm br., oft rasig, gelblich od. ockerfarben, trocken hellbräunlich, oberseits gefaltet u. runzelig, mit angedrückten, haarigen Schuppen. Zähne reihenweise gestellt, zerschlitzt, weißlich, 2 mm lg. Sporen 3—5 × 1,5—2 μ. An Holz u. Stümpfen von Kiefern u. Larix, selten. VII—XI. (Sistotrema p. Alb. et Schw.)

156. Hängender E. **I. péndulus** (Alb. et Schwein.) Fries

3. Fk. sitzend od. ausgebreitet mit $\mp$ zurückgeschlagenem Rande. 4.
   Fk. resupinat. 5.
4. Fk. 5—8 cm br., lederig, zum größten Teil anhaftend, im obern Teil frei abstehend, oft dachziegelig übereinander, oben weiß od. grau, silberhaarig-zottig, gezont, 1—2 cm abstehend. Zähne bis

4 mm lg., fleischrot, violett, zuletzt bräunlich, reihenweise am Grunde verbunden. Sporen 3—5 × 1 μ. (Alles weißlich grau gefärbt. var. Hollii [Kunze et Schmidt].) An Zäunen, Brettern, gefälltem Holz von Kiefern, gemein. Das ganze Jahr. (Abb. 16, 1, Tafel II, Fig. 90.) (I. violaceus [Pers.] Quél., Polystictus abietinus [Dicks.] Fr.)

157. Braunvioletter E. **Irpex fuscoviolaceus** (Schrad.) Fries

Fk. 3—5 cm weit ausgebreitet, etwas zurückgebogen, lederig, zottig, konzentrisch gefurcht, weiß. Zähne 3—15 mm lg., milch.-weiß, dicht, reihenweise, spitz, etwas eingeschnitten. Sporen 4 bis 6 × 2—3 μ. An Stämmen u. Holz von Lb.- u. Ndbäumen, nicht selten. X—XII. (I. tulipiferae Fr., Poria tulip. Schw.)

158. Milchweißer E. **I. lacteus** Fries

5. Auf Nd.- od. Lbholz. 6.
   Auf dem Erdboden. 11.
6. Auf Nadelholz. 7.
   Auf Laubholz. 8.
7. Fk. 5—10 cm br., dünn, häutig, fest angewachsen, weiß, zart flockig, dann kahl. Zähne spatelig, ganzrandig od. an der Spitze etwas eingeschnitten, klein, zart, am Grunde undeutlich verbunden. 3—6 mm lg., 0,5—2 mm br. Sporen 4—5 × 1,5—2 μ. An berindeten Ästen von Fichten, Kiefern u. Tannen, nicht häufig, in den Vorbergen häufiger. VIII—XII. (Hydnum spathulatum Schrader, Sistotrema sp. Pers.)

159. Spatelförmiger E. **I. (Xylodon) spatulatus** Fries

Fk. 1—3 cm br., frisch reinweiß, nur stellenweise gelblich, dünn, spinnweb-filzig, leicht ablösbar. Zähne reinweiß, trocken ∓ gelblich, schmal kegelfg., spatelfg., dünn, 3—8 mm lg. Sporen 1,5—1,8 × 3,5—4 μ. An Pinus silvestris-Holz, selten. (Xylodon candidus Ehrenbg., Hydnum c. Schlechtdl., Sistotrema c. Pers.)

160. Weißlicher E. **I. candidus** Weinmann

8. An verschiedenen Laubhölzern. 9
   An Tilia od. Prunus domestica. 10.
9. Fk. 5—15 cm br., flach ausgebreitet, krustenfg., zusammenfließend, dünn, weißlich od. gelblich mit weißem, angedrückt radialfaserigem Rande. Zähne 3—7 mm lg., unregelmäßig, fast niemals glatt, daedalea-artig-halbröhrenfg., unregelmäßig eingeschnitten, am Grunde zu Waben verbunden, ∓ schief, lederig. Sporen 5,5—6,5 × 3,5—4,5 μ. — An abgefallenen Lbholzästen, besonders Quercus, Fagus. I—XII, zerstreut. (Hydnum pseudoboletus D. C., H. paradoxum Schrader, I. paradoxus Fr., I. cerasi Fr., I. daedalaeformis Velen., Sistotrema digitatum Pers.)

161. Mißgestalteter E. **I. deformis** Fries

Fk. oft 5—20 cm weit ausgebreitet, weiß od. gelblich weiß, am Rande häufig flockig-fädig. Zähne am Grunde wabenartig verbunden, oft labyrinthartige Poren bildend, 2—4 mm lg., am

Rande meist eingeschnitten, gesägt, ungleichartig. Sporen 5,5 bis 6,5 × 3,5—4,5 μ. An Lbästen, besonders Weißbuche nicht selten. I—XII. (Tafel II, Fig. 89.) (Hydnum obliquum Schrader, Sistotrema o. Alb. et Schw., S. alneum Secr.)

162. Schiefer E. **Irpex (Xylodon) obliquus** (Schrad.) Fries

10. Fk. 2—5 cm zart, angewachsen, zusammenfließend, schmutzig weiß, bald gelblich od. bräunlich, frisch etwas fleischig-lederig, trocken brüchig. Zähne 1—5 mm lg., zart, unregelmäßig, daedalea-artig, eingeschnitten, schief. Sporen 3—4 × 4,5 μ. — An abgefallenen Zweigen von Tilia cordata. Böhmen. XI.

163. Linden-E. **I. tiliaceus** Pilat

Fk. sehr zart, diffus, zusammenfließend, weiß, dann milchig od. gelblichbräunlich. Zähne zart, häutig, 2—3 mm lg., unregelmäßig, schief. Sporen 4—5 × 2,5—3 μ. — An Holz von Prunus domestica in Böhmen. W.

164. Pflaumen-E. **I. gracillimus** Pilat

11. Fk. 10—11 cm weit ausgebreitet, weiß, dann blaß gelblich od. dunkelbraun; Zähne 2—7 mm lg., gleichfarbig, unregelmäßig, fast labyrinthisch, eingeschnitten, dünn. — Auf Erdboden, Nadeln usw. in Ndwäldern; selten.

165. Erd-E. **I. hypogaeus** Fuckel

7. Gattung: **Sistotrema** Pers., Schütterzahn.

Fk. gestielt, hutfg., unterseits die Zähne tragend, fleischig od. häutig. Platten zahnfg., schmal lamellenartig, meist ordnungslos od. fast konzentrisch, vom Hymenium überzogen. Basidien 4 bis 6sporig. Sporen farblos, glatt. Fk. 2—3 cm lg., gestielt. Hut ∓ regelmäßig, oben flach, zottig filzig, zuerst weiß, dann gelblich, rötlichgelb bis ockerfarben. St. aufrecht, dünn, oft seitenständig. Zähne zugespitzt od. br. abgestutzt, weiß od. gelblich. Sporen rundlich 3—4(—5) × 2—3(—4) μ. An Erde, zwischen Moos, oft an Wegrändern

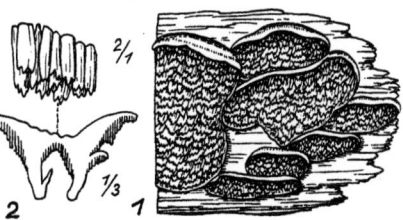

Abb. 16. Hydnaceae: 1 Irpex fuscoviolaceus (Schrad.) Fries. — 2 Sistotrema confluens (Pers.) Fr. Lgsschn. — (Nach Ramsbottom.)

im Kiefernwald, zerstreut, in Norddeutschland selten. IX—XI. (Abb. 16, 2 u. Taf. II, Fig. 91.) (S. sublamellosum Bull.) Stets 6sporig.

166. Zusammenfließender S. **S. confluens** (Pers.) Fries

Hut weiß, kahl, 2—3 cm br., kreisfg. od. spatelig gestielt. Zähne weiß, dann schwefelgelb, netzig, flach. Sporen länglich 2—3 × 3—4,5 μ. Im Ndwald, kleine Überzüge auf Nadeln, Zweigen usw. bildend. Selten. VI—XI.

167. Heide-S. **S. ericetorum** Fries

Hut fleischrot bis braunrot, halbiert, spatelfg. od. blattartig, bis 5 cm h., mit gekerbtem Rande u. fast knolliger Basis, dickfleischig. Zähne hell fleischrötlich. In Ndwäldern, Heiden, selten.

168. Fleischroter Sch. **Sistotrema carneum** Bonorden

7. Reihe (Ordnung): **Polyporales** mit Chiastobasidien. Fk. sehr mannigfach, von spinnewebe-artigen, fein-filzigen, dünnhäutigen bis derblederigen od. korkigen Krusten bis zu fleischigen od. korkigen bis holzigen, muschelfg., konsolenfg. od. in St. u. Hut gegliederten Formen aufsteigend od. keulenfg. bis korallenartig verzweigt, ein- bis vieljährig, mit glattem od. Stacheln od. Röhren auskleidendem Hymenium. Basidien keulenfg. bis birnenfg. (stets Chiastobasidien) mit meist 4 Sterigmen. — Holz- od. Erdbewohner.

Bestimmungsschlüssel der Familien.

A. Fk. ∓ krustenfg., dem Substrat eng anliegend.
  a) Hymenium glatt, höchstens schwach runzelig.
    I. Fk. ∓ spinneweben-artig bis fein-filzig, stets einschichtig. Sporen stachelig od. eckig, braun od. gelb, selten rosa od. farblos. Hymenium bisweilen lückig, nicht geschlossen.
      13. Fam. **Hypochnaceae.**
    II. Fk. filzig-häutig bis lederig-fleischig od. -korkig, ein- od. mehrschichtig. Hymenium geschlossen.
      1. Sporen stets farblos, glatt.   14. Fam. **Corticiaceae.**
      2. Sporen gefärbt, gelblich bis braun, glatt.
        15. Fam. **Coniophoraceae.**
  b) Hymenium nicht glatt.
    I. Hymenium auf stachel- od. zahnfg. bis kammartigen Vorsprüngen (hydnazeen-artig).   19. Fam. **Radulaceae.**
    II. Hymenium in flachen Gruben od. ∓ engen Röhren.
      1. Hymenium in flachen Gruben.   20. Fam. **Meruliaceae.**
      2. Hymenium in engen Röhren.
        α) Röhren kleine Einzelfruchtkörper mit eigenen Wandungen.   16. Fam. **Cyphellaceae-Porothelium.**
        β) Röhren in die Kruste eingesenkt, nicht mit eigenen, trennbaren Wandungen.
          22. Fam. **Polyporaceae-Poria.**

B. Fk. nicht krustenfg., sich vom Substrat erhebend.
  a) Hymenium glatt, höchstens runzelig od. aderig.
    I. An Holz, Zweigen, Stengeln od. Moosen; nicht auf dem Erdboden.
      1. An Holz, Rinde, Zweigen; Fk. ∓ muschelfg.
        14. Fam. **Corticiaceae-Stereoideae.**
      2. An Zweigen, Stengeln, Moosen; Fk. schüssel- od. becherfg., ∓ gestielt (peziza-artig).   16. Fam. **Cyphellaceae.**

Hypochnaceae. 101

II. Auf dem Erdboden, selten an Holz.
  1. Fk. keulenfg. od. ∓ korallenartig verzweigt, fleischig.
    17. Fam. Clavariaceae.
  2. Fk. trichter- od. kreiselfg., fleischig.
    18. Fam. Dictyolaceae.
b) Hymenium nicht glatt u. frei, sondern in Gruben, Röhren od. Gängen.
  I. Hymenium in flachen Gruben u. Falten; Fk. eierkuchenartig od. konsolenfg., ∓ fleischig. 20. Fam. Meruliaceae.
  II. Hymenium in ∓ engen Röhren, mäandrischen Gängen od. Lamellen.
    α) Fk. groß, saftig-fleischig, konsolenfg. od. zungenfg. auf lebendem Lbholz (Buche, Eiche), Röhren sehr lg., unter sich frei od. leicht trennbar. 21. Fam. Fistulinaceae.
    β) Fk. konsolenfg. od. in St. u. Hut gegliedert, einfach od. verzweigt.
      + Hymenium vom Hutfleisch nicht leicht trennbar, ∓ eingesenkt u. von ∓ gleicher Beschaffenheit. Fk. ein- od. mehrjährig, fleischig od. korkig bis holzig; meist Holzbewohner. 22. Fam. Polyporaceae.
      ++ Hymenium vom Hutfleisch leicht trennbar u. verschieden; Fk. einjährig, saftig-fleischig, nicht verholzend. Allermeist Erdbewohner.
        23. Fam. Boletaceae.

13. Familie: Hypochnaceae.

Fk. der Unterlage eng anliegend, spinnewebenartig, fein-filzig, faserig. Hymenium eben, häufig mehlig, körnig, selten grobwarzig od. struppig, ohne od. mit Zystiden. Basidien (Chiastobasidien) mit (1—)4 stacheligen, warzigen od. eckigen, meist braunen od. gelblichen, selten farblosen od. rosafarbigen Sporen. — Ausschließlich Holzbewohner.

Bestimmungsschlüssel der Gattungen.
Hymenium eben, häufig mehlig, körnig, selten grobwarzig, nur Basidien enthaltend. Sporen warzig, stachelig, od. eckig. 1. Tomentella Pers.
Hymenium auffallend struppig mit langen, weit hervorragenden Zystiden. 2. Tomentellina v. H. et L.

1. Gattung: Tomentella Pers. (Hypochnus Fr.) Filzpilz.
Fk. dem Substrat eng anliegend, fast stets filzig, faserig, spinnewebenartig. Hymenium eben, häufig mehlig, körnig, selten grobwarzig. Sporen stachelig, warzig od. drei- bis vieleckig, niemals glatt, meist braun od. gelblich, seltener farblos od. rosa.

1. Filz weiß, grau, blaß lehmfarbig od. isabellfarbig. 2.
   Fk. anders gefärbt. 3.
2. Filz ganz weiß, später vergilbend, cremefarbig, weichhäutig, am Rande fein faserig, fast wollig. Hymenium etwas uneben, geschlossen. Sporen dreieckig, zuweilen etwas schief, 4—5 μ (bisweilen rundlich-eckig od. etwas stachelig var. **echinosperma** Brinkm.). An Laubholz, auch Moos u. dgl. überziehend. (Corticium trigonospermum Bres.)
   169. Dreieckigsporiger F. **Tomentella trigonosperma** (Bres.) v. H. et L.
   Filz am Rande weißlich, Mitte aschgrau, schließlich blaßbräunlich, fein faserig. Hymenium körnig, pulverig, nicht geschlossen. Sporen kuglig 5—7 μ, kurzstachelig, graubraun, mit Öltropfen. An morschem Holz u. Laub; nicht häufig. (Abb. 17, 1.)
   170. Aschgrauer F. **T. cinerascens** (Karst.) v. H. et L.

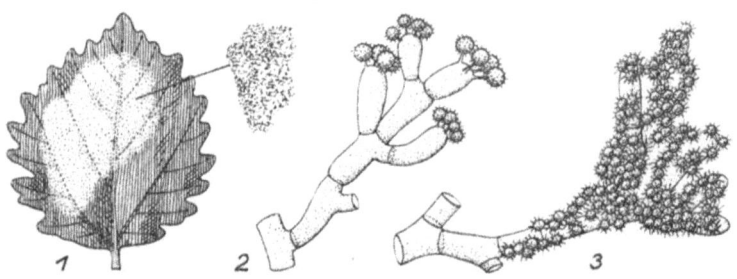

Abb. 17. Hypochnaceae: 1 Tomentella cinerascens (Karst.) v. H. et L. auf verrottendem Pappelblatt, 2 u. 3 T. isabellina (Fr.), Basidien (2) und Chlamydosporen (3). (1 nach d. Natur, 2 u. 3 nach Brefeld.)

3. Filz blaßrötlich, besonders am Rande zuweilen rosenrot od. blaß lehmfarbig. 4.
   Filz blaß lehmfarbig, isabellfarbig, sehr dünn, feinfaserig, reifartig, fein mehlig-krümelig. Sporen kugelig, 10—12 μ, langstachelig, gelblich. An Ndholz; nicht selten. (Abb. 17, 2—3.)
   171. Isabellfarbiger F. **T. isabellina** (Fr.) v. H. et L.
4. Filz 2—4 cm br., blaßgelblich od. rötlich, verblassend, sehr dünnhäutig, leicht von der Unterlage sich ablösend. Hymenium nicht geschlossen; Sporen fast kuglig, blaß-strohgelb, feinstachelig, 5—7 × 4—6 μ. An Holz u. Rinde von Lb.- u. Ndholz, auch auf Buchenlaub u. Nadeln auf dem Boden. IX—X. Selten. (Hypochnus pellicula Bres., H. mollis Fr. var. pellicula Fr., Corticium echinosporum Ellis, Hypochnus echin. [Ellis] Burt.)
   172. Häutiger F. **T. pellicula** (Fr.) v. H. et L.
5. Filz grünlich, gelb, gelbgrün, olivengrün od. gelbbraun. 6.
   Fk. lebhaft rot, rostrot od. hellrotbraun. 10.

6. Filz 3—10 cm br., mit schwefelgelbem, strahlig gefranstem Rande. Hymenium anfangs schwefelgelb, bald oliven- od. dunkelgrau, erdfarbig, ziemlich eben. Sporen fast rundlich, stachelig, 4—7 ×3—5 μ. (Bisweilen mit feinen, gewundenen Papillen u. Körnchen = Phlebia vaga Fr.) An Lb.- u. Ndholz, ziemlich häufig. (Hypochnus fumosus Fr., Corticium fumosum Fr., C. sulphureum [Pers.] Bres., Coniophora sulfurea [Pers.] Quél.)

173. Schwefelgelber F.   **Tomentella sulfurea** (Pers.) Karst.

Filz dunkelgrün, olivengrün, im Umfange gleichfarbig, filzig. Hymenium kleiig, wie bereift. Sporen olivenbraun, fast kugelig, eckig, stachelig, 7—9 ×7 μ. An altem Holz, zwischen Lb. u. in Erdhöhlungen.

174. Dunkelgrüner F.   **T. atrovirens** Bres.

7. Filz anfangs zimtbraun, bald von d. Mitte aus schmutzig-olivengrün.   8.
Filz hellbraun od. blaßgelbbraun.   9.

8. Filz frisch meist mit dunkelbrauner Randzone u. hellerem Rande. Hymenium anfangs glatt, später $\mp$ warzig. Sporen kugeligeckig, 6—9 μ, gelbbraun mit farblosen Stacheln u. Öltropfen. Auf faserig-strähnigem, braunem Myzel. An Laubholz; nicht selten. (Hypochnus fulvo-cinctus Bres.)

175. Olivengrüner F.   **T. elaeodes** (Bres.) v. H. et L.

9. Filz 2—3 cm, blaßgelbbraun, dunkelnd, helltabakbraun, anfangs strahlig faserig, nach außen wachsend, am Rande heller, feinfaserig. Hymenium frisch fast wachsartig, strahlig-runzelig, trocken dünnhäutig, eben, nicht geschlossen. Sporen $\mp$ kugelig od. etwas eckig, langstachelig, hellgelb bis gelbbraun 6—9 μ, stets mit Öltropfen. An alten Eichenstämmen, zerstreut. (Hypochnus tabacinus Bres., Hypochnus zygodesmoides [Ell.] Burt.)

176. Tabakbrauner F.   **T. zygodesmoides** (Ell.) v. H. et L.

Filz 3—6 cm., hellbraun, Rand ledergelb, dunkler als vorige Art. Sporen 6—7 × 4—6 μ. An Lbholz; nicht häufig. (Corticium microsporum [Karst.] Bourd. et Galz.)

177. Kleinsporiger F.   **T. microspora** (Karst.) v. H. et L.

10. Filz 2—6 cm br., rostrot, dann kastanien- od. rostbraun. Hymenium mit flockigen Wärzchen. Sporen gelbbraun, langstachlig, kuglig, 9—10 μ im Durchm. Auf morschen Lbstümpfen, Rinde, Lb. usw. häufig in feuchten Wäldern. VIII—XII. (Tafel I, Fig. 21.) (Hypochnus ferrugineus [Pers.] Fries.)

178. Rostfarbener F.   **T. ferruginea** Pers.

Filz 1—3 cm, fast häutig, lebhaft blut-, karmin- od. ziegelrot; Hymenium später braun, mit kleinen Körnchen od. Papillen besetzt. Sporen $\mp$ kuglig, stachlig, blaß rosenrot 9 × 9—11 μ im Durchm. An morschem Holz u. Rinde von Buche u. Tanne,

auch auf dem Erdboden. VII—X. Nicht häufig. (Hypochnus puniceus [A. et S.] Sacc., Corticium puniceum [A. et S.] Fr.)
179. Roter F. **Tomentella punicea** (Alb. et Schw.) Schroet.

11. Filz schmutzig rostbraun, im Umfange gleichartig, oft weit ausgebreitet; Sporen eckig-kuglig od. fast kuglig, kurzstachelig, gelbbraun, 7—9 × 7—8 µ. An sehr altem, morschem Holz; nicht häufig. (Hypochnus rub. Bres.)
180. Rostbrauner F. **T. rubiginosa** (Bres.) v. H. et L.

Filz rostbraun bis dunkelrotblaun, Rand heller, derbhäutig, frisch fast fleischig. Hymenium dicht grobwarzig, fast stachelig (fast hydnazeen-ähnlich). Sporen unregelmäßig, rundlich, eckig, gelbbraun, mit langen, hellen Stacheln u. Öltropfen, 7—10 × 8—11 µ. An morschem Lbholz; zerstreut.
181. Papillöser F. **T. papillata** v. H. et L.

12. Pilz dunkelbraun, schokoladenfarbig, auch violett u. braunviolett. 13.
13. Sporen sehr groß, kugelrund 11—16 µ. 14.
  Sporen kleiner, rundlich od. eifg. 15.
14. Pilz filzig, anfangs braun, später dunkelbraun, Rand feinfaserig, weiß, bald schwindend. Hymenium kleiig bestäubt, nicht geschlossen. Sporen langstachelig, bisweilen etwas schief, gelbbraun. Hyphen rußfarbig-braun. An altem Holze; zerstreut. (Hypochnus Bresadolae Brinkm.)
182. Bresadolas F. **T. Bresadolae** (Brinkm.) v. H. et L.
15. Pilz mit hellerem, häutig-strahligem Rande. 16.

Filz 2—10 cm, fester, fast häutig, schokoladenbraun, jung bisweilen hell-violett, am Umfang heller, faserig. Sporen ellipsoidisch, eckig, warzig, braun, 6—11 µ lg., 5—8 µ dick. Auf alten Lb.- u. Ndstümpfen, auch Lb., Holz, Moos usw. überziehend, in feuchten Wäldern häufig. IX—VI. (Hypochnus f. [Pers.] Fr., Corticium f. [Pers.] Fr.)
183. Schokoladenfarbiger F. **T. fusca** (Pers.) v. H. et L.
16. Pilz ohne häutig-strahligen Rand, daher am Umfange gleichartig. 17.
17. Pilz anfangs ∓ violett, dann dunkelbraun. 18.
  Pilz von Anfang an braun, ohne violett. 19.
18. Pilz 1—4 cm, filzig-flockig; Hymenium körnig-kleiig od. etwas warzig, nicht geschlossen. Sporen rundlich mit den ziemlich langen farblosen Stacheln 10—12 µ, braun. An altem Holz u. an trockenen Stengeln; häufig. IX—X. (Hypochnus subfuscus Karst.)
184. Dunkelbrauner F. **T. subfusca** (Karst.) v. H. et L.
19. Pilz später schwarzbraun. Hymenium filzig, flockig, weich. Sporen etwas eckig, stachelig, 8—10 × 8—9 µ, braun. An Lärchenzweigen; zerstreut.
185. Schwammiger F. **T. spongiosa** (Alb. et Schw.) v. H. et L.

Pilz später fast bläulichschwarz, ∓ häutig. Hymenium rauchgraubraun. Sporen kugelig-eckig, warzig-stachelig, 9—12 × 9—11μ. gelbbraun. An altem morschem Holz.
186. Blauschwarzer F. **Tomentella tristris** (Karst.) v. H. et L.

2. Gattung: **Tomentellina** v. Höhnel et Litschauer (Kneiffiella Karst.) Zystiden-Filzpilz.
Wie vorige Gattung, aber im Hymenium außer den Basidien Zystiden. Sporen warzig od. stachelig. An Lbholz.
Einzige Art: Pilz rostbraunen, in der Mitte dunkelbraunen, filzig-häutigen Überzug an der Unterseite von Lbholz bildend. Hymenium auffallend struppig durch zahlreiche bis 200 μ lange, 5—8 μ breite, gelbe bis gelbbraune, glatte, mehrzellige, nicht inkrustierte Zystiden. Sporen rundlich-eckig, 6—9 μ, mit kurzen kegelfg. Stacheln, gelbbraun. An morschem Lbholz; selten. I—XII.
187. Rostbrauner Z.-F. **T. ferruginosa** v. H. et L.

14. Familie: Corticiaceae.

Fk. filzartig od. fleischig-häutig, der Unterlage anliegend, weit ausgebreitete Filze od. derbe Häute bildend, höchstens am Rande muschelartig abstehend, auf der Oberfläche glatt od. mit unregelmäßigen flachen Warzen od. flachen Runzeln bedeckt. Basidien (Chiastobasidien) mit (1) 2—6 (—8), an dünnen, pfriemlichen Sterigmen sitzenden, meist farblosen, glatten od. leicht rauhen Sporen.

Bestimmungsschlüssel der Gattungen[1].
A. Gewebe der Fk. locker-wergartig-filzig, aber nicht spinnewebenartig, od. häutig bis fleischiglederig, dem Substrat aufliegend, stets ohne feste Mittelschicht.
  a) Hymenium glatt, nur aus Basidien bestehend. 1. Unterfam. Corticioideae. **1. Corticium.**
  b) Hymenium außer den Basidien mit Zystiden od. Gloeozystiden. 2. Unterfam. Cystocorticioideae.
   1. Sporen farblos.
    α) Nur Gloeozystiden. **2. Gloeocystidium.**

---

[1] Die Unterscheidung der Gattungen ist ohne mikroskopische Untersuchung nicht möglich.
Die in den früheren Auflagen dieses Buches zu den Corticiaceae gestellten Gattungen Vuilleminia siehe S. 67, Cytidia und Aleurodiscus bei den Cyphellaceae (S. 122), Tomentella bei den Hypochnaceae (S. 101), Coniophora bei den Coniophoraceae (S. 120), Kneiffia bei Peniophora (S. 75) u. Gloeopeniophora (S. 114).

β) Zystiden und Gloeozystiden vorhanden.
2. Sporen violett.
B. Gewebe der Fk. derb, fast häutig od. lederig, mit fester Mittelschicht unter dem Hymenium; häufig ∓ hutfg. od. muschelfg. vom Substrat abstehend. 3. Unterfam. Stereoideae.
a) Hymenium nur Basidien enthaltend.
b) Außer Basidien mit Zystiden.
c) Außer Basidien mit langen, hervorragenden, sterilen Borsten.

3. **Gloeopeniophora.**
4. **Hypochnella.**

5. **Stereum.**
6. **Lloydella.**

7. **Hymenochaete.**

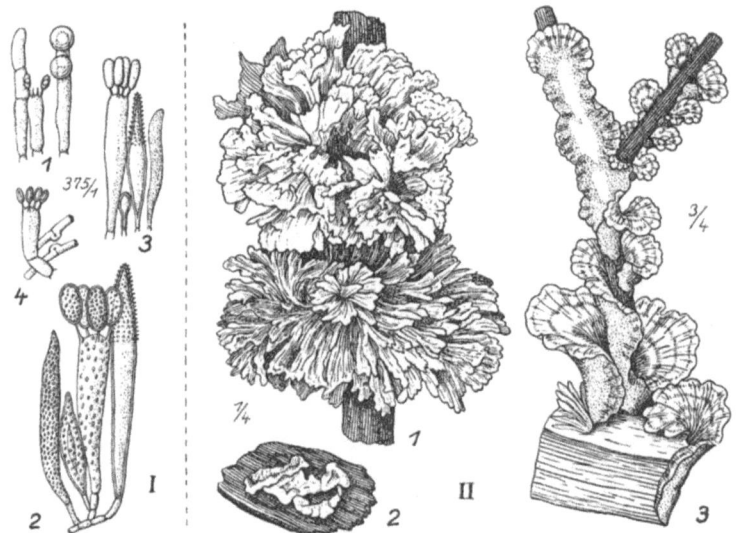

Abb. 18. Corticiaceae: I. Hymenial-Elemente: 1 Gloeocystidium pallidum (Bres.) v. H. et L., Basidie mit zwei Gloeozystiden, rechts mit abgeschiedenen Öltröpfchen; 2 Gloeopeniophora aurantiaca (Bres.) v. H. et L. Basidie, links Gloeozystide, rechts Zystide; 3 Gloeopeniophora incarnata (Fr.) v. H. et L. Basidie, Zystide, Gloeozystide; 4 Corticium molle Fr. II. 1 Thelephora penicillata (Pers.) Fr.; 2 Stereum gausapatum Fr.; 3 Hymenochaete tabacina (Sow.) Lév. (I, II 1, 2 nach Brinkmann, 3 nach Gwynne-Vaughan.)

1. Unterfamilie: Corticioideae Ulbrich.

1. (Einzige Gattung): **Corticium** Pers., Rindenpilz.

Fk. frisch stets ganz angeheftet, später sich höchstens am Rande lösend, aber nicht muschelartig abstehend, flockig, häutig, lederig, fleischig, meist ganz glatt. Hymenium nach unten gerichtet, mit Ausnahme des Randes den ganzen Pilz einnehmend, eben od. schwach

warzig, nur aus Basidien bestehend. Sporen farblos, rund, elliptisch od. zylindrisch, glatt, nicht stachlig od. eckig.
1. Fk. zart, fädig, filzig od. fast spinnewebenartig, nicht fleischig od. wachsartig, im Umfang allmählich verlaufend. Hymenium nicht geschlossen. 2.
Fk. fleischig, wachsartig od. häutig, mit ∓ scharfer Umgrenzung; Hymenium festgeschlossen. 12.
2. Basidien mit mehr als 4 (5—8) kranzfg. gestellten Sporen. 3.
Basidien mit 4 od. weniger Sporen. 8.
3. Basidien meist 8sporig, 6—7 μ br. 4.
Basidien meist (4—)6sporig. 5.
4. Überzüge schimmelartig, krümelig, flockig, nur selten mehr filzig-häutig, zuerst schmutzig weiß od. graugrün, später ∓ cremegelb, am Rande meist allmählich verlaufend. Hyphen ohne Schnallen. Sporen mandel- od. zitronenfg., 4—7 μ lg., 2,5—4,5 μ dick. An Holz, Rinde, Brettern, Pfählen von Lb. u. Nd., nicht selten. I—XII. (C. pruinatum Bres., Hypochnus coronatus Schroet.)

188. Gekrönter R. **Corticium coronatum** (Schroet.) v. H. et L.

5. Basidien meist 6sporig, 8—14 μ br. 6.
Basidien 4—6sporig, 6—9 μ br. 7.
6. Fk. anfangs zarte, weißliche Überzüge bildend, die sich später zu dickeren, lockeren, trübgelblichen, 5—15 cm br. Geweben verdichten. Sporen breit spindelfg., an beiden Enden zugespitzt, 7—9 × 3—4 μ (Bres.), 8—14 × 4—6 μ (Rea). Hyphen ohne Schnallen. An Lb.- u. Ndholz, auf krautigen Pflanzen u. auf nacktem Boden; stellenweise häufig. I—XII. (C. vagum Berk. et Curt., C. vagum B. et C. var. Solani Burt., Hypochnus Solani Prill. et Del., Cort. Solani Prill. et Del., Rhizoctonia Solani Kühn.)

189. Sechssporiger R. **C. botryosum** Bres.

7. Der vorigen Art sehr ähnlich, 3—10 cm br., aber Sporen 5—9 × 2,5—4,5 μ, etwas unregelmäßig bis zylindrisch. Hyphen mit zahlreichen Schnallen. An Laubholz; nicht häufig. IX—III.

190. Gekrönelter R. **C. subcoronatum** v. H. et L.

8. Fk. schmutzig-weiß, später ∓ gelblich od. ockerfarben. 9.
Fk. anders gefärbt. 10; 23.
9. 1—4 Sporen vorhanden, 10—18 × 5—9 μ, glatt, sehr unregelmäßig, kugelig, mandelfg. od. schief spindelfg. Sterigmen sehr lg. (bis 10 μ). An Lbholz, besonders Eichen, Rotbuchen; nicht selten. I—XII. (Hypochnus flavescens Bon.)

191. Blaßgelblicher R. **C. flavescens** (Bon.) Massee

Fk. 1—3 cm br., schmutzig-weiß bis gelblich, ohne Schnallen. 4 Sporen, 2—3,5 × 2—2,5 μ, sehr rauh, fast kuglig, eifg. od. ellipsoidisch, innen meist abgeflacht. Sterigmen sehr kurz (1—2 μ).

Auf der Rinde von Alnus u. Pinus; IX—X; nicht häufig. (Hypochnus submutabilis [v. H. et L.] Rea)
192. Erlen-R. **Corticium submutabile** v. H. et L.

Überzüge sehr zart, krümelig bis dünnhäutig, aber nur ein sehr lockeres Hymenium bildend. Sporen breit eifg., einseitig zugespitzt, 5—7 μ lg., 3—4 μ dick. Über faulendem Lb., Ästen, besonders über Pteridium aquilinum, nicht selten. S.
193. Schleimiger R. **C. mucidum** Schroet.

10. Fk. blaugrün, später graugrün. 11.
    Fk. schwefelgelb, sehr zart, spinnwebenartig locker; Hymenium feinkörnig. Basidien $\mp$ büschelig, 4—5 μ br. mit 2—4 (3—4 μ breiten) Sterigmen. Sporen breitellipsoidisch 5—6 × 3—3,5 μ. Hyphen wenig verzweigt. An Lb.- u. Ndholz, auch abgefallenen Nadeln u. Erdboden überziehend; nicht häufig.
    194. Grüner R., Schwefelgelber R. **C. viride** Bres.

11. Fk. 2—6 cm br., blau, grünlich-blau od. dunkelgrünlich, mit flockigen Wärzchen, schließlich schmutzig olivenbraun. Basidien 4—6 μ br. mit 2—4 geraden Sterigmen. Sporen kuglig, 3—4 μ. Auf Holz u. Lb., Moosen u. Erdboden. Sehr auffällig durch die frisch leuchtend blaugrüne Farbe; selten. IX—XII. (Hypochnus chalybaeus Schroet., C. caerulescens [Karst.] Sacc.)
    195. Blaugrüner R. **C. atrovirens** Fr.

12. Fk. bleibend weiß, nur in der Trockenheit wenig vergilbend. 13.
    Fk. nur anfangs weißlich od. wässerig-durchscheinend, bald stark gefärbt. 18.

13. Sporen kuglig od. kurzeifg. 14.
    Sporen länglich, ellipsoidisch. 17.

14. Fk. anfangs schimmelartig, bald dünnhäutig. 15.
    Fk. alt derb- u. dickhäutig. 16.

15. Fk. 2—18 cm br., rein schneeweiß od. kalkweiß, trocken gelblich werdend. Hymenium glatt, ziemlich geschlossen. Sporen fast kuglig 3—7×3—5 μ, mit großem Öltropfen. Basidien 5—7 μ br. Hyphen mit Schnallen. An Lbholz, besonders an altem Sambucus; häufig, an Stümpfen, auch über Moosen, alten krautigen Stengeln u. Erdboden. I—XII. (Thelephora Sambuci Pers., Hypochnus S. Schroet., Corticium serum [Pers.] Quél., Peniophora Chrysanthemi Plowr. ex Rea)
    196. Holunder-R. **C. Sambuci** (Pers.) Fries

16. Fk. anfangs etwas flockig, uneben, mit kreideartiger Oberfläche. Sporen fast kuglig, 4—4,5 × 3—3,5 μ (nur 3—3,5 × 2,5—3 μ bei der var. microspora Bres.). — Besonders an Ndholz, auch an Lbholz, ziemlich häufig. X—V. (Lyomyces b. Karst.)
    197. Byssus-R. **C. byssinum** Karst.

Überzüge 2—5 cm, weiß, anfangs dünnhäutig, später derbhäutig, oft struppig, Hymenium glatt od. unter der Lupe mit

flockigen, feinen Warzen, trocken rissig. Basidien mit 2—4 Sterigmen; Sporen ellipsoidisch, 9—12 μ lg., 6—8 μ dick. Auf Stümpfen, morscher Rinde von Lb., besonders Salix, auch auf der Erde, seltner. X—III. (C. granulatum Karst., C. serum Fr.)
198. **Wolliger R.** **Corticium bombycinum** (Sommerf.) Bres.
17. Spinnwebenartige od. dünnhäutige, 2—18 cm ausgebreitete Überzüge bildend, im Zentrum noch kein festes, wachsartiges Hymenium vorhanden, im H. am Myzel 1—3 mm lge., weiße, dann bräunliche Sklerotien entstehend. Schnallen reichlich vorhanden. Sporen ellipsoidisch, 5—7 μ lg., 3—4 μ dick (8—11×4—6 μ bei der var. macrospora Brinkm.). Auf Rinde älterer Lb.- u. Ndstämme, besonders über Blattflechten u. hier die Sklerotien bildend, häufig. IX—III. (Hypochnus centrifugus [Lév.] Tul., C.arachnoideum Berk., Rhizoctonia c.Lév., Athelia epiphylla Pers.)
199. **Zentrifugaler R.** **C. centrifugum** (Lév.) Bres.
Spinnweb-schimmelige, weit ausgebreitete, schneeweiße Überzüge bildend. Hymenium weiß, locker bis dicht, fein gekräuselt. Sklerotien fehlend. Schnallen spärlich. Sporen länglich elliptisch, farblos, 10—13×4—6 μ, glatt. Auf Moosen, faulenden Blättern, toten Zweigen am Boden, Erde. H. W. (Hypochnus t. Kniep)
199a. **Erd-R.** **C. terrestre** Kniep[1]
Fk. 5—15 cm, häutig, wachsartig, trocken rissig, am Rande locker, strahlig-faserig. Sporen ellipsoidisch, 5—6 μ, 3—6 μ dick, einseitig etwas flach. Auf Lb.- u. Ndrinde häufig. Das ganze Jahr. (Tafel I, Fig. 24.)
200. **Milchweißer R.** **C. lacteum** Fries
18. Fk. anfangs weißliche, wässerig durchscheinende Flecke bildend. 22.
Fk. nicht wässerig-durchscheinend. 19.
19. Fk. anfangs weiß, später lebhaft gelb. 20.
Fk. anfangs weiß, bald vergilbend isabell- od. ockerfarbig. 21.
20. Fk. mit länger weiß bleibendem, bereiftem Rande, häutig od. etwas wachsartig. Hymenium eben, trocken ∓ rissig, Sporen länglich eifg., 7—9 × 4—5 μ. Basidien keulenfg.; 30—35 × 7—8 μ. An Ndholz; selten. (C. flavescens Bres.)
201. **Teutoburger R.** **C. teutoburgense** Brinkm.
21. Rand filzig, nicht faserig. Fk. 2—20 cm ausgebreitet, häutig, ablösbar, unten zottig, oben kahl, glatt, blaß fleischfarbig, seltener etwas bläulich. Sporen zylindrisch, oben abgerundet, 9—12 μ lg., 5—7,5 μ dick, unten ganz zugespitzt. An Brettern, Zweigen von Lb. u. Nd. nicht selten. I—XII. (C. evolvens Fr.)
202. **Glatter R.** **C. laeve** [Pers] Quél.

---
[1] Diese im Neuhofer Wald bei Straßburg gefundene Art steht in ihren Merkmalen der aus Polen beschriebenen Art Corticium terrigenum Bres. (Hymenium fein wellig, Sporen 14—15×5—6 μ länglich od. spindelfg. u. am Grunde abgeplattet) sehr nahe.

Überzüge 2—10 cm ausgebreitet, dünnhäutig, bald ockergelb bis hellbraun, Rand strahlig-faserig; Hymenium geschlossen, frisch fast wachsartig, trocken leicht zerbrechlich, glatt. Sporen zylindrisch, mit seitlichem Spitzchen am Grunde, 5—7 μ lg., 3—4 μ dick, Gewebehyphen mit zahlreichen Schnellen, sehr locker. An faulenden Brettern u. Rinde von Kiefern, nicht häufig. H. (Abb. 18, I 4.)

203. Weicher R.   **Corticium molle** Fries

Fk. weiß od. schmutzig weiß, bald ockerfarbig od. trüb gelbbraun, fest aufliegend, wachsartig, glatt, trocken runzelig, am Rande weißlich. Hymenium wachsartig, fleischig uneben, warzig, Sporen ellipsoidisch, 5—6 μ lg., 3—3,5 μ dick. An alten Ndholz-Stümpfen, Holz u. Rinde, an Lb. nicht zu häufig. S. H.

204. Ockerfarbener R.   **C. (Gloeocystidium) ochraceum** Fries

22. Fk. etwa 2—8 cm br., Hymenium wasserhell, trocken weiß verbleichend. Sporen umgekehrt eifg. bis fast kuglig, 9—11 μ × 7—9 μ. Auf altem Holz, Rinde, Zweigen, Brettern usw. von Lb. u. Sträuchern, seltener von Nd., häufig. I—XII. (Tafel II, Fig. 25.)

205. Zusammenfließender R.   **C. confluens** Fries

23. Fk. von Anfang an lebhaft gefärbt, abgesehen von dem oft weißlichen Rande nicht weiß.   24.

24. Fk. ∓ lebhaft blau, blaugrau, bleigrau.   25.
    Fk. anders gefärbt.   30.

25. Fk. lebhaft blau.   26.
    Fk. blaugrau od. bläulich bis bleigrau.   27.

26. Fk. zuerst fast rundlich, dann 2—15 cm ausgebreitet, filzig, schön blau, am Rande filzig, etwas weißlich, Hymenium häutig-fleischig, warzig, schwach borstig, dann kahl. Basidien 2—4sporig; Sporen weiß, 7—9 × 4—6 μ (Rea). 7—11 × 5—7 μ (Bourd. et Galz.) Auf faulem Lbholz u. Rinde, auch auf Lb. u. Gras, nicht häufig. I—XII. (Auricularia phosphorea Sow.)

206. Meerblauer R.   **C. coeruleum** (Schrad.) Fr.

27. Fk. trocken gelbgrau.   28.
    Fk. trocken mäusegrau.   29.

28. Fk. wachsartig-fleischig, nie filzig-fädig, dünn, ohne besonderen Rand. Hymenium glatt, eben, geschlossen. Sporen kuglig mit kleinem Spitzchen, 6—8 μ. — An sehr altem, morschem Lbholz; nicht häufig. (Gloeocystidium c. [v. H. et L.] Bourd. et Galz.)

207. Blaugrauer R.   **C. caesio-cinereum** v. H. et L.

29. Fk. aus sehr dünnen, mehl- od. hauchartigen Überzügen mit allmählich u. gleichartig verlaufendem Rande bestehend. Hymenium geschlossen, glatt. Sporen fast kuglig od. eifg., innen flach, mit Spitzchen, rauh bis fein stachelig, 4—6 × 3,5—4,5 μ. — An Rinde von Lbhölzern, besonders Alnus u. Fagus, auch auf Blättern am Boden und Moosen. VII—VIII.

208. Tulasnellaähnlicher R.   **C. tulasnelloideum** v. H. et L.

30. Fk. ∓ violett, lila, amethystfarbig, ausbleichend, wachsartigfleischig, am Rande anfangs flaumig, später gleichartig. Rand älterer Fk. fast stereum-artig. Hymenium von den hervorstehenden Basidien filzig. Sporen eifg., groß, 10—14 × 7—9 μ. — Auf Holz u. Rinde, besonders an Buchen, Erlen u. Pirus aria; nicht häufig. X—III. (Aleurodiscus i. [Bres.] Bourd. et Galz.)
209. Veilchenblauer R. **Corticium ionides** Bres.

Fk. rosenrot, hellrot bis rotbraun. 31.
Fk. ∓ gelb od. weißlich. 32.

31. Fk. 3—15 cm, dünn, häutig-wachsartig, hell rosen- od. fleischrot, verbleichend, feucht gallertig, trocken zusammenfallend, papierartig, glänzend. Sporen eifg. bis birnfg., 11—12 μ, 6—9 μ. An feuchten Stümpfen, Ästen, über Nd., Blättern, Moosen, nicht häufig. II. (C. laetum Karst., Hypochnus anthochrous [Pers.] Quél.)
210. Blütenfarbener R. **C. anthochroum** (Pers.) Fries

Fk. 2—12 cm, ausgebreitet, angeheftet, häutig, rosenrot, sattrot, rotbraun, Rand weißlich, dann verschwindet. Hymenium bereift, später rissig-runzelig, glatt. Sporen ellipsoidisch, 8 bis 10—15 μ lg., 6—10 μ dick, rosa. An Zweigen u. Rinde von Lb., auch an größeren Kräuterstengeln, nicht allzu häufig. X—IV.
211. Rosafarbener R. **C. roseum** (Pers.) Fr.

32. Fk. 1—4 cm, anfangs weißlich locker, mit weit ausgebreitetem, spinnwebartigem, sehr lockerem, schwefelgelbem bis safrangelbem Myzel. Hymenium anfangs weißlich, dann gelb. Sporen kuglig, 2—3 μ im Durchm. An Holz u. Rinde von Lb. u. Nd., auch in Erdhöhlungen, nicht häufig. X—I. (Sporotrichum croc. Kunze u. Schmidt, C. sulphureum Fr.)
212. Safrangelber R. **C. croceum** (Kunze) Bres.

Fk. wachsartig mit flaumigem, faserigem, weißem Rande, sonst gelb. Sporen länglich 9—12 × 4,5—6,5 μ. — An Lbholz; selten.
213. Gelber R. (Gloeocystidium l. [Bres.] v. H. et L.) **C. luteum** Bres.

33. Fk. ockergelb od. lederbraun. 34.

34. Hymenium im Alter schwammig löcherig, ockergelb mit rötlichem Stich, im ganzen kürmelig od. häutig, aderig, fest anhaftend. Sporen ∓ kuglig, mit Spitzchen, 3—4×3,5—6 μ, sehr fein punktiert. An Lbzweigen, abgefallenen Blättern, nicht häufig. VI—XI. (Grandinia helvetica [Pers.] Fr., Hydnum h. Pers., C. tomentelloides v. H. et L.)
214. Schweizerischer R. **C. helveticum** (Pers.) Schröt.

Hymenium auch im Alter glatt bleibend, höchstens etwas rissig. 35.

35. Überzüge weit ausgedehnt, fast kreisfg., unterseits mit Fasern, glatt, lederbraun. Sporen ∓ kuglig, 4—7×4—6 μ, farblos. An Holz u. Rinde von Lb. u. Nd., nicht selten. I—XII. (Gloeo-

cystidium a. [Schrad.] Bourd. et Galz., C. radiosum Fr., C. citrinum Pers.)

215. Lederbrauner R. **Corticium alutaceum** (Schrad.) Bres. Fk. blaßockergelb mit weißlichem, faserigem Rande, weichhäutig, sich leicht ablösend. Sporen länglich-eifg. 4,5—6 × 2,5—3 μ. An Lb.- u. Ndholz, bes. Salix u. Abies; nicht häufig. V—XI.
216. Ockergelber R. **C. ochroleucum** Bres.

2. Unterfamilie: Cystocorticioideae Ulbrich.

Fk. ohne feste Mittelschicht unter den Basidien; Hymenium außer den Basidien mannigfache Zystidenbildungen enthaltend.

2. Gattung: Gloeocystidium Karsten.

Fk. dem Substrate anliegend, filzig bis fleischig. Hymenium aus Basidien und Gloeozystiden bestehend. Sonst wie Corticium.

1. Fk. mit farbigen Ausschwitzungen (frisch als Tröpfchen, trocken als dunkle Klümpchen od. farbige Schicht auf dem Hymenium). 2.
Fk. ohne diese, höchstens mit hellen, gelben Öltröpfchen an den Gloeozystiden. 5.

2. Gloeozystiden das Hymenium weit überragend. 3.
Gloeozystiden nicht hervorragend. 4.

3. Fk. frisch von zahlreichen Tröpfchen rosa od. rotgelb gefärbt, bei Berührung sich gelb od. grün verfärbend, trocken bräunlich gelb; später mit zahlreichen gelblichen, dunkler werdenden Körnchen. Gloeozystiden zylindrisch, oben abgerundet 100—150 μ lg., 12—15 μ br. Sporen spindelfg., etwas gekrümmt, 15—25 × 6—8 μ. — An Lb.- u. Ndholz; nicht häufig. X—XII.
217. (Jaapia argillacea Bres.) **G. argillaceum** (Bres.) v. H. et L.

4. Fk. sich von weiß nach rotbraun verfärbend. Gloeozystiden zylindrisch, oben etwas erweitert u. hier rotbraun verhärtenden Saft ausschwitzend. Sporen länglich-zylindrisch 9—12 × 3,5—4,5 μ. An Nd.- u. Lbholz; selten. (Corticium pallidum Bres.) (Abb. 18, I 1.)
218. **G. pallidum** (Bres.) v. H. et L.

Fk. anfangs weiß, dann von den Ausschwitzungen schön rosaviolett gefleckt, fleischig-häutig. Sporen länglich 9—13 × 4—5 μ. — An Lbholz, besonders Alnus, stellenweise nicht selten.
219. (C. roseo-cremeum Bres.) **G. roseo-cremeum** (Bres.) Brinkm.

5. Hymenium häutig-fleischig, geschlossen. 6.
Hymenium, fädig, feinflockig, filzig, nicht geschlossen. 17.

6. Sporen länglich, 7 μ lg. und darüber. 7.
Sporen ∓ kuglich, rundlich od. länglich, kleiner als 7 μ. 10.

7. Fk. dickfleischig. 8.
Fk. dünnhäutig. 9.

8. Fk. weit ausgebreitet, ohne besonderen Rand, lehmfarbig od. gelblich ockerfarben. Hymenium frisch stumpf-höckerig, trocken schrumpfend u. rissig. Gloeozystiden zylindrisch, mit Einschnürungen versehen, 5—10 μ br., mit körnigem Inhalt. Sporen 12—19 × 4,5—9 μ. — An Ästen u. Zweigen von Alnus u. Salix; nicht selten. I—XII.
220. **Glococystidium leucoxanthum** (Bres.) v. H. et L.

9. Fk. dünnhäutig, später fast fleischig, am Rande gleichartig, weiß, später gelblich; Hymenium eben, trocken wenig zerrissen. Gloeozystiden unregelmäßig, oben abgerundet od. zugespitzt, oft mit gelblichem Öltropfen, ohne gekörnte Spitze. Sporen 7—12 × 4—6 μ. An Lbholz häufig. (Corticium pertenue [Karst.] v. H. et L.) I—XII.
221. **G. praetermissum** (Karst.) Bres.
Fk. sehr ähnlich, aber Gloeozystiden mit gekörnter Spitze. Sporen 7—11 × 4—6 μ. An Lbholz nicht selten. I—XII.
222. (Kneiffia tenuis [Pat.] Bres.) **G. tenue** (Pat.) v. H. et L.

10. Sporen ∓ kuglig. 11.
Sporen rundlich od. länglich, kleiner als 7 μ. 12.

11. Fk. anfangs filzig, später etwas weichhäutig, blaß strohfarbig bis ledergelb. Hymenium samtartig, frisch höckerig, trocken zusammenfallend, glatt. Gloeozystiden unregelmäßig, kaum hervorragend, 80—120 × 8—12 μ, mit lichtbrechendem Inhalt. Sporen 6—9 × 6—7 μ, punktiert rauh, gelblich. — An Alnus; nicht häufig. IX—X.
223. **G. Eichleri** (Bres.) v. H. et L.

12. Fk. häutig, weißlich, gelblich, strohgelb, vergilbend. 13.
Fk. sehr fleischig, anfangs weißlich, bald fleischrot od. rotbraun. 16.

13. Gloeozystiden fadenförmig, 4—6 μ br. mit Öltröpfchen. 14.
Gloeozystiden breiter, ohne Öltröpfchen. 15.

14. Gloeozystiden oben an den 40—60 μ hervorragenden Enden mit 1—3 Scheidewänden; hier u. an der Spitze gelbliche Öltröpfchen abscheidend u. rings umkleidend od. die Spitze kopffg. bedeckend. Sporen eifg. od. breitellipsoidisch, unten stets mit Spitzchen, stets mit Öltropfen, 4—6 × 3—4 μ. — An altem Lb.- u. Ndholz; nicht selten. I—XII. (Peniophora pallidula Bres., Gonabotrys p.)
224. (G. oleosum v. H. et L.) **G. pallidulum** (Bres.) v. H. et L.

15. Sporen kurzelliptisch — fast kuglig, 4,5—8 × 4 μ, stets mit großen Öltropfen. Gloeozystiden z. T. weit hervorragend, lang zylindrisch, z. T. eingesenkt, 80—120 × 6—8 μ. Basidien 5—7 μ br. — An Pinus silvestris, selten.
225. **G. inaequale** v. H. et L.
Sporen länglich, 4,5—7 × 3—4 μ, meist mit 2 Öltropfen. Gloeozystiden meist kugelfg., zugespitzt, wenig hervorragend, 75—120

×6—12 μ; Basidien 4—5 μ br. — An entrindetem Lbholz; ziemlich häufig. (Corticium pelliculare Karst., C. porosum Bk. et Curt.)

226. **Glococystidium stramineum** Bres.

16. Fk. bei Verletzung wässerig-milchend, trocken stark rissig. Hymenium durch sich darüber erhebende Hyphen samtig; Gloeozystiden die Basidien nicht überragend, 5—7 μ br., mit körnigem Inhalt. Basidien 6—8 μ br.; Sporen kurzelliptisch 6—8 × 4,5—6 μ. — An alten Salix-, Populus- u. a. Lbholz-Stämmen; nicht häufig. VIII—XII. (Corticium lactescens Berk., C. Brinkmannii Bres.)

227. **G. lactescens** (Berk.) v. H. et L.

17. Fk. flockig-kleiig, gelblich, im Umfange bereift. Gloeozystiden ∓ zahlreich, bisweilen hervorragend, 55—120 μ lg., 8—9 μ br. Sporen fast kugelig, 8—10 × 7—8 μ, rauh, zuweilen feinstachelig. An Quercus u. Pinus; nicht häufig. — VIII—V. (Hypochnus a. Bres.)

228. **G. albostramineum** (Bres.) v. H. et L.

3. Gattung: **Gloeopeniophora** von Höhn. u. Litsch., Spindelträger.

Fk. ausgebreitet, häutig-fleischig, wachsartig dem Substrat anliegend. Im Hymenium dickwandige Zystiden mit rauher Membran und dünnwandigen Gloeozystiden mit öligem Inhalt. Sporen farblos, glatt.

1. Fk. stets auf der Rinde u. auf dem Holz. 2.
   Fk. unter der Rinde. 5.
2. Fk. ∓ lebhaft rotgelb. 3.
   Fk. weißgrau, rötlichgrau, schmutzig-violett od. fleischrot. 4.
3. Fk. lebhaft orangerot mit dünnem, weißstrahligem Rande, bisweilen blaß; Gloeozystiden meist langgestreckt, oft etwas gewunden, mit körnigem Inhalt; Zystiden körnig-rauh, 7—10 μ br. Sporen sehr groß, 11—20 × 9—12 μ, breiteifg. od. ellipsoidisch. Nur auf Alnus-Zweigen; nicht häufig. (Kneiffia aurantiaca Bres.) (Abb. 18, I 2.)

229. Orangeroter Sp. **G. aurantiaca** (Bres.) v. H. et L.

Fk. unregelmäßig ausgebreitet, häutig bis dünn lederig, frisch fast wachsartig, lebhaft fleisch- od. orangerot, nicht bereift, trocken nicht rissig, Rand etwas mehlig od. ganz kurz faserig. Gloeozystiden unregelmäßig, gewunden, mit körnigem Inhalt. Zystiden 8—18 μ br., körnig rauh. Sporen länglich ellipsoidisch, auf einer Seite abgeflacht, 8—10 μ lg., 3,5—4,5 μ dick. An Stümpfen, Wurzeln, Zweigen, Rinde u. Holz von Lb., seltener Kiefern, nicht selten. Fast das ganze Jahr. (Thelephora incarnata Pers., Kneiffia i. [Pers.] Bres., Peniophora aemulans Karst., P. incarnata [Pers.] Cooke) (Abb. 18, I 3.)

230. Fleischroter Sp. **G. incarnata** (Pers.) v. H. et L.

4. Fk. aus den Lentizellen hervorbrechend, anfangs klein, dann zuzammenfließend, ∓ rundlich, ∓ fleischrot, blaugrau bereift, gegen den Rand heller u. faserig-mehlig, wachsartig, frisch fast durchscheinend; trocken kaum rissig. Sporen länglich zylindrisch, kaum gekrümmt, an einer Seite abgeflacht, mit basalem seitlichen Spitzchen, 8—12 μ lg., 3—4,5 μ dick. Zystiden wenig hervorragend, rauh, 7—12 μ br. Gloeozystiden unregelmäßig, oft oben keulig abgerundet, mit körnigem Inhalt. An dürren Lbästen, z. B. Erlen, Ulmen, Pappeln, selten. I—XII. (Kneiffia nuda [Fr.] Bres., G. maculiformis [Fries], Peniophora m. [Fr.] Bourd. et Galz.)

231. Nackter Sp. **Gloeopeniophora nuda** (Fr.) v. H. et L.

5. Fk. meist unterrindig, mit zahnartigen ,,Schiebern", welche die Rinde abstemmen; nach Absprengen der Rinde keine Stacheln bildend; Fk. oberrindig blasser, durchscheinend, unterrindig ockerod. rotgelb. Gloeozystiden mit körnigem Inhalt; Zystiden spärlich, wenig dickwandig. Sporen zylindrisch, meist etwas gekrümmt 9—12 × 3—4 μ. — Nur an Carpinus betulus, stellenweise sehr häufig. (Radulum laetum Fr.)

232. Hainbuchen-Sp. **G. laeta** (Fr.) Brinkmann

4. Gattung: Hypochnella Schroeter.

Fk. ausgebreitet ähnlich (Hypochnus) Tomentella od. Corticium, sehr dünn, flockig, aber Sporen glatt, elliptisch, violett. Hymenium mit Zystiden (Paraphysen). Basidien mit 2—4 Sterigmen. — An Holz.

Einzige Art: Fk. 2—10 cm br., leuchtend, lila, dunkler werdend, trocken trüber gefärbt, unregelmäßig ausgebreitet. Hymenium gleichfarbig, glatt. Sporen tief violett, elliptisch, mit seitlichem Spitzchen 7—9 × 3—4 μ. Zystiden (Paraphysen) stumpflich 10—12 × 6—7 μ, oft mit Kristallen an der Außenwandung. — An abgefallenen Zweigen unterseits. Selten. IX—X.

233. **H. violacea** (Awd.) Schroet.

3. Unterfamilie: Stereoideae Ulbrich.

Fk. mit derbem Gewebe, fast häutig od. lederig, mit fester Mittelschicht, dem Substrat aufliegend od. muschelfg. bis ∓ hutfg. sich erhebend.

5. Gattung: Stereum Fries. Lederschwamm.

Fk. lederartig, korkig od. häutig, seltener ∓ holzig, der Unterlage anliegend, bisweilen randartig od. muschelfg. abstehend bis fast hutfg., meist aus drei verschiedenen Schichten bestehend; oft dachziegelfg. übereinander stehend. Hymenium eben, schwach höckerig od. strahlig-runzelig, nur Basidien enthaltend, oft mit Saftgefäßen. Sporen farblos, glatt. — Meist lebhaft gefärbte, oft sich durch Druck verfärbende Pilze auf Holz.

1. Nur an Laubholz. 2.
   Nur an Nadelholz. 13.
2. Fk. nach Verletzung blutrot werdend. 3.
   Fk. nach Verletzung unverändert. 6.
3. Fk. starr, korkig-lederartig. 4.
   Fk. dünnhäutig. 5.
4. Fk. korkig-lederig, starr, weit ausgebreitet, angewachsen, geschichtet, innen hellbräunlich, außen bräunlich od. fast schwärzlich, in der Jugend schwach behaart, später kahl, runzelig, Rand schmal, wulstig, abstehend, meist umgeschlagen, weiß, später braunschwarz; an dünnen Zweigen oft mit breiteren Hutbildungen. Hymenium später grau od. graubraun, bereift, selten mehr gelblich od. bläulich, glatt, trocken rötlich od. hellbräunlich, runzelig. Sporen zylindrisch, abgerundet, 10—14 μ × 5—6 μ. Mehrjährig. Auf alten Stümpfen von Lb., besonders Fagus, Carpinus, Betula, Corylus, häufig. Das ganze Jahr.

   234. Rauher L. **Stereum rugosum** Pers.

5. Fk. dünnhäutig, weich, bald muschelig, faserig, dachziegelig-rasig verwachsen, dunkelbraun, verbleichend, am Rande dunkelbraun, nicht zerrissen. Hymenium radiärfaserig, glatt od. runzelig-strahlig, etwas dunkler rotbraun. Sporen 5—11 × 3—4,5 μ. An Stämmen von Lb. (Eichen, Rot- u. Weißbuchen, Ahorn, Pappeln usw.), selten an Kiefern, nicht häufig. I—XII. (S. spadiceum Fr., S. cristulatum Quél., Auricularia tabacina Pers.) — (Abb. 18, II 2.)

   235. Filziger L. **S. gausapatum** Fries

6. Fk. wenigstens in der Jugend lebhaft blauviolett. 7.
   Fk. gelb, gelbbraun od. graubraun, nicht rot, blau od. violett. 8.
7. Fk. meist mit dem oberen Teil halbkreisfg. abstehend, 2—3 cm br., am Rande wellig, meist in dachziegeligen Rasen, oberseitig filzig-zottig, weiß od. grau, undeutlich gezont. Hymenium meist nach unten gerichtet, lebhaft purpurn od. violett, im Alter bräunlich, glatt. (Bei der var. lilacinum Schroet. an Ndholz die Fk. kleiner u. das Hymenium lebhaft lila.) Sporen zylindrisch, abgerundet, 6—7—10 μ lg., 2,5—5 μ dick. Auf Stümpfen u. Stämmen von Lb., häufig. H. W. F. (Taf. I, Fig. 29.)

   236. Purpurfarbener L. **S. purpureum** Pers.

8. Sporen zylindrisch, gekrümmt. 9.
   Sporen eifg. od. länglich. 10.
9. Fk. meist resupinat, wenig abstehend, oben filzig-zottig, ∓ gezont, aber nie gelb, sondern grau bis graubräunlich. Hymenium grauweißlich bis graubräunlich, nie gelb. Sporen 6—10 × 2,5—3,5μ.
   — An Zweigen von Lb., besonders Quercus, Rosa canina; nicht häufig.

   237. Bräunlicher L. **St. ochroleucum** Fries

10. Fk. lederig-zäh. 11.
Fk. korkig-starr od. fast holzig. 12.
11. Fk. lederig, zähe, weit verbreitet, anfangs becherfg., dann mit dem oberen Teil abstehend, wellig verbogen, bis 4 cm br., häufig zu langen horizontalen Reihen zusammenfließend, außen behaart, weißlich od. bräunlich weiß, Rand gelblich scharf. Hymenium frisch lebhaft orangerot, trocken abblassend bis ockerfarben, glatt. Sporen elliptisch bis zylindrisch, abgerundet, 5—8 μ × 2,5—3 μ. An alten Stümpfen, Ästen, besonders von Quercus, Fagus, Carpinus, Pfählen, Brettern, Kübeln von Lb., gemein. Das ganze Jahr. (Taf. I, Fig. 30.) Holzzerstörend (Weißfäule).
238. Behaarter L. **Stereum hirsutum** (Willd.) Pers.
12. Fk. ausgebreitet, korkig, starr, fest angeheftet, ohne bestimmte Gestalt, zusammenhängend, weißlich, trocken gelbbraun. Hymenium blaß gelbbräunlich, jung samtartig, dann kahl. Sporen länglich od. umgekehrt eifg., 7—8 × 3—4 μ. An morschem Lb. u. Nd., selten. I—XII, ausdauernd. (Corticium odoratum [Fr.] Bourd. et Galz., St. alneum Fr., S. suaveolens Fr.)
239. Riechender L. **S. odoratum** Fries
Fk. holzig, höckerig, gedrängt u. zusammenfließend, felderigrissig, undeutlich gerandet, schwarzbraun, unterseits u. am Rande kahl. Hymenium zimtfarben, verblassend, bereift, gewölbt. Sporen verkehrt eifg., 4—5 μ lg., 3—4 μ dick. Auf alten Lbstümpfen (z. B. Eichen), nicht häufig. VIII—III. (Thelephora frustulata Pers., Th. sinuans Pers.)
240. Krustiger L. **S. frustulosum** Fries
13. Fk. nach Verletzung rötend. 14.
Fk. nach Verletzung unveränderlich. 15.
14. Fk. dünn lederig, ausgebreitet od. mit seitlichen, dachziegelig übereinander stehenden Hüten, mit weißem, scharfen, zurückgekrümmtem Rande, außen angedrückt seidenhaarig-filzig, etwas streifig, konzentrisch-gezont. Hymenium graubraun, glatt, schwach bereift. Sporen zylindrisch, 8—10 μ × 3 μ. An Stämmen, Ästen, Brettern von Nd., häufig. Fast das ganze Jahr.
241. Blutiger L. **S. sanguinolentum** (Alb. et Schw.) Fr.
Fk. dünn, lederig, z. T. horizontal abstehend, 2—3 cm br., oft dachziegelig übereinander stehend, ockerfarben od. gelbbraun, konzentrisch gezont, Rand weiß, scharf, wellig. Hymenium grau, später bräunlich, trocken ockerfarben. Sporen zylindrisch, abgerundet, 6—7 μ × 3 μ. An Stümpfen u. Stämmen von Nd., besonders an Brettern, häufig. Das ganze Jahr.
242. Krauser L. **S. crispum** Pers.
15. Fk. violett: St. purpureum var. lilacinum (Pers.) Schroet. (S. *236.*)
Fk. rot, rotbraun, im Alter meist bläulich.

Fk. knorpelig lederig, trocken holzig, zuerst schildfg., klein, rundlich, mit etwas abstehendem Rande, später meist zu größeren, gefelderten Krusten zusammenfließend, hell purpurrot, trocken rötlichgrau, weiß bereift. Hymenium warzig, violettrötlich od. fleischfarben, trocken grau. Sporen zylindrisch, abgerundet, gekrümmt, 6—9 μ lg., 2—3 μ dick. Mehrjährig. An abgefallenen Ästen von Nd., besonders Kiefern, zerstreut. Das ganze Jahr.

243. Kiefern-L. (Thelephora p. Schleich.) **Ster. pini** (Schleich.) Fr.

6. Gattung: Lloydella Bres. Lloydelle.

Fk. lederartig, korkig od. häutig, aus drei Schichten bestehend (Hymenium, Mittelschicht, Oberschicht), dem Substrat anliegend od. Rand $\mp$ emporgeschlagen bis muschelfg. Hymenium mit Zystiden zwischen den Basidien. Sporen farblos, glatt. — Holzbewohner.

1. Hymenium weiß, später blaßgelblich. 2.
   Hymenium bräunlich-gelblich od. braun. 3.
2. Fk. anliegend od. mit dunkelbraunen gezonten Rändern od. $\mp$ hutfg., häutig-lederig, fein filzig, angedrückt gefranst, weiß, trocken gelbbraun. Hymenium weiß, cremefarben od. blaß-strohgelblich, streifig, am Rande weiß. Zystiden spindel- od. keulenfg. 50—60 × 10—12 μ. Sporen ellipsoidisch, klein, 4—6 × 2—3 μ, gewöhnlich mit zwei Öltropfen. — An trockenen Lbzweigen, besonders Alnus, Quercus, Fagus, selten, aber beständig wiederkehrend. S. H. (Stereum fuscum [Schrad.] Quél., Thelephora bicolor Pers.)

244. Braune L. **L. fusca** (Schrad.) Bres.

3. Hymenium bräunlich, gelblich; Fk. meist anliegend. 4.
   Hymenium braun od. dunkelbraun. 5.
4. Fk. meist ganz anliegend, selten mit hellrostfarbigem, flaumigem Rande od. mit konzentrisch gerieften Hutbildungen. Zystiden spindelfg., 50—120 × 4—7 μ, kleiig bekleidet, gelblich; Sporen länglich 6—8 × 3—4 μ. — An Ndholz; nicht häufig. (Stereum Ch. [Pers.] Bourd. et Galz., Thelephora Ch. Pers.)

245. Chaillets L. **L. Chailletii** (Pers.) Bres.

5. Fk. in dachziegelfg. Rasen, muschelfg., dunkelbraun, korkig, faserig. Hymenium braun od. dunkelbraun, bei Verletzung nicht rötend. Zystiden spindel- od. keulenfg., 50—120 × 7—10 μ, körnig bekleidet od. kahl. Sporen fast zylindrisch 8—13 × 3,5 bis 5 μ. — An alten Lbholzstümpfen u. Zweigen, gern an Fagus, Quercus, Carpinus; das ganze Jahr. Nicht häufig. (Stereum spadiceum Pers., Thelephora spadicea Pers., St. venosum Quél.)

246. Dunkelbraune L. **L. spadicea** (Pers.) Bres.

7. Gattung: Hymenochaete Léveillé. Borstenscheibe.

Fk. derbhäutig, filzig od. lederartig, auf der Unterlage ausgebreitet od. hutfg. abstehend, mit fester Mittelschicht. Hymenium

außer den Basidien mit langen, braunen, dickwandigen, scharf zugespitzten, glatten Borsten besetzt. Sporen farblos, glatt. — Auf Holz.
1. Fk. häutig, filzig od. wachsartig, der Unterlage eng anliegend, ohne abstehenden od. anders gefärbten Rand. 2.
Fk. derbhäutig, rand- od. hutfg. abstehend, oft mit lebhaft gefärbtem Rande. 7.
2. An Nadelholz. 3.
An Laubholz. 4.
3. Fk. dick korkig-lederartig, fast ganz angewachsen, oberseits umbrabraun, schwach filzig, meist dachziegelig übereinander, Rand oben bis 1 cm abstehend, dickwulstig, stumpf. Mittelgewebe braun. Hymenium dunkel rostbraun, später blasser, ziemlich dicht mit bis 50 μ langen, braunen, dickwandigen Borsten besetzt. Sporen 9—12×4—5 μ. An alten Stümpfen von Tanne, Fichte, Knieholz, im Gebirge. Das ganze Jahr. (Stereum abietinum Pers., S. glaucescens Fr.)
247. Tannen-B. **Hymenochaete abietina** (Pers.) Lév.
Fk. dünn, fest, olivenschwarzbraun, filzig, im Umfange gleichartig; Borsten 80—120 × 8—10 μ. Sporen länglich, zylindrisch, 5—6—8 × 1,5—2,5—4 μ. An Ndholz, selten.
248. Rußbraune B. **H. fuliginosa** (Pers.) Bres.
4. Fk. filzig, frisch lebhaft rostbraun (zimtbraun). 5.
Fk. nicht filzig, gelbbraun. 6.
5. Fk. filzig verwebte, weit verbreitete, lebhaft zimtbraune Überzüge bildend, am Rande nicht abstehend. Basidientragende Hyphen büschelig verzweigt, Endauszweigungen lange, spitze, braune 75—130 × 6—7 μ große Borsten bildend. Sporen ellipsoidisch, 4,5—7 × 2—2,5 μ. An abgefallenen Lbzweigen in Wäldern, zerstreut. IX—X. (Corticium cinnamomeum [Pers.] Fr.)
249. Zimtbraune B. **H. cinnamomea** (Pers.) Bres.
6. Fk. anfangs wachsartig, nicht filzig, später dünnhäutig, durch die Borsten samtartig, gelbbraun; Borsten 100—150 × 6—8 μ. Basidien 4—6 μ; Sporen länglich 5—7 × 2—3 μ. — An altem Weidenholz im Winter; ziemlich selten.
250. Trockene B. **H. arida** (Karst.) Sacc.
7. Fk. dunkel schwarzbaun. 8.
Fk. gelbbraun bis tabakbraun od. hell-lehmfarbig, später rostbraun. 9.
8. Fk. lederartig korkig, starr, flach, 3—15 cm ausgebreitet, meist dachziegelig gehäuft, im oberen Teil 3—4 cm abstehend, Unterseite umbrabraun, erst filzig, dann kahl, gezont. Rand scharf, zuerst gelb. Mittelgewebe braun. Hymenium rostbraun, gezont, mit scharf zugespitzten, 45—80 μ langen, braunen Borsten besetzt. Sporen 5—6 × 2,5—3 μ. Auf alten Lbstämmen, Pfählen (z. B.

Eiche, Rotbuche), nicht selten. Fast das ganze Jahr. (Taf. I, Fig. 31.) (H. rubiginosa [Dicks.] Lév., Auricularia f. Bull., Stereum f. Fr.)

251. Umbrabraune B. **Hymenochaete ferruginea** (Bull.) Bres.

9. Fk. gelbbraun, tabakbraun. 10.
10. Fk. lederig, derbhäutig, 3—30 cm ausgebreitet, jung gelbbraun, später tabak- od. kastanienbraun, außen seidenhaarig, später kahl, Rand 0,5—1 cm abstehend u. zurückgeschlagen, goldgelb od. braun. Mittelgewebe gelb. Hymenium rost- bis kastanienbraun, trocken blaß, mit braunen, steifen 75—120 × 9—14 μ großen Borsten besetzt. Sporen länglich, an einer Seite abgeflacht, 5—7 × 1,5—3 μ. An abgefallenen Lbzweigen, besonders Salix, Populus, aber auch Prunus, Quercus, Corylus, nicht selten. Das ganze Jahr. (Stereum tabacinum [Sow.] Fr., Auricularia t. Sow., St. avellanum Fr. exp., Hym. avellana [Fr.] Cke.) — Abb. 18 II, 3.

252. Tabakbrauner B. (H. crocata Fr.) **H. tabacina** (Sowerby) Lév.

11. Fk. 5—20 cm, jung hell-lehmfarbig, später rostbraun, derbhäutig, fast immer eng anliegend. Hymenium wachsartig, borstig, braun mit rötlichviolettem Schein, nach Berührung dunkelbraun gefleckt. Borsten 65—110 × 7—9 μ. Sporen 3,5—4,5 × 1,5—3,5 μ. — An Quercus, Fagus u. Corylus; nicht häufig.

253. Braunfleckende B. **H. corrugata** (Fr.) Lév.

15. Familie: **Coniophoraceae**.

Fk. der Unterlage aufliegend flach, häutig, fleischig-lederig od. filzig. Hymenium glatt od. unregelmäßig warzig od. wellig, nur mit Basidien od. auch mit Zystiden od. Paraphysen, aber ohne Gloeozystiden u. Borsten. Sporen glatt, gelblich, gelbbraun bis braun, niemals farblos od. stachelig. — Holzbewohner.

Bestimmungsschlüssel der Gattungen.

Hymenium nur Basidien od. auch fadenförmige
Paraphysen enthaltend. **1. Coniophora.**
Hymenium außer den Basidien mit langen, walzenförmigen Zystiden. **2. Coniophorella.**

1. Gattung: **Coniophora** DC., Staubträger.

Hymenium ohne Zystiden; sonst Merkmale der Familie.

1. Sporen eifg., an beiden Enden abgerundet; Hymenium nur Basidien enthaltend. 2.
    Sporen spindelfg., an beiden Enden zugespitzt; Hymenium mit kurzen, fadenförmigen Paraphysen. 7.
2. Fk. fleischig bis lederig, dick. 3.
    Fk. dünnhäutig-filzig, nicht fleischig. 4.

3. Fk. 4—25 cm ausgebreitet, handgroß u. darüber, dick, weich fleischighäutig, später zerbrechlich, leicht ablösbar, zuerst weiß, dann gelblichbraun mit weißem, flockigem Rande. Oberfläche glatt od. warzig u. wellig, von den Sporen zuletzt braun bestäubt. Sporen gelbbraun, glatt, kurz ellipsoidisch, 11—14 μ lg., 7—9 μ dick. Auf alten Stümpfen u. Pfählen von Nd. u. Lb., an Pflanzenkübeln, häufig an Holz in Häusern, Kellern u. dort oft große weiße Watten von sterilem Myzel bildend, feucht liegendes Holz langsam zerstörend. Das ganze Jahr. (Taf. I, Fig. 22; Abb. 19, 1.) (Thelephora c. Pers., Corticium puteanum Schum., Coniophora puteana Fr.)

254. Kellerschwamm. **Coniophora cerebella** (Pers.) Duby

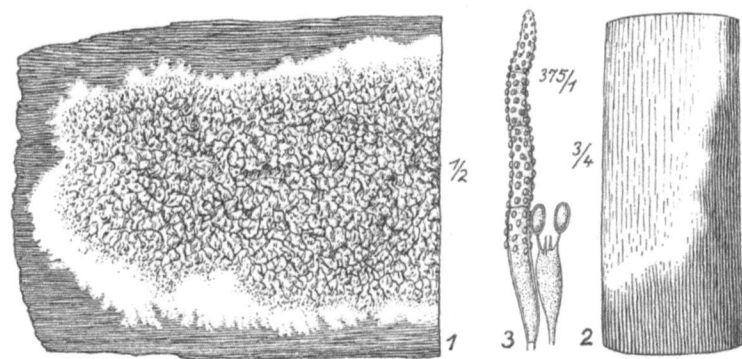

Abb. 19. 1 Coniophora cerebella (Pers.) Alb. et Schw.; 2 C. arida Fr.; 3 Coniophorella olivacea (Fr.) Karst. — (1 nach Mez, 2 nach d. Natur, 3 nach Brinkmann.) |

4. Hyphen glatt, nicht inkrustiert, mit zahlreichen Schnallenbildungen. 5.

5. Fk. zart häutig, groß, frisch leuchtend, bis trübgelb-olivenfarben (var. lurida Karsten), gelbbraun (var. flavo-brunnea Bres.), in der Mitte flockig-warzig, am Rande mit gelben, strahligen Hyphen. Hymenium filzig-häutig, nicht fleischig. Sporen eifg., gelbbraun, 10—14 × 7—9 μ. An Stümpfen, Holz u. Rinde, besonders von Nd., an Kübeln, Pfählen, nicht selten. I—XII. Abb. 19, 2.

255. Trockenhäutiger S. **C. arida** Fries

6. Hyphen meist inkrustiert, ohne Schnallenbildungen, Sporen 7—10(—14)×5—7(—10) μ, sonst wie C. arida. An Lbholz. I—XII. (C. suffocata [Peck] Massee)

256. Birken-St. **C. betulae** (Schum.) Karsten

7. Hymenium mit 2—3 μ breiten, zuweilen gegabelten Paraphysen zwischen den 7—10 μ br. schwach keulenfg. Basidien, diese kaum überragend. Fk. weit ausgebreitet, am Rande weißstrahlig, faserig, nach innen gelblich, schließlich schmutzig rotbräunlich

od. olivenbraun. Sporen olivenbraun, glatt, 15—23 × 5,5—9 μ.
— An Tannenholz u. Platanus, auch auf den Erdboden übergehend. In Frankreich; selten.

257. Bourdots St.   **Coniophora Bourdotii** Bresadola

2. Gattung: **Coniophorella** Karsten, Borsten-Staubträger.

Fk. u. Sporen wie bei Coniophora, aber Hymenium mit walzenförmigen, überragenden Zystiden, ohne Paraphysen. — An Holz.

1. Fk. dünn, feinfilzig, leuchtend hellockerfarbig, trocken graugelblich, im Umfange gleichartig. Zystiden glatt, nicht inkrustiert, 100—180 × 6—8 μ, gelblich mit gleichmäßigem Inhalt. Sporen fast mandelfg., oft innen abgeflacht, an beiden Enden stumpf, 13—16 × 6—8 μ, gelblich. — An u. in morschen, hohlen Eichenstämmen. H. Selten. (Coniophora ochroleuca Bres., Peniophora ochr. (Bres.) v. H. et L.)

258. Gelblicher B.-St.   **C. ochroleuca** (Bres.) Brinkmann

2. Fk. 4—30 cm., häutig, filzig, anfangs grauweiß mit strahlig-faserigem Rande, später trüb olivengelb. Hymenium häutig, fest geschlossen, von der Mitte ausschließlich den ganzen Fk. bis zum Rande überziehend, trüb olivengelb. Zystiden walzenfg., unten u. oben etwas dünner, an der Spitze stumpf abgerundet, von kleinen anhaftenden Körnchen stark inkrustiert, rauh, 100—150 × 9—12 μ. Sporen 9—12 × 5—6 μ, gelbbraun, länglich, fast eifg., zuweilen etwas schief. — An Ndholz; selten. XI—I. (Corticium olivaceum Fr.)

259. Olivfarbiger B.-St.   **C. olivacea** (Fr.) Karsten

3. Fk. 3—8 cm, umbrabraun, ausgebreitet, schwer ablösbar, filzig, mit gleichfarbigem Rande. Hymenium gleichfarbig od. rostbraun, eben od. körnig, filzig-borstig. Zystiden zylindrisch 100—300 × 9—21 μ, stumpf, inkrustiert, septiert, bis 120 μ das Hymenium überragend; Sporen braun, 9—13 × 5—8 μ, elliptisch, zugespitzt, oft einseitig flach. — An Nd- u. Lbholz (Pinus, Populus)-Zweigen, auch an verarbeitetem Holz; nicht häufig. IX—V. (Corticium umbrinum [A. et S.] Fr., Coniophora umbrina A. et S.)

260. Dunkelbrauner B.-St.   **C. umbrina** (A. et S.) Bres.

16. Familie: Cyphellaceae.

Fk. peziza-artig (schüsselfg.) od. becherfg. bis trichterfg. od. krustenfg., wachsartig, lederig od. fleischig od. fast gallertig, der ganzen Unterlage aufliegend od. sich am Rande abhebend od. zentral gestielt, nur auf der Innenseite mit dem Hymenium ausgekleidet, das außer den Basidien meist auch sterile Hyphen (Pseudophysen, Dendrophysen u. Gloeozystiden) enthält. Basidien mit 2—4 Sterigmen. Sporen farblos od. gefärbt, glatt od. etwas stachelig.

Cyphellaceae. 123

Bestimmungsschlüssel der Gattungen.

A. Fk. über 5 mm bis 5 cm groß, anfangs schüssel-
bis becherfg., später ausgebreitet u. dem Substrat aufliegend.
 a) Hymenium nur Basidien enthaltend; Fk.
  wachsartig bis etwas gallertig.   1. **Cytidia.**
 b) Hymenium außer den Basidien sterile Hy-
  phen enthaltend; Fk. niemals gallertig.   2. **Aleurodiscus.**
B. Fk. winzig (0,5—3 mm), schüssel- bis becherfg.
 od. fast zylindrisch, gestielt od. ungestielt;
 Hymenium mit Paraphysen:
 a) Fk. dicht zusammenstehend, bisweilen fast
  zusammenfließend zu fast poria-ähnlichen
  Gebilden. Rand der einzelnen Fk. häufig
  nach innen umgeschlagen u. die Mündung
  ∓ verschließend.   3. **Solenia.**
 b) Fk. einzeln, nicht zusammenfließend.
  I. Sporen farblos, glatt; Fk. becherfg., trichterfg. bis röhrig, gestielt od. ungestielt. 4. **Cyphella.**
  II. Sporen hellbräunlich, nach unten in ein
   Spitzchen ausgezogen.   5. **Phaeocyphella.**
C. Fk. weit ausgebreitet, dem Substrat überall
 eng anliegend, nicht schüssel- od. becherfg.
 a) Fk. filzig-häutig. Hymenium von geweihartig verzweigten, eine Art Filz bildenden
  Hyphen verdeckt; nicht aus röhrenförmigen
  Einzelfk. zusammengesetzt.   6. **Asterostromella.**
 b) Fk. ein weit ausgebreitetes, rein weißes,
  einer Poria gleichendes Lager bildend,
  häutig-filzig, zähe, im ganzen Umfange
  durch fadenförmiges Myzel mit der Unterlage verbunden. Einzelfk. zuerst fast kugelig, dann oben offen; in der Mitte fast zusammenfließend, am Rande einzelnstehend. 7. **Porothelium.**

1. Gattung: Cytidia Quél. (Auriculariopsis R. Maire)
Becherrindenschwamm.

Fk. anfangs schüssel- od. scheibenfg., später meist flach ausgebreitet, fleischig-wachsartig, etwas gallertig. Hymenium glatt.
Basidien mit 2—4 Sterigmen. Sporen farblos, glatt.
1. Hymenium rotbraun od. fleischrot, trocken rissig.   2.
 Fk. anfangs anliegend, dann am Rande frei u. schüsselfg., nur
 in der Mitte angewachsen, 5—12 mm br., frisch wachsartig,
 purpurrot, weich, außen kahl od. weißzottig, trocken hart, leder-

artig. Hymenium orange od. blutrot, glatt, in der Mitte höckerig, trocken nicht rissig. Sporen länglich, am Grunde mit einem Spitzchen, 15—18 μ lg., 4—6 μ dick. An feucht liegenden Weidenzweigen, nicht häufig; VIII—X. (Corticium salicinum Fr., Cytidia cruenta [Pers.] Lindau)

261. **Blutroter B.** **Cytidia rutilans** (Pers.) Quél.

2. Fk. zuerst schüssel- od. becherfg., fast gestielt, 4—12 mm br., dann ausgebreitet u. zusammenfließend, wachsartig weich, etwas gallertig, später mehr lederartig, außen mit dichtem, weißem Filz, Hymenium rotbraun, glatt, bereift, trocken rissig. Sporen zylin-

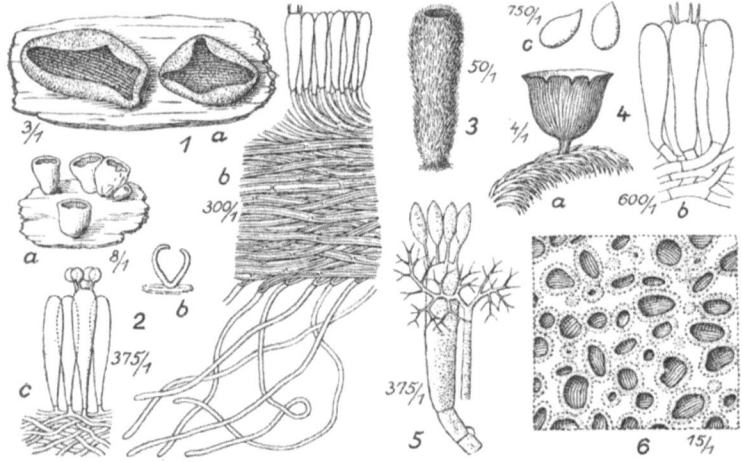

Abb. 20. Cyphellaceae: 1a, b: Cystidia flocculenta (Fr.) v. H. et L.; 2a bis c: Solenia anomala Fr.; 3 Solenia ochracea Hoffm.; 4a bis c Phaeocyphella muscicola Fr.; 5 Asterostromella investiens (Alb. et Schw.) v. H. et L.; 6 Porothelium fimbriatum Fr. — (Nach Pilat und Brinkmann.)

drisch, abgerundet od. eifg., 7—10 μ lg., 2—3 μ dick. An abgefallenen Pappel- u. Weidenästen, zerstreut. X—III. (Thelephora fl. Fr., Corticium flocculentum Fr., Cyphella fl. Bres., C. ampla [Lév.] Fr., Auriculariopsis ampla [Lév.] R. Maire, Lomatina fl. Lagerh.) — Abb. 20, 1a, b.

262. **Flockiger B.** **C. flocculenta** (Fries) v. Höhnel et Litsch.

2. Gattung: Aleurodiscus Rabh., Mehlscheibe.

Fk. becher-, schüssel- od. scheibenfg., nur in der Mitte angewachsen, od. weit ausgebreitet u. mit der ganzen Unterseite festgeheftet, frisch stets deutlich berandet, wachsartig od. fleischig, trocken lederig. Zwischen den Basidien auch einfache od. bäumchenartig verzweigt, sterile Fäden (Pseudophysen u. Dendrophysen),

seltener auch Gloeozystiden. Sporen rötlich od. farblos, glatt od. etwas stachlig.
1. Fk. mit weißem od. gelblichem Hymenium. Sporen glatt. 2.
Fk. mit irgendwie rotem Hymenium. Sporen stachlig od. punktiert. 4.
2. Rand des Fk. dem Substrat fest anhaftend, nicht abgelöst. 3.
Fk. zuerst schüssel- od. scheibenfg., später rundlich od. länglich ausgebreitet, am Rande dünn, frei u. nackt, nur außen angedrückt weißhaarig, 1—3 cm lg. u. br., lederig. Hymenium weiß, blaßgrau od. weißlich lila, oft etwas filzig od. mehlig, glatt, im Alter wenig rissig. Sporen oval od. kuglig, 15—22 × 12—15 μ, mit deutlichem basalen Spitzchen, glatt, farblos. Auf frischer Eichenrinde, nicht selten. Fast das ganze Jahr. (Stereum disciforme (D. C.] Fries, Thelephora d. D. C., Corticium evolvens Schnizl.)
263. Schüsselfg. M. **Aleurodiscus disciformis** (D. C.) Pat.
3. Fk. 3—10 mm, unregelmäßig ausgebreitet, dünn, Rand meist allmählich verlaufend, angeheftet. Hymenium rein od. schmutzig weiß, bisweilen etwas gelblich, glatt, im Alter zerrissen, oft fast pulverig. Sporen farblos, meist br. eifg., 10—13 × 6—7 μ (12—17×4—6 μ bei var. longispora v. H. et L.), mit basalem, seitlichem Spitzchen, glatt. Auf Rinde von Ahorn-Arten, besonders Acer campestre, aber auch auf Alnus u. Salix, nicht selten. IX—XII. (Stereum acerinum [Pers.] Fr., Thelephora acerina Pers.)
264. Ahorn-M. **A. acerinus** (Pers.) v. Höhnel et Litsch.

Fk. weißlich, rund, in der Mitte höckerig, später zusammenfließend, weit ausgebreitet, Rand strahlig, fest aufliegend. Hymenium wachsfarben, später weiß bereift, warzig, mit großen blasigen od. keulenfg. Gloeozystiden u. sehr feinen Dendrophysen. Sporen länglich eifg., 10—13 × 3—3,5 μ, glatt. An berindeten Ästen von Pappeln, seltner Eichen od. Linden, fast das ganze Jahr. (Corticium pol. Pers., Peniophora polygonia [Pers.] Bourd. et Galz.)
265. Höckerige M. **A. polygonius** (Pers.) v. H. et L.
4. Fk. aus der Rinde hervorbrechend, becherfg., später scheibig, dick, lederig zähe u. meist zusammenfließend, außen u. am Rande weiß, filzig. Hymenium scharlachrot, später verblassend ockerfarben bis bräunlichgelb, beim Anfeuchten wieder rot werdend. Sporen br. ellipsoidisch, 24—30 μ lg., 19—25 μ dick, rötlich, fein stachlig. An Zweigen u. Stämmen von Nd., besonders Abies, nicht häufig. Das ganze Jahr. (Fig. 28. (Corticium amorphum [Pers.] Fr., Cyphella am. [Pers.] Quél., Peziza a. Pers.)
266. Formlose M. **A. amorphus** (Pers.) Rabenh.

Fk. weit ausgebreitet, anfangs dünn, wachsartig fleischig, trocken krustig, mit scharfem, schwach weiß gefranstem, wenig abstehendem Rande. Hymenium hell rosen- od. fleischrot, später leuchtend rötlich gelb, fast glatt, trocken rissig u. verblassend. Sporen ellipsoidisch, 14—22 μ lg., 10—15 μ dick, mit basalem Spitzchen, hellrot, feinpunktiert. Auf Zweigen von Rosen, Brombeeren u. Cornus, nicht häufig. I—XII. (Corticium aurantium Pers., Thelephora aurantia Pers.)

267. Rote M. **Aleurodiscus aurantius** (Pers.) Schroet.

3. Gattung: Solenia Hoffm., Zwergröhre.

Fk. sehr klein, becher- od. röhrenfg., halbkuglig, trocken geschlossen u. dann kuglig od. zylindrisch, sehr dicht gedrängt stehend, außen meist haarig, Hymenium innen, glatt. Sporen farblos, glatt. — Die Fk. stehen so dicht zusammen, daß sie eine Kruste, die trocken rissig aussieht, zu bilden scheinen.

1. Fk. weiß. 2.
   Fk. braun od. bräunlichgrau. 3.
2. Fk. zylindrisch, röhrenfg., 2—7 mm lg., in dicht gedrängten, mehrere cm langen Überzügen zusammenstehend, weiß, trocken etwas bräunlich werdend, filzig-seidenhaarig. Sporen 3,5—6 × 3—4 μ. In Wäldern auf feucht liegendem Holz von Betula, Abies usw., nicht häufig. Das ganze Jahr. (Taf. I, Fig. 39.) (Cyphella f. Pers.)

268. Büschlige Z. **S. fasciculata** (Pers.) Fr.

Fk. zylindrisch, röhrenfg., 2—3 mm, nicht so dicht stehend, zart, weiß, kahl. Sporen 4—6 × 3—5 μ. Auf faulem Holz in Wäldern, selten. Fast das ganze Jahr. (Cyphella c. Pers.)

269. Weiße Z. **S. candida** (Pers.) Fr.

Fk. kleiner (bis 1 mm lg.), sehr zart, schief hängend. Sporen kugelig 4,5—6 μ. Auf Rinde u. Holz von Abies pectinata. IV—VI, X—XI. (Cyphella nivea Quél.)

269a. Tannen-Z. **S. nivea** (Quél.) Ulbrich

3. Fk. zylindrisch od. röhrenfg. 4.
   Fk. halbkuglig, trocken kuglig. 5.
4. Fk. dicht stehend, eine weit verbreitete Kruste bildend, zylindrisch, ca. 1—2 mm h., am Grunde von filzigen Haaren umgeben, außen mit ockerfarbenen, krausen Haaren besetzt. Sporen kuglig, am Grunde spitz, 5—7 μ. An abgefallenen Zweigen von Lb., besonders Weide, Pappel, Erle, nicht selten. Fast das ganze Jahr.

270. Löcherige Z. **S. poriiformis** (D. C.) Fries

Fk. röhrig, 1—2 mm lg., weitläufiger stehend, trocken geschlossen, außen mit zottigen, ockerfarbigen Haaren, an der Mündung heller. Sporen ellipsoidisch, 6—8,5 × 4—4,5 μ. An abgefallenen Lbästen, seltener als vor. I—XII. (Cyphella Friesii Quél.) — Abb. 20, 3.

271. Ockerbraune Z. **S. ochracea** Hoffm.

5. Fk. fast ungestielt, 2—5 mm h., feucht halbkugelig mit eingebogenem Rande, trocken kuglig, geschlossen, ½ mm br., sehr dicht krustig stehend, außen mit hellbraunen zottigen Haaren bedeckt. Sporen ellipsoidisch, 7—11 × 3—4 μ. Auf abgefallenen Lbästen, auf dem Hirnschnitt von Stämmen, besonders Birke, Buche usw., häufig. Fast das ganze Jahr. (Taf. I, Fig. 40, Abb. 20, 2a—c.) (Cyphella an. [Pers.] Pat.)

272. Unregelmäßige Z.   **Solenia anomala** (Pers.) Fr.

Fk. gestielt, oben halbkugelig, trocken kuglig, in rundlichen gewölbten Rasen od. ausgebreiteten Krusten dicht zusammenstehend, am Grunde braunfilzig, 0,8—1 mm h., außen mit krausen filzigen, braunen Haaren bedeckt. Sporen zylindrisch, abgerundet, 7—10 μ lg., 4—6 μ dick. Auf abgefallenen Lbästen, seltener als vor. S. H. (Cyphella anomala [Pers.] Pat. var. stip. [Fuck.] Bourd. et Galz.)

273. Gestielte Z.   **S. stipitata** Fuck.

4. Gattung: Cyphella Fries, Zwergbecher.

Fk. sehr klein, sitzend od. gestielt, becher-, schüssel-, glockenod. trichterfg., einzeln stehend, außen glatt od. behaart, Hymenium innen, in der Jugend glatt. Basidien 2—4sporig. Sporen farblos, glatt.

1. Fk. außen deutlich behaart od. seltener flockig.   2.

   Fk. ganz kahl, gestielt, becher-, trichter- od. füllhornfg., 2—7 mm lg., 2—5 mm br., weißlich, trocken gelblich bis schwefelgelb. Sporen eifg., 7—9 μ lg., 4—5 μ dick. Auf faulenden Kräuterstengeln, besonders von Brennesseln, nicht selten. IX—VI. (Taf. I, Fig. 41.) (Peziza capula Holmsk., Calyptella cap. Quél.)

274. Schalenfg. Z.   **C. capula** (Holmsk.) Fries

2. Fk. gesellig, weiß, od. trocken grau, niemals dunkler.   3.

   Fk. braun bis schwärzlich, häutig, papierartig, fingerhutfg., St. 2—4 mm lg., Hut hängend, 10—12 mm lg., 5—8 mm br., außen mit angedrückten Längsfasern. Hymenium weiß, später grau. Sporen kuglig, 15—18 μ im Durchm. Auf Tannen u. Kiefernrinde in Wäldern der Vorberge, selten. H. W. (Taf. I, Fig. 42.)

275. Fingerhutfg. Z.   **C. digitalis** (Alb. et Schw.) Fries

3. Fk. sitzend od. sehr kurz gestielt.   4.

   Fk. mit 6 mm lg. St., häutig, trichterfg., 1 mm im Durchm., in der Mitte mit erhabenem stumpfen Höcker, reinweiß, außen flaumig behaart, trocken gelblich. Auf faulenden Kiefernzapfen u. -zweigen feuchter Wälder, selten. S. (Helotium infundibuliforme Alb. et Schw., Cyphella gibba Lindau 1917.)

276. Trichteriger Z.   **C. infundibuliformis** (Alb. et Schw.) Fries

4. An Zweigen, Stämmen, Holz.   5.

   An Moosen, Stengeln, Grashalmen, Blättern.   6.

5. Fk. kuglig, dann glockenfg. od. etwas gewunden, oft schief, sitzend, häutig, blaßgrau, außen zart weißflockig. Sporen eifg.-keulig, 6—7 × 4—5 μ. An Stämmen von Lonicera, Symphoricarpus, auch an Kiefernholz, selten. XI—XII—V.

277. **Blaßgrauer Z.**   **Cyphella griseopallida** Weinm.

Fk. knorpelig, zähe, halbkuglig mit eingebogenem Rand, trocken kuglig, sitzend, 1—2 mm br., außen weißzottig. Hymenium graubraun od. violettbraun. Sporen eifg., am Grunde spitzig, 13—16 μ lg., 10—12 μ dick. An Lbzweigen, besonders Sambucus nigra, nicht häufig. Das ganze Jahr. (Taf. I, Fig. 43.) (Cyph. Curreyi B. et Br., Corticium dubium Quél.)

278. **Weißvioletter Z.**   **C. alboviolescens** (Alb. et Schw.) Karst.

6. An Stengeln, Halmen, Blättern.   7.
   An Moosen siehe **Phaeocyphella** *282—283*.

7. Fk. krug-, becher- od. glockenfg.   8.
   Fk. 0,5—1 mm h., herdig, schüsselfg. mit eingebogenem Rand, trocken kuglig, ca. 5 mm br., sitzend, rein weiß, mit langen Haaren besetzt. Hymenium glatt, weiß. Sporen ellipsoidisch, innen abgeflacht, 10—12 μ lg., 8—9 μ dick. Auf abgestorbenen Kräuterstengeln pontischer Hügel, nicht selten. X—VI. (Peziza villosa Pers.)

279. **Zottiger Z.**   **C. villosa** (Pers.) Karst.

8. Fk. häutig, sehr zart, weiß, kuglig, sitzend, später glockig, 0,5 bis 1 mm br., dicht behaart. Sporen elliptisch, unten etwas schief 6 × 3 μ. Auf trockenen Rotbuchenblättern, selten. S. H. (Calyptella faginea Quél.)

280. **Buchen-Z.**   **C. faginea** Libert; Desm.

Fk. häutig, 2—4 mm h., 2 mm br., krug- od. becherfg., sitzend, gebuchtet, weiß, zottig. Sporen kuglig bis eifg., 7—8 μ. An Grashalmen, bisweilen auch an Kräuterstengeln, nicht häufig. II—IV. (Chaetocypha variabilis Cda.)

281. **Goldbachs Z.**   **C. Goldbachii** Weinm.

5. Gattung: Phaeocyphella Patouillard, Moosbecher.

Fk. becherfg., dünn häutig, weiß, sitzend od. kurz gestielt, aufrecht, abstehend od. überhängend, außen fädig-seidig behaart. Hymenium glatt od. flach runzelig, anfangs weiß, später bräunlich bestäubt. Basidien dick keulenfg.-zylindrisch hyalin, dünnwandig mit 4 geraden, dünnen Sterigmen. Sporen eifg.-birnenfg. bis fast kuglig, nach unten zugespitzt, hell-bräunlich. Auf lebenden Moosen.

1. Fk. weich u. dünnhäutig, flach schüssel- od. becherfg., später tellerfg. flach, 2—10 mm im Durchm., an einem Punkte angewachsen, sitzend, schneeweiß, trocken grau, außen fein seidenhaarig. Hymenium zuletzt flach runzelig, trocken glatt. Sporen

eifg., am Grunde zugespitzt, 8—9 μ lg., 5—6 μ dick, hell-bräunlich. Über größeren Moosen in Wäldern, auf Wiesen u. Sümpfen, seltener auf dem Boden, nicht selten. H. W. F. (Thelephora m. Pers., Th. vulgaris Pers., Cyphella m. [Pers.] Fr., Cantharellus levis Pers., Stereophytum boreale Karst.)

282. Moosliebender M. **Phaeocyphella muscigena** (Pers.) Pat.

Fk. häutig, becherfg., meist abwärts hängend, sitzend od. sehr kurz gestielt, 1—5 mm im Durchm., außen weißlich od. grau, trocken weiß, fädig streifig, am Rande feinhaarig. Hymenium glatt, weiß, dann bräunlich bestäubt. Sporen fast kuglig, 6—7 μ lg., 5—6 μ dick, leicht bräunlich. Auf Moosen in Wäldern, nicht häufig. H. (Cyphella m. Fr., Peziza inaequilatera Schum., Arrhenia m. Quél.) — Abb. 20, 4a—c.

283. Moosbewohnender M. **Ph. muscicola** (Fries) Pat.

6. Gattung: **Asterostromella** von Höhnel u. Litschauer, Sternfilzlager.

Fk. ausgebreitet, dem Substrat überall eng anliegend, filzighäutig. Hymenium eben, mit geweihartig verzweigten Hyphen, die einen Sternfilz bilden. Basidien mit 2—4 Sterigmen. Sporen farblos, glatt. — Auf Holz u. Laub.

Einzige Art: Fk. blaß- od. cremegelbe, ausgedehnte, häutige, filzige Überzüge auf der Unterseite von Holz u. Laub bildend; Rand mehlig. Hymenium anfangs wachsartig, trocken nicht aufgerissen, von den schmalen, baumartig verzweigten Dendrophysen filzig. Basidien hervorragend, 4—5 μ br., locker stehend, mit 4 langen, dünnen Sterigmen. Sporen spindelfg., 7—12 × 3—4 μ, dünnwandig, farblos, glatt. — Nicht häufig. H. (Corticium investiens [Alb. et Schw.] Bres., Radulum investiens Alb. et Schw.) — Abb. 20, 5.

284. Bekleidendes St. **A. investiens** (Alb. et Schw.) v. H. et L.

7. Gattung: **Porothelium** Fries, Porenbecherpilz.

Fk. zusammengesetzt, lagerfg. weit ausgebreitet, rein weiß, häutigfilzig, zähe, im Umfange mit oft ziemlich langen dicken, fädigfaserigen Fransen, mit der Unterlage durch ein fadenförmiges Myzel verbunden. Einzelfruchtkörper (Rezeptakeln) weiß, dann gelblich, zuerst fast kugelfg., dann halbkugelig, unregelmäßig dichtstehend, später in der Mitte zusammenfließend, aber stets durch gesonderte Wandung getrennt, am Rande einzeln stehend, innen mit dem Hymenium ausgekleidet. Basidien mit 2—4 Sterigmen. Sporen länglich. farblos. — Auf morschem Lbholz, einer Poria sehr ähnlich.

Einzige Art: Fk. bis 10 cm Durchmesser, unscharf begrenzt, am Rande sich in Einzelfk. auflösend. Basidien 15—23 × 4,5—6 μ mit zwei bis vier 2—3 μ langen Sterigmen. Sporen farblos, länglich, 4,5—6 × 3—3,5 μ gr., mit mehreren Öltröpfchen. Auf morschem

Lbholz (Pappeln). I—XII. (Fig. 170.) (Poria fimbriata Pers., Hydnum f. Pers., Boletus f. Pers., Boletus byssinus Schrad., Fibrillaria stellata Sowerby, Porothelium lacerum Fr.) — Abb. 20, 6.

285. Bewimperter P. **Porothelium fimbriatum** (Pers.) Fries

17. Familie: Clavariaceae.

Fk. fleischig od. zähe, zylindrisch, keulenfg., unverzweigt od. ∓ reich korallenartig verzweigt, mit stielrunden od. wenig zusammengedrückten Ästen od. seltener Fk. blattartig flach u. vielfache Windungen bildend. Hymenium die Fk. od. deren Äste allseitig umkleidend. Basidien (Chiastobasidien) mit 2 od. 4 Sterigmen. Sporen farblos od. gelbbraun, glatt od. ∓ körnig.

Bestimmungsschlüssel der Gattungen.

A. Fk. keulig od. zylindrisch, verzweigt od. nicht, stielrund, ebenso die Äste.
  a) Hymeniumtragender Teil des Fk. stets keulig ungeteilt, klein, St. fädig.
    I. Fk. sich meist nicht aus Sklerotien entwickelnd, Basidien mit 1—2—4 Sterigmen.
      α) Fk. winzig (0,5—2 mm h.) unverzweigt, einzeln od. locker rasig auf toten Kräutern u. Blättern. **1. Pistillaria.**
      β) Fk. über 2—4 cm gr., reich verzweigt, dichte, bürstenartige Rasen auf Erdboden od. Holz. **2. Pterula.**
    II. Fk. mit langem fädigem St. u. fast fadenfg. Keule, sich meist aus Sklerotien entwickelnd. Basidien mit 4 Sterigmen. **3. Typhula.**
  b) Hymeniumtragender Teil des Fk. keulig, aber dann dick, fleischig u. groß, häufiger verzweigt, korallenartig verästelt, stets immer groß.
    I. Sporenpulver weiß, höchstens blaß, niemals ausgesprochen gelb od. ocker; Sporen farblos, meist glattwandig.
      1. Sporen mit derber, auch trocken deutlicher Membran. Fk. ∓ korallenartig verzweigt, reinweiß; Basidien mit 2 Sterigmen. **4. Clavulina.**
      2. Sporen mit zarter, dünner, trocken oft kaum sichtbarer Membran, Fk. unverzweigt od. wenig verzweigt, oft büschelig; Äste niemals von deutlichem gemeinsamem Strunk ausgehend, meist ∓ gelblich, selten weiß; Basidien mit 4 Sterigmen. **5. Clavaria.**

II. Sporenpulver blaßgelblich bis ockerfarben;
Sporen meist rauhlich-punktiert bis stachelig;
Fk. mit ∓ deutlichem stiel- od. knollenfg.
Strunke, von dem die Zweige u. Äste der reichverzweigten Fk. ausgehen. 6. **Ramaria.**
1. Sporen blaß. Sect. I. Euramaria.
2. Sporen gelblich bis ockerbraun. Sect. II. Clavariella.
B. Fk. dick gestielt, mit flachen, blattartigen, krausen, durcheinander gewundenen Zweigen. 7. **Sparassis.**

1. Gattung: **Pistillaria** Fries, Mörserkeule.

Fk. mit niedrigem, fädigem St. u. dicker kleiner Keule, die vom Hymenium bekleidet wird. Basidien mit 2 Sterigmen. Sklerotien nur gelegentlich vorhanden.
1. Fk. weiß od. gelblich. 2.
Fk. gesellig, mit fadenförmigem St. u. scharf abgesetzter, ellipsoidischer, rosenroter Keule, im ganzen 2—3 mm h., trocken hornartig, erst dunkler, dann blasser werdend. Sporen länglich, 9—12 μ lg., 6—7 μ dick. Bisweilen entspringt der Fk. einem Sklerotium. An trockenen Kräuterstengeln u. Blättern, nicht selten. VII—II. (Taf. II, Fig. 47.)
286. Schimmernde M. **P. micans** (Pers.) Fries
2. Fk. 1—2 mm, weiß, bereift, verkehrt eifg., länglich od. rundlich, mit leicht flockigem, an der Basis schwach verdicktem, 2—3 mm lg. Stielchen. Sporen 3 × 1 μ (Patouillard), 12 μ (Quélet). Auf Stengeln, Zweigen, Blättern, selten. S. H.
287. Ungleiche M. **P. inaequalis** Lasch
Fk. weiß, trocken gelblich, sehr zart, 2—4 mm h., Keule vom St. nicht scharf abgesetzt, aber verdickt, am Scheitel abgerundet. Sporen 10 × 4 μ. An faulenden Blättern u. Stengeln, selten. IX—II.
288. Zwerg-M. **P. pusilla** (Pers.) Fries
3. Fk. 3—8 mm h., weißlich, keulenfg., eifg., bisweilen gabelig, ∓ zusammengedrückt, abwärts dünner, glatt, bisweilen einem Sklerotium entspringend. Sporen weiß, ∓ länglich, 12—15 × 5—6 μ mit körnigem Inhalt. Auf toten Farnstengeln, sehr häufig. IV—XII.
289. Unansehnliche M. **P. quisquiliaris** Fr.

2. Gattung: **Pterula** Fries, Borstenkoralle.

Fk. reich u. dicht verzweigt, nicht aus Sklerotien entspringend; Zweige fadenfg., borstendünn, ∓ fast knorpelig, gleichlang. Hymenium glatt. Sporen weiß, eifg., elliptisch od. ∓ spindelig, glatt. Basidien mit 2—4 Sterigmen. Zystiden fehlend od. undeutlich. — Auf dem Erdboden od. auf Holz meist dicht rasenfg. wachsende Pilze.

Fk. weißlich, dann schmutzig fahlgelb, (1—)2,5—5 cm h., sehr reich verzweigt; Zweige sehr dünn u. zart aber steif, wiederholt pinselfg. geteilt, mit langen pfriemlichen Endästchen. Sporen spindelförmig od. elliptisch mit seitlichem Spitzchen, 5—6 × 3 μ. Geruch fast anisartig. — Auf morschen Ndzweigen u. Nadeln ausgedehnte bürstenfg. Räschen bildend. IX—XI. Nicht selten.

290. Dichtverzweigte B.; Weißliche B. **Pterula multifida** Fries

Fk. weißgrau mit gelblichen Spitzen, 3—4 cm h., spärlich verzweigt, zäh; Zweige miteinander verwachsen, an der Spitze vielspaltig-pfriemlich. Sporen eifg. 6—8 × 4—5 μ (Ricken) od. 8—10 × 5—7 μ (Rabenhorst). — Auf feuchtem Erdboden im Walde od. in Gärten sehr dicht rasenfg. Zerstreut. IX—XII.

291. Pfriemliche B.; Grauliche B. **Pt. subulata** Fries

3. Gattung: **Typhula** Fries, Fadenkeulchen.

Fk. fädig, bisweilen etwas verzweigt, Keule walzig, wenig abgesetzt. Basidien mit 2—4 Sterigmen. Zystiden fehlend. Sklerotien fast immer vorhanden. — Kleine auf abgefallenen Blättern, Nadeln, trockenen Kräutern und humösem Erdboden wachsende Pilze.

1. Keule gelblich, bräunlich od. grünlich, niemals weiß bleibend. 2.
   Keule weiß u. so bleibend. 7.
2. Nicht aus einem Sklerotium entspringend. 3.
   Aus einem Sklerotium entspringend. 4.
3. Fk. 1—2 cm h., St. fädig, weiß, glatt, Keule länglich, fast lineal, gelblich, trocken hellrötlich. Sporen 8—9 × 3—4 μ. An faulenden Farnwedeln in Gebirgswäldern, selten. VIII—XII. (Clavaria chordostyla Pers., Cl. filicina Pers.)

292. Todes F. **T. Todei** Fries

Fk. honiggelb, unverzweigt, kahl, mit länglicher Keule u. blasserem St. Sporen eifg. Zwischen Moosen in Wäldern, selten. H.

293. Gelbliches F. **T. gilva** Lasch

3. Keule gelblich od. bräunlich. 4.
4. Keule von Anfang an bräunlich. 5.
   Keule erst weißlich, dann gelblich od. bräunlich werdend. 6.
5. Fk. fädig, 2,5—7 cm lg., ockerfarben, später dunkler, Keule undeutlich abgesetzt, ca. 1 cm lg., nach oben verjüngt. Sporen 9—10 × 4—5 μ. Sklerotium rund, 2—4 mm im Durchm., flach gewölbt, später in der Mitte niedergedrückt, außen zuerst weiß, dann braun u. endlich schwarz, innen weiß. Gesellig zwischen faulenden Blättern, nicht selten. Fk. X—XI, Sklerotien schon im F. Abb. 4, 5a. (Sclerot. scutellat. A. et S., Clavaria ph. Reich.)

294. Linsenwurzeliges F. **T. phacorrhiza** (Reichard) Fries

Fk. ebenso. Sklerotium länglich keulig, später seitlich zusammengedrückt, dreieckig, herzfg., außen weiß, später braun,

innen weiß. Gesellig zwischen faulenden Blättern, nicht selten. Fk. im H., Sklerotien schon im F. (Sclerotium complanatum Tode)
295. Flachgedrücktes F. **Typhula complanata** de Bary
6. Fk. mit fädigem, bereiftem, dann kahlem St., Keule zylindrisch, wenig abgesetzt, weißlich, bereift, dann bräunlich. Sklerotium schwärzlich, schwach zusammengedrückt, runzelig. An dürren Brombeerranken, selten. H.
296. Laschs F. **T. Laschii** Rabenh.
Fk. 1—3 cm h., Keule 5 mm lg., wenig vom St. abgesetzt, länglich, zuerst weißlich, dann gelblich, nach unten bräunlich. Sklerotium kuglig od. etwas unregelmäßig, $\mp$ flach, außen gelbbraun, dann schwärzlich. 1—4 mm br.; Sporen 6—9 × 3—4 μ. An faulenden Stengeln von Mulgedium alpinum u. Adenostyles albifrons, im Gebirge. S.
297. Sklerotienartiges F. **T. sclerotioides** (Pers.) Fries
7. St. weiß. 8.
Fk. 1—2 cm h., häufig verzweigt, St. bis 15 mm lg., fast hornartig, ganz od. im unteren Teil rotbraun, Keule 4—6 mm lg., deutlich abgesetzt, weiß, länglich, doppelt so dick wie der St. Sporen 6—9 × 3—4 μ. Sklerotium länglich, zuerst eingewachsen, dann frei, rotbraun, dann schwärzlich, runzelig. Auf faulenden Blattstielen u. Kräuterstengeln, zerstreut. IX—XII. (Taf. II, Fig. 48.) (Phacorrhiza erythropus Bolt.)
298. Rotfüßiges F. **T. erythropus** (Bolt.) Fries
8. St. irgendwie behaart. 9.
St. von Anfang an kahl. 11.
9. St. in der ganzen Länge fein flaumhaarig. 10.
Fk. 1—2 cm h., St. weiß od. gelblichweiß, nur am Grunde zottig behaart, Keule 4—10 mm lg., zylindrisch, nach oben verjüngt. Sklerotium kuglig, anfangs weiß, zuletzt dunkelbraun. Sporen 6—7 × 2,5—3 μ (Schroet.), 10—13 × 4—6 μ (Britzelm.). An faulenden Blättern u. Stengeln, häufig. Fk. im H., Sklerotien H. W. F. (Taf. II, Fig. 49.)
299. Veränderliches F. **T. variabilis** Riess
10. Fk. 1—4 cm h., St. schlaff, weiß, fein flaumhaarig, Keule scharf abgesetzt, eifg., 1—2 mm lg., meist etwas zusammengedrückt. Sporen 5—6 × 2 μ. Sklerotium eingewachsen, länglich od. rundlich, dunkelbraun. Auf faulenden Blättern u. Stengeln, zerstreut. H. (Taf. II, Fig. 50.) (Clavaria gyr. Batsch)
300. Rundliches F. **T. gyrans** (Batsch) Fries
Fk. 5—6 mm h., St. $\mp$ 4 mm lg., schwach behaart, Keule abgesetzt, länglich. Sklerotium linsenfg., gelb, durchscheinend. An Stengeln von Wolfsmilch-Arten, selten. H. (Sclerotium Cyparissiae D. C., Pistillaria eu. Fuckel)
301. Wolfsmilch-F. **T. euphorbiae** (Fuck.) Fr.

11. Aus einem Sklerotium entspringend.	12.
Nicht aus einem Sklerotium entspringend.	13.

12. Fk. 3—6 mm h., St. 2—5 mm lg., Keule bauchig, schwach zusammengedrückt, scharf abgesetzt, hohl, 1 mm lg. Sklerotien zuerst ganz eingewachsen, flach, 1 mm groß, zuletzt dunkelbraun. Sporen 7—8 × 3—5 μ. Auf faulenden Blättern, seltener Stengeln, zerstreut. Fk. im H., Sklerotien im X—VI. (Pistillaria o. Fr.)

302. Eifg. F. **Typhula ovata** (Pers.) Fr.

Fk. 2—9 mm h., St. fädig, Keule zylindrisch, stumpf. Sklerotium rundlich, blaß, glatt. Zwischen Moosen, seltener auch an Blättern auf feuchten Wiesen. H. (Moosbewohnendes F.)

Siehe *6.* **Eocronartium muscicola** (Pers.) S. 57.

13. Fk. 5—7 mm h., St. sehr kurz, Keule verdickt, schwach zusammengedrückt. Auf trockenen Farnwedeln.

Siehe *289.* **Pistillaria quisquiliaris** Fries

Fk. 2—3 mm h., frisch durchscheinend, trocken hornartig, gelblich, Keule schmal eifg. Sporen 4—7 × 2 μ. Auf faulenden Grasblättern, nicht selten. F. S. (Pistillaria culm. Fr.)

303. Halmbewohnendes F. **T. culmigena** (Fries) Schroet.

4. Gattung: **Clavulina** Schroet. s. str., Keulchenpilz[1].

Fk. fleischig, zerbrechlich, $\mp$ korallenartig verästelt, reinweiß Hymeniumtragender Teil nicht scharf vom Stteil abgegrenzt. Basidien glatt, mit 2 Sterigmen. Sporen farblos (Chiastobasidien), groß, fast kuglig, mit derber Membran, daher auch bei trockenen Exemplaren sehr auffällig. Sämtlich eßbar, aber wenig lohnend.

1. Zweige der Fk. am Ende scharf zugespitzt. 2.

Fk. schneeweiß, trocken-fleischig, sehr leicht zerbrechlich, 3—10 cm h., 2—3 cm br., aus kurzem, rasigem Grunde reich, mehrfach gabelig verzweigt. Zweige dicht stehend, mit breitgedrückten Achsen, an den Enden abgerundet, oft keulig verdickt. Sporen kuglig, glatt, farblos, 7—8 μ im Durchm. od. fast kuglig, 5—6 μ lg., 4—6 μ dick. An der Erde besonders in Lbwäldern, nicht häufig. S. (Taf. II, Fig. 53.) (Clavaria Kunzei Fr.,C. chionea Pers., Ramaria Kunzei [Fr.] Ricken)

304. Kunzes K. **C. Kunzei** (Fries) Schroet.

2. Fk. weiß, etwas zerbrechlich, 5—11 cm h., mit hohlem, ziemlich dickem, wiederholt u. unregelmäßig verästeltem Stamm. Äste zylindrisch hohl, nach oben verbreitert, mit zahlreichen spitzen Endzweigen. Sporen elliptisch 10—12 × 7—8 μ groß, farblos, glatt. Zwischen Rasen im Nd.- u. Lbwald, meist am Grunde der

---

[1] Clavulina cinerea (Bull.) Schroet. siehe *97.* Stichoramaria.
Cl. cristata (Holmsk.) Schroet. siehe *96.* Stichoramaria.
Cl. rugosa (Bull.) Schroet. siehe *95.* Stichoramaria.

Stämme, ziemlich selten. S. H. (Taf. II, Fig. 55.) (Hohlästiger K.;
Ramaria coralloides [L.] Ricken, Clavaria coralloides L.)
305. Korallen-K. Clavulina coralloides (L.) Schrt.

5. Gattung: **Clavaria** Vaill., Keulenpilz.

Fk. fleischig, zähe od. zerbrechlich, einfach od. schwach verzweigt.
Hymeniumtragender Teil vom St. nicht scharf abgesetzt. Basidien
mit 4, seltener 2 Sterigmen. Sporen farblos, mit meist dünner, zarter
Membran. Sämtlich eßbar, die älteren Fk. aber sehr zähe.

1. Fk. einfach keulig, selten mit einer dichotomen Verzweigung.
(Sect. Holocoryne.) 2.
Fk. einfach od. wenig geteilt, aber dann stets mehrere Fk.
rasig od. büschelfg. verbunden (Sect. Syncoryne). 7.
Fk. mit Stamm, aus ihm mehrfach korallenartig od. kammartig verzweigt (6. Gattung, S. 137, Ramaria).
2. Fk. weiß, höchstens gelblich werdend. 3.
Fk. gelb, gelbbräunlich bis dunkelbraun. 4.
3. Fk. bis 1,5 cm h., fleischig, am Grunde mit strahlig verbreitetem
Myzel, St. halb so lg., Keule glatt, zylindrisch, ungeteilt od. an
der Spitze eingeschnitten od. in 2—3 Äste geteilt, stumpf od.
wenig zugespitzt. Sporen eifg., 6—7 μ lg., 3—4 μ dick. Auf
faulenden Stümpfen im Walde, oft zwischen Moosen u. auf grüner
Algenkruste, zerstreut. H. (Gliocoryne m. [Pers.] Maire)
306. Schleimiger K. C. mucida Pers.

Fk. 2,5—4 cm h., aufrecht, einzeln, Keule in den St. übergehend, verdickt, oft etwas sichelfg. gebogen, stumpf. C. falcata
Pers. siehe *94*. **Stichoclavaria falcata** (Pers.) Ulbrich

4. St. u. Keule dünn, höchstens bis 8 mm dick. 5.
Fk. 8—25 cm h., fleischig, trocken zähe, gelblich od. hellbräunlich, später grau, rötlichbraun od. lederbraun, innen weiß.
St. voll, allmählich in die oben 2—5 cm dicke, oben abgerundete
od. abgestutzte, runzelige Keule übergehend. Sporen länglich,
10—15 μ lg., 6—7 μ dick. Auf der Erde zwischen Lb. in feuchten
Lb.-, besonders Buchen- u. Fichtenwäldern. In Norddeutschl.
selten, in Mittel- u. Süddeutschl. häufig. VII—XI. (Taf. II, Fig. 57.)
(C. truncata Quél., C. herculeana Lighf.)
307. Herkuleskeule. C. pistillaris (L.) Fries

5. Nur in Lbwäldern. 6.
Fk. 3—10 cm h., voll, leicht zerbrechlich, gelblichweiß, später
blaß rötlichgelb od. hellbräunlich, St. 6—10 mm dick, am Grund
zottig, allmählich in die bis 15 mm dicke, abgerundete, seltner
mehrspitzig stumpfe Keule verlaufend. Sporen länglich, 9—11 μ
lg., 4—6 μ dick, glatt, farblos. Herdig zwischen Nd. in schattigen
Ndwäldern, nicht selten. VIII—X. (Taf. II, Fig. 58.)
308. Zungenförmiger K. C. ligula (Schaeff.) Fries

6. Fk. 5—10 cm lg., aufrecht, dann schlaff, am Grunde niederliegend, ockerfarben, später dunkler, St. fädig, am Grunde strahlig-faserig, allmählich in die 2—3 mm dicke, oben meist verjüngte Keule sich verbreiternd. Sporen eifg., 7—9 μ lg., 4—5 μ dick. Gesellig meist auf abgefallenen Blättern in schattigen Wäldern u. Gärten im Lb., zerstreut. H. (Taf. II, Fig. 59.)

309. Binsenförmiger K.   **Clavaria juncea** Fries

Fk. 10—20 cm lg., hohl, gelbbraun od. rötlichbraun, St. 2 bis 3 mm dick, am Grunde zottig-filzig, allmählich in die 4—5 mm dicke, meist zugespitzte Keule übergehend. Sporen eifg., unten zugespitzt, 14—18 μ lg., 5—7 μ dick. (An Ästen zu mehreren hervorbrechend, nur 2—3 cm lg., gewunden od. gedreht, voll, weiß bestäubt u. Sporen etwas größer ist var. contorta (Holmsk.). H. Selten.) Auf der Erde zwischen Lb. an Zweigen u. auf bemoostem, morschem Holz in lichten Wäldern, gern in der Nähe von Mooren, besonders unter Birken, zerstreut u. schwer sichtbar. S. H. (Taf. II, Fig. 60.) (C. contorta Holmsk., C. brachiata Fr., C. macrorrhiza Fr., C. ardenia Sowerby)

310. Hohler K.   **C. fistulosa** Fl. dan.

7. Fk. weiß od. gelblich.   8.

Fk. 1—4 cm h., fleischrötlich, kahl, etwas bereift, 2—2,5 mm dick, Keule zylindrisch od. etwas zusammengedrückt, ∓ spitz, mit undeutlichem St.; Sporen hyalin, glatt, eifg., 7—8 × 4,5—6 μ. Auf der Erde in Wäldern, selten. X—XI.

311. Fleischroter K.   **C. incarnata** Weinm.

8. St. u. meist auch Keule ∓ gelb.   9.

Fk. fleischig, sehr zerbrechlich, 3—8 cm h., 3—5—7 mm dick, ungeteilt zylindrisch-keulig bis breitgedrückt, hohl, weiß od. nach oben gelblich braun, am Grunde mehrere rasig vereinigt. Sporen ellipsoidisch, 6—8 μ lg., 3—5 μ dick. Zwischen Gras in Wäldern, besonders in Buchenwäldern, an Wegen, lichten Stellen usw., meist rasig-gehäuft. IX—XI. (Taf. II, Fig. 61.) (C. vermicularis Scop., C. nivea Bull.)

312. Zerbrechlicher K.   **C. fragilis** Holmsk.

Fk. 3—5 cm h., schneeweiß, sehr zerbrechlich, Keule sehr schlank, zugespitzt, bisweilen gegabelt u. an der Spitze etwas gelbbräunlich. Sporen hyalin, eifg., 7—8 μ. — Auf Triften u. Wiesen, dicht rasig. Nicht häufig. IX—XI.

313. Schneeweißer K.   **C. nivea** Quél.

9. Fk. leicht zerbrechlich, unverzweigt, 2—7 cm h., 2—4 mm dick, leicht keulig, oben abgerundet, schmutzig gelblichweiß od. hellbräunlich, oft verbogen. St. weißlich od. ∓ gelb, am Grunde zu 4—8 büschelig-rasig. Sporen länglich, 10—12 μ lg., 4—7 μ dick. An lichten Stellen von Kiefernwäldern, Heiden, zwischen Flechten, besonders Cladonien, stets in der Nähe von Heidekraut (Calluna),

an Wegen usw., häufig. IX—XII. (C. ericetorum Pers., C. flavipes Pers., C. citrina Quél., C. dispar Pers.)

314. **Tonfarbiger K.** **Clavaria argillacea** Pers.

Fk. zerbrechlich, 3—7 cm h., aufrecht, oben keulig, 2—3 mm dick, oben abgerundet od. spitzig, zitronengelb, goldgelb bis orangegelb ausblassend, meistens zu mehreren am Grunde locker büschelig. Sporen eifg., 10—15 μ lg., 4—6 μ dick. Zwischen Moos u. Gras an lichten Stellen von Lbwäldern, zerstreut. H. (Fig. 62.) (C. persimilis Cott., C. aurantia Pers.)

315. **Ungleicher K.** **C. inaequalis** Müller

6. Gattung: Ramaria Holmsk., Korallenpilz, Ziegenbart.

Fk. fleischig, zähe od. zerbrechlich, korallenartig verzweigt mit ∓ knolligem od. stielförmigen Fußstück u. rundlichen Ästen u. Zweigen, die mit dem niemals gelatinösen Hymenium überzogen sind. Sporen blaß od. gelblich bis ockerfarben, meist rauhlich punktiert bis stachelig, selten glatt. — Jung eßbar, alt zähe u. schwer verdaulich; bisweilen schädlich wirkend.

1. Sporen ockerfarben od. gelbbräunlich (Sect. II Clavariella). 8. Sporen blaß (Sect. I Euramaria). 2.
2. Fk. weiß od. weißlich, höchstens die Astspitzen gelblich od. rötlich. 3.
   Fk. gelb od. violett. 5.
3. Fk. 4—12 cm h. u. ebenso br. 4.
   Fk. zähfleischig, 2—4 cm h., 1—2 cm br., Stamm dünn, rundlich ∓ verlängert, Äste nicht zahlreich, gabelteilig, dicht stehend, kraus, fast gleichhoch, weiß, an den Spitzen höchstens gelblich. Sporen eifg., 4—5 μ lg., 3—4 μ dick. Auf Lohe, feuchter Erde, zwischen Moos, besonders in Gärten u. im Buchenwalde, zerstreut. H. (Clavaria s. Pers.)

316. **Zarter K.** **R. subtilis** (Pers.) Quél.

4. Fk. fleischig, 8—12 cm h., bis 8 cm br., aus dünnem glattem, kahlem Stamm, sehr stark verzweigt, zuerst weiß, dann ledergelb. Verzweigungen kandelaberartig, quirlfg., an dem Verzweigungspunkt fast becherartig erweitert, Äste dünn, zylindrisch, am Ende becherartig erweitert u. am Rande in feine Spitzchen ausgezogen. Sporen fast kuglig, 4—5 μ lg., 3 μ dick. Auf alten Kiefern- od. Pappelstümpfen, selten. S. H. (Clavaria p. Pers.)

317. **Becherförmiger K.** **R. pyxidata** (Pers.) Quél.

Fk. knollige rundliche Massen bildend, fleischig, 4—12 cm h. u. ebenso br. Stamm 2—5 cm dick, kurz, weiß. Äste sehr zahlreich, dicht stehend, kurz u. dick, gefurcht od. gestreift, schmutzig weiß od. etwas gelblich, Endauszweigungen kurz abgestutzt, gezähnelt, an der Spitze rötlich, dann bräunlich. Sporen länglich,

12—15 μ lg., 5—6 μ dick, rauhlich. Zwischen Moos, Lb., Nd., gern in Mischwäldern, zerstreut. VIII—X. (Taf. II, Fig. 63.) (C. acroporphyrea Schaeff., C. botr. Pers.) – Korallenschwamm, Bärentatze.
318. Ziegenbart. **Ramaria botrytes** (Pers.)
5. Fk. gelb od. rotgelb. 6.
Fk. bis 5 cm h., blau-violett, später braun, sehr zerbrechlich, stark verzweigt, Äste wenig verzweigt, glatt, stumpf. Sporen länglich, 9—11 μ lg., 7—8 μ dick, glatt, blaß. An feuchten Stellen der Wälder zwischen Moosen u. Gras, selten. H. (Taf. II, Fig. 64.) (C. lilacina Fr., C. amethystea Bull., C. Schaefferi Sacc.)
319. Amethystfarbener K. **R. amethystina** (Batt.) Quél.
6. Fk. stark verzweigt. 7.
Fk. schlank, 2—3 mal gabelig geteilt, gelb, 2—8 cm h., mit dünnem Stamm u. gekrümmten, spitzen Ästen, stark nach Mehl riechend. Sporen kuglig, hyalin, 4,5—7 μ. Auf buschigen Wiesen zwischen Moos, selten. X—XI. (C. corniculata Schaeff.)
320. Moosartiger K. **R. muscoides** (L.) Quél.
7. Fk. 6—15 cm h., fleischig, zerbrechlich, blaßgelb od. zitronenbis blaß-goldgelb, Stamm ca. 3—5 cm h. u. br., Zweige aufrecht, stielrund, sehr dicht stehend, stumpf. Sporen ellipsoidisch bis fast zylindrisch, 10—12 μ lg., 4—5 μ dick, rauhlich. An der Erde besonders in Lbwäldern, zwischen Moos usw., nicht selten. S. H. (Taf. II, Fig. 65.) (Clavaria fl. Schaeff.)
321. Blaßgelber K. **R. flava** (Schaeffer) Quél.[1]
Fk. 2—5 cm h., lebhaft gelb od. rotgelb, frisch etwas klebrig, Stamm 1—2 cm h., stielrund, wiederholt gabelig verzweigt, Äste weitläufig stehend, fast rechtwinklig umgebogen, stielrund, Endästchen fast gleich hoch stehend, meist abgerundet, im Alter gelblich braun. Sporen fast kuglig, 3—5 μ im Durchm. Zwischen Gras u. Moos auf Heiden, in lichten Kiefernwäldern, auf Wiesen. S. H. (Clavaria f. Bull., C. pratensis Pers., C. vitellina Pers.)
322. Abgeflachter K. **R. fastigiata** (Bull.) Quél.
8. Sporenpulver ockerfarben, Sporen ockerfarben od. gelbbräunlich (Sect. 2 Clavariella Karsten). 9.
9. Auf Stümpfen u. Stämmen wachsend. 10.
Auf der Erde wachsend. 11.
10. Fk. 2—6 cm h., rötlich ockergelb, Stamm dick, Äste fast wirtelig, wiederholt 2—3 gablig, gedrängt, mit grünlichen, sehr spitzen, steifen Ästchen. Sporen ellipsoidisch, 7—9 μ lg., 3—5 μ dick. An morschen Ndstämmen, selten. S. H. (Clav. a. Fr.)
323. Spitziger K. **R. apiculata** (Fries) Quél.
Fk. 3—8 cm h. u. br., blaßgelb, später bräunlich, Stamm dünn, kurz, am Grunde weißfilzig, sehr reichlich verzweigt,

---

[1] Die Art ist vielleicht identisch mit *332*. R. aurea (Schaeff.) Quél.

Äste bogig, dünn, stielrund, dicht, steif aufrecht, am Ende in mehrere gablig verzweigte bräunliche Spitzen auslaufend. Sporenpulver dunkel zimtbraun. Sporen ellipsoidisch, 8—9 μ lg., 3—4 μ dick, rauhlich, zimtbraun. Geruch unangenehm; ungenießbar. An alten Stümpfen von Lb., seltener an Nd., nicht selten. H. (Taf. II, Fig. 66.) (Clavaria str. Pers.)

324. Steifer K. **Ramaria stricta** (Pers.) Quél.

11. Fk. gelb, rot, ockerfarben, hellbraun, niemals weiß bleibend od. grau. 12.

R. (Clavaria) grisea (Pers.) siehe *98*. **Stichoramaria**.

12. Fk. hellbräunlich, weder irgendwie gelb noch rot. 13.

Fk. irgendwie od. ganz gelb od. rot. 15.

13. Bei Verletzung sich nicht verfärbend. 14.

Fk. gelbbräunlich, trocken etwas dunkler, 3—8 cm h., Stamm bis 1 cm h., unten weiß filzig, frisch bei Verletzung grünlich werdend. Äste reichlich, eng stehend, trocken der Länge nach gefurcht, runzelig, Enden dünn, lg. u. scharf zugespitzt, grünlich od. bei Berührung grün werdend. Sporen länglich, 7—10 μ lg., 3—5 μ dick, blaß, rauhlich. Geschmack bitter. In Lb.- u. Nd.- wäldern am Boden zwischen Moos, häufig. S. H. (Taf. II, Fig. 67.)

325. Grünspitziger K. **R. abietina** (Pers.) Quél.

14. Fk. 4—6 cm h., 4—5 cm br., hell ockerfarben od. sehr hell rötlichbraun. Stamm 1 cm h., sehr stark verzweigt, Äste dicht stehend, etwas zusammengedrückt, nach oben heller u. am Ende meist in 2—3 fast weiße, scharfe Spitzen endigend. Sporen länglicheifg., schwach gebogen, 6—9 μ lg., 4—5 μ dick, rauhlich, blaßocker. Am Boden in Lb.- u. Ndwäldern, selten. X—XI.

326. Handförmige B. **R. palmata** (Pers.) Quél.

Fk. 2—6 cm h., dünn, schlaff, ockerfarben, auf weißem, flockigem Myzel, Stamm kurz, ziemlich dünn, Äste dicht stehend, konvergierend, ungleich lg. Sporen ellipsoidisch, 6—8 μ lg., 3—4 μ dick, gelb, fast stachelig. Zwischen Moos u. Heidekraut auf gehäuften Nadeln in Ndwäldern, selten. IX—XII. (Clavaria f. Fr.)

327. Schlaffer K. **R. flaccida** (Fries) Holmsk.

15. Fk. dicht vollständig safrangelb. 16.

Fk. 1—2 cm h., vollständig safrangelb, Äste u. Ästchen schwach gabelig. Sporen 6—7 μ lg., 2—3 μ dick, rauhlich. An der Erde im Gebüsch der Lbwälder, selten. IX—II. (C. crocea Pers.)

328. Safrangelbe B. **R. crocea** (Pers.) Holmsk.

16. Stamm kahl. 17.

Fk. 8—11 cm h., fleischfarben, dann blasser, ledergelb, zähe. Stamm niederliegend od. aufrecht, weißfilzig, Äste aufrecht, locker, biegsam, kantig, nach oben verdickt, mit fast wirtelig stehenden, spitzen Ästchen. Sporen 8—10 μ lg., 4—5 μ dick, rauhlich. Geschmack bitterlich. An der Erde in Ndwäldern, selten. H. (Clavaria s. Fr.)

329. Schwedische B. **Ramaria suecica** (Fries) Holmsk.

17. Zweige gelb. 18. Fk. 8—15 cm h. u. fast ebenso br., fleischig, weißlich bis hell ockerfarben, nach oben hell gelblich rot od. fleischrot, Stamm 3—5 cm h., Äste dicht aufrecht, stumpf. Sporen zylindrisch, abgerundet, 10—12 μ lg., 4—5 μ dick, gelblich, rauhlich. An der Erde in Lb.- u. Ndwäldern, häufig. VII—X. (Taf. II, Fig. 68.)

330. Schöner K. **R. formosa** (Pers.) Quél.

18. Fk. fleischrot-bräunlich, 3—10 cm h., 4—5 cm br., zählich trocken, rötlich-lederfarbig, von Grund an stark verzweigt, auf weißfilzigem Myzel, Zweige straff, parallel, an der Spitze 2 bis 3 zähnig, gelb. Sporen eifg., 7—11 μ lg., 4—5 μ dick, blaßocker. Am Boden in Lbwäldern zwischen Holz, Erde, Zweigen, seltener in Kieferwäldern, zerstreut. S. H. (Taf. II, Fig. 69.)

331. Dichte B. **R. condensata** (Fries) Quél.

Fk. 6—15 cm h. u. br., blaß, Stamm dick fleischig, Äste 3 bis 4 cm h., 3—4 cm dick, aufrecht, derb-elastisch, zylindrisch, ∓ dicht-gabelig verzweigt, gelb, mit gezähnelten, krausen, stümpfen Enden. Sporen ellipsoidisch, 8—10 μ lg., 3—4 μ dick, gelblich, rauhlich. Auf der Erde, an Wegen, besonders im Nd.-wald, nicht selten. H. (Taf. II, Fig. 70.)

332. Goldgelbe B. **R. aurea** (Schaeffer) Quél.

7. Gattung: **Sparassis** Fries, Glucke.

Fk. sehr groß. Stamm dick, fleischig, reich verzweigt, einem großen Sklerotium entspringend. Zweige flach blattartig, kraus, auf beiden Seiten vom Hymenium bedeckt. Sporen weiß, glatt. Wohlschmeckender Speisepilz.

Häufigste Art mit weißlichen, später bräunlichen, rundlichen Fk., bis 40 cm u. mehr br. u. 30 cm h. Stamm bis über 10 cm dick, bis 6 cm h. Sporen fast kuglig, 6—7 μ lg., 4—5 μ dick. In Ndwäldern am Grunde von Stämmen u. Stümpfen besonders der Kiefern, zerstreut, im Vorgebirge häufiger. Schmackhafter Speisepilz. VII—XI. (Taf. II, Fig. 71, Abb. 4, 1.) (Elvella ramosa Schaeff., Sp. crispa Wulf.)

333. Krause Glucke. **S. ramosa** (Schaeffer) Fries

Fk. strohgelb, kugel- u. kissenfg., bis kopfgroß, 10—60 cm br., mit breiteren, aufgerichteten, nicht verschlungenen Zweigen mit geraden, ganzrandigen Zipfeln. Sporen kuglig 8 μ. Am Grunde der Eichen. Sehr selten. Eßbar. IX—XI.

334. Eichen-Glucke. **S. laminosa** Fr.

18. Familie: Dictyolaceae.

Fk. fleischig, trichterfg. od. kreiselfg. mit mehr od. weniger deutlicher Gliederung in St. u. Hut, in der Tracht Craterellus u. Cantharellus gleichend, aber mit Chiastobasidien. Hymenium runzelig od. auf ∓ gegabelten Leisten. Chiastobasidiale Parallelgruppe zu den stichobasidialen Cantharellaceae. — Bodenpilze.

Bestimmungsschlüssel der Gattungen.

A. Fk. ∓ trichterfg., Hymenium runzelig
(craterellusartig). 1. **Neurophyllum** Pat.
B. Fk. ∓ kreiselfg., Hymenium auf Leisten
(cantharellusartig). 2. **Dictyolus** Pat.

1. Gattung: Neurophyllum Patouillard, Schweinsohr.

Fk. fleischig, trichter- bis kreiselfg., craterellusartig, Hymenium auf der Unterseite auf Runzeln. Basidien sind Chiastobasidien. Im Gebiete einzige Art: Fk. anfangs abgestutzt keulenfg., oft mehrere Fk. verwachsen, purpurviolett od. bläulich, später trichterfg. vertieft, mit dünnem unregelmäßig buchtig-gelapptem Rande, 5—8 bis 10 cm h., 4—7—12 cm br.; Hutoberfläche gelblich bis bräunlich. Hymenium auf netzfg. Runzeln, anfangs fleischfarben, später rosabräunlich bis violettbraun, weißlich bereift. Basidien mit 4 Sterigmen. Sporen länglich elliptisch 10—12 μ lg., 4—5 μ br., glatt, farblos bis hellgelblich. Geruch u. Geschmack würzig, schwach rettichartig. Geschätzter Speisepilz. In feuchten, moosigen Nd.- u. Mischwäldern, truppweise, bisweilen in Hexenringen, vornehmlich auf Kalkboden. In Norddeutschland nur im Gebiete der End- u. Grundmoränen, in Mittel- u. Süddeutschland häufiger. S. H. (Fig. 46.) (Elvela carnea Schaeff., Cantharellus clavatus Pers., Craterellus cl. Fries)
335. Schweinsohr. **N. clavatum** (Fr.) Pat.

2. Gattung: Dictyolus Patouillard, Gabeling.

Fk. weichfleischig, in St. u. Hut gegliedert cantharellusartig. Hut anfangs schwach gewölbt, dann flach trichterfg., wellig verbogen, am Rande umgerollt, in der Mitte mit spitzlichen Höckern, 1,5—4 cm br., aschgrau bis schwärzlich. Hymenium auf ziemlich dicht stehenden, mehrfach gegabelten, dicklichen, am Grunde oft krausen, am St. herablaufenden Leisten, bei Druck blutrot od. rostfarben, sonst gelblichweiß. St. voll 5—7 cm h., weißlich od. hellgrau, am Grunde weißzottig. Sporen spindelfg., 8—10 μ lg., 3—3,5 μ br., glatt, farblos. Geruchlos, mild. In moosigen Wäldern, Heiden, Sümpfen zwischen Moos; selten. IV—X. (Fig. 209.) (Agaricus muscoides Wulf., Cantharellus umbonatus Gmel.)
336. Nabel-Gabeling. **D. umbonatus** (Gmel.) Pat.
Vgl. auch *106.—110.* S. 86—87.

19. Familie: Radulaceae.

Fk. ausgebreitet krustenfg., weichhäutig, fleischig od. korkig; Hymenium auf körnchen- od. warzenfg. Erhebungen od. auf Stacheln od. kamm- od. zahnartigen Vorsprüngen, hydnazeenartig. Basidien sind Chiastobasidien. Sporen farblos, glatt. (Chiastobasidiale Parallelgruppe zu den stichobasidialen Hydnaceae; vgl. S. 89.)

Bestimmungsschlüssel der Gattungen.

A. Fk. weichhäutig, fleischig od. korkig; Hymenium auf Körnchen, Warzen od. Stacheln.
  a) Hymenium auf Körnchen od. Warzen.
    1. Warzen körnig, am Scheitel glatt, gerundet, nicht geteilt. **1. Grandinia.**
    2. Warzen am Scheitel faserig-wimperig, vielteiligpinselfg. **2. Odontia.**
  b) Hymenium auf stielrunden Papillen od. Stacheln. **3. Radulum.**
B. Fk. fast gallertig, knorpelig od. wachsartig.
  a) Hymenium auf zerstreut stehenden Stacheln od. Körnchen. **4. Kneiffia.**
  b) Hymenium auf flachgedrückten, schmalen, kammartigen bis zahnfg. Erhebungen (Falten). **5. Phlebia.**

1. Gattung: Grandinia Fries, Körnchenpilz.

Fk. häutig, flach, weit ausgebreitet, auf der obern Seite mit halbkugligen, körnigen Warzen besetzt, gleichmäßig vom Hymenium bezogen. Sporen farblos, glatt. — Holzbewohner.

1. Sporen fast kuglig. 2.
   Sporen oblong od. elliptisch. 3.
2. Fk. 2—5 cm weit ausgebreitet, kalkweiß od. cremefarben, trocken graubläulich, gelblich od. grünlich werdend, angeheftet, trocken zerreiblich, Rand gleichartig od. bereift-filzig. Körnchen halbkuglig, selten fast zylindrisch, gleichfarbig. Sporen $3{,}5-5{,}5 \times 3-5\,\mu$. — Auf totem Holz u. Zweigen. I—XII. Nicht häufig. (Gr. granulosa Pers., Odontia olivascens Bres.)
337. Veränderlicher K. **G. mutabilis** (Pers.) Bourd. et Galz.
3. Fk. 2—12 cm weit ausgebreitet, lohefarben, dicht angeheftet, mit glattem Rande; Körnchen halbkuglig, gleichfarbig. Sporen $6-4\,\mu$. — Auf totem Holz u. Zweigen. X—V. Zerstreut.
338. Lohfarbiger K. **G. granulosa** Fries
Fk. 2—5 cm br., reinweiß, im Alter gelblich, fest angewachsen, bereift; Körnchen gleichfarbig, erst klein, dann warzig od. kurzstachelig. Fleisch mit zahlreichen Kalkoxalatkristallen; Sporen $4 \times 2\,\mu$, an einer Seite abgeflacht. — Auf Birkenrinde, zerstreut. XI—III. (Odontia Br. Bres.)
339. Brinkmanns K. **G. Brinkmannii** (Bres.) Bourd. et Galz.

2. Gattung: **Odontia** Pers., Zähnchenpilz.

Fk. häutig od. fleischig, flach, anliegend, oberseits mit zerstreuten, halbkugligen od. kegelförmigen, am Scheitel meist faserig od. pinselig zerteilten Warzen besetzt, allseitig vom Hymenium überzogen. Sporen farblos glatt. — Holzbewohner.

1. Warzen des Hymeniums nicht an der Spitze wimperig. 2.
Warzen des Hymeniums stets an der Spitze wimperig od. zerschlitzt. 3.

2. Fk. unregelmäßig, der Unterlage fest anliegend, dünnfleischig, trocken krustig, weiß, im Umfang kahl, oberseits mit dichtstehenden, halbkugligen od. am Scheitel leicht vertieften Warzen. Sporen länglich, 5—6—8 μ lg., 2—5 μ dick. An Kiefern- u. Lbholz, besonders Weiden, zerstreut. Das ganze Jahr. (Grandinia crustosa [Pers.] Fr.)

340. Krustiger Z.   **O. crustosa** (Pers.) Quél.

3. Fk. weit ausgebreitet, häutig, wergartig, fest anliegend, weiß, am Rande strahlig. Warzen fast kegelfg. stachlig, an der Spitze wimperig zerschlitzt u. gelbbraun. Sporen 4—7 × 3,5—4,5 μ. An Nd.-Holz u. Ästen, zerstreut. VII—I. (Taf. II, Fig. 73.)

341. Bärtiger Z.   **O. barba jovis** (With.) Fr.

Fk. 2—20 cm, häutig, lederig, kreisfg., dann verbreitet, dicht anliegend, ablösbar, hell schokoladenbraun, von wurzelartigen Fasern durchzogen, am Rande weißstrahlig. Warzen körnig, an der Spitze faserig zerschlitzt, rotbraun. Sporen länglich eifg., etwas gekrümmt, 3,5—4,5 μ lg., 2—3 μ dick. An feucht liegendem Lbholz im Gebüsch u. in Wäldern, nicht häufig. I—XII. (Mycoleptodon fimbriatum [Pers.] Bourd. et Galz.)

342. Faseriger Z.   **O. fimbriata** (Pers.) Fries

4. Fk. 2,5—5 cm, rundlich, zusammenhängend sich ablösend, milchweiß, unterseits kahl, gelblich, im Umfang kleiig, oberseits stark rissig mit kleinen, gedrängten Körnchen bedeckt. Rand weiß; Sporen 4,5—6 × 2—3 μ. An morschem Holz von Eichen, Buchen u. Kiefernzweigen, nicht häufig. VII—XI.

343. Warziger Z. (Grandinia papillosa Fr.) **O. papillosa** (Fr.) Bres.

O. arguta (Fr.) Quél. siehe *120*. Hydnum.
O. bicolor (A. et S.) Bres. siehe *121*.
O. arguta var. alutacea (Fr.) siehe *127*.
O. conspersa Bres. siehe *71*.
O. hydnoides (Cooke et Massee) v. H. et Litsch. siehe *71*.

3. Gattung: **Radulum** Fries, Reibeisenpilz.

Fk. ausgebreitet, fest aufliegend od. mit dem obern Rand abstehend, oberseitig mit unregelmäßigen, papillenförmigen, grobstachligen, zerstreut od. büschelig stehenden Hervorragungen besetzt, die vom Hymenium überzogen sind. Sporen farblos, glatt.

1. Fk. hellfarbig. 2.
   Fk. zuerst unterrindig, dann entblößt, schwarz. Höcker verlängert, ziemlich groß, verschieden gestaltet, schwach zusammengedrückt. An Stämmen u. Ästen von Birken, selten. H. (Corticium nigrescens [Schrad.] Fr.)
   344. Schwarzer R. **Radulum aterrimum** Fries
2. Fk. weißlich bis gelblich. 3.
   Fk. bräunlich, rostfarben od. rot. 4.
3. Fk. kreisfg., 2,5—15 cm br., weißlich, später blaßgelb, am Rande weiß, strahlig faserig. Wärzchen zuerst weich, klein, dann 2—6 mm lg., 2—4 mm dick, stumpf, zerstreut od. büschelig gestellt. Sporen 8—12 × 3,5 μ. Auf morschen Lbzweigen, seltener an Kiefern, in Wäldern, zerstreut. I—XII. (Taf. II, Fig. 74.) (R. byssinum Pilat)
   345. Kreisförmiger R. **R. orbiculare** Fries
4. Fk. braungelb, ockerbraun, rostbraun. 5.
   Fk. rot bis orange. 6.
5. Fk. dünnhäutig, 5—10 cm ausgebreitet, wachsartig, blaß gelblich, dann braungelb-rostfarbig. Stacheln gerade, spitz, gedrängt, 2—3 mm lg., rostfarben od. gelblich. Sporen 7,5—9—13 × 5—7 bis 8 μ. Auf Eichen- u. Birkenzweigen, selten. I—XII. (Fig. 75.) (Sistotrema molariforme Pers., R. membranaceum [Bull.] Bres.)
   346. Backenzahnförmiger R. **R. molare** Fries
   Fk. kreisfg., dann verbreitet, 5—30 cm, fleischig-lederig, trocken fast holzig, flach aufsitzend, ablösbar, ockerfarben, später mehr braun. Stacheln dick, ungleich (bis 5 mm) lg., stumpf, meist büschelig. Sporen 5—8,5 × 2,5—4 μ. An Lbzweigen, besonders Eiche, in Wäldern, nicht selten. I—XII. (Taf. II, Fig. 76.) (Sistotrema fagineum Pers., Hydnum fallax Fr., R. fagineum [Pers.] Fries)
   347. Eichen-R. **R. quercinum** Fries
6. R. Kmetii Bres. siehe *13.* Eichleriella.

4. Gattung: **Kneiffia** Fries, Kneiffie.

Fk. knorpelig-gelatinös, ausgebreitet; Sporen weiß, elliptisch, glatt.
Einzige Art: Fk. 10 cm, gelblich, dann cremefarben. Stacheln gleichfarbig, körnig, locker stehend, an der Spitze zerfranst. Sporen zugespitzt 4 × 2,5 μ. — Auf Kiefernstümpfen. IV. Selten.
348. Gelatinöse K. **K. subgelatinosa** B. et Br.

5. Gattung: **Phlebia** Fries, Kammpilz.

Fk. knorpelig, wachsartig, flach ausgebreitet, oben vom Hymenium überzogen u. mit warzenförmigen Falten u. Adern bedeckt, die eine scharfe, kammartige Schneide besitzen. Sporen farblos, glatt.
Einzige Art mit strahlig ausgebreitetem, fleischfarbigem od. orangerotem, 2,5—9 cm br. Fb., der am Rand blaß, strahlig-faserig

ist. Falten strahlig, etwas gewunden, kammartig, innen schwach höckerig. Sporen 4—6,5 × 1,5—2,5 μ. An alten Baumstümpfen, dicken Ästen von Lbbäumen, seltener Kiefern, auch auf Moose, Flechten u. Erdboden übergehend; in feuchten Waldteilen, nicht selten. VII—IV. Bildet den Übergang zur folgenden Familie.
349. **Orangefarbener** K. **Phlebia aurantiaca** (Sow.) Karsten Kommt in folgenden Formen vor: Ausgebreitet od. strahlig-überziehend, fleischfarben, unten weißzottig, mit strahlig-faserigem, orangefarbigem Rande. Auf Stümpfen, Moosen, Flechten, Erdboden: var. **merismoides** (Fr.) Bourd. et Galz. (= Ph. merismoides Fr.). — Abgerundet, kahl, fleischrot, Rand gezähnt, Falten regelmäßiger strahlig: var. **radiata** (Fr.) Bourd. et Galz. (= Ph. radiata Fr.). — Ausgebreitet, unscharf begrenzt, kahl, Falten unregelmäßiger. Wie vorige var. auf Rinde usw.: var. **contorta** (Fr.) Bourd. et Galz.

20. Familie: Meruliaceae.

Fk. ∓ ansehnlich, krustenfg. häutig bis weichfleischig, flach ausgebreitet, eierkuchenfg. od. unregelmäßig konsolenartig, der Unterlage fest od. ziemlich lose aufliegend od. seitlich hervorbrechend

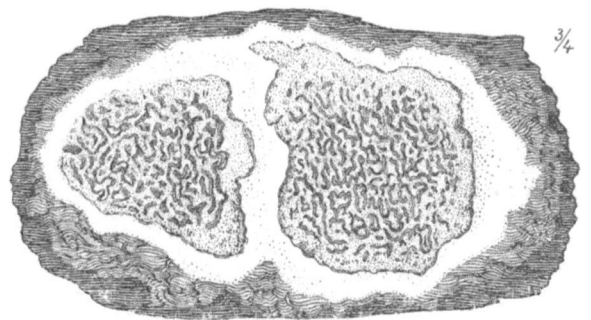

Abb. 21. Merulius aureus Fries (nach Mez).

od. halbiert u. fast gestielt-schüsselfg. Myzel häufig mit dicken Strangbildungen. Hymenium in flachen Gruben od. Falten, bisweilen auf fast zahnfg. Erhebungen. Basidien keulig, meist viersporig. Sporen ∓ eifg. od. zylindrisch, glatt, farblos od. bräunlich. Ausschließlich Holzbewohner.

Bestimmungsschlüssel der Gattungen.

A. Sporen farblos (weiß); Hymenium nackt od. undeutlich bereift.

Meruliaceae.

I. Hymenium mit unregelmäßigen Warzen od. nicht miteinander verschmelzenden Falten od. Adern. Fk. knorpelig, wachsartig. **Phlebia** (siehe *349*).
II. Hymenium nicht warzig, stets deutlich faltig.
   a) Fk. lederig-häutig, fast seitlich gestielt; Hymenium aus lamellenfg. krausen Falten bestehend. Sporen zylindrisch.   **1. Trogia.**
   b) Fk. krustenfg. od. lagerfg., dünn-häutig bis lederig bis fast fleischig. Hymenium in flachen Gruben od. anastomosierenden Falten; Sporen $\mp$ eifg.   **2. Merulius.**
B. Sporen bräunlich bis braun; Hymenium in flachen Gruben od. anastomosierenden Falten, von den Sporen bestäubt.   **2. Merulius** Sect. **Gyrophana.**

1. Gattung: **Trogia** Fr. (Plicatura Peck), Aderzähling.

Fk. lederig-häutig, zäh, resupinat, mit dem Hutscheitel angeheftet od. mit fast stielartigem Scheitel aufgehangen od. stiellos ansitzend u. lappig abstehend. Hymenium auf faltenfg., dünnen u. gedrängten, $\mp$ gabelig verzweigten, krausen, aderigen Falten. Sporen zylindrisch, farblos, glatt. — An Lbholz, selten auch an Pinus strobus.

Einzige Art: Fk. 1,5—3 cm, rötlichgelb bis bräunlich, weißgerandet, seltener ganz weiß, fast gezont, $\mp$ schüsselfg. sitzend od. in seitlichen od. dorsalen St. zusammengezogen. Hymenium blauweißlich. Sporen zylindrisch-gebogen $3—4,5 \times 0,5—1\,\mu$. — An Lbholz u. Zweigen, besonders an gefälltem Buchenholz, häufig. I—XII, besonders IX—V. (Merulius crispus Pers., M. fagineus Schrad., Plicatura f. [Schrad.] Karst., Pl. crispa [Pers.] Rea.)

*349*a. Krauser A.   **T. crispa** (Pers.) Fr.

An Erlen (Alnus) kommt eine schneeweiße Form mit cremefarbigem bis lederbräunlichem Hymenium vor (Merulius niveus Fr., M. petropolitanus Fr.; Trogia alni Fr., Plicatura a. Peck, P. nivea Karst.) T. crispa var. alni (Fr.) Ulbrich.

2. Gattung: **Merulius** Fries, Faltenschwamm, Fältling.

Fk. weich, fast gallertartig, lederig od. weich flockig, krustenfg. aufgewachsen od. halbiert hutfg. u. teilweise abstehend, auf der Oberseite mit aderigen, stumpfen, in der Mitte $\mp$ zu Poren zusammenschließenden Falten, die vom Hymenium überzogen werden. Sporen hyalin od. braun.
1. Sporen hyalin.   2.
   Sporen braun (Sect. Gyrophana Pat.). In der Jugend weiche, weiße od. gelbe bis graue, seltener blaß rosarote, watteartige Myzelmassen bildend, die zu seidenglänzenden, strahligen, papierartigen, grauweißen Überzügen eintrocknen. Fk. 5—60 cm groß,

∓ fleischig, flach aufgewachsen, oft am Rande lappig abstehend, oft fast dachziegelig übereinander, am Rande weiß, filzig. Hymenium ockerbraun bestäubt, mit stumpfen, gewundenen, oft maschig verbundenen Falten, die auch zahnartig od. stachelig an einer Wabenecke vorgezogen sein können. Sporen fast eifg., 9—12 μ lg., 5—6,5 μ dick, gelbbraun. In Häusern auf Holz, Balken, Steinen usw., das Holz zerstörend u. großen Schaden anrichtend, nur in schlecht ventilierten Räumen, bei Austrocknung u. Zugluft zurückgehend, aber nicht absterbend. Selten im Walde an Wurzeln u. Stämmen von Kiefern. Das ganze Jahr. (Fig. 92.) (Boletus lacrymans Wulf., Serpula l. Karst., Gyrophana l. Pat., Merulius destruens Pers., M. vastator Tode, M. pulverulentus Fr., M. giganteus Sauter, M. squalidus Fr., Sistotrema cellulare Pers., Xylophagus destruens Lk.)

350. Hausschwamm. **Merulius lacrimans** (Wulfen) Fries

Die Art gliedert sich in zwei biologische Rassen:

a) domesticus Falck, in Häusern auf totem Ndholz häufig (selten auch Eichenholz), mit oft mächtig entwickeltem, watteartigem, anfangs schneeweißem, später andersfarbigem, leuchtend gelbem bis grauem od. rötlichem Luftmyzel, in dunklen Räumen mit stagnierender, feuchter Luft. Optimum der Entwicklung bei + 22° C. Sporen 9—9,7 × 5,1—5,5 μ.

b) silvester Falck, im Walde auf totem od. absterbendem Ndholz; selten. Optimum der Entwicklung bei + 26° C. Sporen 10 bis 10,9 × 5,4—6,5 μ.

2. Fk. flach krustig aufliegend, am Rande allmählich verlaufend, nicht scharf. 3.

Fk. nicht vollständig aufliegend, sondern teilweise lappig abgebogen, Rand scharf. 8.

3. Hymenium nicht rein weiß. 4.

Fk. wellig, 3—12 cm ausgebreitet, später hautartig dünn, milchweiß, Hymenium erst glatt, dann später flache, unregelmäßige Runzeln bildend. Sporen 4—5 × 3—4 μ. An Rinde u. Holz von Lb.- u. Ndbäumen, selten. IV—XII. (Xylomycon paucirugum Pers.)

351. Milchweißer F. **M. porinoides** Fr.

4. Hymenium fleischrot od. blaßrot. 5.

Hymenium gelb, olivengrün, grauviolett usw. 7.

5. Falten u. daraus entstehende porenartige Höhlungen stets glatt. 6.

Fk. 2—8 cm, weich wachsartig, krustig aufgewachsen, am Rand fast kahl, fleischrot od. rotbraun. Falten sich zu länglichen, zerschlitzten, auf einer Seite höheren Poren vereinigend. Sporen 4,5—6,5 × 1,5—3 μ. An abgefallenen Lbästen u. -stämmen, nicht häufig. VIII—XII.

352. Roter F. **M. rufus** Pers.

6. Fk. weichhäutig, dünn, ausgebreitet, 3—10 cm br., locker angeheftet, unterseits u. am Rande flockig-zottig u. weiß. Falten dicht, schwach hervorragend, zu gewundenen Poren vereinigt, fleischrot, trocken fast orangerot. Sporen 6—7 $\times$ 4 μ. Auf faulem Holz u. Ästen von Kiefern, selten. IX—II. (M. lacticolor Bk. et Br., M. fugax Fr.)

353. Weicher F. **Merulius molluscus** Fries

Fk. 3—15 cm, dünnhäutig, flach aufgewachsen, krustig, anfangs glatt weißlich, später rötlich, Falten niedrig, runzelig, sich zu eckigen, niedrigen Poren vereinigend, am Rande u. unterseits weißfädig. Sporen weiß, 4—6 $\times$ 2—2,5 μ. An faulendem Nd., seltener Lb., zerstreut. V—XI. (Xylomycon serp., X. crustosum Pers.)

354. Kriechender F. **M. serpens** (Tode) Fr.

7. Fk. wollig, sehr weich, 2—5 cm ausgebreitet, locker angeheftet, unterseits seidig faserig, am Rande wollig, lila. Falten kraus höckerig, zu gewundenen Poren verbunden, olivengrün, grauviolett, schmutzig gelb. Sporen 9—13 $\times$ 5—7 μ. Auf faulem Kiefernholz, selten. IX—XII. (Taf. III, Fig. 93.) (Xylomycon versicolor Pers., Gyrophana h. [Fr.] Pat.)

355. Strangförmiger F. **M. himantioides** Fries

Fk. dünn, häutig, weich fleischig, 2—10 cm ausgebreitet, im Umfange spinnwebartig zottig, goldgelb. Falten kraus, zu flachen, gewundenen Poren verbunden. Sporen 4—5 $\times$ 1,5—2 μ, mit farbloser Membran. Auf abgefallenen Zweigen, Holz, über Blättern u. Moos, zerstreut. X—XII. (Xylomycon croceum Pers., M. croceus Duby) — Abb. 21.

356. Goldgelber F. **M. aureus** Fries

8. Fk. 5—20 cm br., sehr dünn, weich fleischig, am Rande frei und zurückgeschlagen, auf der freien Fläche kurz zottig, weiß, oft gezont. Hymenium milchweiß od. gelblich, später fleischfarbig mit flachen, netzfg. od. gewundenen Poren. Sporen länglich zylindrisch, 5—6(—8) μ lg., 2,5—4 μ dick. An Ästen u. Stümpfen von Lb., nicht selten. I—XII. (M. papyrinus Bull., Xylomycon serpens Pers.)

357. Lederiger F. **M. corium** (Pers.) Fries

Fk. gallertig-fleischig, trocken knorpelig, zuletzt mit den Rändern napffg. bis wagerecht abstehend, meist dachziegelig übereinander, oberer Teil grob zottig, weißlich od. grau. Hymenium weiß, gelblich od. rötlich schimmernd, mit krausen, $\mp$ dichten, später flach netzfg. verbundenen Falten. Sporen länglich zylindrisch, 3—4 μ lg., 1—1,5 μ dick. An Stümpfen u. Stämmen, besonders von Buchen, Weiden u. Pappeln. VIII—II. (Taf. III, Fig. 94.) (Xylomycon tr. Pers., Agaricus betulinus Fl. dan.)

358. Gallertiger F. **M. tremellosus** (Schrader) Fr.

21. Familie: Fistulinaceae.

Fk. dickfleischig, saftig, konsolen- od. zungenfg., grobfaserig. Hymenium in anfangs geschlossenen, sich später öffnenden engen, trennbaren, zylindrischen Röhren, deren Innenwände auskleidend. Basidien keulenfg. mit 4 dünnen Sterigmen. Sporen mit bräunlicher Wandung. Parasiten u. Saprophyten auf Lbhölzern.

Einzige Gattung: **Fistulina** Bull., Leberpilz.

Im Gebiete einzige Art, 10—40 cm lg., bis 6 cm dick, innen fleischig, mit rötlichem Saft, später grobfaserig, zähe, blutrot, weiß gestreift, strahlig, oberseits blut- bis braunrot, büschelig behaart. Röhren blaß, dann rotbraun. Sporen 4,5—5 × 4 μ. Jung eßbar. An alten Eichen u. Rotbuchen, oft sehr schädlich, nicht selten. VIII—XI. (Taf. IV, Fig. 171.) (Boletus hepatica Schaeff.)

359. Leber-, Zungenpilz.　　F. **hepatica** (Schaeffer) Fries

22. Familie: Polyporaceae.

Fk. von verschiedener Gestalt u. Substanz, flach krustig, sich abhebend, seitlich od. zentral gestielt, lederig, korkig, wergartig, fleischig usw. Hymenium die Innenseite von Höhlungen überziehend, die aus gewundenen Gängen, Röhren od. selten aus radiär verlaufenden L. gebildet werden. Hymenium nicht od. kaum vom Hutfleisch trennbar. Basidien (Chiastobasidien) kurz-keulig bis fast birnenfg., fast stets viersporig. Sporen hyalin od. gefärbt.

Bestimmungsschlüssel der Polyporaceae-Gattungen und nächstverwandten Familien.

A. Höhlungen durch niedrige, anfangs faltenfg., später sich zu engeren Gruben od. Gängen zusammenschließende Erhabenheiten gebildet. **Meruliaceae** (S. 145).

B. Wirkliche Röhren od. tiefe unregelmäßig gewundene Gänge od. ungefähr radiär verlaufende Blätter gebildet.

　a) Substanz der Fk. zwischen die Röhren, Gänge usw. hineingehend u. diese deshalb nicht vom Fk.-Fleisch ablösbar.

　　I. Röhren fest aneinander liegend (Gänge usw. dicht zusammenschließend).

　　　1. Hymenium in engen, etwa zylindrischen Röhren.

α) Substanz des Hutes von der zwischen
den Röhren verschieden.
* Fk. umgewendet, flach aufgewachsen. 1. **Poria.**
** Fk. halbiert, hutfg., gestielt od. nicht.
§ Fk. von Anfang an ∓ korkig od.
holzig. 2. **Fomes.**
§§ Fk. anders beschaffen.
† Fk. anfangs fleischig, dann hart
werdend, dick.
○ [Fk. einjährig, anfangs saftig,
dann trocken-korkig mit pergamentartiger
oder harziger
Haut überzogen, ungestielt. 3. **Placoderma.**
○○ [Fk. einjährig, nicht mit zusammenhängender
Haut überzogen,
Röhren nicht geschichtet,
meist saftig-faulend. 4. **Polyporus.**
†† Fk. häutig, lederartig od. wergartig,
dünn. 5. **Polystictus.**
β) Substanz des Hutes von der zwischen
den Röhren nicht verschieden, daher die
Röhren gleichsam in den Hut eingesenkt.
* Röhren weit, polygonal, meist sechseckig. 6. **Hexagonia.**
** Röhren eng, oft ∓ verlängert. 7. **Trametes.**
2. Hymenium nicht in Röhren, sondern in
Gängen od. auf Blättern.
α) Labyrinthartige, ∓ lggestreckte Gänge
vorhanden. Fk. lederig.
* Gänge labyrinthartig. 8. **Daedalea.**
** Gänge lggestreckt, mehr lamellenartig. 9. **Lenzites.**
β) Wirkliche, radiäre, unten wabenartig
verbundene L. vorhanden. Fk. fast
fleischig. 10. **Favolus.**
II. Röhren isoliert stehend (Gänge usw. nie vorhanden).
1. Fk. umgewendet, häutig-krustig **Porothelium.**
(Siehe Cyphellaceae S. 123, Nr. *285*)
2. Fk. seitlich angeheftet, ∓ fleischig. **Fistulinaceae**
(S. 149, Nr. *359*)
b) Substanz des Fk. nicht zwischen die Röhren
gehend, daher die Röhrenschicht leicht abhebbar. **Boletaceae**
(S. 184—196, Nr. *515—562*)

1. Gattung: **Poria** (Pers.) Fries, Porenschwamm.

Fk. flach ausgebreitet, der Unterlage ganz anliegend, häufig nur aus Myzel u. Röhren bestehend, gewöhnlich aber dicker von lederiger, häutiger, fleischiger bis holziger Konsistenz. Röhren meist eng zusammen, bisweilen aber zerstreut stehend, verschieden gefärbt.

1. Poren weiß, entweder nur in der Jugend od. so bleibend. 7.
Poren gelb, violett. 2.
Poren rot od. braun. 3.

2. Fk. meist rundlich od. aber von unbestimmtem Umriß, 2—10 cm, dünn, glatt, kahl, ohne deutliche Unterlage, violett. Röhren kurz, zellen- od. aderfg. Sporen 6—7 × 2 μ. Auf faulendem Nd., selten. X—II.

360. Violetter P.   **P. violacea** (A. et S.) Fries

Fk. 3—10 cm weit ausgebreitet, dünn lederartig, mit zottigem Rande, gelb. Röhren kurz, glänzend, gelb. Sporen 8—9 × 3,5 bis 4 μ. Auf faulenden Stämmen u. Holz von Nd. in feuchten Wäldern, selten. XI—V. (Taf. III, Fig. 95.)

361. Glänzender P.   **P. nitida** (Pers.) Fries

3. Fk. u. Poren rot. 4.
Fk. u. Poren braun. 6.

4. Fk. am Rande glatt. 5.

Fk. 2—8 cm ausgebreitet, weich, hellrot od. rosenrot, am Rande weißfaserig. Röhren kurz, Mündungen eckig, etwas eingeschnitten, schimmernd. Sporen 7 × 4—4,5 μ. Auf faulem Holz von Lb., zerstreut. VIII—V.

362. Schimmernder P.   **P. micans** (Ehrenberg) Fries

5. Fk. 2,5—10 cm ausgebreitet, korkig lederig, glatt, fleischfarben, später schmutzigrot, am Rand etwas abstehend. Röhren meist schief, zusammengedrückt, verlängert, Mündungen ungleich. Sporen 5,5 bis 7 × 2 μ. An Stämmen v. Nd., zerstreut. VI—XI. (Taf. III, Fig. 96.)

363. Hellroter P.   **P. incarnata** (Alb. et Schw.) Fries

Fk. 2—8 cm ausgebreitet, dünn lederig, angewachsen, glatt, kahl, am Rande scharf begrenzt, blutrot. Poren klein, zart. Auf faulenden, feuchten Ästen u. Stämmen, selten. H.

364. Roter P.   **P. rufa** (Schrader) Fries

6. Fk. krustenfg. anliegend, 6—8 cm ausgebreitet, filzig-holzig, fast zimtbraun, dann rostbraun, am Rande zuerst zottig, dann kahl. Röhren 0,5—1 cm lg., Mündungen ziemlich weit, rund, ganzrandig. Sporen 5—7 × 3—3,5 μ. An Stämmen, behauenem Holz, nicht selten. IX—XII. (Phellinus contiguus [Pers.] Quél., Polyporus floccosus Fr. sec. Romell)

365. Zusammenhängender P.   **P. contigua** (Pers.) Fries

Fk. fest, 1—3 cm br., filzig-korkartig, aufgewachsen, polsterartig, rostbraun, später dunkler, fast ganz aus Röhren bestehend.

Röhren 2—6 mm lg., Mündungen ziemlich groß, ungleich, zerschlitzt. Sporen fast kuglig 3—5 μ. An Stämmen u. faulenden Lbästen, zerstreut. IX—V. (Taf. III, Fig. 97.) (Fomes ferruginosus [Schrad.] Massee, Phellinus f. [Schrader] Quél.)

366. **Rostfarbiger P.** **Poria ferruginosa** (Schrader) Fries

7. Poren u. Fk. in der Jugend weiß, sich dann von selbst od. durch Druck verfärbend. 8.
   Poren u. Fk. weiß bleibend. 12.
8. Poren u. Fleisch auf Druck sich nicht verfärbend. 9.
   Fk. rundlich, später zu großen Flächen zusammenfließend, 2—10 cm br., weich, weißlich, bei Druck u. Verletzung blutrot, dann bräunlich werdend, am Rande dickfilzig, dann kahl. Röhrenmündungen zuerst fein, dann sehr verschieden weit, rundlich, 1—3 mm lg., später zerschlitzt. Sporen länglich 4—6 × 1,5—2 μ. Auf feuchten Stämmen u. Ästen von Lb. u. Nd., seltener auch auf der Erde, zerstreut. VIII—XI.

367. **Blutiger P.** **P. sanguinolenta** Alb. et Schw.

9. Poren gelblich od. hellbräunlich werdend. 10[1].
   Fk. spinnwebartig-faserig, zart, 2—10 cm weit ausgebreitet, weiß, in der Mitte die kleinen, zuerst weißen, dann rötlichen Poren. Sporen 4—5 × 3—4 μ. Auf der Erde, selten. V—XI.

368. **Erdbewohnender P.** **P. terrestris** (DC.) Fries

10. Rand nicht zottig. 11.
    Fk. unregelmäßig, 1—10 cm ausgebreitet, schwach wellig, weißlich, fast durchscheinend, von der Unterlage abtrennbar, mit dünnem, zottigem Rande. Röhren 0,5—2 mm lg., fast fleischig, weich, später gelb, mit rundlichen, stumpfen u. ganzrandigen Mündungen. Sporen kuglig 4 μ od. eifg., 4 × 2,5 μ. An Lbstämmen, namentlich Rotbuchen, zerstreut. VIII—III.

369. **Glasheller P.** **P. vitrea** (Pers.) Fries

11. Fk. 2—9 cm weit ausgebreitet, 2—4 mm dick, lederartig zäh, unversehrt ablösbar, weiß, glatt, am Rand gleichartig. Röhren gelblich werdend. Mündungen rundlich, gleichgroß, stumpf. Sporen hyalin schief elliptisch, 6 × 3,5 μ. An Holz, Balken von Kiefern, nicht selten. IV—VI.

370. **Schwieliger P.** **P. callosa** Fries

Fk. 2—8 cm ausgebreitet, eingewachsen, nicht ablösbar, krustig, fest, ganz aus Poren bestehend, die bei älteren Exemplaren in mehreren, je 2—3 mm dicken Schichten übereinander stehen. Röhren 4 mm lg., dicht gedrängt, ledergelb werdend, Mündungen klein, gleichgroß. Sporen elliptisch 4—5 × 2—4 μ. An faulen Lbstämmen, zerstreut. Ausdauernd. I—XII. (Coriolus o. [Pers.] Quél.)

371. **Überziehender P.** **P. obducens** (Pers.) Fries

---

[1] Vgl. auch 15 P. sinuosa und mucida.

12. Fk. zäh, lederig korkig, niemals fleischig u. weich bleibend. 13.
Fk. wollig, faserig, weich fleischig u. so bleibend. 16.
13. Poren stets eng, punktfg. 14.
Poren weit, stets auffällig. 15.
14. Fk. 5—10 cm weit ausgebreitet, scharf begrenzt, fast holzig, 1—1,5 cm dick, am Rand kahl, glatt, etwas wulstig, weiß, dann gelblich. Röhren 2—4 mm lg., dicht, Mündungen fein, gleichdick, rundlich. Sporen weiß, elliptisch 3—4 × 1,5—2 μ. An Stämmen u. bearbeitetem Holz von Lb. u. Nd., nicht selten. Fast das ganze Jahr. (Taf. III, Fig. 98.) (Polyporus m. p. Jacq.)
372. Brotkrumen-P. **Poria medulla panis** (Pers.) Quél

Fk. 2—8 cm, weit ausgebreitet, weiß. Poren oberflächlich, sehr klein punktfg., nackt. Auf Rinde von Lb., zerstreut. S. H.
373. Rindenbewohnender P. **P. corticola** Fries
15. Fk. im Umfang faserig, 2—15 cm weit ausgebreitet, bis 12 mm dick, weiß, später blaß gelblich. Röhren 1—3 mm lg., dicht stehend, Mündungen von mittlerer Größe, ungleich, rundlich od. kantig, oft zerschlitzt. Sporen 4—6 × 3—4 μ. An Zweigen, Lb. u. Nd. in Wäldern, zerstreut. Fast das ganze Jahr. (Polyporus versiporus Pers.)
374. Schleimiger P. **P. mucida** (Pers.) Fries

Fk. 3—8 cm ausgebreitet, teilweise vom Substrat ablösbar, weiß, dann gelblich werdend, am Rande in der Jugend schwach flaumig. Röhren 2—3 mm lg., gebogen, Mündungen weit, verschieden geformt, oft zerschlitzt. Sporen 5—6 × 3—4 μ. An Stämmen von Nd., zerstreut. Fast das ganze Jahr. (Trametes sinuosa [Fr.] Quél.)
375. Eckiger P. **P. sinuosa** Fries
16. Poren dicht stehend, klein od. groß. 17.

Fk. 2—10 cm br., kreisrund, sehr dünn u. weich, vergänglich, schneeweiß, dann blaß, mit flockig-strahligem Rande. Poren entfernt voneinander stehend, flach napffg. Sporen 5—9 × 2—4 μ. An faulem Holz von Nd., seltener an Lb., nicht selten. I—XII. (Taf. III, Fig. 99.) (P. farinella Fr.)
376. Netzfg. P. **P. reticulata** (Pers.) Fries
17. Poren fein, rundlich, gleichmäßig. 18.
Poren viel größer, ungleich, eckig. 19.
18. Fk. 1—30 cm weit ausgebreitet, trocken zäh, weiß, am Rand kahl, 1 mm dick, Röhren 1—2 mm lg. Sporen 4—6 × 1—3,5 μ. Auf faulem Holz, Zweigen, Stämmen von Lb. u. Nd., häufig. I—XII, besonders V—IX. (Taf. III, Fig. 100.)
377. Gemeiner P. **P. vulgaris** Fries

Fk. 1—11 cm, weit ausgebreitet, weich, sehr dünn, weiß, am Rande strahlig faserig. Röhren sehr kurz. Mündungen 0,5—1 mm lg., später bisweilen zerschlitzt. Sporen 4 × 3,5 μ. Auf faulem Lb. u. über Lb., nicht selten. I—XII.

378. Weicher P. **Poria mollusca** (Pers.) Fries

19. Fk. häutig filzig, weich, unten zottig, leicht ablösbar, 2—8 cm weit ausgebreitet. Röhren 0,5—2 mm lg., in der Jugend fein behaart. Poren weit, eckig, oft zähnig. Sporen 5—6 × 3—4 μ. Auf faulem Holz u. Ästen von Lb., zerstreut. VIII—III. (Fig. 101.)

379. Zähneliger P. **P. radula** (Pers.) Fries

Fk. 5—10 cm weit ausgebreitet, mit einem flockigen, weiten, sich weithin verbreitenden Myzel. Röhren 0,5—1 mm lg., weich. Poren groß, eckig, oft zerschlitzt. Sporen 6 × 1,5—2 μ. Geruch scharf. Auf Lb. u. Nd., oft in Häusern die Balken zerstörend, häufig. Das ganze Jahr. (Taf. III, Fig. 102.) Poren-Hausschwamm.

380. Loh-P. **P. vaporaria** (Pers.) Fries

Fk. 2—15 cm weit ausgebreitet, weiß od. schwach rötlich, dünn, aus strangartigen bis häutigen Myzelüberzügen. Röhren weiß, kurz, ungleich. Sporen elliptisch 4—6 × 2—3 μ. — Auf totem Holz u. auf dem Erdboden. Nicht häufig. IV—X.

381. Vaillants P. **P. Vaillantii** (DC.) Fries

2. Gattung: **Fomes** Fries, Holzschwamm.

Fk. im Innern zähflockig, zunderartig, selten weich, stets saftlos, gleichmäßig, mit harter, holzartiger Rinde umkleidet, ausdauernd, oft mit konzentrischen Zonen, abstehend, halbiert od. gestielt. Röhren oft schichtweise übereinander. — Ausschließlich Holzbewohner. Meist Parasiten.

Bestimmungsschlüssel für die Untergattungen.

Fk. einjährig, gestielt, korkig-holzig, Hut u. St. mit einer lackartigen, glänzenden Kruste überzogen; Röhrchen nicht geschichtet.
Lackporlinge I. **Ganoderma** Karst. 1.

Fk. mehrjährig, saftlos-zunderartig od. holzig; Röhrchen geschichtet.
Echte Schichtporlinge II. **Fomes** Fries s. str. 2.

1. Fk. stets ungestielt, höchstens seitlich etwas stielartig zusammengezogen. 2.

Fk. innen rostbraun, korkig-holzig. St. 5—18 cm lg., bisweilen sehr kurz, seitlich. Hut nieren- od. fast kreisfg., 5—28 cm im Durchm., 1—3 cm dick, oberseits erst braun bestäubt, dann wie der St. glänzend lackiert, zuerst kirschrot, dann dunkelschokoladenbraun. Röhren bis > 1 cm lg., rostbraun. Sporen 10—15 × 6—9 μ. Am Grunde von altem Lb. nicht häufig. Fast das ganze Jahr. (Taf. III, Fig. 103.)

382. Lackporling. **Ganoderma lucidum** (Leysser) Karst.

2. Substanz des Fk. im Innern weiß, hell- bis holzfarben. 3.

Substanz des Fk. im Innern braun, rot od. rostbraun. 11.

3. Fk. im Innern holzig, nicht flockig-zunderartig, Röhren nicht
od. nur selten schichtweise übereinander stehend. 4.
4. Fk. im Innern flockig-zunderartig, hart, Röhren nach den
Vegetationsperioden übereinander geschichtet. 8.
4. Hut oben weiß. 5.
Hut oben irgendwie braun. 6.
5. Hut muschelfg., leicht ablösbar, meist mehrere verwachsen, holzig,
weiß, ungezont, zuerst zottig, dann kahl, mit scharfem Rand,
innen weiß. Poren rundlich, ungleich, stumpf. An abgefallenen
Buchenzweigen, zerstreut. S. H. (Nach Bourd. et Galz. = *384*)
383. Nees' H., Ast-H. **Fomes Neesii** Fries
Hüte dachziegelig übereinander, mit herablaufender Basis verwachsen, oben etwa 3—6 cm br., flockig-holzig, ungezont, zuerst
flockig od. zottig, mit stumpfem Rand, ganz weiß. Röhren
2—4 mm; Poren klein, rund. Sporen rundlich 3—4 μ. An
Pappeln, nicht selten. VII—I. (Coriolus connatus [Weinm.] Quél.)
384. Pappel-H. **F. populinus** (Schum.) Fr.
6. Hüte meist wagerecht abstehend, regelmäßig, flach, nicht glänzend u. schwärzlich. 7.
Fk. sehr verschieden gestaltet, 7—25 cm br., schalenfg., inkrustierend, halbkreisfg. abstehend, oft verschmelzend u. verwachsen, holzig, innen holzfarben, oberseits kastanien- bis umbrabraun, am Rande heller u. mit vielen schmalen konzentrischen
Zonen, runzelig, höckerig, in der Jugend seidenartig glänzend,
im Alter mit einer kahlen, glatten, schwärzlichen Kruste überzogen. Röhren bisweilen, nicht immer geschichtet, weiß, dann
hell ockerbraun, schimmernd, fein. Sporen eifg., 5—6 μ lg.,
3,5—4,5 μ dick. Auf Nd. sehr schädlich, ganze Bestände vernichtend, häufig. Das ganze Jahr. (Fig. 104.) (Trametes radiciperda Hart., Ungulina annosa [Fr.] Pat., Fomitopsis a. Karst.)
385. Kiefernwurzelschwamm. **F. annosus** Fries
7. Hut nierenfg., flach, 4—5 cm br., höchstens 5 mm dick, glatt
u. kahl, ungezont, kastanienbraun, innen weiß. Poren sehr klein,
rundlich, gelblich, nach dem Rande hin braun. Geruch angenehm, Geschmack bitter. An Pappeln, zerstreut. H.
386. Kastanienbrauner H. **F. castaneus** Fries
Hut 7—35 cm br., verschieden geformt, etwas herablaufend,
flach, ungezont, kahl, zuerst glatt, später konzentrisch gefurcht-gefaltet, weiß, dann rotbraun od. braun, innen blaß. Poren klein,
kurz, rötlich-rostbraun, in der Jugend weißzottig. Sporen
6—9 × 5—6 μ. An Eschenstämmen, Eichen, Pappeln, Robinien
u. Goldregen, zerstreut. I—XII. (Polyporus fr. Fr., P. cytisinus
Bk., Placodes incanus Quél., Ungulina fraxinea [Bull.] Bourd.
et Galz.)
387. Eschen-H. **F. fraxineus** (Bull.) Fries

8. Hüte nicht dachziegelig übereinander stehend, kahl. 9.
— Hüte dachziegelig übereinander stehend, ausgebreitet, umgebogen, korkig-holzig, zottig, weiß od. grau. Poren geschichtet, weiß, rundlich, klein. Sporen 5 × 6 μ. An alten Lbholzstämmen, besonders Acer, Tilia, zerstreut. S. H. (Taf. III, Fig. 105.)

388. Verwachsener H. **Fomes connatus** Fries

9. Hut oben gleichfarbig, höchstens der Rand verschieden gefärbt. 10.
— Hut 10—30 cm, flach, kahl, grau bereift, gezont, jedes Jahr eine andersfarbene Zone bildend (weißgrau, gelbbraun, blutrot), innen lederfarbig. Rand stumpf, gelb od. rot. Poren rundlich, strohfarben, an der Mündung weiß gerieben rötlich. Sporen 6—7—10 × 3—4,5 μ. An Lb. (Eiche, Rotbuche), zerstreut. I bis XII. (F. ungulatus [Schaeff.] Bres., Ungulina m. [Fr.] Pat.)

389. Berandeter H. **F. marginatus** Fries

10. Hut ausgebreitet, dick, höckerig, 8—40 cm groß, sehr hart, weiß, später schwärzlich mit gelbbraunem Rande, innen weiß. Röhren 2—6 mm lg., isabellfarben; Poren geschichtet, klein, gleichgroß, gelblich. Sporen 6—8 × 5—6 μ. An Ulmenstämmen, nicht selten. Fast das ganze Jahr. (Ungulina ulmaria [Sow.] Pat.)

390. Ulmen-H. **F. ulmarius** (Sowerby) Lloyd

— Hut anfangs polster-, später huf- u. konsolenfg., 10—30 cm lg., 3—5 cm dick, innen holzfarben, oberseits kahl, mit einer festen Kruste überzogen, runzelig, dunkelbraun, zuletzt schwärzlich, am Rande stumpf, beim Wachstum fast orange- od. zinnoberrot. Poren geschichtet, fein rundlich, weißlich, später hell ockerfarben, etwas unregelmäßig. Sporen länglich, 4—7 μ lg., 3—4 μ dick. An alten Ndstümpfen u. -stämmen, stark holzzerstörend, verbreitet. Das ganze Jahr hindurch.

391. Koniferen-H. **F. pinicola** (Swartz) Fr.

11. Sporenpulver braun, Sporenmembran braun. 12.
— Sporenpulver weiß, Sporenmembran hyalin. 14.

12. Hut abstehend, ungestielt, stets deutlich vorhanden. 13.
— Fk. korkig, fast nur aus Röhren bestehend, 5—10 cm weit ausgebreitet, aus der Rinde hervorbrechend, am Rand oft kammartig gezähnt meist resupinat, dunkelbraun. Röhren 5—20 mm lg., Mündungen klein, eckig, zuletzt gezähnelt, kastanienbraun, später schwärzlich. Sporen breit elliptisch od. fast kuglig 5—10 × 4,5—7,5 μ, schwefelgelblich. An alten Stämmen u. Ästen von Lb., bes. Rotbuche häufig. I—XII. (Taf. III, Fig. 106.) (Poria obliqua [Pers.] Bres., Polyporus incrustans Pers., P. umbrinus Pers., Xanthochrous obliquus [Pers.] Bourd. et Galz.)

392. Schiefer H. **F. obliquus** (Pers.) Fries

13. Hut perennierend, halbkreis- od. nierenfg., oben abgeflacht, unten meist nur schwach gewölbt, 8 > 30 cm br., 2—5 cm dick (oft

viel größer), hinten oft gebuckelt u. stielfg. verschmälert, innen rostbraun, weich filzig, oberseits zuerst feinhaarig, braun bestäubt, später kahl, mit gebrechlicher, graubrauner Rinde, gezont, Rand dick, abgerundet. Röhren geschichtet, 1—3 cm lg., nach dem Rand zu scharf abgesetzt, rostbraun, Mündungen weiß, bei Druck braun, später rostbraun. Sporen braun $8—12 \times 5—8\,\mu$. Riecht sauer. An alten Lbstämmen, besonders Pappeln, Buchen, häufig. Das ganze Jahr. (Taf. III, Fig. 107.) Schädlich. (Polyporus rubiginosus [Schrad.] Quél., Placodes appl. Quél.)

393. Abgeflachter H.   **Ganoderma applanatum** (Pers.) Pat.

Hut perennierend, dick polster- od. konsolenartig, 6—20 cm br., bis 8 cm dick (u. größer), innen weich filzig, dunkelkastanienbraun, oberseits fein filzig, später glatt, mit bräunlicher, gebrechlicher Rinde, konzentrisch gefurcht. Röhren bis 4 cm lg., geschichtet, dunkelbraun, Mündungen sehr fein, weißlich, später braun. Sporen $9—10 \times 7—8\,\mu$. An alten Linden-, Eichen-, Pappel-, Ulmenstämmen, auch an Abies nicht selten. Das ganze Jahr. (Taf. III, Fig. 108.) (Polyporus v. Fr., P. adspersus Schulz, Ganoderma australe [Fr.] Pat.)

394. Lebhafter H.   **Ganoderma vegetum** (Fries) Romell

14. Mündungen rost- od. zimtbraun, nicht rosenrot.   15.

Hut korkig-holzig, dick, fast keilfg., 5—12 cm lg., 1—3 cm dick, innen rosenrot, oberseits mit filzigem, schwärzlichgrauem Flaum. Röhren geschichtet, kurz, Mündungen fein, rosenrot. Sporen $7 \times 3\,\mu$. An Ndstämmen, besonders Abies im Gebirge, selten. Das ganze Jahr. (Ungulina rosea [A. et Sch.] Bourd. et Galz.)

395. Rosenroter H.   **Fomes roseus** (Alb. et Schwein.) Fries

15. Hut oberseits nicht od. nur sehr undeutlich konzentrisch gezont u. dann Röhren ungeschichtet.   16.

Hut oberseits deutlich konzentrisch gezont, Röhren stets deutlich geschichtet.   17.

16. Hut 5—30 cm br., holzig, zum größten Teil aus sich weit hinabziehenden Röhren bestehend, nur mit dem oberen, 1—2 cm br. Rand abstehend, oberseits braun, später schwarz, glatt, Rand stumpf, wellig. Röhren 2—5 mm lg., Mündungen sehr klein, rundlich, zimtbraun. Sporen $4—7 \times 4—6\,\mu$. An alten Weidenstämmen, auch Weißbuchen, nicht selten. Das ganze Jahr. (Polyporus loricatus Pers., Phellinus s. [Pers.] Quél.)

396. Weiden-H.   **F. salicinus** (Pers.) Fries

Hut 8—9 cm br., holzig, sehr hart, halbkuglig od. knollig, sehr dick (3—5 cm, ungezont), innen gelbbraun, oberseits zuerst kurz rauhhaarig, gelbbraun, später grau, glatt od. höckerig, selten undeutlich gezont. Röhren 1—4 mm lg., ungeschichtet, Mündungen rundlich, sehr klein, grau bereift, zuletzt zimtbraun.

Sporen 5—7,5 × 4—7 μ, bräunlich. Auf alten Stämmen, besonders von Zwetschgen u. Pflaumen, zerstreut. X—III. (Boletus pomaceus Pers., Phellinus f. [Scop.] Pat.)

397. Gelbbrauner H. **Fomes fulvus (Scopoli) Bres.**
17. Mündungen zuerst grau bereift, dann rost- bzw. zimtbraun. 18.
Mündungen nicht bereift, zimt- bzw. gelbbraun. 19.
18. Hut huffg.-polsterartig, im Umfang kreisfg., 10—60 cm lg., 5 bis 20 cm dick, innen wergartig-korkig, rostbraun, oberseits gewölbt, in der Jugend fein filzig, gelbbraun, dann glatt, mit dünner fester Haut überzogen, bräunlich, zuletzt grau mit undeutlichen Zonen, Rand stumpf. Röhren vielschichtig, rostfarben. Mündungen klein, rundlich, anfangs grau bereift, später rostbraun. Sporen 16—18 × 5—7 μ. (F. nigricans Fr., durch glänzend schwarze, harte, glatte Oberfläche verschieden, ist vielleicht nur die auf Birken vorkommende Form.) An alten Lbstämmen, bes. Buchen u. Birken, nicht selten. Das ganze Jahr. (Taf. III, Fig. 109.) (Ungulina fomentaria [L.] Pat.)

398. Zunderschwamm. **F. fomentarius (L.) Fries**
Hut holzig, sehr hart, kuglig-knollig, später mehr huf- od. polsterfg., 6—20 cm br., bis 10 cm dick, innen rostbraun, oberseits in der Jugend fein flockig, gelbbraun, später kahl mit harter, grauer od. schwärzlicher, glanzloser Rinde, gezont, Rand stumpf rundlich. Röhren mehrschichtig, Mündungen fein, rundlich, anfangs grau bereift, später zimtbraun. Sporen kuglig 5—6 × 4—5 μ. An Lbstämmen, häufig. Das ganze Jahr. (Taf. III, Fig. 110.) (Phellinus ign. [L.] Pat.)

399. Feuerschwamm. **F. igniarius (L.) Fries**
19. Hut korkig-holzig, im obern Teil abstehend, muschelfg. od. halbkreisfg., 4—6 cm lg., hinten 0,5 cm dick, oberseits filzig-striegelhaarig, kastanienbraun, gezont, Rand dünn, gelbbraun. Röhren mehrschichtig, 2—3 mm lg., Mündungen fein, rundlich, zimtbraun, frisch gelbbraun. Sporen 5—6 × 4 μ. An alten Weidenstämmen, nicht selten. II—XI. (Phellinus salicinus [Pers.] Quél.)

400. Muschelfg. H. **F. conchatus (Pers.) Bres.**[1]
Hut korkig-lederig, halbkreisfg., abgeflacht, 3—20 cm br., 5—6 cm dick, oft dachziegelig übereinander, oberseits filzig, rostbraun, tief weitläufig gezont, im Alter kahl, dunkelbraun, Rand dünn, in der Jugend gelbbraun. Röhren mehrschichtig, 2—4 mm lg., Mündungen sehr fein, gelbbraun. Sporen 3—5 × 3—4,5 μ. Am Grunde von alten Stachel- u. Johannisbeerstämmen, aber auch an anderen Lbhölzern, wie Eronymus, Crataegus, Rosa, Prunus spinosa, Pirus u. a., häufig. I—XII. (Taf. III, Fig. 111.)

401. Stachelbeer-H. **F. ribis (Schum.) Fries**

---

[1] Nach Bresadola = F. salicinus (Pers.) Fries.

3. Gattung: **Placoderma** Fries, Hautporling.

Fk. groß, meist einjährig, von pergamentartiger od. harziger Haut überzogen, nur mit einer Röhrenschicht. Substanz zuerst saftig, dann saftlos korkig od. schwammig. Sporenpulver weiß. — Holzbewohner.

Nur an Birke.	1.
An Eiche.	2.

1. Hut 8—15 cm br., weiß-grau-bräunlich, halbkreis-, huf- od. nierenfg., hinten ∓ kurz stielartig verschmälert, anfangs saftig, dann schwammig-korkig, ungezont, Rand wulstig, Haut glatt, kahl, ungezont, abziehbar, pergamentartig. Substanz weiß, von säuerlichem Geruch u. Geschmack. Röhren ungeschichtet 2—8 mm lg., weiß, im Alter sich ablösend. Poren fein ungleich, weiß, bei Druck dunkelnd. Sporen 5—7 × 1—3 μ. An Birken häufig, diese tötend u. schnell vermorschend. Fast das ganze Jahr. (Taf. III, Fig. 119.) (Ungulina b. [Bull.] Pat.)

402. Birken-H.   **P. betulinum** (Bulliard). Fr.

2. Fk. rostbraun.   3.

Fk. ledergelb-blaß, 15—45 cm br., gewölbt zungenfg., in dicken, horizontalen St. zusammengezogen, mit stumpfem, wulstigem Rande. Haut glatt, glanzlos, ungezont, anfangs flockig-körnig, bei Berührung ∓ rötend. Fleisch anfangs saftig-weich, zuletzt korkig, weiß. Röhren ungeschichtet, 2—3 mm lg., klein. Mündungen eng, weißlich. Sporen 10—12 × 2—4 μ. — An alten Eichen, nicht häufig. Fast das ganze Jahr. (Ungulina qu. [Schrad.] Pat.)

403. Eichen-H.   **P. quercinum** (Schrad.) Fr.

3. Fk. graurostbraun, 10—60 cm br., bis 40 cm lg., bis > 30 cm dick, eifg., knollig-polsterfg., bisweilen exzentrisch gestielt, höckerig-grubig. Haut dünn, glatt, brüchig. Röhren 10—20 mm lg., ungeschichtet, dunkelbraun; Mündungen mittelgroß, rundlich, blaß rostgelb. Sporen rundlich 6—8 μ gr. Fleisch anfangs saftig-weich, reichlich gelbliche Tropfen ausscheidend, stark riechend, zuletzt faserig-korkig, zimtrostfarben. Am Grunde alter Eichstämme; bisweilen dachziegelig. I—XII. Selten. (Phellinus dr. [Pers.] Pat., Polyporus pseudoigniarius [Bull.], [Fig. 125].)

404. Tropfender H.   **P. dryadeum** (Pers) Fr.

4. Nur an Lärchen.	5.
An anderen Ndhölzern.	6.

5. Hut bis kopfgroß, huf- od. knollenfg., kahl, mit harter, rissig abschülfernder Haut, oberseits konzentrisch gefurcht, gelblich-weiß, mit gelben u. braunen Zonen. Fleisch weichzäh-korkig, zerreiblich; Röhren kurz, sehr eng, oft kaum erkennbar, ungeschichtet, gelblich, dann bräunlich. Sporen elliptisch 4 × 2,5 μ, hyalin. Geruch duftend nach Mehl; Geschmack süßlich-bitter.

An Larix-Stämmen in den Südalpen nicht selten. Fast das ganze Jahr. (Ungulina o. Pat.)

405. Lärchen-H. **Placoderma officinale** (Vill.) Fr.

6. Nur an Ndhölzern. 7.
- An Nd.- u. Lbhölzern. 8.

7. Hut polsterfg. 8—10 cm br., ∓ dreieckig, bisweilen hinten etwas ausgezogen, dick, ungezont, anfangs zottig, rosafleischrot mit weicher, rauhlicher Haut. Fleisch anfangs saftig-brüchig, dann korkig-zäh, gleichfarbig (nach Fries ledergelb). Röhren kurz, klein, rundlich, regelmäßig, ungeschichtet, weißrötlich. An Fichtenstümpfen, auch an geschlagenem Holze, selten. H. (Leptoporus er. [Fr.] Bourd. et Galz., Polyporus Weinmannii Fries)

406. Fleischroter H. **P. erubescens** Fries

8. Stark duftend, nicht harzig ausschwitzend. 9.
   Hut fächerfg. ausgebreitet 10—20 cm br., bis 8 cm dick, oft dachziegelig, am Rande verschmälert; Haut jung einen harzigen Saft ausschwitzend, später starr, rot- od. dunkelbraun, runzelig od. körnig, rinnig-rissig, mit hellerem Rande. Fleisch erst fleischig-saftig, dann lederartig, schließlich holzig, blaßbräunlich, ungezont. Röhren 3—10 mm lg., bisweilen geschichtet; Mündungen eng, gleichmäßig, anfangs weißlich, dann blaß-zimtbraun. Sporen 10—12 × 7—8 μ. An alten Nd.- u. Lbholzstämmen, besonders im Gebirge nicht selten. VI—XII. (Ganoderma laccatum [Kalchbr.] Bourd. et Galz., G. Pfeifferi Bres., Fomes advena Quél.)

407. Harziger H. **P. resinosum** Schrader

9. Huthaut fahlgelb. 10.
   Hut handgroß, muschelfg., runzelig, flockig, bereift mit starrer, rinniger, harziger, dunkelrotbrauner Haut mit fast bläulichem Rande. Fleisch ungezont, holzig-verhärtet, wohlriechend (wie Trametes odorata), gelblichblaß. Röhrenmündungen klein, gleichweit blaß-rostfarben, dann dunkelbraun. Sporen 5—6 × 3—4 μ. Besonders an Lbhölzern, auch dachziegelig. (Ungulina fuliginosa [Scop.] Pat., Polyporus resinosus Fr.)

408. Wohlriechender H., Benzoe-H. **P. benzoinum** (Wahlenbg.) Fr.

10. Hut 8—14 cm br., 3—6 cm dick, knollig-fächerfg., ungezont mit dünner, harziger, klebriger, fahlgelber, nach hinten rostgelber Haut; Rand wulstig glanzlos, weiß bis schmutzig gelblich. Fleisch anfangs saftig, dann weichzäh, ungezont, weiß, stark gilbend, bei Druck fleischviolettlich, stark duftend. Röhren ziemlich lang, hinten fast geschichtet; Mündungen eng u. stumpf, weißgelblich od. rötlich werdend. An Nd.- u. Lbholz, besonders Buchen, selten. H. W. — Nach Bresadola u. a. Jugendform von *389*.

409. Gelblicher H. **P. helveolum** (Rostkovius) Fr.

Polyporaceae. 161

4. Gattung: **Polyporus** Micheli, Porenschwamm, Porling.

Hut zählfleischig, dann erhärtend, seltener käsig flockig, zerbrechlich, auf der Oberfläche meist ohne Zonen, aber das Gewebe im Innern oft faserig radiärstrahlig u. oft gezont. Röhren stets ungeschichtet. Substanz zwischen den Röhren von der des Hutes verschieden, oft anders gefärbt. Sporenpulver weiß.

A. Hüte stiellos, breit ansitzend, auch umgewendet, nicht zerschlitzt, oft dachziegelig übereinander, seltener (vgl. 21) am Grunde etwas stielartig zusammengezogen.

1. Hüte stets dachziegelig übereinander, sehr selten einmal einzeln. 2.
   Hüte stets einzeln (dachziegelig nur bisweilen bei trabeus, amorphus, mollis, die auch durch 3 erreicht werden). 14.
2. Gewebe des Hutes weiß, gelblich, gelblichbraun, nur bei imberbis nachträglich braun werdend. 3.
3. Hut von Anfang an kahl, nicht zottig, flockig od. haarig. 4.
   Hut irgendwie zottig od. haarig. 8.
4. Hut weißlich, gelblich od. rötlich u. so bleibend. 5.

Hüte 6—12 cm br., derb, dicht dachziegelig, in großen Rasen, auf einer grundständigen Anschwellung sitzend, am Rand gelappt, mit konzentrischen Furchen, anfangs blaß weißlich, dann braun werdend. Substanz weichlederig, zimtbraun, Röhren weiß, durch braune Linien vom Hute getrennt. Poren zart, dicht, lineal u. labyrinthfg., gelblich, bei Druck bräunlich. Sporen 6—8 × 3—4 μ. Geruch anis- od. mehlartig. Am Grunde alter Lbholzstämme, besonders Weide, Esche, Robinie, selten. I—XII. (Taf. III, Fig. 112.) (Leptoporus imb. [Bull.] Quél.)

410. Bartloser P. **Polyporus imberbis** (Bull.) Fr.

5. Auf Nd. 6.

Hüte dachziegelig, 5—8 cm groß, korkig-fleischig, glatt, kahl, ungezont, gelblich, mit dünnem, scharfem Rand. Poren kurz, klein, rundlich, weiß, später gelblich. Substanz dünn, fleischigkorkig, blaßgelb. Sporen 6—8 × 4 μ. An Ästen u. Stämmen von Lb., selten. I—XII.

411. Blasser P. **P. pallescens** Fries

6. Poren sich bei Berührung nicht verfärbend. 7.
   Poren weiß, durch Druck rot werdend (Beschreibung siehe S. 164).

425. **P. mollis** (Pers.) Fr.

7. Hutoberfläche rauh (Beschreibung siehe S. 165).

429. **P. trabeus** Rostkovius

Hüte dachziegelig, polsterfg., bis 12 cm groß, ca. 2—4 cm dick, mit höckeriger Basis, fleischig-korkig, zerbrechlich, glatt, kahl, derb, weißlich, mit stumpfem, rötlichbraunem Rand. Poren lg., eng, rundlich, weiß, milchweiße, bittere Tropfen abscheidend. Sporen 5—6 × 2,5—4 μ. Geschmack herb-zusammenziehend.

Lindau, Kryptogamenflora I, 3. Aufl. 11

Geruch ekelerregend. An Kieferstämmen, zerstreut. VII—XII. (Taf. III, Fig. 113.) (Leptoporus st. Quél.)

412. Herber P. **Polyporus stipticus** (Pers.) Fr.

8. Poren zuerst rundlich, später verbreitert u. labyrinthfg., gebogen. 9.
Poren rundlich bleibend, nur bei borealis etwas gebogen. 10.

9. Hüte dachziegelig, hinten ausgebreitet, umgebogen u. bisweilen ganz umgewendet, zuerst zäh fleischig, dann lederartig, runzelig, grau bis schwärzlich, seidenhaarig, 2—8 cm br., Rand dünn, kraus, zuletzt schwarz. Poren ziemlich groß, ungleich, später labyrinthfg., silbergrau, schimmernd. An alten Lbstämmen, zerstreut. Fast das ganze Jahr. (Boletus crispus Pers.)

413. Krauser P. **P. adustus** Willd. var. **crispus** (Pers.) Fr.

Hüte 5—15 cm br. dachziegelig, ausgebreitet nierenfg., weich lederartig, elastisch, angedrückt zottig, weißlich um den etwas lappigen und geschwollenen Rand niedergedrückt, gefurcht. Poren zart, dicht, verlängert, durcheinander geschlungen, weiß. Sporen länglich 7—8 μ. An alten Weidenstämmen, nicht selten. (Taf. III, Fig. 114.) (Daedalea s. [Fr.] Rea.)

414. Weiden-P. **P. salignus** Fries

10. Rand schwärzlich. 11.
Rand dem Hut gleichfarbig. 12.

11. Hüte 3—10 cm br., 2—4 mm dick, dachziegelig, am Grunde ausgebreitet, zäh fleischig, dünn, zottig, blaßgrau-ockerfarben, Rand steif, erst weiß, dann schwärzlich. Röhren 1—2 mm lg. grau. Poren klein, rundlich, stumpf, zuerst weißlich bereift, dann graubräunlich. Substanz fleischig-zäh, blaßbraun, scharf od. säuerlich riechend. Sporen 4—5 × 2—3 μ. An Stämmen, besonders von Lb., häufig. IV—XII. (Fig. 115.) (Leptoporus ad. [Willd.] Quél.)

415. Angebrannter P. **P. adustus** (Willd.) Fr.

Hüte dachziegelig, 5—12 cm br., br. aufsitzend, ziemlich dick, fleischig, korkartig, anfangs seidenhaarig, dann kahl, blaß rußfarbig, innen faserig, schwach gezont, gegen den Rand hin verdünnt, schwärzlich. Substanz faserfleischig-korkig, geschichtet. Poren klein, rundlich, weißlich-rauchfarben, durch Druck dunkler werden. Sporen 4—5 × 2—2,5 μ. An alten Lbstämmen, besonders von Weiden u. Rotbuchen, häufig. I—XII.

416. Rauchfarbener P. **P. fumosus** (Pers.) Fr.

12. An Nd. 13.

Hüte polster- od. fast nierenfg., 2—6 cm br., mehrere dachziegelig od. rasig, zäh fleischig, dann korkig, oberseits weiß, kurz, klein, flach, rundlich. Sporen zylindrisch 4,5—8 × 2—2,5 μ. An faulenden Birkenstämmen, selten. VII—XI. (Taf. III, Fig. 116.) (Coriolus p. [Schum.] Quél., P. velutinus Fr.)

417. Behaarter P. **P. pubescens** (Schum.) Fr.

13. Hüte hinten dick, nach vorn verschmälert, 7—10 cm lg., 3—5 cm br., anfangs weich fleischig, dann zähe, meist dachziegelig, oberseits ledergelb, ungezont, fast samtig, seltener runzelig od. schwach filzig, mit scharfem, glattem Rande. Substanz fleischigzäh, aber brechbar, oft schwach gezont, weiß. Poren 4—6 mm lg., ledergelb, klein, ungleich, gezähnt, am Rande undeutlich. Sporen 4—5 × 1—2 μ. An alten Kiefernstämmen, zerstreut.

418. Ledergelber P. **Polyporus alutaceus Fries**

Hüte mit br. Grunde angewachsen, dick, bisweilen nach hinten stielartig verschmälert, 5—10(—20) cm br., 2 cm dick, fleischigschwammig, dann korkig, innen weißlich, parallelfaserig, oberseits zottig-filzig, weiß, dann blaßgelblich, ungezont. Substanz schwammig-korkig, parallelfaserig. Poren bis 5—10 mm lg., weißlich, ungleich, verbogen, mit zerschlitztem Rand. Sporen 4—7 × 3—4,5 μ. An alten Ndstämmen, namentlich in Gebirgswaldungen, nicht selten. IX—IV. (Fig. 117.) (Spongipellis b. [Whbg.] Pat., Daedalea b. [Whbg.] Quél.)

419. Nördlicher P. **P. borealis** (Wahlenberg) Fr.

Poren gelblich od. rötlich (Beschreibung siehe S. 163/164).

421. **P. amorphus Fries**

14. Hut innen weiß od. holzfarben, niemals dunkel gefärbt, wenn mehr gelblich, dann von weicher käseartiger Konsistenz. 15.

Hut innen irgendwie gefärbt, nicht weiß. 28.

15. Hut innen faserig od. käsig, weich, zähe werdend, nicht erhärtend, ohne besondere Rinde. 16.

16. Hut innen ∓ faserig, nicht käsig-weich, innen stets gezont. 17.

Hut innen von käsiger, wässerig-weicher Konsistenz, nicht faserig, innen selten gezont. 21.

17. Poren bei Druck sich nicht verfärbend. 18.

Hut hinten dick, nach dem Rande verdünnt, 4—15 cm br., innen wässerig-fleischig, dann grobfaserig, oberseits weißlich, später rotbraun, mit striegeligen rotbraunen Haaren u. weißem Rande. Bei Berührung braunrot. Fleisch ∓ faserig, gebrechlich, blaß, an der Luft rasch gilbend. Mündungen labyrinthig. gewunden, weiß, bei Druck rotbraun. Sporen 3—6 × 1,5—2,5 μ. An alten Ndstümpfen, nicht häufig. IX—XII. (P. Weinmanni Fries, Leptoporus fr. [Fr.] Quél.)

420. Zerbrechlicher P. **P. fragilis** Fr.

18. An Lb. 19.

Hut 3—4 cm br., fast ganz der Unterlage angewachsen, mit dem oberen Teil etwa 1—2 cm br. abstehend, oft dachziegelig, zähe, oberseits u. am Rande seidenhaarig, weiß. Substanz weichzäh, weiß, bitter. Röhren kurz, goldgelb od. rötlich, mit feinen, zuerst weiß bereiften Mündungen. Sporen 6—8 × 2—3 μ. An alten Kiefernstümpfen, nicht selten. Fast das ganze Jahr. (Fig. 120.) (Leptoporus a. [Fr.] Quél.)

421. Formloser P. **P. amorphus** Fries

19. Poren weiß, dann bräunlich od. rötlich. 20.

Hut 3—5 cm br., fächerfg. ausgebreitet-zurückgebogen, oft große krustige Überzüge bildend, dünn, zähfleischig, oberseits seidenhaarig, weißgrau, durch Vertiefungen oft fast gezont. Substanz weichzäh, weiß. Rand steif, weiß. Poren dunkelzimtbraun, klein, kurz, rundlich, stumpf. Sporen 3—5 × 1 μ. An Lbstämmen (Buche, Birke usw.), nicht häufig. H. (Taf. III, Fig. 121.)

422. Zweifarbiger P. **P. dichrous** Fries

20. Hut polsterfg., buckelig, runzelig, am Grunde verschmälert, 7 bis 15 cm br., 2—4 cm dick, innen fleischig schwammig, geschichtet, weißrötlich-violett, oberseits höckerig, zottig, unten konkav, Rand stumpf. Poren bis 1 cm lg., weiß, später bräunlich, vom Hute trennbar, rund, fein. Sporen 4—7 × 3—6 μ. An hohlen Lbstämmen, bes. Apfel, Ulme, Ahorn, zerstreut. VIII—I. (Spongipellis sp. [Sow.] Pat.)

423. Schaumiger P., Apfel-P. **P. spumeus** (Sowerby) Fr.

Hut 8—15 cm br., muschelfg., mit etwas verschmälerter Basis, zäh fleischig, ungezont, oberseits seidig-zottig, weiß, dann rötlich u. gelblich. Substanz weichzäh, gezont, weiß. Röhren bis 30 mm lg. Poren mittelgroß, kurz, rundlich od. eckig, weiß, dann rötlich. Sporen 5—6 × 3,5—4 μ. An Weiden, Zitterpappeln, Äpfeln u. Buchen, häufig, oft zusammen mit *437*. Schädlich. VI—XII. (P. albosordescens Romell)

424. Weißer P. **P. albus** (Hudson) Bres.

21. Poren bei Druck sich in der Farbe nicht ändernd. 22.

Hut 10—15 cm br., ausgebreitet-krustig od. umgebogen, bisweilen dreieckig mit stielfg. vorgezogener Basis, od. sogar etwas schirmfg. mit mehr zentralem St., seltener mehrere Hüte übereinander, innen fleischig, weich, oberseits runzelig, orangebraun, fleischfarben, mit scharfem Rande. Substanz schwammigfaserig, weiß. Röhren verlängert, Mündungen ungleich, gewunden, weiß, bei Druck rot werdend. Sporen 3—5 × 1—2 μ. Auf faulenden Ndstämmen, bes. im Gebirge, zerstreut. Als Vorfruchtkörper ohne Basidien, nur mit Chlamydosporen gehört hierher wahrscheinlich Ceriomyces albus (S. 182). VIII—V.

425. Weicher P. **P. mollis** (Pers.) Fries

22. Hut innen gezont, nicht außen. 23.
Hut innen nicht gezont. 24.

23. Fk. 5—10 cm weit ausgebreitet, umgebogen, wässerig-fleischig, zerbrechlich, fast ganz aus Röhren bestehend, hellbräunlich od. schmutzig weißlich, runzelig, wellig, innen gezont. Röhren ver-

längert, Mündungen rundlich, weißlich, gezähnt od. zerschlitzt. Substanz weich, stark durchfeuchtet, gezont, gebrechlich. Sporen 4—6 × 3,5—4 μ. An Kiefernstämmen im Walde, ferner an Brettern u. Balken der Häuser, schädlich u. nicht selten. Das ganze Jahr. (Leptoporus d. [Schrad.] Bourd. et Galz.)

426. Zerstörender P. **Polyporus destructor** (Schrader) Fr.

Hut 7—9 cm br., derbfleischig, dann korkig, schwach samtigflaumig, oberseits ungezont, schmutzig scherbengelb, innen gezont, mit scharfem, blassem Rande. Substanz fleischig-zäh, brechbar, schwach gezont, weiß. Poren klein, kurz, rund, gleichgroß, weißgelblich. Sporen 5—6 × 2—3 μ. An Birnen- u. Schwarzpappelstämmen, selten. H. (Leptoporus t. [Fr.] Bourd. et Galz.)

427. Scherbengelber P. **P. testaceus** Fries

24. Hutoberfläche weißlich, auf Druck sich verfärbend. 25.
Hutoberfläche sich auf Druck nicht verfärbend. 26.

25. Hut ausgebreitet-umgebogen od. dreieckig, bisweilen etwas trichterfg. u. fast gestielt, selten mehrere übereinander, 3—6 cm br., 2 cm dick, frisch weiß, bei Berührung od. Verletzung blau, dann schmutzig grün werdend, oberseits uneben, mit kurzzottigen od. anliegenden Fasern, seidig. Substanz weichfleischig, zäh, schwach gezont, weiß, blau durchzogen. Röhren bis 1 cm lg., Mündungen fein, ungleich, gebogen u. gezähnelt. Sporen 4—5 × 1—2 μ. An Baumstämmen, auch Bauholz, zerstreut. I—XII. (Leptoporus c. [Schr.] Quél.)

428. Blauer P. **P. caesius** (Schrader) Fr.

26. An Lb. 27.

Hut 4—8 cm br., halbkreisfg., oft etwas umgewendet, bisweilen dachziegelig, fleischig, später fest, oberseits rauh, ungezont, gelblichweiß, mit stumpfem Rande. Poren kurz, klein, rundlich, od. etwas verlängert, gezähnt, weiß. Sporen 4,5—6 × 1—2 μ. An faulendem Fichtenholz, selten. I—XII. (Taf. III, Fig. 122.) (Leptoporus tr. [Rost.] Bourd. et Galz.)

429. Balken-P. **P. trabeus** Rostkovius

27. Hut 3—10 cm br., keilfg., dünner werdend, hinten dick, fleischig, zerbrechlich, schneeweiß, am Rande scharf, oberseits anfangs flaumig, dann kahl, ungezont. Substanz fleischig-faserig, mild, geruchlos, blaß. Röhren 6—8 mm lg., Mündungen zuletzt labyrinthfg., zerrissen, weiß. Sporen 4—5 × 1,5—2 μ. An alten Lbstämmen (Weide, Rotbuche), zerstreut. III—X. . (Taf. III, Fig. 123.) (Leptoporus l. [Fr.] Quél.)

430. Milchweißer P. **P. lacteus** Fries

Hut fast nierenfg., oft etwas gestielt, 3—8 cm br., weich fleischig, zerbrechlich, feucht durchscheinend weiß, trocken schneeweiß, oberseits kahl, glatt, ungezont, von scharfem Geruch. Poren kurz, klein, rund, gleichgroß. Sporen 5 × 1,5 μ. An Lbstämmen (Birke), zerstreut. (Taf. III, Fig. 124.)

431. Schneeweißer P. **Polyporus chioneus** Fries

28. Hut keinen Saft ausschwitzend, Rinde weicher. 30.
29. Hut polsterfg., knollig, bis > 40 cm groß, innen kastanienbraun, zuerst saftig, weich, dann korkig-faserig u. am Rande gelbliche wässerige Tropfen abscheidend, oberseits höckerig-grubig, mit dünner glatter, dunkelbrauner Rinde. Röhren 1—2 cm lg., dunkelbraun, Mündungen rundlich. An alten Eichen, sie abtötend, zerstreut. S. H. W. (Taf. III, Fig. 125.)
Siehe *404.* **Placoderma dryadeum** (Pers.) Fr.
30. An Lb. 31.
31. Hutoberfläche nur in der Jugend haarig, dann kahl werdend. 32.
Hutoberfläche dauernd haarig. 33.
32. Hut 3—8 cm, beiderseits gewölbt, muschelfg., am Grunde etwas verbreitert, dünn, innen zäh fleischig, zimtbraun, oberseitig anfangs zottig, dann kahl, ungezont, zimtbraun, später gelbbraun, Rand stumpf, ungleich. Poren kurz, klein, zart, gleichgroß, scharf, schwach glänzend, zimtbraun. Sporen rundlich 4 μ. An Ästen u. Stämmen von Lb. (Eiche, Eberesche usw.), zerstreut. I—XII. (Phaeolus rut. [Pers.] Pat.)

432. Zimtbrauner P. **P. rutilans** (Pers.) Fr.

Hut 2,5—5 cm, polsterfg., verlängert, seltener auch umgewendet, 1—2,5 cm dick, innen korkig-fleischig, elastisch, weich, oberseits zottig, dann kahl, ungezont, blaßgelblich od. rötlich, mit stumpflichem, abstehendem Rande. Substanz zähweich, undeutlich gezont, zimtgelb, trocken wohlriechend. Poren mittelweit verlängert, ungleich, eckig, gelbbräunlich. Sporen 2—3(—5) × 1 bis 1,5(—3) μ. An Eichen u. Buchen, nicht häufig. I—XII.

433. Nest-P. **P. nidulans** Fries

33. Sporenpulver braun, Mündungen rostbraun. 34.

Hut 4—8 cm lg., 1—1,5 cm dick, in der Jugend umgewendet, dann umgebogen, innen fleischig, weich, später zähe, faserig, gelbbraun, oberseits gelb, filzig, ungezont. Substanz fleischig, dann faserig-zäh, fleischfarben-safrangelb. Röhren kurz, Mündungen ungleich groß, safrangelb. Sporenpulver weiß. Sporen 4—6 × 3—4 μ. An alten Eichen, selten. VI—XII. (Taf. III, Fig. 126.) (Phaeolus cr. [Pers.] Pat.

434. Safrangelber P. **P. croceus** (Pers.) Fr.

Hut 5—14 cm br., halbiert-dreieckig, runzelig, anfangs etwas filzig, dann verkahlend, scherbengelb, dann bräunlich-orange mit stumpfem Rande. Substanz weich, käsig-faserig, ungezont, scherbengelb. Röhren 1—2 cm lg., rötlichgelb, Mündungen ± 1 mm gr., rundlich-eckig, jung schwefelgelb, dann rötlich, schließlich braun. Sporen hyalin, 6,5—9 × 5—7 μ. An Sorbus, selten. IX—XI. (Phaeolus subt. [Bres.] Bourd. et Galz.)

435. **Scherbengelber P.** **Polyporus subtestaceus** Bres.

34. Hut halbkreisfg., 10—30 cm lg., 0,5—1 cm dick, innen weich, gelbbraun, oberseits rauhhaarig-filzig, rostbraun, am Rand heller, später fast schwärzlich, undeutlich gezont. Rand scharf, oft abwärts gebogen. Substanz dünn, parallelfaserig, schwammigfleischig, dann trocken, gelbbraun. Röhren 0,5—1 cm lg., gelbbraun, dann rostbraun, Mündungen klein, rundlich, gleichfarbig. Sporen 5—8 × 4—6 μ. An alten Eichen, Buchen, Carpinus, Betula, zerstreut. VIII—II. (Fig. 127.) (Xanthochrous cut. [Bull.] Pat.)

436. **Häutiger P.** **P. cuticularis** (Bulliard)

Hut halbkreisfg., polsterfg., hinten sehr dick, nach vorn verdünnt, 10—30 cm br., bis 8 cm dick, innen saftig, weich, grobfaserig, gelbbraun, später kastanienbraun, oberseits mit striegelig-filzigen, dunkelbraunen, fast schwärzlichen Haarbüscheln besetzt. Substanz wässerig-weich, strahlig-faserig, gelb mit dunkleren Zonen. Röhren 1—3 cm lg., fast goldgelb, später rostfarben, Mündungen klein, rundlich, rostbraun. Sporen 9—12 × 6—9 μ. An Lb., besonders Apfelbäumen, häufig. VI—II. (Taf. III, Fig. 128.) (Xanthochrous h. [Bull.] Pat.)

437. **Rauhhaariger P.** **P. hispidus** (Bulliard) Fr.

B. Hüte deutlich seitlich od. zentral gestielt, oft zerschlitzt u. einem gemeinsamen Stiel entspringend, oft dachziegelig.

1. Hüte dachziegelig od. gehäuft, ∓ gestielt, gewöhnlich aus einem gemeinsamen Knollen entspringend od. am Grunde verwachsen. 2.
Hüte einzeln, seitlich od. zentral gestielt. 12.

2. Poren vom Hutfleisch nicht trennbar. 3.
Poren vom Hutfleisch leicht trennbar. 5.

3. Hüte rost- od. kastanienbraun. Mündungen weiß, sich verfärbend. 4.

Hüte rasig, vielteilig, zäh lederartig, fast halbiert, dachziegelig verwachsend, kahl, gelb, am Grunde zu einem zylindrischen, bräunlichen St. verschmälert. Poren fein, weiß. Am Grunde alter Lbholzstämme, bes. an Obstbäumen, sehr selten. S. H.

438. **Lappiger P.** **P. lobatus** (Huds.) Fr.

4. Hüte dachziegelig, trichterfg., eingeschnitten halbiert, etwas gezont, längsrunzelig, zäh lederartig, rostfarben, St. aus gemeinsamer Basis verästelt. Poren buchtig, gezähnelt, weiß, dann rot werdend. Sporen 4 × 3 μ. An Stämmen u. auf der Erde. IX—X. (Taf. III, Fig. 129.)

439. **Akanthusartiger P.** **P. acanthoides** (Bulliard) Fr.

Hüte halbkreisfg., 6—30 cm br., dachziegelig, weillg, zäh fleischig, dann fast lederartig, oberseits körnig od. feinschuppig, kastanienbraun, undeutlich gezont, St. in großer Zahl einem dicken Knollen entspringend, bis metergroße Rasen bildend. Substanz faserig-zäh, bei Bruch rötend bis schwärzend. Röhren kurz, Mündungen fein, anfangs rundlich, weiß, bei Berührung schwärzlich werdend, später zerschlitzt, schmutzig bräunlich. Sporen 5—7 × 4—6,5 μ. Geruch u. Geschmack säuerlich. Am Grunde alter Lbstämme, bes. Eichen, zerstreut. VIII—XI.

440. Riesen-P. **Polyporus giganteus** (Pers.) Fr.

5. Hüte oberseits zottig, mindestens in der Jugend. 6.
   Hüte von Anfang an kahl. 7.
6. Hüte 10—15 cm br., oft kreisrund, erweitert, wellig u. uneben, daneben ganz unregelmäßig, dachziegelig od. ganz verschieden zusammengesetzt, fleischig-faserig, starr u. zerbrechlich, oberseits zottig, ledergelb bis isabellfarbig, ungezont. Röhren klein, weiß, weich, Mündungen zerrissen-labyrinthisch, zerfranst-flockig. Fleisch mürbe-käsig. Sporen 6—7 × 4—5 μ. An alten Walnußstämmen u. von da benachbarte Gräser, Stengel usw. umfließend, im Gebirge häufiger. IX—X. (P. imberbis [Bull.] Quél.)

441. Angehefteter P. **P. alligatus** Fries

Hüte halbiert, 5—10 cm lg., 1 cm dick, hinten eingedrückt, gestielt, mehrere am Grunde mit den St. verwachsen, weich fleischig, später fast korkig, zerbrechlich, innen gelblichweiß, dann gelb od. grünlich, oberseits feinzottig, später rissig u. schuppig, grünlichgelb mit rötlichem Anflug, St. weiß. Röhren bis fast zum Stielgrunde herablaufend, Mündungen weiß, später gelblich, eckig u. zerschlitzt. Sporen rundlich 5—9 × 4—6 μ. Geruch widerlich. Am Grunde der Stämme in Lbwäldern im Boden wurzelnd, zerstreut. VIII—XI. (Taf. III, Fig. 130.)

442. Kammfg. P., Grüner P. **P. cristatus** (Pers.) Fr.

7. Mündungen gelb. 8.
   Mündungen weiß od. hellbräunlich. 9.
8. Hüte 10—20 cm br., lappig, sitzend od. gestielt, dachziegelig aus gemeinsamem Grunde, faserig-käseartig, ziemlich fest, dann zerfallend, oberseits kahl, gelbbraun, am Rande schwach gezont u. blasser. Fleisch bräunlich, trocken weiß, käsig. Poren klein, rund, blaß, schmutzig gelb. Sporen 5—7 μ. An Baumstämmen, auch in Höhlen (dann keulig), zerstreut. V—XI. (Taf. III, Fig. 131.)

443. Dachziegeliger P. **P. imbricatus** (Bulliard) Fr.

Hüte halbkreisfg., sitzend od. gestielt, meist viele am Grunde zu großen Massen vereinigt, bis 30 cm lg., 4 cm dick, weich fleischig mit gelbem Saft, dann erhärtend u. weiß, trocken, oberseits hellgelb od. orange, verblassend bis weißlich. Röhren ca. 4 mm lg., Mündungen sehr fein, ungleich, schwefelgelb. Fleisch blaß-gelblich, saftig. Sporen 6—7 × 4—5 μ. An lebenden Lb.-bäumen sehr schädlich, nicht selten, eßbar. S. H., Myzel perennierend. (Taf. III, Fig. 132.) (= P. sulfureus [Bull.] Fr., Leptoporus s. Quél.)

444. Schwefelgelber P. **Polyporus caudicinus** Schaeffer
9. Hutoberseite weiß, bräunlich od. gelblich. 10.
  Hüte halbiert, 6—12 cm groß, ca. 0,5 cm dick, am Rande dünn, ausgeschweift, seltener lappig, fleischig, trocken leicht zerbrechlich, innen weiß, sehr viele am Grunde zu einem mehrfach verzweigten weißen Stamm vereinigt, oberseits grau od. rußfarben, kahl. Röhren 2—3 mm lg., herablaufend, Mündungen weißlich. Sporen 5—7 × 4 μ. Guter Speisepilz. In Lbwäldern am Boden bei alten Stämmen, nicht selten. VII—XI. (Taf. III, Fig. 133.)
445. Klapperschwamm, Schipperling.
 P. frondosus (Flora danica) Fr.
10. Hüte kleiner, bis 5 cm groß. 11.
  Hüte halbiert, auch exzentrisch gestielt, gelappt, 12—15 cm br., fest fleischig, trocken zerbrechlich, zu mehreren mit den weißen St. bis zu 50 cm großen Rasen verbunden, oberseits zuerst glatt, fleischfarben od. rötlich-gelblich, später rissig-schuppig, rotbraun. Röhren 2—3 mm lg., herablaufend, weißlich gelblich, Mündung fein, rundlich. Sporen 4,5—5 × 3—3,5 μ. Auf dem Boden in Ndwäldern, zerstreut. VII—X. (Taf. III, Fig. 134.) — Eßbar.
446. Semmelpilz. **P. confluens** (Alb. et Schwein.) Fr.
11. Hüte 2,5—6 cm br., halbiert, buchtig, später spatelfg., fleischig, St. zu einem kurzen Stamm verschmolzen, oberseits gelbbraun. Poren weißbräunlich. Sporen 7—8 × 2 μ. Am Grunde alter Stämme, besonders Fagus, Quercus; selten. VII—X.
447. Endivien-P. **P. intybaceus** Fries
  Hüte kreisrund, 2—5 cm br., gewölbt, dann in der Mitte eingedrückt, fleischig, innen weiß, sehr viele (bis 100) zu großen (bis 60 cm br.) kopffg. Rasen zusammentretend, St. mehrfach verzweigt, weiß, aus gemeinsamem Stamm, der einem großen Sklerotium entspringt. Hutoberseite hell- bis dunkelbraun, seltener weiß. Röhren sehr kurz, sehr weit herablaufend, Mündungen weiß, rundlich. Sporen 9—10 × 3—4 μ. Am Grunde alter Buchenstämme in Lbwäldern, zerstreut. VII—X. (Taf. III, Fig. 135.) Eßbar. (Abb. 4, 2 S. 28.)
448. Eichhase. (P. ramosissimus [Schaeff.] Fr.) **P. umbellatus** Pers.
12. St. seitenständig od. exzentrisch, an der Basis schwarz. 13.
  St. zentral od. exzentrisch, an der Basis gleichfarbig mit dem Hut.
13. Hutoberfläche kahl, glatt. 14.
  Hutoberfläche schuppig od. anfangs flockig. 17.
14. Hutoberfläche nicht rauchgrau. 15.
  Hut trichterfg., seltener mehrere zusammen, exzentrisch gestielt, 10—25 cm lg., 14 cm br., oberhalb der Stielanheftungsstelle kegelfg.

vertieft, zähfleischig, oberseits glatt, rauchgrau, mit bauchigem, eingerolltem Rande. St. schwarz, netzig gezeichnet, gekrümmt, exzentrisch, bis 15 cm lg. Röhren weit herablaufend, Mündungen ungleich groß, fünfeckig, gezähnt, schmutzig weißgelb, im Alter bräunlich. Sporen 14—16 × 5—6 μ. An alten Lbstämmen (Esche, Ahorn usw.), selten. VII—I. (P. infundibuliformis Rostk.)

449. Rostkovius' P. **Polyporus Rostkovii** Fries

15. St. von Anfang an kahl. 16.

Hut trichterfg., oft fast aufgerollt, 10—12 cm br., zähfleischig, zuletzt lederartig, hart, oberseits glatt u. kahl, blaß ockerfarben, später kastanienbraun, matt glänzend, St. fast seitenständig, bis 7 cm h., zuerst filzig, dann kahl, schwarz. Röhren 2—4 mm lg., herablaufend, Mündungen sehr fein, rundlich, weißlich, später ockerfarben. Sporen 7—10 × 3—4 μ. Fleisch süß duftend. An alten Lbstämmen (Weiden, Nußbaum), zerstreut. VII—XII. (Taf. III, Fig. 136.) (Melanopus varius [Fr.] Bourd. et Galz.)

450. Süßriechender Schwarzfuß. **P. picipes** Fries

16. Hut 8—12 cm br., dünn, oft tutenfg., zähfleischig, später lederig hart, oberseits ocker- od. graubraun, dann braun, St. seitenständig od. exzentrisch, glatt u. kahl, nach unten hin schwarz. Röhren kurz, herablaufend, Mündungen klein, ungleich, anfangs weiß, dann gelbbräunlich. Sporen 5—7 × 3 μ. An alten Lbstämmen, zerstreut. Fast das ganze Jahr. (P. calceolus [Bull.] Quél., Melanopus v. [Pers.] Bourd. et Galz.)

451. Mannigfacher P. **P. varius** (Pers.) Fr.

Hut halbkreis- od. nierenfg., gewölbt, 8—10 cm br., fleischig, dann hart, fast holzig, oberseits ocker- od. gelbbraun, glänzend, St. seitenständig, exzentrisch (selten zentral = var. nummularius [Bull.]), bis 3 cm lg., glatt, oben blaß, unten schwarz. Röhren kurz, Mündungen rundlich, blaß, dann hellbräunlich. Sporen 5 × 3 μ. An Lbästen, nicht selten. VII—XI. (Melanopus e. [Bull.] Bourd. et Galz.)

452. Eleganter P. **P. elegans** (Bull.) Fr.

17. St. filzig od. samthaarig. 18.

Hut halbkreis- od. nierenfg., 10—30 cm br., zähfleischig, später zäh, oberseits weißlichgelb od. ockerfarben, mit breiten, braunen, angedrückten Schuppen, am Rand scharf, eingebogen. St. seitenständig, gekrümmt, 4—8 cm lg., glatt, oben weißlich, unten schwarz. Röhren kurz, herablaufend, blaßgelblich, Mündungen fein, weiß, später sehr weit, eckig, gelblich, als Netzzeichnung am St. herablaufend. Sporen 12—15 × 5—6 μ. Geruch schwach fenchelartig. Jung eßbar. An Lb., bes. Populus, Acer, Fagus, schädlich, nicht selten. IV—XI. (Taf. IV, Fig. 137.) (Melanopus sq. [Huds.] Pat.)

453. Schuppiger P. **P. squamosus** (Hudson) Fr.

Hut 5—12 cm br., flach gewölbt, dann geschweift trichterfg., mit zottigen Schuppen, gelblich; Stiel kurz, fest, elastisch, weißlich, kahl; einem knolligen Sklerotium entspringend. Röhren weißlich, fest. Poren eckig, blaß, gleichmäßig. Sporen wie bei *453*. Im Süden, besonders in Italien kultiviert. Die Sklerotien werden als **Schwammsteine** (pietra fungaia) zur Kultur verschickt. — Eßbar.

*453*a. Tuberaster. **Polyporus tuberaster** (Jacq.) Fr.

18. Hut halbiert od. nierenfg., 1—3 cm br., dünn, fleischig, dann zäh, oberseits blaß ockerfarben, erst glatt, dann mit dichtstehenden, dicken, schwärzlichen Schuppen. St. seitlich, 3—3,5 cm lg., filzig, oben weiß, unten braun. Poren wabenartig, 1—2,5 mm br., sechseckig, gezähnt, zitronengelb. An Lb. (Birke), selten. V—X. (Leptoporus agariceus [Berk.] Bourd. et Galz., P. floccipes Bres., P. anisoporus Mont., P. tubarius Quél.)

454. Bouchés P. **P. Boucheanus** Klotzsch

Hut flach, dann trichterfg., dünn, 5—10 cm br., zähfleischig, später lederartig, oberseits weißlich od. ockerbraun, zuerst fein braunflockig, später schuppig. St. 2—3 cm lg., 1—2 cm dick, seitlich od. exzentrisch, kurz, nach oben verdünnt, samtartig behaart, unten dick, schwarz. Röhren ca. 1 mm lg., weit herablaufend, Mündungen fein, ungleich, weißlich, Geruch schwach gewürzartig. Sporen 6—8(—10) × 3—4 μ. An Stümpfen, mit Erde bedecktem Holz in Lbwäldern, zerstreut. VIII—IX. (Taf. IV, Fig. 138.)

455. Schwarzfüßiger P. **P. melanopus** (Pers.) Fr.

19. Hut kahl, ohne Zotten u. Schuppen. 20.
    Hut irgendwie filzig, zottig, schuppig. 22.

20. Hutoberseite braungelblich, rehbraun. 21.

Hut 3—5 cm br., kreisrund, niedergedrückt-genabelt, dünn, fleischig-zähe, kahl, blaß rauchgrau, Rand umgebogen. St. zentral, blaß, dünn, kahl, beidendig verdickt, am Grunde oft rotbräunlich. Poren klein, rundlich, gleichgroß, blaß. Sporen 5 μ. Auf der Erde im Lbwald selten. V—X.

456. Rauchgrauer P. **P. fuligineus** Fr.

21. Hut flach, 2—3 cm br., zäh, dann lederartig, kahl, glatt, ungezont, blaß, später rehbraun, Rand etwas geschweift. St. zentral od. exzentrisch, 2 cm lg., kahl, blaß. Poren klein, rundlich, weißlich. Sporen länglich 8 μ. An Stämmen, selten. X—III. (Taf. IV, Fig. 139.) (Melanopus elegans [Bull.] Bourd. et Galz. var. lept. Jacq.)

457. Zarthütiger P. **P. leptocephalus** (Jacquin) Fr.

Hut flach gewölbt, 3—6 cm br., zäh-fleischig, fast lederartig, ungezont, kahl, braungelblich. St. zentral, 2—5 cm h., 4—5 mm dick, kahl, blaß, bisweilen beidendig angeschwollen. Poren rundlich-eckig, ganz, gelblich. Sporen hyalin 5—6 × 2 μ. Zwischen Holzsplittern auf der Erde, selten. IX—II.

458. Bräunlicher P. **Polyporus fuscidulus** (Schrader) Fr.

22. St. dünn im Verhältnis zur Länge, höchstens 1 cm dick. 23.
St. verkürzt, knollig, unförmlich, jedenfalls nie schlank im Verhältnis zur Länge. 26.
23. Mündungen weiß od. gelblich. 24.
Hut zuerst gewölbt, dann flach, dünn, 1—4 cm br., gelbbraun, am Rande striegelhaarig bewimpert. St. 1—3 cm h., 1—2 mm dick, gelbbraun, unten zottig. Mündungen klein, rundlich, ockerfarben, später etwas dunkler. Auf Ästen von Lb., zerstreut. F. S. (Vielleicht = *462*.)

459. Wimperiger P. **P. ciliatus** Fries

24. Mündungen eckig, länglich. 25.
Hut zuerst gewölbt, dann niedergedrückt, 2,5 cm br., zähfleischig, oberseits schwach flockig, im Alter rissig-schuppig, gelblich rauchgrau. St. fast zentral, 3—4 cm lg., ca. 1 cm dick, netzartig-schuppig. Poren klein, rund, schneeweiß, später verblassend. An Lbstämmen, selten. S. H. (Vielleicht = *462*.)

460. Schuppen-P. **P. lepideus** Fries

25. Hut gewölbt, später etwas eingedrückt, ca. 1—5 cm br., fleischig, dann zäh-lederartig, genabelt-flach, oberseits zuerst braunschuppig, dann fast glatt, ockerfarben, am Rande striegelhaarig. St. 1—3 cm lg., schuppig, graubraun. Mündungen weiß, eckig, länglich, langgestreckt, weit. Sporen 5—7(—10) × 2—3 μ. An Lb., selten. I—XII. (Taf. IV, Fig. 140.) (Leucoporus a. [B.] Quél.)

461. Weitlöcheriger P. **P. arcularius** (Batsch) Fr.

Hut 2—10 cm br., gewölbt, dann genabelt, dünn, fleischig, dann zäh-lederartig, oberseits graubraun od. ockerfarben, zuerst filzig, dann angedrückt schuppig. St. 4—5 cm lg., 0,5 cm dick, weichhaarig-schuppig, grau, Mündungen sehr fein, weiß, später ziemlich weit, gelblich. Sporen 5—8 × 1—3 μ. An Stämmen von Lb. in Wäldern, nicht selten. Fast das ganze Jahr. (Taf. IV, Fig. 141.) (Leucoporus b. [P.] Quél.)

462. Winterlicher P. **P. brumalis** (Pers.) Fr.

26. Mündungen irgendwie gelb (zitronengelb, schwefelgelb, grüngelb, weißgelb). 27.
Mündungen weißlich od. grau, fleischrötlich, bräunlich. 29.
27. Fleisch weißlich u. so bleibend. 28.
Hut kreisel- od. fast trichterfg., bisweilen halbiert, 6—30 cm br., dick, bisweilen mehrere zusammenfließend, weich schwammig, dann filzig-korkartig, innen gelb-, dann rostbraun, oberseits zuerst striegelig filzig, später höckerig, grubig, gelb-, dann rostbraun. St. kurz u. knollig, dick, bis 6 cm h., oft fast fehlend. Röhren 5—7 mm lg., herablaufend, Mündungen zuerst schwefel-

gelb, dann braun, zerschlitzt, in zahnartige, spitze Platten getrennt. Fleisch rhabarberfarbig-rostbraun, fast gezont, schwammig-zäh. Sporen 6—7 × 4—4,5 μ. In Ndwäldern auf der Erde u. a. Stümpfen, nicht selten. V—XII. (P. sistotremoides [Alb. et Schwein], P. spongia Fr., Phaeolus Schw. [Fr.] Pat.)

463. **Kiefern-P.** **Polyporus Schweinizii** Fr.

28. Hut 7—14 cm br., rundlich od. halbiert, rissig-schuppig, braun, dann schwarzbraun, viele dicht nebeneinander wachsend u. die braunen, aufgedunsenen St. an der Basis oft verbunden. Mündungen sehr weit, eckig, unregelmäßig, weißgelb. Sporen oval 8—10 × 6—7 μ. Auf der Erde in Ndwäldern im Gebirge, nicht selten. Eßbar. IX—XI. (Taf. IV, Fig. 142.)

464. **Ziegenfuß-P.** **P. pes caprae** Pers.

Hut verschieden gestaltet, oft unregelmäßig, 6—10 cm br., 1—1,5 cm dick, gewölbt, am Rande meist verbogen, fleischig, trocken zerbrechlich, oberseits weißlich, oft zitronengelblich anlaufend, glatt, später rissig od. felderig. St. zentral, 2—6 cm h., 1—3 cm dick, weiß, glatt, voll. Röhren kurz, herablaufend, Mündungen fein, rundlich, weiß, dann zitronengelb. Sporen rundlich 4 × 3 μ. Eßbar. Auf der Erde in Ndwäldern, nicht selten. VII—X. (Taf. IV, Fig. 143.)

465. **Schafeuter.** **P. ovinus** (Schaeffer) Fr.

29. Hutfleisch weiß, höchstens bei Verletzungen sich rötend. 30.
Hutfleisch entweder von Jugend an od. später rötlich od. bräunlich werdend. 31.

30. Fk.(einjährig!) in der Jugend gestaltlos, überall Poren tragend, später sehr verschieden gestaltet, inkrustierend, meist noch ein dicker, unförmlicher, rostbrauner, wolliger St. wahrnehmbar, schwammig, dann korkig-lederig, oberseits mit schülfrig sich ablösendem Filz bedeckt, im Alter kahl, weißgrau, später rostfarben. Poren ungleich, labyrinthfg., weißgrau, dann braun, zerschlitzt, gezähnt. Sporen 4—7,5 × 3—6 μ. Am Boden in Wäldern, selten. VII—XI. (Taf. IV, Fig. 144.) (Daedalea b. [Bull.] Quél., P. heteroporus Fr.)

466. **Zweijähriger P.** **P. biennis** (Bulliard) Fr.

Hut kreiself g., schwammig, weich, dann zähfaserig, korkig, 3—8 cm br., innen hellrötlich, oberseits höckerig, hellrötlich od. rotbraun, St. 2—3 cm lg. u. dick, rotbraun. Röhren 4—5 mm lg., weiß, dann fleischrot bis bräunlich, Mündungen groß, oft gewunden, zuletzt zerschlitzt. Sporen rundlich 6—7 μ. An der Erde zwischen Gras bei alten Lbstämmen, zerstreut. VII—XI.

467. **Rötlicher P.** (Daedalea ruf. Pers.) **P. rufescens** (Pers.) Fr.

31. Hut kreisrund, 5—12(—20) cm br., gewölbt, am Rand eingerollt, innen fleischig, weiß, bei Verletzungen rot werdend, oberseits rauchgrau, schwärzlich werdend, in der Mitte oft rotbraun, seidenhaarig-feinschuppig. St. 1—4 cm lg., 1 cm dick, oft kurz-

knollig, grau, schwach filzig. Mündungen fein, weiß. dann grau. Fleisch weiß, bei Verletzung rötend. Sporen rundlich 4—7 × 4—5 μ. Eßbar. Auf der Erde in Ndwäldern, zerstreut. VIII—X. (Taf. IV, Fig. 145.)

468. Schwarzweißer P. **Polyporus leucomelas** (Pers.) Fr.

Hut meist kreisrund, 5—15 cm br., gewölbt, zähfleischig, weiß, oberseits weißlich-grau, später gefeldert-schuppig. St. 1—3 cm h., 1 cm dick, knollig, hart, weißlich-grau. Mündungen fein, ungleich, etwas gebogen, weiß. Sporen 6—7 × 5 μ. Eßbar. Am Boden in Gebirgsndwäldern einzeln, nicht häufig. S. H. (Fig. 146.) (P. griseus Peck; vielleicht nur blasse Form von *468*.)

469. Gefelderter P., Wenigschuppiger P. **P. subsquamosus** (L.) Fr.

5. Gattung: **Polystictus** Fries, Punktschwamm, Lederporling.

Hut von Anfang an saftlos, lederartig od. häutig od. wergartig, nicht holzig werdend, mit dünner, faseriger Rinde bedeckt, mit einer mittleren, faserigen Schicht, die zwischen die Röhren geht. Röhren ungeschichtet, gewöhnlich von der Mitte sich zum Rande entwickelnd, zuerst flach, punktfg., dann wie bei Polyporus.

1. Hüte ausgebreitet, teilweise sich abhebend u. umgebogen. 2.
   Hüte halbiert, sitzend. 3.
   Hüte zentral gestielt. 13.
2. Hüte ausgebreitet, krustenfg. verwachsend, der obere Teil horizontal umgebogen u. dachziegelfg. übereinander, korkig-wergartig, dünn, rötlich-rostbraun, innen blasser, ungezont, angedrückt seidenhaarig. Poren punktfg., rund, blasser. Sporen kuglig 4—5 μ. An faulem Holz u. auf dem Erdboden u. auf Moosen; besonders in Bergwerken, nicht selten. Fast das ganze Jahr. (P. adiposus B. et Br., Poria u. [Pers.] Bres.) Vielleicht = *369*.

470. Welliger L. **P. undatus** (Pers.) Fr.

Hüte ausgebreitet, oben polster- od. halbkreisfg. abstehend, 2—4 cm lg., weichfilzig, innen u. außen gelblich-rostbraun, oberseits filzig, ungezont. Röhren 1—2 mm lg., Mündungen eckig. rostbraun. Sporen 4—6,5 × 3—5 μ. Auf Zweigen von Rotbuchen u. Birken, selten. IV—XII. (Xanthochrous p.[Rostk.] Bourd. et Galz.)

471. Vielgestaltiger L. **P. polymorphus** (Rostkovius) Fr.

3. Hüte im Innern weiß. 4.
   Hüte im Innern gefärbt. 10.
4. Hüte gezont. 5.

Hut knollig, spatelfg., keilfg., kuglig, halbkreisfg., 2—5 cm lg., 1—2 cm dick, weiß, wergartig, korkig, oberseits ungezont, runzelig-grubig, Rand abgerundet. Substanz wergig-holzig, weiß. Mündungen eckig, fein, weißlich. An alten Ndstämmen, namentlich im Gebirge, zerstreut. S. H. (Vielleicht Form von *426*.)

472. Weißlicher L. **P. albidus** (Trog) Fr.

5. Mündungen weiß od. gelblich. 6.
Hüte 1—3 cm br. ausgebreitet, zurückgebogen, meist dachziegelig, lederartig, dünn, oberseits grauweiß, zottig, undeutlich gezont, Rand oft wellig. Mündungen purpurn, dann violett, eckig, ganzrandig, dann zerschlitzt. Substanz lederig. Sporen 6—8 × 2—3 μ. An Nd., zerstreut. Fast das ganze Jahr. (Taf. IV, Fig. 147.) (Coriolus a. [Dicks.] Quél.)

473. Tannen-L. **Polystictus abietinus** (Dicks.) Fr.

6. Hutoberseite irgendwie behaart bleibend, Zonen meist mehrfarbig. 7.
Hüte 2—6 cm br. nierenfg., dachziegelig, lederartig, dünn, steif, zuerst flaumig, dann kahl, graubraun u. ebenso gezont, 1—1,5 mm dick; Poren stumpf, verschieden gestaltet, weißgrau. Sporen 9—10 × 3,5—4 μ. An Lbholz, zerstreut. V—VII. (Taf. IV, Fig. 148.) (Coriolus st. [Fr.] Quél.; Trametes st. [Fr.] Bres.)

474. Fester L. **P. stereoides** Fries

7. Hutoberfläche nicht seidenartig glänzend, nicht so bunt gezont. 8.
Hüte halbkreisfg., 5—12 cm lg., 6 cm br. u. 3 mm dick, meist dicht dachziegelig, lederartig, oberseits fein samt- od. seidenhaarig, seidenglänzend, mit vielen schmalen (weißlich, grau, braun, schwärzlich, bläulich, grünlich) konzentrischen Zonen, Rand wellig, weißlich. Mündungen rundlich od. zerschlitzt, weißlich, später hell ockerfarben. Substanz lederig, weiß; Röhren sehr kurz. Sporen 6—7 × 1,5—3 μ. An Stümpfen von Lb., gemein. Das ganze Jahr. (Taf. IV, Fig. 149.) (Coriolus v. [L.] Quél.)

475. Bunter L., Schmetterlings-L. **P. versicolor** (L.) Fr.

8. Behaarung des Hutes weich, fast anliegend, samtartig. 9.
Hüte halbkreis- bis nierenfg., 5—8 cm lg., bis 1 cm dick, korkig-lederartig, oberseits mit aufrechten, zottigen, samtartigen Haaren, mit mehreren Zonen (weißlich, grau, bräunlich), Rand stumpf, meist braun. Mündungen gelblich, oft grau werdend. Substanz lederig-korkig, weiß, oft anisartig riechend. Sporen 7—9 × 1,5—3 μ. An Lbstämmen, nicht selten. I—XII. (Coriolus h. [Wulf.] Quél.)

476. Rauhaariger L. **P. hirsutus** (Wulfen) Fr.

9. Hüte ganz flach, 3—8 cm br., korkig-lederartig, an Rand verdünnt, scharf, oberseits weich-samtartig, weiß, dann gelblich, schwach gezont. Mündungen rundlich od. eckig, stumpf, weiß bis gelblich. Sporen (4—)6—8 × 2—3 μ. An alten Lbstümpfen, auch in Gruben an Zimmerholz, zerstreut. VIII—XI.

477. Samt-L. **P. velutinus** (Pers.) Fr.

Hüte am Grunde zusammengezogen, höckerig, 5—7 cm br., 5—6 mm dick, lederartig, meist dachziegelig, oberseits fein samtartig, nicht glänzend, hinten höckerig-bucklig, schmutzig weiß, graubräunlich, schwach gezont, Rand stumpf, dick, weißlich.

Substanz lederig, weiß. Mündungen anfangs weiß, dann hellbräunlich. Sporen 7—9 × 3 μ. An alten Lbstümpfen, nicht häufig. VI—XI. (Coriolus z. [Fr.] Quél., Polyporus z. Fr.)

478. Gezonter L.   **Polystictus zonatus** (Nees) Bres.

10. Hutfleisch braun.   11.

Hüte halbkreisfg., 3—8 cm br., 1—2 cm dick, außen u. innen zinnoberrot, oberseits anfangs feinhaarig, dann kahl, schwach gezont. Mündungen rundlich, rot. Sporen zylindrisch 4,5—6 ×2—3 μ. An Lbstämmen, sehr zerstreut, im Süden häufiger. I—XII. (Boletus coccineus Bull., Phellinus c. Quél., Trametes c. Fr.) (Taf. IV, Fig. 150.)

479. Zinnoberroter L.   **P. cinnabarinus** (Jacquin) Fr.

11. Hutfleisch korkig-holzig werdend, Oberseite des Hutes später kahl.   12.

Hüte halbkreisfg., meist dachziegelig, 3—9 cm lg., bis 3 cm dick, nach dem scharfen Rande verdünnt, grob-faserig-korkig, oberseits zottig-striegelhaarig, gelbbraun, später dunkelbraun, undeutlich gezont. Röhren bis 1 cm lg., rostbraun, Mündungen gelblich-weiß schimmernd, später rostbraun, ungleich, bewimpertzerschlitzt. Sporen 5—7×4—6 μ. Auf alten Stämmen von Lb., besonders Populus, zerstreut. VII—XI. (Taf. IV, Fig. 151.) (Xanthochrous v. [Fr.] Bourd. et Galz.)

480. Fuchsroter L   **P. vulpinus** Fries

12. Hüte halbkreis- od. keilg., 4—8 cm br., 2—3 cm dick, dachziegelig, innen korkig-holzig u. rostbraun, oberseits seidenglänzend-samtig, schwach gezont, mit gelbbraunen, strahligen, samtartigen Haaren besetzt, dann glatt, Rand scharf. Röhren 5—10 mm lg., gelbbraun, Mündungen eng, zuerst silberartig schimmernd, dann rostbraun. Sporen 4—6 × 3—5 μ. An alten Lbstämmen, bes. Erlen, nicht häufig. IX—IV. (Taf. IV, Fig. 152.) (Xanthochrous r. [Sow.] Pat. Polyporus r. (Sow.) Fr.)

481. Strahliger L.   **P. radiatus** (Sowerby) Fr.

Hüte nach vorn keilfg. verschmälert, hinten br., weit herablaufend, 3—9 cm lg., bis 2 cm dick, oft in lg. Reihen zusammenfließend, innen korkig-holzig u. dunkel-rostbraun, oberseits rauhhaarig, filzig, dunkelbraun, später kahl, runzelig, gezont, Rand scharf. Röhren 2—5 mm lg., Mündungen unregelmäßig, grauschimmernd, dann weiß, bisweilen länglich, mattbräunlich. Sporen 5—8 × 3—4 μ. An Kiefernstämmen, zerstreut. II—VII. (Taf. IV, Fig. 153.) (Xanthochrous circinatus var. tr. Bourd. et Galz.)

482. Dreikantiger L.   **P. triqueter** (Alb. u. Schwein.) Fr.

13. Hutfleisch einheitlich.   14.

Hut kreisfg., flach, 8—12 cm br., ungezont, samthaarig gelbbraun, aus zwei Schichten bestehend: obere flockig-filzig, weich, untere holzig-korkig, mit dem St. zusammenhängend.

St. gelbbraun, filzig, aufgedunsen, ca. 2½ cm h. u. dick. Poren herablaufend, graubraun, ganz. Zwischen Nd. in Wäldern, selten. II—V. (Xanthochrous c. [Fr.] Bourd. et Galz.)

483. Runder L. **Polystictus circinatus** (Fries) Bres.
14. St. schlank, kahl od. samthaarig. 15. Hut unförmlich, 5—12 cm br., mehrere rasig od. dachziegelig verwachsen, korkig-hart, ungezont. St. zentral od. exzentrisch, kurz, gelbbraun, bleibend filzig. Röhren 1—2 mm lg.; Poren fein, ganz, anfangs weiß bereift. Sporen 4—5×3—3,5 μ. Auf der Erde in Gebirgs-Ndwäldern, zerstreut. VII—XI. (Taf. lV, Fig. 154.) (Xanthochrous t. [Fr.] Pat., Pelloporus t. [Fr.] Quél.)

484. Filziger L. **P. tomentosus** (Fries) Lloyd
15. Hüte trichterfg. bis scheibig, mit vertiefter Mitte, kreisrund, 3—8 cm br., oft mehrere zusammenfließend, innen lederartig u. rostbraun, oberseits feinhaarig, später striegelig od. glatt, gezont, zimtbraun, später ocker- od. graubraun, Rand scharf, dünn. Röhren 2—5 mm lg., Mündungen anfangs weiß bereift, dann zimtbraun, eckig, zuletzt zerschlitzt. Sporen 7—9 × 4—6 μ. Auf sandigem Boden in Ndwäldern u. Heiden, überall häufig. VII—XI. (Taf. lV, Fig. 155.) (Xanthochrous p. [L.] Pat.)

485. Ausdauernder L. **P. perennis** (L.) Fr.
Hut flach genabelt, 2—3 cm br., dünn, oberseits anfangs flaumig, dann kahl, rostfarbig, gezont, Rand sehr dünn, wimperigeingeschnitten, von etwas weniger fester Konsistenz als vor. Art. St. schlanker, kahl. Poren klein, ganz. Sporen eifg. 5 μ. Auf der Erde sandiger Waldwege, gesellig, wie vor. Art, aber seltener. VI—IX.

486. Bemalter L. **P. pictus** (Schultz) Fr.
16. Hut 2—3 cm, flach genabelt; glänzend, samtig-kahl, lebhaft zimtbraun, dunkel gezont, dann fuchsig ungezont. St. 3—5 cm h., 4—5 mm dick, meist nach dem Grunde verschmälert, bisweilen aber auch verdickt, samtig-zimtbraun. Röhren kurz. Poren eckig, ziemlich groß, zimtbraun, trocken fuchsig. Substanz schwammig-korkig, zimtbraun; Geruch widerlich. Sporen 6—7 × 4—5 μ. In schattigen Lbwäldern, einzeln od. gesellig, gern zusammen mit Craterellus cornucopioides u. Cantharellus tubiformis. VI—X. (Xanthochrous c. [Jacq.] Pat.)

487. Zimtbrauner L. **P. cinnamomeus** (Jacq.) Fr.

6. Gattung: **Hexagonia** Fries, Bienenwabenpilz.

Substanz des Hutes den weiten, meist sechseckigen, bienenwabenartigen Röhren gleich; Hymenium vom Hutfleisch nicht trennbar. Poren sehr weit polygonal od. rundlich, nicht verlängert. Fk. sitzend od. halbiert, korkig od. korkig-lederig. Sporen weiß, glatt. — Holzbewohner.

Fk. halbkreisfg. 7—9 cm br., kahl, glänzend, dunkelbraun, lederigkorkig bis fast holzig. Röhren 1—2 cm tief, 2—4 mm weit, bräunlich. Sporen hyalin, fast zylindrisch-verbogen, 9—12×4—5 μ. — An lebenden Eichenstämmen. Nur im südlichsten Gebiete. I—XII.
487a. Glänzender B. **Hexagonia nitida** Dur. et Mont., Fries

7. Gattung: **Trametes** Fries, Tramete, Riechschwamm.

Substanz des Hutes zwischen die Röhren gehend od. anders ausgedrückt, die Röhren in den Hut eingesenkt, oft geschichtet, nicht vom Hutfleisch trennbar. Poren eng, eckig od. verlängert, nicht labyrinthisch od. lamellenartig. Hüte umgewendet od. halbiert, holzig od. korkig, dauerhaft.

1. Fk. umgewendet, ausgebreitet. 2.
Hüte halbiert, sitzend. 3.

2. Fk. 10—30 cm ausgebreitet, dünn korkig, zuerst höckerfg. od. rund hervorbrechend, dann zusammenfließend, weiß, mit flaumigem Rande. Röhren durch dicke Wände getrennt, Mündungen rundlich-kantig, ungleich, stumpf. Sporen 10—17 × 4—6 μ. An toter Rinde von Sträuchern u. Lb., zerstreut. I—XII. (Fig. 156.)
488. Kriechende T. **T. serpens** Fries

Fk. umgewendet, rundlich, 2—15 cm br., od. sehr verlängert, fußgroß, fast häutig, blaß-holzfarben, braun werdend, unterseits umbrabraun, flaumig, Rand scharf, später umgerollt, umbrabraun, flaumig. Mündungen weit, buchtig u. zerschlitzt, kantig od. schief, nicht labyrinthfg. Sporen 8—11 × 3—4 μ. An Lbästen (Birke, Erle), zerstreut. I—XII. (Polyporus cervinus Pers.)
489. Weichbehaarte T. **T. mollis** (Sommerfeld) Fries

3. Hutsubstanz dunkelgefärbt. 4.
Hutsubstanz weiß od. rötlich. 5.

4. Hüte halbkreisfg., hinten sehr dick, nach vorn verdünnt, 6—12 cm groß, bis 8 cm dick, oft dachziegelig, innen korkig-holzartig, gelbbraun, oberseits zottig rauh, dann schwärzlich, höckerig, rissig, gezont. Röhren 5—8 mm lg., innen graugelb. Mündungen weit, gelb, dann schmutzig ockerbraun. Sporen 5—6 × 3—4 μ. Geruch schwammartig. An alten Kiefern Rotfäule verursachend, sehr schädlich. Das ganze Jahr. (Taf. IV, Fig. 157.)
490. Rotfäuleschwamm, Kiefern-T. **T. pini** (Thore) Fr.

Hüte polsterfg., 5—12 cm groß, hinten sehr dick, mehrere oft zusammenfließend, innen korkig, etwas weich, rostbraun, oberseits zottig-filzig, gelbbraun, dann schwärzlich, gezont. Röhren 5 bis 6 mm lg., innen graugelb, Mündungen rundlich, zimtbraun. Sporen 6—7,5 × 3—4 μ. Geruch stark nach Fenchel. An alten Ndstämmen, bes. Fichten u. Tannen, nicht häufig. Das ganze Jahr. (Taf. IV, Fig. 158.)
491. Fenchel-T. **T. odorata** (Wulfen) Fr.

5. An Lb. 6.
Hüte 2—3 cm br. (resupinate Form [Poria callosa Fr.], reihenweise auf 5—15 cm lg. [bisweilen meterlg.]) Strecken zusammenfließend), mehrjährig, im ersten Jahre weiß, wergartig, dann korkig-weich, hellbräunlich, oberseits grubig-runzelig, angedrückt zottig, gelbbräunlich. Röhren kurz, weiß. Sporen 7—10 × 3—4 μ. An Kiefern, auch an Balken, nicht selten. I—XII. (Taf. IV, Fig. 159.) (Polyporus scalaris Pers., P. frustulatus Pers.)
492. Reihenfg. T. **Trametes serialis** Fries
6. Auffällig stark nach Anis riechend. 7.
Nicht stark riechend, niemals nach Anis. 8.
7. Hut 5—10 cm br., unregelmäßig, korkig, elastisch, kahl, blaß. Mündungen klein, rund, gleichgroß, weißlich bis ockergelb. Sporen 5—7 × 3 μ. Riecht nach Anis od. Fenchel. An alten Weidenstämmen im Norden u. Hochgebirge. Fast das ganze Jahr. (Fig.160.)
493. Anis-T. (Polyporus o. Sommerf.) **T. odora** (Sommerf.) Fr.
Hut dick polsterfg., 5—12 cm br., fleischig-korkig, zottig-filzig, weißgrau. Mündungen groß, rundlich, weiß, dann braun, riecht stark nach Anis. Geschmack bitter. Sporen 9—12 × 3—4 μ. An alten Weiden häufig.
494. Duftender Weidenschwamm. **T. suaveolens** (L.) Fries
8. Hut fast halbkreisfg., am Grunde höckerig, 8—20 cm groß, 1 bis 2 cm dick, beiderseits ziemlich flach, innen wergartig-faserig, ziemlich fest, weiß, oberseits zottig behaart, weißlich, grau, gezont, Rand anfangs abgerundet, dann ziemlich scharf. Mündungen lggestreckt, zuerst linienfg., gerade, fast strahlig, weißlich od. hellgelblich. Geruch schwach säuerlich. Sporen 4—6 × 2 bis 2,5 μ. An alten Lbstümpfen, häufig. Das ganze Jahr. (Fig. 161.)
495. Buckel-T. **T. gibbosa** (Pers.) Fries
Hut halbkreis- od. nierenfg., 5—14 cm groß, 1—1,5 cm dick, innen korkig-holzig, schmutzig-rötlich, oberseits zuerst feinfilzig, bei Druck rot werdend, dann kahl, hellbräunlich, rot, schwach gezont. Mündungen lggestreckt, zuerst weiß bereift, dann wie der Hut gefärbt. Sporen 6—10 × 2—3 μ. An alten Weidenstämmen, zerstreut. VIII—X. (Tr. Bulliardii Fries)
496. Rötliche T. **T. rubescens** (Alb. et Schwein.) Fries
9. Hut 3—6 cm fächerfg., mit knolligem Grunde ansitzend, dünn, ungezont, kahl, reinweiß. Röhren 2—3 mm lg. Poren eng, rundlich, bleibend weiß. Substanz korkig, geruchlos, weiß. Sporen rund 5—6 μ. An Eichen u. Buchen. IX—XI.
497. Geruchlose T. **T. inodora** Fr.

8. Gattung: **Daedalea** Pers., Wirrschwamm.

Hut meist halbiert, selten umgewendet, korkig-lederig. Poren gebogen, linienfg. od. weit labyrinthfg. Holzbewohner.

1. Hut halbiert, sitzend. 2.
Fk. umgewendet, ausgebreitet, 12—60 cm groß, korkig, dick,
wellig, blaß-holzfarben, innen gezont. Poren schmal, entfernt
stehend, rundlich od. verlängert u. gebogen. Sporen $4-7 \times 3-3,5\,\mu$.
An alten bemoosten Buchenstämmen, selten. I—XII. (Coriolus
unicolor [Bull.] Pat. var. lat. [Fr.] Bourd. et G.)
498. Ausgebreiteter W. **Daedalea latissima** Fries
2. Hut grau od. holzfarben. 3.
Hut irgendwie ziegelrot. 5.
3. Hut holzig-korkig, nicht biegsam. 4.
Hut halbkreis- od. muschelfg., 5—20 cm lg., ca. 0,5 cm dick.
hinten herablaufend, meist dachziegelig, biegsam, innen lederartig
u. weiß, oberseits zottig u. striegelig behaart, grau od. hellbräunlich, gezont, Rand scharf. Löcher 2—3 mm tief, labyrinthfg. gewunden, später fast zahnfg. zerschlitzt, gleichfarbig. Sporen
$5-6(-9) \times 3-5\,\mu$. An alten Stämmen u. Stümpfen von Lb.,
nicht selten. I—XII. (Taf. IV, Fig. 162.) (Coriolus u. [Bull.] Pat.)
499. Einfarbiger W. **D. unicolor** (Bulliard) Fries
4. Hut halbkreisfg., hinten sehr dick, deshalb oft polsterfg. od. knollig,
5—20 cm lg., bis 8 cm dick, innen korkig-holzartig, oberseits höckerig,
kahl, hellbräunlich, fast ungezont, Rand scharf. Löcher länglich, sehr
stark labyrinthartig gewunden. Substanz korkig, elastisch, blaßgelb. Sporen oval $6 \times 2-3\,\mu$. An alten Eichen, selten auch anderen
Lb., häufig. Das ganze Jahr. (Fig. 163.) (Lenzites q. [L.] Quél.)
500. Eichen-W. **D. quercina** (L.) Fries
Hut 4—13 cm br., ziemlich dick, schwach wellig, meist dachziegelig, korkig-holzig, oberseits filzig, grau, mit wenigen br.
Zonen. Löcher sehr eng, klein, stark gewunden u. verschlungen,
5—10 mm lg., grau od. weißlich. Substanz korkig-holzig, dick,
blaß. Sporen weiß, kuglig $10\,\mu$. An alten Lbstämmen, bes. Buchen
u. Eichen, selten. I—XII. (Lenzites c. [Fr.] Quél.)
501. Grauer W. **D. cinerea** Fries
5. Hüte mit herablaufender Basis, dachziegelfg., verwachsend, korkig,
innen weiß, oberseits samthaarig, mit verschiedenfarbigen, bräunlichen, ziegelrot gesäumten Zonen, am Rand flockig, weiß. Löcher
dicht, labyrinthfg., weiß bereift, später rötlich, schwarz gefleckt.
An Walnußbäumen, in den Alpen. S. H.
502. Zinnober-W. **D. cinnabarina** Secretan
Hut dick, halbkreis- od. knollenfg., fast kuglig, 4—10 cm lg.,
2—5 cm dick, innen korkig-holzig u. kastanienbraun, oberseits
uneben, rotbraun, später dunkelbraun, schwach gezont. Löcher
eng, labyrinthfg., grau, später rotbraun. Sporen $6-9 \times 1,5-2\,\mu$.
An alten Lbstämmen, bes. Juglans, Kirsche. I—XII, selten.
(Taf. IV, Fig. 164.) (Lenzites tricolor Bull. var. confr. B. et G.)
503. Rotbrauner W. **D. confragosa** (Bolton) Fries

Polyporaceae.

9. Gattung: **Lenzites** Fries, Balkenschwamm, Blättling.
Hut halbiert, hinten oft stielartig zusammengezogen, lederartig, filzig, bis korkig-holzig. Gänge fast lamellenartig, aber durch Querbalken miteinander verbunden, nach dem Rande hin meist porenartig. Holzbewohner.

1. Hutsubstanz braun gefärbt. 2.
Hutsubstanz weiß. 4.
2. L. nicht fleischrot. 3.
Hut sitzend, flach, 2—15 cm br., runzelig, lederartig, sehr dünnfilzig, später kahl, braun. L. steif, einfach od. gegabelt, bisweilen anastomosierend, fleischrot, ganzrandig. Sporen 7—11 × 3—4,5 μ. An eichenen Balken u. Stämmen, nicht selten. I—XII. (Trametes tr. [Pers.] Bres., T. protracta Fr., Daedalea mutabilis Quél.)
504. Eichen-B. **L. trabea** (Pers.) Fries
3. Hut halbkreisfg. od. lggestreckt, 4—10 cm lg., 1—1,5 cm dick, außen zottig-striegelhaarig, dunkelkastanienbraun, gezont, höckerig-filzig, am Rande gelbbraun. L. verzweigt, anastomosierend, gelblichweiß, später rostbraun, am Rande Poren od. labyrinthartige Gänge. Sporen 8—12 × 3—4 μ. Auf Ndstümpfen, Balken, Zäunen, häufig. Das ganze Jahr. (Taf. IV, Fig. 165.)
505. Zaunbewohnender B. **L. sepiaria** (Wulfen) Fries

Hut resupinat, halbkreisfg. od. länglich, 4—5 cm lg., 0,5 cm dick, lederartig, oberseits filzig, umbrabraun, später fast glatt, undeutlich gezont, am Rand fast weißlich. L. ungleich, oft zu Poren verbunden, braun, bläulich-grau bereift, am Rande oft gezähnelt. Sporen 11—13 × 3—4 μ. An Stümpfen u. Balken von Nd., häufig. I—XII. (Taf. IV, Fig. 166.) (Irpex umbrinus Weinm.)
506. Tannen-B. **L. abietina** (Bulliard) Fries
4. L. weiß od. schmutzig weiß. 5.
Hut 3—8 cm br., flach, mit höckeriger Basis, korkig-lederig, oberseits rauh, schwach filzig, gezont u. strahlig-runzlig, zuerst blaß zitronengelb, später dunkler. L. entfernt voneinander, dünn, nach hinten anastomosierend, zitronengelb, bei Druck rötend, dann umbrabraun. Sporen 5—9 × 2—2,5 μ. An Lbholz, bes. Kirsch- u. Eichbäumen, zerstreut. I—XII.
507. Dreifarbiger B. **L. tricolor** (Bulliard) Fries
5. An Lb.; L. nicht über den Rand hinausragend. 6.
Hut 2—3 cm br. ausgebreitet-umgebogen, buckelig-knotig, höckerig, faserig-runzlig, dünn, lederartig, blaß-weißlich. L. hoch, dicht, wenig verästelt, weiß, über den Rand des Hutes hinausgreifend. Sporen 12—14 × 4—5 μ. An Stümpfen von Nd. (Tannen), selten. H.
508. Verschiedengestaltiger B. **L. heteromorpha** Fries

182   Polyporaceae.

6. Hutoberseite gezont.

Hut 3—5 cm br. ausgebreitet-umgebogen, dachziegelig, flach, dünn, korkig-lederartig, weich, ungezont, milchweiß, seidenartig von dünnen, angedrücktem Filz. L. dünn, dichotom verzweigt, weiß. Sporen 6—16 × 3,5—7 μ. An Lb., besonders Eschen u. bearbeiteten Lbhölzern, nicht selten. I—XII. (Trametes a. [Fr.] B. et G., Tr. sepium Berk., Daedalea a. [Fr.] Bres.).

509. Weißlicher B.   **Lenzites albida** Fries

7. Hut halbkreis- od. nierenfg., hinten stielfg. zusammengezogen, 4—10 cm br., 1—1,5 cm dick, oft dachziegelig, filzig-korkig, oberseits striegelhaarig-filzig, blaß, grau bis bräunlich, gezont, Rand ziemlich scharf. L. nach vorn verschmälert, weißlich bis leicht bräunlich. Sporen 5—7 × 2—3 μ. An Lb., besonders Hainbuchen. Eichen u. Birken, nicht selten. I—XII. (Taf. IV, Fig. 167.)

510. Birken-B.   **L. betulina** (L.) Fries

Hut halbkreis- od. nierenfg., 2—6 cm groß, ca. 1,5 cm dick, oberseits samtartig filzig, bunt gezont (weiß, grau, bräunlich). L. dick u. breit, häufig anastomosierend, weiß. Sporen 7 × 2 μ. An Lb., zerstreut. I—XII. (Taf. IV, Fig. 168.)

511. Bunter B.   **L. variegata** Fries

10. Gattung: **Favolus** Fries, Wabenschwamm.

Hüte halbkreisfg., seitlich gestielt, lederartig. L. wabenfg. anastomosierend, strahlig verlaufend. — Holzbewohner.

Einzige Art nur im südlichsten Gebiet. Hut 2—7 cm br., weißlich, fast kreisrund, kahl u. glatt. Poren 2—5 × 1—2,5 mm. Sporen 7—12 × 3—4 μ. An Lbstämmen. V—VIII. (Taf. IV, Fig. 169.) (Merulius alveolarius D. C.)

512. Europäischer W.   **F. europaeus** Fries

Zweifelhafte Gattung.

Nur Chlamydosporen, keine Poren.   **10. Ceriomyces.**

10. Gattung: **Ceriomyces** Corda, Wachspilz.

Fk. meist kissenfg. od. kuglig, fleischig od. korkig. Hyphen im Innern in Chlamydosporen zerfallend, deshalb bei der Reife im Innern staubig. Röhren nur selten beobachtet.

Fk. kuglig bis polsterfg., bis 15 cm im Durchm., weiß, weich, filzig, später braun werdend, im Innern geschichtet. Chlamydosporen 6 μ. Gehört wahrscheinlich zu Polyporus mollis Pers. Am Grunde von Kiefernstümpfen u. -pfählen, selten. S. H. W.

513. Weißer W.   **C. albus** (Corda) Saccardo

Fk. kissenfg., oft zusammenfließend, 3—4 cm br., flockig, weiß, durch Berührung sich rötend, innen pulverig-faserig, rötlich. An kiefernen Brettern, Kübeln in Kellern u. Gewächshäusern, selten. S. H. W.

514. Rötender W. **Ceriomyces rubescens** Boudier

23. Familie: Boletaceae.

Fk. fleischig, meist saftig, seltener trocken, faulend, einjährig, stets in St. u. Hut gegliedert; Hut normal in der Mitte dem St. aufsitzend. Hymenium stets auf der Unterseite des Hutes, nicht mit dem Hutfleisch verwachsen, daher leicht trennbar, in der Jugend mit vergänglicher Hülle (Velum partiale, selten auch V. universale) bedeckt od. von Anfang an nackt, aus langen, fleischigen Röhren bestehend, deren Innenwandungen mit den Basidien ausgekleidet sind. Bisweilen zwischen den Basidien Zystiden. Basidien keulenfg. mit 4 Sterigmen. Sporen farblos od. gefärbt. Meist Erdbewohner, wenige auch auf Holz saprophytisch, sehr selten parasitisch; viele Mykorrhizabildner unserer Waldbäume.

Bestimmungsschlüssel der Gattungen.

I. Hymenium dick- u. weichfleischig, aus voneineinander trennbaren, nicht gewundenen, rundlichen od. eckigen, einfachen od. zusammengesetzten Röhren bestehend.
  A. Fk. mit doppelter Hülle (Velum universale u. V. partiale), Sporen rundlich schwarz; Hut schuppig gefeldert. **1. Strobilomyces.**
  B. Fk. ohne od. mit einfacher Hülle; Sporen ∓ spindelfg.
    1. Fk. ohne Hüllen od. mit vergänglichem Velum partiale (Ring, Behang).
      a) Sporen weiß, Sporenmembran farblos; Röhren erst weiß, dann schwach gelblich, trocken, fest-kernig. **2. Suillus.**
      b) Sporen fleischrot, Sporenmembran blaß; Röhren erst weiß, dann rötlich bis rostrot, fleischig, schwammig-weich. **3. Tylopilus.**
      c) Sporen gelblich bis braun, Sporenmembran gefärbt; Röhren gelblich bis bräunlich. **4. Boletus.**
    2. Fk. mit Vel. universale (Volva am Stielgrunde, Hautfetzen auf dem Hute). **5. Volvoboletus.**
II. Hymenium dünn- u. derbfleischig, aus kurzen, labyrinthisch gewundenen, unter sich kaum trennbaren Röhren bestehend. **6. Gyrodon.**

1. Gattung: Strobilomyces Berkeley, Schuppenröhrling.

Hut mit deutlichem Velum partiale u. undeutlichem V. universale. V. part. als Ring am St. zurückbleibend. Sporenpulver schwarz. Hut kuglig, dann abgeflacht, 5—15 cm br., mit dicker, filzigflockiger Rinde überzogen, die anfangs schmutziggrau ist u. dann in dicke, br., gefelderte Schuppen zerreißt. Fleisch grauweiß, bei Verletzung rötlich, zuletzt schwarz werdend, Rand mit den Resten des flockigen Schleiers. St. zylindrisch, bis 15 cm h., grau, später schwarz. Röhren angewachsen, weißlich, dann grau, Mündungen weit, eckig. Sporen rundlich, rauh, 9—14 × 8—11 μ. In Lb.- u. Ndwäldern, selten; Hutoberfläche Sarcodon (Hydnum) imbricatum ähnlich. VII—X. (Taf. V, Fig. 200.) (Boletus str. [Scop.] Fr.)

515. Schwarzer S., Strubbelkopf. **S. strobilaceus** (Scopoli) Berk.

2. Gattung: Suillus Karsten, Röhrenpilz, Röhrling.

Hut zentral gestielt, Röhren nach abwärts gerichtet, dicht nebeneinander stehend, trennbar voneinander u. vom Hutfleisch. Sporenpulver weiß, Sporen hyalin.

1. Fleisch sich bei Verletzungen nicht blau färbend. 2.

Hut 5—15 cm br., innen weiß, bei Verletzung schnell leuchtendbis dunkelblau werdend, oberseits weißlich od. gelblich, filzig. St. dick, knollig, 5—8 cm h., bis 3 cm dick, gleichfarbig, unten filzig, oberhalb der Mitte glatt, an der Grenze mit einem schwachen, filzigen Ring. Röhren weiß, später leicht hellgelb. Sporen elliptisch, 8—10 × 4,5—5 μ. Auf Sandboden lichter Wälder zerstreut. VII—X. (Taf. IV, Fig. 172.) (Boletus c. Bull., Gyroporus c. [Bull.] Quél.)

516. Kornblumen-R. **S. cyanescens** (Bull.) Karst.

2. Hut 5—6 cm br., halbkugelig, dann abgeflacht od. eingedrückt, innen weiß, oberseits rotbraun, etwas glänzend, eingewachsenfilzig. St. 5—7 cm h., 2—3 cm dick, rotbraun, zuletzt hohl. Röhren weiß, dann hellgelb. Sporen länglich-elliptisch, 8—10 × 5—6 μ. Fleisch reinweiß, fest, sich nicht verfärbend. Eßbar. In lichten sandigen Mischwäldern, stellenweise häufig. VII—X. (Taf. IV, Fig. 173.) (Boletus c. Bull., Gyroporus c. [Bull.] Quél.)

517. Hasenpilz, Hasensteinpilz, Zimt-R. **S. castaneus** (Bull.) Karst.

Hut flach gewölbt, 5—8 cm br., innen weiß, höchstens gelblichoberseits kahl, glatt, glänzend, gelbbraun. St. 3—6 cm h., 1 cm u. mehr dick, später hohl, Röhren sehr weich, weiß, dann zitronengelb. Sporen 10—11 × 5 μ. Auf Wiesen u. Heiden, selten. VIII bis IX. Eßbar. (Boletus f. Fr., Gyroporus f. [Fr.] Pat.)

518. Gelbbrauner R. **S. fulvidus** (Fries) Karst.

3. Gattung: Tylopilus Karsten, Röhrenpilz, Röhrling.

Wie vor. Gattung, aber das Sporenpulver rost- od. fleischrot. Sporen farblos mit rostroten Öltropfen.

Hut zuletzt ausgebreitet, 8—11 cm br., weich, samthaarig, später kahl, bräunlich-lederfarbig. St. 10—14 cm lg., knollig, voll, fast glatt, nach oben verjüngt u. rauh. Röhren um den St. niedergedrückt, weiß, auf Druck bräunlich. Geschmack milde. Auf Waldwiesen, selten. X. (Boletus a. Fr.)

519. Lederfarbener R. **Tylopilus alutarius** (Fries) Karst.

Hut gewölbt, dann ausgebreitet, 5—10 cm br., selten größer, innen weiß, bei Verletzung rötlich werdend, oberseits mattbraun, glatt. St. 6—8 cm lg., 1—3 cm dick, voll, bräunlich, oben mit regelmäßiger, brauner, erhöhter, langgezogener Netzzeichnung. Röhren vom St. scharf getrennt, weiß, später rosenrot. Sporen spindelig, 12—15 × 4—5 µ. Stark bitter, aber ungiftig. In Ndwäldern, nicht selten. VII—XI. (Taf. IV, Fig. 174.) (Boletus felleus Bull.)

520. Gallenröhrling. **T. felleus** (Bulliard) Karst.

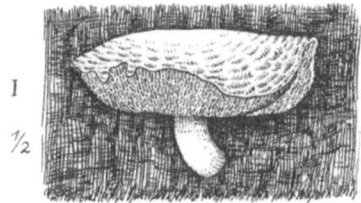 

Abb. 22. I Boletus sulphureus Fries (nach Photogr. von E. Pieschel). — II Volvoboletus volvatus (Pers.) P. Henn. (nach Persoon).

4. Gattung: Boletus Dillenius, Röhrling.

Wie vor. Gattung, aber Sporenpulver braun. Sporen gelb od. bräunlich. Bisweilen ein Ring vorhanden.

1. Auf lebenden od. toten Ndholzstämmen, bes. Pinus-Arten wachsend. 2.
Auf dem Erdboden, höchstens am Grunde der Stämme. 3.

2. Hut fest, gewölbt, dann flach, oft seitlich gestielt, aus lebenden od. geschlagenen Stämmen am Grunde od. in 1—2 m Höhe hervorbrechend, 5—10—15 cm br., schwefelgelb, seidig-filzig, mit zahlreichen schuppigen Flocken. St. 4—10 cm lg., 1—5 cm dick, schwefelgelb, dann schmutzig rostfarben, fest, bauchig, glatt, auf goldgelbem, flockigem Myzel. St. goldgelb, dann ∓ rostfarben, schließlich grünlich, kurz mit kleinen Mündungen. Fk. gelb, bei Verletzung grünlich od. bläulich. Sporen hellgelb, elliptisch 6—7 × 3 µ. Einzeln od. rasig. — An lebender od. toter Pinus strobus u. silvestris. IX—XI. Nicht häufig; bisher nur in Mittel- u. Süddeutschland u. England. (Abb. 22, I.)

521. Schwefelgelber R. (vgl. auch 543). **B. sulphureus** Fr.

3. Röhren weiß, höchstens grau werdend. 4.
Röhren lebhaft gefärbt, meist gelb, auch rot, braun usw. 7.

4. Röhren vom St. getrennt, Mündungen klein, rund. 5.
Röhren herablaufend, Mündungen weit, eckig, ungleich, groß. 6.
5. Hut gewölbt, dann flach, ca. 6—12 cm br., innen weiß, weich, bisweilen schmutziggrau werdend, oberseits glatt, feucht schmierig, trübbraun, selten weiß od. heller braun. St. 8—15 cm h., 2 bis 2,5 cm dick, voll, weiß, mit faserigen, schwarzen Schuppen. Röhren weiß, dann mehr grau, vom St. scharf getrennt, Mündungen klein, rund. Sporen 13—18 × 5—6 μ. Eßbar. In Wäldern u. Heiden, häufig, unter Betula u. Carpinus. VII—XI. (Taf. IV, Fig. 175.) (Kapuzinerpilz, Birkenpilz.)

522. Graukappe. **Boletus scaber** Bulliard

Hut fast kugelig, dann halbkugelig, 4—15 cm br., trocken rissig, feucht schmierigl anfangs hell, dann kastanienbräunlich, Fleisch sehr fest, reinweiß, fleischrötlich anlaufend, schließlich grauviolett. St. fest 4—18 cm h., 3—6 cm dick, fast bauchig; weiß, dann weißgelblich, bräunlich schuppig punktiert. Sporen bräunlich, 13—15 × 4,5—6 μ. Unter Zitterpappeln einzeln od. verwachsen. VIII—X.

523. Härtlicher R. **B. duriusculus** Kalchbr.

Hut kuglig, dann gewölbt, 5—20 cm br., rotbraun od. orangefarben, glatt, später schuppig, Fleisch weiß, meist bläulich od. rötlich werdend, am Rande mit den hängenden, häutigen Resten des Schleiers, der St. u. Hut verband, versehen. St. 6—20 cm, selten etwas bauchig, mit schwarzen Runzeln od. Schuppen. Röhren vom St. scharf geschieden, weiß, später grau, Mündungen klein, rundlich. Sporen 14—18 × 4—6 μ. Eßbar. In Heiden, lichten Mischwäldern, gern unter Populus usw., häufig. VII—XI.

524. Rotkappe (B. versipellis Fries) **B. rufus** (Schaeffer) Quél.

6. Hut trocken. 7.

Hut halbkuglig, dann ausgebreitet, 4—13 cm br., weiß, später schmutzig gelblich, schleimig, dann glatt, Fleisch weiß, bläulich bis gelbbraun werdend, Rand mit den Resten des flockigen Schleiers. St. 6—8 cm h., zylindrisch, im obern Drittel mit weißem, flockigem, vergänglichem Ringe, oberhalb desselben weißlich mit Netzzeichnung, unterhalb weißlich, dann gelbbräunlich, schleimig. Röhren angewachsen, weiß, dann schmutzig graubräunlich, Mündungen groß, eckig. Sporen 8—12 × 4—5 μ, spindelig-elliptisch. Eßbar. Unter Lärchen, zwischen Moos, selten. VII—X. (Taf. IV, Fig. 176.)

525. Klebriger R., Lärchen-R. **B. viscidus** L.

7. Mündungen braun, rot. 8.
Mündungen gelb od. gelbgrün. 12.
8. St. zylindrisch. 9.
St. knollig, bauchig, später keulenfg. 10.

9. Hut halbkuglig gewölbt, mit eingerolltem Rande, später ausgebreitet, 5—12—15 cm br., gelb, mit büschelig-haarigen, sich später ablösenden Schüppchen besetzt, Fleisch gelblich, schwach blau werdend. Rand scharf, zuerst etwas über die Röhrenschicht hervorragend. St. 5—8 cm lg., 1—2,5 cm dick, glatt, gelb, seltener rötlich. Röhren angewachsen. Mündungen sehr fein, bräunlich, zimtbraun od. schmutzig gelblich in der Jugend. Sporen 8—10 × 3 μ. Eßbar. In sandigen Ndwäldern, häufig. VII—X. (Taf. IV, Fig. 179.) (B. aureus Schaeff.)

526. Sand-R, Hirsepilz. **Boletus variegatus** Swartz

Hut halbkuglig, dann ausgebreitet, 3—8 cm br., rötlichgelb od. blaßbräunlich, feucht klebrig, trocken glänzend, Fleisch gelblich. St. 3—8 cm lg., 0,5—1 cm dick, dem Hut gleichfarbig, innen am Grunde gelb u. gelbmilchend. Röhren angewachsen u. herablaufend, rostbraun, Mündungen groß, eckig, rostbraun. Geschmack brennend. In Ndwäldern, nicht selten. VII—X. (Taf. IV, Fig. 180.) Sporen 9—11 × 3—4 μ, spindelfg.

527. Pfeffer-R. **B. piperatus** Bulliard

10. Fleisch gelb, sich an der Luft bläuend. 11.

Hut halbkuglig, dann flach, 10—20 cm br., tongrau, später lederbräunlich bis weißlich, feucht etwas klebrig, Fleisch weiß, bei Verletzung rötlich, dann blau werdend. St. eifg.-bauchig, 5—8 cm lg., gelb od. rot, oben mit feiner roter Netzzeichnung. Röhren anfangs blaßgelb, dann grünlichgelb, zuletzt olivgelb, vom St. scharf gesondert, Mündungen blutrot od. orangerot. Sporen 11—15 × 5—7 μ. Geruch würzig, alt widerlich. Mild schmeckend. Giftig. In Lbwäldern nur auf Kalkboden, selten, in Mittel- u. Süddeutschland stellenweise häufiger. VII—IX. (Taf. IV, Fig. 181.) (B. marmoreus Roq., B. erythropus Krombh., B. sanguineus Krombh., B. foetidus Trog., Dictyopus tuberosus Quél.)

528. Satanspilz. **B. satanas** Lenz

11. Hut polsterfg., blaß gelblichgrau, später fahl bräunlichgelb, glatt, etwas klebrig, zartrosa überhaucht, 10—20 cm br., Fleisch zitronen- bis goldgelb, bald graugrün anlaufend. St. anfangs knollig-eifg., dann gestreckt, 3—6 cm lg., purpur-blutrot, mit undeutlicher Netzzeichnung. Röhren gelb, schließlich grüngelb, vom St. geschieden, Mündungen fein orangerot. Sporen 10—14×4—5(—6) μ, blaßgelblich. In humösen Lbwäldern auf Kalkboden unter Buchen u. Eichen, selten. VII—IX. (B. purpureus Fr. ex p.)

529. Purpur-R. **B. rhodoxanthus** (Kr.) Kallenbach

Hut zuletzt polsterfg., 5—20 cm br., oliv bis umbrabraun, anfangs filzig, feucht etwas klebrig, Fleisch gelb, schnell dunkelblau werdend. St. knollig-keulig, 6—14 cm lg., gelb, nach unten orange- od. mennigrot, mit braunrotem, filzigem, ausgeprägtem Netz. Röhren grünlichgelb, vom St. getrennt, Mündungen lebhaft gelbrot. Sporen gelblich, 11—15 × 5—7 μ. Geschmack mild. In lichten Lb.-Wäldern, unter Quercus u. Fagus, zerstreut. VI—X. (Fig. 182.) (B. rubeolacius Secr., B. rubro-testaceus Secr., B. sordarius Fr., B. dictyopus Rostk., B. Meyeri Rostk., B. macroporus Britz., B. Lorinseri Beck., B. lupinus Gramberg, B. variicolor Gramb.)

530. **Netzstieliger Schusterpilz.** **Boletus luridus** Schaeffer
Hut anfangs halbkugelig, dann polsterfg. bis flach, mit scharfem, anfangs eingebogenem Rande, 7—15—20 cm br., dunkelolivbraun bis kastanienbraun, bisweilen heller, anfangs zart seidenfilzig, samtig, dann kahl u. glatt, Druckstellen schmutzigbraun bis schwärzlich, Fleisch hellgelblich im Hut, sattgelb im St., trübpurpurrot im Stielgrunde, schnell bläulich bis grünlichblau anlaufend, fest, dann etwas schwammig. Röhren 10—20 mm lg., olivgrün, Mündungen orangerot, gelbrot od. mennigrot, zuletzt trübgelbrot, bei Druck blauschwarz, anfangs eng, später erweitert, niemals rötlich wie bei B. luridus. Sporen olivbräunlich, 14—18 × 6—7 μ, länglich elliptisch. St. anfangs knollig, dann keulig bis zylindrisch, 5—12 cm lg., 20—40 mm dick, auf blaßgelbem Grunde, oben orangerot od. purpurrot flockig-schuppig punktiert, fein querschuppig-filzig. Geruch u. Geschmack obstartig. In Nd.- u. Lbwäldern, besonders unter Eichen. VI—IX (seltener bis X), stellenweise häufig. Eßbar u. wohlschmeckend, doch leicht zu verwechseln. (B. erythropus Fries, B. luridus Schaeff. var. rubromaculatus R. Schulz 1927.)

531. **Schuppenstieliger Hexen-R.** **B. miniatoporus** Secretan

12. St. mit netzartiger Zeichnung. 13.
    St. ohne jede Andeutung einer netzartigen Zeichnung. 21.
13. Fleisch beim Bruch nicht bläuend. 14.
    Fleisch beim Bruch leicht blau anlaufend. 18.
14. Fleisch unveränderlich bleibend. 15.

Hut halbkuglig mit scharfem, eingebogenem Rand, ca. 5—15 cm br., schwarzbraun, flaumhaarig, trocken, Fleisch weiß, unveränderlich, nie blauwerdend. St. schlank, 8—10 cm lg., weiß, dann gelbbräunlich, unten bräunlich, oben mit erhabener brauner Netzzeichnung. Röhren erst weiß, dann gelb, vom St. geschieden, Mündungen sehr fein, goldgelb. Sporen 15—18 × 4—5 μ. Eßbar. In lichten Wäldern, zerstreut. V—X. Nur im südlichsten Teile des Gebietes sehr selten (Lothringen, Südeuropa). (Taf. V, Fig. 183.)

532. **Weißfleischiger Bronze-R.** **B. aereus** Bulliard

15. Fleisch gelb od. gelblich. 16.

Hut zuerst fast kuglig, dann ausgebreitet, meist 10 bis > 20 cm br., ∓ braun, oft weißlich, feucht etwas klebrig, glatt, Fleisch weiß, fest. St. dickknollig, dann keulenfg., bis 16 cm h., 4 bis 6 cm dick, hellbräunlich, oben fast weiß u. mit erhabener, weißer Netzzeichnung. Röhren weiß, zuletzt grünlichgelb, vom St.

scharf getrennt, Mündungen rundlich, weiß, dann grünlichgelb, Sporen 15—18 × 4—5 μ. Guter Speisepilz. In lichten Wäldern, Gebüschen, auf Lichtungen usw., häufig. V, VII—XI. (Fig. 184.)

532. **Steinpilz, Herrenpilz, Eichpilz.** **Boletus edulis** Buillard

16. Hutoberfläche trocken. 17.

Hut kuglig, dann ausgebreitet, 5—15 cm br., anfangs mit braunem Schleim überzogen, dann zitronengelb, glatt, glänzend, Fleisch zitronengelb, weich, im Bruch rosa verfärbend. St. 5—8 cm lg., zylindrisch, rotgelb, in der Mitte mit einem häutigen Ring, oberhalb desselben mit rotbrauner Netzzeichnung. Röhren angewachsen, graugelb, Mündungen ungleich, eckig. Sporen 8—10 × 2,5—3,5 μ, gelblich. Eßbar. In Ndwäldern, selten. VII—X. (Taf. V, Fig. 185.)

533. **Blaßgelber R.** **B. flavus** Withering

17. Hut halbkuglig, dann polsterfg., 8—16 cm br., blutrot, glatt, trocken, Fleisch gelb. St. 5—14 cm h., gelb, am Grund rötlich, nach oben mit netzartiger Zeichnung. Röhren halbfrei, lang olivgelb. Sporen blaßgelb 11—15 × 4—4,5 μ. Geruch u. Geschmack angenehm. Speisepilz. In Buchenwäldern, selten, besonders im Süden. VI—IX.

534. **Königs-R.** **B. regius** Krombholz

Hut gewölbt dann ziemlich flach, 5—10 cm br., in der Mitte mit stumpfem Buckel, rötlich-zimtbraun, trocken, mit groben, eingewachsenen, schuppigen Fasern, Fleisch gelblich. St. 4—8 cm h., hohl, gelblich od. ockerfarben, oberhalb der Mitte mit einem filzig-flockigen, schmutzig weißlichen Ringe, unterhalb flockig, oberhalb netzartig gezeichnet. Röhren angewachsen, herablaufend, nach dem Rande zu strahlig. Mündungen grünlichgelb, in der Tiefe geteilt. Sporen spindelfg., 8—9 × 3—4 μ. In lichten Ndwäldern zwischen Moos, selten, im Süden häufiger. S. (Fig. 186.)

535. **Hohlstieliger R., Hohlfuß-R.** **B. cavipes** Opatowski

18. Hutoberfläche ledergelb od. olivenbraun. 19.

Hut polsterfg., dann ausgebreitet, 8—20 cm br., schwach filzig, gelbbraun bis rotbraun, Fleisch blaßgelblich bis schwefelgelb, über den Röhren sattgelb. St. aufgedunsen, bauchig, 8 cm lg., bis ca. 3 cm dick, wurzelnd, an der Spitze schwach netzig. Röhren angeheftet, kurz, Mündungen klein, eckig, gelb. Sporen blaßgelb 10—15 × 4—5 (6) μ, bei Druck grünlich bis blaugrün. In Wäldern, selten. VII—X. (Taf. V, Fig. 187.) (Gelbfleischiger Bronze-R., B. aereus Krombh., B. irideus Rostk.)

536. **Anhängsel-R.** **B. appendiculatus** Schaeffer

19. St. nicht vollständig scharlachrot, höchstens unten rot. 20.

Hut anfangs ∓ halbkugelig, dann polsterfg., sehr regelmäßig mit Randhäutchen, blaß olivgelb, dann gelbbräunlich bis schmutzig olivgelb, bei Druck dunkler, dichtfilzig, später felderig-zerklüftet,

5—16—20 cm br. Fleisch zitronengelblich, rötlich anlaufend bis schwärzlich, anfangs fest, bald schwammig. Röhren zitronengelblich, dann schmutzig-oliv, bei Druck dunkelnd, eng, sehr lang ($\mp$ 30 mm), bald weich u. schmierig, Mündungen blaßgelb, dann zitronengelb, zuletzt schmutzig-olivbräunlich. Sporen blaßgelb, ungleich groß, (11)12—18(20) × 6—8 μ, häufig bis 28 × 10 μ. St. blaß zitronengelb bis bräunlichgelb, längsrillig bis $\mp$ netzrippig mit gelben Filzschüppchen, anfangs eifg.-bauchig, bald gestreckt, spindelig, im Boden tief wurzelnd, 5—19 cm h., oft verbogen, fest. Geruch u. Geschmack unbedeutend, etwas säuerlich. Genießbar. Lbwaldränder unter Buchen u. Eichen, gesellig. VI—IX. (Gelber Birken-R.; B. versipellis Quél., B. tesselatus Gill., B. nigrescens Rich. et Roze, B. Velenovskyi Smotlacha, B. luteoscaber Schiffner, B. cruentus Vent., B. luteoporus Bouchinot)

537. Schwärzender R., **Boletus rimosus** Venturi

Hut kuglig, dann polsterfg., 5—15 cm br., olivenbraun, fast filzig, Fleisch blaßgelb, meist blauend. St. zuerst keulig, später mehr zylindrisch, 5—10 cm lg., vollständig od. wenigstens oben scharlachrot mit Netzzeichnung. Röhren gelb, Mündungen eckig, gelb, fein. Sporen 13—15 × 5—6 μ. In Wäldern, Gebüschen, ziemlich selten. Giftverdächtig. VII—XI. (Taf. V, Fig. 188.)

538. Schönfuß-R. **B. calopus** Fries

20. Hut kuglig, dann polsterfg., 8—15 cm br., schwach filzig, zuerst bräunlich, dann ledergelb, seltner rötlich, Fleisch weißlich. St. eifg.-knollig, 2—5 cm dick, dann fast zylindrisch, bis 8 cm lg., oben mit gelber od. roter erhabener Netzzeichnung, unten dichter rotfilzig. Röhren am St. verkürzt, schwefelgelblich, blauend. Mündungen rundlich, gelbgrün. Sporen 12—13 × 4—4,5 μ. Geruch wanzenartig, Geschmack bitter. Ungenießbar. In Lbwäldern, zerstreut, in Südwestdeutschland häufiger. VIII—XI. (Taf. V, Fig. 189.)

539. Dickfuß-R., Bitterpilz. **B. pachypus** Fries

Hut gewölbt, mit eingebogenem Rand, 4—6 cm br., glatt, olivenbraun, Fleisch weiß blauend. St. keulig-knollig, 5—7 cm h., oben gelb, unten rot, mit roten Punkten u. Netzzeichnung. Röhren kurz, am St. angewachsen, gelb bis grünlich, Mündungen klein, ungleich, grünlich. Sporen 8—10 × 4—5 μ. Verdächtig. In Misch-, bes. Birkenwäldern, selten. VIII—X.

540. Olivenbrauner R. **B. olivaceus** (Schaeffer) Fr.

21. Röhren rings um den St. niedergedrückt, abgerundet, deshalb fast frei. 22.
Röhren am St. angeheftet. 24.

22. Hut polsterfg., dann erweitert, 5—15—20 cm u. mehr br., flockig, dann körnig od. feinfelderig rissig, nicht glänzend, gelbbraun, bei Berührung rotbräunlich, Fleisch unter der Oberhaut gelblich.

St. fast knollig, dick, 5—18 cm h., gelb, bisweilen unter der Spitze rötlich gezont. Röhren frei, blaßgelb bis satt goldgelb. Sporen 10—16 × 4—6 μ, grünlichgelb. In feuchten Lbwäldern auf schwerem Boden unter Buche u. Eiche, selten, schnell madig u. faulend. VII—X.$_{\varkappa)}$ (Taf. V, Fig. 190.) (B. sapidus Harzer, B. aquosus Krombh., B. leoninus Krombh., B. xanthoporus var. sanguineo-macubatus Krombh.)

541. Rissiger R., Fahler R., Süßlicher R. **Boletus impolitus** Fries
Hut polsterfg., licht- bis ockerbraun, seidenhaarig, 10—15 cm br. mit dünnem, scharfem Rande. Fleisch gelbblaß bis goldgelb, unveränderlich, zart. St. knollig bis schlank, ohne Netz, mit körnigem Filz, bis 5 cm dick; Röhren goldgelb, mittelweit, frei. Sporen 10—12 × 4—5 μ. In Lbwäldern, selten. S. H.

542. Seidiger R.   **B. sericeus** Pers.
23. Hut anfangs ∓ halbkugelig, dann polsterfg.-verflacht, mit scharfem, verbogenem Rande, anfangs hellschwefelgelb, grünlich-zitronengelb, im Alter trübgelb; bei Berührung dunkelblaufleckig, 4—18 cm br. Fleisch lebhaft zitronengelb, lebhaft blauend, derb u. fest. Röhren zitronengelb, dann grünlich, bei Druck grünblau, eingebuchtet. Mündungen ∓ schwefelgelb, dann goldgelb, zuletzt olivgrün, eng, St. gelb, feinfilzig-punktiert, ohne Netz, kugelig-bauchig, dann ∓ gestreckt, 4—11 cm h. Sporen gelblich mit goldgelber Membran 11—15 × 5—6,5(—7) μ. Geruch u. Geschmack unbedeutend. In Lb.- u. Mischwäldern, unter Buchen (Fagus silvatica), in Mitteldeutschland (Hessen), selten. VII—X.

543. Falscher Schwefel-R.   **B. pseudo-sulphureus** Kallenbach
24. Hutoberseite nicht klebrig.   25.
    Hutoberseite klebrig.   29.
25. Nicht parasitisch.   26.

Hut gewölbt, dann flach, 3—8 cm br., seidenartig glatt, schmutzig gelb, dann würfelig-rissig. St. dünn, starr, 3—10 cm lg. gekrümmt, innen u. außen gelb. Röhren herablaufend, goldgelb. Sporen oliv 12—15 × 4—5 μ. Auf Scleroderma-Arten in Wäldern, selten. VIII—X. (Taf. V, Fig. 191.)

544. Schmarotzer-R.   **B. parasiticus** (Bulliard) Fr.
26. Fleisch gelblich, sich (wenn auch schwach) bläuend, wenn nicht, dann unter der Oberhaut purpurrot.   27.

Hut halbkuglig, dann polsterfg. ausgebreitet, 4—10 cm br., weichfilzig, braun, später rissig, Fleisch weiß, unveränderlich. St. unten verdickt, 6—8 cm lg., kleiig-flockig, gelbbräunlich. Röhren gelb, dem St. angewachsen, Mündungen fein, rundlich, gelb. Sporen gelb 10—12 μ. Eßbar. Zwischen Moos am Grunde alter Stämme, zerstreut. VII—XI. (Taf. V, Fig. 192.)

545. Kastanienbrauner R.   **B. spadiceus** Schaeffer

27. St. faserig-streifig od. mit rötlichem, flockigem Filz, nicht der ganzen Länge nach gekörnelt. 28.
- Hut gewölbt, später ausgebreitet, bis 10(17) cm br., weichfilzig, oliven- od. rotbraun, oft rissig-gefeldert, Fleisch gelblich, schwach blau werdend. St. 6—11 cm lg., dünn, meist nach unten verjüngt, gelblich, selten rötlich, körnig-rauh (evtl. unter der Lupe), durch flache Rippen weitläufig netzig od. streifig od. ganz ungenetzt. Röhren dem St. angewachsen, gelb, satt gelb, leuchtend dottergelb bis orangegelb, dann grünlichgelb, Mündungen weit, eckig, bei Druck spangrün od. schmutzigblau. Sporen blaßgelb 12—14×5 μ. Geschmack milde, Geruch obstartig. Eßbar. In Wäldern u. Gebüschen, häufig[1]. VI—XI. (Taf. V, Fig. 193.)

546. Ziegenlippe[1]. **Boletus subtomentosus** (L.) Fr.

Hut anfangs ∓ halbkugelig, dann polsterig-flach, verbogen geschweift, rotbraun bis dunkel kastanienbraun, bei Druck schmutzig dunkelbraun, eingewachsen-filzig, trocken feinrissig, feucht etwas klebrig, 4—11—15 cm br. Fleisch zitronen- bis satt goldgelb, sofort dunkelblau im Bruch, fest. Röhren zitronen- bis goldgelb, dann oliv, stark blauend, breit angewachsen u. ∓ herablaufend. Mündungen satt zitronen- bis goldgelb, im Alter ∓ oliv, grünlichgelb; Druckstellen sofort dunkelblau. Sporen gelb mit goldgelber Membran (10—)12—14(—16) × 4—5(—8) μ. St. am Grunde fein braunrötlich-filzig, oben zitronen- bis goldgelb, Mitte blasser, Druckstellen sofort schwarzblau, bald schlankgestreckt, oft fast zylindrisch, Spitze meist verbogen, 3—11 cm h., 6—25(—40) mm dick. Geruch u. Geschmack unbedeutend. Eßbar. V—X. In gemischten Wäldern (meist unter Buchen), Wald- u. Wegrändern, Böschungen; einzeln od. büschelig; nicht häufig, aber gesellig. (B. nigricans Herrmann, B. Rickenii Gramberg, B. subtomentosus var. nigricans Herrm., B. radicans Fr. ex p.)

547. Schwarzblauender R. **B. pulverulentus** Opatowski

28. Hut halbkuglig, dann ausgebreitet, 6—8 cm br., olivenbraun, später gelbbräunlich, flockig-filzig, Fleisch gelb, blau werdend. St. unten wurzelartig verdünnt, 5—6 cm lg., glatt, gelb, unten mit rötlichem, flockigem Filz. Röhren angewachsen, zitronengelb, Mündungen ziemlich weit, rundlich. Sporen gelb, 13—14 ×4—5 μ. Bitter schmeckend. In Lbwäldern, selten. VII—X.

548. Wurzelnder R. **B. radicans** Pers.

Hut flach, 5—7—10 cm br., olivbraun, feinfilzig, dann kahl, glatt, rissig-felderig, Fleisch gelblich, unter der Oberhaut purpur-

---
[1] Die Fruchtkörper besonders dieser Art und von B. chrysenteron und anderen weichfleischigen Boletus-Arten sind häufig von dem Askomyzeten (Hypocreaceae) Hypomyces chrysospermus befallen, der einen anfangs schneeweißen, dann goldgelben Überzug bildet und die Fruchtkörper schnell zum Faulen bringt.

rot, bisweilen etwas blau werdend. St. 5—6 cm lg., zylindrisch, 1—1,5 cm dick, fest, faserig gestreift, gelb od. ∓ scharlachrot. Röhren angewachsen, chrom- bis grüngelb, Mündungen ziemlich groß, eckig. Druckstellen blaufleckig. Sporen tief ocker, 13—14 ×4—5 µ. Geschmack mild, Geruch obstartig. Eßbar. In Wäldern u. Gebüschen, nicht selten. V—XII. (Taf. V, Fig. 194.)
549. Rotfuß-R., Rotfüßchen[1]. *(743)* **Boletus chrysenteron** (Bulliard) Fr.
Hut anfangs ∓ halbkugelig, dann unregelmäßig polsterfg. mit unregelmäßig verbogenem Rande, anfangs olivgelbbräunlich, dann mit ∓ rötlichen Farben bis dunkelkarminblutrot, Druckstellen schmutzig, feinfilzig, samtig-schillernd, trocken ∓ zerklüftet, feucht etwas schmierig, 5—15—23 cm br. Fleisch ∓ gelb, unter der Huthaut wein- bis blutrot, ∓ blauend, fest. Röhren zitronen- bis goldgelb, schließlich oliv, bei Druck grünblau, um den St. eingebuchtet, ∓ 30 mm lg.; Mündungen fein bis mittelweit, eckig. Sporen gelblich, mit goldgelber Membran 10—14 (17) × 5—7 (9) µ. St. olivgelb bis goldgelb, unten blutkarminrot, ∓ feinfilzig-punktiert, samtig, anfangs eifg.-knollig, bald keulig-gestreckt, 5—15 cm h., 15—60 mm dick, bei Druck blauend, stets ohne jede Spur von Adernetz. Geruch u. Geschmack unbedeutend, zuweilen etwas säuerlich. Ränder lichter Lbwälder unter Buchen u. Eichen. VI—IX, seltener X, meist einzeln; nicht häufig, besonders in Mittel- u. Süddeutschland. (B. purpureus Secr., B. Queletii Schulzer, B. Bresadolae Schulz., B. lateritius Bres. et Schulz., B. slavonicus Sacc. et Cub.)
550. Glattstiel. Hexenröhrling. **B. erythropus** Pers. (non Fr.!)
29. Fleisch weiß, sich schwach verfärbend. 30.
 Fleisch weiß, gelblich, blaß, sich nicht verfärbend. 31.
30. Hut halbkuglig, dann polsterfg., 6—10—16 cm br., kastanienbraun, glatt, feucht klebrig, trocken glänzend, Rand etwas eingerollt, Fleisch weiß od. blaßgelblich, schwach blau werdend. St. 5—9 cm lg., 1—4 cm dick, zylindrisch, blasser, braun bereift, später kahl, glatt od. faserig gestreift, voll. Röhren angeheftet, bei Berührung schnell blau-grünlich werdend, Mündungen eckig, ziemlich weit. Sporen hellgelb 13—15×4,5—6 µ. Eßbar. In Ndwäldern, Heiden, häufig. VII—XI. (Taf. V, Fig. 195.)
551. Maronenpilz. **B. badius** Fries
Hut flach gewölbt, 3—8(—12) cm br., blaß lederbraun od. rotbraun, feucht klebrig-schleimig, trocken glänzend, glatt, Fleisch weiß, rötlich werdend. St. zylindrisch od. nach oben verdickt,

---

[1] Die Fruchtkörper besonders dieser Art und von B. chrysenteron und anderen weichfleischigen Boletus-Arten sind häufig von dem Askomyzeten (Hypocreacee) Hypomyces chrysospermus befallen, der einen anfangs schneeweißen, dann goldgelben Überzug bildet und die Fruchtkörper schnell zum Faulen bringt.

3—6 cm lg., hell rotbraun od. gelblich, glatt. Röhren herablaufend, gelblichgrün, Mündungen sehr weit, eckig, fast strahlig, in der Tiefe durch niedrigere Wände mehrteilig. Sporen gelb bis oliv 8—10×3—3,5 μ. Eßbar. In Kiefernwäldern, besonders an lichten Stellen, häufig. VII—X. (Taf. V, Fig. 196.)

552. Ochsenreische, Kuhpilz. **Boletus bovinus** (L.) Fr.

Hut halbkugelig, polsterfg. gewölbt, dann flach ausgebreitet, 4—12 cm br., weiß, am Rande weißgelblich, dann elfenbeinfarbig, von sehr klebrigem, glänzendem Schleim bedeckt, an Druckstellen langsam violettlich. Röhren blaßgelb, dann rötlichgelb bis olivgelb, 5 — 8 mm lg., etwas am St. herablaufend. Röhrenmündungen mittelweit, erst weißlich, dann goldgelb bis olivgelb mit ∓ purpurnen Körnchen (Tropfen ausscheidend). Sporen blaßgelb 8—10×3—4 μ. St. 4—12 cm lg., 1—2 cm dick, schlank, zylindrisch, voll u. fest, weiß bis blaßgelb, schleimig, mit kleinen rötlichen Tröpfchen gesprenkelt u. gefasert bis fast genetzt. Unter Weimutskiefern (Pinus strobus) u. Arven (P. cembra), gesellig bis ca. 2000 m Meereshöhe. (B. Oudemansi Harts., Gyrodon placidus Bon.)

553. Elfenbein-R. **B. placidus** (Bonorden) Fr.

31. St. mit Ring. 32.

Hut halbkuglig, flach, 5—10(—13) cm br., gelb od. rötlichgelb, zuerst mit rostfarbenem Schleim bedeckt, dann nackt, glänzend, Fleisch hellgelb. St. zylindrisch, 5—8 cm h., 1—2,5 cm dick, innen hellgelb, oben mit zuerst weißen, dann bräunlichen od. schwärzlichen körnigen Schüppchen. Röhren angewachsen, Mündungen sehr fein, hellgelb, rundlich, einen weißen Saft absondernd, bisweilen in der Tiefe 2—4teilig. Sporen gelblich 8—10 ×3—3,5 μ. Geruch obstartig; Geschmack angenehm. Eßbar. Auf Waldwiesen, an Waldrändern, häufig. VI—XI. (Taf. V, Fig. 197.)

554. Schälpilz. (Schmeerp., Schmerl., Körnch.-R). **B. granulatus** L.

32. Mündungen in der Tiefe nicht durch Wände geteilt. 33.

Hut gebuckelt, dann flach, 3—7 cm br., klebrig, graugelblich, später ∓ hellgelb, Fleisch blaß. St. 5—8 cm h., zylindrisch, blaß, mit klebrigem Ring u. oberhalb desselben mit vergänglichen Drüsen bedeckt. Röhren herablaufend, Mündungen schmutzig gelb, in der Tiefe durch Wände geteilt. Sporen blaßgelb 7—10 ×3—4 μ. In Sümpfen, Mooren, zwischen Torfmoos, moorigen Kiefernwäldern, besonders im Gebirge, nicht häufig. VII—X. (Taf. V, Fig. 198.)

555. Gelblicher R., Schleimigberingter R. **B. flavidus** Fries

Der vorigen Art ähnlich, aber größer, 4—9(—12) cm br. u. blaßgrau, schließlich schmutzig-gelblich od. grau-bräunlich, schmierig-schleimig, grubig-uneben; Röhren grauweiß, dann graubräunlich ∓ vom St. herablaufend, oft in feine Netzzeichnung übergehend, bei Druck olivbräunlich. St. zylindrisch, 6—8 cm h., 1,5—2 cm dick, mit weißem, häutigem Ring. Fleisch weiß, kaum anlaufend. Sporen 9—12 × 4,—5 μ, blaßgelb. Geruchlos od. obstartig riechend. Unter Lärchen auf Kalkboden, gesellig. VI—X.

556. Grauer R., Lärchen-L. **Boletus viscidus** L.

33. Hut anfangs fast halbkuglig, dann gebuckelt-flach ausgebreitet, 5—14 cm br., braun, später gelblich, zuerst mit dickem, braunem Schleim überzogen, dann trocken u. glänzend, am Rande mit den Resten des dünnhäutigen Schleiers, Fleisch weiß od. gelblichweiß, zart u. weich. St. 3—10 cm h., zylindrisch, weißlich, in der Mitte mit häutigem, vergänglichem Ring, oberhalb desselben gelblich, mit feinen, weißen, später bräunlichen, flockigen Punkten besetzt. Röhren angewachsen, hellgelb, Mündungen fein, rundlich. Sporen gelbbraun 8—10 × 3—3,5 μ. Eßbar. An Rändern u. Lichtungen von Ndwäldern, häufig, stets unter Kiefern. VI bis XI. (Taf. V, Fig. 199.)

557. Butterpilz, Schälpilz. **B. luteus** (L.) Fr.

Hut flach gewölbt, 5—15 cm br., goldgelb od. rostfarben, klebrig, Fleisch gelb. St. 5—11 cm h., goldgelb, später rot werdend, mit vergänglichem Ringe, oberhalb desselben weißgelblich punktiert. Röhren herablaufend, Mündungen klein, goldod. schwefelgelb. Sporen gelblich 7—10 × 3—3,5 μ. Eßbar. In Wäldern unter Lärchen, nicht selten. VII—X. (B. annulatus Bull.)

558. Schöner R., Gold-R. **B. elegans** Schumacher

5. Gattung: **Volvoboletus** P. Henn., Scheidenröhrling.

Fk. mit häutiger Hülle (Velum universale), die anfangs St. u. Hut umschließt, bei Streckung des Stieles reißt u. als Hautfetzen auf der Hutoberfläche, als Scheide (volva) am Stielgrunde erhalten bleibt. Ring fehlt.

Einzige Art: Hut gewölbt, glatt u. kahl, grau glänzend, glatt, etwas klebrig, mit häutigen Lappen der Hülle bedeckt. St. gleichfarbig, gleich dick, am Grunde mit schlaffer zerrissener Volva. Mündung der Röhren zerrissen, verschmelzend. In Wäldern bei Le Mans in Frankreich. IV. (Boletus volvatus Pers.) (Abb. 22 II a, b.)

559. Scheidenröhrling. **V. volvatus** (Pers.) P. Henn.

Anmerkung: Dieser zuerst von Persoon beschriebene u. gut abgebildete Pilz ist in neuerer Zeit nicht wiedergefunden worden. Zweck der Aufnahme in dieses Buch ist, auf diesen interessanten Typus — ein Gegenstück zu Amanitopsis unter den Agaricazeen — erneut hinzuweisen. Der Pilz ist nicht identisch mit Cryptoporus volvatus (Peck) Shear, einer Placodes nahestehenden Polyporazee Nordamerikas.

Boletaceae.

6. Gattung: **Gyrodon** Opat., Grübling.

Fk. mit dünnfleischigem Hute, sehr kurzen (nur wenige Millimeter langen) labyrinthfg. gewundenen, gezähnten Röhren, die am St. ∓ weit herablaufen. St. meist schlank, allmählich in den Hut erweitert. Sporen rundlich elliptisch.

1. Hut gelb, grau od. rötlich.   2.
   Hut flach, 5—9 cm br., trocken, kahl, braunrot. St. meist dünn, 5—12 cm h., gleich dick, glatt, blaßrötlich od. gelblich. Röhren angeheftet, gelb od. gelbbraun, Mündungen gewunden u. gefaltet. Sporen cremoliv, 10—14 μ lg. In trockenen Ndwäldern zwischen Heidelbeeren, nicht häufig. VIII—X. (Taf. IV, Fig. 177.) (Boletus brachyporus Rostk., B. gyrosus Pers.)

   560. Zerschlitzter G., Heidelbeer-G.   **G. sistotrema** Fries

2. Hut gewölbt, dann verflacht, zuerst seidenhaarig, dann kahl, getigert, erst grau, dann gelblich. St. gleichdick, glatt, gelbbraun. Röhren weit herablaufend, gelbgrünlich, Mündungen gewunden. Sporen gelblich 7—8 × 6 μ. In Erlenbüschen, selten. S. H. (Taf. IV, Fig. 178.) (Boletus brachyporus Pers., B. lividus Bull.)

   561. Grauer R.   **G. lividus** (Bulliard) Sacc.

   Hut flach ausgebreitet, 4—12 (—20) cm br., feucht klebrig, hell rotbraun, trocken glänzend. Fleisch blaßgelb, bei Verletzung rötlich werdend. St. zylindrisch, 3—10 cm lg., hell rotbraun mit filziger bis längsfaseriger Oberfläche, Basis verjüngt, oft etwas knollig, 7—22 mm dick. Röhren angewachsen, weit herablaufend, Mündungen gewunden, zuletzt zerschlitzt. Sporen 5—7 × 3—5 μ, gelblich. In feuchten Wäldern unter Erlen, selten, zuweilen mehrere Exemplare mit den St. büschelig-knollig verwachsen. VIII—IX. (Boletus sistotrema Rostk., B. rubescens Trog.)

   562. Rötlicher R., Erlen-Gr.   **G. rubescens** (Trog.) Sacc.

   Gyrodon placidus Bonorden siehe *553.* **Boletus placidus** (Bon.) Fr.

8. Reihe (Ordnung): **Agaricales**.

Hymenium auf blattartigen, radial vom St. ausstrahlenden, dick- od. dünnfleischigen Erhebungen (Lamellen) der Unterseite des meist in St. u. Hut gegliederten Fk. Stets mit Chiastobasidien.

Bestimmungsschlüssel der Familien.

A. L. gespalten, die Hälften nach außen um-
    geschlagen.   **26. Schizophyllaceae.**

B. L. nicht gespalten.
    I. Fk. ohne Milchsaft od. Milchsaftschläuche.
       a) Fk. u. L. nicht zerfließend.

1. L. am Stielansatz maschen- od. wabenartig verbunden (anastomosierend), sich leicht ablösend. **24. Paxillaceae.**
2. L. bis zum Ansatz am St. nicht anastomosierend, nicht leicht ablösend.
   α) L. dick u. fleischig, wachsartig, sehr entfernt stehend. **25. Hygrophoraceae.**
   β) L. dünn, ungespalten, fleischig, selten häutig-lederig. **27. Agaricaceae.**
   b) Fk. od. wenigstens L. bei der Sporenreife zerfließend; Sporen schwarz. **29. Coprinaceae.**
II. Fk. außer den gewöhnlichen Hyphen mit Milchröhren, milchend od. mit brüchigen („splitternden") L. **28. Lactariaceae.**

24. Familie: **Paxillaceae**, Kremplinge.

Fk. derbfleischig, in St. u. Hut gegliedert, seltener muschel- od. konsolenfg., bisweilen resupinat, St. in der Mitte des Hutes od. seitlich. L. meist häutig, meist leicht spaltbar u. sich leicht vom Hute lösend, am St. herablaufend, am Stielansatz zu ∓ röhrigem od. maschenförmigem Netzwerk verschmelzend. Hutrand oft eingerollt. Basidien viersporig. Sporen blaß bis bräunlich od. rostfarben. Erd- od. Holzbewohner; Saprophyten.

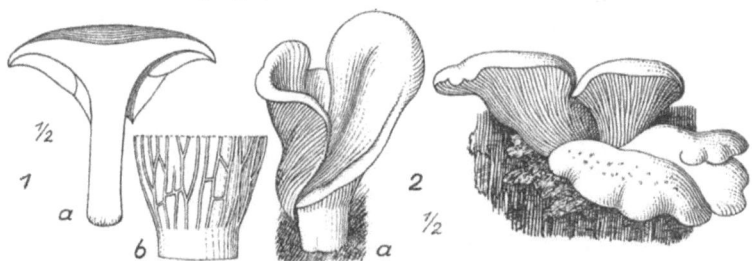

Abb. 23. Paxillaceae: 1. Paxillus involutus Batsch: 1 Fk. im Längsschn., rechts L. ablösend; b) netziger Grund der L. — 2a. P. acheruntius Fr., rechts P. panuoides Fr. (1b nach Beck, 2. nach Zeichnungen von E. Herrmann.)

Einzige Gattung: **Paxillus** Fries, Krempling.

L. herablaufend. Sporenpulver braun.

1. Hut weißlich, gelblich, selten hellbräunlich. 2.
   Hut kräftig braun, niemals weißlich. 6.
2. L. ∓ herablaufend, Hut zentral gestielt. 3.
   Hut dünnfleischig, fächerfg. od. kreisfg., umgewendet, 2—6 cm br., weißlich, später gelblich bis hellbräunlich, anfangs fein filzig,

dann glatt, Rand scharf u. dünn, eingebogen, dann gerade, oft wellig. St. fehlend, aber oft ein seitlicher od. zentraler St.-Ansatz vorhanden. L. von einem Punkte ausstrahlend, oft exzentrisch, vielfach gabelig, gekräuselt, am Stielansatze oft durch Querleisten verbunden, weiß, dann dottergelb bis bräunlich. Sporen elliptisch $5 \times 3\,\mu$. (P. lamellirugus [D. C.] Quél.)

563. Muschel-K. **Paxillus panuoides** Fr.

(Kommt in zwei Unterarten vor: Hut seitlich gestielt, fächerfg., mehrere in dichten Gruppen. An alten Kiefernstümpfen, nicht selten. VIII—X. **P. panuoides** Fries — [Abb. 23, 2 rechts]. — Hut meist einzeln, umgewendet, im Mittelpunkt angeheftet od. mit einem ∓ lg. St., glockig herabhängend. An Holz in Kellern, Ställen, Bergwerken usw. Das ganze Jahr. **P. acheruntius** [Humb.] Fr. — Abb. 23, 2 a.)

3. Hut 2—5 cm br., dünnfleischig, flach gewölbt, dann etwas niedergedrückt, kahl, feucht, weißlich, Rand umgerollt. St. 2—5 cm h., rötlich, nach unten verdickt. L. schwach herablaufend, schmal, später wässerig-rostfarben. Sporen kuglig $5\,\mu$. In Ndwäldern, selten. X—XI.

564. Bunter K. **P. panaeolus** Fries

Hut fleischig, flach, 2,5—10 cm br., trocken, seidenhaarig od. geglättet, schmutzig weißlich, nach dem Rand hin kleinschuppigrissig. Rand eingerollt, nackt. St. voll, 5—10 cm lg., blaß, selten rötlich. Durch aufsteigendes Myzel gestiefelt. L. weit herablaufend, schmutzig weiß, dann dunkler, gabelig. Sporen elliptisch 7—8 $\times 5\,\mu$. Geruch nach Mehl, Geschmack sehr bitter. An feuchten Stellen in Wäldern, selten. X—XI.

565. Schuppiger K., Bitterer K. **P. lepista** Fries

4. Hut grau. 5.

Hut lederblaß, trichterförmig, mit rinnig gefurchtem Rande 10 bis 30 cm br. St. blaßbräunlich 6—7 cm h., 3—5 cm dick. L. ledergelb, sehr dichtstehend, ästig u. anastomosierend, fast herablaufend. Sporen weißlich $7—8 \times 5—6\,\mu$. Geruch u. Geschmack angenehm. Eßbar. Auf fetten Waldwiesen; nicht häufig. (Clitocybe g. [Sow.] Quél.)

566. Riesen-K. **P. giganteus** (Sowerb.) Fr.

5. Hut grau, trocken bereift erscheinend, oft konzentrisch-rinnig, mit erhaben geripptem Rande, schüsselfg., 5—10 cm br. St. faserig gestreift, fast flockig, blasser, durch aufsteigendes Myzel ∓ knollig. L. hellgrau bis blaßbräunlich, ausgerandet u. herablaufend. Sporen länglich, weiß, $8—10 \times 3\,\mu$. Geruch ranzig, Geschmack widerlich. In Wäldern auf Kalkboden, gesellig. IX—XI. (Clitocybe i. [Sow.] Fr.)

567. Graublätteriger K. **P. inornatus** (Sow.) Quél.

6. St. zentral od. seitlich. 7.
Hut fleischig, spatelfg., einseitig vorgestreckt, flach, dann trichterfg. 5—30 cm br., rostbraun, samthaarig, dann kahl, körnig-rissig, Fleisch gelblich weiß, Rand eingerollt, filzig. St. 5 bis 8 cm lg., unten wurzelartig verlängert, schwarzbraun filzig. L. kurz herablaufend, am Grunde anastomosierend, gelblich. Sporen blaßocker 4—6×3—4 μ. An alten Kiefernstämmen, nicht selten. VIII—XI. — Eßbar, aber nicht immer wohlschmeckend.

568. Schwarzfilziger K., Samtfuß-K.
Paxillus atrotomentosus (Batsch) Fr.

7. Hut dickfleischig, flach gewölbt, 4—8 cm br., kastanienbraun, weichfilzig, rissig, Fleisch weiß, später gelblich, Rand eingebogen. St. 3—5 cm lg., spindelfg., gelb, rotbraun punktiert u. gefasert. L. herablaufend, entfernt stehend, wellig-kraus, am Grunde anastomosierend u. zellig, chromgelb. Sporen braun 12—13 ×4—5 μ. Zwischen Moos in Wäldern, selten. VIII—XI. (Flammula paradoxa Kalchbr., Fl. Tammii Fr., Phylloporus P. [Lév.] Quél., Paxillus paradoxus [Kalchbr.] Quél.)

569. Pelletiers K. **P. Pelletieri** Lév.

Hut fleischig, flach, dann in der Mitte niedergedrückt u. fast trichterfg., 6—20 cm br., ockerbraun, glänzend, Fleisch gelblich bis bräunlich, Rand eingerollt, filzig-zottig. L. herablaufend, hellbraun, dann rostbraun. Druckstellen dunkelbraun. Sporen tiefocker 8—10×5—7 μ. Eßbar. Auf der Erde in Wäldern, Gebüschen, auf Grasplätzen, in Gärten usw., häufig. VII—XI. Eßbar. (Taf. V, Fig. 213, Abb. 23, 1a—b.)

570. Kahler K. **P. involutus** (Batsch).

25. Familie: **Hygrophoraceae.**

Fk. fleischig, sehr wasserreich od. dünnfleischig, stets in St. u. Hut gegliedert. Hutoberfläche oft schleimig. Hut wenigstens in der Jugend ∓ kegelfg., zentral gestielt, vollkommen nackt od. mit unvollkommenem, flüchtigem, fädigem Schleier. L. sehr dickfleischig, fast wachsartig entfernt stehend, längere u. kürzere regelmäßig abwechselnd, am St. weit herablaufend. Basidien mit 4 od. 2 Sterigmen. Sporen groß; bisweilen (bei den parasitischen Nyctalis-Arten) Basidien fehlend u. statt deren Chlamydosporen. Meist Erdbewohner; nur Nyctalis parasitisch auf Lactariazeen.

Bestimmungsschlüssel der Gattungen.
A. Sporenpulver schwarz. **1. Gomphidius.**
B. Sporenpulver nicht schwarz, meist weiß.
 a) Nicht parasitisch, ohne Chlamydosporen.
  I. Schleier zwischen Hut u. St. vorhanden, schleimig. **2. Limacium.**

II. Schleier fehlend.
1. Fk. lebhaft gefärbt, saftreich, ∓ glasig, gebrechlich, meist schleimig. 3. **Hygrophorus**.
2. Fk. nie lebhaft gefärbt, meist trocken, ∓ zäh. 4. **Camarophyllus**.
b) Parasitisch auf anderen Hutpilzen, mit Chlamydosporen im Hut. 5. **Nyctalis**.

§ 1. Gomphidieae Ulbr. — Fk. mit fädigem Schleier.

1. Gattung: **Gomphidius** Fries, Schmierling, Gelbfuß, Keilpilz.

Hut fleischig, durch einen fädig-schleimigen Schleier mit dem St. verbunden, an dem ein vergänglicher Ring zurückbleibt. L. dick, herablaufend, weitläufig, weich, spaltbar, mit großen zylindrischen Zystiden. St. am Grunde gelb. Sporenpulver schwarz. Sporen spindelfg. Basidien viersporig.

1. L. anfangs grau od. weißlich, erst später dunkler. 2.
Hut fast kegelfg., mit stumpfem Buckel, dann flach, 5—15 cm br., braunrot, klebrig, Fleisch rötlich-bräunlich. St. bis 10 cm h., gelbbraun, oben mit flockigem, verschwindendem Ring. L. purpurbraun, dann dunkelbraun. Sporen $18-24 \times 5-6 \mu$. Eßbar. Zwischen Moos in Wäldern, nicht selten. VIII—XI. (Fig. 231.)
571. Klebriger K. **G. viscidus** (L.) Fr.
2. St. innen u. außen gefärbt. 3.
Hut halbkuglig, dann flach, 2,5—5 cm br., weißlich, grau od. rötlich-bräunlich. St. 3—5 cm h., innen u. außen weiß, nach unten etwas verdünnt. L. weiß, später grau. Sporen 18—19 $\times 5-7 \mu$. In Wäldern, selten. VII—XI.
572. Zierlicher K. **G. gracilis** Berk. et Br.
3. Hut 3—6 cm br., rosenrot, schleimig. St. bis 6 cm h., weiß, am Grunde außen u. innen rot, oben mit einem weißen, spinnwebigen, vergänglichen Ring. L. weißlich, grau bis schwarz. Sporen $15-17 \times 4-5 \mu$. Eßbar. Zwischen Moos in Ndwäldern, nicht häufig. VII—X. (Taf. VI, Fig. 232.)
573. Rosenroter K. **G. roseus** Fries

Hut flach gewölbt, dann ausgebreitet, 5—14 cm br., schmutzig grau bis schwach violett, schleimig, Fleisch weißlich. St. 5—10 cm h., unten außen u. innen gelb, oben weißlich, mit einem anliegenden, schleimig-seidenhaarigen Ringe. L. weißlich, grau, dann schwarz. Sporen $18-24 \times 5-6 \mu$. Geschmack schwach bitterlich; eßbar. Auf Grasplätzen, in Wäldern, Gebüsch usw., häufig VII—IX. (Taf. VI, Fig. 233.)
574. Schleimiger K., Kuhmaul. **G. glutinosus** (Schaeffer) Fr.

Hygrophoraceae. 201

2. Gattung: **Limacium** Fries, Schneckling.

Hut fleischig, mit dem St. durch einen schleimigen Schleier verbunden, der am St. als vergänglicher Ring auftritt. L. herablaufend. Basidien meist viersporig. Sonst wie folg. Gattung. Meist Herbstpilze.

1. Hutoberfläche weiß od. gelb. 2.
Hutoberfläche irgendwie rot od. rötlich. 5.
Hutoberfläche gelb od. gelbbraun. 7.
Hutoberfläche grau od. graubraun. 8.
Hutoberfläche oliven-, umbrabraun, überhaupt dunkelbraun. 11.
2. Nicht riechend. 3.
Hut gewölbt, dann flach, 4—8 cm br., klebrig, weißlich, später gelblich werdend, in der Mitte meist blaß ockergelb. St. voll, 6—9 cm h., zylindrisch, nach oben kleiig u. punktiert. L. etwas herablaufend, derb. Sporen 8—10 × 4—6 μ. Charakteristisch wie die Raupe vom Weidenbohrer riechend. In Ndwäldern, zerstreut. IX—XI. (Agaricus nitens Schaeff., Hygrophorus c. Sowerby)
575. Stinkender S. **L. cossus** (Sowerby) Fr.
3. St. u. Hutrand nicht gelbflockig. 4.
Hut gewölbt, dann ausgebreitet, 3—8 cm br., weiß, schleimig, Rand zuerst eingerollt, gelbflockig. St. bis 10 cm lg., voll, weiß, nur unten schleimig, oben gelbflockig. L. dick, weiß. Sporen 8—10 × 4—5 μ. Eßbar. Zwischen Lb. in Lbwäldern, zerstreut. IX—XI. (Taf. VI, Fig. 236.) (Hygrophorus chr. Batsch)
576. Goldflockiger S. **L. chrysodon** (Batsch) Fr.
4. Hut halbkuglig, dann ausgebreitet, gelblichweiß, glatt. St. 4 bis 5 cm lg., voll, am Grunde spindelig, punktiert, rauh. L. blaß, gelblich. Sporen 6—8 × 3—5 μ. Geschmack mild, eßbar. In Lbwäldern, zerstreut. IX—X. (Taf. VI, Fig. 237.) (Hygrophorus ventricosus Berk. et B., Lim. ponderatum Britzelm.)
577. Eßbarer S. **L. penarium** Fries

Hut halbkuglig, dann ausgebreitet, 3—10 cm br., bleibend reinweiß, schleimig, trocken glänzend, Rand zuerst eingerollt, dann gerade. St. zylindrisch, 5—12 cm lg., selten später hohl, bis zur Mitte schleimig, darüber trocken u. mit erhabenen, weißen Punkten u. Schuppen besetzt. L. elfenbeinweiß, dick. Sporen 6—10 × 4—6 μ. Geruchlos. Eßbar. In Lb.- u. Ndwäldern, häufig. VIII—X. (Taf. VI, Fig. 238.) (Hygrophorus eb. Bull., Agaricus lacteus Schaeff., A. nitens Krombh.)
578. Elfenbein-S. **L. eburneum** (Bulliard) Fr.
5. L. weiß u. dann irgendwie rot od. grau werdend.
Hut gewölbt, dann niedergedrückt, glatt, klebrig, 5—12 cm br., fleischfarbig, selten gelb-gefleckt. St. voll, 5—12 cm lg., weiß, an der Spitze verjüngt, von weißen Punkten rauh. L. rein weiß, dick. Sporen 7—10 × 5—6 μ. Geruch u. Geschmack an-

Hygrophoraceae.

genehm. Eßbar. In Lb(Buchen-)wäldern im Gebirge, zerstreut. IX—XI.

579. Schamroter S. **Limacium pudorinum** Fries

6. Hut halbkuglig, dann flach gewölbt, 3—10 cm br., zuerst weiß, dann purpurrot werdend, schleimig, später trocken u. schuppig, Rand zuerst eingerollt, klebrig, später schwach filzig, Fleisch weiß, rot werdend. St. voll, 3—8 cm lg., weiß, dann rot punktiert u. fleckig. L. etwas herablaufend, dick, weiß, später purpurrot. Sporen $8-11 \times 4-6 \mu$. Bitter; ungenießbar. In schattigen Ndwäldern, selten. IX—X. (Hygrophorus erubescens Fr., H. rubro-fibrillosus Britzelm.)

580. Rötlicher S. **L. rubescens** (Pers.) Fr.

Hut gewölbt, dann flach, 5—10 cm br., rötlich, Rand weiß, in der Mitte gebuckelt, gelblich, ziemlich trocken, Rand eingerollt, filzig, dann gerade. St. 7—10 cm lg., voll, weiß, mit kleinen weißen Schuppen, oben mit einem klebrigen Ring. L. bogig herablaufend, weiß, später blaßgrau. Sporen $9-11 \times 5-7 \mu$. Geschmack mild. IX—X. In Wäldern nicht häufig. (Agaricus glutinosus Bull.)

581. Buckeliger S. **L. glutinifer** Fr.

7. Hut gewölbt u. gebuckelt, später flach u. in der Mitte niedergedrückt, 2,5—6 cm br., klebrig, blaß, gelbbraun, in der Mitte fast rostbraun. St. voll, 5—6 cm lg., flockig, unten klebrig, oben weiß punktiert. L. etwas herablaufend, weiß, dann blaßgelblich. Sporen $6-9 \times 3-5 \mu$. Zwischen Moos in Ndwäldern, selten. IX—X. (Taf. VI, Fig. 239.) (Hygrophorus disc. Fr., Agaric. semigilvus Secr.)

582. Scheibenfg. S. **L. discoideum** Pers.

Hut halbkuglig, dann flach, meist stumpf gebuckelt, 2—8 cm br., klebrig, goldgelb. St. 4—10 cm h., voll, oben weißbereift, mit flüchtigem, braunrötlichem Ring, kahl, unten klebrig. L. weit herablaufend, weiß, dann gelblich. Sporen $8-10 \times 5-6 \mu$. Zwischen Moos u. Gras in Ndwäldern, zerstreut. X—XII. (Taf. VI, Fig. 240.) (Hygrophorus Bresadolae Quél.)

583. Goldgelber S. **L. aureum** Arrhen.

8. St. mit körnigen schwarzen Pünktchen od. Fasern. 9.

Hut flachgewölbt, stumpf gebuckelt, dann leicht niedergedrückt, 3—8 cm br., schleimig, braun, später grau, Rand eingerollt, weißflockig. St. 5—8 cm lg., weiß, flockig-schuppig, mit schwachen flockigen Ringen oberhalb der Mitte. L. dick, weiß. Sporen $7-8 \times 5 \mu$ ($10-13 \times 5-7 \mu$ Nüesch). Eßbar. Zwischen Moos in Ndwäldern auf Kalkboden, besonders der Vorgebirge, zerstreut. IX—X. (Hygrophorus f. Fr., Agaricus anguinaceus Jungh.)

584. Braunweißer S. **L. fuscoalbum** Lasch

9. Geruchlos. 10.
Hut gewölbt, dann flach, 3—7 cm br., schleimig, graubraun, in der Mitte mit dichtstehenden, weißen, durchscheinenden Wärzchen besetzt, Rand eingerollt, filzig, dann kahl. St. 6—12 cm lg., voll, weiß, faserig gestreift, oben von körnigen Schüppchen rauh. L. weiß. Basidien 2- od. 4 sporig; Sporen 8—9—11 × 4—5 bis 7 μ. Geruch stark anisartig. Zwischen Moos in Ndwäldern, besonders der Vorgebirge, zerstreut. VII—X. Eßbar. (Taf. VI, Fig. 241.) (Hygrophorus cerasinus Berk.)
585. Wohlriechender S. **Limacium agathosmum Fries**
10. Hut gewölbt, später flach, gebuckelt, 3—6 cm br., klebrig, graubraun, flockig od. fädig-streifig, mit brauner, rissiger, braunwarziger Mitte. St. 3—5 cm lg., voll, weiß, von schwarzen Punkten rauh. L. weiß od. hellgrau. Sporen 7—10 × 5—6 μ. In Ndwäldern, Heiden usw., zerstreut. IX—X. (Taf. VI, Fig. 242.) (Hygrophorus p. Fr.)
586. Schwarzpunktierter S. **L. pustulatum Pers.**

Hut gewölbt, dann ausgebreitet, gebuckelt, 2—4 cm br., schleimig, angedrückt-fädig, schuppig, grau, in der Mitte braun. St. voll, 5—8 cm lg., weiß, unten mit schwarzen Fasern. L. weiß. Sporen zylindrisch-ellipsoidisch 8—9 × 5—6 μ. In Ndwäldern, besonders der Gebirge, zerstreut. IX—XI. (Taf. VI, Fig. 243.) (Hygrophorus t. Fr.)
587. Grauweißer S. **L. tephroleucum Pers.**
11. L. weiß od. grau. 12.
Hut flachgewölbt, dann ausgebreitet, oft trichterfg., 3—6 cm br., mit dickem olivenfarbenen Schleim überzogen, nach dessen Verschwinden gelblich od. rötlichgelblich. St. 5—12 cm h., dottergelb, über der Mitte mit schleimig-fädigem, vergänglichem Ring, oft braunschuppig. L. weißlich, dann dottergelb od. fleischrötlich. Sporen 7—10 × 4—5 μ. Zwischen Moos u. Gras in Ndwäldern, Heiden usw., häufig. X—XI. (L. vitellum [Alb. et Schwein.], Agaricus limacinus Sow.)
588. Dottergelber S., Frost-S. **L. hypothejum Fr.**
12. Hut halbkuglig, dann flach, spitz- od. stumpfhöckerig, 2,5—10 cm br., dunkel olivenbraun, $\mp$ schwärzlich gestreift, zuerst mit dickem, braunem Schleim überzogen, später heller. St. voll, 3—12 cm lg., weiß, oberhalb der Mitte mit schleimig-faserigem, vergänglichem Ringe, trocken braunfleckig. L. weiß. Sporen 7—8 × 4—5 μ (Ricken), 10—14 × 6—7,5 μ (Nüesch). In Ndwäldern, zerstreut. IX—XI. (Agaricus glutinosus Bull.)
589. Olivweißer S. **L. olivaceoalbum Fries**

Hut gewölbt, dann flach, 2,5—5 cm br., umbrabraun, später grau- bis olivenbraun, mit blasserem Rande, kahl. St. voll, 5—8 cm h., klebrig, faserig-gestreift, an der Spitze schuppig.

L. ziemlich dünn, weißlich-aschgrau. Sporen kuglig 3,5—4×3,5 μ. In Lbwäldern, zerstreut. X—XI. (Taf. VI, Fig. 244.) (Hygrophorus l. Fr., Kalchbr.)

590. **Klebriger S.** **Limacium limacinum** (Scopoli) Fr.

Hut bis 14 cm br., St. etwa 12,5 cm h., 3 cm br., L. 12 mm br. *590β.* (Hygr. l. Br.) var. **latitabundus** (Britzelmayr) Ulbr.

Limacium russula (Schaeff.) Ricken siehe *1189* Tricholoma.

§ 2. Hygrophoreae Ulbr. — Fk. ohne Schleier, nicht parasitisch. — Erdpilze.

3. Gattung: **Hygrophorus** Fries Saftling, Glaspilz.
(Unterg. Hygrocybe Fries). 2.

Hut fleischig, ohne Schleier. St. in den Hut übergehend. L. fleischig, dick, entfernt stehend, nicht spaltbar. Hut bei feuchtem Wetter klebrig, trocken glänzend, selten flockig-schuppig, weich, saftig, zerbrechlich. St. weich. L. wachsartig, weich, zerbrechlich. Basidien oft 2sporig. — Bodenpilze.

1. L. an den St. lose angeheftet od. mit schmalem Grunde angewachsen, nicht herablaufend. 2.
L. herablaufend. 9.
2. Hutoberfläche braun, graubraun, olivenbraun bis schwarz. 3.
Hutoberfläche rot od. gelb, selten weißlich. 5.
3. L. nicht gelb. 4.

Hut 3—6 cm br., kegelfg., spitz, geschweift, faserig-streifig, mit klebrigem, olivenbraunem Schleim überzogen, trocken schwarz, glänzend. St. 4—7 cm h., ₁gelblich, hohl, zylindrisch, trocken, braun-faserig. L. abgerundet u. frei, zitronengelb. Sporen 10—12 ×6—7 μ. An grasigen Stellen im Gebirge, zerstreut. IX—X. (Taf. VI, Fig. 245.)

591. Schwarzbrauner S. **H. spadiceus** (Scopoli) Fr.

4. Hut stumpf kegelig, dann glockenfg., ausgebreitet, gebuckelt, klebrig, braun od. graubraun, später orangefarben u. kahl. 2,5—4 cm br. St. hohl, ungleich dick, 3—5 cm lg., heller. L. angewachsen, bräunlich mit orangefarbener Schneide. Auf Grasplätzen in Wäldern, selten. VIII—X.

592. Schmutziger S. **H. squalidus** (Lasch) Fr.

Hut glockig, dann ausgebreitet, 2—7 cm br., graubraun, klebrig, dann trocken, rissig-schuppig. St. 5—10 cm lg., hohl, zusammengedrückt, weißlich, glatt. L. angewachsen, weiß, dann bläulich grau. Sporen 6—8×4—5 μ. Stark nach salpetriger Säure riechend. Auf Waldwiesen, zerstreut. VIII—XI. (Taf. VI, Fig. 246.) (H. murinaceus Fr., H. nitens Batsch)

593. Salpeter-S. **H. nitratus** (Pers.) Fr.

5. Fleisch bei Verletzung nicht schwarz werdend. 6.
   Hut kegelfg., 2—5 cm h. u. br., schwach klebrig, trocken seidenglänzend, dunkel goldgelb, Rand zuletzt geschweift u. eingeschnitten, Fleisch goldgelb, bei Verletzung schwarz werdend. St. 6—9 cm h., zylindrisch, hohl, oft gedreht, grobfaserig, gelb, schwarz werdend. L. hinten sehr verschmälert, angeheftet, weißlich od. gelblich, schwarz werdend. Basidien 2—4sporig; Sporen 10—11 × 7—8 μ. Auf Wiesen, Grasplätzen usw., häufig. V—XI. (Taf. VI, Fig. 247.) (Agaricus croceus Bull., A. tristis Pers., A. aurantiacus Sow., A. hyacinthus Batsch)
   594. Kegelfg. S. **Hygrophorus conicus** (Scopoli) Fr.
6. Hut höchstens bis 3 cm br. 7.
   Hut über 5 cm br. 8.
7. Hut glocken-, bis halbkugelfg., dann ausgebreitet, etwas gebuckelt, 1—4 cm br., weißlich od. gelblich, mit grünlichem, schlüpfrigem Schleim überzogen, trocken wachsgelb, glänzend, Rand gestreift. St. 4—7 cm lg., schleimig, gleichfarbig, hohl. L. zahnfg. angeheftet, dottergelb, bisweilen grünlich. Sporen 8—11 × 4—6 μ. Eßbar. Zwischen Gras u. Moos auf offenen Stellen, zerstreut. VIII—IX. (Taf. VI, Fig. 248.) (Agaricus cameleon Bull.)
   595. Papageigrüner S. **H. psittacinus** (Schaeffer) Fr.
   Hut gewölbt, stumpf, dann flach, gelb od. scharlachrot, 2 bis 5 cm br., schleimig, Rand gestreift. St. hohl, 6—9 cm lg., glatt, klebrig, glänzend. L. angeheftet, bauchig, weißlichgelb, 7—9 × 4—6 μ. Auf Grasplätzen der Gebirge (Alpen) nicht selten. IX—X. (Taf. VI, Fig. 249.)
   596. Stumpfer S. **H. chlorophanus** Fries
8. Hut flach kegelfg.-gewölbt, 5—12 cm br., schwach klebrig, goldgelb, glänzend, Rand geschweift, eingebogen. St. 6—11 cm lg., zylindrisch, hohl, gelb. L. lebhaft gelb mit hellerer Schneide. Basidien 2sporig; Sporen 8—9 × 5—6 μ. Auf Wiesen, Heiden zwischen Gras u. Moos, besonders im Vorgebirge, nicht häufig. VII—X. (Taf. VI, Fig. 250.) (H. laceratus Bolt., H. constans [Fr.] Lange)
   597. Goldgelber S. **H. obrusseus** Fries
   Hut glockig, dann ausgebreitet, 5—12 cm br., schwach klebrig, scharlach- od. blutrot, verblassend, glatt, Rand eingebogen, oft lappig. St. zylindrisch, voll, dann hohl, bis 6 cm h., gelblich od. rotgelb, am Grunde weiß. L. angeheftet, bauchig, gelb, später rötlich. Sporen 8—12 × 6—8 μ. Eßbar. Auf Wiesen, Heiden, an Waldrändern, häufig. IX—X. (Taf. VI, Fig. 251.) (Agaricus aurantius Vahl)
   598. Roter S. **H. puniceus** Fries
9. Hutoberfläche gelb od. gelbbraun. 10.
   Hutoberfläche rot. 11.

10. Hut flach gewölbt, 1—2,5 cm br., klebrig, gelbbraun, schwach glänzend. St. 5—8 cm h., zylindrisch, gelbbraun, an der Spitze oft dunkler. L. herablaufend, weißlich, rötlich od. graubräunlich. Sporen 5—8 × 4—5 μ. Auf moosigen Wiesen, gesellig. IX—XII. (Taf. VI, Fig. 252.) (H. Houghtoni Berk. et Br.)

599. Schöner S. **Hygrophorus laetus** (Pers.) Fr.

Hut flach gewölbt, 2—4 cm br., fast klebrig, wachsgelb, glänzend, Rand feinstreifig. St. 3—5 cm h., zylindrisch, hohl, gelb, am Grunde heller. L. br. angewachsen, herablaufend, fast dreieckig, gelblich. Basidien 2 sporig; Sporen 6—8—9,5 × 4—6 μ. Im Grase in Wäldern, Gebüschen, nicht selten. VII—XII. (Taf. VI, Fig. 253.)

600. Wachsgelber S. **H. ceraceus** (Wulfen) Fr.

11. L. gleichmäßig gefärbt. 12.

Hut halbkuglig, dann flach, 2—6 cm br., blebrig, scharlachrot, trocken glatt, verblassend. St. hohl, zusammengedrückt, ca. 5 cm lg., oben scharlachrot, unten gelb. L. br., angewachsen, mit einem Zahn herablaufend, am Grunde aderig verbunden, zuerst gleichmäßig gelbrot, dann oben purpurrot, in der Mitte gelb, an der Schneide grau. Sporen 8—11 × 5—6 μ. Auf feuchten Wiesen, in Sümpfen, nicht selten. VII—XII. (Taf. VI, Fig. 254.) (H. miniatus [Scopoli] Schroet., Agaricus min. Scop., Ag. scarlatinus Bull., Ag. aurantius Sow.)

601. Mennigroter S. **H. coccineus** (Schaeff.) Fr.

12. Hut kegel-, dann glockenfg., spitz gebuckelt, 0,7—1 cm br., scharlachrot, glatt, verblassend. St. 2—4 cm lg., hohl, seidenglänzend, scharlachrot, am Grunde weiß. L. herablaufend, dreieckig, gelb. Sporen ellipsoidisch 6—8 × 4—5,5 μ. Auf Grasplätzen, an Waldrändern, selten. VIII—XII.

602. Zwerg-S. **H. mucronellus** Fries

Hut halbkuglig, dann ausgebreitet u. in der Mitte niedergedrückt, 1—2 cm br., trocken glatt od. feinschuppig, fast zinnoberrot, verblassend. St. 3—5 cm h., zylindrisch, zinnoberrot. L. br. angewachsen, mit einem Zahn herablaufend, gelb od. gelbrot. Sporen 8—10 × 5—6,5 μ. Auf feuchten Wiesen, in Sümpfen usw., häufig. VI—X. (H. miniatus Fr.)

603. Flammender S. **H. flammans** (Scopoli) Schroet.

4. Gattung: Camarophyllus Fries, Ellerlinge.

Fk. nicht gebrechlich, meist trocken, nicht klebrig, nicht glänzend, derb, ziemlich zähe, fleischig-zähe. St. zäh. L. derb, zähig, bogig herablaufend, dick wachsartig, entfernt. Basidien 4- od. 2 sporig. — Erdpilze meist außerhalb des Waldes.

1. Hutoberfläche weiß, ebenso alle übrigen Teile des Pilzes. 2.

Hutoberfläche gelb, orangefarben, bläulich, selten hell ockerfarben. 3.

Hutoberfläche rauchgrau, graubraun bis schwärzlich. 5.

2. Hut glockenfg., dann flach, in der Mitte niedergedrückt, 2—3 cm br., feucht, bald trocken, matt, Rand gestreift. St. bis 6 cm h., 2—4 mm dick, hohl, kegelfg. in den Hut erweitert. L. bogig herablaufend, sehr weit entfernt stehend. Basidien 2sporig; Sporen 6—9×4—5 μ. Eßbar. Auf Wiesen, Weiden usw., selten. X—XII. (Taf. VI, Fig. 255.) (Hygr. n. Scop., Ag. ericetosus Bull., Ag. glutineus Batsch)

604. Schneeweißer E. **Camarophyllus niveus** (Scopoli) Fries

Hut weiß, gewölbt u. gebuckelt, dann niedergedrückt, 2—6 cm br., feucht, dann trocken rissig u. etwas flockig. St. 5—11 cm h., bis 1 cm dick, voll, in den Hut erweitert. L. bogenfg. herablaufend. Basidien 2- od. 4sporig; Sporen 9—12×5—6 μ. Eßbar. Auf Wiesen, Triften usw., häufig bis ins Hochgebirge. VIII—XII. (Hygrophorus ericeus [Bull.] Schroet.)

605. Heide-E. **C. virgineus** (Wulf.) Fr.

3. L. weißlich od. gelbbräunlich. 4.

Hut gewölbt, dann flach ausgebreitet, in der Mitte gebuckelt, 5—8 cm br., trocken, angedrückt-faserig, ∓ lebhaft orangefarben, St. voll, 5—8 cm lg., kleinschuppig-fasrig, orangefarben. L. herablaufend, etwas heller als der Hut. Sporen 6—7×3—5 μ. Eßbar. In schattigen Lbwäldern, selten. VIII—X. (Taf. VI, Fig. 256.) (Hygrophorus n. Fr., Agaricus n. Secr.)

606. Hain-E. **C. nemoreus** (Lasch) Fries

4. Hut glockenfg., dann ausgebreitet, etwas gebuckelt, 3—5 cm br., klebrig, bläulich. St. hohl, 5—8 cm lg., L. mit einem Zähnchen herablaufend, weißlich. Sporen 7—9×5—6 μ. Zwischen Moosen auf Wiesen u. in Wäldern, selten. IX—XI. (Taf. VI, Fig. 257.) (Hygr. i. Fr.)

607. Schlüpfriger E. **C. irrigatus** (Pers.) Fries

Hut gewölbt u. gebuckelt, dann abgeflacht, kreiselfg., 3—11 cm br., trocken, hell gelblich od. ockerfarben, zuletzt faltig-rissig, Rand dünn, gerade. St. voll, 2—8 cm lg., gleichfarbig, nach oben verdickt. L. weit herablaufend, gleichfarbig od. weißlich. Sporen 6—9×4—6 μ. Eßbar. Im Grase auf Wiesen usw., nicht selten. VIII—XII. (Hygrophorus ficoides [Bull.] Schroet., H. pratensis [Pers.] Fr., Agaricus ficoides Bull., A. fulvosus Bolt., A. vitulinus Pers., A. miniatus Sow.)

608. Wiesen-E. **C. pratensis** Fries

5. Hut kegelfg., dann ausgebreitet, gebuckelt, 4—7 cm br., rauchgrau, oft etwas olivbraun, mit dicken, angedrückten Schuppen besetzt. St. voll, 2—4 cm lg., grau. L. bogenfg. angeheftet, mit einem Zahn herablaufend, am Grunde aderig verbunden, grau, dann bräunlich. Sporen 8—10×6 μ. Nach frischem Mehl riechend. Zwischen Moos u. Gras in Ndwäldern, nicht selten. IX—XII. (Taf. VI, Fig. 258.) (Hygr. ov. Fr., Agaricus obscurus Alb. et Schw.)

609. Schaf-E. **C. ovinus** (Bulliard) Fr.

Hut flachgewölbt u. gebuckelt, später ausgebreitet u. in der Mitte eingedrückt, 8—15 cm br., zuerst feucht, faserig streifig, graubraun od. schwärzlich, bisweilen schwarz, Rand oft heller, dünn, zuerst eingebogen. St. 8—10 cm lg., kreiselfg. in den Hut erweitert, glatt, grau. L. bogenfg., weit herablaufend, weiß, 6—9 × 4—5 μ. Geruch streng, Geschmack milde. In Lb.- u. Ndwäldern, besonders im Gebirge, zerstreut. X—XI. (Taf. VI, Fig. 259.) (Hygr. camarophyllus [A. et S.] Fr., H. caprin. Scop., Agaricus camar. Alb. et Schw., A. elixus Sow.)

610. Ziegen-E. **Camarophyllus caprinus** (Scopoli) Fr.

§ 3. Parasiticae Nüesch — Fk. ohne Schleier; parasitisch auf Lactariazeen.

5. Gattung: **Nyctalis** Fries, Zwitterling, Nachtpilz.

Hut fleischig, im Innern an den Hyphen oft Chlamydosporen entwickelt u. dann die Basidienfruktifikation $\mp$ unterdrückt. L. entfernt, dick u. fleischig. Parasiten auf anderen Hutpilzen (soweit die Arten hier in Betracht kommen). Basidien 4 sporig; Basidiosporen weiß.

Hut kegelfg., später flach, 1,5—2,5 cm br., grau, zuerst bereift, Rand schwach eingebogen. St. 1—6 cm lg., hohl, grau od. weißlich, flockig seidenhaarig. L. dick, weiß, später bräunlich, gewunden. Chlamydosporen ockerbraun, auf den L. hervorbrechend, glatt, 12—17 × 8—10 μ. Sporen 5—7 × 3—4 μ. Parasitisch auf Russula nigricans, adusta u. a., zerstreut. X—XI. (Taf. VI, Fig. 234.) (Agaricus paras. Secr.)

611. Parasitischer Z. **N. parasitica** (Bulliard) Fries

Hut 1—2 cm br., $\mp$ kuglig, meist nicht gut entwickelt, sondern durch die den Hut mit braunem Pulver füllenden, 15—24 μ gr., sternfg. Chlamydosporen verbildet, halbkuglig od. kuglig, 1—2 cm br., weißlich, flockig. St. voll, bereift, zuletzt bräunlich, 1—2,5 cm lg. L. dick, schmutzig grau. Sporen 6 × 4 μ. Parasitisch auf Russula adusta, nigricans, größeren Lactarius-Arten usw,. zerstreut. VII—XI. (Fig. 235.) (N. asterophora Fr., Elvela clavus Schaeff., Asterophora lyc., Ditm. et Cda., Merulius lycop. D.C., Onygena agaricina Schweiniz)

612. Stäublingsähnlicher Z. **N. lycoperdoides** (Bulliard) Fries

26. Familie: **Schizophyllaceae** Spaltblättlinge.

Fk. (bei den im Gebiete vorkommenden Formen) lederig, zäh, dünn, ungestielt sitzend. L. der Länge nach gespalten, die Hälften sich nach außen umrollend, bündelweise angeordnet, zwischen jedem längeren Paare 3—5 kürzere L. Fk. nicht faulend, sondern trocknend u. bei Eintritt feuchter Witterung wieder auflebend. Basidien mit 4 Sterigmen. Sporen weiß.

Einzige Gattung: **Schizophyllum** Fries, Spaltblättling.
Hut lederartig, ungestielt. L. lederartig, verschieden lg., bei der
Reife von der Schneide aus sich in zwei Platten spaltend, die sich
nach außen umrollen. Zystiden fehlen. An Lbholz.
Im Gebiete einzige Art: Fk. 1—5 cm br., oben filzig, weiß, später
zottig, grau. L. vom Anheftungspunkt ausstrahlend, grau, dann

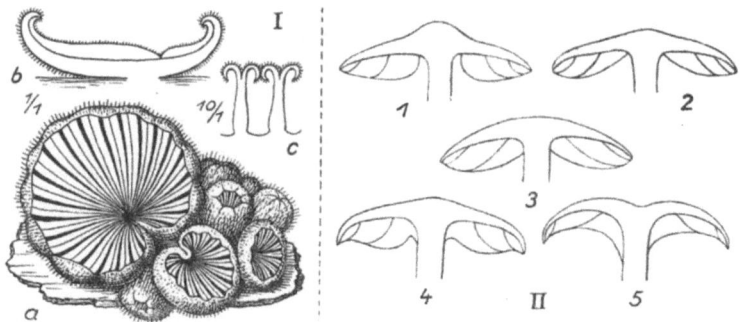

Abb. 24. Ia bis c. Schizophyllum commune Fr. — II. Agaricaceae: Hut- und Lamellenformen: 1. Hut gebuckelt, 3. Hut flach-gewölbt, 2, 4. Hut kegelförmig-flach, 5. Hut genabelt. — 1. L. frei u. vom Stiele entfernt, 2. L. frei, 3. L. angeheftet, 4. L. mit Zahn herablaufend, 5. L. weit herablaufend. — (Nach Ramsbottom.)

violett braun. Sporen weiß, $6 \times 3\ \mu$. Gesellig auf Lb., namentlich
an gefällten Stämmen, häufig. Das ganze Jahr. (Fig. 319, Abb. 24,
Ia—c.) (S. alneum [L.].)

613. Erlenschwamm, Gemeiner S.   **Sch. commune** Fr.

27. Familie: **Agaricaceae** (eigentliche Blätterpilze).

Fk. hutfg., verschieden ausgestaltet, ohne od. mit seitlichem od.
zentralem St., meist fleischig, selten häutig od. lederig, nicht zerfließend, ohne Milchsaft. Hymenium auf senkrecht stehenden, unter
sich freien, niemals am Grunde od. am St. anastomosierenden L.
stehend. Basidien meist viersporig. Sporen hyalin od. gefärbt.

Bestimmungsschlüssel für die Unterfamilien u. Gruppen.
A. Fk. stets, auch in der Jugend, völlig hüllenlos (ohne Ring, ohne
Volva), gymnokarp. Sporen meist weiß, seltener hellrötlich.
a) Fk. ⟊ trocken, häutig od. lederig bis fast holzig, zäh, nicht
verfaulend, sondern vertrocknend, bei Befeuchtung wieder
auflebend u. mit der Sporenbildung fortfahrend. L. zäh, nicht
od. kaum herablaufend. Basidien mit 4 Sterigmen; Sporen weiß.
1. Unterfam. **Marasmioideae.**

1. St. u. Hut nicht scharf geschieden. St. häufig exzentrisch od. fehlend.
§ 1. Lentineae. 1. Xerotus. 2. Lentinus. 3. Panus.
2. St. u. Hut scharf geschieden. St. zentrisch.
§ 2. Marasmieae. 4. Marasmius.
b) Fk. fleischig, faulend, ∓ trichterfg., ohne jede Hüllenbildung (gymnokarp), St. u. Hutfleisch nicht verschieden, daher St. u. Hut nicht trennbar, St. zentrisch, seltener exzentrisch; L. stets herablaufend. Sporen weiß od. blaß-rötlich.
2. Unterfam. Clitocybeoideae.
1. Sporen weiß, glatt, völlig gymnokarp, ganz ohne Velum partiale. L. breit angewachsen weit herablaufend.
§ 3. Clitocybeae. 5. Clitocybe. 6. Russuliopsis. 7. Omphalia.
2. Sporen rötlich; L. ± weit herablaufend; niemals ganz frei.
α) Sporen winkelig-eckig.
+ L. angeheftet od. etwas herablaufend; Hut ∓ dickfleischig; St. fleischig-faserig, nicht knorpelig-wachsartig.
§ 4. Entolomeae. 8. Entoloma.
++ Sporen eckig; L. deutlich herablaufend; Hut dünnfleischig, St. knorpelig-wachsartig.
§ 5. Leptonieae.
9. Leptonia. 10. Nolanea. 11. Claudopus. 12. Eccilia.
β) Sporen spindelfg., gestreift od. feinwarzig, nicht eckig; Hut dickfleischig in den derbfleischigen St. allmählich zusammengezogen.
§ 6. Clitopileae. 13. Clitopilus.
B. Fk. wenigstens in der Jugend mit fädigen, flockigen od. häutigen, meist als Gewebesaum am Hutrand od. Ring am St. erhalten bleibenden Hüllen (Cortina, Velum partiale, V. universale), selten ganz gymnokarp, meist hemi-angiokarp, fleischig-faulend, St. u. Hut deutlich geschieden (nicht ineinander übergehend); St. meist zentral, bisweilen seitlich od. fehlend.
a) Hüllen fädig bis flockig, niemals häutig, meist vergänglich (Cortina); Sporen schmutzig-bräunlich od. ∓ rostbraun, niemals weiß; eckig-zapfig, warzig-rauh, seltener glatt. L. meist mit Zystiden.
3. Unterfam. Cortinarioideae.
1. Sporen schmutzig od. unbestimmt mißfarbig; eckig-zapfig od. glatt.
§ 7. Inocybeae. 14. Inocybe. 15. Hebeloma.
2. Sporen rostfarbig, rostbraun, warzig; Hülle stets fädigschleimig, vergänglich.
§ 8. Cortinarieae.
16. Myxatium. 17. Phlegmatium. 18. Inoloma.
19. Dermocybe. 20. Telamonia. 21. Hydrocybe.

Agaricaceae. 211

3. Sporen rostbraun, glatt, nicht warzig od. stachelig; Hülle flockig, bisweilen als Behang od. flockiger Ring bleibend.
§ 9. Dermineae.
22. Crepidotus. 23. Pluteolus. 24. Galera. 25. Tubaria. 26. Naucoria. 27. Flammula. 28. Pholiota. 29. Rozites.
b) Hüllen flockig (od. fehlend) bis häutig, oft als häutiger Ring bleibend; Sporen schwarz od. dunkelbraun, glatt, bisweilen kantig; meist Erdbewohner. 4. Unterfam. Psalliotoideae.
1. Sporen tief- u. reinschwarz; L. schwarz od. scheckig.
§ 10. Coprinarieae.
30. Psathyrella. 31. Panaeolus. 32. Chalymotta. 33. Anellaria.
2. Dunkelbraun (violettlich-purpurbraun od. dunkelrotbraun).
α) Hüllen flockig, niemals häutig.
+ Hüllen unscheinbar, flockig, flüchtig, höchstens flockiger bis flockig-faseriger Gewebesaum; kleine, meist vergängliche Pilze.
§ 11. Psilocybeae. 34. Psilocybe. 35. Psathyra.
++ Hüllen ∓ bleibend als gewebeartiger Hutsaum, bisweilen auch als flockiger Ring.
§ 12. Hypholomeae. 36. Hypholoma.
β) Hüllen häutig, meist als Ring u. Hutsaum bleibend, selten Volva.
§ 13. Psallioteae.
37. Stropharia. 38. Psalliota. 39. Chitonia.
c) Wie b, aber Sporen weiß, selten rötlich; L. buchtig angeheftet od. ganz frei. 5. Unterfam. Tricholomoideae.
1. Sporenfleisch rötlich glatt; L. ganz frei; Hüllenbildungen fehlen.
§ 14. Pluteeae. 40. Pluteus.
2. Sporen weiß, seltener schmutzig-weiß od. schwach rosa, glatt. Hüllen fehlend, wenn vorhanden, flockig od. gewebeartig, meist vergänglich.
α) L. nie ganz frei, am St. ∓ angeheftet; St. zentral, knorpelig-röhrig, meist gebrechlich; Hut häufig ∓ dünnfleischig, brüchig.
§ 15. Myceneae. 41. Mycena. 42. Collybia.
β) L. am St. buchtig angeheftet od. mit Zahn etwas herablaufend; St. zentral od. seitlich bisweilen ganz fehlend, fleischig-voll, nicht gebrechlich-knorpelig; Hut ∓ derbfleischig.
§ 16. Tricholomeae.
43. Pleurotus. 44. Tricholoma. 45. Armillaria. 46. Biannularia.

14*

d) Hüllen stets häutig, ∓ derb (nicht fädig, flockig od. gewebeartig), meist bleibend, Fk. stets hemiangiokarp, niemals gymnokarp; Sporen weiß, selten rosarot, stets glatt.

5. Unterfam. **Amanitoideae.**
1. Sporen rosarot; Fk. nur mit Vel. universale.
§ 17. Volvarieae. 47. **Volvaria.**
2. Sporen weiß; Fk. mit Vel. universale u. partiale od. nur mit ersterem.
α) Fk. nur mit Vel. partiale. Stielgrund meist knollig, aber ohne Volva.
§ 18. Lepioteae. 48. **Lepiota.**
β) Fk. mit Vel. universale od. Vel. universale u. v. partiale.
§ 19. Amaniteae.
+ Fk. nur mit Vel. universale. 49. **Amanitopsis.**
++ Fk. mit Vel. univ. u. partiale. 50. **Amanita.**

1. Unterfamilie: **Marasmioideae** Ulbr.

Fk. ohne jede Hüllenbildung, zäh häutig od. lederartig bis fast holzig, nicht verfaulend, sondern vertrocknend u. bei neuer Durchfeuchtung wiederauflebend u. mit der Sporenbildung fortfahrend. L. zäh, nicht od. kaum herablaufend. Basidien stets 4-sporig. Sporenpulver weiß.

Bestimmungsschlüssel der Gattungen.
A. St. mit dem Hut zusammenfließend.
 I. Schneide der L. stumpf. 1. **Xerotus.**
 II. Schneide der L. scharf.
  a) L.-Schneide ganzrandig. 2. **Panus.**
  b) L.-Schneide gesägt od. zerschlitzt-gezähnt. 3. **Lentinus.**
B. St. vom Hut scharf abgesetzt, ebenso von den L. 4. **Marasmius.**

§ 1. Lentineae Ulbrich.

St. u. Hut nicht scharf geschieden. St. häufig exzentrisch. — Meist auf totem Holz.

1. Gattung: **Xerotus** Fries, Trockenschwamm.

Hut häutig-lederig, dauerhaft, in den St. übergehend. L. lederartig, br. faltenfg. dichotom, mit ganzer, stumpfer Schneide.

Einzige Art mit flach trichterfg., graubraunem, etwas gezontem, 1,5—4 cm br., feucht gestreiftem Hut. St. 4—20 mm lg., 2 mm br., voll, braun, weißfilzig. L. sehr entfernt stehend, herablaufend, z. T. gegabelt, grauweißlich. Sporen $8-12 \times 4-6\,\mu$. Auf nackter Erde, selten. I—III. (Taf. VIII, Fig. 320.)

614. Verbildeter T. **X. degener** (Schaeffer) Fr.

Agaricaceae.

2. Gattung: **Panus** Fries, Knäueling.

Fk. exzentrisch gestielt od. ungestielt, lederzäh, nicht faulend, meist knäuelig gehäuft; L. meist herablaufend lederig, mit ganzrandiger, scharfer Schneide. Sporen weiß. — An Holz saprophytisch.
1. Hut ohne od. mit seitlichem St. 2.
Hut exzentrisch gestielt. 3.
2. Hut umgewendet (resupinat), dünn, hygrophan, zuerst becherfg., dann ausgebreitet, halbiert, ca. ½ cm br., am Grunde mit weißlichen Fasern angeheftet, bereift. L. blaßviolett, netzaderig. Sporen 8—11 × 2—3 μ. An Nd., nicht häufig. S. H. (Agaricus v.-f. Batsch, A. elatinus Pers.)

615. **Blaßvioletter K.** **P. violaceofulvus** (Batsch) Quél.

Hut zäh, trocken holzig, nieren- od. halbkreisfg., 1—5 cm br., glatt, später kleiig-schuppig, ockerfarben, verblassend, Fleisch ockerfarben, Rand eingerollt, dann geschweift. St. seitenständig, bis 1 cm lg., glatt. L. netzadrig verbunden, dicht, ockerfarben. Sporen 4—5 × 2—2,5 μ. Geschmack erst herb, dann brennend. Herdenweise auf Lbstümpfen, bes. Eichen, häufig. Fast das ganze Jahr. (Taf. VIII, Fig. 321.) (P. farinaceus Schum.)

616. **Herber K., Eichen-K.** **P. stipticus** (Bulliard) Fr.

3. Hutoberfläche glatt od. kleinschuppig (mindestens im Alter). 4.
Hut unregelmäßig, einseitig, flach trichter- od. halbkreisfg., zähfleischig, später fast holzig, 5—8 cm br., glatt, kahl, hell fleischfarben, dann hellbraun, Fleisch weiß, Rand eingerollt, dann scharf, flach. St. 2—3 cm lg., grau violett od. hell rötlichbraun, filzig. L. herablaufend, fleischfarben, dann ledergelb. Sporen 5—6 × 3 μ. An Birkenstümpfen, besonders in den Vorbergen, zerstreut. S. H. (Agaricus torulosus Fr., A. fornicatus Pers., A. carneotomentosus Batsch)

617. **Fleischfarbener K.** **P. carneotomentosus** (Batsch) Fries

4. Hutoberfläche kleinschuppig, wenigstens im Alter. 5.
Hüte 5—10 cm br., rasenfg., zählederig, ∓ fächerfg., niedergedrückt, buchtig, blaßrötlich, lederfarbig, von büscheligen Haaren ∓ rauh, Rand oft eingerollt. St. sehr kurz, behaart. L. herablaufend, blaß holzfarben. Sporen 5—6 × 3 μ. An Stämmen von Lb. u. Nd. nicht häufig. V—VI. (P. hirtus [Secr.] Quél.)

618. **Rauher K.** **P. rudis** Fries

5. Hut schief becherfg., fast lederig, scherbenfarbig, verblassend, kleinschuppig, Rand eingerollt. St. sehr kurz, glatt. L. herablaufend, blaßgelb, nach hinten verbunden. An Kiefernstämmen, in Gebirgswäldern, nicht häufig. S. H. (Taf. VIII, Fig. 322.) (Agaricus c. Schaeff., A. Schaefferi Weinm.)

619. **Becher-K.** **P. cyathiformis** (Schaeffer) Fr.

Hut zähfleischig, dann lederartig, dünn, 4—10 cm br., zimtbraun, verblassend, zuletzt kleinschuppig. St. sehr kurz, am

Grunde weißlich, filzig. L. linienfg. herablaufend, fleischrötlich, dann ockerfarben. Sporen $6 \times 3\,\mu$. Rasig an Lbstämmen (bes. Zitterpappel), nicht selten. VI—X.

620. Muschelfg. K. **Panus conchatus** (Bulliard) Fries

3. Gattung: **Lentinus** Fr., Sägeblättling.

Fk. lederzähe, halbiert, sitzend od. gestielt mit blattartigen, lederigen L. mit gesägter, gekerbter od. zerschlitzter Schneide. Sporen weiß. Ausschließlich an Holz.

1. Hut halbiert, sitzend od. seitlich gestielt. 2.
Hut ganz, mit exzentrischem od. zentralem St. 3.
2. Hut nierenfg., flach, zäh, 5—8 cm br., blaßbraun, glatt, Rand gekerbt gewimpert. St. sehr kurz, fehlend od. seitenständig. L. zerschlitzt, blaß. Sporen $8—9 \times 2—2{,}5\,\mu$. An Ästen von Buchen u. Eichen, Brombeeren, zerstreut. II—V. (Taf. VIII, Fig. 323.)

621. Fächerfg. K. **L. flabelliformis** (Bolton) Fries

Hut ohrfg., meist dachziegelfg., sitzend, zähfleischig, 7 cm br., etwas gelappt, glatt, in der Jugend kahl, im Alter nach der Basis zu braunfilzig, rotbraun, dann verblassend, Rand ganz, kahl. L. weißlich, zerschlitzt. An faulenden Rotbuchen- u. Lindenstämmen, selten. VIII—X.

622. Bärhaariger S. **L. ursinus** Fries

3. Hutoberfläche kahl. 4.
Hutoberfläche dunkel schuppig, zottig od. pulverig. 6.
4. Hut rot od. rostfarben. 5.
Hut gelappt od. kraus, zähfleischig, weiß, kahl, etwas klebrig. St. kurz, unregelmäßig, schuppig. L. gezähnt, entfernt stehend. Wohlriechend. An Lärchenstümpfen in den Alpen, zerstreut. S. (Agaricus odorus Vilb., A. compressus Scop.)

623. Wohlriechender S. **L. jugis** Fries

5. Hut zähfleischig, gewölbt, dann trichterfg., unregelmäßig, glatt, kahl, blaß gelblich bis schmutzig rötlich, dann braun werdend, 5—9 cm br. St. verlängert, 7—11 cm lg., 7—9 mm dick, holzig, glatt, L. blaß gelblich, gekerbt, zerschlitzt. Sporen $7{,}5 \times 2{,}5\,\mu$. An bearbeitetem Holz, besonders in Kellern, Zwischenböden, nicht häufig. Gewöhnlich im Dunkeln geweihartig verzweigt mit scharfen bräunlichen Spitzen. Das ganze Jahr. (Taf. VIII, Fig. 324.)

624. Strauchiger K. **L. suffrutescens** (Brotero) Fries

Hut zähfleischig, schlaff, sehr unregelmäßig trichterfg., halbiert u. dütenfg., gerollt, 4—9 cm br. u. h., hell gelblich od. schmutzig rötlich, warzig, Rand dünn, wellig. St. 2—9 cm lg., gefurcht, rötlich, nach unten meist bräunlich. L. herablaufend, weißlich, dann rötlich gesägt. Sporen kuglig 5—6 μ. Geruch schwach anisartig. An alten Lbstämmen u. -ästen, nicht selten. VII—XI. (L. cornucopioides [Bolton].)

625. Füllhornfg. K., Anis-S. **L. cochleatus** (Pers.) Fries

6. Hutoberseite mit dunkler gefärbten Schuppen. 7.
Hut zähfleischig, gewölbt, dann flach u. zuletzt trichterfg., 2—12 cm br., grubig-runzlig, zuerst klebrig, dann pulverig, schmutzig gelblichweiß od. bräunlich. St. 2—5 cm h., harzigklebrig, hohl, blaß bräunlich, glatt. L. herablaufend, weiß, zerschlitzt-gesägt, harzig. Sporen länglich-zylindrisch 7—10 × 2,5—3 μ. Riecht harzig. An alten Ndstämmen, selten. X—IV. (L. resinaceus Trog)

626. Harziger S. **Lentinus adhaerens** (Alb. et Schwein.) Fries

7. Hut lederig, dünn, vertieft, zuletzt trichterfg., 4—12 cm br., weiß, mit eingewachsenen, haarigen, schwärzlichen od. bräunlichen Schuppen, Fleisch weiß, bei Verletzung oft rot werdend, Rand zuerst eingerollt. St. 4—8 cm lg., voll, weiß, schuppig. L. weit herablaufend, weiß od. gelblich, gesägt od. zerschlitzt. Sporen 7—9 × 3 μ. An alten Lbstümpfen, nicht selten. V—X. (Taf. VIII, Fig. 325.)

627. Gefleckter S. (L. Dunalii DC.) **L. tigrinus** (Bulliard) Fries

Hut dick, zähfleischig, dann holzig-lederig, 8—15 cm br., ockerfarben od. weißlich, in sich dunkel färbende Schuppen reißend, Rand zuerst eingerollt. St. 2—10 cm lg., voll, außen filzig schuppig. L. herablaufend, weiß od. gelblich, zerschlitzt. An dunklen Orten ist der Hut oft nicht regelmäßig, sondern der ganze Pilz verzweigt sich, wird oft geweihartig u. bis 50 cm lg. (Vgl. S. 43, Abb. 10, 6.) Sporen 10—11 × 5 μ. An Kiefernstümpfen im Walde, an bearbeitetem Holz auf Holzhöfen in Bergwerken, Kellern usw., nicht selten. V—XI. (Fig. 326.) (L. squamosus [Schaeffer] Quél.)

628. Schuppiger S. **L. lepideus** Fr.

§ 2. Marasmieae Ulbrich.

Stiel u. Hut scharf geschieden. St. knorpelig od. ∓ haarfg., dünn, zentrisch. Meist Bodenpilze od. auf Nadeln, Blättern, Stengeln, Holzstückchen auf dem Boden.

4. Gattung: **Marasmius** Fries, Schwindling.

Fk. meist häutig, zäh, trocken, nicht faulend u. beim Befeuchten wieder auflebend. Hutfleisch von anderer Konsistenz wie der knorpelige od. hornartige St. L. zäh, lederartig, mit ganzer Schneide, mit od. ohne Zystiden.

1. St. absolut kahl, meist glänzend. 2.
St. samthaarig, zottig, filzig, häufig nur bloß oben od. am Grunde, od. aber mehlig bestäubt od. mit abwischbaren Flocken. 9.
2. L. hinten am St. zu einem Ring verwachsen. 3.
L. voneinander frei, am St. ∓ angewachsen. 5.
3. St. borstenfg., zähe, mindestens unten schwarz. 4.
Hut glockenfg., stumpf, faltig-gefurcht, weiß, 1—2 cm br. St. röhrig, glänzend, weißlich od. rötlich-violett, mit knollenfg. ver-

dickter, dunklerer Basis. L. dick, weiß, entfernt, queradrig, halsbandartig verbunden. Sporen weiß. An modernden Stengeln, Ästen, selten. IX—X. (Agaricus nematopus Pers.)

629. Halsband-S. **Marasmius torquatus** Fries

4. Hut halbkuglig, dann flach gewölbt, in der Mitte eingedrückt, 2—5 mm br., kahl, hellrotgelblich, oft in der Mitte dunkler. St. haarfg., zäh, ganz, schwarzbraun, höchstens an der Spitze blaß. L. 6—8, weiß mit freiem Halsband den St. anschließend. Sporen 8—10 × 4 μ. Zwischen Gras, besonders auf Quecken, zerstreut. VII—II. (Taf. VIII, Fig. 327.) (Androsaceus gr. [Lib.] Pat.)

630. Gras-S. **M. graminum** (Libert) Berk.

Hut gewölbt, in der Mitte höckrig, dann eingedrückt, strahlig faltig, 5—15 mm br., weißlich, in der Mitte bräunlich. St. borstenförmig 3—6 cm lg., röhrig, glatt, glänzend, unten schwarz, nach oben braun, an der Spitze weiß. L. 12—16, weiß. Sporen 7—9 × 3,5—4,5 μ. Myzel pferdehaarartige, schwarze Stränge bildend. An abgefallenen Zweigen, Lb. usw., häufig. V—X. (Taf. VIII, Fig. 328.) (Androsaceus rotula [Scop.] Pat.)

631. Rädchenpilz. **M. rotula** (Scopoli) Fries

5. St. rot od. braun. 6.

Hut fast halbkuglig, dann flach gewölbt, 10—15 mm br., gestreift od. runzlig, rötlichbraun, seltener weißlich. St. zäh, ca. 4 cm lg., hohl, schwärzlich. L. ungleich lg., angewachsen, dem Hut gleichgefärbt. Sporen 7 × 3—4 μ. Myzel in lg., schwarzen, pferdehaarähnlichen Strängen. Auf faulen Blättern, Ästen, Nadeln usw., häufig. Geruchlos. Fast das ganze Jahr. (Taf. VIII, Fig. 329.) (Androsaceus andr. [L.] Pat.)

632. Schildfg. S., Roßhaar-S. **M. androsaceus** (L.) Fr.

6. Geruchlos. 7.

Hut flach gewölbt, dann ausgebreitet, 1—3 cm br., glatt, trocken runzlig, weißlich, fleischfarben od. bräunlich. St. röhrig, glänzend, 2—4 cm lg., dunkel rotbraun, nach oben heller. L. angewachsen, weiß. Sporen lanzettlich 5—7 × 3 μ. Eßbar. Stark nach Knoblauch riechend. Auf lichten Waldstellen, Heideplätzen, selten an Stümpfen, häufig. V—XI. (Taf. VIII, Fig. 330.) (M. scorodonius Fr.) — Als Würze verwertbar.

633. Mousseron, Lauchpilz. **M. alliatus** Schaeffer.

7. Hutoberfläche nicht gestreift, sondern runzlig. 8.

Hut gewölbt, dann ausgebreitet u. genabelt, kahl, gestreift, 5—7 mm br., weißlich mit bräunlicher Scheibe. St. 2—4 cm lg., röhrig, hornartig, glänzend, rot, an der Spitze weiß. L. etwas herablaufend, einfach u. anastomosierend, gedrängt, anastomosierend weiß. Sporen 8 × 5 μ. Auf Blättern u. Nd., selten. VII bis IX. (Taf. VIII, Fig. 331.) (Androsaceus spl. [Hornem.] Rea.)

634. Splachnumartiger S. **M. splachnoides** (Hornem) Fr.

Agaricaceae. 217

8. Hut flach gewölbt, dann ausgebreitet, 1—1,5 cm br., trocken runzlig, weißlich od. bräunlich. St. hornartig, glatt, hohl, bis 4 cm lg., rotbraun. L. ausgerandet, angeheftet, weiß. Sporen 7×4 µ. Auf Ästchen u. Wurzeln im Grase, nicht häufig. IX—XI. (Androsaceus c. [Pers.] Pat.)

635. Schönfüßiger S.   Marasmius calopus (Pers.) Fries

Hut schwach gewölbt, bald ausgebreitet, 1—2 cm br., runzligfaltig, zuerst hellrötlich, später weißlich mit bräunlicher Mitte. St. 2,5 cm lg., voll, kastanienbraun, nach oben verdickt u. weißlich. L. 10—12 längere, wenige kürzere, fast herablaufend, weiß. Sporen 10—13×3—4 µ. Zwischen Gras u. Moos an Stämmen, nicht häufig. VIII—X.

636. Vaillants S., Faltiger S.   M. Vaillantii (Pers.) Fries

9. Rand des Hutes in der Jugend am St. anliegend, gerade.   10.
Rand des Hutes in der Jugend nach innen umgerollt.   14.

10. St. fadenfg. schlaff.   11.
St. steif aufrecht.   13.

11. L. von mittlerer Breite, nie faltenfg.   12.
Hut gewölbt, dann flach ausgebreitet, 4—10 mm br., kahl, weißlich. St. fadenfg., zähe, 3—4 cm lg., oben weiß, unten kastanienbraun, sehr fein samthaarig. L. wenige, verschieden lg., dem St. angewachsen, sehr schmal, häufig nur faltenfg., weiß. Sporen 3×2 µ (Cooke). Auf trockenen Blättern u. Blattstielen, häufig. IX—XI. (Taf. VIII, Fig. 332.) (Agaricus squamula Batsch, Androsaceus ep. [Fr.] Pat.)

637. Blattbewohnender S.   M. epiphyllus Fries

12. Hut gewölbt, in der Mitte schwach papillenfg., weiß, kahl, gefurcht u. gefaltet. St. fädig, flockig, später kahl, rötlich, am Grunde meist rotbraun. L. breit angewachsen, sehr entfernt stehend, netzfg. verbunden, weißlich. Sporen eifg. 12 µ lg. An Blättern, Stengeln, Zweigen usw., zerstreut. VII—VIII. (Androsaceus s. [Batsch] Rea.)

638. Zucker-S.   M. saccharinus (Batsch) Fries

Hut flach gewölbt, dann ausgebreitet, 8—15 mm br., runzlig, am Rande nicht gestreift, kahl, weißlich od. hellbräunlich. St. 3—4 cm lg., fädig, schwärzlich, nach oben heller, mit samtartigen, abstehenden, kurzen Härchen besetzt. L. verschieden lg., angewachsen weißlich, dann fleisch-bräunlich. Sporen 6×3 µ. Unangenehm riechend. Auf Nd. scharenweise, häufig. Fast das ganze Jahr. (Androsaceus perf. [Fr.] Pat., M. abietis Batsch)

639. Durchbohrender S., Nadel-S.   M. perforans (Hoffm.) Fries

13. Hut glockig, stumpf, im Alter verflacht u. streifig-furchig, 1—2 cm br., lebhaft gelb, dann ockergelb. St. zäh, starr, flockig, braun, nach oben blasser u. gelbkleiig, mit rotbraunflockiger, knolliger Basis, 3—5 cm lg. L. zahnartig angewachsen, gelb, netzig ver-

bunden. Sporen 6—7 × 3—4 μ. Geruchlos. Zwischen Gras in Ndwäldern, selten. X—XI. (Taf. VIII, Fig. 333.)

640. **Holziger S., Gelber S.** M. cauticinalis (With.) Fries
Hut dünnfleischig, glockig, 2—4 cm br., glatt od. unregelmäßig furchig, hellbräunlich, trocken abblassend. St. 8—10 cm lg., schwarz, fein samthaarig, mit nacktem, wurzelndem Grunde. L. frei, bräunlich, dann weißlich. Sporen 7—9 × 6—7 μ (8—9 × 3 μ). Geruch stark zwiebelartig u. deshalb für Tunken. Zwischen Lb. u. Zweigen in Lb.- u. Mischwäldern, häufig. VII—X. (Taf. VIII, Fig. 334.)

641. **Lauch-S.** M. alliaceus (Jacquin) Fries

14. St. durchgehend knorpelig, nicht faserig. 15.
    St. faserig, nur außen mit knorpeliger Rinde. 23.
15. St. verkürzt, nicht wurzelnd, meist voll. L. angewachsen bzw. herablaufend. 16.
    St. wurzelnd, stets hohl. L. sich ablösend, frei. 19.
16. St. weiß od. weißlich nach oben hin. 17.
    St. kastanienbraun. 18.
17. Hut dünnfleischig, zäh, gewölbt, dann ausgebreitet u. niedergedrückt, gerunzelt, 8—15 mm br., weißlich mit rötlicher Mitte, meist am Rand gestreift. St. 1—2 cm lg., voll, weißlich, nach unten rötlich, kleiig-schuppig. L. angewachsen, weiß. Sporen 8—10 × 3—4 μ. In großen Herden auf abgestorbenen Zweigen, häufig. VI—X. (Taf. VIII, Fig. 335.)

642. **Zweigbewohnender S., Ast-S.** M. ramealis (Bulliard) Fries
Hut durchscheinend, gewölbt, dann flach u. niedergedrückt, furchig-runzlig, 6—10 mm br., weiß. St. ca. 1 cm lg., voll, weißlich, unten rötlich-braun, fein bereift, am Grunde flockig. L. angeheftet, weiß, entfernt; Sporen 9 × 3 μ. Wie vor., seltener. VII—XI.

643. **Weißer S.** M. candidus (Bolton) Fries

18. Hut stumpf, flach gewölbt, dann scheibig, zäh, 6—12 mm br., schwach bereift, hellgelblich mit dunklerer Mitte, Rand gestreift, St. 1—2 cm lg., voll, blaß, nach unten kastanienbraun, schwach mehlig. L. angewachsen, blaß gewimpert. Sporen 10—12 × 2,5 μ. An abgefallenen Ästen, auf Stümpfen in dichten Scharen, zerstreut. VII—X. (Taf. VIII, Fig. 336.)

644. **Verwandter S.** M. amadelphus (Bulliard) Fries
Hut gewölbt, dann ausgebreitet u. genabelt, ca. 1—3,5 cm br., streifig-furchig, durchsichtig, gelbbraun od. rötlich, trocken verblassend. St. hohl, samthaarig-bereift, kastanienbraun, 2,5 cm lg., an der Basis flockig. L. angeheftet, rötlich-gelblich. Sporen 9—12 × 4—6 μ. Geruch unangenehm. An faulenden Ästen, selten. VIII—XII. (Taf. VIII, Fig. 337.)

645. **Stinkender S.** M. foetidus (Sowerby) Fries

19. St. in der ganzen Länge bereift, samtartig. 20.
    St. oben kahl, nach unten wollig. 21.

20. Hut glockig, dann halbkuglig, in der Mitte stumpf-bucklig, 1,5—3,5 cm br., gelbbraun od. fast kastanienbraun, verblassend, zuerst flaumig. St. 4—6 cm lg., trocken gedreht u. stark gestreift, glänzend, sehr fein behaart, rotbraun, unten dunkler, oben heller. L. weiß, mit bräunlichen Haaren bedeckt, frei, sehr entfernt. Sporen $6 \times 3\ \mu$. Zwischen Lb., auf Holzstückchen, Nadeln, Wurzeln, nicht selten. X—XI. (M. lupuletorum Weinm.)

646. **Rotstieliger S.** **Marasmius erythropus** (Pers.) Fries

Hut flach gewölbt, dann ausgebreitet, 2—2,5 cm br., kahl, ockerfarben, verblassend, trocken runzelig. St. starr, 6—12 cm lg., hellrötlichbraun mit einem feinen, weißlichen, filzigen Überzug bedeckt. L. angeheftet, dann frei, gelblichweiß. Sporen 8—10 $\times 3$—4 μ. In dichten Büscheln auf altem Lb. im Walde, nicht selten. IX—XI.

647. **Kleienstieliger S.** **M. achyropus** (Pers.) Fries

21. Hut hellfarbig, weißlich, rötlich, gelblich. 22.

Hut ziemlich fleischig, flach gewölbt, schwach genabelt, 2 bis 5 cm br., schwarzpurpurn, später verblassend. St. schwarzpurpurn, 2—8 cm lg., kahl, am Grunde rostrot-striegelig. L. ziemlich dicht, später frei, rötlich. Sporen $4 \times 3\ \mu$. Rasig od. einzeln (dann länger) im Buchenlb., selten. IX—X. (Taf. VIII, Fig. 338.) (M. varicosus Fries.)

648. **Braunpurpurner S.** **M. fuscopurpureus** (Pers.) Fries

22. Hut flach gewölbt, glänzend, 1—3 cm br., hellrötlichbraun, dann weißlich, Rand gefurcht. St. 5—8 cm lg., glänzend, oben kahl u. blaß, unten rötlich mit weißem zottigen Überzug. L. blaß, später frei. Sporen 6—$7 \times 4\ \mu$. Geruchlos. Im Lb., gewöhnlich auf Birkenblättern, selten. IX—XI. (M. Stephensii Berk.)

649. **Häutiger S., Glänzender S.** **M. terginus** Fries

Hut halkbuglig, dann flach, 1,5—3 cm br., runzlig, weißlich, in der Mitte oft dunkler. St. 5—8 cm lg., oben blaß, kahl, unten rötlichbraun, schwach filzig, mit kurz-wurzelndem Grunde den Blättern aufsitzend. L. später frei, gelblichweiß. Sporen 9—10 $\times 4$—5 μ. Geruch stark knoblauchartig. Zwischen Lb., zerstreut. VIII—XI. (Taf. VIII, Fig. 339.) — Würzpilz.

650. **Knoblauch-S.** **M. prasiosmus** Fries

23. Grund des St. nackt. 24.

Grund des St. wollig od. striegelig behaart. 25.

24. Hut fleischig-zähe, kegelfg., dann gebuckelt u. ausgebreitet, 9—25 mm br., kahl, glänzend, braunschwarz bis rußgrau, verblassend. St. voll, 4 cm lg., nach oben verjüngt, flockig, weißlich. L. bogig angeheftet, dick, weißlich bis blaßrötlich, geruchlos. Im Moose in Wäldern, namentlich der Gebirge, selten. S.

651. **Pyramiden-S.** **M. pyramidalis** (Scopoli) Fr.

Hut dünnfleischig, zähe, zuerst kegelfg., dann flach, meist in der Mitte stumpfhöckerig, 3—6 cm br., ledergelb bis hellbräunlich verblassend, Rand später gestreift. St. voll, 4—8 cm lg., gleichfarbig, fein weißzottig, am Grunde nackt. L. frei, heller als der Hut. Sporen 7—9×4—5 μ. Speise- u. Suppenpilz. Geruch angenehm würzig. Auf Grasplätzen, Triften, Heiden usw., häufig, oft in großen Kreisen. V—XI. (Taf. VIII, Fig. 340.) (Feldschw., Suppenpilz, M. oreades [Bolton] Fr.)

652. Krösling. **Marasmius caryophylleus** (Schaeff.) Fries

25. St. nackt, höchstens oben u. unten flaumig od. rothaarig. 26. Hut flach gewölbt, stumpf, 2—6 cm br., blaß gelbrötlich, dann ledergelb, Rand gestreift. St. voll, zottig berindet, am Grunde striegelig behaart od. wollig (gestiefelt), gelb, später rötlich, unten gelb od. weiß, 5—8 cm lg., L. angeheftet, dann frei, gelblich od. rötlich. Sporen 7—10×4—5 μ. Zwischen altem Lb., nicht selten. V—XI. (M. urens Bulliard ist nur eine Form, die etwas höher ist u. brennenden Geschmack besitzt.) Ungenießbar.

653. Gestiefelter S., Brennender S. **M. peronatus** (Bolton) Fries

26. Hut flach gewölbt, 2—5 cm br., gestreift, schmutzig gelb, trocken blaß. St. später hohl, beidendig verdickt, 8 cm lg., braunrot, oben heller, flaumig. L. frei, gelb, später verblassend. Sporen 8—9×5 μ. Nach Knoblauch schwach riechend. Zwischen abgefallenem Lb., zerstreut. X—XI. — Würzpilz.

654. Zwiebel-S. **M. porreus** (Pers.) Fries

Hut ziemlich fleischig, zähe, gewölbt-bucklig, dann flach niedergedrückt, 2—5 cm br., blaßweißlich, glatt. St. kahl, später mit Ausnahme der Basis hohl, am rotstriegeligen Grunde wie abgebissen, rothaarig. L. angeheftet, weißlich. An Waldwegen im Grase, selten. VIII—X.

655. Fenchel-S. **M. foeniculaceus** Fries

2. Unterfamilie: Clitocybeoideae Ulbr.

Fk. dünn (fast häutig) bis fleischig, faulend, nach Vertrocknen nicht wiederauflebend, $\mp$ trichterfg., Hut- u. Stfleisch nicht verschieden; Hut vom St. nicht trennbar. Hut in den St. allmählich übergehend. L. stets herablaufend, $\mp$ engstehend, häufig dünn, einfach od. gegabelt, dem Hute $\mp$ gleichgefärbt. Basidien meist 4-sporig. Sporen weiß· od. rötlich.

Bestimmungsschlüssel der Gattungen.

A. Sporen weiß. § 3. Clitocybeae.
  a) Fk. meist ansehnlich, fleischig, meist berindet; Bodenpilze.
    I. L. häutig, dünn, engstehend, breit angewachsen, weit herablaufend. **5. Clitocybe.**

Agaricaceae. 221

II. L. etwas dicklich, z. entfernt stehend,
  von den Sporen ∓ weißlich bestäubt,
  herablaufend. 6. **Russuliopsis.**
b) Fk. klein bis winzig, ∓ dünnhäutig,
  genabelt-trichterfg.; Stiel knorpelig-röhrig.
  L. sichelfg. weit herablaufend. Auf dem
  Erdboden od. an moosigen Stämmen. 7. **Omphalia.**
B. Sporen rötlich.
  a) Sporen winkelig-eckig.
    I. Fk. ∓ dickfleischig; Stiel fleischig-
      faserig voll od. ausgestopft; L. ange-
      heftet od. etwas herablaufend; meist
      ansehnliche Pilze. § 4. Entolomeae. 8. **Entoloma.**
    II. Fk. ∓ dünnfleischig bis fast häutig,
      Stiel knorpelig-wachsartig od. röhrig.
      α) Fk. zentral gestielt. § 5. Leptonieae.
        + L. nicht eigentlich herablaufend.
        * Hut eingerollt, schuppig ge-
          nabelt. 9. **Leptonia.**
        ** Hut geraderandig, kegelig-
          glockig. 10. **Nolanea.**
        + L. deutlich herablaufend. 12. **Eccilia.**
      β) Fk. seitlich gestielt od. ungestielt. 11. **Claudopus.**
  b) Sporen spindelfg., gestreift od. feinwarzig,
    nicht eckig. Hut dickfleischig in den derb-
    fleischigen St. allmählich übergehend.
    § 6. Clitopileae. 13. **Clitopilus.**

§ 3. Clitocybeae Ulbrich.
Sporen weiß. Merkmale siehe Bestimmungsschlüssel.

5. Gattung: **Clitocybe** Fr., Trichterling.

Fk. ∓ fleischig, ∓ trichterfg., oft hygrophan; Hut meist in den fleischigen St. übergehend. L. häutig, dünn, einfach od. gegabelt, breit-angewachsen-herablaufend. Basidien 4-sporig. Sporenstaub weiß. St. ohne Ring. Meist auf dem Erdboden in Wäldern.

1. Hutfleisch wässerig. L. angewachsen, meist wenig herablaufend. 2.
  Hutfleisch trocken. Hut trichterfg. od. flach. L. von vornherein ∓ herablaufend. 9.
2. Hut dünnfleischig, anfangs gewölbt, dann etwas ausgebreitet u. oft
  niedergedrückt in der Mitte. L. angewachsen, kaum herablaufend. 3.
  Hut dünnfleischig, anfangs niedergedrückt, dann becher- od.
  trichterfg. L. anfangs gerade, später herablaufend. 7.
3. L. graublau. 4.
  L. gelb, rötlich, violett, später von den Sporen weiß bestäubt. 6.

4. Geruchlos. 5.
   Hut schwach gewölbt, dann scheibenfg. od. niedergedrückt, 2—4 cm br., feucht durchscheinend, hellgrau-braun, am Rand gestreift, trocken weißlich, glänzend. St. später hohl, 2—4 cm lg., glatt, kahl, gleichfarbig. L. kurz herablaufend. Sporen 6—7 × 3—4 μ. Geruch anis- od. fenchelartig. In Lbwäldern zwischen Gras u. Moos, zerstreut. VIII—XII. Eßbar. (Taf. XII, Fig. 524.) (C. fragrans Sowerby)
   656. Duftender Tr. **Clitocybe suaveolens** (Schum.) Fries
5. Hut flach gewölbt, später flach, 2—4 cm br., feucht blaugrau, trocken weißlich. Später hohl, 6—7 cm lg., gestreift, gleichfarbig. L. dicht, angewachsen, bisweilen schwach herablaufend. Sporen rundlich 7 μ, stachelig. Geruchlos. In Ndwäldern, nicht häufig. IX—X.
   657. Pfennig-Tr., Münzen-Tr. **C. obolus** Fries
   Hut flach gewölbt, dann ausgebreitet od. niedergedrückt, 2,5—8 cm br., kahl, feucht grau od. braun, am Rand schwach gestreift, trocken weißlich. St. später hohl, 4—5 cm lg., oft zusammengedrückt, grau od. braun, oben pulverig bereift. L. dicht angewachsen, wenig herablaufend. Geruchlos; Sporen 6 × 3 μ (7—8 × 3—4 μ Ricken). Zwischen Moos in Ndwäldern, häufig. IX—XII. (Fig. 525.)
   658. Abblassender Tr. **C. metachroa** (Fries) Berk.
6. L. gelb od. rötlich, nicht bestäubt, $\mp$ engstehend u. dünn. 18.
   L. gelb, rötlich od. bläulich, ziemlich weit, $\mp$ dickfleischig, von den Sporen weiß bestäubt siehe Russuliopsis *690—695.*
7. Rand kaum eingerollt, bald ausgebreitet. 8.
   Hut niedergedrückt, dann becherfg, 4—8 cm br., glatt, feucht dunkelumbra- od. graubraun, trocken heller, Rand lange eingerollt. St. voll, 5—10 cm br., gleichfarbig, unten verdickt u. weißzottig. L. weitläufig, schmutzig graubraun, angewachsen, dann herablaufend. Sporen 10—11 × 5—6 μ. Zwischen Gras u. Moos auf Wiesen, an Wegen, Waldrändern usw., häufig nach dem ersten Froste. X—XII. (Taf. XII, Fig. 527.) (C. cinerascens [Batsch] Fr.)
   659. Becher-Tr. **C. cyathiformis** (Bull.) Fries
8. Hut flach, dann trichterfg., 2—5 cm br., glatt, feucht bräunlich, trocken hell ockerfarben od. weißlich. St. später hohl, 4—5 cm lg., gleichfarbig, weißfaserig. L. fast weitläufig, bräunlich, dann hellgrau, herablaufend. Sporen 7—9 × 6—7 μ. Zwischen Moos besonders in Ndwäldern u. Heiden mit Juniperus, selten. X—XI.
   660. Verblassender Tr. **C. expallens** (Pers.) Fries
   Hut flach, dann trichterfg., 2—6 cm br., kahl, graubläulich, trocken weißlich, fast seidig u. gezont, Rand gestreift. St. hohl, 6—8 cm lg., kahl, am Grunde weißzottig. L. wenig dicht, angewachsen, dann weit herablaufend, grauweißlich. Riecht u.

schmeckt schwach nach Mehl. Zwischen Moosen, besonders in Ndwäldern in Reihen u. Kreisen, nicht selten. X—V.
661. Schwieliger Tr., Geriefter Tr. **Clitocybe vibecina Fries**
9. L. weit, aber ungleichmäßig herablaufend, Hut in der Mitte dickfleischig, stumpfhöckerig, dann flach u. etwas niedergedrückt. 10.
L. weit u. gleichmäßig herablaufend od. angewachsen. 13.
10. Hut graubraun, rußfarben. 11.
Hut 4—6 cm br., glatt, weiß, feinflockig. St. voll, 4—6 cm lg., oft gebogen, weiß. L. angewachsen, sehr dicht, schwach herablaufend. Sporen $6 \times 4\,\mu$. Herdenweise zwischen Lb. in Wäldern u. auf Grasplätzen, selten. IX—XI.
662. Undurchsichtiger Tr. **C. opaca** (Sowerby) Fries
11. L. ganzrandig.
Hut bis 16 cm br., kahl od. gestreift, rußfarben, dann bläulich trocken grau, Rand dünn, nackt, abstehend u. umgebogen. St. fast knorpelig, 16 cm lg., weiß, kahl, nur oben schwach zottig. L. ziemlich gedrängt, gesägt u. kraus, rußfarben, dann schmutzig weiß. Sporen 3—6 μ. Zwischen Moos in bergigen Ndwäldern, zerstreut. VIII—XI. (Tricholoma amplum [Pers.] Rea, nach Ricken = *664.*) — (Vergl. *1220.*)
663. Großer Tr. **C. ampla** (Pers.) Fr.
12. Hut 14—16 cm br., rußfarben, verblassend, in der Mitte bläulichrötlich. St. 10—16 cm lg., faserig-streifig, unten dick, blaß, oben kleinschuppig-mehlig. L. angewachsen, grau, dann verblassend. Sporen fast dreieckig, 6—7 $\times$ 6—7 μ. In Lbwäldern, fast büschelig; selten. IX—X. (Tricholoma molybdinum [Bull.] Ricken)
664. Bleigrauer Tr. (Vergl. *1220.*) **C. molybdina** (Bull.) Fr.
Hut 6—8 cm br., graubraun, verblassend, schwach seidenhaarig, schuppig, oft glatt, Rand dünn, schwach eingerollt. St. 6—8 cm lg., schmutzig grau od. ockerfarben, schwach gestreift, oben feinflockig. L. mäßig dicht, hell gelblichgrau. Sporen 6—7 $\times$ 6 μ. Eßbar. In Wäldern meist herdig, VII—XI. (Tricholoma fumosum [Pers.] Ricken) (Vergl. *1219.*)
665. Rauchfarbiger Tr. **C. fumosa** (Pers.) Fr.
13. Hut in der Mitte fleischig, nach dem Rand zu verdünnt, dann eingedrückt u. meist trichterfg. L. herablaufend. 14.
Hut fast gleichmäßig fleischig, später abgeflacht od. niedergedrückt, ohne Höcker. L. angewachsen od. herablaufend. 22.
14. Hut weiß od. graubraun. 15.
Hut mit gelben, rötlichen, rotbraunen Tönen. 16.
15. Hut flach od. konkav, etwas kreiselfg., 2,5—5 cm br., kahl, weiß. St. voll, 2,5 cm lg., kahl, nach unten verjüngt, oft zusammen gedrückt. L. weitläufig, aderig verbunden. Sporen 4—5 $\times$ 2,5 bis 3 μ. An Wegen, auf Triften, Heiden, nicht häufig. VIII—X.
666. Heide-Tr. **C. ericetorum** (Bull.) Fries

Hut trichterfg., 6—10 cm br., kahl, graubraun durchscheinend, Rand br. umgeschlagen wellig. St. später hohl, graubraun, gestreift, unten verdickt, L. nicht dicht, aschgrau. Sporen 9—10 × 5—6 μ. Geruch zimtartig. Zwischen Moos in Ndwäldern, zerstreut. IX—XI. (Abb. 25, 2.)

667. Kochtopf-Tr.   **C. cacabus** Fries

16. L. weiß u. so bleibend.   17.
    L. weißlich, später andersfarbig od. von vornherein nicht weiß.   18.

17. Hut tief trichterfg., 2—6 cm br., bräunlich ledergelb, mit kleinen, dunkleren Schuppen. St. nach oben verjüngt, 5 cm lg., zähe, L. weitläufig. Sporen fast birnenfg., 6—7 × 4 μ. Geruchlos. In moosigen Ndwäldern, zwischen Moosen in Waldmooren, selten. VI—VII.

668. Schuppiger Tr.   **C. squamulosa** (Pers.) Fr.

Hut niedergedrückt, dann trichterfg., in der Mitte oft mit stumpfem Höcker, 3—8 cm br., ockerfarben od. hellbräunlich-rötlich, bisweilen fast weiß, mit eingewachsenen, seidigen Fasern, Rand dünn, scharf, eingerollt. St. voll, 3—6 cm lg., gleichfarbig. L. mäßig dicht, sehr weit herablaufend. Sporen fast birnfg., 5—6 × 3—4 μ. Geruch schwach zimtartig. Zwischen Moos u. Gras in Wäldern u. Gebüschen, besonders in den Vorbergen, nicht selten. VIII—X. (Taf. XII, Fig. 528).

669. Trichterfg. Tr.   **C. infundibuliformis** (Schaeff.) Fr.

18. L. von Anfang hell orange od. hell ockerfarben.   19.
    L. weißlich, dann später gelblich od. bräunlich.   20.

19. Hut bald trichterfg., 4—8 cm br., frisch fuchsig-rötlichgelb, fast orange, trocken ledergelb, Rand eingerollt. Fleisch ockerfarben. St. orange, später hohl, 2—5 cm br., kahl. L. hell orange, dann fuchsrot, nicht gegabelt od. ästig; Sporen 3—4 μ. Riecht säuerlich; giftverdächtig. Rasig in Nd.- u. Mischwäldern, zerstreut. VI—X. (Taf. XII, Fig. 529.)

670. Umgedrehter Tr.   **C. inversa** (Scopoli) Fries

Hut flach, dann niedergedrückt, 8—13 cm br., gelbbraun, oft mit dunkleren Wasserflecken, Fleisch ockerfarben. St. später hohl, gleichfarbig, kahl. L. sehr dicht, hell ockerfarben, ∓ gegabelt. Sporen 3—4 μ, rundlich. In Ndwäldern, ziemlich häufig in Kreisen. VIII—X. (Taf. XII, Fig. 530.) (Cl. subinvoluta Batsch, ex p., Paxillus Alexandri Fr.)

671. Fahlgelber Tr., Wasserfleckiger T.   **C. gilva** (Pers.) Fries

Hut orange, ausblassend, ∓ samtfilzig, niedergedrückt, 4—8 cm br., dünnfleischig; St. fuchsig mit schwärzender Basis, zartfilzig, ausgestopft. L. ziegelrötlich, sehr dicht, doppelt bis dreifach gegabelt, herablaufend. Sporen 6—7 × 4—5 μ. Ungiftig; genießbar, aber geringwertig. In Ndwäldern gern auf Holzschlägen, an Holzstöcken u. Rumpfen. Häufig IX—XII. (Falscher Pfifferling; Cantharellus aurantiacus [Wulf.] Fr.)

672. **Orangegelber Tr.** **Clitocybe aurantiaca** (Wulf.) Studer

20. Hutoberfläche kahl. 21.

Hut niedergedrückt, trichterfg., 2,5—5 cm br., rötlich zimtbraun od. fast ziegelrot, verblassend, mit kleinen Schüppchen, zerschlitzt, Rand anfangs eingerollt. St. 2—4 cm lg., oft etwas zusammengedrückt, rötlichbraun, faserig. L. dicht, reinweiß, später hellgelblich. Geruch stark nach frischem Mehl. Sporen 7—9×5—7 μ. Zwischen Gras u. Moos auf Heiden, Grasplätzen, gern auf Brandstellen, selten. V—X.

673. **Roter Tr., Kohlen-Tr.** **C. sinopica** Fries

21. Hut schlaff, eingedrückt, dann trichterfg., 4—8 cm br., glatt, rostgelb od. rötlich, verblassend, Rand br. umgeschlagen. St. voll, 2—6 cm lg., schlank, gleichfarbig, am Grunde zottig. L. weißlich, später gelblich, dicht. Sporen rundlich 3—4 μ, zartstachelig. Meist rasig in Lbwäldern zwischen Lb., IX—XI.

674. **Schlaffer Tr., Flatteriger Tr.** **C. flaccida** Sowerby

Hut flach trichterfg., stumpfhöckerig, 10—30 cm br., kahl, glatt, weißgelblich od. hellbräunlich. St. voll, bis 16 cm lg., 2,5—3 cm dick, nach oben verjüngt, weißlich. L. dicht, weiß, später gelblich od. bräunlich, weit herablaufend. Sporen 6—7 ×5—6 μ. In Lbwäldern u. Gebüschen, zerstreut. X—XI.

675. **Riesen-Tr.** **C. geotropa** Bull.

22. Hut ganz weiß. 23.
    Hut nicht weiß. 28.

23. Hut 2—4 cm br. St. zylindrisch. 24.
    Hut über 6 cm br. 26.

24. St. hohl. 25.

Hut schwach grau-weiß, gewölbt, dann flach ausgebreitet, 2—5 cm br., glatt, kahl, schwach glänzend, Rand stark geschweift. St. voll, 2,5 cm lg., weiß, faserig, an der Spitze schwach bereift. L. dicht, weiß, angewachsen. Riecht schwach mehlartig. Sporen 5—6×3—4 μ. Auf Triften, Heiden. Außerhalb des Waldes; meist rasig. VIII—XI. — Eßbar.

676. **Weißlicher Tr., Feld-Tr.** **C. dealbata** (Sowerby) Fries

25. Hut gewölbt, dann flach, zuletzt etwas niedergedrückt, 2—3 cm br., mit weißem, seidenartigem Überzuge, nie genabelt. St. 2—4 cm lg., weiß, glatt, wachsartig, glänzend, knorpelig mit knieförmiger Basis. L. dicht, weiß, später herablaufend. Zwischen Lb. in Lbwäldern, häufig. Sporen 4—5×2—3 μ. VIII—XI. (Taf. XII, Fig. 531.)

677. **Weißer Tr., Wachsstiel-Tr.** **C. candicans** Pers.

Hut gewölbt, dann flach, 2—3 cm br., glatt, kahl. St. weiß, kleinschuppig, am Grunde filzig, aber nicht kniefg. gebogen.

L. dicht, weiß, schwach herablaufend. In Lbwäldern, im südlichen Gebiete, selten. IX—X. (Vielleicht = 677.)

678. Schwanenweißer Tr. **Clitocybe olorina** Fries

26. L. unveränderlich weiß. 27.

Hut flachgewölbt, dann niedergedrückt, 4—10 cm br., weiß, od. selten ledergelb, Rand fädig-silberglänzend, geschweift. St. später hohl, 6—8 cm lg., weiß, faserig, fast knorpelig, am Grunde zottig. L. etwas weitläufig, angewachsen, herablaufend, weiß, dann gelblich. Sporen fast rundlich 4—5 × 3—4 μ. Meist herdig zwischen Lb. in Wäldern, zieml. häufig. IX—XI. (Taf. XII, Fig. 532.)

679. Laubliebender Tr. **C. phyllophila** Pers.

27. Hut flach, dann niedergedrückt, 6—8 cm br., schlaff, kahl, trocken schwach glänzend. St. weiß, am Grunde filzig, zusammengedrückt, 6—8 cm lg., L. sehr dicht, wenig herablaufend, weiß. Sporen 6—7 × 4 μ. In Ndwäldern, stellenweise häufig. IX—XI.

680. Nadelliebender Tr. **C. pithyophila** (Secr.) Fries

Hut ausgebreitet, bisweilen in der Mitte etwas erhöht, 6—12 cm br., glatt, kahl, trocken runzlig, gebuckelt, Rand bisweilen filzig. St. voll, 6—8 cm lg., unten oft schwach verdickt u. filzig, weiß, faserig. L. später herablaufend, dicht, blaßhell; Sporen 5—6 × 3—4 μ. Eßbar. In Ndwäldern, Gärten, Gebüschen, in großen Hexenringen. IX—XI. (C. tornata Fr.)

681. Bleiweiß-Tr. **C. cerussata** Fries

28. Hut grün od. rötlich. 29.
Hut andersfarbig. 30.

29. Hut flach gewölbt, dann ausgebreitet, niedergedrückt, bisweilen mit stumpfem Höcker, 3—8 cm br., hell span- od. graugrün, in der Mitte lebhafter, trocken grau, gelb- od. weißlich, kahl, seidenartig, gestreift. St. 6—8 cm lg., weißlich od. grünlich, glatt, am Grunde dicker. L. mäßig dicht, etwas herablaufend, weißlich od. blaßgrünlich, verblassend. Sporen 8 × 4—4,5 μ. Geruch stark nach Anis. Eßbar. In Lb.- u. Ndwäldern herdig, zerstreut. VIII—X. (Vgl. S. 43, Abb. 10, 2.)

682. Anis-Tr. **C. odora** (Bull.) Fries

Hut gewölbt, dann flach u. niedergedrückt, 2,5—7 cm, kahl, hellrötlich, weißlich bereift, später rinnig, trocken weißlich u. geglättet. St. voll, 2,5 cm lg., bräunlichweiß. L. angewachsenherablaufend, ziemlich dicht, schmutzigweiß. Sporen 4—6 × 2—3 μ. An Wegen, auf Äckern, in Wäldern, nicht selten.

683. Bach-Tr. **C. rivulosa** (Pers.) Fries

30. Hut blaßgelblich od. aschgrau. 31.
Hut verschieden braun gefärbt. 32.

31. Hut weich, flach gewölbt od. niedergedrückt, 3—6 cm br., uneben, schmutzig gelb, verblassend, kahl. St. voll, 2—6 cm lg.,

zähe, kahl. L. angewachsen, herablaufend, ziemlich weitläufig, weißlich. Sporen 3—4 × 3 µ. Geruch schwach anisartig. Eßbar. In Buchenwäldern, ziemlich selten. IX—X.

684. **Ledergelblicher Tr. Clitocybe subalutacea** (Batsch) Fries
Hut flach gewölbt, oft stumpfhöckerig, dann ausgebreitet, 6—14 cm br., aschgrau, zuerst mit einem grauen, fast schimmelartigen Reif überzogen, dann glatt, kahl, matt. St. voll, 6 bis 10 cm lg., nach unten verdickt, hellgrau, faserig-streifig. L. dicht, kurz herablaufend, weißlich. Geruch nach frischem Mehl. Sporen 6—7 × 3—4 µ. Eßbar. Herdig zwischen Gras u. Lb. in Wäldern, Gärten, häufig. IX—XII. (Taf. XII, Fig. 533; Abb. 25, 1.)

685. **Nebelgrauer Tr.,** Herbstblattl **C. nebularis** (Batsch) Fries

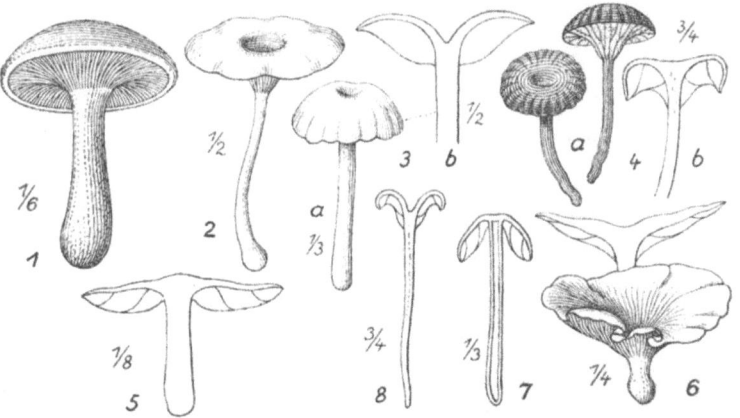

Abb. 25. Clitocybeoideae: 1. Clitocybe nebularis Batsch — 2. Cl. cacabus Fr. — 3a bis b. Russuliopsis laccata (Scop.) Schroet. — 4. Omphalia umbellifera (L.) Quél. — 5. Entoloma rhodopolium Fries. — 6. Clitopilus prunulus (Scop.) Fr. — 7. Leptonia lampropus Fr. — 8. Eccilia acus W. G. Sm. — (2, 3 nach der Natur, das übrige z. T. nach Ramsbottom)

32. Geschmack nicht bitter. 33.
Hut gewölbt, dann abgeflacht u. niedergedrückt, 4—8 cm br., in der Mitte rostbraun, am Rande weiß, mit feinen konzentrischen Schüppchen u. Furchen. St. weiß, voll, zäh, schwachfilzig, 2—5 cm lg. L. sehr dicht, schwach herablaufend, weiß. Sporen 5—6 × 4 µ. In Mischwäldern u. Gebüschen, selten. Schmeckt sehr bitter. Geruchlos. X—XI.

686. **Bitterer Tr.** **C. amara** Fries
33. St. bräunlich. 34.
Hut gewölbt, dann flach, oft flachhöckerig, 3—6 cm br., braun od. graubraun, Rand anfangs eingerollt u. weißlich. St. 4—8 cm lg., nach oben kegelfg. in den Hut erweitert, unten stark

verdickt, schwammig, weißlich od. aschgrau. L. fast weitläufig, weit herablaufend, weiß. Fleisch sehr schwammig, bei Regen viel Wasser aufnehmend. Sporen 6—7×3—4 μ. Geruch würzig. Eßbar. Zwischen Moos besonders in Ndwäldern, ziemlich häufig. VIII—XI. (Taf. XII, Fig. 534.)

687. Keulenfuß-Tr. **Clitocybe clavipes** Pers.

34. Hut gewölbt, dann flach, 3—6 cm br., kahl, glatt, bräunlich, dann ockerfarben verblassend, Rand abstehend. St. voll, ca. 6 cm lg., nach unten verjüngt, gleich gefärbt, weißkleiig bestäubt. L. dicht, schwach herablaufend, schmutzig hellbräunlich, dann weiß. Geruchlos. Sporen 6—7 ×4 μ. Auf Triften, Wiesen, besonders im Gebirge, selten. IX—XI.

688. Kleienstieliger Tr. **C. luscina** Fries

Hut flachgewölbt, dann flach ausgebreitet, etwas niedergedrückt, 1—3 cm br., grau bis hellbräunlich, trocken weißlich, glänzend, feucht klebrig. St. voll, 2—3 cm lg., bräunlich ockerfarben, weißfaserig, oben oft weißflockig-bereift, trocken weißlich verbogen. L. br. angewachsen, etwas herablaufend, ziemlich dicht, weißlich, später ockerfarben. Sporen im Staub grauweiß, 5—7×4—6 μ. Zwischen Gras u. Moos auf Heiden, Triften, an Wegen, nicht selten. VIII—X.

689. Kannen-Tr., Tellerling. **C. hirneola** Fries

6. Gattung: **Russuliopsis** Schroet. (Laccaria B. et Br.), Dickblatt-Trichterling, Bläuling.

Wie Clitocybe, aber L. dicklich u. ∓ entfernt u. von den Sporen weiß-bestäubt. Erdpilze der Wälder.

1. Hut gelb od. bräunlich. 3.
   Hut fleischrötlich od. violettlich (amethystfarben). 2.
2. Hut gewölbt, dann flach, oft eingedrückt, 2—6 cm br., feucht rötlich, violett od. bräunlich, oft kleinschuppig, trocken verblassend, hellbräunlich, Fleisch rötlich od. violett, Rand eingebogen, dann gerade. St. grobfaserig, voll, 3—8 cm lg., gleichfarbig. L. weitläufig, rötlich od. violett, dicklich verblassend. Eßbar (Suppenpilz). In Wäldern überall häufig. IV—XII. (Fig. 526, Abb. 25, 3a, b.) (Clitocybe l. [Scop.] Fr., Collybia l. [Scop.] Quél.)

690. Lack-Tr. **R. laccata** (Scopoli) Schroet.

In Laubwäldern in bläulichen bis amethystfarbigen Formen var. amethystina (Boud.) Maire. — In Eichenwäldern meist mit blassem Hut u. amethystfarbenen L. — In Ndwäldern in fleischrötlichen Formen. — Sehr veränderlich.

3. Hut gelbbräunlich od. blaß-zimtfarbig. 4.
   Hut gewölbt, dann niedergedrückt, 2—8 cm br., dotter- od. goldgelb, seltener rötlichbraun, mit dunkleren Schüppchen, dünnfleischig. St. voll, 4—10 cm lg., 8—13 mm dick, gelb, gefurcht.

L. weitläufig stehend, angewachsen, gelb, am Grunde aderig verbunden. Sporen 7×5—$7\,\mu$. An Ndstümpfen, nicht häufig. VIII—X. (Clitocybe b. [Pers.] Fr., Collybia b. Quél.)

691. Schöner D.-Tr. **Russuliopsis bella** (Pers.) Schroet.

Hut gelbbräunlich, niedergedrückt 15—30 mm br., oft ungleichseitig; St. blasser, abwärts verjüngt. L. blaßgelblich, breit, dicklich, entfernt. Sporen 8—9 $\times$ 5—6 μ. Riecht mehlartig; Geschmack wie sehr bitteres Mehl. An grasigen Waldstellen. IX—XI. Nicht häufig. (Clitocybe p. Fr.)

692. Galliger D.-Tr. **R. pachyphylla** (Fr.) Schroet.

4. Hut rostbraun od. andersfarbig. 5.
 Hut blaß zimtfarbig, niedergedrückt 3—5 cm br., zäh. St. kurz, faserig-gerieft. L. zimthell, weißmehlig mit dicklicher Schneide, breit, angewachsen. Sporen 7—8 $\times$ 4 μ. Riecht u. schmeckt mehlartig, aber nicht bitter. In Ndwäldern. Nicht häufig. X—XI.

693. Zimtfalber D.-Tr. **R. grumata** (Scop.) Schroet.

5. Hut rostbraun od. schwarz-oliv. 6.
 Hut weißlich od. grau. 7.
6. Hut schwarzoliv. 8.
 Hut rostbraun, faserig mit schuppiger Scheibe, $\mp$ niedergedrückt 2—5 cm br.; St. gleichfarbig, faserschuppig. L. braungrau, blaßbestäubt, dicklich, ausgebuchtet, strichförmig herablaufend. Sporen 6—7 $\times$ 5—6 μ. Fast absinthartig riechend. In Ndwäldern, nicht häufig. XI. (Clitocybe a. Lasch)

694. Absinth-D.-Tr. **R. absinthiata** (Lasch) Fr.

7. Hut olivgrau. 9.
 Hut weißlich, fettig glänzend, mehlig, mit schwarzpunktierter Scheibe, $\mp$ genabelt, unregelmäßig, 5—8 cm br. St. weißlich, schwarzgestreift. L. blaßgelblich, weiß bestäubt. Riecht bitterlich. In Gebirgs-Ndwäldern, selten. X—XI. (Clitocybe n. Secr.)

695. Schwarzpunktierter D.-Tr. **R. nigripunctata** (Secr.) Schr.

8. Hut schwarzoliv, klebrig-glänzend, durchscheinend-gerieft, durch anklebende Fasern gestreift, runzelig-schuppig, niedergedrückt, 3—5 cm br. St. grau, 5—8 cm h., hohl. L. blaßgrau, stumpf angewachsen. An moosigen Waldstellen im Gebirge. VI—X, selten. (Clitocybe i. Fr.)

696. Glänzendschwarzer D.-Tr. **R. incomta** (Fr.) Schroeter

9. Hut olivgrau, durchscheinend gerieft, trocken weiß, glänzend, fast rissig-schuppig werdend. $\mp$ genabelt, 2—5 cm br. St. weißlich, kahl, glänzend. L. weißlich, breit, entfernt, angewachsen. Sporen 6—7 $\times$ 3—4 μ. In Ndwäldern. VIII—X, selten. (Clit. d. Pers.)

697. Olivgrauer D.-Tr. **R. difformis** (Pers.) Schroet.

230 Agaricaceae.

7. Gattung: Omphalia Fries., Pers., Nabelinge.

Fk. mit genabelt-trichterfg., sehr dünnfleischigem, fast häutigem Hute. L. sichelfg. weit herablaufend. St. ⊤. knorpelig-röhrig. St. u. Hutfleisch nicht scharf abgesetzt, ineinander übergehend. Basidien 4-, sehr selten 2 sporig. Sporen weiß u. blaß. — Kleine, sehr zarte Pilze auf dem Erdboden, Laub, Zweigen od. Stümpfen im Walde; wenige Arten außerhalb des Waldes auf ungedüngtem Boden.

1. Hut anfangs glockenfg., Rand anfangs gerade, dem St. angedrückt. 2.
Hut von Anfang an ausgebreitet, Rand anfangs umgebogen. 7.
2. Hut u. St. weiß. 3.
Hut u. St. nicht weiß. 5.
3. L. gleich lg. 4.
Hut halbkugelig, dann in der Mitte niedergedrückt, papillenfg., 4—7 mm br., schwach flockig, Rand gefurcht. St. fädig, 6—13 mm lg. L. dünn, abwechselnd halbiert. Sporen $11—12 \times 4—5 \mu$. An faulenden Kräutern u. Stengeln in Sümpfen, zerstreut. IX—XI. (Taf. XI, Fig. 480.)

698. Schlanker N. **O. gracillima** (Weinmann) Fries

4. Hut halbkugelig, 1—3 mm br., flockig-flaumig, gefurcht. St. fädig, 6—13 mm lg., hohl, kahl, am Grunde flockig. L. wenige, faltenfg., weiß. Sporen $7—9 \times 3—4 \mu$. An abgefallenen Eichen- u. Rotbuchenblättern, rasig, nicht selten. X—XII. (Marasmius p. Lasch)

699. Vielbrüderiger N. **O. polyadelpha** (Lasch) Fr.

Hut halbkugelig, dann ausgebreitet, 3—7 mm br., Rand gestreift. St. zerbrechlich, 2—3 cm lg., am Grunde zwiebelfg. verdickt. L. wenige, faltenfg., weiß. Sporen $6—7 \times 4—5 \mu$. An feucht liegendem Holz, Stümpfen, selten auf Erde in Wäldern, Gärten, zerstreut. V—XI.

700. Unversehrter N. **O. integrella** (Pers.) Fries

5. L. weiß od. weißlich. 6.
Hut glockig, dann in der Mitte niedergedrückt, 6—20 mm br., wässerig, rötlich- od. bräunlichgelb, Rand streifig. St. 2—6 cm lg., später hohl, gelbbraun, am Grunde gelbbraun-zottig. L. gelb, am Grunde aderig verbunden. Sporen $8—9 \times 3—4 \mu$. An modernden Ndstämmen in feuchten Wäldern, nicht selten, besonders im Gebirge. VII—XI. (O. fragilis Schaeff.)

701. Rostgelber N. **O. campanella** (Batsch) Fr.

6. Hut gewölbt, dann niedergedrückt, trichterfg., 5—13 mm br., graubraun, in der Mitte dunkler, Rand gestreift. St. borstig, zerbrechlich, 3—5 cm lg., gleichfarbig, oben oft bläulich. L. weiß, sichelfg. Sporen $4—5 \times 2—3 \mu$. Zwischen Gras u. Moos in Gärten u. Wäldern, ziemlich häufig. VI—X. (Taf. XI, Fig. 481.)

702. Borstenstieliger N. **O. setipes** Fries

Hut halbkuglig, dann in der Mitte niedergedrückt u. oft
trichterfg., 2—15 mm br., orangefarben, Mitte oft dunkler, Rand
streifig. St. borstenfg., 2—4 cm lg., gelblich od. bräunlich, oben
oft violett. L. sichelfg., weißlich. Sporen 5—6×1,5—2 μ. Zwischen Moos u. Gras auf Heiden, Triften usw., häufig. VII—X.
(Taf. XI, Fig. 482.)

703. Spangen-N. **Omphalia fibula** (Bull.) Fr.
7. St. weiß, weißlich od. gelblich. 8.
   St. aschgrau, grau- od. rötlichbraun, schwarz. 12.
8. Hut reinweiß. 9.
   Hut gelblich, bräunlich, bläulich, erst trocken weißlich. 10.
9. Hut häutig-durchscheinend, halbkugelig, ausgebreitet, in der
Mitte eingedrückt, 7—12 mm br., Rand gettreift, St. voll, weiß,
oft oben gelblich, am Grunde striegelhaarig, bisweilen exzentrisch.
L. weiß, weitläufig. Sporen 5—7×4—5 μ. An faulem Holz,
Baumstümpfen, Grubenhölzern, nicht häufig. IV—IX.

704. Sternfg. N. **O. stellata** Fries
Hut eingedrückt, trichterfg., 0,5—2 cm br., seidenglänzend,
Rand oft verbogen. St. voll, 1—2 cm lg., weiß, unten verdickt
u. schwach zottig, oft exzentrisch. L. weiß, sehr schmal, dichtstehend. Sporen 9—11×4,5—5 μ. Zwischen Moos auf Triften,
Heiden, ziemlich selten. V—IX. (Taf. XI, Fig. 483.)

705. Becheriger N. **O. scyphoides** Fries
10. L. br., sehr weitläufig stehend. 11.
    Hut genabelt, schlaff, 4—6 cm br., wässerig-gelbgrau, hygrophan, kahl, trocken weißlich, Rand geschweift, etwas wellig. St.
hohl, 6—8 cm lg., kahl, weißlich, am Grunde wurzelnd u. behaart.
L. sehr dicht stehend, weißlich-grau, weit herablaufend, schmal.
Sporen 3—5×2 μ. Zwischen faulenden, feuchtliegenden Rotbuchenblättern, nicht selten. IX—X.

706. Wässeriger N. **O. hydrogramma** (Bull.) Fries
11. Hut flachgewölbt, in der Mitte eingedrückt, 5—15 mm br., wässerig, feucht strahlig gestreift, trocken glatt, schwach seidenfaserig, weißlich, gelblich od. hellbräunlich, Rand gekerbt.
St. fädig-hohl, 1—3 cm lg., wie der Hut gefärbt, am Grund feinhaarig. L. weißlich, fast dreieckig, entfernt. Sporen 7—8×3—4μ.
Auf Feldern, Heiden, Triften, Sümpfen, auch auf morschem Holz,
häufig. IV—XI. (Taf. XI, Fig. 484, Abb. 25, 4a—b.) (O. pseudoandrosacea Bull.)

Sehr formenreich: ganz schneeweiß var. nivea Fl. Dan.; —
zitronengelb glänzend u. kahl var. citrina Quél.; — bläulich,
dann grünlich, feinbehaart var. viridis Fl. Dan.; — leuchtend
gelb, dann weißlich, auf Kiefernstümpfen var. chrysoleuca
(Pers.) Fr.; — ganz blaßgrau, in Waldsümpfen var. pallida
Cooke; — Hut u. Stiel goldgelb; in Gebirgen var. flava Cooke; —

ganz dunkelbraun; auf morschen Buchenstümpfen u. an schattigen Stellen var. **pyriformis** (Pers.) Fr.

707. Schirmtragender N. **Omphalia umbellifera** (L.) Fr.

Hut häutig, flach gewölbt, in der Mitte eingedrückt, 8—15 mm br., gelblich, ockerfarben, später weißlich. St. voll, 1—3 cm lg., gelblich, unten meist bräunlich od. schwärzlich, bereift. L. rahmgelb, anfangs rosenrot, sehr entfernt. Sporen 9—11 × 4—5 μ. Auf Triften, in Sümpfen, an Wegen, häufig und gesellig. VI—X. (Taf. XI, Fig. 485.)

708. Dreifarbiger N. **O. tricolor** (Alb. et Schwein.) Fries

12. St. nicht schwarz. 13.

Hut flach ausgebreitet, dann niedergedrückt, fast trichterfg., 5—11 mm br., undeutlich gehöckert, dunkelbraun, Rand flockig. St. später hohl, ca. 4 cm lg., schwarz, am Grunde grau bereift. L. bräunlich, entfernt stehend. Sporen 3—10 × 5—6—8 μ. An faulem Kiefernholz, Zäunen, Pfählen, selten. V—X. (O. griseopallida [Desm.] Fr., O. griseola [Pers.] Quél.)

709. Schwarzstieliger N. **O. atripes** (Rabenh.) Fries

13. L. weiß od. weißlich. 14.

L. graubraun, rötlich od. gelblich. 15.

14. Hut trichterfg., 1,5—3,5 cm br., grau, fast wachsartig, mit eingerolltem, gerieftem Rande. St. bis 4 cm lg., wenig röhrig, aschgrau, kahl. L. etwas entfernt stehend, reinweiß. Sporen 6—7 × 3 μ. Auf faulem Holz, u. Nadeln in Wäldern, selten. IX—X. (Taf. XI, Fig. 486.)

710. Weißblättriger N. **O. leucophylla** Fries

Hut niedergedrückt, dann trichterfg., 4—8 cm br., wässerig, feucht grau od. braun, trocken weißlich od. gelblich mit bräunlicher Mitte u. ausgebreitetem, glattem Rande. St. 2—4 cm lg., hohl, graubraun, an der Spitze mit weißen Längsfasern. L. dichtstehend, weißlich-grau; Sporen 6—8 × 3—4 μ. Am Grunde alter Stämme, auf feuchtem Boden, nicht selten. VIII—XII. (Taf. XI, Fig. 487.)

711. Glattrandiger N. **O. umbilicata** (Schaeff.) Fries

15. Hut schwach gewölbt, in der Mitte eingedrückt, 6—15 mm br., wässerig, feucht gestreift, trocken glatt, seidenglänzend, dunkelbraun, später weißlich od. bräunlich. St. später hohl, 2,5 cm lg., graubraun, kahl. L. ziemlich entfernt stehend, graubraun. Sporen 6—7 × 5 μ. Zwischen Moos u. Flechten auf Heiden, Schuttstellen, nicht häufig. VIII—XI.

712. Heide-N. **O. rustica** Fries

Hut in der Mitte eingedrückt, trichterfg., 0,5—2 cm br.; wässerig, strahlig gestreift, hellrötlichbraun, trocken verblassend, seidenhaarig. St. später hohl, bis 3 cm lg., gleichgefärbt, glatt. L. etwas entfernt stehend, schmal, rötlich, dann gelblich. Sporen rundlich od. elliptisch, 6—7 × 4—5 μ. An Wegen, auf Grasplätzen, häufig. VII—XI. (Taf.XI, Fig. 488.) (Omph. hepatica[Batsch] Quél.)

713. Seidiger N. **Omphalia pyxidata** (Bull.) Fries

§ 4. Entolomeae Ulbrich.

Hut ∓ fleischig, nicht genabelt, mit buchtig angewachsenen, niemals ganz freien, aber auch niemals weit herablaufenden, fleisch-rötlich werdenden L. St. fleischig, niemals knörpelig od. wachsartig od. röhrig. Basidien stets 4 sporig. Sporen ∓ fleischrötlich, eckig. Kleine bis mittelgroße, selten größere Bodenpilze des Waldes u. grasiger Plätze.

8. Gattung: Entoloma Fries, Rötlinge.

Merkmale der Gruppe (s. o.):

1. Fk. bläulich, violett, purpurrötlich, nie hygrophan. 2.
   Fk. anders gefärbt od. hygrophan. 7.
2. Hut faserschuppig, flockig- od. haarig-schuppig. 3.
   Hut glatt, kahl. 4.
3. Hut gebuckelt-flach, 3—5 cm br., violett-mäusegrau, faserschuppig, trocken. St. intensiv schwarzblau, fast riefig, zottigrauh, faserfleischig, ausgestopft, dann hohl. L. blaß, bald braunrötlich. Sporen 9—11 × 6—7 μ. In Laubgebüschen fast büschelig, nicht selten. VII—IX.

714. Blaustieliger R. **E. dichroum** (Pers.) Fries

Hut glockig, dann flach gewölbt, stumpf, 2—4 cm br., grau, etwas lila, verblassend, flockig-schuppig. St. hohl, bis 8 cm lg., flockig-faserig, weißlich, dann bläulich. L. angeheftet, dann sich ablösend, fleischrosa, rot bestäubt. Sporen eckig, 10—12 × 7—8 μ. Zwischen Gras u. Moos, auf Triften besonders im Gebirge, nicht selten. VII—IX.

715. Graublauer R. **E. griseocyaneum** Fries

Hut glockig, dann flach, fädig gestrichelt, fast haarigschuppig, 4—10 cm br., violettlich-rötlichbraun. St. violettlichbraun bis graupurpurn, schlank, aufwärts verjüngt, rauhlich. L. grauweißlich, dann fleischrot, fast frei. Sporen 9—10 × 6—7 μ. — Auf Heideplätzen, hfg. IX—X. (E. phaeocephalum [Bull.] Quél., E. placenta Batsch)

716. Purpurbrauner R. **E. porphyrophaeum** Fr.

4. Hut perlgrau. 5.
   Hut blauschwarzbraun od. blau, braun getigert. 6.
5. Hut gebuckelt, dann flach, 2—3 cm br., mit violettem Rande, durch sehr kurze, zarte weiße Haare samtig, seidig-schillernd. St. 5—6 cm lg., weiß, seidig-schuppig. L. weiß, dann fleischfarben, angeheftet, ausgerandet. Sporen länglich 10 μ. Auf Torfboden; zerstreut. VII—IX.

717. Lilarandiger R. **E. Rozei** Quél.

6. Hut blauschwarz-braun, kahl, glatt, feucht, glockig, dann flach, 2—5 cm. St. stahlblau, glänzend seidig, aufwärts ∓ verjüngt. L. weiß od. grau, bald fleischrot, fast frei. Sporen eckig-rundlich, 8—10 × 6—8 μ. — In Ndwäldern; zerstreut. VII—IX. (Entoloma ardosiacum [Bull.] Fries)

718. **Stahlblauer R.** **Entoloma nitidum** Quél.

Hut blau, braun getigert, mit schwärzlichem Scheitel, kahl, glatt, fast schmierig, glockig, dann flach, 2—6 cm br.; St. violettlichblau, faserig kurz, ungleich dick; L. blaß od. graulich, bald fleischrötlich, fest, frei. Sporen 6—8 μ. Riecht wie manche Inocybe. — Auf Wiesen. IX—X. Nicht selten. (E. Bloxamii Berk.)

719. **Blaugeflammter R.** **E. madidum** Fr.

7. Fk. nicht hygrophan. 8.
    Fk. hygrophan 13.
8. Hut ∓ schuppig. 9.
    Hut kahl. 10.
9. Hut rehbraun, haarig-filzig, bald schuppig-zerklüftet u. spaltend, gebuckelt, dann flach, 3—8 cm br. St. blaß, braun-faserschuppig. L. rußig, rot bestäubt, breit, tief ausgebuchtet. Sporen 9—12 × 6—7 μ. Auf moosigen Bergwiesen. IX—X; zerstreut.

720. **Rußblätteriger R.** **E. jubatum** Fr.

Hut rußig, durch aufgerichtete warzige Schuppen rauh, glockig, dann flach, 4—5 cm br. St. rußig, faserig, hohl. L. weißgrau, frei. Sporen 8—10 × 6—8 μ. — An moosigen Waldstellen, X—XI; zerstreut. (E. nidus avis [Secr.] Quél.)

721. **Warziger R.** **E. scabiosum** Fr.

10. St. zentral. 11.
    St. meist exzentrisch. 12.
11. Hut gewölbt, dann flach, ∓ geschweift, stumpf od. mit flachem Höcker, 5—15 cm br., ledergrau od. hellbräunlich, mit netzfaseriger Haut, kahl, glatt, am Rande fein gestreift, trocken ockerfarben u. seidenglänzend. St. derb, schwammig-ausgestopft, 6—10 cm lg., faserig, oft gedreht, kahl, weiß, seidenglänzend, faserig gestreift. L. angewachsen, ausgebuchtet bis schwach herablaufend, blaßgelblich, dann rot bestäubt. Sporen 9—10(—12) × 8—9 μ. Scharf nach frischem Mehl riechend. Im Gebüsch, Buchenwäldern, Gärten, häufig. VIII—IX. (Fig. 463 u. 467.) (E. hydrogrammum [Bull.]) — Giftig.

722. **Riesen-R.** **E. lividum** (Bull.) Fries

Hut gebuckelt, dann ausgebreitet u. flach, 2,5—8(—10) cm br., schwach klebrig, weißlich, gelblich od. blaß aschgrau. St. voll, ungleich dick, 8 cm lg., kahl, weiß, etwas seidig-gestreift. L. ausgerandet, fast frei, weiß, dann fleischrot. Sporen 7—8—10

×8 μ. Schmeckt u. riecht stark nach Mehl. Zwischen Moos auf Grasplätzen, Hügeln, nicht häufig. V—IX. (Taf. XI, Fig. 466.)

723. Mehl-R. **Entoloma prunuloides Fries**

12. Hut glockig, dann flach, weißlich-ledergelb, kahl, 2—4 cm mit warzenfg. Buckel u. fast immer ungleichseitig. St. 3—4 cm h., blasser, meist exzentrisch. L. weiß, dann fleischrot, ausgerandet. Sporen sechs- bis siebeneckig, 12—13 × 7—8 μ. Riecht nach Mehl. — Auf Weideplätzen; nicht häufig. VIII—X.

724. Exzentrischer R. **E. excentricum Bres.**

13. L. braungrau. 14.
    L. anfangs reinweiß. 15.

14. Hut braun, durchscheinend-gerieft, trocken auffallend seidigglänzend, glatt, kahl, anfangs gewölbt, dann geschweift, fast häutig 3—6 cm br. St. braungräulich, faserig gestreift, 4—5 cm lg., oft verbogen. L. bräunlich-grau, dann rötlich. Sporen 8—9 × 7—8 μ. Riecht nach Mehl. Auf Triften wie gesäet, sehr häufig. VIII—IX.

725. Seidigglänzender R. **E. sericeum** (Bull.) Fries

Hut olivengrau, kahl, glockigkegelig, mit geradem bald gegerieftem, fast gespaltenem Rande, 3,5—4,5 cm. St. 5—7 cm lg., silbergrau, seidig, ∓ gedunsen-keulig. L. grau, dann braun rötlich fast frei. Sporen 7—8 × 6 μ. Geruchlos. Im Ndwald. VII—X; nicht selten.

726. Olivgrauer R. **E. turbidum Fr.**

15. Hut olivgrau. 16.
    Hut grau-gelbblaß od. rußig. 17.

16. Hut 5—7 cm br., fast vertieft, hygrophan, trocken seidigglänzend. St. 7—9 cm lg., blaß, kahl, mit bereifter Spitze, gleichdick, ausgestopft. L. blaß-fleischrot. Sporen 9—10 × 7—8 μ. Riecht alkalisch. In Lbwäldern, gesellig u. häufig. VIII—X.

727. Alkalisch riechender R. **E. nidorosum Fr.**

Hut 4—8 cm, niedergedrückt, zartest behaart, bald kahl, hygrophan, trocken isabellgrau, seidig-glänzend. Rand eingeknickt-geschweift, zart gerieft. St. 5—10 cm lg., reinweiß, aufwärts bereift, hohl. Sporen 9—10 × 7—8 μ. Geruchlos. In Buchenwäldern, sehr häufig. VIII—X. (S. 227, Abb. 25, 5.)

728. Niedergedrückter R. **E. rhodopolium Fr.**

17. Hut gebuckelt, dann geschweift flach, stumpf-gehöckert, 5—12 cm br., rußig, graubraun, glatt, hygrophan, trocken dunkler gefleckt u. gestreift, schwach glänzend. St. voll, 7—10 cm lg., nach oben verjüngt, außen faserig, blaß, oben schwach bereift. L. abgerundet-angeheftet, sich ablösend, schmutzig-weißlich, dann fleischrot, Schneide gesägt. Sporen 8—10 μ. In Gärten, Lbwäldern, Wiesen, häufig. V, einzeln b. VIII—IX. (Taf. XI, Fig.464.) — Eßbar.

729. Schildfg. R., Frühlings-R. **E. clypeatum** (L.) Fries

Hut verflacht, durchscheinend-dünn, hygrophan, 3—8 cm br., graugelb-blaß, trocken isabellgelb u. seidig-glänzend. St. 5—8 cm lg., weiß, bei Druck gilbend, mit faserig-filziger Haut überzogen, kurz wurzelnd. L. blaß-fleischrot. Geruchlos. An Ndholz, fast büschelig. VIII—IX; nicht selten.

730. Holz-R. **Entoloma pluteoides** Fr.

§ 5. Leptonieae Ulbrich.

Fk. dünnfleischig bis fast häutig mit knorpelig-wachsartigem od. röhrigem St. od. ungestielt der Unterlage an- od. aufsitzend, zentral od. seitlich gestielt. L. fleischig, angeheftet, aber niemals herablaufend, fleisch-rötlich. Sporen stets eckig, rötlich. Meist kleine, zarte Bodenpilze od. auf Holz, sehr selten auf den Fk. anderer Basidiomyzeten parasitisch.

9. Gattung: Leptonia Fries, Zärtling.

Hut fast häutig, anfangs eingerollt, mit dunklerem, faserschuppigrauhem Nabel. L. nie eigentlich herablaufend. St. knorpelig-röhrig od. wachsartig, meist glatt-glänzend. Basidien meist 4sporig. Sporen eckig, rötlich.

1. Fk. weißlich, grünlich od. gelblich. 2.
    Fk. violett, blau od. braungrau. 5.
2. Hut weiß od. wachsgelb. 3.
    Hut olivgrün. 4.
3. Hut genabelt-glockig, dann flach od. in der Mitte niedergedrückt, 1,5—5 cm br., weiß, gilbend, seidenhaarig, dann kleinschuppig, Rand eingebogen, dann geschweift. St. hohl, faserig, dann kahl, 1,5—5 cm lg., weißlich. L. angewachsen, sich ablösend, weiß, rot bestäubt. Sporen 9—11 × 6—7 μ. Zwichen Gras u. Moos an Wegen, auf Triften usw., nicht selten. VIII—IX. (Taf. XI, Fig. 465.) (Entoloma sericellum Fries)

731. Seidenhaariger Z. **L. sericella** (Fries) Quél.

Hut flach gewölbt, schwach genabelt, 2—2,5 cm br., wachsgelb, mit angedrückten, schuppigen, bräunlichen Fasern, fein, gestreift. St. fast hohl, 6 cm lg., gerieft, kahl, glänzend, gelb, seltener bläulich (bei der var. suavis [Lasch] Fr.). L. angewachsen, gelblich blaß, dann fleischrot. Sporen 10 × 8 μ. Besonders im Gebirge im Gebüsch in Ndwäldern, selten. VII—IX.

732. Schöner Z. **L. formosa** Fries

4. Hut 1,5—2,5 cm br., glockig, dann flach, olivgrün, dunkler genabelt, gerieft, fast faserig-gestreift. St. 5—7,5 cm lg., abwärts grasgrün, oben schwefelgelb, glänzend, kahl. Fleisch grünanlaufend. L. grünlich-weiß, dann rötlich, fast entfernt. Sporen 8—12 × 7—8 μ. — Auf grasigen Waldwegen, bei Lärchen, häufig. VIII—IX. (L. chloropodia [Fr.] Quél.)

733. Braungrüner Z. **L. incana** Fries

5. L. bläulich.	6.
L. reinweiß, dann rosa.	7.

6. Hut glockenfg., dann flach gewölbt, eingedrückt, 2—4 cm br., meist wässerig, faserig-schuppig, blau-violett, dann violettbräunlich, Fleisch gleichfarbig. St. voll, 3—6 cm lg., innen und außen violett. L. angeheftet, intensiv-blau, fleischrot bestäubt, dicklich; Sporen 10—15 × 7—9 μ. An Stümpfen von Alnus, Corylus usw. in feuchten Wäldern, nicht häufig. IX—X.

734. Violetter Z.   **Leptonia euchroa** (Pers.) Fries

Hut halbkugelig, dann ausgebreitet, 1—2,5 cm br., in der Mitte niedergedrückt, blauschwarz, dann rauchbraun, trocken fast schwärzlich, schwach schuppig. St. hohl, 2—6 cm lg., blauschwarz, oben schwarz punktiert. L. angewachsen, graublau. dann rötlich bestäubt, Schneide schwarz, gesägt. Sporen 8—11 × 7 μ. Zwischen Moos auf Wiesen u. Triften, häufig. VI—X.

735. Sägezähniger Z.   **L. serrulata** (Pers.) Fries

Hut halbkuglig, dann flach gewölbt, etwas eingedrückt, 1,5 bis 2,5 cm br., blauschwärzlich, dann blauviolett, kleinschuppig, trocken graubraun, Fleisch blauschwarz, wässerig. St. voll, 4—6 cm lg., glatt, violett, blau, trocken bräunlich, nach unten heller u. weiß-filzig. L. angeheftet, ausgerandet, lebhaft blau, dann graublau. Basidien 2—4-, meist 3sporig. Sporen 5—6-eckig, 9—10 × 7—8 μ. Zwischen Gras u. Moos auf Waldwiesen, grasigen Hügeln, zerstreut. VI—X. (Taf. XI, Fig. 462.)

736. Stahlblauer G.   **L. chalybaea** (Pers.) Fries

Hut halbkuglig, später niedergedrückt, 2—4 cm br., lebhaft blauviolett, schuppig, trocken schwarz-runzlig, Rand gestreift. St. hohl, 3—8 cm br., blau, glatt, trocken schwärzlich. L. angewachsen, hellblau. Sporen 10—12 × 7—8 μ. Wie vor., selten.

737. Blauer G.   **L. lazulina** Fries

7. Stiel violettlich od. schwarzblau.	8.
St. grau.	11.
8. Hut bläulichgrau.	9.
Hut braungrau od. mäusegrau.	10.

9. Hut glockenfg., dann verflacht, stumpf, 2—3 cm br., faserigschuppig, ungestreift, graubräunlich od. bläulich, mit dunklerer, zottiger Mitte. St. voll, 4 cm lg., kahl, schwarzblau, an der Spitze weiß bereift u. schwarz punktiert. L. angeheftet, weißlich. Sporen 7—12 × 6—7 μ. Bei alten Buchen, zerstreut. VII—IX. (Taf. XI, Fig. 461.)

738. Buchen-Z., Milder G.   **L. placida** Fries

Hut halbkuglig, dann glockenfg., br. u. stumpf gehöckert, 2—5 cm br., graubraun, runzlig, schuppig, am Rande faserig, oft zerschlitzt. St. 3—5 cm lg., bläulich, anfangs bereift, dann flockig-schuppig, oben glatt, nicht punktiert, unten weißfilzig. L. angeheftet, grau, dann fleischrot, ganzrandig. Sporen 10—11 ×9—10 μ. Auf Weiden, Wiesen, häufig. VIII—IX.

739. Enten-G. **Leptonia anatina** (Lasch) Fries

10. Hut gewölbt, dann ausgebreitet stumpf, zuletzt niedergedrückt, 1—3 cm br., flockig bis schuppig, mäusegrau od. stahlblau, später graubräunlich od. rußfarben. St. hohl, 2—3 cm lg., glatt, stahlblauviolett. L. angewachsen, weißlich. Sporen 9×7 μ. Auf Wiesen, Weiden, nicht selten. VII—IX. (S. 227, Abb. 25, 7.)

740. Glanzfuß-Z. **L. lampropus** Fries

11. L. grau, Hut hygrophan. 12.
12. L. nicht mit schwarzer Schneide. 13.
    L. mit schwarzer, ganzer Schneide. 14.
13. Hut rußig-braungrau, strahlig gerieft, ohne dunklere Scheibe, faserschuppig-auflösend, gewölbt-geschweift, hygrophan, 2 bis 3 cm br. St. rußig-grau, glänzend kahl, 3—5 cm lg. L. ∓ grau, dicklich entfernt. Sporen 9—10×7—8 μ. Besonders unter Eichen, häufig. VI—X.

741. Strahlig geriefter Z. **L. sarcita** Fries

Hut rußig braungrau, ungerieft, schuppig mit mehligem Nabel, hygrophan, 3—5 cm br. St. 5—8 cm lg., rußig od. stahlblau, glatt, mit schwarzpunktiert-rauher, weißmehliger Spitze, schlank, fest; L. grau. In Ndwald an grasigen Stellen, selten. VII—IX.

742. Graublätteriger Z. **L. scabrosa** Fries

14. Hut halbkuglig, dann flach ausgebreitet, mit zottig-schuppigem Nabel, 1,5—2,5 cm br., gerieft, rauchbraun, leicht faserig-schuppig od. glatt, trocken gelbbraun, seidenglänzend, hygrophan, Rand gestreift. St. hohl, 3—6 cm lg., grau od. braun, selten bläulich. L. ∓ br. angewachsen, hellgrau-braun, oft mit schwarzer, ganzer Schneide. Sporen 10—14×8—9 μ. Zwischen Gras u. Moos auf Wiesen, Triften usw., nicht selten. VIII—X.

743. Geriefter Z. **L. asprella** Fries

10. Gattung: **Nolanea** Fr., Glöckling.

Hut kegelig-glockig, mit geradem, angedrücktem Rande. Basidien meist 4 sporig. Sporen eckig, fleischrötlich. St. knorpelig-röhrig, schlank.

1. Fk. weißlich, bläulich, grünlich od. gelblich. 2.
   Fk. braungrau. 5.
2. Fk. weiß od. blaßschwefelgelblich. 3.
   Fk. grünlich-gelb od. fast zimtgelb. 4.
3. Hut weiß mit schwarzem, spitzem Buckel, glockig, 5—7 mm br. St. wässerig-weiß, kahl, fädig. L. weiß-fleischrot, entfernt, breit. Sporen 10 μ. In trockenen Gehölzen, VII—IX; zerstreut.

744. Weißer Gl. **N. monachella** Quél.

Agaricaceae.

Hut blaßschwefelgelblich, mit fuchsigem Scheitel, durchscheinend gerieft, glockig, dann flach, 10—20 mm br. St. gelblichfuchsig, fast nackt, gleichdünn, schlank. L. weiß-rötlich. Sporen 9—10×7—8 μ. Auf Bergwiesen, gesellig. VIII—X.

745. Blaßgelblicher Gl. **Nolanea pleopodia** Bull.

4. Hut glockig, dann flach gewölbt, oft stumpfhöckerig, 1,5—3 cm br., lebhaft grüngelblich, wässerig, dann schwefelgelb od. blaß strohgelb, feucht, trocken seidenglänzend. Rand gestreift. St. später hohl, 2—3 cm lg., gelblich od. bräunlich, oben heller, feinflockig, Basis verdickt. L. angeheftet, dann frei, hellgelblich, später fleischrot. Sporen 10—12×6—8 μ. Geruch obstartig. In Gebüschen in Parks, Gärten, Wäldern, häufig. VIII—IX. (Taf. XI, Fig. 458.)

746. Zitronengelber Gl. **N. icterina** Fries

Hut glockig, dann flach gewölbt, stumpf, 2—7 cm br., wässerig, kahl, hellgelblich od. lehmfarben bis fast zimtgelb, Rand gestreift od. gekerbt. St. hohl, 6—12 cm lg., glatt, gelblich-seidenfaseriggestreift. L. angeheftet, hellgelblich, dann hellrosa. Basidien 2sporig. Sporen 10—12×7—8 μ. Zwischen Moos in Nd.- u. Lbwäldern, häufig. S. H.

747. Gelblicher Gl. **N. cetrata** Fries

5. Hut stumpf. 6.
Hut gebuckelt od. mit Papille.

6. L. braun. 8.
L. weißblaß-rötlich od. grau, oft fleckig. 7.

Hut stumpfglockig, dann ausgebreitet, 2—4 cm br., häutig, feucht bräunlich, trocken graubraun, seidenglänzend, Rand streifig. St. hohl, 6—8 cm lg., gestreift, seidenartig faserig. L. fast frei, blaß, dann rot bestäubt. Sporen fast kreuzfg. 10—12 ×10 μ. Auf Wiesen u. unter Gebüsch, besonders an Ndwaldrändern, häufig. VIII—X. (Taf. XI, Fig. 460.)

748. Wiesen-Gl. **N. pascua** (Pers.) Fries

Hut glockig-flach, metallisch-grünschillernd, seidig-glänzend, ungerieft, glattfaserig, dann rehbraun, 2—3,5 cm, starr. St. graubräunlich, faserig-gestreift, fast rissig, starr u. steif. L. grau, oft fleckend. Sporen 10—12×7—8 μ. Zwischen Gebüsch, nicht selten. IX.

749. Schillernder Gl. **N. versatilis** Fries

8. L. braun. 9.
L. reinweiß, dann reinrosa. 10.

Hut kegel- od. glockenfg., spitzhöckerig, 2—4 cm br., kahl, feucht umbra- od. lederbraun, trocken ockergelb, seidenglänzend, Rand blasser gestreift. St. hohl, 6—9 cm lg., kahl, glänzend, graubraun, an der Spitze weiß bestäubt. L. angeheftet, dann abgelöst grau, bald braun, dann rot bestäubt. Riecht nach Tran. Sporen

12—15×8—9 μ. Zwischen Gras u. Moos auf Wiesen, im Gebüsch usw., nicht selten. VI—IX. (Taf. XI, Fig. 459.)
750. Traniger Gl. **Nolanea mammosa** Fr.

Hut gebuckelt od. mit Warze, rotbraun, dann fast schwarz, glänzend, gerieft, kahl, trocken graurötlich. 2—3 cm br. St. kastanienschwarz, glatt, kahl; L. purpurbraun, dick, entfernt. Sporen 9—10×7 μ. Fast geruchlos. In Wäldern von Holz u. auf dem Boden; VII—X. Häufig.
751. Dickblätteriges Gl. **N. clandestina** Fries

10. Hut kegelig, dann flach 1,5—3 cm br., rehbräunlich, durchscheinend gerieft, kahl, trocken grau, glänzend mit bleibender Papille, $\mp$ zäh. St. braun, fast glatt, nackt, dünn, zäh; L. sehr gedrängt. Sporen 9—11×6—7 μ. — Auf Gebirgstriften, sehr häufig. VII—IX.
752. Rosablätteriger Gl. **N. infula** Fr.

11. Gattung: **Claudopus** Sm., Stummelfüßchen.

Hut grau od. weiß, unregelmäßig, dünnhäutig, klein, mit kurzem seitlichem St. od. ungestielt. L. weißgrau-rötlich od. rosa fast herablaufend od. buchtig angewachsen. Basidien 4sporig. Sporen fleischrötlich, eckig.

1. Hut grau, zottig, ausblassend, nierenfg., flach 1,5—3 cm br. St. kurz, aufwärts verjüngt, am Grunde von byssusartigen Fasern umgeben. L. weißgrau-roströtlich, fast herablaufend. Sporen 10—11×7 μ. Geruch mehlartig. An morschem Laubholz, bes. Buchen.
753. Byssus-St. **Cl. byssisedus** (Pers.) Fries

2. Hut schneeweiß, zartfilzig, durchscheinend, 2—5—7 mm br., fast genabelt. St. gekrümmt, kurz, aufwärts erweitert. L. blaßrosa, buchtig angewachsen. Sporen 12 μ br. Parasitisch auf der Unterseite des Fk. von Cantharellus cibarius u. Polystictus perennis, sehr selten. (Leptonia parasitica Quél. Claudopus subdepluens Fitzpatrick)
754. Parasitisches St. **Cl. parasiticus** (Quél.) Fries

12. Gattung: **Eccilia** Fries, Nabelrötling.

Fk. klein, z. dünnfleischig genabelt-eingerollt, L. herablaufend. St. knorpelig-röhrig, nach dem Hute hin oft $\mp$ verbreitert. Basidien 4sporig. Sporen eckig, fleischrosa. — Erdpilze.

1. Fk. weißlich bis violett od. rötlich. 2.
   Fk. braun-grau. 5.
2. Hut weißlich od. weiß mit rötlicher Scheibe 3.
   Hut fleischrötlich od. graulila. 4.

3. Hut weißlich glatt glänzend 10—18 mm br., genabelt eingebogen. häutig. St. weiß, filzig, 5—7 mm lg., ∓ 2 mm dick. L. weißrosa, Sporen 7—8×3—4 μ. In Wäldern u. Heiden auf kahlem Boden; nicht häufig. VIII—X. (Clitopilus cretatus B. et Br.)

755. Kreideweißer N. **E. cciiia cretata** (Bk. et Br.) Quél.

Hut weiß, mit rötlicher eingedrückter Scheibe, kreisrund, seidig 2—3 cm br., St. weiß faserig-gerieft. L. entfernt, weiß bis fleischrosarot. Sporen 10×6 μ. — In Lb- u. Ndwäldern, gesellig. (Clitopilus c. [With.] Fries)

756. Fleischrötlicher N. **E. carneoalba** (With.) Quél.

4. Hut fleischrötlich bis isabellfarben, ungerieft, flockig-schülferig, genabelt, 2—3 cm br. St. weiß, kahl, wachsartig. L. blaß-fleischrot, dicklich, entfernt. Sporen 9×5—6 μ. — Auf Äckern VII—IX, z. hfg. (Clitopilus c. Fr.)

757. Schülferiger N. **E. cancrina** (Fr.) Quél.

Hut graulila mit blauem Rande, faserschuppig, genabelttrichterfg. 2—3 cm br. St. graulila, faserig, verlängert mit flockiger Spitze. L. blaß-lila, weit herablaufend. Sporen elliptisch-eckig 12 μ. Schattige, moosige Grasplätze. VII—X; nicht häufig. (E. Mougeotii Fries)

758. Lilablauer N. **E. ardosiaca** (Bull.) Quél.

5. L. weiß-rosa. 6.
 L. grau od. braun. 7.

6. Hut gewölbt, dann in der Mitte eingedrückt, trichterfg., 1—2,5 cm br., graubräunlich, seidenglänzend, nach der Mitte schwarzschuppig, Rand gestreift. St. hohl, 3—5 cm lg., gleichfarbig, oben schwarzschuppig. L. schwach herablaufend, fleischrot, Schneide schwarz, gezähnelt. Sporen 11—13×6—7 μ. In feuchten Lbwäldern, besonders unter Erlen, selten. VII—X.

759. Erlen-N. **E. atrides** (Lasch) Fries

Hut halbkuglig, 8—20 mm br., blaß aschgrau. St. 4 cm lg., ziemlich zähe, blaß bläulich, mit schwarzen, punktfg. Schüppchen, glänzend. L. bogig herablaufend, ziemlich dick, fleischrot-grau od. blaß, sehr entfernt. Sporen 4,5×5,5×4—5 μ. Im Gebirge in Buchenwäldern gesellig, selten. VII—IX. (Taf. XI, Fig. 457.) (Omphalia atropuncta [Pers.] Quél.)

760. Schwarzpunktierter N. **E. atropuncta** (Pers.) Fr.

Hut genabelt 20—30 mm, grau, gerieft, trocken glatt, seidigflockig. St. grau faserig-gerieft; L. weißlich od. gräulich, gedrängt. Sporen 8—9 μ. — Im Ndwald zwischen Moosen. X—XI; zerstreut. (Clitopilus vilis Fr., E. undata [Fr.] Quél.)

761. Flockiger N. **E. vilis** Fr.

Hut tief genabelt 5—15 mm br., schneeweiß, fast häutig, dicht bereift mit eingebogenem, gestreiftem Rande. St. 2—3 cm lg.,

etwa 1 mm dick, weiß. L. rötlich, weit herablaufend, dicklich. — Auf Kokosfasern in Faktoreien, selten. VIII. — Abb. 25, 8.
761a. Schneeweißer N. **Eccilia acus** W. G. Sm.
7. L. grau, fast entfernt, Hut hygrophan, grau, glatt, trocken seidig, 20—30 mm mit vorstehendem Buckel, zäh. St. 6 cm lg., blasser, schlank, kahl. L. grau. Sporen 9—10 μ. — Auf Waldwiesen, gesellig.
762. Gebuckelter N. **E. apiculuta** Fr.

L. braun, durch die Sporen rotbestäubt, dicklich, entfernt, weit herablaufend. Hut braun, glatt, genabelt, fein flockig-filzig, 10—15 mm, dünnfleischig. St. schwarzbraun, kahl, 10—15 mm lg. L. braun; Sporen 8—9 × 8 μ. — An Wegrändern, lichten Waldstellen, ziemlich häufig.
763. Brauner N. **E. rusticoides** Gill.

§ 6. Clitopileae Ulbrich.

Fk. fleischig, St. u. Hut nicht scharf abgegrenzt, L. herablaufend. Sporen spindelfg., rötlich. — Erdpilze.

13. Gattung: **Clitopilus** Fries, Moosling.

Fk. ∓ fest- u. dickfleischig, L. herablaufend. Sporen rötlich. Hut ∓ dickfleischig, flachgewölbt, in der Mitte schwach u. stumpf gehöckert, bald niedergedrückt u. trichterfg., 4—13 cm br., weiß od. hellgrau, weich seidenartig, bisweilen etwas fleckig od. dunkler gezont, Rand zuerst eingerollt, dünn. St. voll, 3—6 cm lg., weißlich, am Grunde meist zottig, bisweilen etwas exzentrisch. L. weißlich, dann fleischrosa. Sporen spindelfg. mit 3 tiefen Längsfurchen 10—14 × 5—6 μ. Geruch nach frischem Mehl. Eßbar u. wohlschmeckend. Auf Wiesen zwischen Moos u. Gras, in Wäldern, häufig. VI—XI. (Fig. 468.) (Moosling, Mehlpilz; Rhodosporus pr. Scop., Paxillus prunulus [Scop.] Ricken, Cl. orcella [Bull.] Fr.) (Abb. 25, 6.)
764. Pflaumenpilz, echter Musseron. **C. prunulus** (Scopoli) Fries

3. Unterfamilie: **Cortinarioideae** Ulbrich.

Fk. fleischig, faulend mit fädiger, meist vergänglicher Hülle (Cortina), die am erwachsenen Fk. meist nur als feiner bräunlicher Schein am St. nachweisbar ist od. mit flockigem bis gewebeartigem, vergänglichem, niemals derbhäutigem Schleier. L. meist bräunlich od. mißfarbig werdend, oft mit Zystiden. Sporen eckig od. warzig-rauh, sehr selten glatt; rostgelb, rostbraun od. schmutzig, niemals weiß od. dunkelbraun bis schwarz.

Bestimmungsschlüssel der Gattungen.
A. Sporen schmutzig od. unbestimmt mißfarbig.   § 7. Inocybeae.
  a) Hut mit faseriger Cortina, eingewachsen-faserig (schuppig-faserig od. geglättet). Oft mit eigenartigem Geruch.   **14. Inocybe.**

Agaricaceae. 243

b) Hut isabellfarbig, kahl, meist ∓ schmierig.
L. schmutzig, oft tränend u. punktiert. **15. Hebeloma.**
B. Sporen rostfarbig, rostbraun.
a) Hüllen stets eine fädig-schleimige, vergängliche Cortina; Sporen warzig. § 8. Cortinarieae.
 I. Hut schleimig od. schmierig.
  1. Hut u. St. schmierig. **16. Myxatium.**
  2. Hut schmierig, St. trocken. **17. Phlegmatium.**
 II. Hut trocken, eingewachsen-schuppig, filzig od. seidig.
  1. Hut schuppig u. fleischig; St. ∓ derbknollig. **18. Inoloma.**
  2. Hut flaumig-seidig, dünn; St. schlank, nicht knollig. **19. Dermocybe.**
 III. Hut hygrophan, durchwässert, verfärbend.
  1. Durch ein zweites, häutiges Velum gegürtelt, fast beringt. **20. Telamonia.**
  2. Nur mit Cortina. **21. Hydrocybe.**
b) Ohne Cortina; Hülle ∓ flockig, bisweilen als Behang am Hutrand od. flockiger Ring am St. bleibend od. fehlend; Sporen glatt. § 9. Dermineae.
 I. St. fehlend, Fk. an- od. aufsitzend auf Holz. **22. Crepidotus.**
 II. St. vorhanden.
  1. St. knorpelig-röhrig.
   α) Hutrand anfangs dem St. angedrückt, gerade; Hut wenigstens anfangs ∓ glocken- od. kegelfg.
    + Hutrand gerieft aufspaltend; Oberfl. netzig-adrig; L. frei, hinten abgerundet; an totem Holz. **23. Pluteolus.**
    ++ Hutrand nicht aufspaltend; Oberfl. nicht netzig-adrig; L. angeheftet od. herablaufend auf den Erdboden. **24. Galera.**
   β) Hutrand anfangs eingerollt.
    + mit flockigem Velum universale; Hut ∓ häutig; L. herablaufend; auf dem Erdboden od. zwischen Moosen. **25. Tubaria.**
    ++ ohne od. mit flüchtigem Velum; Hut ∓ fleischig; L. angeheftet od. fast frei; auf Holz od. Erdboden. **26. Naucoria.**
  2. St. fleischig-faserig, voll; meist an Holz.
   α) St. ohne Ring; Gewebesaum am Hutrande. **27. Flammula.**

β) St. mit häutigem od. schuppigem Ringe, mittelgroße bis ansehnliche Pilze.
+ Hutoberfl. nicht bereift. Ohne Velum universale. **28. Pholiota.**
++ Hutoberfl. weißlich bereift. Mit Vel. universale; oft als Volva am Stielgrunde. **29. Rozites.**

§ 7. Inocybeae Ulbrich.

Sporen eckig-zapfig od. glatt, schmutzig od. unbestimmt farbig blaß. Basidien stets 4 sporig.

14. Gattung: **Inocybe** Fries, Rißpilz, Faserkopf.

Hut fleischig, ∓ faserig, oft längsrissig, ∓ glockig-kegelförmig, meist vom Rande her einreißend. Schleier (Cortina) spinnwebfädig. St. fest mit den Resten der Cortina u. meist mit mehligen Schüppchen an der Spitze. L. angeheftet od. frei, an der Schneide, oft auch auf der Fläche mit charakteristischen Zystiden besetzt, bewimpert, schmutzig, trübfarbig. — Keine eßbaren, verschiedene giftige Arten. Meist mit eigenartigem, ∓ widerlichem Geruch. — Erdpilze.

1. Sporen eckig od. sternfg., strahlig. (Unterg. Asterosporina Schroet.) Sporen ellipsoidisch od. eifg., glatt. (Unterg. Euinocybe Hennings)
2. Hutoberfläche stets trocken, faserig od. schuppig.

Hut flach, dann in der Mitte niedergedrückt, 1—3 cm br., frisch etwas klebrig-schleimig, trocken weißlich, seidenglänzend, mit weißen, anliegenden Härchen, am Rande striegelhaarig. Fleisch hellbräunlich. St. 2—3 cm lg., voll, rötlichbraun, weißfaserig, oben kleinschuppig. L. etwas herablaufend, lehm-, später rostbraun dichtstehend. Sporen 4—5 μ, rauhlich. Zwischen Lb. u. Moos in Wäldern, nicht selten. IX—X. (Taf. IX, Fig. 387.) (Paxillus tr. [Schw.] Ricken)

765. Haariger F. **I. tricholoma** (Alb. et Schwein.) Fries

3. Hutoberseite rötlich- od. trübbraun. 4.
   Hutoberseite umbrabraun od. grau. 5.
4. Hut halbkuglig od. glockenfg., dann flach mit schwach warzenfg. Mitte, 1,5—2,5 cm br., rötlichbraun, anfangs durch dichte, zottigfilzige Fäden fast weißlich, später schuppig, schwach gezont, in der Mitte kahl, braun. St. 1—2 cm lg., voll, hellbraunrot, weißflaumig, am Grunde schwach verdickt u. weißzottig. L. leicht buchtig angewachsen, dann frei, hellgelblich, dann gelbbraun, Schneide weiß. Sporen 8 × 6 μ. Riecht nach Mehl. An Baumstümpfen, auf dem Boden, zwischen Moos in Lbwäldern, zerstreut. V—IX. (Taf. IX, Fig. 388.) (Asterosporina scab. [Fr.] Schroet.)

766. Räudiger F., Frühlings-F. **I. scabella** Fries

Hut flach gewölbt, in der Mitte meist stumpfhöckerig, 2—3,5 cm br., trübbraun, weichfaserig, sparrig-schuppig. St. 4—7 cm lg., voll, trübbraun, grobfaserig. L. abgerundet-angeheftet, blaß, dann trübbraun, Schneide wellig. Sporen 12—15×8—9 μ. An Stämmen, zwischen Moos, an sumpfigen Stellen in Ndwäldern, zerstreut. VII—IX.

767. Sparrigschuppiger F.　　　　Inocybe relicina Fries

5. Hut halbkuglig, dann ausgebreitet, flachhöckerig, 2—4 cm br., umbrabraun bis dunkelkupferbraun, dann heller, mit sparrig abstehenden, dann mehr niedergedrückten Schuppen. St. 2—4 cm lg., bräunlich, schwach filzig-schuppig, oben weiß bereift. L. fast frei, lehm- dann zimtbraun. Schneide weißflockig. Sporen 10—12×7—8 μ. In Lb.-, besonders Buchenwäldern, nicht selten. Geruchlos. VII—IX. (Taf. IX, Fig. 389.)

768. Wolliger F.　　　　I. lanuginosa (Bull.) Bres.

Hut gewölbt, dann ausgebreitet, stumpf, 2—3 cm br., flockigfaserig, etwas schuppig, hygrophan, umbrabraun, dann grau, St. voll, 2—4 cm lg., gleichfarbig, flockig-faserig. L. angewachsen. graubräunlich, dann rostfarbig. Fast geruchlos. Sporen kugligsternfg. 10 μ. Auf Sandboden in Ndwäldern an der Meeresküste, zerstreut. VII—IX.

769. Meer-F.　　　　I. maritima Fries

6. Hutoberfläche glatt, höchstens seidenhaarig, feucht klebrig.　7.
Hutoberfläche trocken, faserig, später seidenhaarig, rissig od. schuppig.　11.

7. Hut blaßgelb, bräunlich od. weißlich.　8.
Hut glockig, dann ausgebreitet, 5—6 cm br., stumpfhöckerig, ziegelrot. St. voll, 6—9 cm lg., weißlich, flockig-schuppig. L. blaßbräunlich, dann zimtbraun, Schneide weiß. Sporen 9—11 ×4—5 μ. Geruch schwach rettich- od. erdartig. In Ndwäldern, nicht selten. VII—X. (Hebeloma firmum [Fr.] Ricken)

770. Fester F.　　　　I. firma (Pers.) Fries

8. Hut rund, seidenhaarig.　9.
Hut dickfleischig, flach gewölbt, bisweilen in der Mitte stumpfhöckerig, 6—12 cm br., kahl, weißlich od. ledergelb, Rand zuerst eingebogen. St. 6—12 cm lg., voll, weiß, faserig-schuppig, oben weiß punktiert, am Grunde knollig, Schleier deutlich, seidenhaarig. L. weißlich, dann bräunlich bis zimtbraun, Schneide weiß, bei feuchtem Wetter tränend. Sporen 10—12×7—8 μ. Geruch u. Geschmack rettichartig. Giftig. In Wäldern u. Gebüsch, nicht häufig. VII—XI. (Taf. IX, Fig. 390.) (Hebeloma fastibile [Fr.] Ricken)

771. Tränender F.　　　　I. fastibilis Fries

9. St. von Anfang an od. später hohl.　10.
Hut fleischig, flach kegelfg., dann ausgebreitet-nabelf., seidenhaarig, in der Mitte glatt, kastanienbraun, 4—11 cm br. St.

nicht hohl, faserig-schuppig, glatt, weinrot, an der Spitze blaß, 5—9 cm lg., 1—1,5 cm dick. Fleisch weiß, an der Stielbasis weinrot, von getreideartigem Geruch. L. gedrängt, hinten bauchig angeheftet, fast frei, erst weiß, dann bräunlich bis braun. Sporen fast nierenfg., hell goldbraun. 10—13 × 6—7 μ. Giftig. In Nd.-wäldern u. Gebüschen, selten. VII—X. (Weinroter R.)

772. Getreide-R.,   Inocybe frumentacea (Bull.) Fries

Hut anfangs ganz weiß, dann ziegelrötlich, geglättet-faserig, zuletzt längsrissig, trocken, kegelig-glockig-gewölbt, dann $\mp$ ausgebreitet. 4—8 cm br. fleischig. St. faserig-gestreift, oft mit gerandetem Grunde, 2—5 cm lg., 8—13 mm br., voll. L. anf. weiß, zuletzt olivbraun mit weißer Schneide, dichtstehend, verschmälert angeheftet. Fleisch fest, rötlich verfärbend. Sporen

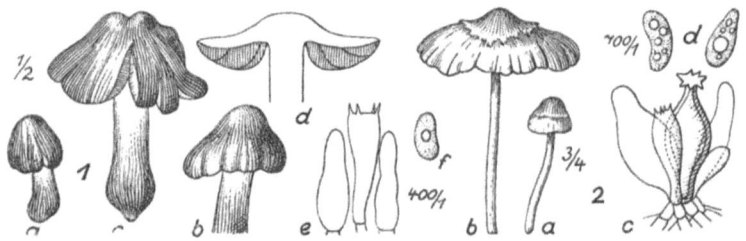

Abb. 26. Inocybe: 1a bis f I. Patouillardii Bres. a bis d Fk., e Basidie u. Zystiden, f Spore. 2a bis d I. geophylla (Sow.) Fr. a, b Fk., c Basidie u. Zystiden, d Sporen. — (1 nach Zeichnungen von E. Herrmann, 2 nach Boudier.)

glatt, fast nierenfg. 10—12 × 6—7 μ. Nicht unangenehm riechend. In Mittel- u. Süddeutschland stellenweise häufig, in Norddeutschland selten. Tödlich giftig. In lichten Wäldern u. Gebüschen. VI—IX. — Abb. 26, 1a—f. (I. lateraria Ricken)

773. Ziegelroter Rißpilz.   I. Patouillardii Bres.

10. Hut kegelfg.-glockig, dann flach, in der Mitte etwas höckerig, 2,5—8 cm br., gelbbraun, am Rande anliegend seidenfaserig-schuppig, schmierig-schleimig. St. 3—6 cm lg., später hohl, faserig, gelblichweiß, unten u. innen braun. L. fast frei, weißlich, dann rosa-hellbraun, sehr breit, dichtstehend, Schneide weiß. Sporen 12—13 × 7 μ. Geruchlos. Zwischen Gras auf Wiesen u. in Hecken, selten. VI—XI. (Taf. IX, Fig. 391.) (Hebeloma v. [Fr.] Ricken)

774. Fellwechselnder R.   I. versipellis Fries

Hut flach gewölbt, dann ausgebreitet, 2—6 cm br., blaßgelb, in der Mitte dunkler, von klebrigen Papillen punktiert, am Rande seidenhaarig, dann kahl. St. 6—11 cm lg., hohl, blaß, an der Spitze weiß bereift, dann bräunlich. L. bogig angeheftet, blaß, dann kastanienbraun. Sporen 10—12 × 5—6 μ, rauh. In

Eichenwäldern, auch an Brandstellen nicht selten. (Hebeloma p. [Fr.] Ricken).

775. Punktierter R. **Inocybe punctata** Fries
11. Hutoberfläche rissig od. zerschlitzt, Schuppen anliegend, nicht abstehend. 12.
— Hut flach gewölbt, stumpfhöckerig, 3—6 cm br., abstehend, haarig-schuppig, trübbraun, Fleisch gelblichweiß. St. bald hohl, dünn, faserig u. schuppig, an der Spitze oft blaßviolett, kleiig. L. bogig angeheftet, blaß, dann trübbraun. Sporen $10-11 \times 5,5$ bis $6,5\ \mu$. Geruch erdig; Geschmack schwach süßlich. In Nd.-wäldern gern unter Lärchen bis ins Gebirge, zerstreut. VIII—XI. (Taf. IX, Fig. 392.)

776. Bittersüßer R. **I. dulcamara** (Alb. et Schwein.) Fries
12. Hutoberfläche nicht rissig, geglättet od. angedrückt schuppig, in der Mitte glatt. 13.
— Hutoberfläche rissig od. schuppig od. faserig zerschlitzt. 14.
13. Hut kegelfg., dann ausgebreitet, spitzig-höckerig, dünnfleischig, 2—4 cm br., seidenglänzend, mit anliegenden seidenartigen Fasern, hellviolett (var. lilacina Fr.), auch reinweiß od. bräunlich (var. fulva Pat.) bis ziegelrot (var. lateritia [Weinm.] Stev.). St. dünn, schlank, voll, 4—8 cm lg., gleichfarbig od. weiß, seidenglänzend, an der Spitze weißmehlig. L. angeheftet, weißlich, dann schmutzig erdfarben, Schneide weiß. Sporen $8-10 \times 4-5\ \mu$. Geruch erdartig. Verdächtig. In Wäldern, unter Gebüsch im Grase, häufig. VII—XII. — Abb. 26, 2a—d. (I. geophila [Bull.] Quél.)

777. Erdblättriger R. **I. geophylla** (Sow.) Fr.
— Hut flach gewölbt, schwach gebuckelt, 2—7,5 cm br., angedrückt faserig od. schuppig, braun, olivenfarben, verblassend. Fleisch weiß, stark widerlich riechend. St. voll, 6—8 cm lg., blaß, kahl, oben schwach bereift. L. dichtstehend frei, gelblichweiß, dann olivenfarbig. Sporen $8-10 \times 4-5\ \mu$. An feuchten Stellen in Ndwäldern, zerstreut. VIII—X. (Taf. IX, Fig. 393.)

778. Lichtfliehender F., Olivblätteriger F. **I. lucifuga** Fries
14. St. weißlich, weiß, gelblich, nicht braun. 15.
— Hut halbkuglig od. kegelfg., stumpfhöckerig, dann ausgebreitet, 3—5 cm br., trüb ockerfarben bis braun, mit dichten, filzigen, erst später etwas abstehenden Schuppen. St. 3—7 cm lg., voll, braun, innen rötlich. Spitze nicht bereift. L. angeheftet, weißlich, dann trübbraun, Schneide weiß. Sporen walzenfg., 12—18 $\times 4-6\ \mu$. Fast geruchlos. Auf Sand in Heiden, an Wegen in Ndwäldern, häufig. V—X. (I. lacera Fr.)

779. Kammartiger Faserkopf **I. cristata** (Scopoli) Fries
15. St. bei Berührung od. Verletzung sich verfärbend. 16.
— St. die Färbung nicht ändernd. 17.

16. Hut fleischig, flach gewölbt, dann flach ausgebreitet, 2—7 cm br., mit eingewachsenen, filzigen Haaren, gelblichweiß, dann gelbbraun, in der Mitte dunkler. St. später hohl, 3,5—7,5 cm lg., weißlich, seidenfaserig, bei Berührung schmutzig rotbräunlich. Fleisch blaß, rot-anlaufend. L. frei, weißlich, dann rötlich bis hellzimtbraun. Sporen 12—13 × 7 μ. Geruch süßlich birnenartig, Geschmack schwach salzig. Zwischen Gras u. Moos besonders im Lbwald, nicht selten. VIII—X. (Taf. IX, Fig. 394.)

780. Bongards F. **Inocybe Bongardii** (Weinmann) Fries

Hut kegelfg., dann flach ausgebreitet, stumpfhöckerig, 4—8 cm br., braun, dann blaß ockerfarben, angedrückt faserig-schuppig, Fleisch weiß, blutrot werdend. St. voll, 5—6 cm lg., grobfaserig, weiß, bei Verletzung blutrot werdend. L. leicht angeheftet, weißlich, dann trübbraun, Schneide weiß. Geruch birnenartig. In sandigen Wäldern, auf Wegen, zerstreut. VII—X. (Fig. 395.)

781. Birn-F. (Wohl identisch mit vor.) **I. piriodora** (Pers.) Fries

17. Hutoberfläche rissig. 18.
    Hutoberfläche schuppig od. faserig, nicht rissig. 19.

18. Hut glocken- od. kegelfg., 3—7 cm br., seidenhaarig-faserig, lederbraun, grob faserig, in den Rissen gelblichweiß, Rand scharf, später oft rissig-lappig. St. voll, 2—6 cm lg., kahl, weißlich od. gelblich, oben weißkleiig, am Grunde knollig. L. frei, hell gelbbraun, dann trübbraun, Schneide weißlich. Geruch laugenartig-widerlich. Sporen nierenfg., 8—9 × 4—5 μ. Giftig. In Wäldern, Gärten, Gebüsch, an Wegen, häufig. VII—X. (Fig. 396.)

782. Eingerissener F., Knölliger F. **I. rimosa** (Bull.) Fr.

Hut kegel- od. glockenfg., dann ausgebreitet u. genabelt, 2—3 cm br., grobfaserig, lederbraun, rissig. St. 4—6 cm lg., dann hohl, weißlich od. gelblich, faserig, an der Spitze weiß berieft. L. frei, weiß, dann trübbraun, Schneide weiß. Sporen gelb, 9—10 × 5—6 μ. Geruchlos. Zwischen Moos in Wäldern, selten. VII—X.

783. Aufgerissener F. **I. descissa** Fries

Hut fleischig, flach ausgebreitet, mit stumpfem Scheitel, 4 bis 8 cm br., weiß, später gelblich, seidenhaarig-faserig u. längsrissig, trocken. St. voll, 3—5 cm lg., oft niederliegend, weiß, kahl, gestreift. L. angeheftet, weißlich, später schmutzig erdfarbig, wie braun bestäubt. Fl. blaß, widerlich riechend. Sporen 10—13 × 4—6 μ. Verdächtig. In Ndwäldern, unter Gebüschen, zerstreut. VII—X.

784. Flieder-H., Fliederweißer R. **I. sambucina** Fries

19. Hut kegelfg., dann gewölbt, stumpfhöckerig, 12—5 cm br., trübbraun, mit angedrückten faserigen Schuppen. St. 4 cm lg., voll, seidenfaserig-braunstreifig, weiß. L. angeheftet, grau-, dann rußbraun. Sporen 9—11 × 5—6 μ. In Buchenwäldern, zerstreut.

Schwach birnenartig riechend. VI—X. (Taf. IX, Fig. 397.) (I. capucina Fries)

785. Rauher F. **Inocybe scabra** (Flor. dan.) Fr.

Hut ledergelb-fuchsig, holzgelb, blasser überfasert, glockiggewölbt, 2—6 cm br. St. ockergelblich, reich überfasert bis fast faserig-rissig; L. holzgelb bis braun mit hellerer Schneide, schwachbuchtig herablaufend. Sporen 8—10 × 4—5 μ. Fast geruchlos. Bes. im Buchenwald, gesellig. VII—IX.

786. Ledergelber F. **I. caesariata** Fr.

15. Gattung: Hebeloma Fries, Fälbling.

Fk. mittelgroß bis ansehnlich, Hut stets falb-isabellfarbig-blaß, kahl, meist schmierig, bisweilen durch ein Velum partiale oberflächlich-schuppig. St. mit weißmehliger Spitze, selten fast beringt. L. schmutzig, oft weißbewimpert, nie herablaufend, bisweilen tränend u. punktiert. Basiden stets 4sporig. Sporen mandelfg., ∓ rauh. — Einzeln od. gesellig, bisweilen rasenfg. od. in großen Kreisen (Hexenringen).

1. Schleier (Velum partiale) vorhanden. 2.
    Schleier vollkommen fehlend. 9.
2. Schleier sehr ausgeprägt, oft ringförmig. 3.
    Schleier weniger ausgeprägt. 6.
3. Fk. wohlriechend; mit dickem Ring u. faserigen Schuppen; Hut derb, über 7 cm gr. 4.
    Fk. geruchlos; St. flockig-beringt od. ringlos; Hut ∓ dünn, kleiner als 6 cm. 5.
4. Hut falb, oft fleckig, glatt, kahl, am Rande mit Resten des Schleiers, schmierig, 7—15 cm br.; St. 8—20 cm lg., schmutzig, sparrig-schuppig, mit abstehendem, dickhäutigem Ring, spindelfg. lg. bewurzelt. L. rötlich-schmutzigbraun. Sporen mandelfg. 8—10 × 5—6 μ. Riecht angenehm fenchelartig od. nach bitteren Mandeln. — Am Grunde von Laubhölzern, meist einzeln; häufig. VIII—X. (Taf. X, Fig. 448.) (Pholiota radicosa [Bull.] Fr.)

787. Wurzelnder F. **H. radicosum** (Bull.) Fr.

Hut gewölbt, dann flach u. niedergedrückt, geschweift, fuchsigfalb, durch anklebende Reste des Schleiers blaß-fleckig, 8—16 cm br., glatt, kahl, derb. St. voll, 8—16 cm lg., blaß, faserig mit größeren abstehenden Schuppen. L. locker angeheftet, blaß, dann rötlich. Geruch süßlich. Sporen mandelfg. 10—12 × 7—9 μ. In Lb.-wäldern, zerstreut. IX—XI. (Hebeloma senescens Batsch)

787a. Ausgerandeter F. **H. sinuosum** Fries

5. Hut falb mit kastanienbrauner Scheibe, mit gelblichblassen Resten des Schleiers, schmierig, glockig, dann flach, 2—6 cm. St. 5—7,5 cm lg., rostfalb, fädig-faserig, ∓ flockig-beringt, fast

gleichdünn. L. blaß schokoladenbraun, gedrängt. Sporen fast nierenförmig, 9—10×5—6 μ. In Wäldern u. an lichten Plätzen, häufig. VI—X.

788. Dunkelscheibiger F. **Hebeloma mesophaeum** Fries

Ändert ab mit ganz dunkelbraunem genabeltem Hute:

788β. var. **holophaum** Fr.

Hut falb mit brauner, runzeliger, durch schleimige Wärzchen punktierter Scheibe, scheimig, flach, 2—5 cm br., Rand behangenfaserig. St. blaßbräunlich, flockig beschleiert, kleinknollig. L. kastanienbraun. Sporen mandelfg. 10—12×5—6 μ. Geruchlos. — In lichten Laubwäldern, bes. unter Eichen, an Wegefurchen, auch an Brandstellen; hfg., sehr gesellig. VII—X.

789. Warzigpunktierter F. **H. punctatum** Fr.

6. Schleier sehr vergänglich. 7.
Schleier durch weiße Schuppenflocken angedeutet. 8.

7. Hut weiß, später falb, oft getropft, kahl, schmierig, glockiggeschweift, derb, 6—12 cm br.; Rand ± grippt. St. seidig, voll, gleichdick mit weißflockigem Ring u. Schleier. L. schmutzigblaß, tränend, gefleckt. Sporen 9—11×7—8 μ. Riecht schwach rettichartig. In Ndwäldern u. Gebüschen, zerstreut. IX—X.

790. Tränender F. **H. fastibile** Fries

8. Hut falbblaß, schmierig, fast silberig, gebuckelt, dann flach, 4—5 cm. St. 5—7 cm lg., blaß, weißflockig-mehlig, mit fast knolliger, bräunender Basis. L. graufalb, mit weißflockiger Schneide, nicht tränend. Sporen mandelförmig 10—12×6—7 μ. Fast geruchlos. In Lb- od. Ndwäldern. X—XI. Häufig.

791. Kleienfüßiger F. **H. claviceps** Fries

Hut rotbraun mit seidigem Rande, schmierig, glockig, 5—6 cm. St. blaß, faserig-gestreift, mit flockigen, weißen Schüppchen bekleidet, Basis verjüngt. L. graufalb, mit weißer, gesägter Schneide. Sporen 9—10×4—5 μ. Fast geruchlos. In Ndwäldern, häufig. VII—XI.

792. Schuppenstieliger F. **H. firmum** Fries

9. Mit deutlichem Rettichgeruch. 10.
Geruchlos. 13.

10. St. mit ∓ knollig verdicktem Grunde. 11.
St. nicht knollig verdickt. 12.

11. Hut ∓ dickfleischig, gewölbt, dann abgeflacht, 3—10 cm br., schwach klebrig, blaß od. gelblich-lederfarben, in der Mitte meist matt rotbräunlich. Rand anfangs eingebogen. St. 5—8 cm lg., später hohl, flockig-schuppig, weiß, oben weiß punktiert, unten verdickt. L. schwach angeheftet, abgerundet, weißlich, dann wässerig zimtbraun tränend-punktiert, z. schmal, Schneide weiß. Sporen mandelförmig, 10—12×5—6 μ. Geruch scharf rettich-

artig. Meist herdenweise in Wäldern, im Gebüsch, häufig. VII bis XI. (Tafel IX, Fig. 386.) — In allen Teilen kleiner, mit flockiger Schneide der L. u. weniger strengem Geruch var. minus Cke. (= H. hiemale Bres.)

793. Gemeiner F.　　　　Hebeloma crustuliniforme (Bull.) Fr.

Hut derb, gewölbt, dann flach, fast geschweift, 8—20 cm br., ziegelrötlich-falb, weniger schmierig, glatt, kahl. St. 8—13 cm lg., blaß, faserig-gestreift u. schuppig-faserig, derb, gleichdick, schwachknollig od. fast wurzelnd, faserfleischig. L. tonzimtfarbig, ganzwandig, 6—10 mm br., nicht tränend. Sporen 10—12 × 6—7 μ. Geruch scharf, rettichartig. In Lbwäldern, meist einzeln. VII—XI. Häufig.

794. Rettich-F.　　　　H. sinapizans (Paul.) Fr.

12. Hut rotbraun-falb, glatt, kahl, fast schmierig, gewölbt, dann flach 5—8 cm br. St. 8—10 cm lg., blaß, zylindrisch, oft verlängert u. verbogen, angedrückt faserig, ausgestopft. L. rostbraun, nicht tränend. Sporen 12—14×7—8 μ. Stark nach Rettich riechend. In Nd.- u. Mischwäldern, in großen Kreisen. VIII—XI. Häufig.

795. Hoher F.　　　　H. elatum (Batsch) Fr.

13. Hut tonblaß, schmierig, kahl, gewölbt, dann flach, 4—12 cm br. Stiel 8—11 cm lg., weiß, kaum faserig, hohl, gebrechlich, schlank, gleichdick od. mit fast verdickter fuchsiger Basis. L. tonblaß, gesägt, nicht tränend. Sporen 11—12×6 μ. In Gebüschen. IX—X. Häufig.

796. Langgestielter F., Blasser F. H. longicaudum (Pers.) Fries

Hut falb, glatt, kahl, schmierig, glockig, dann flach, 3—6 cm. St. blaß, schwärzend mit langer, spindeliger Wurzel, bald hohl. L. blaß-schokoladebraun, nicht tränend, fast fleckig. Sporen 9—11 × 5—6 μ, rauh. Am Grunde von Stämmen. IX—XI; häufig.

797. Wurzelnder F.　　　　H. spoliatum Fries

§ 8. Cortinarieae Ulbrich.

Sporen rostfarbig od. rostbraun, glatt, punktiert od. warzigrauh. Hut $\mp$ fleischig. Hut u. St. in d. Jugend durch spinnwebfädigen Schleier (Cortina) verbunden, der am Hutrand als Fäden, am St. als ringartige od. schuppige Bekleidung zurückbleibt. L. an der Schneide ohne charakteristische Zystiden.

Bestimmungsschlüssel der Gattungen.

1. Hut, St., Schleier niemals klebrig-schleimig.　　　　　　　2.
　Hut, St., Schleier od. nur der Hut klebrig-schleimig.　　　　5.
2. Hutfleisch durchfeuchtet.　　　　　　　　　　　　　　　3.
　Hutfleisch ganz trocken.　　　　　　　　　　　　　　　　4.

3. Hut dünnfleischig, mit durchscheinender Oberfläche, beim Eintrocknen die Farbe verändernd, kahl od. weißfaserig, St. kahl. **21. Hydrocybe** Fries
Hut dünnfleischig, kahl od. weißfaserig, St. unterhalb des seidenfaserigen, weißen Schleiers mit ringfg. od. schuppiger Bekleidung. **20. Telamonia** Fries
4. Hut dünnfleischig, zuerst seidig-zottig, später kahl, St. gleichmäßig dick, außen fester. Schleier seidenfädig, seltener als Gürtel den St. umgebend. **19. Dermocybe** Fries
Hut fleischig, schuppig od. faserig, St. dick, fleischig. Schleier einfach, fädig. **18. Inoloma** Fries
5. Der ganze Pilz in der Jugend von klebrigem Schleim überzogen. Schleier einfach, fädig. **16. Myxacium** Fries
Hut fleischig, Oberfläche klebrig-schleimig, St. trocken, derb. Schleier feinfädig. **17. Phlegmacium** Fries

16. Gattung: **Myxatium** Fries, Schleimfuß.

Hut u. Stiel in d. Jugend mit klebrigem Schleim überzogen; Hut dünnfleischig, St. nicht od. kaum knollig. Schleier einfach-fädig. L. angewachsen-herablaufend. Basidien stets 4 sporig. Bodenpilze der Wälder.

1. St. mit flockig-schuppiger, anfangs mit Schleim überzogener Hülle, die später anliegende Schuppen od. Gürtel bildet. 2.
St. glatt, trocken firnisartig glänzend. 3.
2. Hut gewölbt, dann ausgebreitet, flach od. breithöckerig, 5—10 cm br., gelbbraun od. lederbraun, frisch mit schleimigem Überzug, trocken glänzend, Rand dünn, oft längsrunzlig. St. 10—20 cm lg., voll, zylindrisch, oberhalb des weißen, fädigen Schleiers kahl, weiß od. violett, unterhalb frisch mit schleimigem Überzug, fleischigen Schuppen u. Gürteln, trocken glänzend, mit hellbräunlichen, anliegenden Flocken u. Gürteln (natternhautartig). L. angeheftet, hellviolett, dann tonfarben bis rostbraun. Sporen 13—15(—20) $\times$ 7—9 μ. Eßbar. In Nd.- u. Lbwäldern, häufig. IX—XI. (Tafel X, Fig. 429.) (Schleimfuß; Cortinarius coll. [Sow.] Fr., C. mucifluus Fr.)
798. Natternstieliger Schleimling. **M. collinitum** (Fr.) Sow.

Hut gewölbt, stumpf od. etwas niedergedrückt, 5—9 cm br., sehr klebrig, kahl od. faserig, rötlichbraun od. blaß kastanienbraun. St. 5—8 cm lg., mit weißer klebriger Haut bedeckt, von ihr oberhalb fast ringfg. berandet u. mit faserigem, rostrotem Schleier versehen. L. zahnfg. herablaufend, sich ablösend, gelb-zimtbraun, weiß gefranst. Sporen 12—15 $\times$ 6—7 μ. Besonders in Ndwäldern, zerstreut. VIII—XI. (M. alutipes [Lasch] Fr., M. arvinaceum Fr.)
799. Weichstieliger S., Brauner Sch. **M. mucosum** (Bull.) Fr.

3. St. weiß. 4.
Hut flach gewölbt, ungebuckelt, 2,5—8 cm br., sehr schleimig, trocken, glänzend-seidenfaserig, hellgelb od. gelbbraun. St. 5—7 cm lg., nach unten bisweilen verdickt, oben hellviolett, unterhalb des fädigen Schleiers weiß, frisch mit bläulichem Schleim überzogen, glatt, fast keulig. L. angewachsen, bläulich, dann hellrostbraun, Schneide gesägt. Sporen 8—9 × 6—7 μ. Zwischen Moos u. Gras in Wäldern, nicht selten. IX—XI. (Tafel X, Fig. 430.) (Blaublätteriger Sch.; Cortinarius d. Fr.)

800. Bestrichener S. **Myxatium delibutum** Fries

4. Hut flach od. schwach gebuckelt, 2—6 cm br., lebhaft gelbbraun, stark klebrig, trocken gelb, glänzend. St. voll, 5—11 cm lg., oft unten verjüngt, weiß, oben kahl, unten frisch farblos-schleimig, trocken glänzend, glatt. L. angewachsen, hellockerfarben, dann zimtbraun. Sporen 6—7 × 4 μ. Geschmack sehr bitter. Zwischen Moos u. Nd. in Wäldern, zerstreut. VIII—X. (Cortinarius vibratilis Fr.)

801. Zittriger S., Bitterer S. **M. vibratile** Fries

Hut flach gewölbt od. eingedrückt, 5—12 cm br., klebrig, trocken oft gefurcht, ledergelb mit dunklerer Mitte, selten weiß. St. keulenfg., 4—8 cm lg., weiß, oben weißmehlig, unten schleimig, trocken glänzend. L. herablaufend, dichtstehend, weiß, dann tonfarben bis zimtbraun. Sporen 9—12 × 5—8 μ. In Lbwäldern, nicht häufig. IX—X. (Tafel X, Fig. 431.) (Cortinarius n. [Schaeff.] Fr.)

802. Glänzender S. **M. nitidum** Schaeff.

17. Gattung: **Phlegmatium** Fries, Schleimkopf.

Hut ∓ dickfleischig mit klebrig-schleimiger Oberfläche; St. trocken, derb, am Grunde ∓ knollig od. zwickelfg. od. gegürtelt od. gleichdünn. L. ausgebuchtet. Basidien stets 4sporig. Mittelgroße bis ziemlich stattliche, oft schön gefärbte Bodenpilze der Wälder mit feinfädiger Cortina. Alle ungenießbar.

1. Hut dünnfleischig. St. gleichmäßig dick, nicht knollig am Grunde, Schleier zart, zwischen Hutrand u. St. gespannt. 2.

Hut fleischig. St. unten mit einem scharf abgesetzten, meist berandeten Knollen. Schleier anfangs zwischen Hutrand u. Rand des Knollens ausgespannt. 6.

Hut dickfleischig. St. gleichmäßig dick od. nach unten keulenfg. verdickt. Schleier stark entwickelt, in der Jugend zwischen Hutrand u. St. u. ebenso zwischen Hutrand u. Basis des St. ausgespannt, später als seidenfädige Ringbekleidung herabhängend. 16.

2. L. nicht anfangs olivenbraun, sondern purpurn, lila, weißlich. 3.

Hut stumpf u. br. gebuckelt, 7—12 cm br., graugelbbraun, glatt, klebrig. St. voll, braun faserig, ohne Spur von violett. L. ange-

wachsen, zuerst olivenfarbig, dann zimtbraun. Sporen 7—8
× 6—7 μ. In etwas feuchten Wäldern, selten. X.

803. Zimtblätteriger Sch. **Phlegmatium subsimile** (Pers.) Fr.

3. Schleier weiß. 4.

Schleier rostrot. 5.

4. Hut flach gewölbt, dann ausgebreitet, 3—6 cm br., glatt, klebrig,
hellila-verblassend, Fleisch weiß. St. hohl, verbogen, 6—10 cm lg.,
weißlich. L. ausgerandet, mit einem Zähnchen herablaufend,
hellviolett, dann safrangelb bis tonfarben. Sporen 7—9×5—7 μ.
Zwischen Moos in lichten Lbwäldern, ziemlich selten. IX—X.

804. Safranvioletter Sch. **Ph. croceocoeruleum** (Pers.) Fr.

Hut flach gewölbt, dann flach ausgebreitet, 5—11 cm br., glatt,
schleimig, bräunlich ockerfarben, später verblassend, flockig. St.
oben weiß, am Grunde bisweilen gelblich, 8 cm lg., faserig gestreift. L. ausgerandet, weißlich od. hellila, dann lehmfarben bis
zimtbraun. Sporen 6—9×4—7 μ. In Wäldern, selten. IX—X.
(Tafel X, Fig. 432.)

805. Verfärbter Sch. **Ph. decoloratum** Fries

5. Hut flach gewölbt, 4—8 cm br., schwach schleimig, graubläulich,
dann braun, Fleisch weiß, auf Bruch purpurrot. St. 5—10 cm
lg., später hohl, blaß, bei Berührung purpurrot, schwachknollig.
L. ausgerandet, zuerst purpurviolett, dann blaß tonfarben bis
zimtbraun. Sporen 10—13×5—6 μ. In Nd- u. Birkenwäldern,
selten. VIII—IX.

806. Purpurstieliger Sch. **Ph. porphyropus** (Alb. et Schwein.)Fr.

Hut flach gewölbt, dann flach ausgebreitet, 3—6 cm br., kahl,
schleimig, fast zitronengelb. St. voll, 6—8 cm lg., weiß, nackt.
L. angeheftet, purpurn, dann zimtbraun. Sporen 10—12 × 5—6 μ.
In Ndwäldern, nicht häufig. X—XI.

807. Zitronengelber Sch. **Ph. decolorans** (Pers.) Fries

6. L. anfangs olivenfarbig, dann zimtbraun. 7.

L. anfangs irgendwie gelb, dann zimtbraun. 9.

L. anfangs blau, purpurn od. weißlich, dann zimtbraun. 12.

7. Nur in Ndwäldern u. auf Heiden. 8.

Hut 5—8 cm br., klebrig, graugelbbraun od. spangrün, später
gelblich, schuppig u. flockig, Rand umgebogen, Scheitel dunkler,
netzfaserig. St. voll, verkürzt, mit rostbräunlicher Knolle, blaßgrünlich, Schleier u. Fleisch blaßgrünlich. L. abgerundet, zuerst
gelblich-olivenfarben. Sporen 13—16×6—7 μ. In Buchenwäldern, auf Kalkboden. IX—X.

808. Lauchgrüner Sch. **Ph. prasinum** (Schaeff.) Fr.

8. Hut flach gewölbt, dann ausgebreitet, 5—10 cm br., dunkelgrau-
braun, dann verblassend, Rand dünn, gestreift. St. 5—10 cm
lg., grünlichbraun, später gelblich, oben zuweilen bläulich. L. an-

gewachsen, zuerst olivenbraun. Sporen 10—11×6—7 μ. In feuchten Ndwäldern, besonders im Gebirge, selten. IX—X. (Agaricus fulvofuligineus Alb. et Schw., Cortinarius sc. Fr.)

809. Graubrauner Sch. **Phlegmatium scaurum** Fries

Hut gewölbt, dann ausgebreitet, 5—11 cm br., kahl, klebrig, rotbraun, trocken glänzend zimtbraun mit violettem Rande. St. voll, 6—8 cm lg., grünlich, später gelblich, oben meist violett, Knollen schwach purpurn gerandet. L. ausgerandet, zuerst olivgelbbraun, 6—10 mm br. Sporen 9—11(—16)×5—6(—8) μ. In Buchenwäldern auf Kalkboden, nicht selten. IX—X. (Cortinarius rufo-olivaceus Fr., C. testaceus Cke.)

810. Rotgrüner Sch. **Ph. testaceum** Fries

9. Hutoberfläche nicht in der Mitte rostrot u. am Rande bläulich. 10.
    Hut ausgebreitet, 7—13 cm br., kahl, klebrig, in der Mitte blutrot, rissig-schuppig, am Rande bläulichgrün. St. voll, fest, nackt od. klebrig-faserig, 5—12 cm lg., gelblich, am Grunde mit niedergedrücktem Knollen. L. angewachsen, zuerst schwefelgelb-grünlich, dann bräunlich-oliv, 4—6 mm br. Sporen 10—13×6—7 μ. In Ndwäldern auf Kalkboden, selten. IX—XI. (Tafel X, Fig. 433.)

811. Messingfarbener Sch. **Ph. orichalceum** (Batsch) Fries

10. Hut gelb od. gelbbraun. 11.
    Hut flach gewölbt, dann niedergedrückt, 4—13 cm br., glatt, kahl, schleimig, fast grünlich od. olivenbraun, trocken verbleichend, gelb. Fleisch weiß, wässerig-glasig. St. voll, 5—8 cm lg., weißlich, glänzend, Grundknollen kreiselfg. L. schmal angewachsen, anfangs hellgrünlich, Schneide ganz. Sporen 8—10 ×4—6 μ (15×7—8 μ Rea). Besonders in Buchenwäldern, nicht selten. X—XI. (Tafel X, Fig. 434.)

812. Kreiselfg. Sch. **Ph. turbinatum** (Bull.) Fries

11. Hut gewölbt, dann flach ausgebreitet, 6—10 cm br., glatt, kahl, klebrig, gelbbraun, zuweilen gefleckt, Rand zuerst eingeknickt. Fleisch gelblich, rötlichbraun werdend. St. 5—7 cm lg., voll, faserig, weiß, gelb werdend. L. angeheftet, dottergelb, dann olivenbraun bis zimtbraun, Schneide gesägt. Sporen 12—14×7—8 μ.

813. Schöner Sch. **Ph. elegantius** Fries

Hut flach gewölbt, dann flach, 5—10 cm br., seidenfaserig, schleimig, trocken glänzend, zuweilen schuppig, goldgelb. St. 4—10 cm lg., wollig-feinfaserig, gelb, Knollen fast scheibenfg., Fleisch leuchtend schwefelgelb, bräunlich werdend. L. ausgerandet, zuerst lebhaft gelb. Sporen 10—12×6—7 μ. In Lb.- u. Ndwäldern, nicht häufig. VIII—XI. (Tafel X, Fig. 435.)

814. Glänzender Sch. **Ph. fulgens** (A. et S.) Fr.

12. L. anfangs blau od. purpurn. 13.
    Hut gewölbt, dann ausgebreitet, 6—10 cm br., glatt, klebrig, weißlich, gelblich od. lehmfarben, Rand anfangs dünn, einge-

bogen. St. voll, 5—11 cm lg., weißlich od. gelblich, faserig, Knollen schwach gerundet. Fleisch blaßweiß. L. ausgerandet, weißlich, dann lehmfarben bis zimtbraun, Schneide gesägtgekerbt. Sporen 8—10×5—6 μ. Geschmack mild. In Wäldern besonders unter Buchen, zerstreut. VIII—XI. (Sägeblätteriger Sch., Cortinarius m. Fr., C. rapaceus Fr., C. talus Fr.)

815. Vielgestaltiger Sch. **Phlegmatium multiforme** Fr.

13. Fleisch weiß, unveränderlich od. gelb werdend. 14.
    Fleisch blau, unveränderlich od. gelb werdend. 15.

14. Hut gewölbt, dann flach ausgebreitet, 6—10 cm br., glatt, klebrig, in der Jugend oft glänzend blau, später lehmfarben od. gelbbraun, trocken verblassend, faserig. Fleisch blau, unveränderlich. St. voll, 4—8 cm lg., kahl, blau, weiß werdend, mit weißer Knolle u. violetter Cortina. L. angeheftet, blau, dann purpurn, Schneide ganz. Sporen 12—14×5—7,5 μ. Geruchlos. Geschmack süß od. schwach bitter. In Lbwäldern, nicht häufig. IX—XI. (Cortinarius c. [Fr.] Cke.)

816. Bläulicher Sch. **Ph. coerulescens** (Schaeff.) Fr.

Hut dünn, scheibig, 5—8 cm br., glatt, schleimig, in der Mitte hellkastanienbraun, am Rande gelblich, trocken glänzend. Fleisch weiß, gelblich werdend. St. voll, 5—6 cm lg., außen u. innen schwach bläulich, mit olivgelber Cortina. Knollen kegelfg., unten spitz. L. leicht angewachsen, zuerst purpurfarben. Sporen 12—15×7—8 μ. In dichten Wäldern, besonders im Gebirge, selten. IX—X.

817. Gewölbter Sch. **Ph. arquatum** Fries

15. Hut flach ausgebreitet, 8—15 cm br., klebrig, anfangs kastanienbraun, dann gelblich-olivenbraun, dunkelfleckig, am Rande oft dunkler gezont u. oft geschweift. St. voll, 6—9 cm lg., anfangs bläulich, faserig, Knollen gerandet, später verschwindend. Fleisch blau. L. ausgerandet, blau, durch Druck purpurn, 6—12 mm br. Sporen 9—11×5—6 μ. In Wäldern, besonders im Gebirge, nicht selten. IX—XI. — Hut dünner, ausblassend, St. nur am Grunde faserig, L. blaß, dann zimtfarben: var. subpurpurascens Fr.

818. Kirschfarbener Sch. **Ph. purpurascens** Fries

Hut flach gewölbt, später ausgebreitet, 5—14 cm br., klebrig, dann faserig od. faserig-schuppig, olivenbraun, dann gelbbraun, in der Nähe des Randes oft mit einer erhöhten, dunkleren Zone, Fleisch bläulich, später gelb. St. voll, anfangs kurz u. knollig, später 8—11 cm lg., gestreift, bläulich, dann gelblich, Knollen gerandet. L. ausgerandet, blau, dann lehmfarben. Sporen 7—10×4—6 μ. Im Moos u. Gras in Ndwäldern, Hecken, häufig. VIII—X. (Tafel X, Fig. 436.)

819. Blaufüßiger Sch. **Ph. glaucopus** (Schaeff.) Fries

16. L. zuerst irgendwie bräunlich od. rötlich, später zimtbraun. 17.
    L. zuerst blau, violett, später zimtbraun. 21.
17. L. zuerst trübolivenbraun. 18.
    L. zuerst hellrotbraun od. gelbbraun. 20.
18. Schneide der L. ganz höchstens leicht gewellt. 19.
    Hut flach gewölbt, flach höckerig, 4—8 cm br., klebrig, trocken glänzend, trübolivenbraun, in der Mitte oft gelbbraun, oft flockig, Rand meist eingeknickt. St. voll, 5—9 cm lg., weißlich, oben violett, angedrückt seidenfaserig. L. dunkelbraun, entfernt, mit stark wellig-gesägter Schneide. Sporen fast rundlich $7—8 \times 6\ \mu$. In Lbwäldern, besonders unter Eichen, selten in Ndwäldern, zerstreut. X—XI.
820. **Dunkelblauer Sch.**   **Phlegmatium obscurocyaneum** (Secretan) Fries
19. Hut gewölbt, dann ausgebreitet, 3—8 cm br., kahl, glatt, klebrig, dann runzlig, ledergelb, verblassend. St. an der Spitze hohl, etwas gedreht, 5—11 cm lg., blaß, knollig. L. olivgrau, sehr breit abgerundet angewachsen, gefleckt. Sporen $7—9 \times 6—7\ \mu$. Geschmack bitter. In schattigen Ndwäldern, besonders im Gebirge, zerstreut. VIII—X. (Agaricus subtortus Pers.)
821. **Gedrehter Sch.**   **Ph. subtortum** (Pers.) Fries
    Hut flach gewölbt, dann ausgebreitet, 6—10 cm br., schwach klebrig, zuerst gleichmäßig trübolivenbraun, mit eingewachsenen, strahligen Fasern, später gelblich, mit dunklerer Randzone, Rand zuerst eingeknickt, dann gebogen. St. voll, 5—7 cm lg., gelblichbraun, bläulich-gestreift, oben meist bläulichviolett. L. olivrußig angewachsen, Schneide leicht wellig. Sporen rundlich $7—9 \times 5—7\ \mu$. In Lbwäldern, zerstreut. VIII—X. (Tafel X, Fig. 437.) (Cortinarius infr. [Pers.] Fr., C. anfractus Fr.)
822. **Eingeknickter Sch.**   **Ph. infractum** (Pers.) Fries
20. Hut ausgebreitet, 8—11 cm br., kahl, kaum klebrig, ledergelb, in der Mitte dunkler. St. voll, 5—8 cm lg., faserig-streifig, zuerst knollig, dann gleichdick, blaßweiß, an der Spitze flockig. Schleier als vergänglicher Ring. L. ausgerandet, ungleich herablaufend, anfangs blaßlila, dann hellbräunlich, 6 mm br., Schneide fast ganz. Sporen $10—13 \times 6—7\ \mu$. An feuchten u. sumpfigen Ndwaldstellen, selten. X—XI. (Tafel X, Fig. 438.) (Cortinarius latus Fr.)
823. **Breiter Sch.**   **Ph. latum** (Pers.) Fries
    Hut halbkuglig, dann flach gewölbt, 3—6 cm br., klebrig, trocken glänzend, lebhaft dottergelb, in der Mitte dunkler, Rand kurz eingerollt. St. 7—11 cm lg., weiß, oben mit weißem, fädigem Schleier, unterhalb mit lebhaft dottergelbem, stellenweise zerrissenem Überzug bedeckt, mit dicker weißlicher Knolle. L. ausgerandet, angeheftet, hellrotbraun, dann gelbbräunlich, Schneide

wellig gesägt. Sporen 8—10×6—7 μ. In Ndwäldern, besonders im Gebirge, nicht häufig. IX—XI. (C. vitellinipes Secr.)

824. Gelbstieliger Sch. **Phlegmatium extricabile** (Britz.) Fr.

21. St. irgendwie violett. 22.
St. gelb od. weißlich, nie violett. 23.
22. Hut halbkuglig, dann ausgebreitet, flach gebuckelt, 7—16 cm br., schwach klebrig, angedrückt seidenhaarig, graubläulichviolett, dann gelblich-kastanienbraun. St. voll, kurz knollenfg., dann 8—14 cm lg., weißlich, oben fast wollig, violett, durch Druck oft rot werdend. L. 10—14 mm br., buchtig ausgerandet, blauviolett, dann bräunlich. Sporen 10—12×5—6 μ. In Lb-, seltener in Ndwäldern, zerstreut. VIII—X. (Cortinarius l. Fr.)

825. Verfärbender Sch. **Ph. largum** (Buxbaum) Fries

Hut gewölbt, dann scheibig ausgebreitet, 8—18 cm br., klebrig, rotbraun, mit filzigem, violettem Rande. St. voll, fast knollig, 5—8 cm lg., violett, später weißlich, anfangs filzig mit violetter Cortina. L. ausgerandet, bläulichviolett, dann lehmfarben. Sporen 15—18×8—9 μ. In Ndwäldern, nicht selten. X—XI.

826. Bunter Sch. **Ph. variicolor** (Pers.) Fries

Hut 10—12,5 cm br., kastanienbraun, dann gelblich. St. verkehrt-keulenfg., nicht knollig, mit mehliger Spitze. In Buchenwäldern. IX—X. (C. balteatus Fr.)

826β. Ph. variicolor (Pers.) Fr. var. **nemorense** Fr.

23. St. gelblich. 24.
Hut halbkuglig, dann flach scheibenfg., 6—9 cm br., glatt, klebrig, rostfarbig-gelbbraun, Rand faserig, semmelgelb. St. voll, kegelfg., 3—8 cm lg., weißlich, angedrückt flockig. L. ausgerandet, purpurn, Schneide ganz. Fleisch weiß, grau werdend fest. Sporen 10—12×6—6,5 μ. In Ndwäldern, nicht selten, IX—XI.

827. Ziegelgelber Sch. **Ph. varium** (Schaeff.) Fries

24. Hut flach gewölbt, 5—8 cm br., glatt, kahl, klebrig, rußfarbigkastanienbraun, Oberhaut schmierig, abziehbar, Rand später gestreift. St. faserig-streifig, gelblich, mit herabhängenden Schleierfäden. Fleisch weiß, gelb werdend. L. ausgerandet, zuerst blau, dann zimtbraun, breit; Sporen 9—12×5—6 μ. Fleisch weiß, gilbend. In Ndwäldern, selten. IX—XI. (Cortinarius sp. Fr.)

828. Kastanienbrauner Sch. **Ph. spadiceum** (Batsch) Fries

Hut flach gewölbt, dann ausgebreitet, 8—12 cm br., kahl, stark schleimig, trocken glänzend, lebhaft gelb, in der Mitte gelbbräunlich, Rand zuerst eingerollt, dann gerade. St. voll, 7—9 cm lg., gelblich, faserig, mit mehreren häutig-schuppigen, unterbrochenen Gürteln. L. angewachsen, hellviolett, dann blaßbräunlich, Schneide gesägt, weiß. Sporen 10—12×7—8 μ. In Lb.- u. Ndwäldern, besonders unter Birken, selten. IX—XI.

829. Hellbrauner Sch. **Ph. claricolor** Fries

18. Gattung: **Inoloma** Fries, Dickfuß.

Hut gleichmäßig fleischig, schuppig od. faserig, nicht schmierig, nicht hygrophan. St. trocken, dick-fleischig, derbknollig. Schleier einfach fädig. Basidien stets 4sporig. — Mittelgroße bis ansehnliche, häufig lebhaft gefärbte, meist ziemlich spät erscheinende Bodenpilze der Wälder. Sämtlich ungenießbar.

1. Schleier weiß od. violett, L. u. St. entsprechend gefärbt. 2.
Schleier rot, gelb od. braun, L. u. St. entsprechend gefärbt. 5.
2. Schleier, L. u. St. violett. 3.
Hut gewölbt, flach höckerig, 4—10 cm br., silberglänzend, dann grau, am Rand mit violetten, seidenartigen, bald verschwindenden Haaren. St. knollig, dann gleichmäßig verlängert, bis 10 cm lg., innen u. außen weiß, unten später schwach gelblich. L. ausgerandet, blaßbräunlich, dann zimtbraun, mit gesägter Schneide. Sporen 8—9×5 µ, stachelig-rauh. Geruch u. Geschmack fast rettichartig. In Ndwäldern, nicht selten. IX—XI.
830. Silberglänzender D. **I. argentatum** (Pers.) Fries
3. Hutoberfläche hellviolett, dann hell verblassend. 4.
Hut flachgewölbt, dann stumpf gebuckelt, 6—15 cm br., zottigschuppig, dunkelviolett. St. knollig, 10—12 cm lg., 1—3 cm dick, zottig-schuppig, dunkelviolett, trocken fast schwarz. Fleisch violett. L. dunkelviolett, dann zimtbraun. Geruchlos. Sporen 11—14×7—9 µ. In Lb.- u. Ndwäldern, besonders unter Fagus u. Betula, nicht häufig. VIII—X. (Taf. X, Fig. 422.)
831. Violetter D. **I. violaceum** (L.) Fries
4. Hut dickfleischig, gewölbt, dann ausgebreitet, stumpf gebuckelt, 4—10 cm br., hellviolett, dann weißlich, eingewachsen seidenhaarig. St. zuerst oft kuglig, dann knollig od. keulenfg., 5—15 cm lg., hellviolett, dann weißlich, mit angedrückter, weißlicher, mehrere Gürtel bildender Bekleidung. Fleisch bläulich weiß bis bräunlich. L. 4—5 mm br., angeheftet, violett, dann zimtbraun, Schneide gesägt. Sporen 8—12×5—6 µ; fast geruchlos. In Wäldern, bes. unter Eichen, unter Gebüsch, häufig. IX—X. (Tafel X, Fig. 423.)
832. Weißvioletter D. **I. alboviolaceum** (Pers.) Fries
Hut dickfleischig, gewölbt, stumpf gebuckelt, 4—8 cm br., hellviolett, dann hellgraubraun, zuerst seidenartig, dann rissigschuppig. St. knollig, keulenfg., 5—8 cm lg., violett, dann graubraun. Fleisch schmutzig, bräunlichweiß, Stielfleisch violett. L. purpurbraun, dann zimtbraun. Sporen 10—12×6—7 µ. Geruch fast rettichartig. In Lbwäldern, selten. IX—X. (I. cinereoviolaceum Fr.).
833. Violettgrauer D. **I. violaceocinereum** (Pers.) Fr.
5. Schleier trübbraun, rostbraun, ähnlich auch der St. 6.
Schleier rot od. gelb, ähnlich der St. (nur bei C. traganus der St. erst violett). 9.

6. Hut über 4 cm br. 7.
   Hut gewölbt, gebuckelt, 4—6 cm br., rostbraun, von eingewachsenen Schuppen dicht punktiert-flockig. St. voll, schlank, 5—8 cm lg., zylindrisch, oben kahl, unten mit angedrückten, rostbraunen Schüppchen. L. angewachsen, dann abgelöst, dunkelbraun mit hellerer Schneide, bei Druck rotbraun. Sporen 6—8 ×5 μ. In Ndwäldern, selten. IX—X. (Cortinarius p. [Fr.] Quél., Telamonia p. Fr.)
834. Pinsel-D. **Inoloma penicillatum** Fries
7. Schüppchen der Hutoberfläche u. des St. nicht sparrig abstehend, sondern mehr anliegend-flockig. 8.
   Hut fast halbkuglig, dann flach gewölbt, in der Mitte stumpf höckerig, 4—12 cm br., hirschbraun, in der Mitte dunkler, Schuppen klein, sparrig abstehend, striegelhaarig-zottig, trübbraun, dichtstehend, Rand abwärts gebogen. St. 5—10 cm lg., oben kahl u. weißlich od. violett, nach unten kastanienbraun, mit dicker, trübbrauner, filziger, in sparrige Schuppen od. Gürtel zerrissener Umhüllung. L. 4—8 mm br., ausgerandet, mit kurzem Zahn herablaufend, blaßviolett, dann zimtbraun. Sporen 6—9 × 5—6 μ. In Gebüschen, Wäldern, nicht selten. IX—XI. (Taf. X, Fig. 424.) (Agaricus lep. A. et Schw., A. pholideus Fr., Cortinarius ph. Fr.)
835. Schuppiger D. **I. lepidomyces** (Alb. et Schwein.) Schröt.
8. Hut glockig, ausgebreitet, gebuckelt, 7—12 cm br., ledergelb od. olivenbraun, dann rostbraun, mit eingewachsenen haarigen Schüppchen. St. 8 cm lg., knollig, nach oben verjüngt, oben glatt, blaß, unten mit brauner, filzig-schuppiger, oft gürtelfg. Bekleidung. L. olivenbraun-gelblich, dann leuchtend zimtbraun. Sporen 8—10 × 7—8 μ. Geruch schwach rettichartig. In schattigen Nd- u. Lb.-(Buchen-)wäldern, nicht selten. VIII—X. (Agaricus s. Sow., Ag. conopus Pers., Cortinarius s. Fr.)
836. Wolliger D. **I. sublanatum** (Sowerby) Fries
   Hut gewölbt, höckerig, 2—8 cm br., flockig-schuppig, gelblichbräunlich. St. keulig verjüngt, 5—8 cm lg., oben glatt blaß, unten braunschuppig. L. ausgerandet, gelblich-zimtbraun. Sporen 7 × 5 μ. In Mischwäldern der Gebirge, zerstreut. VIII—X. (Agaricus a. Pers.)
837. Sandiger D., Körniger D. **I. arenatum** (Pers.) Fries
9. In Lbwäldern. 10.
   Hut stumpf, ca. 5—12 cm br., anfangs lilafaserig, dann kahl u. entfärbt, zuletzt außen u. innen gelblich. St. knollig, schwammig, weißviolett, innen safrangelb, später bräunlich. Fleisch gelblich. L. ausgerandet, safranockergelb, gekerbt. Sporen 8—10 × 5—6 μ. Geruch bockartig stinkend. In Ndwäldern, nicht selten. VIII bis XI. (Tafel X, Fig. 425.) (I. amethystinum Schaeff., Cortinarius a. [Schaeff.] Quél.)
838. Bocks-D. **I. traganum** Fries

10. St. irgendwie rot. 11.
   Hut dickfleischig, flach gewölbt, 6—10 cm br., gelbbraun, filzigschuppig, Fleisch weiß, gelb werdend. St. knollig, 5—12 cm lg., zottig schuppig, gelb bis gelbbraun. Schleier gelb. L. ausgerandet, gelb, dann zimtbraun mit leuchtend gelber Schneide. Sporen 7—9 × 6—7 μ. Besonders in Buchenwäldern, selten. VIII—X. (Tafel X, Fig. 426.) — Hut dünner, stumpf gebuckelt, goldgelb. St. schwach knollig. L. hellgelb var. redimitus Fr.
   839. Gelbbrauner D. **Inoloma tophaceum Fries**

11. Hut meist flach gewölbt, seltener undeutlich buckelig, 2—8 cm br., mit angedrückten, safrangelben u. roten, haarigen Schüppchen, zuletzt rot. Fleisch weiß, rot werdend. St. später hohl, zylindrisch 4—8 cm lg., gleichfarbig, rot werdend, schuppig, oben kahl. L. etwas herablaufend, hellbräunlich, dann zimtbraun. Sporen 6—7 × 5—6 μ. Geruchlos; milde bis scharf. In Lbwäldern, besonders unter Fagus, selten. VIII—XI. (Taf. X, Fig. 427.)
   840. Rotschuppiger D. **I. bolare (Pers.) Fries**

   Hut glockenfg., dann gewölbt, flach buckelig, 4—6 cm br., rötlich, kahl, oft kleinschuppig od. faserig. St. knollig, 5—12 cm lg., weiß, oben kahl, unten mit zinnoberroten Fasern besetzt, rot werdend. L. angeheftet, purpurn, dann rostbraun. Fleisch blaß, gelblich verlaufend, bitterlich. Sporen 6—8 × 3—5 μ. In Buchenwäldern, selten. VIII—IX. (Tafel X, Fig. 428.) (I. pseudobolare Maire)
   841. Bulliards D. **I. Bulliardii (Pers.) Fries**

19. Gattung: Dermocybe Fries, Hautkopf.

Hut fast häutig bis fleischig, erst seidig-zottig od. samtig, dann kahl, niemals schmierig od. hygrophan. St. gleichmäßig dick, außen fester, nicht knollig, oft ∓ gebogen. L. meist lebhaft (gelb od. rot) gefärbt. Basidien stets 4 sporig. Schleier seidenfädig, meist vergehend. — Mittelgroße, durch ihre Färbung auffällige Bodenpilze des Waldes u. der Heiden u. Gebüsche. Meist ungenießbar.

1. St. weiß od. weißlich. 2.
   St. irgendwie violett. 4.
   St. nicht weiß od. violett gefärbt. 6.
2. Hut über 6 cm br. 3.
   Hut gewölbt, dann ausgebreitet, bisweilen zuerst etwas höckerig, 2—6 cm br., glatt, weiß, dann gelblich, seidenartig-glänzend. St. weiß, keulig-knollig, später hohl, 5—6 cm lg., glatt, am Grunde niederliegend. L. angeheftet, hellockerfarben, dann zimtbraun. Sporen 9—12 × 5—6 μ. Zwischen Moos in Ndwäldern, selten. IX—X. (Agaricus d. Pers., Cortinarius d. [Pers.] Fr.)
   842. Niederliegender H. **D. decumbens (Pers.) Fries**

262   Agaricaceae.

3. Hut ganz flach, 8—10 cm br., weiß-flockig, dann kahl, bräunlichtonfarben, verblassend. St. voll, 5—8 cm lg., angedrückt faserigschuppig. L. ausgerandet, weißlich, dann tonfarben bis blaß rotbraun. Fleisch weiß, geruchlos. Sporen $9 \times 6\,\mu$. In Lbwäldern, selten. VIII—X. (Cortinarius t. [Bull.] Fr.)

843. Flacher H.   **Dermocybe tabularis** (Bull.) Fries

Hut gewölbt, gebuckelt, dann stumpf, 3—8 cm br., glatt, kahl, weißlich blaß. St. voll, bauchig, 4—8 cm lg., Schleier faserig. L. frei, weißlich, dann hell ockerbräunlich. Sporen $6—8 \times 4—5\,\mu$. Geruchlos. Geschmack bitter. In Eichenwäldern, selten. IX—XI. (Tafel X, Fig. 416.) (Cortinarius ochr. [Schaeff.] Fr.)

844. Ockergelber H.   **D. ochroleuca** (Schaeff.) Fries

4. L. nicht mit einem Zähnchen herablaufend.   5.

Hut stumpf gewölbt, später höckerig, 5—11 cm br., graubraun, rötlich, mit später verschwindenden Fasern bedeckt. St. voll, schlank, 8—14 cm lg., faserig u. schwach schuppig, violett, verblassend. L. mit einem Zähnchen herablaufend, blaupurpurn, dann zimtbraun. Sporen $8—9 \times 6—7\,\mu$. Geschmack milde. Eßbar. In Wäldern, auf Wiesen, nicht selten. VIII—X. (Agaricus eu. Pers., A. anomalus Fr., Cortinarius a. Fr.)

845. Schöngestalteter H.   **D. eumorpha** (Pers.) Fr.

5. Hut flach gewölbt, stumpf, 8—11 cm br., ziegelrot, später verfärbt, am Rand grau seidenhaarig, sonst kahl. St. keulig-knollig, 7—12 cm lg., blaß, an der Spitze violett. L. 6—10 mm br., ausgerandet, purpurn, dann zimtbraun. Sporen $9—10 \times 6\,\mu$. Geruchlos. Eßbar. In Fichtenwäldern, häufig. IX—XI.

846. Hunds-H.   **D. canina** Fries

Hut 5—8 cm br., gewölbt, etwas höckerig, glatt, kahl, blaß olivenfarbig, dann scherbengelb, Rand fast häutig. St. etwas hohl, 5—10 cm lg., schlank, mit dicker, weißfilziger Knolle, sonst nackt, oft fast säbelfg. gebogen, an der Spitze gestreift, violett. L. 4—6 mm br., angeheftet, schmutzig-gelb, dann scherbengelb. Sporen $8 \times 5\,\mu$. Geruch oft schwach rettichartig. Zwischen Moos in Ndwäldern, zerstreut. IX—X.

847. Säbelbeiniger H.   **D. valga** Fries

6. St. rot.   7.

St. gelblich, gelbbraun, hell olivenfarben.   8.

7. Hut gewölbt, stumpf od. schwach gebuckelt, 2—5 cm br., blutrot, eingewachsen seidenfädig od. kleinschuppig. St. 5—10 cm lg., später hohl, zylindrisch, gleichfarbig, mit rotem Safte. L. dunkelblutrot, später zimtbraun. Sporen $8—9 \times 5—6\,\mu$. In Nd.- od. Mischwäldern, nicht allzu häufig, fast geruchlos. Geschmack rettichartig. IX—X. (Taf. X, Fig. 417.)

848. Blutroter H.   **D. sanguinea** (Wulfen) Fries

Hut flachgewölbt, dann in der Mitte etwas eingedrückt od. stumpf-gebuckelt, 4—7,5 cm br., lebhaft orange- bis zinnoberrot, glänzend, seidig-flockig, Fleisch rötlich, Rand wellig verbogen. St. voll, 3—8 cm lg., faserig, gleichfarbig, seidenglänzend, Schleier ebenso gefärbt. L. rotgelb, später zimtbraun, angewachsen. Sporen 10—13×5—6 μ. Geruch unangenehm, Geschmack rettichartig. In Buchenwäldern in kleinen Rasen, zerstreut. IX—X. (Tafel X, Fig. 418.)

849. Zinnoberroter H. **Dermocybe cinnabarina** Fries

8. Geruch- und geschmacklos, jedenfalls nicht scharf.   9.

Hut glockenfg., dann flach ausgebreitet, stumpf höckerig, 2 bis 5 cm br., olivenbraun, dann verblassend, trocken gelbbraun, seidenhaarig-filzig. St. voll, 5—8 cm lg., etwas heller als der Hut, innen gelb, oft gedreht, Schleier olivenbraun. L. angewachsen, olivenbraun, später zimtbraun. Sporen 7—8×4—5 μ. Geruch rettichartig, Geschmack scharf. In schattigen Wäldern, zerstreut. VII—X. (Tafel X, Fig. 419.)

850. Rettich-H.   **D. raphanoides** (Pers.) Fries

9. Hut flachgewölbt, meist stumpfbuckelig, 2—10 cm br., gelb od. gelbbraun, eingewachsen seidenhaarig od. kleinschuppig. St. 5—9 cm lg., grobfaserig, später hohl, gelb. Fleisch u. Schleier gelb. L. angewachsen, gelb, rotgelb od. blutrot, später zimtbraun. Geruchlos. Sporen 6—8×4—5 μ. Eßbar. In Wäldern u. Heiden, auf sandigem Boden, zwischen Moos, häufig bis ins Hochgebirge. VIII—X. (Tafel X, Fig. 420.) Kleiner, St. hellgelb, L. hellgelb var. croceus (Schaeff.) Fr.

851. Zimtpilz.   **D. cinnamomea** (L.) Fries

Hut 3—7 cm br., stumpf gebuckelt, zottig-schuppig od. faserig, selten kahl, orangefarben-gelbbraun od. blaß zimtbraun, Fleisch rötlich. St. 3—9 cm, voll, streifig-faserig, gelbbraun, Schleier gelbbraun. L. angeheftet, gelb od. gelbbraun, später mehr zimtbraun. Sporen 8—11×5—6 μ. Geruch eigenartig. In Lbwäldern, selten. VIII—X. (Tafel X, Fig. 421.)

852. Orangebrauner H.   **D. orellana** Fries

20. Gattung: **Telamonia** Fries, Gürtelfuß.

Hut dünnfleischig, kahl od. weißfaserig, hygrophan, wässerigdurchzogen, trocken andersfarbig, nie schmierig. St. meist schlank außer der seidenfaserigen, weißen, vergänglichen Cortina mit ringförmiger od. schuppiger Gürtelung. Basidien stets 4 sporig. — Mittelgroße bis ansehnliche, meist lebhaft gefärbte Bodenpilze der Wälder u. Gebüsche.

1. L. schmal, dünn, $\mp$ gedrängt stehend, angewachsen.   2.
   L. sehr br., ziemlich dick, $\mp$ entfernt stehend.   6.

2. St. irgendwie braun. 3.
   Hut kegelfg., dann ausgebreitet, spitz gebuckelt, 2—3 cm br., violett, dann zimtbraun, graufaserig, trocken verblassend. St. verbogen, 8—11 cm lg., oben violett, mit weißer, ringfg. Schuppenbekleidung. L. dunkel braunviolett, dann zimtbraun mit weißlicher Schneide. Sporen 6—8×4—5 μ. Geruch eigentümlich. Zwischen Moos in Ndwäldern, zerstreut. IX—X. (Taf.X, Fig.407.) (Agaricus fl. Pers., A. fraternus Lasch, Cortinarius fl. Fr.)
   853. Krummbeiniger G. **Telamonia flexipes** (Pers.) Fries
3. Hut braun, St. hohl. 4.
   Hut gelb- od. rostbraun, St. voll. 5.
4. Hut kegelfg., dann glockenfg., stumpf gebuckelt, 2—4 cm br., glatt, glänzend, kastanienbraun, in der Jugend am Rande mit weißen Fäden. St. 4—10 cm lg., später hohl, blaßbraun, mit schuppiger u. anliegend ringfg., weißer Bekleidung. L. rostfarben, dann zimtbraun. Sporen 7—10×4—6 μ. Zwischen Gras u. Moos in Gärten, Gebüschen, zerstreut. VII—X. (Taf. X, Fig. 408.)
   854. Starrer G. **T. rigida** (Scopoli) Fries
   Hut flachgewölbt, spitz od. stumpf gebuckelt, 2,5—8 cm br., feucht braun, trocken abblassend, ledergelb, mit dichtstehenden, lockigen, anfangs aufgerichteten, später angedrückten Fasern bedeckt, Rand anfangs weißfädig. St. 4—8 cm lg., später hohl, blaßbraun, mit weißflockiger, ringfg. Bekleidung. L. lehmbraun, dann zimtbraun. Sporen 7—9 × 4—6μ. Geruchlos. Zwischen Gras u. Moos in Wäldern, bes. unter Betula u. auf Wiesen, zerstreut. IX—XI.
   855. Weißlockiger G. **T. hemitricha** (Pers.) Fries
5. Hut kegelfg., dann flach ausgebreitet, gebuckelt, 2—5 cm br., feucht glatt, rostbraun, trocken rissig-kleinschuppig, am Rande oft zerschlitzt, ockerfarben. St. voll, 3—4 cm od. länger, faserig, rostbraun, mit ringfg., weißer, bald verschwindender Bekleidung. L. zimt-, dann rostbraun. Sporen 8—9 ×5—6 μ. Geruchlos. In Wäldern u. Gebüsch herdenweise, nicht häufig. IX—XI. (Taf. X, Fig. 409.)
   856. Schuppigzerrissener G. **T. incisa** (Pers.) Fries
   Hut gewölbt, schwach gebuckelt, 2—7 cm br., grauseidig, dann kahl, gelblich, zuletzt glatt u. rissig. St. 5—11 cm lg., zylindrisch, gelbbraun, am Grunde faserig-streifig od. schuppig, oben nackt, hohl, zusammendrückbar. L. blaß zimtbraun, dichtstehend. Sporen 7—9×4—6 μ. In Buchenwäldern, zerstreut. IX—X. (Tafel X, Fig. 410.)
   857. Hohlstieliger G. **T. iliopodia** (Bull.) Fries
6. St. u. Schleier weißlich. 7.
   St. violett, Schleier weißviolett. 8.
   St. u. Schleier rötlich od. irgendwie bräunlich. 9.

7. Hut gewölbt, dann ausgebreitet, stumpf, 5—8 cm br., von sehr kleinen Schüppchen grau. St. voll, 6—10 cm lg., faserig, weißlich, mit zartem Ringe. L. angeheftet, wässerig, rötlich-zimtbraun. Sporen 9—10×5 μ. In feuchten Wäldern, selten. IX—X. (Tafel X, Fig. 411.)

858. Großstieliger G. **Telamonia macropus** (Pers.) Fries

Hut gewölbt, dann ausgebreitet, 5—14 cm br., kahl, glatt od. am Rande seidenhaarig, scherbengelb, oft dunkler gefleckt. St. voll, ca. 5 cm lg., unten fast knollig, schwammig-fleischig, schmutzig weißlich, innen hell rostbraun, mit schnell vergänglichem Gürtel. L. angeheftet, leuchtend gelb-zimtbraun. Sporen 9—10×6—7 μ. In Wäldern u. Heiden unter Birken. VIII—X. (Tafel X, Fig. 412.)

859. Birken-G. **T. bivela** Fries

8. Hut gewölbt, dann ausgebreitet, stumpf, 5—12 cm br., violettscherbenbraun, mit grauen Schüppchen u. Fasern, später durch stellenweise verschwindenden grauen Reif marmoriert. Rand mit Resten des weißen Schleiers behangen. St. knollig, dann verlängert, zylindrisch, 8—14 cm lg., mit dauerhaftem, weißem Ring u. violettem Schleier. L. purpurn-umbrabraun, dann zimtbraun. Sporen 8—10×5—6 μ. Geruch angenehm süßlich. Besonders in Buchenwäldern, selten. IX—X. (Tafel X, Fig. 413.)

860. Wohlriechender G. **T. torva** Fries

Hut kegelfg., dann ausgebreitet, rotgelb, dann gelblichweiß, Rand strahlig-streifig, 2—5 cm br. St. später hohl, zylindrisch, bis 8 cm lg., weißlich violett, mit gürtelfg. Bekleidung. L. angewachsen, gesägt, purpurn, dann zimtbraun. Sporen 7—8×5 μ. In Buchenwäldern, selten. IX—X.

861. Vierfarbiger G. **T. quadricolor** (Scopoli) Fries

9. Bekleidung des St. (Schuppen, Ring) einfarbig, gelb od. rot. 10.
Bekleidung des St. andersfarbig. 11.

10. Hut dünn kegelfg. ausgebreitet, spitz gebuckelt, 2—4 cm br., glatt u. kahl, rötlich-zimtbraun, trocken goldgelb, rissig eingeschnitten. St. bis 8 cm lg., gleichfarbig, mit schuppigem, gelbem Ringe. L. angewachsen, rötlichgelb, dann zimtbraun, sehr entfernt; Sporen 7—8×6 μ. In Ndwäldern, bis ins Gebirge, häufig. IX bis X. (Tafel X, Fig. 414.)

862. Goldgelber G. **T. gentilis** Fries

Hut glockig, dann ausgebreitet, 5—10 cm br., glatt, später eingewachsen fädig od. schuppig, zerschlitzt, rötlich-scherbenbraun. St. 8—16 cm lg., am Grunde schwach knollig, voll, faserig, hell rötlichbraun, mit 1—4 lebhaft zinnoberroten, anliegend faserigen Gürteln. L. angeheftet, ausgerandet, blaß-, dann zimtbraun, mit welliger Schneide. Sporen 9—10 ×5—6 μ. Eßbar. Zwischen Moos in Ndwäldern, besonders im Gebirge, häufig. VIII—X. (Cortinarius haematochelis [Bull.] Fries)

863. Rotgegürteter G. **Telamonia armillata** Fries
11. Hutoberfläche rost- od. rötlich zimtbraun. 12.
    Hut dünn glockenfg., dann flach ausgebreitet, stumpf gebuckelt, 5—8 cm br., feucht umbrabraun, trocken schmutzig ledergelb, gegen den Rand faserig, fast kahl. St. voll, bis 11 cm lg., nach oben verjüngt, bräunlich, weißstreifig, mit ringfg., hellbräunlicher Bekleidung. L. angewachsen, purpurbraun, dann zimtbraun. Sporen 7—8 × 5—6 μ. An feuchten Stellen, besonders in Ndwäldern, häufig. VII—X. (Tafel X, Fig. 415.)

864. Brauner S. **T. brunnea** (Pers.) Fries
12. Hut kegelig-glockenfg., dann ausgebreitet, schwach gebuckelt, 4—9 cm br., rötlich-zimtbraun, im Alter rissig durchbohrt. St. voll, 2—11 cm lg., nach unten verjüngt, mit weißer, seidenartiger, oben ringfg., blasser Bekleidung. L. etwas ausgerandet, rötlich-, später zimtbraun. Sporen 9—10 × 6—7 μ. Geruch stark erdartig. In Wäldern, zerstreut. V—X.

865. Hirschfarbiger S. **T. hinnulea** (Sowerby) Fries
    Hut gewölbt, dann ausgebreitet, mit stumpfem, dann verschwindendem Buckel, 2—8 cm br., rostfarben, in der Mitte oft dunkler, im Alter rissig, Rand anfangs meist eingeknickt. St. voll, 5—12 cm lg., gleichfarben, unten mit glatter, weißer, seidenfädiger Bekleidung, die nach oben durch einen rostbraunen Ring begrenzt wird. L. ausgerandet, dunkel-, dann zimtbraun. Sporen 8—10 × 5—6 μ. Geruchlos. In Wäldern, zerstreut. X—XI.

866. Blaßroter S. **T. helvola** (Bulliard) Fries

21. Gattung: Hydrocybe Fries, Wasserkopf.

Hut dünnfleischig, mit durchscheinender Oberfläche (hygrophan), beim Eintrocknen die Farbe ändernd, kahl u. weißfaserig, nie schmierig, nicht gegürtelt od. gestiefelt. Basidien stets 4 sporig. St. meist schlank. — Mittelgroße Bodenpilze des Waldes.

1. Hut dünnfleischig, kegelfg., dann ausegbreitet, in der Mitte gebuckelt, Rand gerade, St. dünn, zylindrisch od. nach unten verjüngt. 2.
   Hut ziemlich dickfleischig. Rand anfangs umgebogen. St. dick, nach unten breiter. 8.
2. St. weiß. 3.
   St. violett od. rötlich. 4.
   St. gelblich, ockerfarben bis bräunlich. 5.
3. Hut kegelfg., dann gewölbt u. stumpf, 2—7 cm br., glatt, kahl, tonfarbig. St. knorpelig, steif, wurzelnd, nackt, kahl, weiß,

8 cm u. länger, nach unten etwas verjüngt. L. angewachsen u. etwas herablaufend, dunkel zimtbraun. Sporen 7,5—9 × 5—5,5 μ. Geruch streng, jodoform- od. balsamartig. Geschmack widerlich. In Ndwäldern, besonders im Gebirge, selten. X—XI. (Taf. IX, Fig. 398.)

867. Starrer W. **Hydrocybe rigens** (Pers.) Fries

Hut kegelfg., dann ausgebreitet, stumpfhöckerig, 2—4 cm br., glatt, kahl, feucht gelbbraun, trocken ledergelb, glänzend. St. 2—5 cm lg., zylindrisch, weiß, später hohl. L. schwach angeheftet, zuerst blaß ockergelb, dann zimtbraun. Sporen mandelförmig 12 μ lg. In Ndwäldern, besonders in Gebirgen, zerstreut. IX—XI. (Cortinarius leucopus [Bull.] Fr.)

868. Weißstieliger W. **H. Krombholzii** Fries

4. Hut kegelfg., dann flach gewölbt, glatt, kahl, braunrot, 2,5—4 cm br., Buckel dunkler. St. 3—5 cm lg., zylindrisch, später hohl, oberwärts violett, mit faserigem, weißlichem, ∓ bläulichem Schleier. L. locker angeheftet, blaß zimtbraun. Sporen 6 × 4—5 μ. In Lbwäldern, nicht selten. V—IX.

869. Rötlicher W. **H. erythrina** Fries

Hut kegelfg., dann ausgebreitet, mit stumpfem, dunklem Buckel u. um diesen herum eingedrückt, 2—5 cm br., trübbraun, in der Mitte dunkler, trocken, heller. St. 9—11 cm lg., hohl, zylindrisch, rotbräunlich u. mit feinfädiger, weißer, anliegender Bekleidung, dadurch fast violett erscheinend. L. angewachsen, blaß rotbraun, dann zimtbraun. Sporen 9 × 5 μ. Auf Heideplätzen, in Ndwäldern an feuchten Stellen, zwischen Moos, häufig. IX—X. (Taf.IX, Fig. 399.) — Mit blasserem Hut u. gebogenem St. var. in signis Fr.

870. Schwarzgebuckelter W. **H. decipiens** (Pers.) Fries

5. Hutoberfläche od. Rand gestreift. 6.
 Hutoberfläche nicht gestreift, glatt. 7.
6. Hut häutig-fleischig, mit spitzem Höcker, 1—2 cm br., gestreift, gelbbraun, trocken hell ockerfarben. St. 6—10 cm lg., hell ockerfarben, verblassend, hohl, gebogen, Schleier weiß. L. angewachsen, ockerfarben. Sporen 9—11 × 6 μ. In Lb- u. Ndwäldern zwischen Moos, ziemlich selten. VIII—XI. (Taf. IX, Fig. 400.)

871. Spitzer W. **H. acuta** (Pers.) Fries

Hut kegelfg.-glockig, zuerst stumpfhöckerig, dann glatt, 2,5 bis 5 cm br., gelbbraun, trocken ockerfarben (blaßgelb var. gracilis Quél.), faserig zerschlitzt, Rand gestreift. St. bauchig, 5—10 cm lg., blaß ockerfarben, angedrückt faserig. L. angewachsen, zimtbraun mit weißflockiger Schneide. Sporen 8—9 × 5,5—6 μ. Rettichartig riechend. In Ndwäldern, besonders im Gebirge, nicht selten. IX—XI. (Taf. IX, Fig. 401.)

872. Stumpfer W. **H. obtusa** Fries

7. Hut häutig-fleischig, kegelfg., dann ausgebreitet, 1—3 cm br., kahl, braun mit schwarzbraunem spitzen Höcker, trocken strohgelb, seidenglänzend. St. zylindrisch, 5—8 cm lg., grobfaserig, spaltbar, kahl, blaßbräunlich. L. schmal, angewachsen, zimtbraun. Sporen 8—9×5—6 μ. In Ndwäldern, selten. VIII—X.

873. Gebänderter W. **Hydrocybe fasciata** (Fries)

Hut kegelfg., dann flachgewölbt mit spitzigem Höcker, 2—5 cm br., gelbbraun, trocken braun, glänzend, Rand glatt, später oft faserig zerschlitzt. St. 4—8 cm lg., voll, blaßgelblich, Schleier gelblich. L. angewachsen, ockerfarben, dann zimtbraun. Sporen 9—10×4—5 μ. Zwischen Gras u. Moos auf Wiesen u. im Walde, ziemlich selten. VIII—X.

874. Gelbbrauner W. **H. saniosa** Fries

8. St. u. Schleier weiß. 9.
St. gelb, rot violett. 12.

9. L. ausgerandet, höchstens angeheftet. 10.

Hut flach gewölbt, mit breitem, flachem Buckel, 5—12 cm br., gelblich-zimtbraun, glatt, glänzend, trocken hell ledergelblich (hellgelb, trocken weiß var. falsaria Fr.). St. voll, 5—8 cm lg., nach oben verjüngt. L. angewachsen, ockerfarben, dann zimtbraun. Sporen 7—9×4—5 μ. Riecht schwach rettichartig. In Ndwäldern, nicht selten. IX—XI. (Tafel IX, Fig. 402.)

875. Aprikosenfarbener W. **H. armeniaca** (Schaeff.) Fries

10. St. weiß, dann später irgendwie bräunlich werdend. 11.

Hut flach gewölbt, schwach gebuckelt, 3—9 cm br., gelbbraun, trocken ledergelb, anfangs faserig, später glatt u. kahl. St. 5—8 cm lg., später hohl, weich, blaß, am Grunde verdickt. L. ockerfarben, dann zimtbraun. Sporen 5—6×5 μ. Besonders in Eichenwäldern, zerstreut. IX—XI. (Taf. IX, Fig. 403.)

876. Blasser S. **H. diluta** (Pers.) Fries

11. Hut gewölbt, dann ausgebreitet, in der Mitte flach od. stumpfhöckerig, 5—12 cm br., scherbengelb, braun werdend, Fleisch schwach wässerig, in der Farbe kaum veränderlich. St. fest, voll, bis 7 cm lg., weißlich, dann schmutzig bräunlich, mit derbem Knollen. L. trüb-, dann rostbraun. Sporen 7—8×4—5 μ. Geruch u. Geschmack unangenehm. In Buchenwäldern, zerstreut. VIII bis X. (Tafel IX, Fig. 404.)

877. Rosträtlicher W. **H. subferruginea** (Batsch) Fries

Hut halbkuglig, dann ausgebreitet, stumpf, 3—5 cm br., geglättet, ockergelb-rostfarbig, Fleisch weiß, fest. St. voll, 4—6 cm lg., fast knollig, faserig, streifig, Fasern u. Schleier rostfarben werdend. L. rostfarben, dann zimtbraun. Sporen 9 μ lg., feinstachelig. In Lbwäldern, zerstreut. VIII—X. (Taf. X, Fig. 405.)

878. Fester W. **H. firma** Fries

12. Hut glockig-gewölbt, dann ausgebreitet, stumpf gebuckelt, 3 bis 5 cm br., dunkelkastanienbraun, mit leicht violettem Schimmer, trocken dunkelbraun, Rand heller, verbogen, Fleisch braunviolett. St. hohl, 6—8 cm lg., braunviolett od. schwach rötlich, faserig-knorpelig, seidenglänzend. L. braunviolett, dann zimtbraun. Sporen 7—8 × 4—5 μ. Geschmack angenehm. Eßbar. In Wäldern, nicht häufig. IX—X. (Taf. X, Fig. 406.)

879. Kastanienbrauner W. **Hydrocybe castanea** (Bull.) Fries
Hut gewölbt, schwach gebuckelt, kahl, honiggelb, 4—6 cm br. St. 7—10 cm lg., hohl, zylindrisch, gelblich, nackt, gestreift, Schleier gelb. L. angewachsen, gelb, dann tonfarben bis zimtbraun. Sporen 7—9 × 4—5 μ. In trockenen Ndwäldern, namentlich bergiger Gegenden, selten. X—XI.

880. Isabellfarbener W. **H. isabellina** (Batsch) Fries

§ 9. Dermineae Ulbrich.

Sporen rostbraun, rostgelb. L. meist $\mp$ rostfarbig, zimtbraun, seltener blaßbräunlich; Basidien meist 4-, selten 2sporig. Fk. fleischig od. fast häutig, ohne od. mit häutigem, gewebeartigem od. schuppig-flockigem Velum partiale, selten V. universale, das als Gewebesaum am Hutrande od. als häutiger od. schuppiger Ring am Stiel erkennbar ist. Meist erdbewohnende, aber auch viele holzbewohnende Waldpilze ohne, mit seitlichem od. zentralem Stiele, einzeln, rasenfg. od. büschelig.

Bestimmungsschlüssel der Gattungen.

A. Fk. ungestielt ansitzend od. dem Substrat aufgewachsen, meist kleinere Pilze auf Holz. **22. Crepidotus.**
B. Fk. gestielt.
  a) St. knorpelig-röhrig, meist Erdbewohner.
    I. Hutrand anfangs dem St. angedrückt, gerade, Hut meist, wenigstens anfangs $\mp$ glockenfg. od. kegelfg.
      1. Hutrand gerieft-aufspaltend, Hut netzigaderig; L. frei, hinten abgerundet. An totem Holz. **23. Pluteolus.**
      2. Hutrand nicht aufspaltend; Hut nicht netzig-adrig. Auf dem Erdboden. **24. Galera.**
    II. Hutrand anfangs eingerollt; kleine bis mittelgroße Pilze.
      1. Mit flockigem Velum universale; Hut $\mp$ häutig; L. herablaufend; auf dem Erdboden od. Moosen. **25. Tubaria.**
      2. Ohne od. mit flüchtigem Velum; Hut $\mp$ fleischig. L. angeheftet od. fast frei; auf Holz od. Erdboden. **26. Naucoria.**

270 Agaricaceae.

b) St. fleischig-faserig, voll; meist an Holz.
 I. St. ohne Ring; Gewebesaum am Hutrande. **27. Flammula.**
 II. St. mit häutigem od. schuppigem Ring; mittelgroße bis ansehnliche Pilze.
  1. Velum universale fehlt; Hutoberfläche nicht bereift. **28. Pholiota.**
  2. Velum universale als weißlicher Reif auf der Hutoberfläche u. Volva am St.-Grunde **29. Rozites.**

22. Gattung: Crepidotus Fries, Krüppelfuß.
Fk. ungestielt ansitzend od. aufgewachsen, meist klein bis winzig, unregelmäßig, umgewendet (resupinat) mit fächerfg. von der Ansatzstelle ausstrahlenden, häutigen rostbräunlichen bis fast rötlichen od.

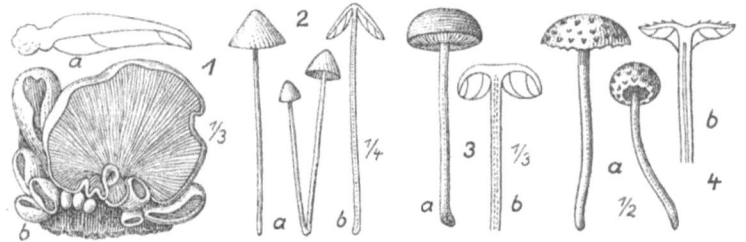

Abb. 27. Dermineae: 1 Crepidotus mollis (Schaeff.) Fr. — 2 Galera tenera (Schaeff.) Fr. — 3 Naucoria semiorbicularis (Bull.) Fr. — 4 Tubaria furfuracea (Pers.) W. G. Sm. — (Nach Ramsbottom)

gräulichen, ziemlich entfernt stehenden L., oft mit Zystiden. Basidien 4 sporig. Sporen rostbräunlich, glatt. — Auf abgefallenen Zweigen, an Baumstämmen od. an verarbeitetem Holz.
1. Hut fast häutig, 1—3 cm br., wässerig, ockerfarben, trocken weißlich. St. fehlend. L. weißlich, dann zimtbraun. Sporen rundlich 6—7 μ. Auf faulenden Kiefernstümpfen, auch an verarbeitetem Holze, selten. VIII—X.
 881. Treppenförmiger K. **C. scalaris** Fries
  Hut ei- od. nierenfg., wellig, gallertig-fleischig, 2—8 cm br., wässerig, gelblich od. gelbbraun, trocken abblassend. St. fehlend od. sehr kurz, seitenständig. L. von Ansatzpunkt ausstrahlend, herablaufend, weißlich, dann zimtbraun. Sporen 9—10 × 5,5—6,5 μ. An alten Lbholzstämmen u. -stümpfen, bes. Buchen u. Apfel, ziemlich häufig. V—X. (Tafel IX, Fig. 376, Abb. 27, 1a—b.)
 882. Weicher K. **C. mollis** (Schaeff.) Quél.
2. An Ästen, Stengeln, Lb. od. auf bloßer Erde.
  Hut ei- od. nierenfg., abstehend, 1—4 cm br., dünnfleischig, weich, weiß, seidenhaarig, mit weißem, vergänglichem Filz, später

bräunlich, Rand zuerst eingerollt. St. fehlend od. seitenständig. L. bauchig, grau, dann rostbraun. Sporen 10—12×5—6 μ. Auf bloßer Erde, meist zwischen Moosen, zerstreut. IX—XI. (Moos-K.)

883. Tröpfelnder K.   **Crepidotus depluens** (Batsch) Fries

Hut nierenfg., abstehend, später umgewendet, fast kreisfg., dünnfleischig, 0,5—2 cm br., weiß, filzig, Rand anfangs eingerollt. St. sehr kurz, dann verschwindend. L. bauchig, weißlich, dann rostbraun. Sporen 5—6×3—4 μ. Auf abgestorbenen Kräuterstengeln, Lb., abgefallenen Ästen, nicht selten. V—XI.

884. Sitzender K. (C. variabilis Pers.) **C. sessilis** (Bulliard) Fries

Hut nierenfg., schlaff, wenig fleischig, 1—1,5 cm br., flach, glatt, ledergelb, fein zottig. St. seitenständig, nach oben verjüngt, fast kegelig, weiß, zottig. L. abgerundet, fast frei, blaß, dann zimtbraun. Sporen 6—7×4,5—5,5 μ. An abgefallenen Espenzweigen, selten. VIII—X. (C. flurstedtiensis [Batsch] Sacc.)

885. Kegelstieliger K.   **C. haustellaris** Fries

3. An verarbeitetem Holze:

Hut schüsselfg. aufgewachsen, bald abgebogen, winzig 2—6 mm, häutig, olivbraun, mehlig, fast filzig. L. im Zentrum zusammenlaufend, olivbraun-fuchsig. Sporen unbekannt. Das ganze Jahr.

886. Schüsselförmiger K.   **Cr. pezizoides** (Nees) Fries

23. Gattung: **Pluteolus** Fr., Netzdachpilz.

Fk. mit sehr dünnfleischigem, klebrigem, anfangs glockigem, netzadrigem aufspaltendem Hut; Hutrand gerade, anfangs dem St. angedrückt. St. zentral, knorpelig-gebrechlich. L. frei, hinten abgerundet, ∓ rostbraun mit bauchigen od. birnfg. Zystiden; Sporen gelblich rostfarben, elliptisch, glatt. — Auf totem Holz.

Hut 2—6 cm br., glockenfg., dann ausgebreitet genabelt, durch anastomosierende Adern netzfg. gezeichnet, durchscheinend violettgrau mit schwärzlichem Scheitel, dann bräunlich od. schmutzig-grau, Rand gerieft-aufspaltend. St. ·4—5 cm lg., 4—6 mm br., röhrig, zerbrechlich, weiß, körnig-flockig mit gerieter Spitze. L. blaßrostbraun, bauchig. Sporen 9—10×5—6 μ; Zystiden 15×8 μ. An alten Rotbuchenstümpfen. Tracht eines Pluteus. VII—IX; zerstreut. (Tafel IX, Fig. 377.) (Derminus reticulatus Pers., Galera reticulata [Pers.], Pluteolus aleuriatus Fries, Bolbitius r. [Pers.] Ricken)

887. Buchen-N.   **Pl. reticulatus** (Pers.) Fries

24. Gattung: **Galera** Fr., Häubling.

Fk. mit kegelig-glockenfg., dann ausgebreitetem, häufig ∓ gerieftem dünnfleischigem Hute mit geradem, angedrücktem, nie aufspaltendem Rande. L. ∓ rost- od. zimtgelb, meist mit Zystiden. Basidien meist 4-, selten 2 sporig. Sporen ∓ rostfarbig. Schleier selten gut entwickelt.

1. Hut glockig, trocken ∓ samtig. St. steif, nie beschleiert (Conocephalae Ricken). 2.
- Hut fast gewölbt, trocken ∓ seidig. St. weichschlaff (Bryogenae Ricken). 9.
2. St. fast weiß; Hut kaum gerieft. 3.
- St. farbig, Hut feucht gerieft. 6.
3. Hut durch Adern netzig. 4.
4. Hut nicht netzig, nur ∓ runzelig. 5.
- Hut schwach fleischig, glockenfg., dann ausgebreitet, 2—6 cm br., netzfg., durch anastomosierende Adern gezeichnet; siehe *887*.
5. Hut ellipsoidisch, dann kegelfg., stumpf, 2—3,5 cm br., frisch durchfeuchtet, isabellblaß, dann ziegel-ockerbraun, am Rande dicht gestreift, trocken runzlig. St. 6—8 cm lg., weiß, bereift, am Grunde verdickt u. weißfilzig, trocken gestreift. L. dunkelrostbraun, sehr schmal; Sporen 12—15×8—10 μ. Herdenweise zwischen Lb., auf gedüngtem Boden, auf Wiesen usw., nicht selten. VI—X. (Tafel IX, Fig. 382.)

888. Ziegelfarbiger H. **Galera lateritia** Fries

Hut bleibend glockig, 15—40 mm br., rostblaß, kaum gerieft, aber runzelig-uneben, fast netzig-runzelig. St. 5—8 cm lg., weißblaß bis ∓ hellgrau, zart gerieft, bereift, verlängert, gleichdünn. L. zimtgelb, aufsteigend. Basidien 2 sporig. Sporen 15—18 ×8—12 μ. Auf Äckern, auf zerstreutem Mist, häufig. V—X.

889. Mist-H. **G. pygmaeo-affinis** Fries

6. An mulmigen Stämmen. 7.
- Auf dem Erdboden. 8.
7. Hut ∓ spitz glockenfg., 8—20 mm br., feucht ockerbraun u. gestreift, trocken weißlich od. hellockerfarben, glatt. St. 4—6 cm lg., am Grunde schwach kleinknollig verdickt, an der Spitze weißflockig, braun. L. angewachsen, gelblich zimtbraun, fast entfernt; Sporen 6—8×4 μ. Herdenweise an alten Kiefernstümpfen u. zwischen Lb. X—XII.

890. Spitzer H., Flockenfüßiger H. **G. spicula** (Lasch) Fries

8. Hut glockenfg., dann ausgebreitet, stumpf 10—20 mm br., feucht durchscheinend-gestreift, zimtbraun, fast glimmerig od. schülferig bereift, trocken kahl, ledergelb. St. 4 cm lg., biegsam, kahl, blasser, gerieft, Spitze weiß-bereift. L. angewachsen, zimtbraun. Sporen 6—8×3—4 μ. Zwischen Moosen u. Gras, besonders an Brandstellen im Walde, zerstreut. IX—X. (Tafel IX, Fig. 379.)

891. Bereifter H. **G. spartea** Fries

Hut kegelfg. od. ellipsoidisch, stumpf, dann glockenfg., 0,5 bis 3 cm br., frisch durchfeuchtet, ockerbraun, am Rand gestreift, trocken heller, glatt. St. 6—11 cm lg., gleichfarbig, schwach gerieft, samthaarig, mit kleinknolliger Basis. L. angewachsen, zimtbraun. Basidien bisweilen 2 sporig. Sporen 14—15×8—9 μ.

Agaricaceae.

Zwischen Gras u. Schutt, in Gärten, auf Mist, in Wäldern, häufig. IV—XII. (Taf. IX, Fig. 380, Abb. 27, 2.)

892. Zarter H.   Galera tenera (Schaeff.) Fries

9. Mit deutlichem Schleier.   10.
   Ohne Spur eines Schleiers.   13.
10. Schwach klebrig.   11.
   Nicht klebrig.   12.
11. Hut gebuckelt, dann vertieft, 15—25 mm, braun, mit gerieftem, vergänglich-behangenem Rande, schwach klebrig. St. 5—6 cm lg., bräunlich mit vergänglichem, weißem Gürtel u. weißmehlig-schuppiger Spitze. L. bräunlich blaß zimtfarbig, flockig, bauchig. Sporen 12—13 × 8—9 μ. In feuchten Gebüschen am Rande von Wäldern u. Mooren. Zerstreut. IX—X.

893. Gegürtelter H.   G. pityria Fr.

12. Hut kugelig-glockig, 10—20 mm, einfarbig ockergelb, bis zur Mitte zart gerieft, anfangs mit weißseidig-verschleiertem Rande. St. 5—7,5 cm lg., schlank, weißseidig-gestiefelt, bald nackt. L. blaß ockergelb, flockig, ∓ entfernt, breit angewachsen. Sporen 9—13 × 5—8 μ. An grasigen Plätzen. IX—X. Häufig.

894. Gestiefelter H.   G. mycenopsis Fries

Hut glockig, flach werdend, 15—30 mm, rostgelb, dann lederblaß, durchscheinend gerieft, anfangs weißfaserig-behangen. St. 5—7,5 cm lg., starr, rostbraun, bis zur Mitte durch weiße Schuppenfasern bunt. L. rostgelb, bewimpert, angewachsen. Sporen 10—12 × 5 μ. Auf Ndholzstückchen, fast büschelig, häufig. VIII—XI. (Naucoria badipes Fries)

895. Braunstieliger H.   G. badipes (Fr.) Ricken

13. An Holz od. auf dem Erdboden.   14.
   An u. zwischen Moosen.   18. 19.
14. An Holzstümpfen; Hut u. St. kahl u. nackt; Hut anfangs gebuckelt, dann gewölbt.   15.
   Auf Erdboden.   16.
15. Hut 10—20 mm br., honiggelb, gerieft; St. 3—4 cm lg., braun, wellig verbogen, zäh. L. ockergelb, tief ausgebuchtet. Sporen 6—7 × 3—4 μ. An Kiefernstümpfen. IX—X. Nicht selten. (Naucoria camerina Fries)

896. Kiefern-H.   G. camerina (Fr.) Ricken

Hut 5—15 mm, kastanienbraun, glatt; St. 1—3 cm lg., rostbraun, fadendünn. L. dunkel-rostbraun, angewachsen. Sporen eifg. 10 μ lg. An feuchten Waldstellen unter Lbbäumen. V—IX. Ziemlich selten. (Naucoria triscopa Fries)

897. Laubholz-H.   G. triscopa (Fr.) Quél.

16. Hut kegel-glockenfg., mit br., scheibenfg., glatter, seltener papillenartiger Mitte, 10—13 mm br., am Rande gestreift, kasta-

nienbraun. St. 4—7,5 cm lg., glatt, biegsam, rostrot bereift. L. angewachsen, zuerst tonfarbig, dann zimtbraun. Sporen 11—15 ×7—9 μ. Zwischen Moosen u. Gras, selten. V—XI. (Tafel IX, Fig. 378.)

898. Gestreifter H. **Galera vittiformis** Fries
17. L. an der Schneide gezähnelt od. gekerbt. 18.
    L. an der Schneide nicht gezähnelt od. gekerbt. 19.
18. Hut wässerig, stumpf kegelfg. od. glockig, dann ausgebreitet, 0,5—2,0 cm br., honiggelb od. gelbbraun, trocken ockerfarbig u. glatt, Rand gestreift. St. 2—8 cm lg., gelbbraun, an der Spitze bereift, glatt, am Grunde weißzottig. L. angeheftet, blaß, dann zimtbraun. Basidien 2sporig. Sporen 11—15×6—8 μ. (St. rostrot, Sporen 10×5 μ, var. rubiginosa [Pers.].) Zwischen Moos u. Gras auf Wiesen, in Wäldern, häufig bis in die Alpen. V—XI. (Tafel IX, Fig. 381.)

899. Moos-H. **G. hypnorum** (Schrank) Fries
Hut spitz-kegelfg., dann ausgebreitet, genabelt, 1—2 cm br., olivenfarbig, am Rand durchsichtig-streifig, oft zerschlitzt. St. 6—11 cm lg., schmutzig weißbräunlich, am Grunde etwas verdickt, flockig u. mit kurzem, wurzelartigem Fortsatz. L. angeheftet, lange rein weiß, dann braunrot. An feuchten, schattigen Waldplätzen, besonders im Gebirge, nicht häufig. S. H. (Agaricus leucophyllus Rabenh.)

900. Rabenhorsts H. **G. Rabenhorstii** Fries
19. Hut glockig, 10—15 mm, braungelb, gerieft, kahl, nackt, trocken tonblaß, ∓ seidig; St. 4—7,5 cm lg., olivgelb, fast faserig, schlank. L. bräunlich olivgelb, flockig, fast entfernt, mit der ganzen Breite angewachsen; Sporen 10—12×6 μ. Zwischen Mnium häufig. VIII—XI.

901. Sternmoos-H. **G. mniophila** (Lasch) Fries
Hut blaß oliv, 3—5 mm br., gerieft, trocken dunkeloliv, nackt. St. 3—5 cm lg., gelb, fast nackt, schlank. L. gelb, dann zimtgelb, breit-angewachsen. Sporen mandelfg. 10—12×6—7 μ. Zwischen Moos; gesellig. VII—X.

902. Zwerg-H. **G. tenuissima** (Weinm.) Fries

25. Gattung: **Tubaria** W. G. Smith, Trompeten-Schnitzling.

Fk. mit ∓ häutigem Hut mit flockigem Velum universale bekleidet, mit eingerolltem Rande, dann ∓ ausgebreitet. St. lang, zentral, ∓ knorpelig-röhrig. L. herablaufend od. breit angewachsen mit Zystiden. Sporen elliptisch od. fast spindelfg., glatt. — Auf dem Erdboden od. in Mooren u. zwischen Moosen.

1. St. über 10 cm (bis 19 cm) lg. Hut ∓ schmierig, rostbraun werdend. 3.

St. höchstens bis 8 cm lg., meit kürzer; Hut niemals rostbraun werdend. 2.

2. Hut 5—15 mm br., blaß gelblich bräunlich od. honigfarben kegelfg., dann flach gewölbt genabelt mit stark hervortretender Papille bleibend seidig-flockig. St. 4—8 cm lg., 1—2 mm br. blaßbräunlich, nach der Spitze verschmälert, gebogen, unten weißzottig, oft mit ringfg. flockigen Schleierresten. L. wässerig blaß-bräunlich, sehr breit. Sporen blaß-rostbraun, mandelfg., 9—10×4—5 μ. — In Torfmooren u. Sümpfen zwischen Sphagnum. V—XI. Nicht selten. (Galera paludosa [Fr.] Quél.)

903. Sumpf-T. **Tubaria paludosa** (Fries) Gill.

3. Hut 6—20 mm br., kastanien-rostbraun, trocken blasser, kegelfg., dann halbkugelig, nicht genabelt, etwas klebrig mit flockig-schupgipem Rande. St. 9—18 cm lg., 2—3 mm br., rotbraun, dann dunkelbraun, gleichdick, oben etwas bereift, am Grunde verschmälert, weiß-zottig. L. rostbraun, sehr breit, dreieckig. Sporen trüb rostbraun, mandelfg., 10—18×5—6 μ. — In Wäldern u. Mooren zwischen Sphagnum. VII—IX. Nicht selten. (Agaricus st. Fries, Galera stagnina [Fr.] Quél.)

904. Torfmoos-T. **T. stagnina** (Fries) Gill.

4. St. höchstens bis 6 cm lg. 5.

5. Hut rings am Rande schuppig-flockig. 6.
   Hut kahl. 7.

6. Hut 1—4 cm br. glockig gewölbt, dann ausgebreitet, in der Mitte gebuckelt, rostbraun ausblassend, trocken ledergelb, mit $\mp$ konzentrischen, am Rande dichtstehenden haarigen Schüppchen, ungerieft. Fleisch gleichfarbig, wässerig, trocken heller. St. 2—5 cm lg., 2—4 mm br., später hohl, rostbraun, unten mit weißen, haarigen Schüppchen, die oberhalb der Mitte zu flockigem Gürtel zusammentreten. L. breit-angewachsen, später herablaufend, fast dreieckig rostbraun, mit weißer Schneide. Sporen blaß-bräunlich, elliptisch 6—9×5—6 μ. Geschmack mild; eßbar. Gesellig in Wäldern, an Wegen, auf Triften, in Hecken, oft in großen Rasen. Nicht selten. IV—XI. (Agaricus furfuraceus Pers., A. circumseptus Batsch, T. circumsepta [Batsch] Sacc.) — Morchelloide Formen mehrfach beobachtet. (Abb. 27, 4a—b.)

905. Kleiiger T. **T. furfuracea** (Pers.) Gill.

Hut 1—2 cm br., $\mp$ häutig, zimtbraun, kegelig-glockenfg., genabelt, hygrophon; Rand gestreift, seidig-schuppig. St. 3—4 cm lg., 2 mm br., blaß, aufwärts verjüngt u. an der Spitze bereift. L. blasser, etwas herablaufend, hinten sehr breit, dreieckig; Sporen elliptisch 7—8×4—5 μ. — Auf abgefallenem Lb., bes. von Buchen, an Wegen, zerstreut. IX—X. (Ag. pellucidus Pers., Naucoria pellucida [Bull.] Quél., N. conspersa [Pers.] Fries)

906. Glänzender T. **T. pellucida** (Bull.) Fries

Agaricaceae.

7. Hut glatt. 8.
Hut ∓ gestreift. 9.
8. Hut 1—2 cm br., rötlich-gelb, dann leuchtend gelb, gewölbt, dann flach, stumpf. St. 3—6 cm lg., 3—4 mm br., ∓ rötlich-braungelb, kahl. L. braungelb, herablaufend, Schneide ∓ fein gesägt. Sporen $6 \times 3\,\mu$. Tracht einer Omphalia. — Gebirgswiesen u. unter Pinus; nicht häufig. VIII—X. (Ag. cupularis Bull., Lactarius c. [Bull.] Quél.)

907. Becher-T. **Tubaria cupularis** (Bull.) Fries

9. Hut 2—3 cm br., gelbbraun, dann honiggelb od. wachsfarben, häutig, glockig, dann gewölbt, gestreift, hygrophan. St. 3—5 cm lg., 1,5 mm br., cremefarben, dann bräunlich, seidig-faserig. L. gelb, dann rostfarben, bogig angeheftet, breit, bauchig, dick; Sporen elliptisch $6—8—9 \times 4\,\mu$. — An feuchten Waldstellen zwischen Moosen u. an moosigen Stümpfen; nicht häufig. (Galera muscorum [Hoffm.] Quél.)

908. Moos-T. **T. muscorum** (Hoffm.) Fries

Hut 1—2 cm br., flach gewölbt, stumpfhöckerig, hygrophan, schwach klebrig, fast glänzend, gelbbraun mit dunklerer Mitte, glatt, kahl, Rand fein gabelig-gerieft, zart weiß beschleiert. St. 2—4 cm lg., 1—2 mm br., kastanienbraun, gebogen, weißflockig. L. breit angewachsen, ockerfarben, dann zimtbraun, 2—3 mm br., dreieckig, ziemlich entfernt. Sporen rostfarben $5—6 \times 3\,\mu$. — Auf faulem Holz, abgefallenen Zweigen, seltener auf Erdboden in Lbwäldern, Gewächshäusern, nicht selten. I—XII. (Taf. X, Fig. 440.) (Naucoria inquilina [Fr.] Quél.)

909. Geriefter T. **T. inquilina** (Fr.) W. G. Smith

26. Gattung: **Naucoria** Fries, Schnitzling.

Hut regelmäßig, Rand mit dem St. durch einen fast häutigen Schleier verbunden, der schnell verschwindet, anfangs eingerollt. Ring fehlt. Basidien meist 4-, selten 2 sporig. Sporen ellipsoidisch od. eifg., Membran gelbbraun od. sehr hellgelblich.

1. Hut dünnfleischig, Rand gerade, Schleier zarthäutig. St. zart, gebrechlich. (Unterg. Galerula Karst.) — Hut fast häutig, glockenfg., dann ausgebreitet, in der Mitte glatt, bis zur Mitte feinstreifig, 6—20 mm br., gelblich-ockerfarben, Rand anfangs weißfaserig-beschleiert. St. gelblich, faserig-streifig, 6—11 cm lg., mit weißen Fäden bekleidet, bald nackt. L. angeheftet, dann abgelöst, weißlich, dann blaß-bräunlich, flockig mit $46—52\,\mu$ lg. flaschenfg. Zystiden. Sporen $9—13 \times 5—8\,\mu$. Auf feuchten Wiesen, Heiden, zwischen Gras u. Moos, häufig. VIII—X. (Taf. X, Fig. 439.) (Galera mycenopsis [Fries] Ricken)

910. Myzeenaartiger Sch. **N. mycenopsis** Fries

Hut dünnfleischig, fast häutig, Rand mit flüchtigem Schleier, St. zähe, dünn. (Unterg. Eunaucoria Schroet.) 2.

Agaricaceae. 277

2. Hutoberfläche schuppig, haarig, kleiig usw. 3.
3. Hut flach gewölbt, stumpfhöckerig, hygrophan, 1—2,5 cm br., schwach klebrig, fast glänzend, gelbbraun, mit dunklerer Mitte, Geriefter T.-Sch. siehe *909*. **Tubaria inquilina** (Fr.) W. G. Sm.
Hut verflacht, 15—30 mm br., wachsgelb, kahl, nackt, schmierig-glänzend. St. 2,5—4 cm lg., blasser, faserig-rauh, nicht glänzend, bald hohl. L. schmutzig olivbraun, abgerundet, breit angeheftet. Zystiden spindelfg. Sporen $12—17 \times 8—12\,\mu$. Riecht nach Mehl. An Wegrändern u. auf Äckern. V—X. Häufig.
911. Hohlstieliger Schn. **Naucoria vervacti** Fr.
3. Hut mit kleiigen od. sparrigen Schüppchen besetzt. 4.
Hut gewölbt, in der Mitte warzenfg., fast häutig, 2—6 mm br., gelbbraun, trocken ockerfarben, mit feinen, filzigen Härchen besetzt. St. fädig, zähe, ca. 2 cm lg., rauh, bräunlich. L. leicht angeheftet, blaß ockerfarben. An Grashalmen, toten Farnstengeln usw., häufig. VIII—X.
912. Grasbewohnender Sch. **N. graminicola** (Nees) Fr.
Hut gebuckelt-geschweift, 4—8 cm br., fuchsiggelb, glatt, kahl, schmierig-schleimig. St. 5—10 cm, weißblaß, abwärts feuerfuchsig, wachsartig-glasig, kahl, nackt, spindelig-wurzelnd, schlank, knorpelig. L. tonblaß-ockerblaß, rostfleckig. Zystiden fädigkeulenfg. Sporen $7—8 \times 4—5\,\mu$. Geruch $\mp$ nach Rettich. In Ndwäldern geselilg u. häufig. VII—IX.
913. Rotspindeliger Sch. **N. lugubris** Fries
4. L. angeheftet, höchstens angewachsen. 5.
Hut glockig, in der Mitte zuerst gebuckelt, dann abgeflacht u. ausgebreitet, 1,5—4 cm br., rostbraun, mit konzentrischen, am Rande dichtstehenden, gelblichweißen, haarigen Schüppchen. Siehe *905.* **Tubaria furfuracea** (Pers.) Gill.
5. St. über 3 cm lg. 6.
Hut fast kuglig, dann halbkuglig gewölbt, 1—1,5 cm br., braun, mit sparrigen büschelhaarigen Schuppen bedeckt. St. 1—1,5 cm lg., dünn, gekrümmt, braun, behaart. L. angewachsen, ockerfarben. Sporen $9—12 \times 7—8\,\mu$. An abgefallenen Zweigen, selten. IX—X. (Agaricus l. Sow., A. aridus Pers., A. erinaceus Fr., Nauc. er. Gillet)
914. Wolliger Sch. **N. lanata** (Sowerby) Schröt.
Hut glockig, dann flach, 10—25 mm br., rostfarb-rostblaß, auch im feuchten Zustande nicht dunkler, weißwollig u. flockigschuppig beschleiert, $\mp$ gekerbt. St. 2,5—5 cm lg., rostfalb, weißflockig-faserig. L. zimtrötlich, herablaufend. Sporen $8—9(—12) \times 5—6\,\mu$. Auf Waldwegen massenhaft. V—X.
915. Weißwolliger Schn. **N. escharioides** Fries
6. Hut halbkuglig, dann flach gewölbt, 4—10 mm br., häutig, fast runzelig, ockerfarben, trocken fast weißlich, mit sparrigen Schup-

pen od. glänzenden, kleiig-warzigen Körnchen besetzt, schimmernd. St. ockerfarben, mit gleichfarbigen Schüppchen, 3—4 cm lg., haardünn. L. angeheftet bis fast frei, gekerbt, hellockergelb. Sporen 7—8×4—5 μ. An Lb. u. Fruchthüllen von Buche u. Haselnuß, nicht selten. V—X. (Tafel X, Fig. 441.) (Bucheckern-Schn.; Galera carp. [Fr.] Quél.)

916. Fruchtliebender Sch. **Naucoria carpophila** (Fries)

Hut glockig, dann flach gewölbt u. ausgebreitet, 1—2,5 cm br., zimtbraun, oft mit dunklerer Mitte, glatt, trocken ockerfarben, fein kleiig-schuppig, Rand gestreift. St. hohl, 4—5 cm lg., ockerbräunlich, unten dunkler, weißfaserig, oben kleiig-schuppig. L. angeheftet, sich ablösend, ockerfarben, Schneide weißlich. Basidien 2sporig. Sporen 9—11×5—6 μ. In feuchten Wäldern, Gebüschen, an Lb. u. Zweigen, häufig u. gesellig. VIII—XI. (Tafel X, Fig. 442.)

917. Bestreuter Sch. **N. conspersa** (Pers.) Fries

7. Hut ∓ fleischig, St. ziemlich fest, mit äußerer fester Rinde. (Unterg. Simocybe Karst.) 8.

8. An Stümpfen, auf Rinde vorkommend. 9.

Auf der bloßen Erde, zwischen Moos, Nd., auf gedüngtem Boden. 10.

9. Hut halbkuglig, später in der Mitte niedergedrückt, 0,5—1 cm br., zimtbraun, filzig-runzlig. St. 1 cm lg., gekrümmt, voll, braun, am Grunde weißfilzig. L. zimtbraun, Schneide hell. Sporen 6—8×5—6 μ. An der Rinde von Lbbäumen, wie Apfel, gesellig u. fast horizontal abstehend, ziemlich selten. V—X. (Taf. IX, Fig. 383.) (Galera hor. [Bull.] Quél., Derminus h. [Bull.] Schr.)

918. Wagerechter Sch., Rinden-Schn. **N. horizontalis** (Bull.) Fr.

Hut halbkuglig mit stumpfem Höcker, 2—3 cm br., glatt, glänzend, dunkelgelb, stellenweise purpurfleckig. Fleisch gelb. St. 2—3 cm lg., gelb, oben weißlich bereift. L. angeheftet, gelblichgrau, dann rostbraun. An alten Erlenstümpfen in feuchten Wäldern, zerstreut. VIII—X. (Derminus m. Fr., Agar. alnicola Secr.)

919. Erlen-Sch., Schimmernder Schn. **N. micans** (Fries) Sacc.

Hut verflacht, braunoliv mit gelbstaubigem, zart genieftem Rande, glanzlos, hygrophan, 15—25 mm br. St. ∓ 3 cm, blasser, weißstaubig, oft ∓ exzentrisch. L. gelbgrau-olivbraun, durch gelbgrünliche Flöckchen gekerbt, dicklich. Zystiden keulenfg. od. spindelfg. Sporen 8—10×6 μ. Nur an Buchenstümpfen; nicht häufig. VIII—X.

920. Buchen-Sch. **N. centunculus** Fries

10. St. im ganzen gelb od. gelblich. 11.

Hut glockenfg., dann flach ausgebreitet, 2—4,5 cm br., feucht dunkelpurpurbraun mit gelbem Rand, fein gerieft, trocken gelblich. St. schwarzviolett, nach oben rötlich, Spitze fein bereift, 3—6 cm lg., nach oben verdickt. L. locker angeheftet, weißlich, dann gelb od. rötlich. Sporen. 8—10 × 3—4 μ. Geruch gurkenartig, bei faulenden Exemplaren nach Heringslake. Zwischen Moos, Nd. in Wäldern u. Waldsümpfen, häufig u. gesellig. VII bis X. (Tafel IX, Fig. 384.)

921. Gurken-Schn. **Naucoria cucumis** (Pers.) Fries

Hut kegelig, dann flach, 3—7 cm br., zimtblutrot, mattglänzend, kaum schmierig, glatt, kahl. St. purpurbraun mit fast schwarzer, verdünnter, ∓ wurzelnder Basis, kahl, mattglänzend, fast hornartig-hart. L. safrangelb bis leuchtend zimtrot, oft fleckig, frei. Sporen 5—6 × 3—4 μ. Geruchlos. In Ndwäldern, besonders Fichtenwäldern, tief im Moos, häufig u. gesellig. VII—X.

922. Hornstieliger Schn. **N. cidaris** Fries

11. Hut flach gewölbt, stumpf, 1—2,2 cm br., glatt, kahl, durchfeuchtet, wachsgelb, trocken ockergelb. St. 2—3 cm lg., kahl, gelb, am Grunde rostbraun. L. angewachsen, zimtbraun. Sporen 8—10 × 5,5—7 μ. Im Grase in lichten Ndwäldern, auf Hügeln, selten. X—XI. (Derminus p. Pers., Agaricus cerodes Fr., Nauc. cer. [Fr.] Sacc.)

923. Zwerg-Schn. **N. pumila** (Pers.) Ulbr. comb. nov.

Hut halbkuglig gewölbt, dann flach, 1,5—4 cm br., glatt, fast schmierig, glänzend, gelblichbräunlich, trocken runzlig. St. 4—6 cm lg., zäh, später hohl, am Grunde verdickt, gelblich. L. angewachsen, ockerfarben, dann kastanienbraun. Sporen 9—12 × 5—7 μ. Geruchlos od. mehlartig riechend. Auf gedüngtem Boden in Gärten, Wiesen, an Wegen, nicht häufig. V—X. (Taf. IX, Fig. 385, Abb. 27, 3 a, b.) (Derminus s. Bull., Agar. arvalis Let.)

924. Halbkugliger Schn. **N. semiorbicularis** (Bull.) Fries

12. Büschelig od. fast rasig wachsend auf Äckern u. Wegen. 13.
13. Hut glockig, dann flach, fleischig, 2—6 cm br., isabellgelb, trocken, glanzlos, Rand zartfilzig. St. 5—8 cm lg., falb, körnigflockig, fast rostschuppig, ausgestopft, ungleich-dick. L. 4—10mm br., blaß-schmutzigbraun, fast entfernt. Zystiden bauchig. Sporen 8—9 × 5—6 μ. Riecht widerlich. VII—XI. Häufig. Büschelig. (Cantharellus Brownii B. et Br.)

925. Rauhstieliger Sch. **N. pediades** Fries

Hut eingerollt, dann flach, 1—2 cm br., kastanien-tabakbraun, hygrophan, klebrig-glänzend, mit fast gewebeartigem Schleier. St. gleichfarbig, blaß schuppig-faserig, ∓ faserig-beringt. L. falb-zimtbraun. Zystiden schmalspindelig. Sporen 8—9 × 4—5 μ. Fast rasig. VII—X. Ziemlich häufig.

926. Tabakbrauner Schn. **N. tabacina** (D. C.) Fries

Nauc. echinata Roth siehe *1012*. **Psalliota e.** (Roth) Ricken

Agaricaceae.

27. Gattung: Flammula Fr., Flämmling.

Fk. halbkuglig bis flach, fleischig, meist ∓ lebhaft braun- od. rötlichgelb mit häutigem Velum partiale, das als gewebeartiger Saum (Behang) den Hutrand bekleidet, häufig auch als Ring am Stiel erhalten bleibt. L. stroh- od. goldgelb bis zimtbraun mit Zystiden. Basidien 4sporig. Sporen rostgelb bis rostbraun. Meist Erdpilze im Walde.

1. Sporenstaub u. L. schmutzig. 2.
   L. strohgelb-rostbraun od. goldgelb-fuchsig. 5.
2. Fk. fast ganz weißlich. 3.
   Fk. fuchsigfalb od. fleischbräunlich. 4.
3. Hut flach gewölbt, dann niedergedrückt in der Mitte, 2—8 cm br., tonblaß-weißlich, seltener bräunlich, anfangs schleimig u. mit feinen, abfallenden Schuppen, dann kahl. St. später hohl, zylindrisch, 5—8 cm lg., schuppig, dem Hut gleichfarbig. L. angewachsen, hellockerfarben, dann zimtbraun, Schneide weiß. Geruchlos. Sporen 6—7×3,5—4 μ. Zwischen Lb. in Lbwäldern, gesellig u. häufig. IX—XI. (Taf. X, Fig. 445.) (Hebeloma glutinosum [Lindgr.] Fr.)

927. Tonweißer Fl. **Fl. lenta** (Pers.) Fries

4. Hut flach gewölbt, dann ausgebreitet u. niedergedrückt in der Mitte, 5—12 cm br., zimtbraun, mit gelbbrauner, schuppiggefleckter Mitte, schleimig-schmierig, Fleisch weiß. St. nach unten schwach verjüngt, 6—11 cm lg., faserig, blaß-roströtlich, an der Spitze gestreift. L. angewachsen, blaß, dann ockerbraun. Sporen 5—6×3—3,5 μ. An altem Holz, zwischen Gras, außerhalb des Waldes; nicht häufig. X—XI. (Taf. X, Fig. 444.)

928. Schlüpfriger Fl. **Fl. lubrica** (Pers.) Fries

Hut halbkuglig, dann flach gewölbt, 1,5—3 cm br., fleischbräunlich, braungelb od. rötlichgelb, schmierig. Fleisch gelb. St. hohl, gelbbraun, nach oben heller, flockig-schuppig, 1,5 bis 2,5 cm lg. L. angewachsen, etwas ausgerandet, lehmfarben, dann kastanienbraun, Schneide weiß. Sporen 6—7×4 μ. Riecht u. schmeckt bitterlich. Auf Brandstellen in Wäldern zwischen der Holzkohle, häufig. V—XI. (Taf. X, Fig. 443.) (Naucoria c. Fr.)

929. Kohlen-Fl. **Fl. carbonaria** (Fries) Quél.

5. L. strohgelb-rostbraun; in Lb- u. Ndholz oder auf dem Boden. 6.
   L. lebhaft goldgelb-fuchsig; an Nadelholz. 15.
6. Geruchlos. 7.
   Mit ∓ ausgeprägtem Geruch. 12.
7. Hut ∓ schwefelgelb. 8.
   Hut olivgrau. 11.
8. Hut sehr schleimig od. schmierig-klebrig. 9.
   Hut nicht schleimig od. klebrig. 10.
9. Hut verflacht, 3—5 cm br., schwefelgelblich, fast fuchsig geflammt, sehr schleimig. St. 5—10 cm lg., grünlich blaß, rot-

fuchsig-faserschuppig, ungleich-dick. L. anfangs grünlich-strohgelblich, dann oliv rostfarbig. Sporen 8—9×4—5 μ. Fleisch grünlich-gelb-fostfarbig. In Ndwäldern, ziemlich häufig. X—XI.

930. Nadelholz-Fl. **Flammula spumosa** Fr.

Hut glockig, dann flach, 3—6 cm gelbgrün-blaß bis strohgelb, mit angedrückten, flockigen Schuppen bedeckt, nur schmierigklebrig. St. 4—7,5 cm lg., blaß-strohgelb, schuppig faserig, mit ∓ rostroter verjüngter Basis, verbogen. Fleisch weißblaßgelblich, bräunend. Sporen 5—7×3—4 μ. — An Lbholz außerhalb des Waldes, büschelig; häufig. VII—XII. (Stropharia punctulata [Kalchbr.] Fr.)

931. Schuppiger Fl. **Fl. gummosa** (Lasch) Fries

10. Hut glockig, dann flach gewölbt, fettig glänzend, 3—10 cm br., schwefelgelb. St. bald hohl, 4—9 cm lg., gelb, später rostbraun, faserig. Schleier weiß, bald verschwindend. L. angewachsen, weißlich, dann gelb bis rostbraun. Zystiden keulenfg. Sporen 5—8×4 μ. An alten Kiefern- u. Fichtenstümpfen, meist rasig, häufig. X—XI. (Tafel X, Fig. 447.)

932. Schwefelgelblicher Fl. **Fl. flavida** (Schaeff.) Fries

11. Hut olivgrau, fast filzig-schuppig, verflacht, 3—7,5 cm br. St. 5—10 cm lg., gelblichblaß, lose faserschuppig, mit fädigem Schleier an der blaßmehligen Spitze, abwärts verjüngt. L. tonblaß, dann olivgelb, schmal. Sporen 8×5 μ. Fleisch gelblichweißrostfarben. An Weiden (Salix) nicht selten. (Fl. apicrea Fr.)

933. Weiden-Fl. **Fl. salicicola** Fr.

12. Geruch gurkenartig. 13.
    Geruch u. Geschmack bitterlich od. widerlich. 14.

13. Hut kuglig, dann halbkuglig, 1,5—4 cm br., braun, mit dickem, braunem Staube bedeckt, später schuppig, Schleier häutig. (*934.*) Siehe *1012.* **Psalliota echinata** (Roth) Ricken

14. Hut halbkuglig, dann flach ausgebreitet, 2,5—6 cm br., goldgelb mit rötlichem Schimmer bis blutrot-safrangelb, am Rande u. in der Mitte mit ziegelroten Flecken, Rand anfangs seidenhaarig. Fleisch rhabarberfarbig, bei Verletzungen schwarz werdend. St. später hohl, gebogen, nach unten verjüngt, 5—11 cm lg., gleichfarbig dem Hute, faserig-schuppig. Schleier weiß. L. blaßgelb, dann rostbraun. Sporen 6×3—4 μ. An Kiefernstümpfen rasig, nicht häufig. Riecht u. schmeckt bitterlich. (Taf. X. Fig. 446.)

935. Safranroter Fl. **Fl. astragalina** Fries

Hut flach, 6—10 cm br., strohgelblich mit rostbrauner Scheibe, ∓ faserschuppig, feucht; St. gelb-rostfarbig, faserig, schlank, hohl. L. olivgelb-rostfarbig, breit. Fleisch blaß-rostbräunlich. Sporen 9×4—5 μ. Sehr widerlich riechend. An Lbholzstämmen, besonders Erlen, auch an Ndholz; häufig. IX—XI. (Fl. amara Bull.)

936. Widerlich riechender Fl., Erlen-Fl. **Fl. alnicola** Fr.

15. Fast geruchlos, aber Fleisch bitter. 16.
    Widerlich (∓ säuerlich) riechend. 17.
16. Hut gewölbt, dann ausgebreitet, 5—8 cm br., blaß scherbengelb
    od. zimtorangebraun. St. voll, ca. 6 cm lg., faserig gestreift, nach
    unten spindelfg., gleichgefärbt. Schleier weiß, ringartig, etwas
    andauernd. Fleisch gelblich. L. etwas herablaufend, zuerst hellgelblich, dann rostfarben. Sporen 9×4 μ. Auf bloßer Erde u.
    an faulem Holz, selten. VIII—XII.
    937. Bastard-Fl. **Flammula hybrida** (Bull.) Fr.
17. Hut derb, auf goldgelbem Grunde fuchsbraun filzig od. samtigschuppig, ∓ rissig, flach, 3—10 cm br., St. gelblich-bräunlich,
    kurz, unregelmäßig, grubig-gefurcht, breitgedrückt. L. goldgelbzimtfuchsig. Sporen 7—8×4—5 μ. Fleisch gelb, stark riechend.
    An Ndhölzern. VII—X, ziemlich häufig.
    938. Samtschuppiger Tannen-Fl. **Fl. sapinea** Fries
    Hut sehr dünn, flatterig, goldgelb-fuchsig, kahl, glatt, feucht.
    St. rostfuchsig, faserig-gestreift, ohne Ring. L. goldgelb-zimtfuchsig, sehr breit. Sporen 8—9×5—6 μ. Fleisch gelb-rostfarbig,
    schwammig, säuerlich riechend. An Ndhölzern büschelig. X—XI,
    häufig.
    939. Breitblätteriger Tannen-Fl. **Fl. liquiritiae** (Pers.) Fries

28. Gattung: **Pholiota** Fries, Schüppling.

Hut ∓ dickfleischig. Schleier ∓ häutig, als abstehender, häutigschuppiger Ring am St. bleibend. Basidien 4-, selten 2sporig. Sporen ellipsoidisch, Membran rost- od. gelblichbraun.

1. Hutoberfläche kahl. 2.
   Hutoberfläche schuppig od. fädig. 9.
2. Rand glatt. 3.
   Rand gestreift, Fleisch wässerig. 6.
3. Hutoberfläche weiß, höchstens in der Mitte hellbräunlich. 4.
   Hutoberfläche braun, gelbbraun. 5.
4. Hut halbkuglig, dann flach gewölbt, 3—8 cm br., trocken weiß,
   in der Mitte zuweilen gelblich od. bräunlich. Fleisch weiß. St,
   später hohl, zylindrisch, 5—8 cm lg., weiß, flockig, dann kahl,
   Ring weiß. L. mit Zahn herablaufend, weißlich, dann dunkelbraun, Schneide weiß. Sporen 8—10×5—6 μ. Geruch nach
   frischem Mehl. Geschmack angenehm. Eßbar. Auf Grasplätzen,
   in Gärten, häufig. V—X. (P. candicans [Schaeff.])
   940. Weißlicher S. **P. praecox** (Pers.) Fries
5. Hut flach gewölbt, später felderig-rissig, gelbbraun, 3—10 cm
   br., derb. St. voll, faserig, blaß-bräunend, oben mehlig, Ring
   etwas zerschlitzt, unterhalb des Ringes fast sparrig-kleiig. L.
   angewachsen, bauchig, bläulich, dann kaffeebraun. Sporen

11—13×7—8 μ. Geschmack widrig-süßlich, kratzend; fast geruchlos. In Gärten, auf Äckern, nicht häufig. VIII—IX.

941. Harter S. **Pholiota dura** (Bolton) Fries

Hut gewölbt, dann flach ausgebreitet, stumpfhöckerig, oft in der Mitte niedergedrückt, 5—7 cm br., zimtbraun, trocken ockerfarben, Rand dünn, mit verschwindenden Schüppchen, Fleisch wässerig. St. später hohl, 6—10 cm lg., faserig, zimtbraun Ring bräunlich, darüber kahl, darunter sparrig-schuppig, an der Basis dunkelbraun. L. herablaufend, hell-, dann rostbraun. mit fadenfg., büscheligen Zystiden. Sporen 7—8×4—5 μ; fast geruchlos. Eßbar. An Lbstümpfen rasig, häufig. V—XII. (Tafel X, Fig. 449.)

942. Stockschwämmchen. **P. mutabilis** (Schaeff.) Fries

6. Hut 1—1,5 cm br. 7.
Hut über 3 cm br. 8.

7. Hut glockig, dann flach, 2—4 cm br., rostbraun, trocken lederbraun u. glatt. St. hohl, zerbrechlich, 3—6 cm lg., rostbraun, seidenhaarig, Ring ganzrandig, weiß. L. abgerundet, ockergelb, dann rostbraun, Schneide weiß, gerieft zusammengesetzt, zerfallend. Sporen 8—10×4—5 μ. Zwischen Gras u. Moos in Wäldern u. Gärten, zerstreut. VIII—X.

943. Schaben-S. **P. blattaria** Fries

Hut glockig, dann flach gewölbt, ∓ spitz-gebuckelt, hygrophan, 2—3 cm br., rötlich-zimtbraun, trocken ockerfarben. St. später hohl, 3—4 cm lg., fädig flockig, mit blassem, breitem, trichterfg. aufgerichtetem Ring, dem Hut gleichgefärbt. L. angewachsen, dann abgelöst, ockergelb, dann zimtbraun. Sporen 7—8×4—5 μ. An Stümpfen u. Zweigen, oft büschelig, im Ndwald, selten. H.

944. Einfarbiger **P. unicolor** (Flor. dan.) Fries

8. Hut flach gewölbt, dann in der Mitte niedergedrückt, 3—5 cm br., feucht schwach klebrig, leber- bis fleischbraun, in der Mitte dunkler, trocken trübockerfarben u. runzlig. St. zerbrechlich, später hohl, 3—6 cm lg., leicht hellbraun, später (u. bei Berührung) trübbraun, seidenglänzend, Ring weißlich, gerieft, glockig-geschweift. L. leicht angeheftet, hell-, dann trübbraun. Geruchlos; Basidien oft 2sporig. Sporen 10—12×5—6 μ. In Wäldern, Gebüsch auf Erde, zerstreut. VIII—X.

945. Leberbrauner S. **P. erebia** Fries

Hut flach gewölbt, dann ausgebreitet, 2—5 cm br., hygrophan, feucht, dunkelzimtbraun, trocken ockerfarben. St. hohl, 3—6 cm lg., zartbraun, seidig-geglättet, Ring dünnhäutig vergehend, darüber bereift, am Grunde weißfilzig. L. angewachsen, ockerfarben, dann zimtbraun. Sporen 8—10×5 μ. An alten Ndstümpfen, nicht selten. Riecht nach Mehl. VIII—X. (Fig. 450.)

946. Nadelholz-Sch. **P. marginata** (Batsch) Fries

9. St. weiß od. weißlich. 10.
St. gelb od. seltener bräunlich. 11.
10. Hut halbkuglig, dann ausgebreitet, 3—15 cm br., weißlich od. gelblich, trocken, mit zerstreuten, angedrückten, br. Schuppen. St. voll, knollig, 4—5 cm lg., faserig weißlich, an der Basis innen gelbbraun. Ring vergänglich. L. abgerundet, angeheftet, blaßbräunlich, dann rostbraun. Sporen 8—10 × 5—6 μ. Geruch scharf. An Birkenstämmen, selten. VI—VIII.

947. Abweichender S. **Pholiota heteroclita** Fries
Hut halbkuglig, dann flach gewölbt, dickfleischig, 6—12 cm br., weißlich od. gelblich, fast klebrig-glänzend, mit wolligflockigen, weißlichen Schuppen, Rand faserig, eingerollt. St. voll, 10 cm lg., meist gekrümmt, weiß, grobschuppig, Ring schuppig-häutig, oberhalb glatt, knollig, wurzelnd. L. mit Zahn herablaufend, blaß, dann kastanienbraun. Sporen 8 × 5 μ. Riecht widerlich; Geschmack bitter. An lebenden u. frisch gefällten Pappelstämmen, im Süden häufiger. VIII—X. (Tafel XI, Fig. 451.) (P. comosa Fries.)

948. Zerstörender S., Pappel-S. **P. destruens** (Brondeau) Fries

11. An Nd. od. auf Grasplätzen auf Erde. 12.
Auf Lb. 13.

12. Hut gewölbt, dann flach ausgebreitet, schwach gebuckelt, 4 bis 10 cm br., trocken, feurig goldgelb od. gelbbraun, mit schwefelgelben, faserig-sparrigen Schuppen. St. später hohl, 8 cm lg., sparrigschuppig, gelb, Ring gelb, häutig. L. angeheftet, gelb, dann rostbraun. Sporen 8 × 4 μ. An alten Ndstümpfen büschelig, nicht häufig. Riecht rettichartig. IX—X. (P. flammula [Alb. et Schwein.].)

949. Flammen-S. **P. flammans** Fries
Hut halbkuglig, dann flach gewölbt, 5—10 cm u. breiter, goldgelb, in der Mitte buckelig, etwas dunkler, etwas filzig u. kleinschuppig, Fleisch weiß, gelblich werdend, mild, schwachriechend. St. voll, 10—15 cm lg., fast zylindrisch, blaßgelb, Ring abstehend, strahlig gestreift. L. angeheftet, hellgelb, dann zimtbraun. Sporen 9—10 × 4—5 μ. Auf Heiden u. Grasplätzen meist herdenweise, nicht häufig. IX—XI. (Tafel XI Fig. 452.)

950. Goldgelber Sch. **P. aurea** (Pers.) Fries

13. St. höchstens bis 4 cm lg. 14.
St. über 6 cm, meist sogar über 10 cm lg. 15.

14. Hut flach gewölbt, stumpf, 2,5—6 cm br., trocken, angedrücktschuppig, rötlich gelbbraun. St. hohl, 2—4 cm lg., knolligwurzelnd, oft exzentrisch, faserig, Ring fast häutig, vergänglich. L. ausgerandet, gelblich, dann blaß-zimtbraun, klein gesägt. Sporen 5—8 × 3 μ. An Lbstrünken hervorbrechend (Birke, Eberesche), selten. VIII—X.

951. Birken-Sch., Höckeriger S. **P. tuberculosa** (Schaeff.) Fries

Hut halbkuglig, dann flach gewölbt, 2—6 cm br., lebhaft gelb, in der Mitte meist rötlichbraun, Oberhaut in angedrückte, flockige Schuppen zerrissen. St. gekrümmt, zäh, faserig, 3—4 cm lg., Ring flockig, strahlig. L. angewachsen, gelblich, gann zimtbraun. Sporen 6—7×3—4 μ. An Holz u. Ästchen von Lb. in Gärten, bes. der Rosen, in lichten Wäldern, nicht häufig. VIII—X.

952. Krummbeiniger S. **Pholiota curvipes** (Alb. et Schwein.) Fries

15. Hut schwach klebrig od. schmierig-schleimig. 16.
    Hut stets trocken. 17.
16. Hut halbkuglig, dann flach gewölbt, oft mit flachem Höcker, 6—10 cm br., schwach klebrig, trocken glänzend, goldgelb od. braungelb, mit eingedrückten, faserigen, dunkleren, bei Regen aufquellenden Schuppen. Fleisch gelb. St. voll, 6—9 cm lg., gelb, Ring abstehend, ziemlich dick u. dauerhaft, darunter angedrückt-schuppig. L. angeheftet, ausgerandet, hellgelblich, dann oliven- bis rostbraun. Zystiden keulig-spindelfg. Sporen 6—7×4—5 μ. An lebenden Lbstämmen, oft hoch oben in den Kronen. X—XI. (Tafel XI, Fig. 453.)

953. Goldfell-S. **P. aurivella** (Batsch) Fries

Hut dickfleischig, gewölbt, dann ausgebreitet, 5—20 cm br., goldgelb, mit schleimigem Überzug, trocken glänzend, mit sparrig abstehenden, dunkleren, später abfallenden Schuppen. St. voll, 9—18 cm lg., gelb, schuppig, klebrig. L. angewachsen, gelb, dann rostbraun. Sporen 6—7×3—4 μ. An frischen od. gefällten Lbstämmen, besonders Buchen, zerstreut. VII—X. (Taf. XI, Fig. 454.)

954. Schleimiger S. **P. adiposa** Fries

17. Hut halbkuglig od. glockig, dann flach gewölbt, 6—10—15 cm br., trocken, blaßstrohgelb, dicht mit dicken, meist sparrig abstehenden, dunkleren Schuppen besetzt. St. voll, 8—12 cm lg., gelb, unten rostbraun, Ring schuppig, darunter sparrig-schuppig, darüber glatt, nach dem Grunde meist verjüngt. L. blaßgrünlich-, dann umbrabraun. Sporen 7—9×4—5 μ. Geruch unangenehm, fast rettichartig. Meist rasig auf totem od. lebendem Lb. od. in der Nähe, häufig. IX—XI. (Tafel XI, Fig. 455.)

955. Sparriger S. **P. squarrosa** (Flor. dan.) Fries

Hut flach gewölbt, 7—11 cm br., derb, trocken, fast samtartig, gelbbraun od. goldgelb, verblassend, mit seidenartigen Fasern u. Schuppen. Fleisch gelb. St. voll, 11 cm lg., trocken glänzend, Ring kleinschuppig, darüber mehlig. L. angewachsen-herablaufend, gelb, dann rostbraun. Sporen 8—9×5 μ. Geruch stark rettichartig. An u. bei Eichenstämmen, nicht selten. VIII—XII.

956. Ansehnlicher S. **P. spectabilis** Fries

29. Gattung: **Rozites** Karst., Zigeuner, Reifpilz.

Hut fleischig. Schleier (Velum partiale) als Ring am St. zurückbleibend, äußere Hülle (Velum universale) als Reif auf der Hutoberfläche u. oft als enganliegende Scheide an der Stbasis zurückbleibend[1]. Einzige Art. Hut glockig od. halbkuglig, dann ausgebreitet, 5—12 cm br., trocken, strohgelb od. ockerfarben, strahlig-grubigrunzelig, mit weißlichem Reif auf dem Hutscheitel. St. voll, 6—15 cm lg., weiß, Ring groß, abstehend, weiß, am bisweilen $\mp$ knolligen Grunde oft eine anliegende häutige Scheide. L. angewachsen, dann frei, lehmfarben, dann rostbraun. Schneide schwach gesägt. Sporen 11—12×8 μ. Eßbar. In Ndwäldern, besonders im Gebirge herdig, häufig. VIII—X. (Taf. XI, Fig. 456.) (Pholiota cap. [Pers.] Fries)

957. Zigeuner, Reifpilz. **R. caperata** (Pers.) Karst.

4. Unterfamilie: Psalliotoideae Ulbrich.

Fk. fleischig, faulend, mit flockiger bis häutiger Hülle, seltener ganz ohne Hülle (gymnokarp bis hemiangiokarp); Hülle vergänglich od. bleibend (als Ringe, Behang, selten auch als Volva), L. stets sehr dunkel bis schwarz. Basidien 4-, sehr selten 2sporig. Sporen schwarz od. dunkelbraun, glatt bis kantig. Kleine, mittelgroße bis ansehnliche Bodenpilze der Wälder u. gedüngten Böden; wenige auf Holz.

Bestimmungsschlüssel der Gattungen:

A. Sporenstaub $\mp$ reinschwarz; kleinere, meist vergängliche Pilze. § 10. Coprinarieae.
  a) Hut ohne jeden Schleier.
    I. Hut sehr zart gerieft, glockig. St. gebrechlich, dünn, hohl; L. schließlich reinschwarz; Sporen rein tiefschwarz. **30. Psathyrella.**
    II. Hut dünnfleischig, nicht gerieft. St. steif, zähe voll; L. grauschwarz od. scheckig bunt; Sporen rein tiefschwarz, zitronenförmig. **31. Panaeolus.**
  b) Hut mit häutigem Schleier.
    I. Reste des Schleiers nur am Hutrande hängen bleibend; kein Ring vorhanden. **32. Chalymotta.**
    II. Schleier als häutiger Ring am St. erhalten bleibend. **33. Anellaria.**

---

[1] Das Vorhandensein eines Velum universale wird vielfach bestritten. Eine enganliegende Scheide am Stielgrunde ist aber oft deutlich erkennbar. Daher muß der Gattung Rozites Karsten bestehen bleiben.

B. Sporenstaub dunkelbraun (violett-purpurbraun od. dunkelrotbraun).
 a) Hüllen flockig, niemals häutig.
  I. Hüllen unscheinbar flockig, flüchtig; als flockiger bis flockig-faseriger Gewebesaum; kleine, meist vergängliche Pilze. § 11. Psilocybeae.
   1. Hutrand anfangs eingebogen; festere Arten.   34. Psilocybe.
   2. Hutrand anfangs gerade; gebrechliche Arten.   35. Psathyra.
  II. Hüllen ∓ bleibend als gewebeartiger Hutsaum, bisweilen auch als flockiger od. gewebeartiger Ring. § 12. Hypholomeae.   36. Hypholoma.
 b) Hüllen häutig, meist als Ring u. Hutsaum bleibend; selten Volva; meist mittelgroße bis stattliche Pilze. § 13. Psallioteae.
  I. Mit Velum partiale; meist häutiger Ring am St. bleibend.
   1. L. angewachsen; Hut schmierig.   37. Stropharia.
   2. L. frei; Hut stets trocken.   38. Psalliota.
  II. Mit Velum universale; Volva am Stielgrunde bleibend.   39. Chitonia.

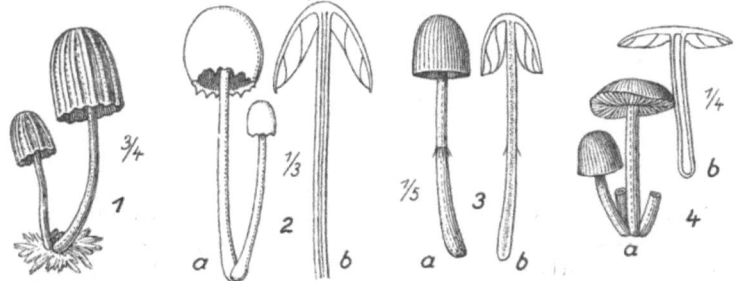

Abb. 28. 1 Psathyrella disseminata (Pers.) Fr. — 2 Chalymotta campanulata (L.) Karst. — 3 Anellaria separata (L.) Karst. — 4 Psilocybe spadicea (Schaeff.) Fr. — (1 nach Mez, 2 bis 4 nach Ramsbottom)

§ 10. Coprinarieae Ulbrich.

Hut glocken- od. kegelfg., sehr zart, dünnhäutig mit langen, dünnen, gebrechlichen Stielen. L. schwarz od. scheckig bunt, mit großen Zystiden. Schmächtige schlanke, kleine Pilze auf stark gedüngtem Boden, auf Mist od. im Walde am Grunde von Baumstämmen od. auf humusreichen, feuchten Boden.
Bilden den Übergang zu den Coprinaceae (siehe *1391—1414*).

30. Gattung: Psathyrella Fries, Glimmerköpfchen.

Sehr zerbrechliche hygrophane Pilzchen mit glockigem, sehr zart gerieftem Hute ohne Schleier; St. schlank, dünn, hohl, $\mp$ gebrechlich. L. schließlich tiefschwarz od. graubraun, häufig mit hellerer Schneide. Basidien stets 4 sporig. Sporen tiefschwarz.

1. St. schlaff, gebogen, an der Spitze bereift od. kleiig. 2.
 St. steif, starr, kahl. 4.
2. Rand des Hutes ungekerbt. 3.
 Hut eichelfg., dann halbkuglig, 3—5 cm br., hellockerfarben od. rötlichbraun, trocken blaß, mit feinen glänzenden Körnchen besetzt, Rand gekerbt, anfangs von feinen glänzenden Körnchen glimmerig. St. 2—10 cm lg., weißlich, innen weißflockig, oben gestreift u. kleiig punktiert. L. angewachsen, rötlichgrau, dann bräunlich, zuletzt schwarz mit weißer Scheide. Zystiden flaschenförmig 50—150 μ lg. Sporen 9—12 $\times$ 6 μ. Auf fettem Boden in Gärten u. Wäldern, nicht selten. V—X. (Taf. VIII, Fig. 341.) (Coprinus crenatus [Lasch] Ricken)

958. Gekerbtes Gl. **Ps. crenata** (Lasch) Fr.

Hut glockig-gewölbt, 10—15 mm, rußig, durchscheinend gerieft, kahl, nackt, trocken graublaß u. feinseidig. St. 4 cm lg., blaß, fadenfg., kurz. L. 4 mm br., graublaß, dann schwarzgrau, fast entfernt, breitlinear. Zystiden bauchig-spindelfg. 40—60 μ lg. Sporen 12—16 $\times$ 7—8 μ. An grasigen Wegrändern gesellig, nicht häufig. V—X.

959. Wege-Gl. **Ps. prona** Fries

3. Hut ei-, dann glockenfg., 1—2 cm br., schnell vergänglich, welkend, sehr hell ockerfarben, dann grau, zuerst mit weißlichen, kleiigen Flocken besetzt, dann kahl, Rand furchig-streifig. St. 4—6 cm lg., anfangs kleiig, dann glatt, glasig, weiß. L. 2 mm br., angewachsen, weißlich, dann grau u. schwarz. Zystiden blasig-zylindrisch 60—75 μ lg. Sporen 9—12 $\times$ 5—6 μ. Herdig am Grunde von Stämmen, auf Wald- u. Gartenerde, häufig. V—X. (Taf. VIII, Fig. 342, Abb. 28, 1.) (Coprinus disseminatus [Pers.] Ricken)

960. Ausgesätes Gl. **Ps. disseminata** (Pers.) Fries

Hut glockig, stumpf, frisch wässerig durchscheinend, fein gestreift, trocken runzelig, 1—3 cm br., feucht blaugrau, trocken weißlich, ins Rötliche spielend, mit glänzenden Körnchen kleiig bestäubt. St. 4—7 cm lg., oben staubig-kleinschuppig, weiß. L. angewachsen, grau, dann schwarz. Zystiden spindelfg. 40—50 μ lg. Sporen 11—15 $\times$ 6—8 μ. Auf Grasplätzen, an Wegen, gern auf Holzplätzen, nicht häufig. V—XII. (Taf. VIII, Fig. 343.) (Panaeolus atomatus [Fr.] Quél.)

961. Ungeteiltes Gl. **Ps. atomata** Fries

Hut glockig, dann flach, 3—5 cm br., olivschwärzlich od. braun, gerieft, kahl, nackt, trocken scherbenrötlich-ledergelb, glimmerigseidig, mit ∓ wellig gerippten, sehr wässerigem Rande. St. 7 bis 11 cm lg., blaß, mit langer, in die Erde eingesenkter Wurzel. L. grauschwarz; sehr breit. Zystiden breit-spindelfg. 30—40 μ lg. Sporen 13—17 × 8—9 μ. Auf Äckern, in Gärten fast büschelig, nicht selten. VIII—XII. (Panaeolus c. [Fr.] Quél.)

962. Geschwänztes Gl. **Psathyrella caudata** Fr.

4. St. ganz kahl, auch am Grunde. 6.

Hut kegelfg., 2—3—7 cm br., wässerig, feucht grau od. graubraun, trocken weißlich od. blaßgelblich, oft rötlich angehaucht, glatt. St. 8—10 cm lg., kahl, glatt, nur am Grunde mit zottigen Haaren. L. br. angewachsen, grau mit rötlicher od. weißlicher Schneide, dann schwarz. Zystiden ∓ spindelfg. 36—50 μ lg. Sporen 11—14 × 5—6,5 μ. In Gärten, auf Äckern, in Hecken, häufig u. gesellig. VI—XI. (Taf. VIII, Fig. 344.)

963. Zierliches Gl. **Ps. gracilis** (Pers.) Fries

5. Hut glocken- od. kegelfg., stumpf, fast häutig, 3—6 cm br., weißlich, dann graubraun, ungerieft, glatt u. kahl. St. 10—16 cm lg., weiß, glänzend, kahl. L. schmal angeheftet, 4—5 mm br., grau, dann schwarz. Sporen 12—15 × 7—8 μ. In Gärten zwischen Gras u. Lb., zerstreut. VIII—XI. (Taf. VIII, Fig. 345.) (Psathyra con. [Fr.] Ricken, Ps. superba Jungh.)

964. Kegelhütiges Gl. **Ps. conopilea** Fries

Hut glockig, stumpf, kahl, rötlich umbrabraun, 3—5 cm br., trocken verblassend, am Rande fein gestreift. St. kahl, weißlich, 2 bis 14 cm lg. L. angewachsen, rußfarbig-schwärzlich. Zystiden spindelfg. 45—55 μ lg. Sporen 14—17 × 7—9 μ. Geschmack bitter. Auf Grasplätzen, selten, aber sehr gesellig. IX—X. (Taf. VIII, Fig. 346.)

965. Schwärzliches Gl. **Ps. subatrata** (Batsch) Fries

31. Gattung: Panaeolus Fr., Düngerlinge.

Hut etwas fleischig, glockig od. kegelfg., nicht od. kaum gerieft. L. grauschwarz od. scheckig bunt. Basidien stets 4sporig. Sporen ∓ zitronenfarbig, tiefschwarz. St. steif, zähe, voll, berindet, ohne Ring. — Auf Dung, Gartenerde, Grasplätzen gesellig wachsende kleine Pilze.

1. Hut am Rande mit einer dunkleren Zone. 2.
   Hut am Rande ungezont. 4.
2. St. über 4 cm lg. 3.

Hut 15—25 mm br., kegelfg., zugespitzt, glatt, glänzend, braunrötlich, um den Rand mit einer schwärzlichen Zone, zuerst am Rande gekerbt. St. 2,5—8 cm lg., bereift, weißlich, nach unten braun u. verdickt. L. angeheftet, schwarz werdend. Zystiden fädig 50—70 μ lg. Sporen 12—15 × 8—10 μ. Auf Viehweiden, fetten Grasplätzen, Mist, selten. IX—XI. (Taf. VIII, Fig. 347.)

966. Zugespitzter D. **P. acuminatus** Fries

3. Hut glockenfg., dann halbkuglig, stumpf, kahl, glanzlos, 1,5 bis 3,5 cm br., graugelb od. gelbbraun, nahe dem Rande mit einer schmalen, dunkelbraunen Zone, dann fast schwarz. St. 4—10 cm lg., bräunlich-blaß, oben weiß bereift. L. angewachsen, rauchgrau, dunkler gefleckt. Zystiden fädig-zylindrisch 40—50 μ lg. Sporen 11—12×7—8 μ. Auf Mist, Grasplätzen, Triften, häufig. IV—VII. (Taf. VIII, Fig. 348.) Mit zimmetrötlichem Hut u. dunkelbraunem St. Auf Dunghaufen nach Regen, var. cinctulus (Bolt.) Cke.

967. Echter· D. **Panaeolus fimicola Fries**

Hut halbkuglig, dann flach, bisweilen mit stumpfem Höcker, 1,5—2,5 cm br., graubraun, frisch am Rande meist mit dunklerer Zone, später trübrötlichbraun, trocken gelbbraun. St. 4—8 cm lg., anfangs rötlich, seidenglänzend, oben feinkleiig. L. schmal angeheftet, blaßrötlich-, später schwarzbraun, mit weißer Schneide. Zystiden 29—42 μ lg. zylindrisch gebogen, unten bauchig. Sporenpulver schwarz mit braunem Schimmer. Sporen 12—15×7—9 μ. Zwischen Gras auf Wiesen u. Wegen, nicht selten. V—X. (Taf. VIII, Fig. 349.) (Psilocybe foen. [Pers.] Rick.)

968. Heu-D. **P. foenisecii (Pers.) Fries**

4. Oberfläche des Hutes in frischem Zustande klebrig. 5.

Hut glockenfg., dann flach gewölbt, 2—4 cm br., rötlich ockerfarben, in der Mitte dunkler, trocken glänzend, mit scharfem, in der Jugend umgebogenem Rand. St. 4—6 cm lg., ockerfarben, schwach seidenhaarig, oben weißflaumig. L. 6—8 mm br. angeheftet, hellgelblich, dann schwarz bestäubt, mit weißer, welliger Schneide. Zystiden keulenfg. 30—36 μ lg. Sporen 12—14×7—8 μ. Zwischen Gras u. Moos auf feuchten Wiesen u. Heiden, nicht häufig. V—X. (Taf. VIII, Fig. 350.) (Psilocybe er. [Pers.] Rick.)

969. Heide-D. **P. ericaeus (Pers.) Fr.**

5. Hut kegelfg., mit warzenfg. zugespitztem Scheitel, 1—2,5 cm br., frisch klebrig, trocken glänzend, gelb od. fast olivenbraun, Oberhaut abziehbar, Rand eingebogen. St. 6—10 cm lg., hellgraubraun, schwach faserig. L. angeheftet, gelb, dann schwärzlich. Zystiden ∓ flaschenfg. 18—22 μ lg. Sporen 11—13×6—7,5 m. Zwischen Gras an Wegen, auf fetten Wiesen, häufig. IX—XII. (Taf. VIII, Fig. 351.) (Psilocybe s. [Fries] Ricken)

970. Lanzenfg. D. **P. semilanceatus Fries**

Hut glockig, dann flach, stumpflich, 1—4 cm br., tonweißlich, klebrig, glatt; Rand mit flüchtigem Schleier behangen. St. 6—10 cm lg., 3—4 mm br., blaßrötlich, bereift, ziemlich fest. L. grau, dann schwärzlich, breit. Sporen elliptisch 10×6 μ. — Auf Dung, besonders von Rindern. Auf fetten Weiden u. Triften. Nicht selten. VII—X.

971. Schmetterlings-D. **P. phalaenarum Fries**

32. Gattung: **Chalymotta** Karst., Glockenmistling.

Hut dünnfleischig, zu Anfang mit dem St. durch einen häutigen Schleier verbunden, dessen Reste als filziger Besatz am Rande zurückbleiben. Ring fehlt.

1. Hutoberfläche glatt u. kahl. 2.
  Hut kuglig, dann halbkuglig, schwach gebuckelt, mit netzfg. verbundenen, erhabenen Runzeln od. Rippen, glanzlos, fleischfarben-ledergelb, 1,5—3,5 cm br. St. 5—9 cm lg., rötlich purpurn, bereift. L. angeheftet, aschgrau-schwärzlich. Zystiden fädigkeulenfg. 30—36 μ lg. Sporen 12—14×8—9 μ. Auf Mist, selten. IV—X. (Panaeolus r. [Fries] Ricken)
  972. Aderig-runzeliger G. **C. retirugis** (Fries) Karst.

2. Hut glockenfg., oft stumpf genabelt, 1,5—4 cm br., glatt u. kahl, trocken glänzend, grau od. bräunlich, am Rande mit häutigem, weißem, gekerbtem Besatz als Schleierrest. St. 6—10 cm lg., rötlichbraun, mit flockig-pulveriger, weißer Bekleidung, oben gestreift. L. nach hinten verschmälert, angeheftet, grau, gefleckt, dann schwarz, Schneide weiß. Zystiden gebogen, zylindrisch 35—40 μ lg. Basidien 4-, auch 3sporig. Sporen 10—12×7—8 μ. Auf Mist, gedüngten Wiesen, in Gärten, häufig. V—X. (Taf. IX, Fig. 352, Abb. 28, 2a—b.) (Panaeolus c. [L.] Ricken)
  973. Glocken-G. **C. campanulata** (L.) Karst.

Hut halbkuglig, dann flach gewölbt u. ausgebreitet, 2—5 cm br., graubraun, glatt u. kahl, trocken rissig-schuppig, Schleier schnell verschwindend. St. 6—8 cm h., glatt, hellbräunlich, an der Spitze weiß bereift. L. 6—15 mm br. mit breitem Grunde angewachsen, graubraun, fleckig, später schwarz, Schneide weiß. Zystiden keulig 30—36 μ lg. Sporen 14—15×7—8 μ. Auf Mist u. fettem Boden von Gärten u. Äckern, häufig. VI—X. (Fig. 353.) (Panaeolus p. [Bull.] Ricken)
974. Schmetterlingspilz. **C. papilionacea** (Bulliard) Fries

33. Gattung: **Anellaria** Karst., Ringelpilz.

Wie vor. Gattung, aber Schleier als häutiger Ring am zähen St. erhalten bleibend. Oberfläche frisch schleimig od. klebrig.

1. Hut nicht gelb. 2.
  Hut zuerst kuglig, dann halbkuglig. 1,5—4 cm br., gelb, trocken glänzend. St. 5—10 cm lg., hohl, oberhalb der Mitte mit einem häutigen abstehenden Ring, unterhalb desselben gelblich, klebrig, oberhalb blaß. L. angewachsen, 8—10 mm br., hellgelbbraun, dann schwärzlich, Schneide weiß, gerade mit fädigen, unten bauchigen 50—60 μ langen Zystiden. Sporen 15—17×9—10 μ. Auf Waldwegen, Wegrändern u. gedüngtem Boden, häufig. V—XI. (Taf. IX, Fig. 354.) (Stropharia sem. [Batsch] Ricken)
  975. Halbkugliger R. **A. semiglobata** (Batsch) Karst.

2. Hut glockenfg., mit stumpfem Scheitel, meist 2—6 cm br., tonfarbig-gelblich od. bräunlich, trocken glänzend. St. 5—20 cm lg., oberhalb der Mitte mit häutigem, weißem Ringe, darunter klebrig, trocken meist mit dunklen, glänzenden Gürteln, am Grunde verdickt. L. 4—8 mm br., angeheftet, hellbräunlich, grau gefleckt, dann schwarz, Schneide weiß. Basidien 4—5 sporig. Zystiden flaschenfg. 30—40 μ lg. Sporen 16—20×10—12 μ. Auf Kuhmist auf Viehweiden, häufig. IV—XII. (Taf. IX, Fig. 355, Abb. 28, 3a, b.) (Panaeolus sep. Ricken)

976. Kuhfladen-R.   **Anellaria separata** (L.) Karst.

Hut kegelfg., dann ausgebreitet, schwach gebuckelt, glatt, 2—4 cm br., aschgrau-schwärzlich, trocken bläulich. St. 5—11 cm h., blaß, kahl, mit ringartiger Zone in der Mitte. L. angeheftet, bläulichschwärzlich. Sporen 9—10×6 μ. Auf Mist, besonders Kuhfladen, in Mistbeeten u. misthaltigem Boden, häufig. IV—XI. (Fig. 356.) (Panaeolus f. [Bull.] Ricken)

977. Gegürtelter R.   **A. fimiputris** (Bulliard) Karst.

§ 11. Psilocybeae Ulbrich.

Sporen schwarzpurpurn, purpurbraun, rotbraun, glatt. L. $\mp$ purpurbraun, meist $\mp$ dreieckig. Hut kegelfg., glockenfg. bis flach gewölbt, häutig od. dünnfleischig, faserig-beschleiert mit Randsaum od. kahl, nie mit häutigem Ring.

34. Gattung: Psilocybe Fries, Kahlkopf.

Fk. klein, selten mittelgroß mit meist klebrigem Hut; Hutrand anfangs eingebogen, nie mit häutigem od. gewebeartigem Saum, bisweilen flockig-faserig behangen; St. stets ohne Ring. Basidien stets 4 sporig. Sporen glatt mit dunkelbrauner bis schmutzig-violetter Membran. — Meist Bodenpilze od. auf Dung u. am Grunde von Baumstämmen.

1. Hut faserig-beschleiert, fast blasenfg., L. fast dreieckig, breit angewachsen (Deconia Sm.).   2.
    Hut ohne Schleier.   4.
2. Rand gestreift.   3.

Hut ziemlich fleischig, halbkuglig, dann flach ausgebreitet, in der Mitte stumpf-höckerig, 1,5—3,5 cm br., rotbraun, trocken lederfarben, glatt, Rand bisweilen fädig befranst. St. 4—8 cm lg., hellbräunlich, flockig, dann glatt, an der Spitze bereift, oft mit geknieter Basis. L. 4—6 mm br. angewachsen u. etwas herablaufend, schmutzig gelb, dann schwarzbraun. Zystiden zylindrisch-spindelfg. 40—50 μ lg. Sporen fast zitronenfg. 11—12×7—8 μ. Auf Mist u. gedüngten Wiesen, häufig. VII—XII. (Taf. IX, Fig. 360.)

978. Dungliebender K.   **P. coprophila** (Bulliard) Fries

Hut glockig, dann flach, 1—5 cm, olivbraun, olivgelb od. grünlich, ungerieft schwach klebrig, am Rande mit Resten des blassen Schleiers, sonst kahl u. nackt, trocken strohgelb. St. 5—7,5 cm lg., gelblich blaß, körnig-faserig-rauh. L. 6 mm br., gelblich-purpurn, dann schokoladebraun. Zystiden schmal zylindrisch 25—30 μ. Sporen 13—15 × 8—9 μ. Auf Ackerboden gesellig, auf Mist mit langer Spindelwurzel fast büschelig. Häufig. IV—XI. (Stropharia merdaria Fries)

979. Mist-K. **Psilocybe merdaria** (Fr.) Ricken

3. Hut ziemlich fleischig, halbkuglig, dann ausgebreitet, 1,5—2,5 cm br., frisch klebrig, rotbraun, trocken lederbraun, Rand gestreift, anfangs mit feinen, weißen Fäden u. Flocken. St. 3—4 cm lg., bräunlich, faserig, hohl, Spitze bereift. L. br. angewachsen u. herablaufend, purpurbraun, dann violett-schwärzlich, dreieckig, Schneide weiß. Zystiden fadenfg. Sporen 7—8 × 4—5 μ. Auf Mist an Wegen zwischen Gras, häufig. V—X. (Taf. IX, Fig. 361.)

980. Aufgeblasener K. **P. bullacea** (Bulliard) Fries

Hut ziemlich fleischig, halbkuglig, stumpf, 8—18 mm br., kahl, schwarzrot od. purpurbraun, trocken verblassend, Rand fein gekerbt-gerieft. St. 2—6 cm lg., hohl, dunkler, fast kahl, knorpelig. Zystiden pfriemlich 30—36 μ lg. Sporen 7—8 × 4—5 μ. Auf sonnigen Grastriften, zerstreut. V—XI. (Taf. IX, Fig. 362.)

981. Schwarzroter K. **P. atrorufa** (Schaeff.) Fries

4. Hut ∓ lebhaft gefärbt, nicht hygrophan. 5.
   Hut schmutzig, hygrophan. 6.

5. Hut bräunlich-rotgelb, ausblassend, fast häutig, runzelig-gerieft, schwachklebrig, kahl, nackt, verflacht, 1,5—3,5 cm br.; St. rostbräunlich, schlank, zäh. L. 4—6 mm br., tonblaß-purpurn, bauchig. Zystiden keulig-fädig 40—50 μ lg. Sporen 8—11 × 5—6 μ. An torfigen Stellen zwischen Sphagnum, auf Rohhumus, besonders im Ndwald, nicht selten. VI—X. (Flammuloides uda [Pers.] Quél.)

982. Runzeliger K. **P. uda** (Pers.) Fries

Hut blaßgelblich, weißlich werdend. St. tonblaß. L. weißlich gefleckt, nicht purpurn werdend, aber oft grünlich. Zwischen Polytrichum. IX—X. Nicht selten.

982 β. (P. Polytrichi Fr.) **P. uda var. Polytrichi** Fr.

Hut schmutzig od. grünlich-gelb, trocken gelblich. Zwischen Sphagnum in Gebirgs-Ndwäldern.

982 γ. (P. elongata Pers.) **P. uda var. elongata** (Pers.) Fr.

Hut rot- bis schwarzbraun, glockig, dann flach, meist mit spitzem Buckel, 3—5 cm br., glatt, kahl. St. 6—12 cm lg., blasser faserig, verlängert, ausgestopft, mit weißmehliger Spitze. L. braun, dicklich. Sporen 9—12 × 5—6 μ. Geruch u. Geschmack fast rettichartig. In Sümpfen zwischen Moosen besonders Sphagnum, nicht häufig.

983. Rettich-K. **P. atrobrunnea** (Lasch) Fries

6. Hut fleischig, flach gewölbt, stumpf, 5—7—12 cm br., glatt, kahl, frisch durchfeuchtet, braun, trocken verblassend. St. hohl, knorpelig, 3—11 cm lg., blaß, kahl. L. abgerundet, angeheftet, weißlich, dann rötlichbraun. Sporen 9×5—6 μ. Rasig an Stümpfen auf der Erde, nicht selten. IV—XI. (Taf. IX, Fig. 357, Abb. 28, 4a b.) (Psathyra sp. [Fr.] Quél.)

984. Kastanienbrauner K. **Psilocybe spadicea** (Schaeff.) Fries

Hut größer, St. bis 15 cm lg., wurzelnd; L. ausgerandet, tief herablaufend. Am Grunde von Stämmen, besonders Fraxinus. X. Nicht selten.

984β. (P. hygrophila Fr.) **P. spadicea var. hygrophila Fr.**

Hut kleiner, dicht rasig; St. gebogen, dünner, oft verwachsend. An Strünken.

984γ. (P. polycephala Fr.) **P. spadicea var. polycephala Fr.**

Hut schmutzigblaß-olivschwärzlich, durchscheinend gerieft, stark hygrophan, trocken blaß, oft mit zerbrochener Oberfläche, flach kegelfg., 3—6 cm br. St. 5—6 cm lg., weiß, faserig mit bereifter Spitze, verbogen, abwärts dünner. L. leuchtend purpurbraun, Sporenstaub schwarzbraun. Sporen 7—8×3—4 μ. Zystiden keulig-flaschenfg. 36—40 μ lg. Am Grunde von Lb-, häufig Apfelstämmen, häufig. VIII—XI.

985. Apfel-K., Aufbrechender K. **P. cernua** (Fl. Dan.) Fries

35. Gattung: **Psathyra** Fries, Faserling, Mürbling.

Hut ohne Gewebesaum, bisweilen flockig-beschleiert, kegeligglockig, mit geradem Rande, dünn, mürb u. gebrechlich, hygrophan. St. nie beringt, knorpelig-röhrig, gebrechlich. L. braunschwarz, nie scheckigbunt, aufsteigend. Basidien stets 4sporig. Sporen glatt, rotbraun od. purpurschwarz.

1. Hut anfangs flockig od. faserig (Panucia Karst.). 2.
Hut ohne Spur eines Velum, von Anfang an nackt (Mürblinge). 5.

2. St. kurz, weniger schlank, Sporen meist klein. 3.
St. schlank, verlängert, Sporen meist groß. 4.

3. Hut dünnfleischig, fast halbkuglig, dann glockenfg., 2—4 cm br., graubraun, dann ockerfarben, zuerst mit faserigen Schüppchen bedeckt, schimmernd, dann kahl, Rand anfangs eingebogen, mit weißen Fasern besetzt. St. 1,5—4 cm lg., hohl, weiß, seidenglänzend, fädig-faserig, oben weißlich, flockig punktiert, fast faserig beringt. L. 4—5 mm br., angeheftet, grau-, dann umbrabraun mit weißer Schneide. Zystiden lanzettlich od. keulig 40—70 μ lg. Sporen 8—10×4—5 μ. Auf Brandstellen in Wäldern, zerstreut. VII—X. (Hypholoma pennatum [Fr.] Quél.)

986. Feder-F., Kohlen-F. **P. pennata** Fries

Hut glockig, dann flach, ockertonblaß, mit entfernt-gerieftrunzeligem Rande, anfangs haarfilzig, 3—4 cm br. St. 4—5 cm lg., reinweiß, auf glänzend-seidigem Grunde flockig-schuppig, mit bereifter Spitze. L. 3—4 mm br., violettlichgrau-schwärzlichbraun. Sporen 8—9×4 μ. — Im Walde zwischen Holzstückchen häufig u. gesellig. V—XI. (Hypholoma g. [Bull.] Quél.)

987. Seidenstieliger F. **Psathyra gossypina** (Bull.) Fries

4. Hut häutig, glockenfg., gewölbt, dann ausgebreitet, 3—4 cm br., gestreift, in der Jugend faserig, bis zum Scheitel gerieft, bläulich, trocken weiß. St. 8—11 cm lg., weiß, faserig-schuppig, sehr zerbrechlich. L. angewachsen, nach hinten 6—10 mm br., purpurschwarz. Sporen 6—3 μ. Zystiden blasig-keulenfg. Auf dem Boden nebelreicher Wälder, namentlich im Gebirge, zerstreut. IX—X. (Taf. IX, Fig. 359.) (Hypholoma f. [Pers.] Quél.)

988. Faseriger K. **P. fibrillosa** (Pers.) Fries

Hut stumpf-glockig, 0,5—3 cm br., braun, glatt, spärlich weißfaserig, mit weißflockigem, durchscheinend gerieftem Rande, trocken falb. St. 4—10 cm lg., weißlich, mit flockiger, geriefter Spitze u. verdickter wurzelnder Basis, steif, wellig. L. schokoladegrau bis rauchschwärzlich, mit rotbrauner Schneide. Zystiden lanzettlich 45—50 μ lg. Sporen 10—12×6—7 μ. — In Gärten u. Wäldern, häufig. IX—X.

989. Rotschneidiger F. **P. microrrhiza** (Lasch) Fries

5. Hut deutlich gerieft. 6.

Hut glatt, höchstens durchscheinend gerieft. 7.

6. Hut ziemlich häutig, kegel- bis glockenfg., dann ausgebreitet, schwach gebuckelt, kahl, 2—6 cm br., bis zur Mitte gerieft, kastanienbraun, dann graubräunlich. St. fest, nach oben verjüngt, glänzend, weiß, an der Spitze riefigbereift, 4—9 cm lg. L. angeheftet, braun. Zystiden bauchig 30—50 μ lg. Sporen 8—11 ×4—6 μ. An u. bei Stämmen im Lbwalde, zerstreut. III—X. (Taf. IX, Fig. 358.) (Psilocybe sp. [Schaeff.] Fr.)

990. Braungrauer M. **P. spadiceogrisea** (Schaeff.) Fries

Hut häutig, kegel- od. glockenfg., 10—15 mm br., gestreift, graubraun, in der Mitte rötlich. St gebogen, weiß, seidenglänzend, 4—6 cm lg. L. angeheftet, purpur-graubraun. Zystiden blasigflaschenfg. 36—40 μ lg. Sporen 9—10×5—6 μ. Gewöhnlich büschelig an Böschungen, Hohlwegen, Waldrändern, zerstreut. IX—XI. (Pratella p. Schaeff., Agaricus digitaliformis Bull., A. gyroflexus Fr., Ps. gyr. Fr.)

991. Blasser M. **P. pallescens** (Schaeff.) Ricken

7. Hut etwas häutig, glockenfg., dann ausgebreitet, stumpf, 2—5 cm br., kahl, runzlig, durchscheinend gerieft, frisch durchfeuchtet, schwach glänzend, umbrabraun, trocken blaß. St. steif, glatt u. kahl, blaß, 6—8 cm lg. L. angewachsen, blaß umbrabraun. Zysti-

den flaschenfg. 45—60 μ lg. Sporen 9—10×5 μ. An alten Baumstümpfen (z. B. Eiche), zerstreut. IX—XI.

992. **Stumpfer M., Eichen-M.** **Psathyra obtusata** Fries

Hut fast häutig-glockig, 15—40 mm br., fleischrosa mit oft buckligem Scheitel, feucht durchscheinend gerieft, kahl, trocken blaß u. runzelig. St. 4—10 cm lg., weiß od. rötlich, ziemlich fest, nackt. L. weißlich, dann violett, schließlich schwärzlichgrau. Zystiden bauchig 60—75 μ lg. Sporen 12—14×6—7 μ. An grasigen Waldrändern, in Gärten auf Wiesen; häufig. IV—XII.

993. **Runzeliger M.** **P. corrugis** (Pers.) Fries

§ 12. Hypholomeae Ulbrich.

Hüllen ∓ bleibend als gewebeartiger Hutsaum, bisweilen auch als flockiger od. gewebeartiger Ring. L. bräunlich-purpurn od. olivgraubis bräunlich. Sporen dunkelpurpurn od. rotbraun, glatt. Fleischige Arten büschelig an Bäumen od. rasenfg. auf dem Boden des Waldes.

36. Gattung: Hypholoma Fries, Saumpilz, Schwefelkopf.

Hut gelb od. bräunlich, seltener durchscheinend, meist fleischig. Schleier als häutige, filzige Fetzen am Hutrande zurückbleibend. Basidien stets 4 sporig.

1. Hut hygrophan (durchwässert), kaum lebhaft gefärbt. **Saumpilze.** 2.
 Hut nicht hygrophan, lebhaft gefärbt. **Schwefelköpfe.** 7.
2. Schleier ringfg. am St. 3.
 St. nie beringt. 4.
3. Hut blaßschokoladebraun, zuerst schwärzlich-haarigschuppig, oft grubig-runzelig, stumpfglockig, 4—6 cm br. St. 5—12 cm lg., auf weißseidigem Grunde mit schwärzlichen, sparrigen Schuppen; Ring gerieft, hängend, wulstig, bald abfallend. L. 4—6 mm br., schokoladebraun, tränend-fleckig. Zystiden flaschenfg. 45 bis 60 μ lg., Sporen 8—9×4 μ. Anfangs mit weißflockigem velum universale. An Ndholzstümpfen fast rasig; nicht häufig. VIII—X. (Stropharia caput med. Fries)

994. **Kiefern-Saumpilz.** **H. caput Medusae** (Fries) Ricken

Hut falbweiß, zartrunzelig, kahl, nackt, glockig-flach, 5—7 cm br. St. 7—10 cm lg., reinweiß, kahl, oberhalb des ∓ lappigen, verschwindenden Ringes stark gerieft u. gekörnt, verbogen, hohl. L. 3—6 mm br., rauchschwärzlich. Zystiden fast zylindrisch 30—40 μ lg. Sporen 8—9×5—6 μ. Am Grunde von Fagus-Stämmen, nicht selten. IX—X.

995. **Buchen-S.** **H. leucotephrum** (Bk. et Br.) Fries

4. Hut faserig- od. haarig-schuppig. 5.
 Hut kahl u. nackt. 6.

Agaricaceae. 297

5. Hut fuchsig-rehbraun od. rostgelblich, von angedrückten Fasern filzig, 6—10 cm br., glockig-flach, Randsaum gleichfarbig, schnell vergehend. St. 5—11 cm lg., rostbraun, faserig-schuppig, Spitze blaß, mehlig-körnig. L. 6 mm br., scheckig-schokoladebraun, tränend, zuletzt dunkelrot-schwarz mit weißem, flockigem Ring. Zystiden zylindrisch 28—40 μ lg. Sporen 7—9 $\times$ 4—4,5 μ. In Wäldern, häufig. IX—XI. Geruch angenehm. Ungenießbar. (H. pseudostorea W. G. Sm., Stropharia cotonea Quél.)

996. Tränender S. **Hypholoma lacrimabundum** (Bull.) Fries

Hut schwach fleischig, glockig, dann ausgebreitet u. stumpf gebuckelt, 6—15 cm br., anfangs von angedrückten Fasern filzig, dann kahl, fahlgelb, zuletzt grauhellbräunlich, trocken gelbbraun, durchscheinend. St. 5—12 cm h., hohl, faserig-seidig, schmutzig graubräunlich mit wolligem weißen, dann schwarzem Ring. L. 8—10 mm br., sich ablösend, bräunlich, dann dunkler, schwarz punktiert. Zystiden keulig-kopfig 50—60 μ lg. Sporen 8—10 $\times$ 6—7 μ, warzig. Geschmack milde; giftig. An Baumstämmen, selten auf Erde, zerstreut. V—XI. (Stropharia lacrimabunda [Bull.] Quél.)

997. Samthaariger S. **H. velutinum** (Pers.) Fries

Hut dünnfleischig, ausgebreitet, mit stumpfem Scheitel, 3 bis 9 cm br., weißlich, grau od. bräunlich, gerunzelt, mit feinen Flocken besetzt, dann kahl, Rand zuerst weißfilzig. St. 7 bis 12 cm lg., hohl, weiß, faserig. L. 4—8 mm br. angeheftet, grau, dann dunkler gefleckt u. endlich schwarzbraun. Zystiden spitzspindelfg. 40—50 μ lg. Sporen 7—8 $\times$ 4—5 μ. Geschmack bitterlich. Zwischen Gras u. Moos in Lb- u. Ndwäldern, besonders im Gebirge, nicht selten. Ungenießbar. IX—XI. (H. cascum [Fries] Karsten)

998. Langbeiniger S. **H. macropus** (Pers.) Fries

6. Hut weißlich, wässerig-durchzogen, gebrechlich, glatt, kahl, nackt, glockig, dann flach, 3—10 cm br., mit häutig-flockigem Randbehang. St. 4—8 cm lg., weiß, fast faserig, röhrig. L. schmutzigrosa od. violett, dann purpurbraun, schmal. Zystiden 30—45 μ lg. Sporen 8 $\times$ 4 μ. An Stümpfen, auf Wiesen u. Wegen, in Warmhäusern, Ställen, fast rasig; kaum im Walde. Häufig. V—X. Eßbar.

999. Lilablätteriger S. **H. Candolleanum** Fries

Hut eifg., dann halbkuglig ausgebreitet, 2—8 cm br., durchfeuchtet, hell ockerfarben, später graubraun, trocken weißlich, Rand anfangs weiß faserig-schuppig, dann kahl, zartrunzelig. St. 4—11 cm lg., hohl, weiß, glatt, Spitze gerieft u. bereift. L. angewachsen, hellrötlichbraun, dann dunkelgrau purpurbraun. Zystiden zylindrisch, unten bauchig 35—45 cm lg. Sporen 7—8 $\times$ 4—4,5 μ. Geschmack milde. Eßbar. In dichten Rasen am

Grunde von Stümpfen u. lebenden Lbbäumen, häufig. IX—XI. (Taf. IX, Fig. 363.) (Stropharia spintrigera Fr.)

1000. Gemeiner S.   **Hypholoma appendiculatum** (Bulliard) Fries

7. Fk. büschelig-rasig am Grunde der Stämme od. auf Holz im Boden. 8.
— Fk. zerstreut, gesellig wachsend. 11.
8. Fleisch nicht od. kaum bitter, genießbar. 9.
— Fleisch bitter, oft widerlich riechend, ungenießbar. 10.
9. Hut dickfleischig, flach gewölbt, 5—10 cm br., gelb, in der Mitte ziegelrotgelb, glatt, gegen den Rand zuerst mit hellgelben Schuppen, dann kahl, Rand eingebogen. Fleisch hellgelb. St. 8—15 cm lg., voll, gelblich, nach unten braun, meist verdünnt. L. angewachsen, zuerst weißlich od. graugelb, dann oliv- bis schokoladebraun. Zystiden zylindrisch bis spindelfg. 30—50 μ lg. Sporen 6—7 × 3—4 μ. Meist büschelig an od. bei Lbholzbaumstümpfen, häufig. Fast geruchlos; genießbar. VIII—XI. (Taf. IX Fig. 364.) (H. lateritium [Schaeff.] Fr.)

1001. Ziegelroter Schwefelkopf.   **H. sublateritium** Fries

Hut fleischig, flach gewölbt, stumpf, 2,5—8 cm br., kahl, zitronengelb, am Rand mit schwärzlich-purpurroten Schleierresten. St. fast hohl, 5—8 cm lg., seidenartig geglättet, blaß rötlichgelb. Zystiden keulenfg. 36—50 μ lg. Sporen 7—8 × 3—4 μ. L. angewachsen, graubraun, dann purpurn. Fleisch weiß, kaum bitter, geruchlos. An Kiefernstämmen, besonders im Gebirge, nicht selten. IV—XII.

1002. Rauchblätteriger Sch.   **H. capnoides** Fries

10. Hut blaßgelb, fast gebuckelt, verflacht, 4—8 cm br., zum Rand hin blaßseidig-überfasert; Rand blaßgesäumt. St. 7—14 cm lg., blaß rostbräunlich, weißflockig, Spitze mehlig-schuppig, Grund spindelig-wurzelnd. L. tonblaß, dann purpurgrau bis kaffeebraun. Zystiden spitz keulenfg. 36—40 μ lg. Sporen 6—7 × 4 μ. Geruch widerlich; Geschmack scharf-bitter. Im Kiefernwalde, nicht selten. IX—X. Ungenießbar.

1003. Starkriechender Schw.   **H. epixanthum** Fries

Hut fleischig, halbkuglig, dann flach, 3—5—7 cm br., schwefelgelb, glatt, in der Mitte rötlichgelb, Rand gelb bis schwärzlich faserig, Fleisch gelb. St. 5—20 cm lg., hohl, gelb, faserig, am Grunde oft zottig. L. 3—4 mm br., angewachsen, schwefelgelb, dann grünlich, zuletzt olivenschwärzlich. Zystiden keulig 28 bis 35 μ lg. Sporen 6—7 × 4,5 μ. Geruchlos. Wegen der starken Bitterkeit ungenießbar. In dichten büscheligen Rasen an Stümpfen, auf dem Boden, in Gewächshäusern, häufig. Das ganze Jahr. (Taf. IX, Fig. 365.)

1004. Büscheliger Schwefelk.   **H. fasciculare** (Hudson) Fries

11. Hut dünnfleischig, halbkuglig od. glockenfg., 2—5 cm br., gelb od. rötlichgelb, Rand ziemlich dicht grünlichweiß-seidenhaarig. St. 3—7 cm lg., rostbraun, mit weißen, seidenartigen Fasern dicht überzogen, voll. L. 6 mm br., blaß strohgelb, dann grünlich purpurbraun mit heller Schneide. Sporen 8—9 $\times$ 4—5 μ. Geschmack bitter. Auf der Erde in Lb- u. Ndwäldern, besonders des Gebirges, zerstreut. X—XI. (H. marginatum [Pers.].)
1005. Geselliger Sch. Berandeter Sch. **Hypholoma dispersum Fries**

§ 13. Psallioteae Ulbrich.

Sporen dunkelbraun (schokoladefarbig) bis fast schwarz. L. dunkelfarbig mit Zystiden. Fk. mit häutigem Schleier (Velum partiale, selten V. universale), der als Ring, selten als volva den St. umgibt. Ausschließlich Bodenpilze mittlerer Größe bis ansehnlich; viele Speisepilze. Keine giftigen Arten.

Bestimmungsschlüssel der Gattungen S. 287.

37. Gattung: **Stropharia** Fries, Träuschling.

Hut fleischig, bisweilen dünn, oft schmierig-klebrig, nie hygrophan. L. angewachsen, purpurbraun bis schwärzlich, oft mit von langen Zystiden weißflockiger Schneide. St. mit häutigem Velum partiale, beringt, Hutrand $\pm$ behangen. Basidien stets 4sporig. Sporen glatt, Sporenstaub purpurbraun od. violett. — Oft auffällig gefärbte, meist gebrechliche Pilze auf mulmigem Holz od. Boden im Walde. Keine giftigen Arten.

1. L. hinten nicht od. wenig verschmälert, dem St. angewachsen. St. in den Hut übergehend. 2.
2. Hut trocken od. klebrig. 3.

Hut flach gewölbt, in der Mitte oft stumpf gehöckert, 3—10 cm br., frisch mit dickem, spangrünem Schleim bedeckt, trocken glänzend, nach der Ablösung des Schleimes gelblich. St. 5 bis 10 cm h., hohl, blaugrün, über der Mitte mit einem schuppighäutigen, abstehenden Ring (selten ohne Ring var. exannulosa Ulbrich), unterhalb schuppig od. fädig u. zuerst schleimig. L. 4—8 mm br. angewachsen, purpurbraun. Zystiden spitz keulenfg. 30—33 μ, an der Schneide fädig 40—75 μ lg. Sporen 7—10 $\times$ 5 μ. In lichten Wäldern, Gärten usw. auf der Erde, häufig. Eßbar. IX—XII. (Taf. IX, Fig. 366.) (Str. viridula [Schaeff.], Agar. viridimarginatus Schum.)

1006. Grünspanpilz. **Str. aeruginosa** (Curt) Fr.

3. L. in der Jugend irgendwie dunkel gefärbt, niemals weiß. 4.

Hut glockenfg., dann ausgebreitet, stark gebuckelt, angedrücktfaserig, feucht schwach klebrig, schmutzig gelblich. St. voll, weiß, 5—8 cm h., an der Spitze schwach bereift, am Grunde mit gerandeter Knolle, deren freier Saum scheidig den St. umhüllt. L. weiß, dann bräunlich, fast frei, bauchig. Zwischen faulendem Lb., selten. S. H. (Vielleicht eine Inocybe.)

1007. Beschuhter T.   **Stropharia calceata** (Schaeff.). Fr.

4. St. weiß od. weißlich.   5.

Hut halbkuglig, dann flach gewölbt, 3—8 cm br., gelb, mit fast orangefarbener Mitte, schwach klebrig, trocken glänzend mit sparsamen dunkleren, angedrückten Schuppen. St. 8—12 cm lg., voll, gelbbräunlich, oberhalb der Mitte mit häutigem Ring, darüber fein weißflaumig, darunter fädig-schuppig. L. 10—12 mm br., ausgerandet-angeheftet, grünlichgelb, dann purpurbraun. Zystiden fädig-keulenfg. 50—70 μ lg. Sporen 14—15 × 7—8 μ. An wüsten Lbwaldstellen, Wegen, besonders in Buchenwäldern, häufig. VIII bis XI. (Taf. IX, Fig. 367.)

1008. Schuppiger Tr.   **Str. squamosa** (Pers.) Fries

Hut orange bis ziegelrot. (Str. thrausta Kalchbr. var. aurantiaca)

1008 β.   **St. squamosa** var. **aurantiaca** Cke.

Hut kleiner u. weniger schuppig. (Str. luteo-nitens [Fl. dan.] Fr.)

1008 γ.   **St. squamosa** var. **thrausta** (Kalchbr.) Cke.

Hut ocker-zitronengelb, fast schuppigrauh, feucht, verflacht, 3—6 cm br. St. 2—4 cm lg., weiß mit körnchenfg. strahlig-grieftem Ring, abwärts verjüngt. L. weißlich, dann purpurn-schokoladebraun. Sporen 9—10 × 5 μ. Fleisch reinweiß, fast rettichartig riechend. An grasigen Wegerändern, meist einzeln. Häufig. IX—XI. Eßbar. (Str. obturata Fr., S. melasperma Fr.)

1009. Krönchen-Tr.   **Str. coronilla** (Bull.) Fries

5. Hut halbkuglig, dann flach gewölbt, 3—6 cm br., feucht schmierig, trocken glänzend, gelb, verblassend. St. 3—6 cm h., weiß, glatt, oben gerieft, Ring weiß. L. angeheftet, zuerst blaß violett, dann schwarzbraun. Sporen 9—10 × 6 μ. Auf gedüngtem Boden der Wiesen, Gärten, Felder, nicht selten. VII—X. (Taf. IX. Fig. 368.)

1010. Schwarzsporiger H.   **Str. melasperma** (Bulliard) Quél.

Hut halbkuglig, dann ausgebreitet, 2—4 cm br., glatt, kahl, gelb od. etwas grünlich. St. 4—10 cm lg., weißlich, mit weißem Ring, darunter flockig, etwas klebrig, innen mit gesondertem Mark ausgefüllt. L. 4—8 mm br. angewachsen, blaß, dann umbra- od. olivenbraun. Sporen 18—20 × 8—10 μ. Auf Mist, besonders Kuhfladen, in Wäldern, an Wegen usw., häufig. VII—X. (Taf. IX, Fig. 369.)

1011. Mist-H.   **Str. stercoraria** Fries

Str. caput medusae Fr. siehe *994.* **Hypholoma c. m.** (Fr.) Ricken

Str. lacrimabunda (Bull.) Quél. siehe *997.* **Hypholoma velutinum** (Pers.) Fr.

Str. merdaria Fr. siehe *979.* **Psilocybe m.** (Fr.) Ricken

Str. punctulata (Kalchbr.) Fr. siehe *931.* **Flammula gummosa** (Lasch) Fr.

Str. semiglobata (Batsch) Fr. siehe *975.* **Anellaria s.** (Batsch) Karst.

Str. spintrigera Fr. siehe *1000.* **Hypholoma appendiculatum** (Bull.) Fr.

38. Gattung: **Psalliota** Fries, Egerling, Champignon.

Fk. derb- od. $\mp$ dünnfleischig mit häutigem Schleier (Velum partiale), am St. als häutiger bis schuppig-häutiger Ring, am Hutrande oft als Behang zurückbleibend. L. frei vom St. $\mp$ abstehend, anfangs $\pm$ rosa, dann schokoladebraun. Basidien stets 4sporig. Sporenstaub purpurbraun, selten erdfarbig, Sporen glatt. — Mittelgroße bis ansehnliche Pilze der Wälder u. Wiesen. Viele geschätzte Speisepilze.

1. Hut farbig-schuppig. 2.
    Hut farbig, nicht schuppig. 11.
2. Sporenstaub erdfarbig, Sporen $4-5 \times 2-3\,\mu$. 3.
    Sporenstaub braun bis lilabraun. 4.
3. Hut holzbraun, anfangs mit flockig-warzigem Ruß bedeckt, schließlich schuppig; Rand mit fetzigem Schleier, glockig, dann flach 2—4 cm br. St. purpurrot bis zum flockig-häutigen Ring tonblaß, flockig-staubig überkleidet, fast gleichdünn 4—6 cm h., eng-hohl. L. purpurblutrot-braun. Riecht nach Gurken. Sporen $4-5 \times 2-3\,\mu$. In Gärten u. Wäldern auf Lb. u. zwischen Holzstückchen; auch auf Gerberlohe, gesellig. IX—XI. (Agaricus [Pratella] fumosopurpureus Lasch, Naucoria echinata Roth, Lepiota haematosperma [Bull.] Boud., L. echinata [Roth] Boud.)

1012. Blutblätteriger E. **Ps. echinata** (Roth) Ricken

4. Sporen bis $10\,\mu$. 5.
    Sporen $12-13 \times 6\,\mu$. 10.
5. Fleisch meist rotanlaufend; geruchlos. 6.
    Fleisch nicht od. gelb anlaufend von bestimmtem Geruch. 9.
6. Hut rotbraun- od. braunschuppig. 9.
    Hut schwarzschuppig. 8.
7. Hut glockig, dann flach ausgebreitet, 5—10(—12) cm br., hellbräunlich, mit braunen Fäden od. Schuppen besetzt, in der Mitte mit braunem, flachem Höcker. St. 5—10 cm lg., zylindrisch od. knollig, blaß, Ring dünn, weiß, unten bräunlich, sehr tief am St. sitzend. L. graurötlich, dann dunkelbraun, bei Verletzung rötend. Sporen $6-7 \times 3-4\,\mu$. In Nd-, seltener Lbwäldern, Parkanlagen usw., häufig. Eßbar, wenig wohlschmeckend VII—XI. (Taf. IX. Fig. 375.) Waldchampignon.

1013. Brauner Wald-E. **P. silvatica** (Schaeff.) Fries

Ändert ab: Hut schwärzlich, dunkler schuppig. St. abgesetzt knollig, Ring groß, flockig-berandet; var. **nigricans** G. Beck Hut fast eckig-kuglig, gedrungener, hellfleischfarben., St. weiß, dann rötlich. Fleisch blutrot anlaufend. Sporen elliptisch-eifg. 8—9 × 4,5—5 μ. In Mischwäldern unter Quercus, Fagus, Corylus einzeln od. in Nestern am Grunde der Stämme. X—XI. Nicht häufig.

1014. Blut-E. **Psalliota haemorrhoidaria** Kalchbr.

8. Hut blaß, mit größeren angedrückt-haarigen braunschwarzen Schuppen, gewölbt, dann verflacht, fleischig, 6—10 cm br. St. unterhalb des manschettenartigen Ringes schwarzschuppig 5 bis 8 cm lg., 2 cm dick, voll, fast gleichdick. L. zuletzt oliv-umbrabraun, frei, sehr gedrängt. Sporen 6—7 × 5—5,5 μ, kurzelliptisch. — In Lbwäldern. VIII—X selten.

1015. Schwarzschuppiger E. **P. setigera** (Paul.) Fries

9. Hut strohgelblich mit kleinen bräunlichen, flockigen Schuppen, Mitte fast glatt, braunfuchsig, halbkuglig, dann ausgebreitet 8—10—22 cm br., derb. St. über dem faltig herabhängenden, unterseits schuppigen manschettenartigen Ringe weiß, darunter von sparrig-schuppigen Flöckchen bräunlich, schließlich nackt, 10—15 cm h., 1—2 cm dick mit gerandet-knolliger Basis, eng, hohl. L. blaßrötlichgrau, dann rotschwarz, sehr gedrängt, ∓ 5 mm br. Sporen 7—8—10 × 5 μ. Fleisch weiß, weich, gilbend. Geruch anisartig. Eßbar. In Nd- u. Eichenwäldern. VII—X. (= P. Bresadolae Schulz.)

1016. Hohlstieliger Riesen-E. **P. perrara** (Schulz) Fries

Hut weißlich mit kleinen rauchschwärzlichen, flockigen Schuppen, Mitte fast geschlossen reinschwarz od. dicht rauchschwarz, vom gewölbten Teile fast winklig od. rinnig abgesetzt, abgeplattethalbkuglig bis -glockig bis 12 cm br. Rand lange eingebogen, vielfach unregelmäßig eingeschnürt od. ∓ rissig, häutig-behangen. St. schlank 6—12 cm h., 10—12 mm dick, gleichmäßig dick, mit abgesetzter Knolle, bisweilen gebogen, anfangs reinweiß seidigglänzend, kahl, feinstreifig, dann ∓ bräunlich, bei Druck braunfleckig, röhrig-hohl mit oberseits weißem, samtigem, ∓ fein gestreiftem, unterseits bräunlichem Ring. L. sehr dicht, bis 9 mm br., völlig frei, anfangs fast weiß, dann langsam rosa, schließlich schokoladeblaß mit nicht ganz glatter, bisweilen schwarzpunktierter Schneide. Sporen 4—5—7 × 3 μ. Fleisch zuerst reinweiß, gilbend, bei Druck schnell satt dottergelb, schließlich bräunlich. Geschmack angenehm süßlich od. etwas dumpf, Geruch tintenartig. Ungenießbar. — Schattige Wälder unter Lbholz, Gebüsch, Parkanlagen, stellenweise in manchen Jahren zahlreich. IX—X.

1017. Tinten-E., Perlhuhn-E. **P. meleagris** J. Schäffer 1925.

10. Hut schmutzig strohgelb, seidig, bald schuppig entrindet, mit filzig-gezähntem, überhängendem Rande, kugelig-ausgebreitet 10—20(—40) cm br. St. strohgelb mit gleichfarbigen flockigen Schuppen, bauchig od. knollig, voll, Ring sehr weit, unterseits mit gelblichen, filzigen Areolen. L. 10—15 mm br. weiß, bald fleischrosa, schließlich braunschwärzlich, ringfg. verbunden. Fleisch ziegelrot anlaufend, stinkend, bisweilen karbolartig. Sporen 12—13 × 5—6 μ. — Auf Weideplätzen in großen Hexenringen, auch in Kellern, Ställen bisweilen aus dem Mauerwerk hervorbrechend, auf Komposthaufen, nicht selten. Ungenießbar. IV—IX. (Stinkender Riesen-E.)

1018. Stink-E. **Psalliota villatica** (Brondeau) Magn.

11. Hut schmutzigblaß od. farbig, glatt u. kahl, nicht gilbend. 12.
    Hut weiß. 19.
12. Hut sehr klein bis 1 cm. 13.
    Hut größer. 14.
13. Hut schmutzig blaß, derb haarig-zottig 0,8—1 cm br., fast häutig, mit dünnfleischigem Scheitel, kegelig, glockig. St. blaß, seidig, mit hängendem, häutigem Ring 1,5—2cm h., 1—1,5mm dick, röhrig-hohl. L. rotbraun, gedrängt, bauchig, frei. Sporen elliptisch 5 × 3 μ. — In Gebüschen u. Parkanlagen Mitteldeutschlands. IX—X; selten.

1019. Zwerg-E. **P. minima** Ricken

14. Fleisch ohne auffallenden Geruch, nicht gilbend; Sporen bis 6 μ groß. 15.
    Fleisch widerlich riechend, bei Verletzung zitronengelb; Sporen 6—9 × 4—5 μ. 18.
15. L. ohne Zystiden. 16.
    L. mit basidienfg. (36—40 × 8—12 μ großen) Zystiden. 17.
16. Hut blaß-rötlich-scherbenfarben, weinrötlich mit purpurbraunem Scheitel, geglättet-faserig, $\mp$ wasserfleckig, $\mp$ behangen, glockig-geschweift, dünn, 3—5 cm br., Mitte $\mp$ fleischig, gebrechlich. St. fuchsig-weinrötlich, mit dünnem, hängendem, bald verkümmerndem Ring, eng hohl. L. 7—8 mm br. fleischgrau, dann kaffeebraun. Sporen 4 × 2—3 μ. — In Ndwäldern Mittel- u. Nordeuropas, nach Regen oft wie gesät. — Eßbar.

1020. Weinrötlicher E. **P. semota** Fries

Hut glockig, dann flach gewölbt, mit stumpfem Höcker, 2 bis 5 cm br., gelblichweiß, fleischfarben überhaucht, in der Mitte sattfarbiger, Rand umgebogen, mit Schleierresten. St. 3—6 cm lg., weiß, ins Gelbliche neigend, hohl, Ring weiß. L. 5—6 mm br. lange fleischrosa, dann dunkelbraun. Sporen 4—6 × 3—4 μ. Fleisch fleischrosa, geruchlos. Eßbar, aber der Kleinheit wegen nicht lohnend. Zwischen Gebüsch in Lbwäldern, auf Grasplätzen. VII—X. (P. comptula Fries)

1021. Rotblätteriger E. **P. rusiophylla** (Lasch) Fries

17. Hut braunfuchsig, glatt, kahl, fast glänzend, verflacht, dünn, 4—5 cm br. St. weißlich, gilbend, mit gelblichem, erst trichterfg. aufgerichtetem, dann ausgebreitetem, schmalen Ring, 5—6 cm lg., gleichdünn, eng hohl. L. 4—5 mm br., graurötlich bis braun. Sp. 5—6×3—4 μ. Fleisch weißlich, im St. gilbend. Geruchlos. — Auf Grasplätzen, bei Laubgebüschen, seltener an Lbwaldrändern. VII—X. Nicht häufig.

1022. Braunfuchsiger E. **Psalliota sagata** Fries

18. Hut gelb, kompakt, stumpfkegelig, schließlich verflacht u. fast gebuckelt 8—12 cm br. St. anfangs dick, mehrfach geringelt, dann gestreckt, nach oben verjüngt 10—12 cm h., 15—18(—26)mm dick, mit breitem, gelbem Ring. L. violett, schließlich graulich. Sporen 5—6×4—5 μ. Fleisch weiß, bald gelblich, bei Verletzung zitronengelb. Geruch widerlich (wie Tricholoma sulphureum). Geschmack unangenehm. Ungenießbar. — In Fichten-, selten Eichenwäldern Süddeutschlands mehrfach beobachtet. VI—XI. (Ps. xanthoderma Genev.)

1023. Blaßgelber Stink-E. **P. flavescens** Gill.

19. Hut weiß, rissig od. angedrückt-schuppig od. meist glatt u. nackt. 20.

20. Sporen bis 10 μ lg. 21.
    Sporen 12—14×6—7 μ. 29.

21. Fleisch geruchlos od. angenehm riechend, ins Rötliche neigend. 22.
    Fleisch ∓ nach Anis od. würzig riechend; oft gilbend. 24.

22. Hut anfangs kuglig bis halbkuglig, dann flach gewölbt, 5—10 cm br., weiß, seltener leicht bräunlich, seidenhaarig, flockig od. glattschuppig, Rand zuerst eingebogen. Fleisch weiß, bei Verletzung rötlich, im Alter rötlich durchzogen. St. 6—8 cm lg., weiß, Ring dick, häutig, weiß, oft fetzig gesäumt. L. bald leuchtend fleischrosa, dann schwarzbraun verfeuchtend. Geruchlos. Basidien meist 4-, selten auch 2—3sporig. Sporen 9—10×5—6 μ. An lichten Stellen, überall wo Mist, besonders Pferdemist, liegt, stets außerhalb des Waldes, häufig. V—XI. Wird häufig kultiviert. Die Kulturformen meist 2(—1)sporig. (Taf. IX. Fig. 372.) (Echter Champignon.)

1024. Feld-E., Pferdechampignon. **P. campestris** (L.) Fries

Als Abänderungen gehören hierher:
Hut braun, feinschuppig. Fleisch rötend. Auf Wiesen, Rasenplätzen, in Gärten.

1024β. **P. campestris** var. **praticola** (Vitt.) Fr.

Hut ∓ gelbschuppig. — Waldform, auf humusreicher Walderde, Lohe.

1024γ. **P. campestris** var. **vaporaria** (Krombh.) Fr.

Hut halbkugelig, dann flach gewölbt, 8—15 cm br., lederweißlich, durch Druck gelbfleckig, auf seidigem Grunde zierlich fuchsig-bräunlich geschuppt, Mitte gürtelig-schuppig aufreißend, Rand häutig behangen. St. gedrungen, nach oben verjüngt, 7—10 cm lg., 2,5—4,5 cm dick, seidig-glatt, voll. Ring einfach, dünn, zerfetzt, vergänglich, dem St. ∓ anklebend. L. blaßgrau, dann graurötlich, schließlich schwarzbraun, gedrängt, frei. Fleisch zart, weiß, trübfleischfarben anlaufend. Geruch u. Geschmack angenehm. Eßbar u. wohlschmeckend. — Auf Wiesen u. Triften. VIII—X. Nicht häufig.

1025. Schirmlingsähnlicher E. **Psalliota lepiotoides** R. Schulz 1922

23. Hut gewölbt, dann ausgebreitet, weißlich-aschgrau bis blaß fuchsig-bräunlich, schließlich grau, glatt, seltener etwas kleinschuppig od. rissig gefeldert 5—7 cm br. fleischig. St. unten verdickt, 5—7 cm h., 10—15 mm dick, voll, nackt, glatt, kahl, Ring einfach. L. ∓ 5 mm br. nach hinten abgerundet, bald rötlichgrau, schließlich aschgrau-braun, sehr gedrängt. Sporen 5—6 × 3—4 μ. Fleisch unveränderlich weiß, härtlich. Auf Wiesen, Triften, selten in lichten Wäldern, selten. Geruch anisartig. Eßbar. VII—XI. (Taf. IX, Fig. 371.)

1026. Wiesenchampignon. **P. pratensis** (Schaeff.) Fries

Hut glockig, dann gewölbt ausgebreitet, weiß, gelblich-bräunlich werdend u. in feine angedrückte Schuppen aufreißend, 6—18 cm br., fleischig. St. 10—15 cm h., 3—6 cm dick, weiß, aufwärts verjüngt od. bauchig, meist glatt, bei Verletzung blutend. Ring groß, dick, häutig, doppelt, unterseits mit weißgelblichen vergänglichen Wärzchen. L. weißlich, dann rötlich, schließlich braun, frei, 5—10 mm br. Fleisch weiß, bei Verletzung rötlich, schließlich braun, saftend. Sporen fast kuglig 5—6 × 4—5 μ. Geruch u. Geschmack angenehm. Eßbar. — Auf Triften einzeln od. in Kreisen; nicht häufig. V—XI. (Agaricus exsertus Viv.)

1026a. Saftender E. **P. exserta** (Viv.) Rea

24. Hut nicht rein weiß, sondern gelbfleckig od. braunfädig.

Hut kuglig, dann gewölbt, 5—10 cm br., derbfleischig, rein weiß, gilbend, zuerst seidenartig glatt, später kleinschuppig od. faserig. St. weiß, nicht schwarz werdend, glatt, verjüngt, hohl, Ring br., zurückgebogen, dann wieder aufsteigend. L. weiß, später fleischrot bis braunschwärzlich. Sporen 8—9 × 5—6 μ. Fleisch starr, gilbend. Geruch anisartig. Eßbar. Auf gedüngten Wiesen, Triften, Komposthaufen, Wällen, Dämmen, nicht häufig. VIII—XI. (Taf. IX, Fig. 373.)

1027. Kreideweißer E., Kompost-E. **P. cretacea** Fries

Hut zylindrisch-kegelfg., mit abgeflachtem Scheitel, dann flach ausgebreitet, 10—20 cm br., geglättet seidig, fast glänzend, dann kahl, weiß, bei Berührung gelb, deshalb meist gelbfleckig. Fleisch gleichmäßig derb, weiß bleibend. St. 5—14 cm lg., nach unten abgesetzt knollig verdickt, enghohl, weiß, schließlich von oben her schwarz-werdend. Ring weiß, aus doppelter Lage bestehend. L. weißlich, dann blaß kaffeebraun. Sporen 6—7 ×3—4 μ (8—10×5—6 μ). Am Rande der Ndwälder, nicht selten. VII—X. (Taf. IX, Fig. 374.) — Eßbar. (Agaricus edulis Krombh., Ps. exquisita Vitt., Georgii Secr., pratensis Scop.)

1028. Acker-E., Schaf-E. **Psalliota arvensis** (Schaeff.) Fries

Hut weiß, oft ∓ grünlich- od. gelblichweiß, bei Druck rötlichgelb fleckend, geglättet, matt-glänzend, 6—10 cm br., gleichmäßig dünnfleischig. St. 10—15 cm lg., weiß, öfter rötlichgelb od. rötlichbräunlich angelaufen, nach oben verjüngt, mit abgestufter, ∓ knolliger Basis, schlank, meist ∓ gekrümmt, enghohl, mit fast einfacher, hängender Manschette. L. graulich-schokoladebraun, fast vom St. entfernt. Fleisch gilbend. Sporen 6×4 μ. Geruch anisartig. Eßbar. Dem weißlichen Knollenblätterpilz (Amanita mappa) sehr ähnlich, doch durch die Farbe der L. u. den Geruch u. das gilbende Fleisch leicht zu unterscheiden! — In Lb.- u. Ndwäldern, stellenweise (z. B. bei Berlin) nicht selten. VII—X. — Eßbar.

1029. Dünnfleischiger, weißer Wald-E. **P. silvicola** (Vitt.) Fr.

Hut weiß, Mitte ∓ bräunlich, schließlich schwach felderigschuppig, halbkuglig-glockig, dann ausgebreitet u. stumpf, fleischig, 8—12 cm br. St. weiß, etwas gilbend, voll, walzig, mit selten abgesetzter Knolle 11 cm lg., 2,2—3,5 cm dick. Fleisch weiß, im St. dunkelgelb, fest. L. hellbraunlila, schließlich braun, fast frei. Geruch würzig (nach Kresse). Eßbar. — Auf fetter Walderde u. unter Gebüschen, in Böhmen u. Oberpfalz. VI. Selten.

1030. Goldfuß-E. **P. chrysopus** G. Beck

25. Fleisch ekelhaft riechend, ziegelrot od. rötlichbraun anlaufend. 27.
    Fleisch geruchlos unveränderlich weiß. 29.
26. Sporen kleiner als 9×5 μ. 27.
    Sporen größer als 9×5 μ. 28.
27. Hut reinweiß, bald schuppig bis würfelig-rissig, halbkuglig gewölbt, sehr derb, 6—10—15 cm br. St. weiß, bis zum schmalen, zweischichtigen, unterseits spaltend-zackigen Ring flockig-schuppig, Stielspitze u. Ringoberseite auffallend faserig-gerieft, fast gerandet knollig, derb, voll. L. schokoladegrau, zuletzt dunkelbraun. Fleisch bei Verletzung leuchtend blutrot. Sporen elliptisch, 5—6×3,5—4,4 μ. — Am Rande der Fichten- u. Mischwälder der Rhön. in Böhmen, in Hexenringen. VII—IX. Selten. (Ps. Bernardii Ricken)

1031. Rötender Riesen-E. **P. Benešii** Pilat 1925

28. Hut weiß, dann auf dem Scheitel rotbräunlich, 10—20 cm br., fleischig, derb, gewölbt, dann ausgebreitet, schließlich schuppig

bis würfelig-rissig. St. 6—7 cm lg., 4—5 cm br. weiß, dann rötlichbräun, am Grunde knollig, über der Knolle verjüngt, an der Spitze gestreift. Ring weiß, häutig, oberseits gestreift, schließlich verschwindend. L. grau-fleischfarben, dann schwärzlich-purpurn, 8—12 mm br., Fleisch weiß, bei Berührung purpurn anlaufend, schließlich rötlichbraun, fest. Sporen $9-11 \times 6-7\,\mu$ Auf Triften in der Nähe der Küste; nicht häufig. IX—X.

1032. Bernard' Riesen-E.   **Psalliota Bernardii** Quél.

29. Hut weiß, geglättet-seidenfaserig, schwach gilbend, zum Rande hin faserschuppig-auflösend, kuglig, zuletzt flach, 10—20—25 cm br., im Umfange mit dicken, braunen, faserigen Schuppen, darunter weißlich od. gelblich, sehr derb. St. voll, bauchig od. knollig, mit dickem, br., außen gefeldert - flockig - schuppigem Ringe, abwärts $\mp$ striegelschuppig. L. blaß, dann dunkelbraun, vom St. entfernt, mit freier Platte zwischen St. u. L.ansatz. Sporen $12-14 \times 6-7\,\mu$, Fleisch härtlich, unveränderlich, ohne auffallenden Geruch. In Ndwäldern, selten. IX—X. (Taf. IX, Fig. 370.) (Ps. Elvensis B. et Br., Ps. peronata Massee)

1033. Vollstieliger Riesen-E.   **P. augusta** Fries

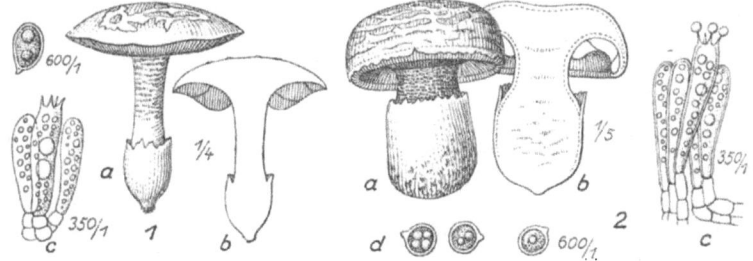

Abb. 29. Chitonia: 1 a bis c Ch. cellaris Bres. — 2 a bis d Ch. Pequinii Boud. (Nach Boudier.)

39. Gattung: **Chitonia** Bres., Mantelegerling.

Fk. mittelgroß bis ansehnlich, fleischig, Hut polsterfg. bis flach, oberseits mit der felderig-schuppig aufreißenden Haut des velum universale bedeckt, das den fleischigen St. am Grunde mit einer Hülle (volva) umgibt. St. gedrungen-säulenfg., Spitze schwach, Grund $\mp$ knollig verdickt, ohne Ring; Rand der volva zerschlissen, häutig, abstehend. Basidien keulenfg. m. 4 Sterigmen. Sporen purpurn-schokoladebraun, fast kuglig od. eifg., unten papillenartig zugespitzt. L. purpurn-schokoladefarben, breit, frei.

1. Fk. $\mp$ 8 cm br. u. hoch, Hut gelb-bräunlich-weiß, schwach gewölbt-flach ausgebreitet, Haut unregelmäßig felderig-schuppig aufreißend. St. säulenfg., voll, fleischig, nach oben u. unten erweitert, gleichfarbig, oberwärts quer-braunschuppig-flockig; Knolle

∓ eifg. glatt. Sporen eifg. im Innern mit mehreren Öltröpfchen 11—13×6—8 μ. — Im äußersten Süden des Gebietes, in einem Keller bei Trient gefunden, selten. XII. (Abb. 29, 1a—c.)

1034. Keller-M. **Chitonia cellaris** Bresadola

2. Fk. 10—20 cm br. u. hoch, robust, Hut weißlich-grau, oft etwas purpurn od. bräunlich, niedergedrückt-gewölbt bis abgeflacht, oberseits mit den anliegenden, häutig-schuppigen Resten des velum universale bedeckt, Schuppen bräunlich; Rand weißlich, ∓ eingerollt, schließlich ∓ geschweift-ausgebreitet, deutlich gestreift. St. gedrungen, voll, derb, nach der Spitze etwas verschmälert, am Grunde derbknollig, grau, mit kleinen purpurbraunen, oft ∓ ringfg. Schuppen besetzt. Knolle kuglig-eifg., mit häutigem, abstehendem, gezähntem Rande, anfangs weißlich, dann bräunlich. Sporen fast kuglig, mit 1 od. mehreren Öltröpfchen, 6—7 μ gr. — Auf Wiesen in Sachsen (bei Meißen) u. in Frankreich, bei Niort in einem Treibhause gefunden. IX—X.

1035. Pequin's M. **Ch. Pequinii** Boudier

5. Unterfamilie: **Tricholomoideae** Ulbrich.

Fk. fleischig, St. u. Hut scharf abgesetzt, L. buchtig angeheftet od. ganz frei. Hüllen flockig bis gewebeartig, meist vergehend, oft ganz fehlend. Sporen fleischrötlich od. weiß, glatt. Fk. gymnokarp bis hemiangiokarp.

Bestimmungsschlüssel der Gattungen.

A. Sporen fleischrötlich, glatt. Hüllen ganz fehlend.
   L. ganz frei.   § 14. Pluteeae.   **40. Pluteus.**
B. Sporen weiß, selten schmutzigweiß od. schwach rosa, stets glatt.

  a) L. am St. ∓ angeheftet; St. zentral, knorpeligröhrig. Hut ∓ dünnfleischig, gebrechlich.   § 15. Myceneae.
    I. Hut kegelig-glockig, geraderandig.   **41. Mycena.**
    II. Hut gewölbt, anfangs eingerollt.   **42. Collybia.**
  b) L. am St. buchtig angeheftet od. mit Zahn etwas herablaufend, selten weit herablaufend. St. fleischig-voll; Hut meist ∓ derbfleischig.   § 16. Tricholomeae.
    I. St. exzentrisch od. fehlend.   **43. Pleurotus.**
    II. St. zentral.
      1. Fk. mit einfacher Hülle (vel. partiale) od. ganz ohne Hüllen.
        α) Hülle (Ring) fädig-flockig (Cortina), vergänglich od. fehlend.   **44. Tricholoma.**
        β) Hülle (Ring) ∓ häutig, bleibend.   **45. Armillaria.**

2. Fk. mit doppelter Hülle (vel. universale u. partiale) Hüllen ∓ häutig; Sporen spindelfg. **46. Biannularia.**

§ 14. Pluteeae Ulbrich.

40. Gattung: Pluteus Fries (Hyporrhodius Fr. ex p.), Dachpilz. Fk. fleischig-gebrechlich mit scharf abgesetztem abschüssig-dachförmigem, glatten Hute. L. ganz frei, durch die Sporen fleischrot werdend, ohne od. mit ∓ keulenfg. Zystiden. — An Hölzern, besonders Lbhölzern wachsende mittelgroße bis stattliche Pilze.

1. Hutoberfläche nackt u. kahl. 2.
   Hutoberfläche pulverig, faserig od. flockig. 4.
2. Hut nicht zimtbraun. 3.
   Hut glockenfg., dann flach ausgebreitet, 2—6 cm br., zimtbraun, am Rande gestreift. St. später meist hohl, 4—11 cm lg., glatt, kahl, gelb-weißlich. L. frei, weiß, dann fleischrot. Zystiden spindelfg.-bauchig. Sporen fast kuglig 6—7 μ. An alten Stümpfen u. Ästen, besonders von Rotbuche, zerstreut. VII—IX. (Taf. XI, Fig. 469.)
   1036. Goldiger D. **Pl. chrysophaeus** (Schaeff.) Fries
3. Hut glockenfg., dann flach ausgebreitet, 3—6 cm br., zitronengoldgelb, Rand gestreift, samtig. St. voll, 6—10 cm lg., weißlich od. gelblich, kahl, gestreift. L. frei, blaß fleischrot, bisweilen gilbend. Zystiden ∓ flaschenfg. 60—110 μ lg. Sporen 5—7 × 5 μ. An alten Lbstümpfen, besonders Rotbuche, häufig. VI—IX. (Taf. XI, Fig. 470.)
   1037. Löwengelber D. **Pl. leoninus** (Schaeff.) Fries
   Hut gewölbt, dann ausgebreitet, 5—8 cm br., rosenfarbig, schwach glänzend, fest. St. rötlich, voll, 3—8 cm hoch, nach oben verjüngt, weiß bereift. L. frei, fleischrot. An alten Lbstümpfen, bes. Pappeln, selten. (Nach Ricken vielleicht = *1040.*)
   1038. Rosafarbener D. **Pl. roseoalbus** (Fries)
4. Hutoberfläche nicht umbrabraun. 5.
   Hut gewölbt, dann ausgebreitet, schwach gehöckert, ca. 3—6 cm br., umbrabraun, oft dunkler in der Mitte, runzlig, grau-flockig, plüschartig-rauh. St. voll, 3—6 cm lg., weiß, abwärts braunstriegelig. L. frei, weißlich, dann fleischrot mit schwarzstriegeliger Schneide. Zystiden ∓ spindelfg. Sporen 6—7 × 4—5 μ. Geruch rettichartig; Geschmack bitter. An alten Lbstämmen, besonders Buchen, zerstreut. VIII—X. (Taf. XI, Fig. 471.) (Hyporrhodius pyrrhospermus [Bull.] Fr., Entoloma nigrocinnamomeum Schulz.)
   1039. Schwarzstriegeliger D. **Pl. umbrosus** (Pers.) Fries
5. Hutoberfläche blaugrau, leder- od. graubraun. 6.
   Hut flach gewölbt, dann ausgebreitet, 5—9 cm br., weiß, oft

in der Mitte etwas grau od. bräunlich, seidenfaserig, oft fast zottig.
St. weiß, 4—6 cm lg., glatt, seidig-glänzend od. faserig, am Grunde
verdickt. L. frei, weißlich, später fleischrot, sehr breit. Zystiden
∓ spindelfg. Fleisch weich. Sporen 6—7 × 4—5 μ. In Gebüsch
u. Lbwäldern neben Buchenstümpfen, nicht häufig. VIII—IX.
1040. Pelziger D., Weißer D. **Pluteus pellitus** (Pers.) Fries

6. Hut gewölbt, dann ausgebreitet, schwach gehöckert, 2—5 cm br.,
graublau, bisweilen etwas grünlich (var. beryllus [Pers.] Fr.), in der
Mitte fädig-schuppig bis flockig-runzelig, dunkler. St. 4—6 cm lg.,
bläulich od. grünlichweiß. L. frei, weißlich, später fleischrot. Zystiden
∓ keulenfg. Sporen 8—9 × 6—7 μ. Die bläuliche Form an hohlen
Weiden, die grünliche an Erlen u. Platanen, selten. VI—IX.
1041. Weiden-D. **Pl. salicinus** (Pers.) Fries

Hut fleischig, glockenfg., dann kegelfg. u. ausgebreitet, 6—12 cm
br., schwarz- od. graubraun, feuchtglänzend glatt, dann später die
Oberhaut in Längsfasern od. Schuppen zerrissen, trocken verblassend, Rand gerade, meist gestreift. St. voll, blaß mit schwarzen
Fasern, 6—10 cm lg. L. frei, weißlich, dann fleischrot. Zystiden
birnfg. 25 μ lg., an der L.-Schneide spindelfg., oben mehrspitzig
55—75 μ lg. Sporen 8—10 × 4—5 μ. An u. neben Lbstümpfen, häufig.
III—XI. (Taf. XI, Fig. 472, Abb. 7, 5 [S. 35] u. Abb. 30, 1*a*—*b*.)
1042. Hirschbrauner D. **Pl. cervinus** (Schaeff.). Fr.

§ 15. Myceneae Ricken.

Sporen weiß; Fk. dünnfleischig bis fast häutig, kegelfg.-glockig
od. anfangs eingerollt, dann ausgebreitet mit ∓ schlankem, knorpelig-fleischigem, röhrigem, hfg. wurzelndem St. L. blaß, selten gefärbt, frei od. buchtig angeheftet, nie bogig herablaufend. Kleine
bis mittelgroße, meist gebrechliche Pilze auf Erdboden od. Holz.
Einige sklerotienbildend auf vergehenden Fk. von Lactariazeen,
wenige parasitisch auf lebendem Holze.

Bestimmungsschlüssel der Gattungen.

A. Hut kegelfg.-glockig meist häutig mit geradem Rande.
St. meist schlank, knorpelig-röhrig. L. nie bogig
herablaufend. **41. Mycena.**

B. Hut mit anfangs eingerolltem Rande, dünnfleischig,
St. schlank od. nach unten verdickt, knorpeligfleischig, röhrig, oft nach unten in einer Rübe verlängert (wurzelnd). L. ausgebuchtet od. aufwärts abgerundet, häutig. **42. Collybia.**

41. Gattung: **Mycena** Fries, Helmling.

Hut kegelig-glockig mit geradem Rande, ∓ häutig. St. meist
schlank, knorpelig-röhrig, zerbrechlich. Basidien 4-, oft 2sporig. L.
angeheftet od. zahnfg. ausgebuchtet, nie bogig herablaufend mit

flaschen- od. spindelfgen. bauchigen Zystiden[1]. — Boden- od. Holzbewohner, einzeln od. rasig.
1. St. u. L. bei Verletzungen milchend. 2.
   Nicht milchend. 5.
2. Saft rot. 3.
   Hut zylindrisch, dann glockenfg., 1—2 cm br., oliv-schwärzlich, selten mehr weißlich od. bräunlich, Rand gestreift. St. 5—11 cm lg., gleichfarbig od. blasser, am Grund weißzottig. L. weiß, Zystiden 30—90 μ lg.[1] Sporen 12—14 × 6—7 μ. Saft milchweiß. Zwischen Moos in Wäldern, häufig. Geruchlos. VIII—XI. (M. lactescens Schrad.)
   1043. Milchender H. **Mycena galopus** (Pers.) Fries
3. L. weiß od. weißlich. 4.
   Hut glockenfg., dann flachgewölbt, 1—1,5 cm br., bräunlich od. schmutzig rötlich, gestreift, Rand anfangs blutrot. St. 6 bis 11 cm lg., blaß rotbraun, am Grunde zottig, verbogen; bei Bruch wässerig-roten Saft austropfend. L. hellrötlich, Schneide rotbraun. Zystiden 35—60 μ lg. Sporen 8—9 × 4—6 μ. Zwischen Moos in Wäldern, an Stümpfen, häufig. V—XI. (Taf. XI, Fig.189.)
   1044. Blutender H. **M. sanguinolenta** (Alb. et Schwein.) Fries
4. Hut kegel-glockenfg., dann ausgebreitet, 6—20 mm br., braunrötlich, gestreift. St. straff, 6—8 cm lg., kahl, am Grunde zottig. L. weißlich ohne rote Schneide. Zystiden 35 μ lg.; Sporen 9—10 × 6 μ. Saft dunkelrot. In Ndwäldern, meist auf Kiefernzapfen, zerstreut. VIII—XI.
   1044a. Blutiger H. **M. cruenta** Fries
   Hut glockenfg., 2—4 cm br., weißlich, dann rötlich, glatt, Rand gezähnelt. St. hohl, 3—10 cm lg., rötlich, weißstäubig. L. mit Zähnchen herablaufend, weißlich. Zystiden 40—45 μ lg. Sporen 10 × 6 μ. Saft dunkelblutrot. An faulenden Lb.- u. Ndstämmen rasig, nicht häufig. VIII—X. (Taf. XII, Fig. 490.)
   1045. Blutfuß-H. **M. haematopus** (Pers.) Fries
5. St. klebrig. 6.
   St. trocken. 9.
6. Hut u. St. rein weiß od. zitronengelb. 7.
   Hut u. St. nie rein weiß od. zitronengelb. 8.
7. Reinweiß. Hut gewölbt, schwach genabelt, 4—10 mm br., gefurcht. St. haardünn, über 2,5 cm lg., kahl, dick schleimig. L. weiß, entfernt, herablaufend, geruchlos; Zystiden 18—25 μ lg. Basidien 2sporig. Sporen 8—12 × 4—5 μ. An faulenden Blättern, Stengeln, besonders im Gebirge, zerstreut. V—X. (Taf. XII, Fig. 491.)
   1046. Betauter H. **M. rorida** Fries

---
[1] Die Größenangaben beziehen sich auf die Zystiden der L.-Schneide. Die Zystiden der L.-Flächen sind meist kürzer.

Hut zylindrisch-glockenfg., dann halbkuglig, 4—10 mm br., zitronengelb, gestreift, klebrig. St. 2—3 cm lg., gelb, am Grund zottig, klebrig. L. weiß. Zystiden 30—40 μ lg. Sporen 8—8,5 ×7 μ (6—8×4 μ). Auf abgefallenen Nd. in Ndwäldern, zerstreut. V—X. (M. tenella [Batsch] Sacc.)

1047. Zitronengelber H. **Mycena citrinella** (Pers.) Fries

8. Hut halbkuglig, dann in der Mitte etwas eingedrückt, 1—2 cm br., grau od. braun, klebrig, Rand streifig. St. 3—6 cm lg., gleichfarbig, am Grunde zottig, klebrig. L. blaß, etwas herablaufend, fast gedrängt; Zystiden kuglig 10—12 μ. Sporen 6—9 ×3—4 μ. Geruchlos. Zwischen Moos u. Nd. in Ndwäldern herdig, häufig. X—XI. (Taf. XII, Fig. 492.)

1048. Gemeiner H. **M. vulgaris** (Pers.) Fries

Hut glocken- od. kegelfg., ausgebreitet, 2—3 cm br., weiß, meist mit gelber, bräunlicher od. rötlicher Mitte, auch grau od. braun, klebrig, Rand streifig. St. 5—10 cm lg., zitronengelblich, durchscheinend, unten grünlichgelb, klebrig. L. weiß od. hellgrau, mit Zahn herablaufend. Zystiden kuglig 10—13 μ, borstig, vergänglich. Sporen 8—11×4—5 μ. Zwischen Moos herdig in Lb.- u. Ndwäldern. VIII—XI. (Taf. XII, Fig. 493.)

1049. Grünstieliger H. **M. epipterygia** (Scopoli) Fries

9. L. sich verfärbend od. verblassend. 10.
L. nicht verblassend od. sich verfärbend. 27.

10. St. sehr zerbrechlich. 11.
St. zähe. 15.

11. St. nicht schwarzblau gefärbt. 12.
Hut glockenfg., mit stumpfem Buckel, 10—20 mm br., schwarzblau hygrophan, mit weißem, bald verschwindendem Reif bedeckt, gefurcht. St. 4—8 cm lg., schwarzblau, Basis schwach knollig. L. weißlich-grau. Zystiden 80—100 μ lg. Sporen 10—12 ×6—7 μ. Zwischen Nd., auf Erde, nicht häufig. X—XI. (M. nigricans Bres.)

1050. Schwarzblauer H. **M. atrocyanea** (Batsch) Fries

12. ∓ stark alkalinisch riechend. 13.
Geruchlos. 14.

13. Hut glocken- od. stumpf kegelfg., dann ausgebreitet, 1—2,5 cm br., weiß, gelbfleckig werdend, am Rande heller, feucht schlüpfrig, gestreift, trocken grau, glatt, schwach seidenfaserig. St. 4—6 cm lg., grau bläulich od. fast weißlich, am Grunde weißfaserig. L. weißlich, dann grau. Sporen 8—9×4—5 μ. Geruch schwach laugenartig. An Nadelholzstümpfen in Gärten, Wäldern, nicht häufig. V—X. (Taf. XII, Fig. 494.)

1051. Glatter H. **M. laevigata** (Lasch) Fr.

Hut ebenso, 2—5 cm br., feucht schwärzlich, grau od. braungrau, am Rand heller, gestreift, trocken heller, glänzend. St.

5—8 cm lg., grau purpurn od. bräunlich, glänzend, am Grunde zottig. L. weißlich, später grau, Schneide weiß. Zystiden 35 bis 45 μ lg. Sporen 8—10 × 6—7 μ. Geruch stark laugenartig. An Ndholzstämmen, im Gebüsch, Wäldern, dichtrasig, häufig. IX bis XI. (Taf. XII, Fig. 495.)

1052. Alkalischer H. **Mycena alcalina** Fries

14. Hut glockenfg., stumpf, 1,5—3 cm br., grau od. graubräunlich, feucht durchscheinend. St. 6—12 cm lg., weißlich, fein gestreift, glänzend, am Grunde faserig. L. weißlich schmal. Zystiden fast kuglig 45 μ. Sporen 10 × 4,5 μ. Im Ndwald zwischen Moos, selten. IX—X.

1053. Glasheller H. **M. vitrea** Fries

Hut glockenfg., dann ausgebreitet, 2,5—3,5 cm br., grau-bräunlich, durchscheinend, trocken zinnfarbig. St. 6—8 cm lg., kahl, glatt, glänzend, blaß im Alter zusammengedrückt. L. mit Zähnchen herablaufend, aderig verbunden, graubräunlich-weiß. Zystiden 45—50 μ lg. Sporen 8—10 × 4—5 μ. Geruchlos. Zwischen Gras in Wäldern, selten. VII—IX.

1054. Zinnfarbiger H. **M. stannea** Fries

15. St. gelb od. braunlila. 16.
    St. weiß, grau, bräunlich, graubraun. 17.

16. Hut glocken- od. kegelfg., 2—10 mm br., orangefarben, Rand gestreift. St. borstenfg., 4—6 cm lg., gelb, an der Spitze schwach bereift, glänzend, am Grunde wurzelnd. L. weißlich, dann gelb, Schneide weiß. Zystiden 25—30 μ lg. Sporen spindelfg. 9—12 × 2—4 μ. Zwischen Lb., Moosen u. Ästchen, nicht häufig. V—XII. (Taf. XII, Fig. 496.) (M. coccinea [Scop.] Sacc.)

1055. Orangeroter H. **M. acicula** (Schaeff.) Fries

Hut kegelfg., 1,5—3 cm br., gestreift, rötlich-violett, am Rande zerschlitzt. St. 5—15 cm lg., schlaff, fädig, fein gestreift, braunlila. L. weißlich-grau mit violetter Schneide. Zystiden 40—60 μ lg. Sporen 9—10 × 6—8 μ. Zwischen Torfmoosen in Wäldern, selten. IX—X.

1056. Veilchen-H. **M. janthina** Fries

17. Hut höchstens bis 2 cm br., durchweg kleinere Pilze. 18.
    Hut über 2 cm br. bis 4 cm. 24.

18. St. ganz kahl, höchstens am Grunde haarig. 19.

Hut gewölbt-glockenfg., stumpf, 7—10 mm br., dunkelviolett, trocken himmelblau ausblassend, gestreift, kahl. St. fädig, 4—8 cm lg., am weiß-zottigen Grunde kaum wurzelnd, schwarzblau, glatt, kahl u. nackt, zäh. L. weiß, hakig-angewachsen, dünn. An Stümpfen, zwischen Moos, besonders Jungermanniaceae u. modernden Blättern in feuchten Wäldern auf Kalk, nicht häufig. VII—X.

1057. Azurblauer H. **M. urania** Fries

19. St. schlaff, fädig. 20.
  St. straff, zähe. 22.
20. L. angewachsen. 21.
  Hut glocken- od. kegelfg., stumpf, dann ausgebreitet, 0,5 bis 2,5 cm br., grau, braungrau od. ockerbraun, seltener weißlich, gestreift. St. fädig, 4—8 cm lg., weißlich od. bräunlich, unten wurzelnd, weißzottig. L. frei, weiß, dann grau werdend. Gedrängt. Zystiden 20—48 μ lg. Basidien 2—4sporig. Sporen 8—10×4—5 μ. Zwischen Moos u. Lb. in Wäldern, häufig. VI—X. (Taf. XII, Fig. 498.)
  1058. Fadenstieliger H. **Mycena filipes** (Bull.) Fries
21. Hut glockenfg., dann flach gewölbt, 4—8 mm br., weißlich, später rosa-graubraun, gestreift, trocken runzlig, matt. St. fädig, 5 bis 10 cm lg., wurzelnd, faserig. L. br. angewachsen, weißlich. Zystiden lanzettlich 60—75 μ lg. Basidien 2sporig. Sporen 10—12 ×5 μ. Zwischen Moos u. Lb. in Wäldern, selten. IX—X.
  1059. Hinfälliger H. **M. debilis** Fries
  Hut glockenfg., schwach gebuckelt, 1—2 cm br., braun, oft bräunlich-grauweißlich, mit bräunlicher Mitte, dann verblassend, gestreift. St. fädig, 2,5—5 cm lg., kahl, fein gestreift, glänzend. L. ringfg. verbunden u. angewachsen, weißlich od. blaßrötlich. Zystiden pfriemlich 50—60 μ lg. Sporen 8—10×4—6 μ. An grasigen Stellen der Wälder, selten. IX—X.
  1060. Halskragen-H. **M. collariata** Fries
22. St. nicht in der ganzen Länge weiß. 23.
  Hut halbkuglig, dann ausgebreitet, stumpf, 1—2,5 cm br., rein weiß, seltener gelb- od. braunfleckig, Rand feinstreifig, fast schlüpfrig. St. weiß, 4—14 cm lg., glatt, kahl, am Grunde striegelhaarig, wurzelartig eingesenkt. L. weiß, zahnfg. herablaufend. Sporen 8—9×4—5 μ. Geruchlos; schmeckt säuerlich. Rasig an alten Kiefernstümpfen, zerstreut. V—X. (Agar. laevigatus Lasch, A. cucullatus Fr.)
  1061. Schlüpfriger H. **M. laevigata** (Lasch) Gill.
23. Hut halbkuglig od. in der Mitte stumpfhöckerig, 1—3 cm br., grau-, dunkelbraun od. weißlich, in der Mitte braun, glatt, feucht klebrig, Rand gestreift. St. klebrig, 3—8 cm lg., braun od. an der Spitze weiß od. etwas bläulich, am Grunde weißhaarig, wurzelnd. L. zahnfg. etwas herablaufend, weiß, später am Grunde hellgrau od. rötlich, Schneide weiß. Zystiden sehr verschieden 9—15 μ dick. Basidien 4sporig. Sporen 5—7×2,5—3 μ (9—10 ×5—7 μ Ricken). Rasig an alten Lbstümpfen, zerstreut. IX—XII.
  1062. Klingel-H. **M. tintinnabulum** Fries
  Hut eifg., dann glockenfg. u. so bleibend, stumpf, 2—3 cm br., violettlichgrau, in der Mitte schwarz, am Rand grau od. weiß, gestreift. St. 5—10 cm lg., bläulichgrau od. schwärzlich, ver-

Agaricaceae. 315

blassend, glatt, kahl, am Grunde angeschwollen u. behaart, scharf abgesetzt wurzelnd. L. weißlich, ∓ rotfleckig. Zystiden 40 bis 60 μ lg. Basidien meist zweisporig; Sporen 9—10×6—7 μ (Ricken), 7—8×5—6 μ (Rea). Rasig an Ndstämmen, nicht häufig. X—XII. (Taf. XII, Fig. 499.)

1063. Parabolischer H. **Mycena parabolica** Fries
24. St. ohne Längsstreifen. 25.
Hut stumpf kegelfg., selten glockenfg. mit stumpfem Höcker, 2—5 cm br., aschgrau od. bräunlich, Rand runzlig-streifig. St. steif, 6—10 cm lg., grau od. bräunlich, mit dicht stehenden, vertieften Längsstreifen, am Grunde wurzelnd u. striegelhaarig. L. frei od. hakig eingewachsen, weißlich, rötlich od. grau. Zystiden 20—60 μ lg., oft verzweigt. Sporen 9—12×6—8 μ. Rasig an alten Lbstämmen, häufig. VIII—XII. (Taf. XII, Fig. 500.)

1064. Längsrilliger H. **M. polygramma** (Bull.) Fries
25. L. weiß od. etwas rötlich. 26.
Hut glockig, dann flach gewölbt, 2—3 cm br., hellgrau od. braun, gestreift. St. 4—6 cm lg., graubraun, am Grunde fast fast kahl, wurzelnd. L. grau, ausgerandet, mit Zähnchen angeheftet, am Grunde faltig verbunden. Zystiden 20—30 μ lg. Basidien 4-, auch 2sporig. Sporen 9—11×7—8 μ. Rasig an alten Kiefernstümpfen, selten. X—XI.

1065. Ausgeschnittener H. **M. excisa** (Lasch) Gillet
26. Hut kuglig nickend, mit gezähneltem Rande, dann glockenfg., zuletzt in der Mitte niedergedrückt, 2—3 cm br., braun, Rand gestreift, St. 6—10 cm lg., faserig gedreht, an der Spitze unterbrochen gestreift, anfangs nach abwärts gekrümmt, weißlich od. bräunlich, faserig bereift. L. angewachsen, weiß, am Grunde blaugrau. Zystiden keulig, oben borstig, 30—40 μ lg. Sporen 8—12×6—8 μ. Rasig an alten Stämmen, zerstreut. VIII—XI. (Taf. XII, Fig. 501.)

1066. Nickender H. **M. inclinata** Fries
Hut stumpf kegel- od. glockenfg., dann ausgebreitet u. stumpfhöckerig, 3—6 cm br., grau od. graubraun, selten weißlich, runzlig gestreift. St. fest, 6—12 cm lg., glatt, kahl, glänzend, grau, bräunlich, nach oben heller, spindelfg. wurzelnd. L. mit Zahn herablaufend, weiß od. blaß rötlich, am Grunde aderig verbunden. Zystiden mit kurzen Borsten besetzt. 15—40 μ lg. Basidien meist zweisporig; Sporen 10—11×6—8 μ. Eßbar. Rasig an Lbstämmen, selten an bearbeitetem Holz od. auf dem Boden, häufig. V—XII. (Taf. XII, Fig. 502.) (M. simillima Karsten, M. inclinata Fr.)

1067. Mützenhelmling. **M. galericulata** (Scopoli) Fries
27. L. mit dunklerer gezähnter Schneide, die mit gefärbten Zystiden besetzt ist. 28.
L. mit gleichfarbiger od. hellerer Schneide. 33.

28. Hut rot. 29.
 Hut blaßbraun, grau, schmutzig grau usw. 30.
29. Hut halbkuglig, stumpfhöckerig, 4—15 mm br., orange-rosenrot, dann verblassend, gestreift. St. 3—5 cm lg., blasser rosenrot, unten weißfaserig. L. etwas herablaufend, weißlich- od. rosenrot, Schneide dunkler. Zystiden 42 μ lg. Sporen 7—8×4 μ. Zwischen Moos in Ndwäldern, oft wie gesäet. VI—XII. (M. rosea [Pers.] Sacc.)

1068. Rosenroter H. **Mycena rosella** Fries

Hut glockenfg., spitzhöckerig, 0,5—2,5 cm br., scharlachrot, in der Mitte dunkler, Rand gestreift. St. 4 bis 6 cm lg., gleichfarbig, unten stark weißzottig, oft mit bis 2,5 cm langer Wurzel. L. angewachsen, rötlich mit blutroter Schneide. Zystiden 45 bis 50 μ. Sporen 8—10×5—6 μ. An Nd., Zapfen, Ästen von Nd., selten. IX—XI. (M. strobilina [Pers.] Fr.)

1069. Scharlachroter H. **M. coccinea** (Sowerby) Quél.

30. Hut höchstens bis 1,5 cm br. 31.
 Hut halbkuglig, dann flach, 2—6 cm br., wässerig, schmutzig weißlich od. rötlich, mit anliegenden violetten od. braunvioletten Fasern, Rand gestreift. St. hohl, schmutzig weiß, violettfaserig, 5—8 cm lg. L. trübviolett, dann bräunlich. Schneide trübviolett. Zystiden zylindrisch-spindelfg. 60—100 μ. Sporen 6—7 × 3 μ. Geruch angenehm. Zwischen altem Lb. in Lbwäldern, nicht selten. VIII—XI. (Taf. XII, Fig. 503.) (M. denticulata [Bolton] Quél.)

1070. Gezähnelter H. **M. pelianthina** Fries

31. In Ndwäldern. 32.
 Hut stumpfkegelfg. od. glockenfg., 1—2,5 cm br., schmutzig gelbbraun, in der Mitte oft dunkler, Rand streifig. St. hohl, 5—6 cm lg., gelbbraun, oben heller, am Grunde weißzottig. L. leicht angeheftet, schmutzig weiß, Schneide braun. Zystiden 45—70 μ lg. Sporen 9—11×5—6 μ. In Buchenwäldern, zwischen Gras, in Gärten rasig, zerstreut. IX—XI.

1071. Hafer-H. **M. avenacea** (Fries) Schroeter

32. Hut stumpfkegelfg. od. glockenfg., dann halbkuglig, oft stumpfhöckerig, 1—2 cm br., graublau, graubraun, am Rand gelblich od. fast grünlich, gestreift, hygrophan. St. glatt, 2—6 cm lg., gelbbraun, am Grunde faserig-flockig. L. 2 mm br. angewachsen, weißlich od. gelblich, Schneide lebhaft safranfarben. Zystiden länglich 9—11 μ br. Sporen 8—9×5—6 μ. Zwischen abgefallenen Nd., nicht selten. VIII—X. (Taf. XII, Fig. 504.)

1072. Zierlicher H. **M. elegans** (Pers.) Fries

Hut glockenfg., 10—20 mm br., jung grünlich od. bläulichblaßbraun, dann verschieden gefärbt, außer dem Buckel streifig, bläulich flockig. St. ebenso gefärbt, 4—8 cm lg., Grund schwach knollig-wurzelnd, filzig. L. locker angeheftet, weißlich, an der Schneide durch dunklere Flöckchen gewimpert. Zystiden 20 bis 30 μ lg. Basidien 2sporig. Sporen 7—8×4 μ. An alten moosigen Ndstrünken, selten. VII—X. (Taf. XII, Fig. 497.) (M. marginella (Pers.) Fries, M. iris Bk., A. calorrhiza Bres., A. coerulescens Schroeter)

1073. Fransiger H. **Mycena amicta** Fries

33. St. am Grunde einer kreisfg. Platte aufsitzend od. von striegligen, stachligen Haaren dicht umgeben. 34.
 St. am Grunde ohne Platte, kahl od. nur wenig behaart. 36.
34. Hut weiß, grau od. bräunlich. 35.
 Hut glockenfg., stumpf, 2—7 mm br., leuchtend orange- od. rosenrot, durchscheinend, glatt, am Scheitel schwach kleiig. St. haarfg. rötlich, kahl, am Grunde knollig verdickt, mit strahligen, striegligen Haaren. L. angewachsen, rosenrot, breit, entfernt. Zystiden eifg. od. fast kuglig. Sporen (9—)10—12×4—6 μ. Auf faulenden Farnwedeln, besonders im Gebirge, nicht selten. VIII bis X. (Taf. XII, Fig. 505.)

1074. Farnbewohnender H. **M. pterigena** Fries

35. Hut glockenfg., dann ausgebreitet, 3—5 mm br., durchscheinend, weiß, gestreift, verbogen. St. zerbrechlich, 1—2 cm lg., weiß, kahl, unten knollig angeschwollen u. mit striegligen, abstehenden, weißen Haaren besetzt. L. frei, weiß, dicklich. Zystiden kurz, haarfg. Sporen 6—8,5×2,5—3,5 μ. An moderndem Lb., Nd., Stengeln, Zweigen, nicht häufig. IX—X. (Taf. XII, Fig. 506.)

1075. Igelfüßiger H. **M. echinipes** (Lasch) Fries

Hut glockenfg., stumpf, dann flachgewölbt, 4—10 mm br., weiß, grau od. bräunlich, mit dunklerer Mitte, Rand gestreift. St. fädig, 2—6 cm lg., weißlich od. bräunlich, aus einer kreisfg., flachkegelfg., am Rande gefransten, strahlig streifigen, 2—3 mm br. Scheibe entspringend. L. frei, weiß. Zystiden haarfg. Sporen 4×2 μ (Rea), 7—9×3,5—4,5 μ (Sacc.). Auf moderndem Lb., Ästen, Stengeln usw., zerstreut. VI—XI. (Taf. XII, Fig. 507.)

1076. Säulenfg. H. **M. stylobates** (Pers.) Fries

36. Hut höchstens bis 5 mm br., sehr zart. St. fädig. 37.
 Hut breiter, wenn nur 5 mm br., dann lebhaft gefärbt. St. etwas dicker. 40.
37. St. in der ganzen Länge feinflaumig od. fein bereift. 38.
 St. kahl, höchstens am Grunde behaart. 39.
38. Hut gewölbt, etwas genabelt, dann niedergedrückt, 2—5 mm br., rosa, kahl, glatt. St. 2—3 cm lg., haardünn, etwas schlaff, feinflaumig, gelb. L. meist 6, rosa. An Stengeln u. Blattstielen in feuchten Wäldern; nicht häufig. IX—X.

1077. Stengel-H. **M. stipularis** Fries

Hut halbkuglig, gehöckert od. eingedrückt, 2—5 mm br., rotbraun, grau od. weißlich, gefurcht. St. bis 2 cm lg., grau od. bräunlich, durchscheinend, fein bereift. L. hakenfg. angewachsen, weißlich. Zystiden keulenfg. 30—40 μ lg. Basidien (2—)4sporig. Sporen rund, 8—10 μ. An lebenden Lbstämmen zwischen Moosen u. Flechten, herdig, häufig. IX—XII. (Taf. XII, Fig. 508.)

1078. Rindenbewohnender B. **Mycena corticola** (Pers.) Fr.

39. Hut halbkuglig, dann flach, 1—3 mm br., weiß, gestreift, trocken glatt, St. haarfg., 2,5—7 cm lg., weiß, an der Spitze meist bräunlich. L. zu wenigen, zahnfg. angewachsen, weiß. Zystiden blasigkeulenfg. 40—60 μ, stachelig. Sporen 8—11 × 3—3,7 μ. Zwischen abgefallenen Buchenblättern herdig, häufig. VIII—XII. (Taf. XII, Fig. 509.)

1079. Haarfg. H. **M. capillaris** (Schumacher) Fries

Hut glockenfg., schwach eingedrückt, $\mp$ gebuckelt, 2—7 mm br., fleischbräunlich, schwach bereift, Rand gestreift. St. 2—3 cm lg., weißlich, $\mp$ glasig, am Grunde fein behaart. L. weißlich, hakenfg. angewachsen. Zystiden zylindrisch-keulenfg. 20—40 μ lg. Basidien mit 2 langen, gekrümmten Sterigmen; Sporen rund 8—9 μ od. breit elliptisch 10—12 × 8 bis 10 μ. An lebenden Stämmen zwischen Moos u. Flechten, zerstreut. X—III.

1080. Winter-H. **M. hiemalis** (Osbeck) Fries

40. St. in der ganzen Länge kahl. 41.
    St. kahl, aber am Grunde zottig od. wollig behaart. 43.
41. Hut u. St. gelb od. weiß. 42.
    Hut kegel- od. glockenfg., 0,5—1 cm br., scharlachrot, glatt, kahl. St. fadenfg., weiß, 6—9 cm lg., glatt. L. hakig angeheftet, weiß od. rosa. Zystiden spitz kegelfg. bis 60 μ lg. Basidien 2sporig, Sporen 6—8 × 4 μ. In feuchten Lbwäldern zwischen Gras u. Moos, zerstreut. IX—XI. (Taf. XII, Fig. 510.)

1081. Adonis-H. **M. adonis** (Bull.) Fries

42. Hut glockenfg., dann ausgebreitet u. schwach gehöckert, 1 bis 2,5 cm br., glatt, gelb od. weiß. St. 2—5 cm lg., weiß, fädig, durchscheinend, oben bereift. L. später frei, weiß od. gelblich bis fleischfarben. Sporen 3 × 1,5—2 μ (6—8 × 5—6 μ). Zwischen Moos u. Gras an Wegen, auf Heiden, Triften, nicht häufig. VIII bis XI. (M. raeborrhiza [Lasch] Gill., M. pumila [Sow.] Quél.)

1082. Zwerg-H. **M. chelidonia** Fries

Hut kegel- od. glockenfg., höckerig, 6—15 mm br., gelb, trocken glänzend, schwach streifig. St. gelb, glänzend, nicht glasig; L. angewachsen, schwach hakig herablaufend, weißgelb. Zystiden 20—36 μ lg. Sporen 6—9 × 3,5—5 μ. Zwischen Moos u. Nd. in Ndwäldern, nicht häufig. IX—X. (Taf. XII, Fig. 511.)

1083. Gelbweißer H. **M. luteoalba** (Bolton) Fries

43. Hut bis höchstens 1,5 cm br. 44.
Hut über 2 cm br. 45.
44. Hut glockenfg., schwach gehöckert, dann ausgebreitet, 0,5 bis 1,5 cm br., milchweiß, feucht gestreift, trocken glatt. St. fast fädig, ziemlich zähe. 4—8 cm lg., weiß, am Grunde faserig-zottig. L. weiß, dicht. Sporen 8—9×3—4 μ (Schröter). An abgefallenen Nd. u. Zweigen in Ndwäldern, nicht häufig. V—X. (Nach Ricken = *1092*.)

1084. Kleiner H. **Mycena nana** (Bull.) Fr.

Hut glocken- od. stumpfkegelfg., 0,5—1,5 cm br., weiß od. gelblich, gestreift. St. zart, gebrechlich, 4—7 cm lg., weiß od. gelblich, am Grunde weißzottig. L. 2—3 mm br., angewachsen, weiß, etwas entfernt stehend. Zystiden birnfg. 20—25 μ lg. Sporen 7—8×4 μ. Herdig zwischen Gras u. Moos in Lbwäldern, an Wegen, auf Grasplätzen usw., nicht selten. VIII—IX. (Taf. XII, Fig. 512.)

1085. Gestreifter H. **M. lineata** (Bull.) Quél.

45. Hut stumpfkegelfg. od. glockenfg., dann ausgebreitet, 2—3 cm br., zerbrechlich, weiß, in der Mitte oft rötlich od. bräunlich, oft braunfleckig, am Rande streifig. St. faserig, 4—6 cm lg., fein gestreift, rötlich od. weißlich, am Grunde wollig behaart. L. angewachsen, weiß am Grunde undeutlich aderig verbunden. Sporen 9—11×3,5—4 μ. Herdig in Lb.- u. Ndwäldern am Boden, nicht häufig. IX—X. (Nach Ricken u. a. = *1088*.)

1086. Dornfüßiger H. **M. spinipes** (Swartz) Sacc.

Hut wässerig, glockenfg., dann ausgebreitet, oft stumpfhöckerig, 2,5—8 cm br., hellrosenrot od. hellviolett, oft weiß od. in der Mitte rotbräunlich, bisweilen graublau mit bräunlichem Buckel (var. **multicolor** Bres.), Rand feucht gestreift. St. hohl, oft gedreht, zäh, 6—11 cm lg., am Grunde zottig, gleichgefärbt. L. bis 5 mm br., angewachsen, hinten ausgerandet, gleichgefärbt, am Grunde durch Querfalten verbunden. Zystiden zylindrisch-sackfg. 30—40 μ lg. Sporen 6—8×3—4 μ. Geruch rettichartig. Eßbar. Herdig auf altem Lb. in Wäldern, häufig. VII—XI. (M. pura [Pers.] Quél. Agaricus roseus Bull., Myc. rosella Fr.).

1087. Rettich-H., Rosen-H. **M. rosea** (Bull.) Sacc.

46. Hut braunpurpurn, Rand blasser, oft fleckig, runzlig-riefig, glockig-ausgebreitet, oft ∓ zerschlitzt, 2—4 cm br., St. 3—8 cm lg., violett-purpurn, weiß überfasert od. flockig bereift. L. dicklich, weißlich, rotfleckig werdend. Zystiden 40—60 μ lg. Sporen 9—10×4 μ. Sehr gebrechlich. Fast geruchlos. Im Kiefernwald wie gesäet. Häufig. IX—XII.

1088. Flockenfüßiger H. **M. zephirus** Fr.

47. Hut schneeweiß, wie seidig, kaum gerieft, geschweift-exzentrisch, umgerollt-flatterig, ∓ gelappt, 10—15 mm, ∓ starr. St. 2—3 cm

lg., weiß, bereift, oben ∓ verdickt, verbogen u. gewunden, breitgedrückt, mit verästelter, faseriger Wurzel hinkriechend od. mit striegligem Knöllchen aufsitzend. L. weiß, fast entfernt, z. T. fast aderig verbunden. Zystiden fehlen. Sporen 6—8 × 2—2,5 μ. — Besonders auf abgeschälter Tannenrinde hfg. VIII—XI. (Collybia ludia Fr.)

1089. Flatteriger H. **Mycena ludia** Fr.

Hut reinweiß, runzlig-gerieft, mit hervorragendem Höcker 5—10 mm, nackt. St. 1,5—2,5 cm lg. bereift, mit striegeligem Knöllchen den Nd. aufsitzend. L. gedrängt, angewachsen weiß; Basidien 2sporig. Zystiden fehlen. Sporen 9—10 × 2 μ. — In Ndwäldern, nicht selten. X—XI.

1090. Nadeln-H. **M. pitya** Fries

48. Hut wässerig-weiß, rahmgelblich, bis zum glatten Scheitel fast rippig-gerieft, nackt, hochglockig, 10—20 mm. St. 6—8 cm lg., glasig, nackt, verjüngt, mit haarfilziger, wie abgebissener, zottiger Basis, brüchig-steif. L. weiß, fast entfernt, hakig-angeheftet. Zystiden 30—62 μ lg. Basidien 2sporig. Sporen 8—10 × 4—5 μ. — An Stümpfen u. dichtem Rasen, nicht häufig. VI—XI.

1091. Gipsweißer H. **M. gypsea** Fries

49. Hut milchweiß, gerieft, nackt, glockig, 5—25 mm, stumpf. St. 3—7 cm lg., glasig, bereift, verlängert, biegsam, zäh, faserigwurzelnd. L. fast gedrängt, aufsteigend. Basidien 2sporig. Sporen rundlich 5—6 × 5 μ (Ricken). 8—9 × 3—3,5 μ (Rea). Zystiden zylindrisch-keulig 35—45 μ lg. Zwischen Moosen im Ndwald, gesellig. V—XI.

1092. Milchweißer H. **M. lactea** (Pers.) Fries

Hut weiß, durchscheinend gerieft, halbkuglig, 5—7 mm br. St. 3—4 cm lg., weiß, nackt, borstendünn, flatterig. L. linear, fast gedrängt angewachsen. Sporen 10 × 6—7 μ, feinstachelig. Zwischen Moos am Grunde der Stämme. VII—X. (Collybia muscigena [Schum.] Fr.)

1093. Moos-H. **M. muscigena** (Schum.) Quél.

50. Hut braungrau, gerieft, bereift, hygrophan, glockig-flach, 2—3 cm br., sehr gebrechlich. St. 4—6 cm lg., meist dunkler, oft bereift. L. weißgrau, ausgerandet. Zystiden 60—100 μ lg. Sporen 3—9 × 3—4 μ. Riecht stark alkalisch. Auf Triften u. besonders im Ndwalde auf dem Boden u. auf Stümpfen, einzeln; nicht häufig. X—XI.

1094. Stechendriechender H. **M. leptocephala** (Pers.) Fries

Hut olivgelblich, bis zum rötlichbraunen Scheitel furchigfaltig, nackt, glockig, 10—25 mm, ∓ zäh. St. blasser, glatt, glänzend, starr, 5—7,5 cm lg., L. hellgrau, dick, entfernt, angewachsen. Zystiden keulenfg. 40—45 μ lg. Sporen 9—11 × 4—5 μ. IX—XI. Auf grasigen Triften; häufig.

1095. Faltiger H. **M. plicosa** Fr.

Agaricaceae.

42. Gattung: Collybia Fr., Rübling.

Hut dünn mit anfangs eingerolltem Rande. St. ∓ scharf abgesetzt, knorpelig-röhrig, meist gebrechlich, oft wurzelnd, selten beringt; L. ausgebuchtet od. aufwärts abgerundet, häutig, mit od. ohne Zystiden. Basidien stets 4sporig. Sporenstaub weißlich. — Kleine bis mittelgroße, seltener ansehnliche Pilze auf Waldboden saprophytisch, viele auf totem, mulmigem Holz; einige sklerotienbildend auf Resten vergangener Fk. von Lactariazeen; wenige parasitisch u. schädlich auf lebenden Stämmen.

1. L. aschgrau, Fleisch wässerig. 2.
  L. weiß od. anders, nicht aschgrau, gefärbt. 6.
2. L. locker stehend, br. 3.
  L. gedrängt stehend, schmal. 4.
3. H. glockenfg., fast stumpf, 2—5 cm br., rußfarbig, braun gestreift, dann verblassend, rissig, glänzend. St. später hohl, gewunden, 6—11 cm lg., faserig-streifig, an der Spitze flockig bereift, im Alter zusammengedrückt. L. fast gedrängt angeheftet. Sporen fast kuglig 6—7 μ. In Ndwäldern an Stümpfen, besonders im Gebirge, zerstreut. X—XII.

1096. Zerrissener R. **C. lacerata** (Lasch) Berk.

Hut glockenfg., bald flach gewölbt, stumpfhöckerig, dann niedergedrückt, 1,5—3 (—6) cm br., trübgraubraun, matt, trocken schmutziggrau u. fast seidenglänzend, feinschuppig od. runzlig. St. hohl, 4—8 cm lg., gleichgefärbt, oben weißkleiig fein faserig am Grunde behaart. L.gleichgefärbt, trocken fleckig. Sporen elliptisch-spindelfg. 8—9 × 3—4 μ. Zwischen Moos u. Gras in Ndwäldern, auf Grasplätzen, zerstreut. IX—X. (Taf. XII, Fig. 513.)

1097. Mäusegrauer R. **C. murina** (Batsch) Fries

4. Hut frisch nicht pechschwarz. 5.

Hut flach gewölbt, dann niedergedrückt, 1—4 cm br., pechschwarz, glänzend, trocken braun. St. voll, 2—5 cm lg., glatt, kahl, außen u. innen braun. L. olivengrau, angewachsen. Sporen rund, glatt, 4—5 μ. Geruch stark ranzig-mehlig. Zwischen Gras auf Heiden u. in trockenen Wäldern, häufig. X—XI.

1098. Schwarzer R. **C. atrata** Fries

5. Hut stumpf gewölbt, dann flach u. eingedrückt, 1—3 cm br., graubraun od. etwas schwärzlich, trocken heller, runzlig, Rand eingerollt, streifig. St. graubraun bis schwärzlich, hohl, 2—5 cm lg., oben weißkleiig, unten weißzottig. L. mit einem Zahn angeheftet od. etwas herablaufend. Sporen ∓ eckig od. warzig 5—6 μ. Auf Brandstellen in Wäldern, selten. IX—X.

1099. Angebrannter R. **C. ambusta** Fries

Hut glockenfg., dann ausgebreitet, gebuckelt, 2,5—6 cm br., hygrophan, bläulich, glanzlos, trocken ledergelblich u. seidenglänzend, Rand gestreift. St. später hohl, 6—8 cm lg., oft flach, oben weißschuppig, unten weiß-striegelig. L. 2—4 mm br., grau, sich später lösend. Sporen 7×4—5 μ. Riecht schwach nach Mehl. In Ndwäldern, nicht selten. IX—X.

1100. Geruchloser R. **Collybia inolens** Fries
6. St. glatt u. kahl. 7.
   St. glatt, mit kleiiger, flockiger od. haariger Bekleidung. 11.
   St. kräftig, mit deutlicher furchiger od. faseriger Längsstreifung. 17.
7. L. br., entfernt stehend. 8.
   L. schmal, sehr dicht stehend. 9.
8. Hut sehr flach gewölbt, dann eben, 1—3 cm br., grau od. braun, seltener weißlich, in der Mitte meist dunkler, glatt, trocken,

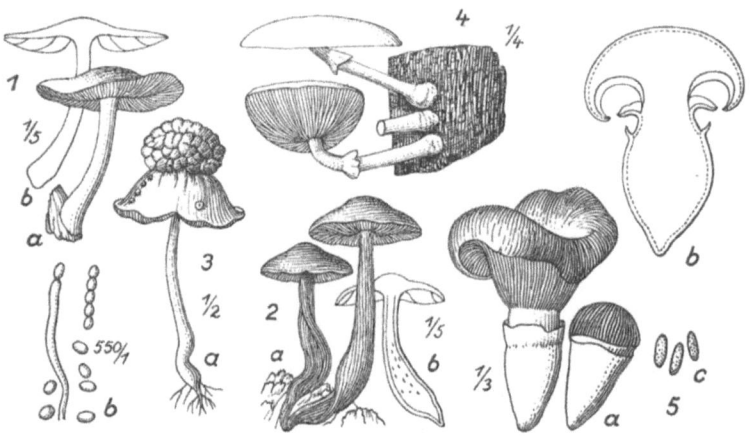

Abb. 30. **Tricholomoideae**: 1 Pluteus cervinus (Schaeff.) Fr. — 2 Collybia fusipes (Bull.) Berk. — 3 C. dryophila (Bull.) Fr., *a* konidienbildende „tremelloide" Form, *b* konidienbildende Hyphe u. Konidien. — 4. C. mucida (Schrad.) Ricken. — 5. Biannularia imperialis (Fr.) Beck — (1, 2 nach Ramsbottom, 3 nach d. Natur, 4 nach Photogr., 5*a* nach Michaël-Schulz, *b, c* nach Beck)

Rand gestreift. St. hohl, 6—10 cm lg., zäh, glatt, glänzend, gelblich od. bräunlich, oben heller, unten in einen langen, zottigen Strang auslaufend, der meist an einem Kiefernzapfen im Boden endet. L. rein weiß. Zystiden bauchig-spindelfg. 48—72 μ lg. Sporen 4—5×2,5—3 μ. Geschmack schwach bitterlich. Eßbar. Herdenweise in Kiefernwäldern, nicht selten. IX—V. (Vgl. *1110.*)

1101. Zäher R. **C. tenacella** (Pers.) Fries

Hut sehr flach gewölbt, dann flach ausgebreitet, 1—2,5 cm br., glatt, ockergelb od. bräunlich, Mitte dunkler. St. hohl, zähe, 2—7 cm lg., gelblich od. bräunlich, unten wurzelnd, zähe. L. angeheftet, weißlich. Zystiden kopfig-weit spindelfg. 40—66 μ lg. Sporen 5—6×2—3 μ. Eßbar. Zwischen Gras u. Moos in trockenen Heiden u. Wäldern auf eingesenkten Kiefernzapfen, zerstreut. XI—V. (Marasmius esculentus [Wulf.] Karst., Coll. clavus Schaeff., C. conigena Fries)

1102. Kiefernzapfen-R.   **Collybia esculenta** (Wulfen) Fr.

9. Hut über 2 cm br.   10. Hut glockenfg., 0,8—1,5 cm br., weißlich, mit gelblichem od. bräunlichem Höcker, Rand bisweilen gekerbt. St. fädig, knorpelig, 2—5 cm lg., kahl, weißlich, am Grunde gelblich od. bräunlich u. wurzelnd. L. weiß. Sporen $5 \times 3\,\mu$. An abgefallenen Ästen, auf Wurzeln, zwischen Moosen, nicht häufig. VII—X. (C. cirrhata var. ocellata [Fr.] R. Maire)

1103. Augenfg. R.   **C. ocellata** Fries

10. Hut flach gewölbt, dann ausgebreitet, stumpfhöckerig, 4—6 bis 8 cm br., kahl, wässerig, hellrötlich, in der Mitte bräunlich, trocken weiß, Rand gestreift. St. hohl, 4—10 cm lg., kahl, rotbraun, am Grunde wurzelnd u. filzig. L. weißlich od. schwach rötlich. Sporen 6—8 × 3—4 μ. In feuchten Wäldern herdig, nicht selten. VI—X. (Taf. XII, Fig. 514.) (C. erythropus [Pres.] Quél.)

1104. Gehäufter R.   **C. acervata** Fries

Hut flach gewölbt, dann flach, oft etwas eingedrückt, 2,5—6 cm br., etwas wässerig, weißlich bräunlich, oft in der Mitte dunkler, trocken verblassend, glatt. St. hohl, 4—8 cm lg., weißlich od. rötlich bräunlich, glatt, am Grunde faserig-wurzelnd. L. frei, weißlich od. gelblich. Sporen 5—6 × 3—4 μ. Zwischen Gras u. Lb. in Nd.- u. Lbwäldern, häufig. V—XI. (Taf. XII, Fig. 515, Abb. 30a—b.) (Marasmius dryophilus [Bull.] Karst.) — Sehr formenreich.

1105. Wald-R.   **C. dryophila** (Bull.) Fries[1]

Hut größer. St. schlaff niederliegend, am Grunde zottig. L. schwefelgelb. Rasig in Wäldern u. auf Grasplätzen, häufig. (C. funicularis Fr.)

1105β. Schlaffer Wald-R.   **C. dryophila** var. **funicularis** Fr.

Hut goldgelb. St. leuchtend hellgelb. L. cremefarben. In Wäldern; nicht selten.

1105γ. Goldgelber Wald-R.   **C. dryophila** var. **aurata** Quél.

Hut blaß bernsteingelb. St. am Grunde knollig, blasig-aufgetrieben. L. cremefarben. In Sphagnum-Mooren. V—IX. Nicht selten. (Mycena galeropsis Fr.)

1105δ. Knollenfüßiger W.-R.   **C. dryophila** var. **oedipus** Quél.

Hut bis 7,5 cm br. gewölbt. St. am Grunde 1 cm br., rötlich. Zwischen Lb. am Boden. IX—XI. Ziemlich häufig.

1105ε. Gewölbter W.-R.   **C. dryophila** var. **alvearis** Cooke

---

[1] Eine konidienbildende „tremelloide" Form ist von dieser Art mehrfach in Deutschland (z. B. Berlin, Hamburg, Siegen, Darmstadt) beobachtet. Der Hut (selten auch der Stiel) zeigt sehr auffällige gekröseartige Gewebebildungen mit etwa 1 μ gr. Konidien. (Vgl. Abb. 30a—b.)

Hut blaß gelblichbraun, hygrophan, Rand gestreift. Zwischen Moos in Wäldern u. Heiden; häufig. V—X. (C. aquosa [Bull.] Fr.) *1105ζ*. Wässeriger W.-R. **Collybia dryophila** var. **aquosa** (Bull.) Fr.
11. St. einem Sklerotium entspringend. 12.
St. nicht einem Sklerotium entspringend. 13.
12. Hut sehr flach gewölbt, dann flach ausgebreitet, selten stumpfhöckerig, 3—12 mm br., glatt, weißlich od. hellrotbräunlich gefleckt, trocken weiß u. seidenglänzend. St. fädig, schlaff, 2—5 cm lg., hohl, weißlich od. hellbräunlich, mit spinnwebiger, unten haariger Bekleidung. L. weißlich. Zystiden fädig. Sporen 4—6 × 2,5—3 μ, punktiert. Sklerotium 2—8 mm lg., braun, dann schwarz, innen weiß, glatt. Auf faulenden, größeren Lactarius- u. Russula-Resten, nicht selten. VIII—XI. (Taf. XII, Fig. 516.)
1106. Knolliger R. **C. tuberosa** (Bull.) Fries
Hut flach gewölbt, dann flach ausgebreitet, 2—15 mm br., weiß, oft gelbhöckerig, zartrinnig, kahl. St. schlaff, 2—5 cm lg., rötlich-weiß, schwach faserig, am Grunde striegelig-zottig. L. weißlich. Sporen 4—5 × 2—3 μ. Sklerotium rundlich-höckerig, 1—3 mm br., rot-gelblich, innen weiß, glatt. Auf Hutpilzen zwischen Laub u. auf nacktem Boden, zerstreut. VII—XI. (Taf. XII, Fig. 517.). (Seidiger Sklerotien-R.)
1107. Kraushaariger R **C. cirrhata** (Schumacher) Fries
13. Hut glatt, kahl. 14.
Hut flach gewölbt, dann eben, selten stumpfhöckerig, 2—10 mm br., weißlich mit bräunlichen, oft striegelhaarigen, faserigen, meist konzentrisch stehenden Schuppen, in der Mitte dunkler. St. zähe, 2—5 cm lg., kastanienbraun, haarig-faserig, der Unterlage fest aufsitzend. L. später frei, weiß. Zystiden pfriemlich 30—40 μ lg. Sporen 10—12 × 6—7 μ. An Stengeln, Graswurzeln auf Grasplätzen, an Wegen, häufig. VII—XI. (Agaricus caut. Bull., A. scabellus A. et Schw., A. stipitarius Fr., C. stip. Gill., Crinipellis st. [Fr.] Pat., Marasmius sc. (A. et Schw.] Quél.)
1108. Stengelbewohnender R. **C. cauticinalis** (Bull.) Schröt.
14. In Ndwäldern. 15.
Hut flach gewölbt, dann ausgebreitet, 2,5—8—12 cm br., glatt kahl, feucht klebrig, honiggelb, in der Mitte kastanienbraun. St. voll, zähe, 6—10 cm lg., kahl, oben gelblich, unten kastanienbraun bis schwärzlich u. dicht samtbraunhaarig. L. angeheftet, gelblich. Zystiden kegelfg. bis spitz pfriemlich 22—26 μ lg. Sporen 7—10 × 3—5 μ. Meist büschelig am Grunde von Lbstämmen häufig. Geruch u. Geschmack angenehm. Eßbar. XI—III. (Taf. XII, Fig. 518.) (Winter-R., Winterpilz.)
1109. Samtfüßiger R. **C. velutipes** (Curtis) Fries
15. Hut flach gewölbt, dann ausgebreitet, oft höckerig, 0,5—3 cm br., ockerfarben od. bräunlichgelb, in der Mitte dunkler, glatt,

kahl. St. feinröhrig, 3—6 cm lg., gelblich od. rötlichbraun, hellockerfarben. Zystiden bauchig-spindelfg. 48—72 μ lg. Sporen länglich, einseitig-flach, 4—5 × 2,5—3 μ. Eßbar. Herdig an Kiefern u. faulenden Fichtenzapfen in Ndwäldern, zerstreut. X—V. (Taf. XII, Fig. 519.) (Marasmius conigenus [Pers.] Karst., Coll. tenacella Fr., C. stolonifera Jungh.)

1110. Zapfenbewohnender R. Collybia conigena (Pers.) Bres.

Hut flach gewölbt, dann flach, stumpf, seltener schwach gebuckelt, 2—3,5 cm br., wässerig, feucht rötlichbraun, trocken weißlich. St. hohl, etwas flach, oben erweitert, 4—12 cm lg., rotbraun, weißzottig, meist mehrere St. durch filziges Gewebe am Grunde reihenweise verbunden. L. sehr dicht, frei, weißlich. Zystiden perlschnurartig 50—65 μ lg. Sporen 5—8 × 2—4 μ. Geruch angenehm. In Ndwäldern, nicht selten. VI—XII. (Marasmius confl. [Pers.] Ricken, M. hariolorum [D. C.] Quél., C. har. [D. C.] Fr.)

1111. Zusammenfließender R.   C. confluens (Pers.) Fries

16. St. gleichmäßig weißlich od. grau.   17.

St. unten irgendwie braun, nach oben weißlich od. seltener gleichmäßig irgendwie braun.   19.

17. L. weiß, bei Berührung sich nicht schwärzend.   18.

Hut flach gewölbt, stumpf, 5—7—10 cm br., glatt, kahl, feucht, bleigrau od. weißlich, trocken isabellfarben od. bleigrau-, rußfarben, Rand abstehend, gestreift. St. voll, faserig, 6—11 cm lg., gestreift, grau, am Grunde verdickt, wie abgebissen. L. entfernt stehend, stumpf angeheftet, mit herablaufenden Zähnchen, weiß, bei Berührung schwärzend. Sporen 7—8 × 3—4 μ. In Ndwäldern, selten. Riecht ranzig; schmeckt bitter. X—XI. (Taf. XII, Fig. 520.) (Tricholoma semitale [Fr.] Ricken, C. fumosa [Pers.] Quél.)

1112. Bitterer R.   C. semitalis Fries

18. Hut gewölbt, stumpfhöckerig, dann ausgebreitet, 6—12 cm br., glatt, kahl, weißlich, später rotbraun gefleckt, zuletzt vollständig rötlich, Rand geschweift, schwach filzig. St. 8—12 cm lg., zylindrisch od. in der Mitte $\mp$ bauchig, weißlich, längsgestreift. L. 2—4 mm br., frei, sehr dicht, weißlich, oft rötlichgefleckt. Sporen rundlich 5—6 μ. Zwischen Moos in feuchten Nd.- u. Lb.-wäldern, besonders unter Quercus; sehr häufig. V—X. Geschmack bitter, widerlich. Ungenießbar.

1113. Gefleckter R.   C. maculata (Alb. et Schwein.) Fries

Hut glockenfg., dann $\mp$ ausgebreitet, stumpf, 2—3 cm br., milchweiß, trocken weiß, mit runzelig-grieftem Rande, kahl, glanzlos, dünn. St. hohl, 4—5 cm lg., oft kraus, weißlich gestreift, am Grunde $\mp$ verdickt, rötlichgelb, feucht glasig. L. 5—7 mm br., buchtig angeheftet, dicht weiß. Zystiden breitlanzettlich 40—45 μ lg. Sporen 6—7×3—3,5 μ. Im feuchten Ndwald, gesellig, Nd. aufsitzend; nicht häufig. Geruchlos; mild. IX—X.

1114. Kropfstieliger R. **Collybia strumosa** Fr.
19. L. entfernt voneinander stehend. 20.
Hut flach gewölbt, meist stumpfhöckerig, dann ausgebreitet, 4—8 cm br., wässerig, feucht hellockerfarben, mit brauner Mitte, oft ganz braunrot, fettglänzend, trocken weißlich, Rand streifig. St. kegelfg., 4—8 cm lg., oben weißlich, unten ∓ blasig aufgetrieben, hellbraun od. ganz rotbraun, dicht längsstreifig, selten zottig behaart. L. abgerundet, leicht angeheftet, dicht stehend 8—10 mm br., gekerbt, weiß. Sporen 9×4—5 μ. Eßbar. Herdig in Lb.- u. Ndwäldern, häufig. IX—XI. (Taf. XII, Fig. 522.)

1115. Butter- R. **C. butyracea** (Bull.) Fries
Hut horngrau, mit gerieftem Rande, kahl, nackt, trocken weißlich, gebuckelt-geschweift, dünnfleischig, 3—6 cm br. St. 5—6 cm lg., graubraun, gerillt, mit aufgeblasener, gerillter Basis. L. blaß, ganzrandig, 6—8 mm breit. Sporen 6—7 × 3 μ. — In Wäldern gesellig. VIII—X. Sehr häufig. Eßbar.

1116. Horngrauer R. **C. asema** Fr.
20. St. kahl. 21.
Hut flach gewölbt, stumpfhöckerig, 3—5—10 cm br., hellbraun mit dunklerer Mitte, schwach längsrunzlig, dicht braunfilzig-samtig, Rand scharf, die L. überragend. St. voll, nach unten dicker, 8—12 cm lg., am Grunde schief u. lang rübenfg. wurzelnd, leder- od. kastanienbraun, oben etwas heller, gedreht, längsrippig, dicht braunfilzig. L. frei, milchweiß, sehr entfernt, 7—8 mm br. Zystiden pfriemlich 50—60 μ lg. Sporen kurzelliptisch 9—10 × 6—9 μ. In Lbwäldern bes. unter Eichen, vereinzelt. VIII—X. Geschmack milde, fast nußartig. Eßbar. (Taf. XII, Fig. 523.) (Marasmius l. [Bull.] Quél.)

1117. Langstieliger R. **C. longipes** (Bull.) Berk.
21. Hut glockenfg. od. halbkuglig, stumpfhöckerig, dann flach gewölbt, 4—10 cm br., rotbraun, weißlich od. ockerfarben, meist braun gefleckt, glatt, später rissig, Rand geschweift. St. 6—15 cm lg., in der Mitte meist bauchig, unten lg. spindelig auslaufend, hell- od. rotbraun, faserig-längsgestreift. L. später frei, entfernt, weißlich, dann rötlich fleckig, kraus, oft aderig verbunden. Zystiden fädig-keulig 10—44 μ lg. Sporen 5—6×3—4 μ. Am Grunde alter Eichen, häufig. Eßbar. VI—X. (Abb. 30, 2a—b).

1118. Spindelstieliger R. **C. fusipes** (Bull.) Berk.
Hut glocken- od. stumpfkegelfg., dann flach gewölbt, schwach höckerig, 4—10 cm br., reh- od. graubraun, klebrig, mit gewundenen, strahligen Runzeln. St. am Grunde lg. spindelfg., 8 bis 12—20 cm lg., oben weiß, unten bräunlich, glatt, kahl, gedreht,

längsstreifig. L. 8—10 mm br., entfernt, zahnfg. angeheftet, weiß. Zystiden keulig-schlauchfg. 50—120 μ lg. Sporen 12—16 ×8—12 μ. Besonders in Lbwäldern am Grunde der Stämme, in Stümpfen, häufig. VII—X. Eßbar. (C. macroura [Scopoli] Fr.)
1119. Langschwänziger R. **Collybia radicata** (Relh.) Berk.
22. Hut blaß, braungrau-faseriggestreift ausblassend, dünnfleischig, zerbrechlich, ausgebreitet, 6—20 cm br., stumpf. St. 7—12 cm lg., blaß, gerieft, fast zylindrisch, am Grunde abgestutzt, einem weißen, kriechenden Strangmyzel entspringend, oben oft bereift. L. weiß, leicht angeheftet, grob gekerbt, sehr breit (10—15 mm), entfernt. Zystiden ∓ sackfg. 14 μ br., 50—60 μ lg. Sporen 8—10×6—8 μ. Geruchlos. Geschmack mild. Kaum genießbar. An Lbholzstümpfen. VI—XI; hfg. (C. grammocephala [Bull.] Fr., C. pl. var. repens Fr., Ag. pl. Pers.]. (Taf. XI, Fig. 521.)
1120. Breitblätteriger R. **C. platyphylla** (Pers.) Fries
Hut 5—7 cm br., oliv-rehbraun, ∓ dunkelgestreift, glatt, kahl, Rand glatt. St. braun, unten blaß, 6—8 cm lg., nackt verkehrtkeulig, wurzellos, fast korkzäh. L. ockerblaß, fuchsig-fleckig, runzelig, bauchig. Zystiden schlauchfg. 40—60 μ lg. Sporen rundlich 6—9×6—8 μ. In Lbwäldern, einzeln. XI.
1121. Korkstieliger R. **C. crassipes** (Schaeff.) Fries
23. St. beringt. Der ganze Pilz weißlich, Scheitel u. Stielbasis oft oliv-schwärzlich überhaucht, schmierig-schleimig. Hut fast rippig-runzelig, glockig bis gewölbt, 3—5—10 cm br. St. 4—8 cm lg., mit häutigem, gerieftem, geschwollen-häutigem, hängendem Ring. L. breit, entfernt, tief ausgebuchtet, strichförmig herablaufend. Sporen rundlich 15—18 μ. — An lebenden Buchenstämmen, seltener Birken, büschelig; oft hoch oben in den Kronen der Buchen; schädlich. (Taf. XIII, Fig. 562 u. Abb. 30, 4.) (Armillaria mucida [Schrad.] Fries, Lepiota mucida [Schrad.])
1122. Buchen-Ring-R. **C. mucida** (Schrad.) Ricken

§ 16. Tricholomeae Ulbrich.

Hut ∓ derbfleischig, zentral od. seitlich gestielt od. ungestielt ansitzend. L. häutig, ausgerandet od. am St. abgerundet od. ∓ herablaufend. St. fleischig, berindet, **nicht knorpelig.** Sporen weiß. Meist ansehnliche Pilze des Waldes od. lichter Standorte auf Boden od. Holz.

Bestimmungsschlüssel der Gattungen:
A. St. exzentrisch od. fehlend; Fk. meist ohne Hüllen. An lebendem od. totem Holz od. auf Kräutern. **43. Pleurotus.**
B. St. zentral.
I. Fk. mit einfacher Hülle (Velum partiale) od. ganz hüllenlos.

a) Hülle fädig-flockig (cortina-artig), meist
ganz fehlend; Bodenpilze. **44. Tricholoma.**
b) Hülle ∓ häutig, meist bleibender Ring. An
Holz. **45. Armillaria.**
II. Fk. mit doppelter Hülle (Vel. partiale u. universale. Hüllen ∓ häutig; Sporen spindelfg. Bodenpilze. **46. Biannularia.**

43. Gattung: **Pleurotus** Fries, Seitling.

Fk. seitlich gestielt od. stiellos ansitzend, dick- od. dünnfleischig bis fast häutig (nicht lederig; vgl. Panus u. Lentinus S. 213—215) mit glatten (nicht gesägten) herablaufenden od. ∓ buchtig angehefteten, meist weißen, häutigen L. Bisweilen mit Zystiden. Basidien 4-, sehr selten 2sporig. Sporenstaub weiß. Sporen farblos, glatt. Fast ausschließlich an Holz, einige auch an krautigen Pflanzen, meist saprophytisch, einige auch parasitisch. Meist spät im Herbst, viele während des ganzen Winters bis zum Frühling. Viele Arten eßbar.

1. Hut rings gerandet, nicht halbiert, mit abgesetztem seitlich. St. 2.
Hut halbiert, meist in einen seitlichen St. ausgezogen, und gestielt seitlich ansitzend od. mit dem Hutscheitel aufgewachsen. 15.

2. L. weit herablaufend. 3.
L. stumpf angewachsen od. ausgebuchtet. 10.

3. An Holz u. Baumstämmen. 4.
An krautigen Pflanzen (Umbelliferen, bes. Eryngium). 9.

4. An Eichen. 5.
An anderen Laubhölzern od. Nadelhölzern. 6.

5. Hut fast halbkuglig, derbfleischig, 5—10 cm br., weißlich mit hellbräunlichen, gefelderten Schüppchen. St. fast holzig, 2—4 cm lg., horizontal od. aufwärts gekrümmt, weißlich, feinschuppig, Ring zerschlitzt, flüchtig. L. weiß, schmal, trocken gelblich. Sporen zylindrisch $12-13 \times 3-4\,\mu$. An Eichenstämmen u. -pfählen, seltener an anderen Lbhölzern, nicht häufig. Eßbar. IX—XI. (Pl. dimidiatus [Schaeff.] Sacc.)

1123. Eichen-S. **Pl. dryinus** (Pers.) Fries

Hut graubraun-falb-lederfarbig, kahl, trichterfg., 6—12 cm br., auch halbiert, St. blasser, bisweilen verästelt; L. schmutzig, breit, gedrängt, bis über die Hälfte des St. herablaufend u. in Riefen des Stieles übergehend, am Grunde ∓ anastomosierend. Sporen $8-10 \times 3{,}5-5\,\mu$. Geruch mehlartig. An Eichenstämmen, fast rasig. IX—XI. Eßbar. Nicht häufig. (Pl. sapidus Kalchbr. et Schulz, Pl. cornucopiae [Paul.] Quél.)

1124. Rillstieliger S. **Pl. cornucopioides** (Pers.) Bres.

6. An Apfel, Pappel, seltener auch Nadelholz. 7.
An Birken u. anderen Stämmen. 8.

7. Hut flach gewölbt, 4—10 (—20) cm br., hellbraun od. fast weißlich, fein filzig, dann flockig-schuppig, Rand stark eingerollt. St. fast randständig, 4—10 cm lg., voll, unten wurzelartig auslaufend, weiß, fasrig gestreift, Ring häutig od. flockig, zerrissen, flüchtig. L. unten anastomosierend, weiß, trocken gelblich. Sporen walzenfg. $10—15 \times 3—4\,\mu$. Geruch fenchel-, dann rettichartig. An Apfelstämmen, alten Pappeln, auch an anderen Lbhölzern, seltener auch an Ndhölzern. X—XI. Eßbar.

1125. Berindeter S. **Pleurotus corticatus** Fries

Hut ganz weiß, glatt, kahl, flatterig-niedergedrückt, 5—8 cm br. St. exzentrisch, oft verlängert, elastisch, aufsteigend, zottigwurzelnd ohne Ring. L. gedrängt, weit herablaufend. Fk. nicht gilbend. Sporen eifg. $10—11\,\mu$. IX—X. Eßbar. An Apfel, selten.

1126. Apfel-S. **Pl. pometi** Fries

8. Hut ganz weiß, glatt, kahl, $\mp$ halbiert, aber ringsum gerandet, fast gewölbt-spatelfg., ca. 8×5 cm br. St. 2—3 cm lg., kahl, kurz, aufsteigend, nicht wurzelnd. L. weiß, gedrängt, herablaufend. An Betula (Birken), einzeln; nicht häufig.

1127. Birken-S. **Pl. pantoleucus** Fries

Hut fleischig-korkig, polsterfg., ziemlich flach, 11—14 cm br., kahl, schwach runzlig, weiß, in der Mitte fleischrot. St. ca. 1 cm lg., voll. L. herablaufend, 6 mm br., weiß. An alten Pirus-Stämmen, selten. H.

1128. Polsterfg. S. **Pl. pulvinatus** (Pers.) Fries

9. Hut rußbraun-graufalb, zartfilzig, oft rissig, niedergedrückt, 5—10 cm br., unregelmäßig. St. blaß, kahl, oft exzentrisch, bauchig-wurzelnd. L. blaß, oft anastomosierend. Sporen $10—14 \times 5—6\,\mu$. Auf den Wurzeln, von Umbelliferen, bes. Eryngium, Daucus, Laserpitium, fast rasig. IX—XI; in Deutschland selten, in Frankreich stellenweise häufig unter dem Namen Argouane als Speisepilz geschätzt. (Pl. Eryngii D.C., Pl. cardarella Balt., Pl. nebrodensis Inz.)

1129. Kräuter-S. **Pl. fuscus** (Battandier) Bres.

10. Nur an Nadelhölzern. 11.
    An Lb- u. Ndhölzern. 12.

11. Hut gewölbt, halbkuglig, 8—14 cm br., rauchgrau, mit angedrückten, haarigen, schwärzlichen Schuppen. St. randständig, meist horizontal, voll, oberhalb des rauchgrauen Ringes glatt, weiß, unterhalb rauchgrau, schwarzschuppig. L. weiß mit behaarter Schneide. Sporen $9—10 \times 3—4\,\mu$. An alten Tannenstümpfen, VII—IX, selten. (Agaricus lepiota Alb. et Schw., Pl. corticatus var. Alb. (Fr.] Quél., Pl. cort. var. tephrotrichus Fr.)

1130. Lepiota-ähnlicher S. **Pl. Albertinii** Fr.

Hut gelb, von haarigen, schwärzlichen Schüppchen rauh, 5—15 cm br., stumpf, fast gebrechlich. St. 6—10 cm lg., gelb, faserig, fast zentral, gleichdick. L. 5—10 mm br., gelb, gedrängt, schmal angewachsen. Sporen 6×4—$5\,\mu$. Fleisch gelb. Geschmack bitter. An Ndholzstämmen. IX—X. Häufig. (Tricholoma decorum [Fr.] Quél.; Clitocybe decora Fr.)

1131. Schöner S. **Pleurotus decorus Fries**

Hut gelb, mit flockigen, rostbraunen Schüppchen, fast gebuckelt, 5—12 cm br. St. 2,5—7 cm lg., klah, glatt, mit $\mp$ mehliger Spitze, exzentrisch. L. sehr breit, fast entfernt. Sporen eifg. 6 μ, stachelig. Fl. blaß. An gefälltem Ndholz; selten. (Tricholoma ornatum [Fr.] Quél.) (Vielleicht = *1131.*)

1132. Geschmückter S. **Pl. ornatus Fries**

12. An Buchen u. Birken. 13.
Auch an anderen Hölzern. 14.

13. Hut weißlich-wässerig, glatt, trichterfg. 7—10 cm br. mit buchtig gelapptem Rande. St. zottig, kurz (1—4 cm), wurzellos, $\mp$ breitgedrückt. L. sehr gedrängt, dünn, angewachsen. Sporen eifg. 3,5—$5 \times 2{,}5$—$3\,\mu$. Riecht schwach nach Mehl. An Buchenstümpfen, selten. X—XI. Eßbar. (Clitocybe f. [Bolt.] Quél.)

1133. Bewimperter S. **Pl. fimbriatus** (Bolt.) Fries

Hut weiß, bereift-seidig, verflacht, $\mp$ kreisrund 5—8 cm br. St. schwach exzentrisch, kahl, kurz-, wie abgebissen wurzelnd. L. breit, gedrängt, fast herablaufend. Sporen kuglig 3—4 μ. Schwach würzig (nicht nach Mehl) riechend. — An Birken, einzeln, X—XI. (Clitocybe circinata [Fr.] Quél.)

1134. Kreisrunder S. **Pl. circinatus Fries**

14. Hut fleischig, gewölbt, dann flach od. genabelt, 2—10 cm br., flockig bereift, dann kahl, schmutzig-weißlich, selten schwarz bis aschgrau, Rand weiß. St. später hohl, gewunden, 5—8 cm lg., bisweilen zentral, etwas zottig. L. angewachsen, rein weiß bis gelblich. Sporen rundl. 4—$5 \times 3\,\mu$. Geruch nach ranzigem Mehl. An faulendem Holz besonders Fagus, rasig. Nicht häufig. VIII—X. (Taf. XI, Fig. 477.)

1135. Holzliebender S. **Pl. lignatilis Fries**

Hut graublaß, ockerweißlich, anfangs gewölbt, dann flach, Rand eingerollt, zart seidenfilzig, oft braunfleckig u. felderigrissig, 7—30 cm br. St. blaß, 5—20 cm lg., 2—5 cm dick, feinfilzig bis zottig (var. dasypus Pers.), sehr derb. Fleisch derb, schneeweiß an Druckstellen $\mp$ blaugrau verfärbend. L. weißlich, breit (7—20 mm), derb, abgerundet od. ausgerandet. Sporen $\mp$ rundlich 4—5 μ. Formen mit zentralem St. (f. verticalis Fries) sind nicht selten u. gleichen einem Ritterling. Geruch u. Geschmack gurkenartig. Eßbar. An lebenden od. gefällten Ulmen, auch an Pappeln, Buchen, Eichen, Linden, oft hoch oben am Stamm, aus Astwunden hervorbrechend. Nicht selten. VII—XII.

1136. Ulmen-S. **Pl. ulmarius** (Bull.) Fr.

15. Hut halbiert ansitzend od. in einen kurzen seitlichen St. zusammengezogen. 16.
    Mit dem Hutscheitel aufgewachsen, vollkommen stiellos.
16. An Hölzern. 17.
    Auf dem Erdboden. 25.
17. An Nadelhölzern. 18.
    An Lbholz. 19.
18. Hut dünnfleischig, zähe, nierenfg., 1—2 cm br., glatt, hellgelblich, später weiß mit gummiartig-dehnbarer, abziehbarer Haut. St. 6—12 cm lg., nach oben breiter, zusammengedrückt, weiß, feinschuppig. L. vom St. durch eine Linie getrennt, weißlich. Sporen 3—4×1—2 μ. Geschmack mild. Auf abgefallenen Ndzweigen u. an Schlagholz, zerstreut. X—II.
1137. Milder S. **Pleurotus mitis** (Pers.) Fries
    Hut taubenblaugrau, glatt, kahl, niedergedrückt, ungleichseitig, weißstriegelig, 6—10 cm br. St. blaß, striegelig, nach unten verjüngt. L. graubläulich, herablaufend, hinten anastomosierend. Sporen zylindrisch, 10—12×3—4 μ. Eßbar. An Ndholz. X—XI.
1138. Taubengrauer S. **Pl. columbinus** Bres.
19. An Buchen.
    Hut derb, spatelfg., flach od. etwas aufgerichtet, zerschlitzttrichterfg., 4—6 cm br., graubraun ledergelb, trocken weißlich, rissig-gefeldert, seidenhaarig; Rand eingerollt, gerippt. St. zusammengedrückt, aufrecht, 1—3 cm lg., gleichfarbig, weißzottig. L. herablaufend, grau, später weißlich. Zystiden spindelfg. 50—60 μ lg. Sporen 5—8×3—5 μ. An Buchenstümpfen od. auf Erde in Lbwäldern, selten. IX—XII.
1139. Blumenblattartiger S. **Pl. petaloides** (Bull.) Fries
    Hut gebrechlich halbkreisfg., flach, 1—2,5 cm br., am Rande gestreift, violett, dann fleischfarben. St. am Grunde zottig, sehr kurz. L. scharf abgegrenzt, fleischrot. Auf altem Rotbuchenholz, selten. X—V.
1140. Flacher S. **Pl. planus** Fries
20. An Weiden u. Pappeln. 21.
    An verschiedenen Lbhölzern. 22.
21. Hut fleischig, dick, halbiert meist horizontal abstehend, flach gewölbt, hinten meist etwas eingedrückt, 5—15 cm br., graubraun, dann ockerfarben, glatt, verblassend. St. kurz, filzigzottig, bisweilen fehlend. L. herablaufend, hinten schwach anastomosierend, weiß, dann ockerfarben. Sporenpulver sich violett bis hellbräunlich verfärbend. Sporen 10—12×3—4 μ. Eßbar. Meist dachziegelig an Lbstämmen (Weide, Pappel), nicht häufig. IX—XII, in milden Wintern bis III. — Jung eßbar.
1141. Weiden-S. **Pl. salignus** (Pers.) Fries

22. L. reinweiß, Hut schwärzlich. 23.
L. orangeblaß od. bläulichweiß bis ∓ grau, Hut ∓ bräunlich. 24.

23. Hut fleischig, fast halbiert, ∓ aufsteigend, 6—15 cm br., zuerst schwärzlich, dann aschgrau od. braun, glatt, Rand eingerollt. St. voll, 2—4 cm lg., weiß, kahl, am Grunde striegelhaarig. L. weiß, herablaufend, hinten anastomosierend. Basidien bisweilen auch 1—3sporig. Sporen 9—11 × 3—6 μ. Rasig an Lbstämmen, häufig. I—XII. Eßbar. (S. 38 Abb 8, 6 u. Taf. XI, Fig. 478.)

1142. Austern-S. **Pleurotus ostreatus** (Jacq.) Fries

24. Hut dickfleischig, gewölbt, muschel- bis nierenfg. oder huffg., 5—10 cm br., gelbolivbraun, klebrig, mit verschwindendem, dunkelbraunem Filz, Rand anfangs eingerollt. St. bis 2 cm lg., goldgelb, olivbraun-filzig. L. abgerundet, gelblichweiß. Zystiden ∓ keulig-bauchig 40—53 μ lg. Sporen 4—6 × 1—2 μ. Dachziegelig an Lbstämmen zerstreut. IX—XII.

1143. Gelbstieliger S. **Pl. serotinus** (Schrader) Fr.

Hut fleischig, schwach gewölbt, obovat od. nierenfg., abstehend, 6—8 cm br., kahl, graubräunlich, dann ledergelb. St. wagerecht abstehend, sehr kurz, zylindrisch, zottig. L. herablaufend, weißlich-grau-bläulich. Sporen 8—12 × 2—4 μ. An Lbstämmen, besonders Fagus u. Betula, seltener Juglans (var. juglandis Fr.), selten. X—XI.

1144. Lungen-S. **Pl. pulmonarius** Fries

25. Hut ledergelb od. braun ∓ schmierig od. feuchtglänzend. 26.
Hut ∓ grau, trocken. 27.

26. Hut ledergelb: Siehe oben *1139*. Pl. petaloides (Bull.) Fries
Hut schokoladebraun, feucht-glänzend, halbiert, trichterfg.-zusammengerollt, 7—9 cm hoch, 4—5 cm br. St. blasser, aufgerichtet, kurz. L. blaß, sehr gedrängt fast bis zum Boden herablaufend, brückenartig verbunden. Sporen 5—6 × 4 μ. Geruch mehlartig. Im Ndwald, gesellig, aber nicht häufig. IX—XI.

1145. Brauner Erd-S. **Pl. geogenius** (D. C.) Bres.

27. Hut olivgrau, durchscheinend, gerieft, flach nierenfg. 2—3 cm br., zuletzt gelappt-flatterig. St. sehr kurz od. fast fehlend. L. grau, gedrängt, einfach. Sporen 6—7 × 3—4 μ. In Ndwald, ziemlich häufig. IX—XI.

1146. Olivgrauer Erd-S., Nadel-S. **Pl. acerosus** Fries

Hut starr, nierenfg., in der Mitte niedergedrückt, 0,5—2—5 cm br., glatt, kahl, graubraun. St. 8—12 cm lg., fast zylindrisch, oft schlank, zottig, aufsteigend. L. graubraun, dicklich, gegabelt, ∓ entfernt, am St. scharf abgegrenzt. Sporen 6—8 × 3—5 μ. Zwischen Moos u. Lb. auf der Erde, meist in Ndwäldern, nicht häufig. VIII—XII. (Taf. XI, Fig. 479.)

1147. Zittriger Erd-S. **Pl. tremulus** (Schaeff.) Fries

28. Mit dem Hutscheitel aufgewachsene Arten. 29.
29. Mit gelatinöser Schicht od. klebrig-schmierig; an Lbholz. 30.
29. Weder mit gelatinöser Schicht, noch schmierig; an Nd- u. Lbholz. 33.
30. Größer als 1 cm; Hut fleischig. 31.
   Kleiner als 1 cm; Hut häutig. 32.
31. Hut fleischig, umgewendet, dann abstehend, 2—5 cm br., schwarzblau, später schmutzig braun u. verblassend, mit einer knorpelig-gallertigen Schicht unter der Huthaut, L. filzig-zottig, weiß, dann gelblich, gedrängt. Zystiden reichlich, spindelfg., sehr dickwandig, 46—60 μ lg. Sporen 7—8×3—4 μ. Rasig an alten Stämmen u. Zweigen von Lb., bes. Buchen, Birken, Eichen u. Pappeln, zerstreut. VII—XI. (Calathinus atrocoer. [Fr.] Quél.)
1148. Schwarzblauer S. **Pleurotus atrocoeruleus** Fries
   Hut fleischig, umgewendet, dann ausgebreitet, abstehend, 2 bis 5 cm br., blaugrau, rot- od. trübbraun, glatt, mit dünner gallertigklebriger Haut. L. gelblich od. bräunlich, gedrängt, fächerfg. Sporen 8—10×4—5 μ. An Stümpfen u. Zweigen von Weiden, Eschen u. Birken, nicht häufig. X—XII. (Calathinus alg. [Fr.] Quél.)
1149. Frost-S., Birken-S. **Pl. algidus** Fries
32. Hut häutig, becherfg., dann flach, schüsselfg. ausgebreitet od. mit zurückgeschlagenem Rande, 4—10 mm br., dunkel aschgrau, weißlich bereift, schwach gestreift, trocken schwärzlich. L. hellgrau dicklich, fächerfg. Sporen 4—5 μ. An faulem Lb., bes. in hohlen Weiden u. an abgefallenen Zweigen, nicht hfg. VIII—XII. (Calathinus a. [Batsch] (Quél.)
1150. Schüsselförmiger S. **Pl. applicatus** (Batsch) Fries
33. An Nd.- u. Lbholz; auch an verarbeiteten Hölzern. 34.
   Nur an Ndholz od. auf anderem Substrat. 37.
34. Hut fleischig über 2 cm gr. 35.
   Hut dünnfleischig od. häutig, kleiner als 2 cm. 36.
35. Hut fleischig, fast nierenfg., 2—9 cm br., gelb od. fast orangefarben, mit dünnem, gelblichem od. weißlichem samtigem Filz überzogen. L. 2—4 mm br., lebhaft orangefarben, fast gedrängt. Sporen nierenfg. 4—5×2 μ. Rasig an Ndstümpfen, aber auch an Lb., u. verarbeitetem Holz; zerstreut. X—II. (Crepidotus n. [Pers.] Quél., Cr. jonquilla [Paul.] Quél.)
1151. Nest-S., Orangegelber S. **Pl. nidulans** (Pers.) Fr.
36. Hut dünnfleischig weiß, umgewendet, dann abstehend muschelfg., 0,5—1,5 cm br., feinflaumig-seidig, trocken. L. weiß, trocken gelblich, ∓ ertfernt. St. kurz (2—4 mm), gekrümmt, am Grunde faserig-flockig. Sporen 6—7×3—4 μ. An morschen Stämmen, Ästen, Brettern, nicht selten. VI—XI. (Pl. septicus Fr.)
1152. Behaarter S. **Pl. pubescens** (Sowerby) Fries

Hut häutig, weiß, sehr zart, glatt, kahl, verkehrt glockenfg., dann umgewendet ausgebreitet, 4—10 mm br. L. weiß, gelblich, nur wenige, fächerfg. Auf faulem Holz u. Zweigen, nicht häufig. IX—X. (Pl. subversus Schum.)

1153. Glockenförmiger S.   **Pleurotus perpusillus** Fries

37. Nur an Ndholz.   38.

    An od. zwischen Moosen, Gräsern u. Blättern auf dem Boden. 39.

38. Hut weiß, zäh, anfangs umgewendet rundlich schildfg., dann abstehend, vorgestreckt, ohrfg., 3—12 cm br., am Grunde filzig, Rand dünn, umgebogen, kahl. L. sehr schmal. Sporen 7—8 ×6 μ, weiß, jung fast aderig. Dachziegelig an Fichtenstämmen, nicht häufig. VII—X.

1154. Ohrförmiger S.   **Pl. porrigens** (Pers.)

39. Hut sehr zart weiß, glatt, seidig, mit stumpfem Scheitel größeren Moosen angeheftet, muschelförmig 5—8 mm gr. L. blaß, fast entfernt, fächerfg. ausstrahlend. Sporen 3—5×2—3 μ. IX—XI. Auf größeren Mnosen, an dürren Grasstengeln u. auf abgefallenen Blättern. VIII—XII. Selten. (Calathinus h. [Berk.] Quél.)

1155. Moos-S.   **Pl. hypnophilus** Berk.

    Hut sehr zart, fast becherfg., bisweilen hängend glockig bis schüsselfg., zuletzt abgebogen-flatterig, meist dachziegelig, 6 bis 10 mm br., kahl, aschgrau, durchscheinend, gestreift, trocken fast schwarz, runzlig, bald zusammenschrumpfend. L. blaß-grau, durchscheinend, nur wenige vorh. Sporen oval 5 μ lg. An faulem Nd. u. Stengeln, rasig. IX—III. (Pl. striato-pellucidus [Pers.], Calathinus striatulus [Fr.] Quél.])

1156. Geriefter S.   **Pl. striatulus** Fries

44. Gattung: **Tricholoma** Fries, Ritterling.

Hut meist fleischig, derb bis ∓ dünn, vom St. ∓ scharf geschieden. St. fleischig, nicht knorpelig. L. häutig, ausgerandet od. am St. abgerundet. Bisweilen mit Zystiden. Sporenstaub weiß od. weißlich; Sporen meist glatt. — Mittelgroße bis ansehnliche Pilze des Bodens der Wälder, seltener auf Holz; viele auch außerhalb des Waldes. Sehr viele Arten mit eigenartigem, oft dumpfigem bis widerlichem od. strengem Geruch, ungenießbar, od. giftig; einige ∓ schmackhafte Speisepilze.

1. Hut nicht hygrophan, St. nicht berindet; L. deutlich ausgebuchtet od. abgerundet. 1. Untergattung: Eutricholoma Ulbr.   2.

    Hut hygrophan, faserig berindet; L. nicht deutlich ausgebuchtet. 2. Untergattung: Gymnoloma Rick.   53.

2. St. mit häutigem od. faserigem Ring od. mit ringfg. abgegrenzter Spitze. § 1. Armillata Ricken   3.

    St. ohne Ring, bisweilen mit faseriger Cortina.   23.

3. Hut stets trocken.   4.

    Hut schmierig. § 2. Limacina Ricken   12.

4. Hut u. St. ganz weiß. 5.
Hut ∓ gelb od. bräunlich. 6.
5. Hut seidig glänzend, bereift 3—5 cm br. St. seidenfaserig, 4 bis 5 cm lg., 10—12 mm dick, mit sehr schmalem häutigem abfälligem Ring. Sporen 7—8×4—5 μ. Geruch mehlartig. — Auf grasigen Weidenplätzen im urinverbrannten Grase; nicht selten. IX—X. (Lepiota constricta [Fr.] Quél. armillaria c. Fries)
1157. Gegürtelter R. **Tricholoma constrictum** Fries
6. Stielgrund verjüngt-wurzelnd. 7.
Stielgrund abgesetzt derbknollig. 8.
7. Hut halbkuglig, dann flacher, 5—8 cm br., strohgelb, später fast schmutzig grünlich, rissig-schuppig, in der Mitte schwach bestäubt, Rand filzig, anfangs eingerollt. St. voll, nicht über 2,5 cm lg., nach unten verjüngt, weiß, unter dem durch Schuppenkreis angedeuteten Ringe sparrig-schuppig. L. dicht, weißlich, später gelblich. Sporen rundlich 4—5 μ. Fleisch gilbend. Eßbar. Im Grase in Nd.- u. Birkenwäldern, selten. VII—IX. (Taf. XIII, Fig. 559.) (Armillaria l. [Alb. et Schw.] Fr.)
1158. Gelbgrüner R. **Tr. luteovirens** (Alb. et Schwein.) Rick.

Hut blaßrötlich durch kastanienbraune, angedrückte seidige Schuppen ∓ flockig, derb, 6—8 cm br. St. derb, unterhalb des bleibenden, aufsteigenden, häutigen Ringes angedrückt seidenschuppig. L. weiß, dichtstehend; Sporen fast kugelig 6×5 μ. Fleisch weiß, zum Rande hin gelblich, derb. Geruch obstartig. Eßbar. — Im Ndwald im südlichsten Teile des Gebietes, z. selten. VIII—X. (Armillaria c. Viv.)
1159. Aufsteigend beringter R. **Tr. caligatum** (Viv.) Bres.
8. Hut halbkuglig, dann ausgebreitet, 5—10 cm br., glatt, hellrötlichbraun, graubraun od. ockerfarben, flockig-weißfaserig, dann kahl. St. aus einem berandeten, 2—3 cm br. Knollen entspringend, voll, 4—7 cm lg., weißlich, faserig, Ring (Cortina) fädig-faserig, verschwindend. L. dicht, weißlich. Sporen 7—8 ×4—5 μ. Geruchlos. Eßbar. In Lb.- u. Ndwäldern, stellenweise häufig. IX—X. (Taf. XIII, Fig. 557.) (Armillaria bulbigera [Alb. et Schw.] Fr.)
1160. Gerandetknolliger R. **Tr. bulbigerum** (Alb. et Schw.) Fr.
9. Hut orangerot od. bräunlich-ziegelrot. 10.
Hut kastanienbraun. 11.
10. Hut flach gewölbt, stumpf, 5—12 cm br., lebhaft orangerot, mit eingewachsenen Schüppchen, Rand eingerollt. St. voll, zylindrisch, 4—6 cm lg., oberhalb der Mitte mit schuppigem Ring, darunter mit filzigen, groben, konzentrischen, orangefarbenen Schuppen, oberhalb weiß. L. 7—12 mm br., mäßig dicht, weiß, schließl. rötlich-gefleckt. Sporen elliptisch, 4—5×3 μ, glatt. Geruch stark mehlartig. Geschmack mehlartig-bitter. Ungenießbar. In

Ndwäldern in Süddeutschland, sehr häufig, bisweilen in Hexenringen. (Taf. XIII, Fig. 558.) (Armillaria aur. [Schaeff.] Fr.)

1161. Orangeroter R. **Tricholoma aurantium** (Schaeff.) Fries

Hut gewölbt, dann flach, stumpf 6—9 cm br., fleischig, bräunlich-ziegelrot bis ziegelrotbraun dunkler faserig-gestreift; Rand-Oberhaut ∓ rissig u. gespalten. St. 6—8 cm lg., 1,5—2 cm dick, voll, etwas geschwollen, nach unten verjüngt, fast wurzelnd, ziegelrot bis -braun, ∓ schuppig-faserig, anfangs von den Hüllenresten ∓ weißlich fleckig, Ring halsbandartig, fast doppelschichtig, zerschlissen, gleichfarbig. L. weiß, dann blaßgelblichweiß, gedrängt, Sporen 4—5 × 3 μ. Fleisch weiß. Geruch u. Geschmack nach Mehl. Eßbar, aber streng aromatisch. — In Kiefernwäldern, zerstreut. IX—X. (T. rufum Batt., Armillaria rufa (Batt.) Quél., A. focalis Fr.)

1162. Halsband-R. **Tr. focale** Fries

11. Hut flach gewölbt, derb, flach-runzelig, 6—12—15 cm br., rot- od. kastanienbraun, Rand fuchsig u. faserig-runzlig, nicht deutlich gestreift. St. voll, kaum 3 cm lg., nach unten verjüngt, Ring groß, flockig, darüber weiß, darunter mit rötlichen od. bräunlichen Fasern. L. 10—12 mm br. dicht, weißlich, dann fleckig u. mißfarben. Sporen 4—5 × 3 μ. Geruchlos, mild. Eßbar. Herdig in sandigen Kiefernwäldern, nicht selten. IX—X. (Taf. XIII, Fig. 561.) (Armillaria robusta [Alb. et Schwein.] Fr.)

1163. Geschwollenberingter R. **Tr. robústum** (Alb. et Schw.) Fr.

12. Hut schmierig, ∓ rotbraun. 13.
Hut schmierig gelb, grünlich, schwarz od. weiß. 16.

13. Hut faserig-gestreift od. schuppig aufreißend. 14.
Hut nicht gestreift. 15.

14. Hut kastanienbraun, faserig gestreift mit körnig-warziger Scheibe, derb, 6—10 cm br. St. mit abgegrenzt mehliger Spitze, abwärts rotbraun, faserschuppig, 4—6 cm lg., 12—20 mm dick, voll, fest. L. 6 mm br., anfangs weiß, Druckstellen bräunlich, gedrängt. Sporen 5 × 3—4 μ. Fleisch weiß. Geruch u. Geschmack angenehm mehlartig, nicht bitter. Eßbar. In Ndwäldern, bes. in sandigen Kiefernwäldern, häufig. IX—X. (Agaricus striatus Schaeff., T. subannulatum Batsch, T. striatum [Schaeff.] Quél.) (Taf. XIII, Fig. 542.)

1164. Weißbrauner R. **Tr. albobrunneum** (Pers.) Fr.

Hut anf. fast knollenfg., schließlich ausgebreitet, sehr derb, 12—20 cm br., ziegelrot bis rotbraun, kahl, später zerklüftetschuppig, Rand eingeknickt umgebogen, blaß, zartweißfilzig. St. voll, anfangs knollig, 8—10 cm lg., 4—6(—11) cm dick, oben stark verjüngt, kahl, unten ziegelrot bis rotbraun, darüber kleiig-flockig. L. 10—12 mm br., dicht, abgerundet, später blaß ziegelrötlich. Fleisch weiß, langsam ziegelrötlich. Sporen 8—10

×5—6 μ. Eßbar. In Kiefernwäldern, oft massenhaft. IX—XI. (Taf. XIII, Fig. 539.) (Armillaria c. [Fr.] Boud.)

1165. Riesen-R., Hartpilz, Möhrling. **Tricholoma colóssus Fries**

Hut gewölbt, stumpfhöckerig, dann ausgebreitet, 4—10 cm br., braun, in der Mitte dunkler, faserig-streifig, kleinschuppig, Fleisch gelb. St. später hohl, 5—10 cm lg., faserig, kahl, rötlich od. bräunlich. L. dicht, ausgerandet, mit Zahn herablaufend, gelblich, dann rotbraun gefleckt. Sporen 5—6×3—4 μ. Geruch nach frischem Mehl. Eßbar. In Lbwäldern, besonders unter Birken, Gebüsch, zwischen Gras, häufig. VII—X. (Taf. XIII, Fig. 540.) (Tr. fulvum [Bull.] Quél.)

1166. Gelbbrauner R. **Tr. flavobrunneum Fries**

15. Hut gewölbt, stumpf, geschweift, 8—15 cm br., braun od. rotbraun, am Rand heller, fast weiß, körnig od. tropfenfg. gefleckt. St. voll, knollig, dann auf 5—8 cm verlängert, zottig von weißlichen Schuppen, später kahl. L. dicht, ausgerandet, fast frei, weiß, dann rotbraun gefleckt. Sporen 4×3 μ. Geruch nach frischem Mehl. Eßbar. In Ndwäldern, nicht selten. IX—XI. (Taf. XIII, Fig. 541.) (Ag. stans Fr., Tr. stans Fr.)

1167. Getropfter R. **Tr. pessundum Fries**

Hut flachgewölbt, stumpf, dann ausgebreitet, 4—8 cm br., kastanienrotbraun, sehr schmierig, trocken glänzend, kahl. St. ausgestopft-hohl, zylindrisch, 4—8 cm lg., braunrot überfasert, mit blasser, seidenartig-geglätteter Spitze, bei Berührung u. im Alter rotbraun. L. dicht, stark ausgerandet reinweiß, bei Berührung rotbraunfleckig. Der ganze Pilz schwärzt. Sporen 6—7 ×4—5 μ. Fleisch weiß, geruchlos, mild. Eßbar. In Lb.-, seltener in Ndwäldern, zerstreut. VIII—X.

1168. Brandiger R. **Tr. ustale Fries**

16. Hut gelb od. grünlich. 17.
    Hut schwarz od. weiß. 18.

17. Hut gewölbt, mit stumpfem od. kegelfg. Höcker, später ausgebreitet, 5—10 cm br., gelb od. gelbbraun, von kräftigen, eingewachsenen, schwarzen Fasern gestreift. St. voll, 6—8 cm lg., bauchig, weiß. L. 10—12 mm br., ziemlich weitläufig, blaßgelblich od. -grau, ausgerandet. Sporen 5—6×4—5 μ. Geruch u. Geschmack mehlartig. Eßbar, aber stark aromatisch, etwas bitter. In Ndwäldern, zerstreut in sandigen Kiefernwäldern Norddeutschlands, stellenweise massenhaft. IX—X. (Taf. XIII, Fig. 537.)

Hut bis 11 cm br., L. blaßolivgrünlich, St. ∓ bauchig bis kculenfg.-knollig, Geschmack milder, var. coryphaeum Fr. (Tr. coryphaeum Fr.)

1169. Gelblicher R. **Tr. sejunctum (Sowerby) Fr.**

Hut anfangs stark gewölbt mit scharf eingebogenem, welligem Rande, dann ausgebreitet, 5—12 cm br., gelb od. olivenbraun mit dunklerer Mitte, meist kleinschuppig, Fleisch gelblich bis weißlich. St. knollig, dann lggestreckt, 2—6 cm lg., schwefelgelb, feinschuppig. L. dicht, frei, ausgerandet, schwefelgelb, Zystiden zylindrisch-keulenfg. 30—60 μ lg. Sporen 6—7 × 4—5 μ. Geruch u. Geschmack gurken-(mehl-)artig. Eßbar. In Ndwäldern, häufig. IX—XII. (Taf. XIII, Fig. 535.) (Grünreizker.)

1170. Grünling, Ritterling. **Tricholoma equéstre** (L.) Fries

18. Hut grau, schwarz-rußig gestreift. 19.
    Hut scheckig od. weiß. 20.
19. Hut gewölbt, dann ausgebreitet, schwach höckerig, meist geschweift, 6—12—15 cm br., grau od. rußbraun, in der Mitte dunkler, mit feinen, eingewachsenen, schwarzen strahligen Fasern gestreift. St. voll, zylindrisch, 6—15 cm lg., weißlich, gilbend, selten gestreift. L. später weitläufig, abgerundet u. zahnfg. angeheftet, weiß bis grau od. gelblich. Sporen 5—6 × 4—5 μ. Eßbar. Geruch u. Geschmack mehlartig. In Ndwäldern, nicht selten. X—XII. (Taf. XIII, Fig. 536.)

1171. Grau- od. Schneereizker. **Tr. portentosum** Fries

20. Hut trübgelb, scheckig. 21.
    Hut reinweiß od. gelblich. 22.
21. Hut gewölbt, dann abgeflacht, geschweift, 5—10 cm br., trübgelb mit dunklerer Mitte, scheckig gefleckt. St. 5—8 cm lg., ausgestopft blasser, kleinschuppig od. faserig. L. 6—10 mm br., ziemlich dicht, weißlich, ausgerandet. Sporen 5—6 × 5 μ. Fleisch blaß, gilbend, wässerig; geruchlos. Eßbar. In sandigen Nd.-wäldern, selten. IX—X. (Geschminkter R.)

1172. Scheckigbunter R. **Tr. fucátum** Fries

22. Hut schwach gewölbt, dann ausgebreitet, 5—8 cm br., reinweiß od. gelblich (besonders in der Mitte) gefleckt, glatt, trocken silberglänzend. St. voll, ∓ 6 cm lg., weiß, glatt. L. mäßig, dicht, grünlich-weiß, ausgerandet. Sporen 4—8 × 4—6 μ. Fl. grünlichblaß. Geruchlos; Geschmack mehlartig. Eßbar. In Wäldern u. Gebüschen selten. IX—X.

1173. Glänzender R. **Tr. resplendens** Fries

Hut gewölbt, dann ausgebreitet, oft verbogen, stumpfhöckerig, 5—10 cm br., rein-weiß, seidenglänzend, glatt, später seidenfaserig od. kleinschuppig, oft mit karminroten od. gelblichen Flecken, Rand zuerst fein filzig. St. voll, zylindrisch, 7—9 cm lg., weiß, glänzend, faserig gestreift mit ∓ blaugrün verlaufender Basis. L. tief ausgerandet, weiß, Schneide wellig. Sporen 6—7 × 3—5 μ. Geruchlos, mild. Eßbar. In Lbwäldern, besonders unter Birken, nicht selten. VIII—X. (Taf. XIII, Fig. 552.) (Seidenfaseriger R.).

1174. Tauben-R. **Tr. columbetta** Fries

23. St. ringlos, Hut faserschuppig od. filzig. § 3. Villosa Ricken 24.
    St. ringlos, kahl od. seidig-flaumig. 40.

24. Hut ∓ grau-filzig.	25.
Hut anders gefärbt filzig od. weißlich.	34.
25. St. mit fädiger, sehr vergänglicher Cortina (Cortinellus Karsten).	26.
St. ohne Cortina.	33.
26. Hut dunkel grau-filzig (schwarz-braun).	27.
Hut mäusegrau.	32.
27. L. farbig werdend.	28.
L. weiß od. blaß bleibend.	29.

28. Hat fast schwarz-filzig-schuppig, 5—10 cm br., St. 5—7 cm lg., blaß spärlich schwarz-faserschuppig, öfter rosagestreift. L. rosenrot werdend. Fl. blaß, rötlich od. bläulich anlaufend. Sporen 4—5 × 4 μ. Geruchlos. Geschmack fast mehlartig, mild. In Wäldern IX—XI, nicht häufig.

1175. Rotblätteriger R. **Tricholoma orirúbens** (Quél.) Fries

Hut braungrau-filzig-schuppig auf ∓ zitronengelblichem Grunde, 4—7 cm br. St. blaß, flockig-gestiefelt. L. blaß, zitronengelb werdend. Fl. blaß, ∓ schwefelgelb anlaufend. Sporen 5—7 × 3 μ. Geschmack mehlartig. Eßbar. An grasigen Wegrändern; nicht selten. X—XI.

1176. Gilbender R. **Tr. scalpturátum** Fries

Hut blasenfg., stumpf glockenfg. geschweift, 5—10 cm br., aschgrau, dicht faserig gestreift, Rand umgerollt, weißwollig. St. voll, 3—7 cm lg., etwas bauchig geschwollen, locker faserig, weiß, mit deutlicher zartfädiger Cortina. L. 4 mm br., angewachsen, dicht, rötlichbräunlich-grau. Sporen 6—7 × 4—5 μ. Fl. reinweiß, brüchig, Geruch schwach, angenehm, Geschmack fade. In Ndwäldern, seltener zwischen Gras im Gebüsch. VIII—XI. (Cortinellus gausapatus [Fr.] Karsten).

1177. Blasenförmiger R. Zottiger R. **Tr. gausapatum** Fries

29. L. nicht tränend.	30.
L. tränend.	31.

30. Hut fast blaß, spärlich von braunen Schüppchen faserig, ∓ blaßlila, 4—8 cm br. St. 4—7 cm lg., reinweiß, Cortina faserig; L. reinweiß bleibend, undeutlich gekerbt. Sporen mandelfg. 4—5 × 2—3 μ (Ricken) 5—6 × 3,5—4 μ (Rea). Fl. blaßweiß. Geruchlos. Geschmack nach Mehl. Eßbar. In Lb.- u. Ndwäldern, Gebüschen, an grasigen Wegrändern. IX—X, häufig.

1178. Silbergrauer R. **Tr. argyráceum** (Bull.) Fr.

Hut gewölbt, dann flach, stumpf, 4—9 cm br., weißlich, von graubraunen od. schwärzlichen, haarigen Schuppen gesprenkelt. St. voll, 5—6 cm lg., weißlich, Cortina schmal, weißlich, flockig, oberhalb kahl, unterhalb mit graubraunen Schuppen. L. 8 bis 12 mm br., dicht, weißlich, mit schwarzkörniger Schneide. Sporen 8—9 × 4—5 μ. Geruch u. Geschmack schwach mehlartig. Eßbar.

Im Grase in Buchenwäldern, nicht häufig. IX—X. (Taf. XIII, Fig. 560.) (Armillaria r. [Bull.] Fr., Tr. squarrulosum Bres.)
1179. Gesprenkelter R. **Tricholoma ramentaceum** (Bull.) Fries

31. Hut ∓ violettlich-grau, jung oft gleichmäßig silbergrau-filzig, dann mit dunkleren, oft dunkelbraunen od. dunkelvioletten, breiten, fast dachziegeligen Schuppen, 6—10 cm br. St. 5—8 cm lg., blaß, derb, öfter, an d. Spitze Wassertropfen ausscheidend. L. weiß-blaß od. gelblich, nie grau, dicklich, breit, tränend. Sporen 8—9 × 6 μ. Geruch u. Geschmack mehlartig. In Lb.-, besonders Buchenwäldern, im Süden (Frankreich, Schweiz) häufig. VIII bis IX. Giftig.

1180. Tränender R., Tiger-R. **Tr. tigrinum** (Schaeff.) Fries

32. Hut glocken- od. fast kegelfg., dann augsbreitet, höckerig, 5—7 cm br., gleichmäßig mäusegrau-filzig, seltener weißlich od. bräunlich, mit ∓ feinen, haarig-zottigen Schuppen bedeckt. St. zylindrisch, 3—8 cm lg., weißlich, angedrückt-faserig mit schnellvergänglicher Cortina. L. mit Zahn herablaufend, weißlich, später graublaß, gekerbt. Sporen 6—7 × 4 μ. Eßbar. In Wäldern, Gebüschen, an Wegrändern, häufig. VII—X. (Taf. XIII, Fig. 545.)

1181. Erd-R. **Tr. terreum** (Schaeff.) Fries

33. Hut mäusegrau mit schwarzgrindigem Scheitel, fast stumpf 5—9 cm br. St. blaß, schwarz überfasert, mit schwarzflockiger Spitze, kurz, ohne Cortina. L. ∓ hellgrau, mit schwarzflockiger Schneide. Sporen 4—5 × 3—4 μ. Geruchlos. Geschmack milde, mehlartig. — In Ndwäldern, nicht häufig. IX—X. Verdächtig, ungenießbar.

1182. Grindiger R. **Tr. elytroides** Fries

Hut fast kegelfg., dann ∓ buckelig-flach, 6—10 cm br., aschgrau, von glatten, schwarzen Fasern gestreift. St. voll, bis 10 cm lg., blaß, gestreift, ohne Cortina, glatt. L. dicht, weißlich, dann grau mit schwarzer, flockiger Schneide. Zystiden keulenfg. ∓ 45 μ lg. Sporen 8—9 × 6—6,5 μ. Geschmack scharf brennend. Geruch dumpferdig. Giftig. In Lb.- u. Mischwäldern, stellenweise häufig. IX—X. (T. murinaceum [Bull.] Quel.)

1183. Brennendscharfer R. **Tr. virgatum** Fries

34. Hut rot- od. gelbbraun-filzig. 35.
    Hut weißlich- od. gelblich- bis purpurn-filzig. 38.

35. St. u. Hutrand mit fädiger Cortina (Cortinellus Karsten). 36.
    St. u. Hut ohne Cortina. 37.

36. Hut glockenfg., dann ausgebreitet, 4—8 cm br., kupfer-rotbraun, mit flockig-sparrigen Schuppen, Rand eingerollt, bärtigfilzig. St. zylindrisch, 6—10 cm lg., rotbraun, faserig u. fädig. hohl. L. 6—12 mm br., ziemlich weitläufig, weißlich, dann schmutzig rot gefleckt. Sporen 6—8 × 6—7 (Rea) 4—5 × 4 μ (Ricken). Geschmack mild od. etwas bitter. Geruch schwach

erdartig. In Ndwäldern, besonders im Gebirge, stellenweise häufig. VII—X. (Taf. XIII, Fig. 555.) (Cortinellus vaccinus [Pers.] Karst.) (Kuhschwamm.)

1184. Bärtiger R. **Tricholoma vaccinum** (Pers.) Fries

37. Hut halbkuglig, dann flach gewölbt, undeutlich höckerig, 5 bis 10 cm br., braunrot, in der Mitte dunkler, eingewachsen-kleinschuppig, Rand zuerst eingerollt, fast nackt. St. voll, 4—9 cm lg., weiß, später unten oft rotbräunlich, oben weiß bereift. L. mit Zähnchen angeheftet, weiß, dann rotbraun gefleckt. Sporen 6—7 × 4—5 μ. Geruchlos; Geschmack mild. In Ndwäldern, nicht selten. X—XI.

1185. Schuppiger R. **Tr. imbricatum** Fries

Hut gewölbt, dann ausgebreitet, oft geschweift od. gelappt, 6—10 cm br., schmutzig gelbbraun od. olivenbraun, glatt, später in eingewachsene, fädige Flocken zerspalten, nicht schuppig. St. voll, 6—11 cm lg., ungleich, dick, kahl, blaß. L. dicht, ausgerandet, weißlich. Geruch mehlartig. Sporen 5—6 × 4—5 μ. Eßbar. In Ndwäldern, nicht häufig. IX—X. (Taf. XIII, Fig. 554.)

1186. Schmutziggelber R. **Tr. luridum** (Schaeff.) Fries

38. Hut weißlich od. gelblich. 38*.
Hut fleischrot od. purpurn. 39.

38*. Hut gelblichweiß, mit blaßbräunlichem Scheitel derb; 8—12 cm br.; Rand eingerollt, filzig, erhaben-gerippt. St. faserig-rauh, mit wolliger Spitze. L. gelblichweiß, zart rotfleckig, leicht ablösbar. Sporen 4—5 × 4 μ. Geruch säuerlich, Geschmack scharf bitter. Ungenießbar. — In Laubwäldern, scharenweise od. in Hexenringen. IX—X. (T. guttatum Fr., T. amarum Alb. et Schw., T. conspicuum Lasch)

1187. Gerippter R. **T. acerbum** (Bull.) Fries

Hut stark gewölbt, dann flach, stumpf, 6—15 cm br., weißlich, rostgelblich anlaufend, mit abziehbarer Haut, faserig-flockig, später rissig-schuppig, gelblich od. ockerfarben, Rand zuerst stark eingerollt, glatt. St. voll, 7—10 cm lg., weißlich, unten schwach verdickt u. rostbräunlich-striegelig-schuppig. L. ziemlich dicht, weiß, später gelblich. Sporen 6—7 × 4—5 μ. Geschmack salzig, dann bitter. In Lbwäldern, selten. IX—X. Ungenießbar.

1188. Salziger R. **Tr. impolítum** (Lasch) Fr.

39. Hut gewölbt, dann polsterfg., später niedergedrückt, 5—12 cm br., fleischrot od. lebhaft karminrot, kleinkörnig, Rand eingerollt weißfilzig. St. voll, 5 bis 8 cm lg., weißlich, rosenrot anlaufend od. gefleckt, oben weißfilzig. L. dicht, weiß, dann rotfleckig. Fleisch weiß, oft rötlich durchzogen, fest. Sporen 5—7 × 4—5 μ. Eßbar. In Wäldern auf Kalkboden, besonders unter Eichen u. Buchen.

In Norddeutschland selten, Süddeutschland häufiger. IX—XI. (Taf. XIII, Fig. 538.) (Limacium r. [Schaeff.] Ricken) *1189*. Rosen-R., Täublings-R. **Tricholoma russula** (Schaeff.)Fr.

Hut gewölbt, dann flach ausgebreitet, 6—10 cm br., in der Jugend mit dichtem, purpurrotem Filze, später filzig-rotschuppig auf gelbem Grunde, Fleisch gelb. St. zylindrisch, später hohl, 6—10 cm lg., gelb, rötlich-filzig. L. dicht, gelb, goldgelb, Schneide dick, filzig von ∓ keulenfg.-fädigen 60—175 μ lg. Zystiden. Sporen 7—8 × 5—6 μ. Fl. gelblich, geruchlos od. etwas dumpfig. Eßbar, aber oft dumpf schmeckend. Meist an alten Kiefernstümpfen, selten zwischen Gras, besonders in Ndwäldern, häufig. VII—XI. (Taf. XIII, Fig. 546.)

1190. Rötlicher R. **Tr. rutilans** (Schaeff.) Fr.

40. Hut kahl. § 4. Rigida Ricken 41.
 Hut seidig-flaumig. § 5. Sericella Ricken 46.
41. Hut über 10 cm br., weißlich; fast nur unter Eichen wachsend od. ∓ grau. 42.
 Hut kleiner als 10 cm. 43.
42. Hut ocker-weißlich, 10—20—30 cm br., würfelig-rissig, schuppig zerbrechend, kahl, derb. St. zartkörnig, sehr derb, oft ∓ exzentrisch, 10—12 cm lg., 5—6 cm dick, kurz knollig, wurzelnd. L. blaß, wiederholt zweiteilig. Sporen ∓ kuglig, ca. 6 μ. Geruch widerlich, leichenartig. Unter Eichen auf Triften; nicht häufig. Ungenießbar. IX—XI. (Tr. macrocephalum Schulz.)

1191. Stinkender R. **Tr. macrorrhizum** (Lasch) Fries

Hut bleigrau, 10—15 cm br., glatt, kahl, derb, gewölbt, dann flach. St. 3—5 cm hoch, ∓ dick, weiß, nach oben verschmälert, kahl. L. goldgelb, nicht fleckig, schmal. Sporen elliptisch 6 bis 7 μ. Fl. weiß, derb-schwammig. Geruchlos. — In Gebüschen, stellenweise häufig. VIII—IX.

1192. Derber R. **Tr. compactum** Fries

43. Hut ∓ grünlich. 44.
 Hut ∓ grau. 45.
44. Hut gewölbt, dann abgeflacht, 6—10 cm br., glatt, dann in kleine Schüppchen zerspalten, weißlich od. hellgrau, ins Bräunliche, Rötliche bis Grünliche übergehend, am Rande meist heller, oft rotfleckig, Fleisch blaßrot werdend. St. voll, 6—8 cm lg., weißlich, kahl od. mit feinen schwärzlichen Schüppchen, unten meist spindelfg. verdünnt. L. weitläufig, hakenfg. angeheftet, weißlich, seltener gelblich. Sporen 5—6 × 3—4 μ. Geruch seifenartig. Nur als Mischpilz genießbar, weil streng schmeckend. Besonders in Ndwäldern, sehr häufig. VIII—XI. (Taf. XIII, Fig. 551.) **Tr. saponaceum** Fr.

Sehr veränderlich; wichtigste Formen: St. dunkelschuppig, var. squamosum Cooke; Hut kanarien- bis fast schwefelgelb

(= var. luteovirens R. Schulz) var. sulphurinum Quél.; Hut ∓ olivgrün, var. virens R. Schulz; Hut schwärzlichgrün, dicht schwarzschuppig. var. atrovirens (Pers.) Quél.

1193. Seifen-R. **Tricholoma saponaceum Fries**

45. Hut ∓ aschgrau bis bräunlichgrau, 5—8 cm br., fleischig, fast glänzend, unregelmäßig, ∓ höckerig, Rand dünn. St. bauchig, nach oben verjüngt, weiß 6—12 cm l., 1—3 cm dick, kurz-wurzelnd. L. 12 mm br., erst weiß, dann gelbrötlich bis aschgrau, ∓ entfernt. Sporen 6—7 × 4 μ, ∓ gekörnt. Fl. reinweiß. Geruchlos. Geschmack mild. Eßbar. — In feuchten Ndwäldern, einzeln od. gesellig. VIII—IX.

1194. Geschwollener R. **Tr. tumidum (Pers.) Fries**

Hut gewölbt, dann flach, endlich niedergedrückt, 1—3 cm br., kahl, bald rissig u. zerklüftet, Scheitel ∓ strahlig-runzelig braun od. bleigrau, Rand wellig, zerschlitzt, umgerollt, zart filzig. St. hohl, 2,5—4 cm lg., unten verjüngt, schwärzlich punktiert, oben weiß bereift. L. dicht, mit Zahn herablaufend, weiß. Sporen 5—6 × 5 μ. Geruch mehlartig, Geschmack mild. Eßbar. An grasigen Stellen, besonders im Gebirge, selten. IX—X.

1195. Runzeliger R., Keilblättriger R. **Tr. cuneifolium Fries**

46. Hut violett, purpurn od. rötlich. 47.

Hut gelb, gelblich od. weißlich bis reinweiß. 48.

47. Hut ∓ violettlila (veilchenfarbig), kahl, glatt, ∓ verblassend, Rand flaumig bereift, nicht hygrophan (vgl. *1212*), 3—6 cm br. St. ∓ violett, faserig, voll, 6—8 cm hoch nach oben verjüngt, mit striegeliger Basis. L. 6 mm br., weiß od. gleichfarbig, dichtstehend, staubig. Sporen 5—6 × 3 μ. Geruchlos. Eßbar. Moosige Wälder, besonders unter Buchen u. auf grasigen Stellen. VII—IX. Nicht selten. (Taf. XIII, Fig. 548.)

1196. Veilchenblauer R. **Tr. ionides (Bull.) Fries**

Hut flach gewölbt, dann ausgebreitet, 2—3 cm br., zuerst fein seidig, dann kahl, fleischrosa, Rand eingebogen, zartflockig. St. 2—4 cm lg., fleischrot. L. 2—3 mm br., dicht, ausgerandet, gegen den St. durch eine Linie abgesetzt, weiß. Sporen 5—6 × 2—3 μ. In Gebüsch, an Wegrändern zwischen Gras u. Moos, nicht selten. VII—X. (Taf. XIII, Fig. 547.) (Tr. carneolum Fries)

1197. Fleischroter R. **Tr. carneum (Bull.) Fries**

48. Hut ∓ gelb. 49.

Hut weiß od. weißlich. 50.

49. Hut flach-gewölbt, stumpf, 2—5 cm br., glatt, kahl, wachsgelb od. bräunlich, Fleisch weiß. St. voll, 2—6 cm lg., gelbfaserig, gestreift, unten oft braun, nach oben oft dicker. L. 2 mm br., dicht, später sich ablösend, gelb. Sporen kugl. 2—3 μ; Fl. ∓ gelb-

lich. Geschmack etwas bitter. In Ndwäldern gesellig, nicht selten. VII—X.

1198. Wachsgelber R. **Tricholoma cerinum** (Pers.) Fries

Hut gewölbt, dann flach, 3—8 cm lg., fein seidenhaarig, dann kahl, leuchtend schwefelgelb, später $\mp$ gelbbraun, in der Mitte bisweilen höckerig u. dunkler, Fleisch schwefelgelb. St. voll, zylindrisch, 5—12 cm lg., schwefelgelb, zart gestreift. L. weitläufig, mit Zahn angeheftet, schwefelgelb. Sporen 9—10×4—5 μ. Geruch widerlich, leuchtgasartig. Giftig? In Lbwäldern, gern unter Eichen (u. Buchen), nicht selten. IX—XI.

1199. Schwefelgelber R. **Tr. sulfureum** (Bull.) Fries

50. Geruch $\mp$ gasartig. 51.
Geruch nicht gasartig, aber widerlich od. mehlartig. 52.

51. Hut weißlich od. lederblaß, 6—10 cm br., zartflaumig; Rand seidig, fast gerippt stumpf. St. 7—10 cm lg., blaß, weißflockig, gedrungen. L. blaß, nicht schwärzend, $\mp$ entfernt, breit. Sporen 5—6×3—4 μ. Stark leuchtgasartig riechend. — Mischwälder, besonders unter Birken; zerstreut. X—XI. Giftig?

1200. Gas-Ritterling. **Tr. lascivum** Fries

Hut flach gewölbt, schwachhöckerig, 3—6 cm br., weißlich, in der Mitte hellockerfarben od. bläulich bis schwärzlich, mit feinen, eingewachsenen Seidenhaaren, Rand etwas eingerollt, seidenglänzend. St. voll, 4—6 cm lg., unten breiter u. dann etwas spindelfg. wurzelnd u. faserig od. flockig, weiß, bei Druck schmutzig gelblich. L. weitläufig, mit Zahn etwas herablaufend, weiß, mit schwärzender Schneide. Zystiden keulenfg. 33—40 μ lg. Geruch in der Jugend mehlartig, später widerlich gasartig. Giftverdächtig. Sporen 9—10×6—7 μ. In Wäldern, selten. IX bis XI.

1201. Unschöner R. **Tr. inamoenum** Fries

52. Hut gewölbt, dann flach u. niedergedrückt, 4—12 cm br., glatt, kahl, weiß od. in der Mitte gelblich, Rand umgerollt, später geschweift. St. voll, 6—8 cm lg., nach oben verjüngt, fast nackt weiß, unten strohgelblich. L. 8 mm br., ausgerandet, weiß. Sporen 6×4—5 μ. In Lbwäldern, selten. Giftverdächtig. IX bis XI.

1202. Weißer R. **Tr. album** (Schaeff.) Fries

Hut fast glockig, weiß-seidig, blutrosa od. bräunlich verfärbend, 3—6 cm. St. weiß, faserig-gestreift, 4—6 cm lg., 5—10 mm br., nach unten verjüngt, schlank, wurzelnd. L. weiß, fleischrosa anlaufend. Sporen 6—7×4—5 μ. Geruch u. Geschmack mehlartig. — In Lbwäldern, zerstreut. VIII—X.

1203. Weißrötender R. **Tr. leucocephalum** Fries

53. Fk. nicht od. kaum hygrophan, St. faserig berindet. § 5. Spongiosa Ricken 54.

Fk. stets hygrophan, bei Regen wässerig-durchzogen u. verfärbt. § 6. **Hygrophana** Ricken 59.
54. Fk. weiß, gelblich- od. rötlich-blaß. 55.
Fk. blau, violett od. lila. 58.
55. Hut kleiner als 10 cm, weißlich, fleischfarben od. graubraun; Geruch mehlartig. 56.
Hut bis 15 cm br.; Geruch mehlartig od. nach Iris (Veilchenwurzel). 57.
56. Hut weißlich mit strohgelbem Scheitel, trocken glänzend u. würfelig-rissig 5—8 cm br. St. 3—5 cm lg., weißlich, faserig mit kleiiger Spitze. L. weiß, blaßgelblich od. -rötlich, dicht, leicht ablösbar. Fl. ∓ rötend bis graubräunlich. Sporen 7—10×4 μ. Geruch mehlartig od. nach gekochtem Fleisch. Eßbar. — An grasigen, offenen Plätzen; ziemlich selten. VI—X.

1204. Felderiger R. **Tricholoma cnista** Fries

Hut 5—10 cm br., graubraun, durch graubereifte Flecken wie marmoriert, od. ∓ wasserfleckig bis ∓ gezont, derb. St. blasser 3—7,5 cm h., 1—2 cm dick, fast netzfaserig. L. 4 mm br., gedrängt graufalb bis bräunlich. Sporen 4—5 × 3 μ. Geruch u. Geschmack mehlartig. Eßbar. — In großen Hexenringen auf grasigen Plätzen. IX—XI. (Tr. nimbatum [Batsch] Quél., Tr. calceolum [Sternb.] Tr.)

1205. Marmorierter R. **Tr. panaeolum** Fries

Hut oft unregelmäßig, höckerig, 5—7 cm br., hell fleischfarben, dann verblassend, weißlich, Rand kahl, glatt. St. voll, 5—8 cm lg., ungleich bis 1 cm dick, nach unten verjüngt, oft gedreht, weiß. L. dicht, mit Zahn herablaufend, ausgerandet, weiß. Sporen 7—8×4—5 μ (3—4 μ Ricken). Geruch nach frischem Mehl. Eßbar. Auf Grasplätzen des Laubwaldes, zerstreut. VI—IX.

1206. Nördlicher R. **Tr. boreale** Fries

57. Hut flach gewölbt, stumpfhöckerig, 7—15 cm br., bräunlich-ausblassend, glatt, später rissig. Rand zuerst eingerollt u. schwach filzig, oft unregelmäßig verbogen. St. voll, 4—10 cm lg., 1—3 cm dick, weiß, zartflockig od. faserig. L. 4—6 mm br., ausgerandet, mit Zahn angeheftet, dicht, weißlich, schmal. Sporen 6—7 ×3—4 μ. Geruch nach frischem Mehl. Eßbar. Auf Grasplätzen, häufig. IV—VI. (Taf. XIII, Fig. 550.) (Tr. Georgii [Clus.] Quel.)

1207. Maipilz, Hufpilz. **Tr. gambosum** Fries

Hut fast halbkuglig, dann flach gewölbt, 4—6 cm br., kahl, oft etwas grubig-furchig, bräunlich, dann weißlich, im Alter u. bei Verletzung ockerfarben gefleckt, Rand eingerollt, kahl. St. voll, 4—6 cm lg., 1—2 cm dick, weißlich, faserig-fest. L. sehr dicht, weißlich, bei Verletzung hell schmutzig bräunlich. Sporen

5—6×3 μ. Geruch nach frischem Mehl. Eßbar. In Lbwäldern, auf Triften, häufig. IV—VI (Ag. graveolens Pers.)

1208. Georgs-R.   **Tricholoma Georgii** (Clus.) Fries

Hut gewölbt, dann ausgebreitet, stumpf, 6—12—14 cm br., hellrötlich, ledergelb od. hellockerfarben, glatt, bisweilen von feinen, eingewachsenen Fasern gestreift, Rand schwach bereift, Fleisch weiß. St. 6—9 cm lg., unten knollig u. wollig, weißlich od. gleichfarbig, faserig. L. 5—6 mm br., dicht, frei, blaßockerfarben. Sporen 5—6 (6—7)×3—4 (R. Schulz), 7—9×3—3,5 (Ricken). Geruch nach Veilchenwurzel (Rhizoma Iridis flor.). Eßbar u. abgebrüht wohlschmeckend, sonst zu aromatisch. Auf Wiesen, in grasigen Auenwäldern in großen Hexenringen; stellenweise nicht selten. X—XI. (Ag. cyclophilus Lasch)

1209. Iris-R.   **Tr. irinum** Fries

58. Hut gewölbt, dann flach ausgebreitet, 6—15—18 cm br., matt, anfangs violettlila od. braunviolett, dann verblassend, Rand eingebogen, anfangs fein filzig gesäumt, dann kahl u. scharf. St. zylindrisch, 6—7(—10) cm lg., unten ∓ knollig angeschwollen u. bis 4 cm dick, voll, graublau od. weißlich, schwach bestäubt. L. 10—15 mm br., abgerundet, dicht, violett, dann bräunlich. Sporen 7—9×4—5 μ. Geruch u. Geschmack rettichartig u. säuerlich. Eßbar. In lichten Kiefern- u. Lbwäldern, auf Triften oft in Hexenringen, häufig. (Taf. XIII, Fig. 544.) (Ag. nudus Bull. ex p., Tr. bicolor [Pers.] Fr.)

1210. Masken-R.   **Tr. personatum** Fries[1]

Hut gewölbt, dann flach ausgebreitet, derb, 6—15 cm br., ganz blauviolett, Rand eingerollt, dünn, nackt. Fleisch blauviolett, später weiß. St. voll, 5—9 cm lg., blauviolett, später weiß, gleichdick, oben mehlig. L. dicht, frei, blauviolett, dann blasser, abgerundet, dann ∓ herablaufend. Sporen 7×3—4 μ. Geruchlos; mild. Eßbar. Zwischen Gras u. Lb. in Lb.- u. Ndwäldern, seltener auf Wiesen, häufig. IX—XI. (Ag. nudus Bull. ex p.)

1211. Nackter R., Violetter R.   **Tr. nudum**[1] (Bull.) Fries

59. Hut hygrophan. § 6. Hygrophana Ricken   60.

Hut fast hygrophan, graubraun, mit ungleichen L. § 7. Difformia Ricken   67.

60. Hut ∓ fleischviolett od. fleischrötlich.   61.

Hut braungrau od. grau.   62.

61. Hut glockenfg., dann ausgebreitet u. um einen flachen Höcker etwas niedergedrückt, 3—8 cm br., fleischrötlich od. schmutzig hellviolett, später schmutzig bräunlich, trocken verblassend, Rand wellig, feucht gestreift, Fleisch schmutzig violett, dann

---

[1] Agaricus nudus Bull. umfaßt verschiedene, aber sehr ähnliche Tricholoma-Arten u. die seltene Clitocybe cyanophaea Fries. Der Formenkreis dieser Arten bedarf noch näherer Untersuchung.

bräunlich. St. voll, 4—6 cm lg., faserig gestreift, kaum knollig, gleichgefärbt. L. wenig ausgebuchtet, zahnfg. herablaufend, hell rötlichviolett, dann schmutzig bräunlich. Sporen $7—8 \times 4\,\mu$. Rasig in Gärten, auf Grasplätzen, unter Gebüsch; zieml. häufig. VII—XI. Eßbar.

1212. Schmutziger R. **Tricholoma sordidum** (Schum.) Fr.

Hut gewölbt, dann verflacht, stumpf, 2—8 cm br., oben fleischrot, glatt, kahl. St. voll, 4—6 cm lg., glatt, kahl, zylindrisch, blaßrötlich, oben weißfleckig. L. zahnfg. herablaufend, weiß. Auf Grasplätzen in bergigen Ndwäldern, sehr selten. VIII—X.

1213. Pfirsichroter R. **Tr. persicinum** Fries

62. St. schlank. 63.
    St. sehr kurz. 66.

63. St. fast zylindrisch od. am Grunde fast knollig, dem Hute gleichfarbig od. schwärzlich. 64.
    St. elastisch schlank, am Grunde verdickt. 65.

64. Hut rotbraun-grau, eingerollt glockig, bald breit-gebuckelt-geschweift, fleischig, 7—16 cm br. St. 7—10 cm lg., 1—1,5 cm br., gleichfarbig, faserig-gestreift, fast gerillt, zylindrisch, nicht od. kaum knollig, fest. L. weißlich, bräunlich werdend, bogig angewachsen, gedrängt. Sporen $7—8 \times 4—5\,\mu$, punktiert. Fl. blaß, trocken weiß, schwammig. — In großen Hexenringen auf Triften, bes. im Gebirge häufig. Riecht ranzig. Genießbar. IX—X.

1214. Rillstieliger R. **Tr. grammopodium** (Bull.) Fr.

Hut feucht purpurbraun od. hornbraun dunkler gestrichelt, trocken grau, glatt, kahl, fleischig, kegelig-glockig, dann hochgebuckelt-flach 6—10 cm br., Rand $\mp$ nach oben umgeschlagen. St. schlank, oberwärts verjüngt u. blaßflockig, unten $\mp$ knollig, 5—10 cm lg., 6—10 mm dick, erst weißlich, dann rauchgrau mit dunkelbraungelben, am Grunde fast schwarzen Fl., anf. weißlich, dann lila-rauchgrau, voll, dann hohl. L. weißlich, gedrängt, bauchig 7—10 mm br., Schneide $\mp$ fein gesägt; Sporen $7—8 \times 4—5\,\mu$. Fl. des Hutes weißlich bis blaßgelblich. Geruchlos. Geschmack milde. Eßbar. — In Lb- u. Ndwäldern auf gehäuften Blättern u. zwischen Gras u. Moos. IX—XI. Zerstreut.

1215. Hochgebuckelter R. **Tr. turrítum** Fr.

65. Hut anfangs gewölbt, dann ausgebreitet, schwach gebuckelt, dünn, 4—8—12 cm br., kahl, meist oliv-schwärzlich, trocken verblassend. St. zäh, 5—8 cm lg., 4—8 mm dick, oft verdickt am Grunde, weißlich, faserig-streifig. L. ausgerandet, dicht, weiß. Sporen $8 \times 5\,\mu$, Fl. blaß. Geruchlos. Geschmack mild. Eßbar. Zwischen Gras u. Moos in Wäldern u. auf Triften, häufig. IX—X. (Taf. XIII, Fig. 543.) (Tr. arcuatum Fries)

1216. Schwarzweißer R. **Tr. melaleucum** (Pers.) Fr.

66. Hut gewölbt, dann flach, oft flach höckerig, 5—8 cm br., glatt, braunschwarz od. graubraun, trocken hellockerfarbig nackt. Fleisch braun. St. 1—3 cm lg., dick, am Grunde schwach knollig, voll, schmutzig braun, blaßstreifig, oft bereift. L. schwach ausgerandet, dicht, bräunlich, dann weißlich. Zystiden lanzettlich 55—65 μ lg. Sporen 7—8 × 5—6 μ, punktiert. In Gärten, auf Wiesen, häufig. Geruchlos. Eßbar. VII—XI.

1217. Kurzfuß-R. **Tricholoma brevipes** (Bull.) Fries

Hut gewölbt, höckerig, dann abgeflacht, 5—12 cm br., glatt, graubraun, oft staubig flockig, trocken verblassend. St. voll, 2—6 cm lg., hellbräunlich, zottig-flockig. L. 4—6 mm br., zahnfg. herablaufend, dicht, hinten wenig ausgerandet, weißlich bis schmutzig bräunlich. Zystiden lanzettlich 55—65 μ lg. Sporen 6—9 × 4,5—6 μ, stachelig-punktiert. Auf fettem Boden in Gärten, auf Feldern, zerstreut. IV—XI. Geruch mehlartig. Eßbar. (Tr. excissum Fries)

1218. Niedriger R. **Tr. humile** (Pers.) Fries

67. Fleisch u. L. schwärzen. 68.
    Fleisch u. L. schwärzen nicht. 71.
68. St. ∓ knollig. 69.
    St. zylindrisch, am Grunde verschmälert. 70.
69. Hut feucht oliv-rauchgrau od. rauchgelblich, trocken heller, starr fast knorpelig, gewölbt, ∓ stumpf-gebuckelt, dann flach, regelmäßig kreisfg. od. wellig verbogen, 3—10 cm br., Rand anf. eingerollt, ∓ gerippt; St. 4—6 cm br., unten ∓ knollig, 1,5 bis 2 cm dick, oft gekrümmt, weißlich, dann ∓ schwärzlich, schwach faserig-gestreift, oben ∓ weißmehlig-bestäubt. L. rauchgelblich od. schmutzigweißlich, ∓ gedrängt, hinten ∓ buchtig angewachsen. Fleisch starr, weiß, schwärzlich anlaufend. Geruch u. Geschmack schwach mehlartig. Eßbar. — In Lb.- u. Ndwäldern, gesellig. VIII—X.

1219. Rauchgrauer R. **Tr. fumosum** Fries (non Pers.)

Hut rauchgrau, oft wasserfleckig 7,5—16 cm br., gewölbt-genabelt, dann vertieft, mit häutig überstehendem Rande. St. 7—10 cm h., 5 cm dick, blaß, derbbauchig-knollig. L. weißblaß, 6—8 mm br., mit wellig-buchtiger Schneide; schwärzend. Fleisch weiß, geruchlos, schwärzend. Sporen weiß, kuglig, klein. Geschmack mild. In Lb.- u. Ndwäldern, büschelig. IX—X; selten. (Tr. molybdinum [Bull.] Quél., Clitocybe ampla Pers.)

1220. Derbknolliger R. **Tr. centurio** Kalchbr.

70. Hut olivgrau od. blaß, zart längs runzelig, 4—10 cm br., fast knorpelig. St. 5—10 cm lg., 8—16 mm dick, weißlichgrau, faserig-gestreift, zylindrisch od. nach d. Grunde verschmälert, Spitze bereift. L. weißblaß, ∓ zäh, angeheftet od. ausgerandet. Sporen kuglig 5 × 6 μ, punktiert. Geruchlos. Geschmack mehl-

artig, etwas bitter. — In Lbwäldern, häufig. VIII—X. (Clitocybe fumosa Fries)

1221. **Knorpeliger R.** **Tricholoma cinerascens** (Bull.) Quél.
71. Huthaut dick-knorpelig, mit schwarzen Körnchen dick besetzt. 72.
    Huthaut dünn. 73.
72. Hut gewölbt, dann ausgebreitet, höckerig u. wellig, 5—8 cm br., braun od. grau, mit feinen, schwarzen Körnchen dicht besetzt. Rand eingerollt. St. etwas hohl, 2—6 cm lg., glatt, kahl, blaß, hart, aber zerbrechlich. L. dicht, weiß, dann schmutzig. Sporen 8—6 × 4 μ. An grasigen Stellen u. in Wäldern, selten. VIII—XI.

1222. **Knorpeliger R.** **Tr. cartilagineum** Fries (non Bull.)
73. Hut braungrau, fast seidig-gestreift, oft dunklerfleckig, hfg. exzentrisch, 6—15 cm br. St. 7—10 cm lg., 1,5 cm br., weiß, dann rötlich-grau, an verjüngtem Grunde büschelig-rasig verwachsen. L. weiß, dann fleischfarben bis bräunlich, ungleich herablaufend, 6—8 mm br., dünn. Sporen fast kuglig 6—7 × 5—6 μ. Geruchlos, Geschmack streng. Eßbar. — In Eichenbeständen, Gärten u. Parkanlagen in dicken Knäueln. Nicht selten. IX—XI. (Clitocybe agg. [Schaeff.] Fr.).

1223. **Knäueliger R.** **Tr. aggregatum** (Schaeff.) Quél.

Hut gewölbt, 4—10 cm br., kahl, glatt, ∓ bräunlich, oft fast weißlich, Rand dünn, zuerst eingerollt. St. in großer Zahl aus einem festen Knollen entspringend u. oft verwachsen, 4—9 cm lg., 1—2 cm dick, weißlich, schwach filzig. L. frei, weißlich, dann ∓ hellgrau. Sporen 5—6 μ. Eßbar. In Gärten, Höfen, Kellern, oft unter dem Pflaster, auch im Walde, nicht häufig. VII—XII. (Clitocybe conglobata [Vitt.] Bres., Ag. pes caprae Fries, Ag. humosus Fries).

1224. **Zusammengeballter R.** **Tr. conglobatum** (Vittadini) Rick.

Tr. amplum (Pers.) Rea siehe *663* **Clitocybe ampla** (Pers.) Fries.

Tr. fumosum (Pers.) Ricken siehe *665* **Clitocybe fumosa** (Pers.) Fr.

Tr. molybdinum (Bull.) Ricken siehe *664* **Clitocybe molybdina** (Bull.) Fr.

Tr. ornatum (Fr.) Quél. siehe *1132* **Pleurotus ornatus** Fr.

Tr. semitale (Fr.) Ricken siehe *1112* **Collybia semitalis** Fr.

45. Gattung: **Armillaria** Fries, Armbandpilz.

Hut fleischig, Hutrand mit dem St. durch einen häutigen Schleier verbunden, der am St. als Ring zurückbleibt. L. mit Zahn herablaufend mit od. ohne Zystiden. Sporen kuglig bis eifg., farblos, beim Trocknen zusammenfallend. — Meist Holzbewohner im Walde.

1. An Baumstämmen. 2.
   Auf dem Erdboden; nicht an Holz. 5.

2. An Lb.- u. Ndholzstämmen. 3.
Nur an Lbholzstämmen. 4.
3. Hut flach gewölbt, dann ausgebreitet, bisweilen schwach gehöckert, 6—18 cm br., honiggelb, gelbbraun od. mehr rötlich, mit haarigzottigen, gelblichen, bräunlichen od. schwärzlichen Schuppen, Rand eingerollt, dann flach, gestreift. St. voll, 6—20 cm lg., unten etwas knollig verdickt, blaß, rötlich, bisweilen gelblich od. unten olivenbraun, Ring weiß, flockig-häutig. L. weitläufig, weißlich, dann rötlich od. bräunlich gefleckt, mit Zahn ∓ herablaufend. Zystiden keulenfg. 40—60 μ lg. Basidien bisweilen auch 2sporig. Sporen 8—9 × 5—6 μ. Eßbar. Fk. aus schwarzen, innen weißen, sehr ausgedehnten Rhizomorphen (Rhizomorpha subcorticalis Abb. 4, 3, S. 28) entspringend. Dichtrasig an lebenden u. toten Lb.- u. Ndstämmen, sehr schädlich. Die Bäume von den Wurzeln aus durch Strangmyzel infizierend. VII—XII. (Taf. XIII, Fig. 556.) (Clitocybe mellea [Vahl] Ricken).

Sehr veränderlich in Färbung u. Gestalt: fast schwefelgelb (var. sulphurea [Weinm.] Fr.), grünlich-gelb (var. viridiflava Barla), mit weißer Knolle, gelblichweißen, dann tiefrotbraunen L. (var. versicolor W. G. Sm.), sehr klein (var. minor Barla), bis 20 cm br. u. 15—20 cm h. mit stark bauchigem St. u. sehr weitem Ring (var. maxima Barla), ohne Ring (var. tabescens (Scop) Rea = Clitocybe tabescens (Scop) Fries, Agaricus gymnopodius Bull.) u. a.

1225. Hallimasch. **Armillaria mellea** (Vahl) Fries

Hut rotbraun, kahl, aber durch erhabene Warzen getropftpunktiert, fast schmierig. 3—6 cm br. St. 5—8 cm lg., 1—1,5 cm br., gleichdick od. bauchig u. verschmälert, faserig-gestreift, braun. Ring schmal, weiß, häutig, hängend. L. blaß-bräunlich, dann dunkler, buchtig herablaufend engstehend. — Einzeln od. rasig am Grunde alter Stämme im Walde, auch in Gärten. VIII—X. Nicht häufig. (Clitocybe d. [Fr.] Rick. Nach Lange = 945).

1226. Rotbrauner A. **A. denigrata** Fries

4. Hut weißlich, durch bräunliche angedrückte Schuppen durch Hutoberfl. bunt, 5—8 cm br., stumpf. Rand glatt, ∓ behangen. St. kurz, 2—3 cm lg., unterhalb u. auf d. Unterseite des häutigen, oft zerrissenen Ringes bräunlich-schuppig. L. weißlich, ∓ gedrängt, herablaufend. Sporen elliptisch, beiderseits spitz, klein. Geruch u. Geschmack angenehm. — An Lbholzstämmen. Nur im südlichsten Teile des Gebietes; selten. VI—X. (Clitocybe rh. [Fr.] Ricken).

1227. Weißlicher A. **A. rhagodiosa** Fries

5. Hut flach gewölbt, dann ausgebreitet, schwach höckerig, 2—6 cm br., schleimig, weiß, hellumbrabraun od. rötlich-ockerfarben, Rand durchscheinend, bis fast zur Mitte gestreift. St. weiß, oben

hohl, 6—9 cm lg., 6 mm dick, Ring zerschlitzt, herabhängend, oberhalb glatt, unterhalb punktiert. L. weiß. Herdig zwischen Gras, Lb. u. Nd. in Wäldern, selten. VII—XI. (Clitocybe subcava [Schum.] Ricken).

1228. Schleimiger A. **Armillaria subcava** (Schum.) Fries

A. aurantia (Schaeff.) Fr. siehe *1161* **Tricholoma aurantium** Schaeff.) Fr.

A. bulbigera (A. et Schw.) Fr. siehe *1160* **Tricholoma bulbigerum** (A. et Sch.) Fr.

A. caligata Viv. siehe *1159* **Tricholoma caligatum** (Viv.) Bres.

A. delicata (Fr.) Boud. siehe *1240* **Lepiota delicata** Fr.

A. imperialis Fr. siehe *1229* **Biannularia imperialis** (Fr.) Beck

A. luteovirens (A. et Schw.) Fr. siehe *1158* **Tricholoma luteovirens** (A. et Schw.) Ricken

A. mucida (Schrad.) Fr. siehe *1122* **Collybia mucida** (Schrad.) Ricken.

A. ramentacea (Bull.) Fr. siehe *1179* **Tricholoma ramentaceum** (Bull.) Fr.

A. robusta (A. et Schw.) Fr. siehe *1163* **Tricholoma robustum** (Alb. et Schw.) Fr.

A. rufa (Batt.) Quél. siehe *1162* **Tricholoma focale** Tr.

46. Gattung: **Biannularia** G. Beck 1922, Doppelringpilz.

Hut derbfleischig, Hutrand mit dem St. durch häutigen Schleier verbunden u. der ganze Pilz in der Jugend mit Velum universale, das am Stielgrund als zweiter Ring, auf der Hutoberfläche als fleckige Schuppen zurückbleibt. L. blaßweiß, herablaufend. Sporen länglich elliptisch-spindelfg., weiß, glatt.

Einzige Art: Fk. anfangs kreiselfg., tief im Boden steckend; dann Hut polsterfg. gewölbt, mit eingerolltem, anfangs faserigem Rande, dann verflacht geschweift, in der Mitte vertieft, 8—15 cm br., hell- bis dunkelbraun; Hutoberseite von den Resten des Velum universale blaß-fleckig-schuppig, später glatt u. kahl; sehr derb u. fleischig. St. bauchig bis keilfg., nach unten verjüngt, später gestreckt u. walzenfg., 7—13 cm lg., 3—4 cm dick, weiß bis blaßockergelblich, derb, voll, mit zwei aufsteigenden häutigen Ringen. L. blaßweiß, später gelblich, bei Druck gelbfleckig, Schneide zuweilen schwärzlich, schmal, engstehend, $\mp$ weit herablaufend. Sporen 11—13 ×5—6 μ (Roman Schulz). Fleisch saftig, reinweiß, kernig-zart. Geruch mehlartig, Geschmack nach Mehl, aber mit herbem Nachgeschmack. Eßbar. — In trockenen Ndwäldern, besonders in sandigen Kiefernwäldern, tief im Boden steckend. Nicht häufig. Tracht von Tricholoma colossus. VIII—X. (Clitocybe imperialis [Fr.] Ricken, Armillaria imp. Fries). — Abb. 30, 5*a—c* S. 322.

1229. Doppelringpilz. **B. imperialis** (Fries) Beck 1922.

Abbildung: Michael-Schulz, Führer f. Pilzfreunde, Bd. II, Taf. 136 u. G. Beck in Pilz- u. Kräuterfr. 5. Jahrg. I, 1922, Taf. II, Fig. 13).

6. Unterfamilie: Amanitoideae Ulbrich.

Fk. stets hemiangiokarp, mit häutigen Hüllen; Hüllen einfach (Velum partiale) od. doppelt (außerdem V. universale) od. nur V. universale, stets ∓ derb (nicht fädig od. flockig) u. ∓ bleibend. L. häutig, weiß od. schwach rötlich. Sporen stets glatt, rosa od. weiß.

Bestimmungsschlüssel der Gattungen.

A. Sporen rosarot; Fk. nur mit Vel. universale:
§ 17. Volvarieae.   **47. Volvaria.**
B. Sporen weiß.
  a) Fk. nur mit Vel. partiale; Stielgrund meist ∓ knollig, aber ohne Volva.
§ 18. Lepioteae.   **48. Lepiota.**
  b) Fk. nur mit Vel. universale od. außerdem mit V. partiale. § 19. Amaniteae.
    I. Fk. nur mit V. universale, St. ringlos, Stielgrund mit Volva.   **49. Amanitopsis.**
    II. Fk. mit Vel. univers. u. V. partiale. St. stets mit manschettenartigem Ring; Stielgrund stets knollig, mit ∓ deutlicher Volva.   **50. Amanita.**

§ 17. Volvarieae Ulbrich.

Sporen rosarot; Fk. nur mit Velum universale.

47. Gattung: Volvaria Fries, Scheidling.

Fk. klein bis ansehnlich mit Velum universale, das anfänglich den ganzen Fk. umhüllt, mit Streckung des St. reißt u. als häutige Volva am Stielgrunde u. Flocken u. Fetzen auf dem Hute zurückbleibt od. hier auch ganz verschwindet. L. ganz frei, anfangs weiß, durch die rosaroten Sporen rötlich. — Auf humusreichem Boden, seltener parasitisch auf anderen Pilzen vorkommende fleischige, ungenießbare, z. T. giftige Arten.

1. Hut schwarz od. grau.   2.
   Hut weiß od. blaß.   5.
2. Hut schmierig-klebrig.   3.
   Hut trocken.   4.
3. Hut glockenfg., dann ausgebreitet u. gebuckelt, 4—11 cm br., kahl, klebrig, rußfarbig, Rand gestreift. St. voll, 8—16 cm u. länger, 1—2 cm dick, kahl, knollig u. nach oben verjüngt, bräunlich od. gelbbraun, mit zottiger, lockerer Scheide. L. weiß, dann rötlich, breit. Sporen $12 \times 7 \mu$. Giftig. Auf Schutthaufen, an Wegen usw., nicht häufig. IV—XI. (Taf. XI, Fig. 473.)

1230. Schleimköpfiger Sch.   **V. gloiocephala** (DC.) Fries

Hut bleibend kegelfg., spitz, 3—4 cm br., aschgrau, kahl, schmierig, trocken seidig schimmernd. St. weiß, gleichdick, etwas verbogen schlank, voll, mit zarter, nicht zerschlitzter, enger Volva. L. gelblich, dann fleischfarben. Sporen 6—8 × 4—4,5 μ. — An Wegen; nicht häufig.

1231. Spitzkegeliger Sch. **Volvaria viperina** Fries

4. Hut glockig, dann flach, stumpf, 5—10 cm br., ∓ blaßgrau von angedrückten schwarzen Fasern gestreift. St. voll, 5—12 cm lg., 1 cm dick, glatt, weißlich, Scheide weit, bräunlich. L. weiß, dann fleischfarben frei, bauchig. Sporen 6—7 × 4—5 μ. In Mistbeeten, auf lockerer Erde, nicht häufig. Giftverdächtig. VII—IX. (Abb. 31, 1 a—c.)

1232. Schwarzstreifiger Sch. **V. volvacea** (Bull.) Fries

Hut kegelig, dann glockenfg. bis gewölbt-flach, stumpf, grau, gerieft-rinnig bis rissig. St. 3—6 cm lg., 3—5 mm br., blaß, fast gleichdick, kahl, am Grunde schwach knollig mit dunkelbrauner, gelappter Volva. L. rosarot, vorn breit, hinten sehr schmal, Schneide ∓ weißflockig. Sporen 7—8 × 5 μ. — In Gärten, Gebüschen, Parkanlagen. VII—X.

1233. Gerieftrissiger Sch. **V. Taylori** Berk.

5. Auf dem Erdboden wachsend. 6.
Auf den Fk. von Clitocybe nebularis u. Cl. clavipes parasitisch. 9.

6. Hut schmierig-klebrig. 7.
Hut trocken. 8.

7. Hut glockenfg., dann flachgewölbt, bisweilen fast genabelt, 6 bis 13 cm br., glatt, klebrig, weißlich, in der Mitte graubraun, Rand glatt. St. voll, 10—20 cm lg., 1 bis

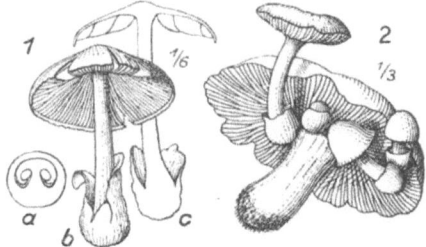

Abb. 31. 1 Volvaria volvacea (Bull.) Fr. — 2 V. Loveiana Berk. auf Clitocybe nebularis Batsch (1 nach Ramsbottom, 2 n. d. Natur).

2,5 cm br., weiß, anfangs wollig, später glatt, seidenglänzend, Scheide schlaff, unregelmäßig zerschlitzt. L. frei, bauchig. Sporen 15—16 × 8—10 μ. Verdächtig. Auf gedüngtem Boden in Gärten, auf Friedhöfen, auf Gemüseäckern, in Gewächshäusern usw., zerstreut. V—IX. (Taf. XI, Fig. 474.)

1234. Ansehnlicher Sch. **V. speciosa** Fries

8. Hut glockenfg., dann flachgewölbt, 1—1,5 cm br., schwach klebrig, trocken seidenglänzend, weißlich, Mitte gelblich, glatt. St. hohl, 1—3,5 cm lg., 2—4 mm br., weißlich, Scheide weit abstehend, lappig, zerschlitzt. L. vorn breit. Sporen 5 × 3 μ. Auf Lohbeeten, Gartenerde, Weiden u. in Wäldern, nicht häufig.

V—X. (V. parvula (Weinm.] Fries]. — Jung ganz weiß, mit kegelfg. 6—8 mm h., bisweilen flockig-schuppigem St. 2,5 cm lg., behaart. Volva zweilappig-zerreißend, außen seidig. Auf Weiden VII—IX var. biloba Massee

1235. **Kleiner Sch.** **Volvaria pusilla** (Pers.) Quél.

Hut glockenfg., dann ausgebreitet, in der Mitte oft mit flachem Höcker, 8—20 cm br., weiß, seidenfaserig od. schuppig. St. voll, 8—16 cm lg., 1—2 cm dick, glatt, weiß, oft gebogen. Scheide wollighäutig, weißlich, zerschlitzt. groß (3—8 cm br.). L. bauchig. Sporen 6—7 × 4—5 μ. An lebenden u. gefällten Lbstämmen, zerstreut. VI—X. (Taf. XI, Fig. 476.)

1236. **Seidiger Sch.** **V. bombycina** (Schaeff.) Fries

9. Hut reinweiß, stumpflich-kuglig, dann ∓ ausgebreitet 3—5 bis 10 cm br., zottig-seidig, mit anfangs eingerolltem, dann geradem, glattem, bewimpertem Rande. St. weiß, 2—5 cm lg., 5—10 mm dick, schlank, knollig, mit reinweißer, drei- bis vierlappiger, außen flaumiger, innen seidiger Volva. L. weiß, langsam blaßrosa. Sporen 5—6 × 3—4 μ. Auf Fk. von Clitocybe nebularis u. Cl. clavipes. Selten (Prov. Brandenburg, Süddeutschland, England, Frankreich), einzeln od. in kleinen Gruppen. VIII—X. (V. plumulosa [Lasch] Quél.). — Abb. 31, 2.

1237. **Parasitischer Sch.** **V. Loveiana** Berk.

Die auf abgefallenen Nd. vorkommende V. hypopitys Fries gehört nach Quélet gleichfalls zu V. Loveiana Berk.

§ 18. Lepioteae Ulbrich.

Fk. nur mit Velum partiale, Stielgrund meist ∓ knollig, aber ohne Volva. Sporen weiß. — Meist Bodenpilze, oft mit eigenartigem Geruch, viele stattliche Arten.

48. Gattung: **Lepiota** Fries, Schirmling.

Fk. fleischig bis dünnfleischig, oft sehr zerbrechlich, sehr regelmäßig, mit schirmfg. ausgebreitetem, meist ∓ schuppigem Hute. St. stets zentral, meist ∓ schlank, oben ∓ hohl, unten häufig ∓ knollig, zerbrechlich od. zäh. Schleier häutig. Ring häutig od. schuppig. L. breit, ∓ weiß, frei od. angeheftet, nicht herablaufend u. ausgerandet ohne od. mit Zystiden. Oft mit Collar (vgl. Abb. 32, b). Basidien stets 4 sporig. Sporen eifg., nicht zusammenfallend beim Trocknen, farblos, selten schwach rötlich od. blaß-gelblich. — Bodenpilze. Einige Arten eßbar.

1. Hut schleimig-schmierig. § 1. Viscosae Ricken. 2.
   Hut nicht schleimig-schmierig. 5.
2. Hut isabellfalb, derb bis 10 cm br. 3.
   Hut kleiner, bis 6 cm br. 4.

Agaricaceae. 355

3. Hut isabellfalb, ∓ flachgrubig, 5—10 cm br., fleischig, kuglig, dann gewölbt-glockig, Rand heller. St. 8—10 cm h., 1—2 cm br., weiß od. cremefarben, Spitze schmutzig-grün-punktiert von eingetrockneten, ausgeschiedenen Tröpfchen; Ring weit, hängend, weiß, wie die Stielspitze bei feuchtem Wetter mit Tröpfchen besetzt. L. weißlich, bisweilen ∓ blaß-oliv, dichtstehend, frei, bauchig. Sporen weiß, 7—8 × 4—5 μ. Geruch u. Geschmack nach Mehl. Eßbar. In Nd.- u. besonders Lbwäldern u. Parkanlagen; stellenweise häufig. VIII—X. (Agar. guttatus Schaeff., Pers.; Lepiota guttata [Pers.] Quél.; Amanita lent. [Lasch] Fr., Am. megalodactylus Berk. et Br.)

1238. Getropfter Sch. **Lepiota lenticularis** (Lasch) Cke.

Hut ei-glockenfg., dann ausgebreitet, etwas gebuckelt, 4—9 cm br., weiß od. gelblich, kahl, Rand meist gestreift u. wimperig. St. hohl, 5—8 cm lg., 5—10 mm br., weiß, sehr klebrig, Velum undeutlich schleimig-ringfg. L. weiß, dicht, später mehr weitläufig u. cremefarben. Sporen weiß, 6 × 4—5 μ. Geruch angenehm. Auf Heiden, Triften, Waldwiesen u. Gebüschen, nicht häufig.

1239. Ganzschleimiger Sch. **L. illinita** Fries

4. Hut sehr dünnfleischig, glockenfg., dann ausgebreitet, 2—4 cm br., gelblich od. rötlich, in der Mitte dunkler. St. 3—6 cm lg., 4—6 mm dick, hohl, zart, Ring weich wollig-flockig, darüber glatt, darunter mit wollig-seidenartigen, rosenroten, später gelblichen Flocken besetzt. L. dicht, weiß, alt dem Hute gleichfarbig; Sporen weiß, kugl. 5—6 μ. In Ndwäldern, selten. VII—X. (Armillaria del. [Fr.] Boudier).

1240. Zarter Sch. **L. delicata** Fries

5. Hut ∓ schuppig od. filzig, warzig od. körnig. 6.

Hut weder schuppig noch körnig. § 7. Mesomorphae Ricken. 28.

6. Mit verschiebbarem Ring u. Collar od. einfachem Ring. (Vgl. Abb. 32.) Hut schuppig aufbrechend; sehr ansehnliche Arten. § 2. Procerae Ricken. 7.

Mit häutigem, nicht aufsteigendem Ring. Hut nicht schuppig aufbrechend. § 3. Annulosae Ricken. 10.

7. Mit Ring u. Collar. 8.

Mit einfachem Ring. 9.

8. Hut anfangs zylindrisch, eifg., dann schirmartig ausgebreitet, stumpfhöckerig, 10 bis über 30 cm br., weißlich od. graubraun, in der Mitte meist dunkler, Oberhaut bald in faserig-zottige, an der Spitze etwas abstehende Schuppen zerreißend. Fleisch u. L. bei Verletzung nicht rötend. St. hohl, 10—30 cm lg., weißlich, angedrückt-braunschuppig-bunt, am Grunde ungerandet knollig, Ring dick, lederartig verschiebbar. L. dicht, weißlich. Mit häutigem Collar. Zystiden flaschenfg. bis keulig 40—50 μ lg.

Sporen weiß, elliptisch, 15—18 × 10 μ. Eßbar. In lichten Wäldern, auf Lichtungen, Heideplätzen, gern bei Ameisenhaufen, häufig. VII—XI. (Taf. XIII, Fig. 563.)

1241. Parasolpilz, Eulchen. **Lepiota procera** (Scopoli) Fries

Hut kuglig, dann schirmfg., flach, bis > 18 cm br., graubraun, in der Mitte meist lebhaft braun, Oberhaut dünn, in große anliegende Schuppen zerreißend. St. 10—25 cm lg., hohl, glatt, schmutzig, weißlich, am Grunde mit großem Knollen, Ring zerschlitzt am Rande. L. dicht, weiß. Mit häutigem Collar. Zystiden eifg.-flaschenfg. 30—36 μ lg. Sporen 12—15 × 6—8 μ. Fleisch u. L. rötend. Eßbar. In Gärten, Ndwäldern, zerstreut. VIII—XI. (Taf. XIII, Fig. 565, Abb. 32, a—c.)

1242. Rötender Sch., Safran-Sch. **L. rhacódes** (Vittad.) Fries

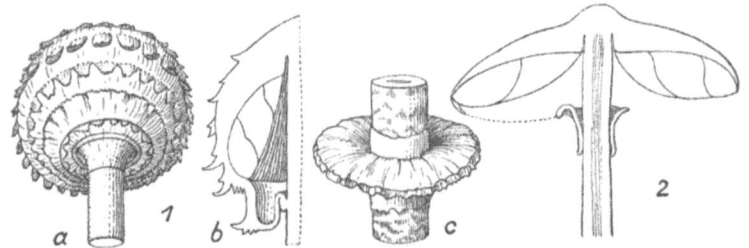

Abb. 32. Ringbildungen von 1a bis c Lepiota rhacodes (Vitt.) Fr. — 2 L. excoriata (Schaeff.) Fr. — (Nach Beck)

9. Hut eifg., dann ausgebreitet, fast glatt, undeutlich höckerig, etwa 4—15 cm br., weißlich, in der Mitte oft bräunlich, Oberhaut dünn, besonders am Rande in kleine Schuppen zerfallend. St. hohl, 6—10 cm lg., 5—12 mm br., zylindrisch, weißlich, mehlig-filzig. L. ziemlich dicht, weiß. Zystiden spindelfg. 50 μ lg. Sporen 12—15 × 8—11 μ mit Keimporus an d. Spitze. Auf Äckern, Triften, Waldwiesen, nicht selten. V—XI. Eßbar. (Taf. XIII, Fig. 564, Abb. 32, 2.)

1243. Geschundener Sch. **L. excoriáta** (Schaeff.) Fries

Hut eifg., dann glockig bräunlich ausblassend mit zitzenfg.-hochkegelfgem. rotbraunem Buckel, 7—15 cm br., schwach rissigkörnig mit tief eindringendem St. St. 12—20 cm h., 5—10 mm dick, sehr schlank, weißlich, fein gelbschuppig, nach oben verjüngt, unten ± knollig. Ring beweglich, häutig, einfach, ganzrandig, trichterfg. aufgerichtet. L. weiß, eng. Zystiden bauchigflaschenfg. 30—36 μ lg. Sporen weiß 12—13 × 7—8 μ. Fleisch weiß. Geruch u. Geschmack angenehm. Eßbar. — In Lbwäldern, Gebüschen. VIII—XI. Stellenweise häufig.

1244. Zitzen-Sch. **L. gracilenta** (Krombh.) Fries

Agaricaceae. 357

10. L. bald rosa durch die rosaroten Sporen (Annularia Schulzer). 11.
    L. weißbleibend od. blaß, Sporen weiß od. blaß. 12.

11. Hut weißlich bis schwach $\mp$ rosa od. gelblich angehaucht, fleischig, kuglig-glockig, dann flach, mit dünner glanzloser, fast feinfilziger, körnig auflösender Haut, 5—12 cm br. Rand $\mp$ behangen. St. 4—8 cm lg., 10—15 mm dick, weiß, nach oben verjüngt, Grund $\mp$ knollig, seidig. Ring häutig, schmal bis z. breit, abstehend, weiß, schließl. fast frei. L. anfangs weiß, bald rosarot, engstehend, frei, dünn; mit bauchigen 50 μ lg. Zystiden; Sporen fast kuglig 7—8 × 5—6 μ rosa. Fleisch weiß, z. dick, nicht verfärbend. — Eßbar. — Auf Grasplätzen, in Gebüschen, in Gärten u. Anlagen, seltener in Ndwäldern. VII—X. Oft zahlreich, aber unbeständig. (Ag. laevis Krombh., Lep. pudica [Bull.] Quél., L. psalliotoides P. Henn., L. naucioides Pat., Psalliota cretacea Fries ex p., Annularia laevis [Krombh.] Schulzer)

1245. Rosablätteriger Sch. **Lepiota naucina** Fr.

12. Hut meist breiter als 5 cm. 13.
    Hut schmaler als 5 cm. 14.

13. Hut gewölbt, dann ausgebreitet, weiß od. $\mp$ schwach gelblich, geglättet-seidenfaserig, 5—10 cm br. St. weiß 6—10 cm h., 10—15 mm dick, voll, seidenfaserig, Grund knollig; Ring weißlich, häutig, breit, $\mp$ hängend. L. weiß, dann cremefarben, frei, bauchig, breit, sehr dicht. Zystiden schlauchfg.-spindelig 34—38 μ lg. Sporen elliptisch, weiß, 7—9 × 4—6 μ. Fleisch weiß, geruchlos. Eßbar. Auf trockenen Grasplätzen, in Gebüschen, Gärten; auch im Misch- u. Ndwald. Amanita mappa var. alba ähnlich. Bisweilen sehr zahlreich, aber unbeständig. VII—X.

1246. Seidiger Sch. **L. holosericea** Fries

Hut gewölbt, dann flach, weißgrau, 5—7 cm br., seidig, $\mp$ klebrig, Rand weißlich, furchig-gerieft. St. 6—9 cm lg., $\mp$ 10 mm dick, weiß, kahl, am Grunde knollig verdickt u. flockig. Ring gleichfarbig, häutig abstehend bis hängend. L. weiß, dann blaßfleischfarben, verschmälert angewachsen. Sporen weiß, elliptisch, 9—10 × 7—7,5 μ. In lichten Misch- u. Ndwäldern, gern unter Birken. VII—X. — Bisweilen häufig. Amanitopsis vaginata ähnlich. (Amanita arida Fries).

1247. Gerniefter Sch. **L. arida** (Fries) Gillet

14. Hut häutig, vergänglich, anfangs zylindrisch, dann glockigkegelfg., $\mp$ genabelt, schließlich ausgebreitet, 2—5 cm br., weiß od. gelblich bis schwefelgelb, mehlig od. flockig-schuppig, Rand faltig gefurcht. St. sehr zerbrechlich, 4—15 cm lg., 5—8 mm dick, unten zwiebelig verdickt, hellgelblich, flockig, Ring häutig, schmal abstehend, vergänglich. L. dicht, hinten abgerundet, frei, oben bis zum St. herangehend, weiß, dann blaß fleischfarben od. gelblich. Sporen weiß, elliptisch, 6—8 × 4—7 μ. Geruchlos, Ge-

schmack bitter. Myzel auf der Erde flockig u. etwa 1 mm gr. blasse, flockige Sklerotien bildend. In Gewächshäusern, besonders auch auf Lohe, rasig, nicht selten. III—X. (Taf. XIII, Fig. 567.) (Leucocoprinus cep. [Sow.] Patouill., L. pluvialis Speg., L. Henningsii Sacc.)

1248. Zwiebelstieliger Sch. **Lepiota cepistipes** (Sowerby) Fries
Hut kreideweiß mit dunkleren Schuppen. Sporen 7—9 × 6—7 μ. In Gewächshäusern nicht selten.

1248 β. Kreideweißer Zw.-Sch. **L. cepist. var. cretacea** (Bull.) Fr.

14. Hut glockig, dann ausgebreitet, sehr dünnfleischig, 2—3 cm br., blaßschwefelgelb mit dunklerem Buckel, ganz glatt, anfangs kleiig-flockig. St. nackt, blaßschwefelgelb mit sehr zartem vergänglichem Ring. L. frei, bauchig, gedrängt. Sporen 4,5—7 × 3—5 μ gr. — Auf Lohe, Blumenerde, in Gewächshäusern, Gärtnereien. III—X. Selten.

1249. Schwefelblasser Sch. **L. denudata** Rabenh.

15. Hut kegelwarzig od. glatt, aber schuppig zerbrechend mit gewebeartigem bis fast faserigem Schleier. 16.
Hut körnig-aufgelöst m. aufsteigendem Ring. L. angeheftet. § 6. Granulosae Ricken. 25.

16. Hut kegelwarzig. § 4. Hispidae Ricken. 17.
Hut glatt, schuppig-zerbrechend. § 5. Clypeolariae Ricken. 20.

17. Hut über 5—14 cm br. 18.
Hut kleiner als 5 cm. 19.

18. Hut ei- od. glockenfg., dann flach gewölbt, schwachbuckelig, 10—15 cm br., zimt- bis trüb kastanienbraun, filzig-flockig, in der Mitte u. besonders nach dem Rande hin mit sparrigen Schuppen, am Rand gleichfarbig-zottig. St. hohl, 8—11 cm lg., schwach knollig, Ring weiß, breithäutig bis gewebeartig hängend, darunter dicht schuppig, gleichfarbig. L. mäßig dicht, weiß. Sporen 6—9 × 3—4 μ. Zystiden auf der Schneide blasig 15—18 μ lg. Geruch unangenehm rettichartig. Geschmack widerlich rettichartig. Ungenießbar. Auf kahlem Gartenboden, in schattigen Lbwäldern u. Parkanlagen, auf Grasplätzen nicht häufig. IX—XI.

1250. Fries' Sch. **L. Friesii** (Lasch) Fries
Hut stumpf gewölbt, dann ausgebreitet, 5—14 cm rötlich gelbbraun, wollig-flockig, kleiig, später mit aufrechten, spitzen, sparrigen Schuppen. St. später hohl, knollig, 6—10 cm lg., 1—2,5 cm dick, oberhalb des abstehenden, gelblich werdenden, unterseits rostwarzigen Ringes bereift. L. weiß, sehr gedrängt. Sporen 3—6 × 3—4 μ. In Gärten, Lbwäldern, zwischen Gras, selten. Geschmack bitterlich, Geruch widerlich. IX—XI. (L. aspera [Pers.] Quél., L. Mariae Klotzsch, L. Boudieri Bres.)

1251. Spitzschuppiger Sch. **L. acutesquamosa** (Weinm.) Fr.

19. Hut anf. halbkuglig, dann ausgebreitet-vertieft, $\mp$ gebuckelt, 3—5(—7) cm br., purpurbräunlich mit violettbraunen stacheligen Schüppchen. St. bis 7,5 cm h., 5—10 mm dick, dunkel rötlichbraun nach oben verjüngt, schlank, bis zum zart flockigen, cortinaartigen weißen Ringe filzig-faserschuppig. L. gedrängt, weiß, bauchig, braunfleckig; Sporen elliptisch 4—5 × 3 μ (Ricken), 6—7 × 4 μ (Rea). Geruchlos. Geschmack nach Rettich. Schattige Buchen- u. Ndwälder. VIII—X. Selten.

1252. Purpurbrauner Sch. **Lepiota hispida** (Lasch) Fries

Hut 1—3 cm br., glockig, oft genabelt, dicht mit derben kastanienrotbraunen, sparrig-abstehenden Schüppchen besetzt. St. 3—4 cm lg., 3—4 mm dick, weiß, dann gleichfarbig; Ring weiß, eng, dünn-häutig unterseits rotbraunflockig vergänglich. L. cremefarben, gedrängt, von haarfg. Zystiden bewimpert. Sporen 10—11 × 3,5 bis 4,5 μ, patronenfg. mit dornfg. Anhängsel (Rea), 7—8 × 4—5 μ (Ricken). Geschmack angenehm. Giftig. In Gebirgswäldern, stellenweise nicht selten. IX—XI. (L. janthina Cooke)

1253. Kastanienbrauner Sch. **L. castanea** Quélet

20. Fleisch u. L. bei Verletzungen rot werdend. 21.

Fleisch sich nicht verfärbend. 22.

21. Hut ei-glockenfg., dann ausgebreitet u. gebuckelt, 2—5 cm br., bräunlichgrau, in der Mitte dunkler, filzig u. warzig, später von kleinen, bräunlichen Schüppchen scheckig, dünnfleischig. St. voll, 5—8 cm lg., gleichfarbig, spindelfg., flockig-schuppig, Grund knollig, Ring weiß, außen $\mp$ fein schwarz-gekörnt-schuppig zerschlitzt, vergänglich. L. weiß, dann rötlich. Sporen 6—7 × 4 μ. Auf Gerberlohe, in Gewächshäusern auf humusreicher Erde, nicht häufig. V—X. (L. cycadearum P. Henn.)

1254. Geperlter Sch. **L. meleagris** (Sowerby) Fries

Hut glockenfg., dann schirmfg. ausgebreitet, schwach gebuckelt, 5—12 cm br., Oberhaut rötlichbraun, in anliegende Schuppen zerreißend. St. hohl, 5—18 cm lg., am Grund schwach knollig, flockig-schuppig, Ring hängend, weiß, dauerhaft. L. dicht, weiß. Sporen 6—7 × 3—4 μ (Ricken), 7—8 μ (Herpell). Geruch widerlich. In Lbwäldern unter Eichen, selten. IX—XI.

1255. Badhams Sch. **L. Badhami** Berkeley et Br.

22. Fk. $\mp$ stark widerlich riechend. 23.

Fk. geruchlos. 24.

23. Hut glockenfg., dann ausgebreitet, stumpfhöckerig genabelt, 2 bis 7 cm br., weißlich, in der Mitte bräunlich, Oberhaut fast glatt, dann in anliegende od. abstehende, braune Schüppchen zerfallend. St. 4—6 cm lg., 3—8 mm dick, zylindrisch, selten unten etwas verdickt, weißlich, oft etwas rötlich, Ring abstehend, meist schnell verschwindend. L. dicht, weiß. Zystiden flaschenfg.

30—36 μ lg. Sporen 6—8×3—4 μ. Geruch heringsartig od. rettichartig. In Gärten, Parks, Wäldern, nicht selten. VII—XI.

1256. Stinkender Sch. **Lepiota cristata** (Alb. et Schw.) Fries

Hut 10—15 mm br., feurig rotgelb, schuppig od. faserig. St. 2—2,5 cm lg., gleichfarben, faserig, mit faserig-gewebeartigem Ring, Grund wurzelnd mit feurig gelbrötlichen Haaren. L. schließl. gelblich mit leuchtend rotbrauner Schneide. Sporen 8—10 ×4,5—5 μ. Geruch stark widerlich. — Grasige u. moosige Waldplätze. VII—X. Selten.

1257. Feurigrotgelber Sch. **L. ignicolor** Bresadola

24. Hut ei- od. glockenfg., dann schirmfg. ausgebreitet, stumpfhöckerig, 3—8 cm br., mit anfangs zusammenhängenden, dann konzentrisch zerfallenden, flockigen, ∓ bräunlichen Schuppen, weißlich bis fast ganz weiß (var. alba Bres.). St. 5—12 cm lg., 4—10 mm dick, Ring flockig, meist schnell vergänglich, oberhalb glatt, unterhalb dichtflockig-schuppig, dem Hut gleichfarbig. L. ziemlich dicht, weiß, dann gelb, 6 mm br. Sporen spindelfg. 11—15×5—6 μ. Geruch u. Geschmack angenehm. Eßbar. In Lbwäldern unter Gebüsch, nicht selten. VIII—X. (Taf. XIII, Fig. 568.) (L. metulaespora B. et Br.)

1258. Schildf. Sch. **L. clypeolaria** (Bull.) Fries

Hut glockig gewölbt bis schirmfg., fast genabelt, 2—3 cm br., blaß, mit schwärzlichem Buckel, fein schwarzschuppig. St. 3—5 cm, 4—5 mm br., weiß schwarzscheckig, schlank, Grund knollig, L. weiß bis gelblich, frei, bauchig. Zystiden keuligblasig, 33—36 μ lg. Sporen 8—9(—10)×(3—)4 μ, weiß. In Buchen- u. Gebirgs-Ndwäldern. Stellenweise nicht selten. IX bis X. Geruchlos.

1259. Schwarzschuppiger Sch. **L. felina** (Pers.) Fr.

25. Geruchlos od. angenehm riechend. 26.
    Widerlich riechend. 27.

26. Hut eifg. od. halbkuglig, dann ausgebreitet, stumpfhöckerig, 2 bis 5 cm br., ockerfarben, körnig-kleiig, Fleisch gelb. St. zylindrisch, 3—6 cm lg., unterhalb des Ringes kleinschuppig. L. dicht, angewachsen, weiß, dann gelblich. Sporen 4—5(—7)×3—4 μ. Zystiden fehlen. In Wäldern, Heiden, Triften zwischen Moos, nicht selten. VIII—XI. Geruch angenehm od. fehlend. Eßbar. (L. Jasonis Cke. et Massee)

1260. Amianth-Sch. **L. amianthina** (Scopoli) Fries

Hut wie bei vor., 2—5 cm br., rost- od. rotbraun, trocken graubraun, körnig-kleiig, Fleisch weiß. St. zylindrisch, 4—9 cm lg., oberhalb des häutig-schuppigen Ringes kleinschuppig, dem Hute gleichfarben, oberhalb weiß od. schwach violett. L. leicht angeheftet, weiß, dann cremefarben bis rötlich. Sporen 5—8 ×4—5 μ. Zystiden haarfg. Geruch unangenehm. Eßbar. In

Lb.- u. Ndwäldern zwischen Gras u. Moos, auch auf Rasenplätzen, nicht selten. VII—XI. (Taf. XIII, Fig. 566.)

1261. Körniger Sch. **Lepiota granulosa** (Batsch) Fries

Hut wie bei vor., 4—10 cm br., zinnoberrot, körnig-kleiig, Fleisch blaß. St. 4—7 cm lg., voll, etwas knollig, unterhalb des häutigschuppigen Ringes rotschuppig. L. frei, weiß. Zystiden haarfg. Sporen 4—5 × 2,5—3 μ. Geruchlos. Geschmack angenehm. Eßbar. In Ndwäldern, zerstreut. IX—X. (Agaric. granulosus var. cinn. Alb. et Schw.)

1262. Zinnoberroter Sch. **L. cinnabarina** (Alb. et Schw.) Karst.

27. Hut kegelfg. od. halbkuglig, dann ausgebreitet, stumpfhöckerig, 3—6 cm br., hellfleischrot od. fast weißlich, körnig-schuppig. St. später hohl, 3—7 cm lg., am Grunde wenig verdickt, unterhalb des häutigen Ringes gleichfarbig, kleinschuppig. L. dicht, angeheftet, weiß. Sporen 4—6 × 3 μ (Herpell). Geruch dumpferdig od. fast gasartig; Geschmack unangenehm. Giftverdächtig. Zwischen Moos auf Heiden, in Ndwäldern, zerstreut. V—XI. (Agaricus c. Pers., A. albomarginatus Schum., A. ramentaceus Krbh., A. (L.) pinetorum A. Schultz)

1263. Dumpfstinkender Sch. **L. carcharias** (Pers.) Fries

28. Hut 3 bis 6 cm br. 29.
    Hut kleiner als 3 cm. 30.

29. Hut glockenfg., dann flach gewölbt bis ausgebreitet, stumpfhöckerig, 3—6 cm br., weiß, glatt, dann nach dem Rande hin fein seidenhaarig. St. 5—7 cm lg., zylindrisch, weiß, kahl werdend, Ring zerschlitzt, vergänglich. L. ziemlich dicht, weiß. Sporen 10—14 × 3—6 μ. Zystiden blasenfg. Geruch u. Geschmack rettichartig. Zwischen Gras in Gärten, Parks, gern unter Robinia zerstreut. IX—XI. (Agar. ermineus Fr.)

1264. Hermelin-Sch. **L. hermínea** Fries

30. Hutoberfläche glatt od. höchstens mehlig, wenn flockig, dann nur ca. 1 cm br., St. hohl, dünn. 31.

31. St. bei Berührung sich nicht rötend, Hut sehr dünnfleischig. 32.
    Hut schwach fleischig, glockenf., dann gewölbt, stumpf od. stumpfbuckelig. sehr zerbrechlich, 1—2 cm br.. weiß od. hellfleischrot, am Rand mit dem zerschlitzten Schleier. St. 2—3 cm lg., seidenartig-faserig, etwas mehlig, weiß, bei Berührung sich rötend. L. dicht, weiß, dann creme, bauchig, locker angeheftet, dann frei, Sp. 4—6 × 2—4 μ. Geschmack angenehm. In Gebüsch u. moosigen Wäldern, auf Rasenplätzen, selten. VIII—X.

1265. Halbnackter Sch. **L. seminuda** (Lasch) Quél.

32. Hut ei- od. glockenfg., dann ausgebreitet, spitzhöckerig, 1,5—3 cm br., glatt, gelblich od. ockerfarben. St. hohl, 5—7,5 cm lg., weißlich, rötlich od. hellgelblich, Ring häutig, flockig, vergänglich.

L. frei, weiß od. creme, bauchig. Sporen 6—8×3—4 μ. Auf Grasplätzen, in Gärten, zerstreut. IX—XI.

1266. Gelblicher Sch. **Lepiota mesomorpha** (Bull.) Fries

Hut ei- od. glockenfg., dann ausgebreitet, stumpfhöckerig, 6 bis 20 mm br., weißlich od. gelblich, von angedrückten, später etwas abstehenden Flocken überzogen. St. hohl, 1—2 cm lg., 2—3 mm dick, am Grunde schwach verdickt, weißlich, faserig-flockig, mit flockig-häutigem, bald verschwindendem weißem Ring. L. dicht, frei, weißlich. Sporen 4—5×3 μ. Zystiden fehlen. In Wäldern, auf Triften, auf Rasenplätzen selten. VII—IX.

1267. Kleinringiger Sch. **L. parvannuláta** (Lasch) Fries

L. mucida (Schrad.) Aut. siehe *1122.* **Collybia muc.** (Schrad.) Ricken

L. Persoonii (Fries) Ricken siehe *1271.* **Amanita Persoonii** (Fr.) Schröt.

§ 19. Amaniteae.

Fk. fleischig mit Vel. universale od. außerdem mit Vel. partiale. Sporen u. L. weiß.

49. Gattung: **Amanitopsis** Roze, Scheidenpilz.

Hut u. St. von einer häutig-fleischigen Hülle (Velum universale) umschlossen, die später als Überzug od. filzig-warzige Fetzen auf der Hutoberfläche u. als Scheide am Grunde des St. zurückbleibt. Hut vom St. scharf getrennt. Ring fehlt. L. frei. Sporen ∓ ellipsoidisch od. fast kuglig mit Spitzchen, farblos.

1. Hut schließlich ohne Hüllenreste; St. mit 1 Scheide. 2.
Hut mit Resten der Hülle dicht bedeckt; St. mit 2—3 Scheiden. 3.

2. Hut glockenfg., dann flach ausgebreitet, 3—10—14 cm br., seidenglänzend, silbergrau od. taubengrau (var. plumbea [Schaeff.] Fr.), ocker-grau (var. lividopallescens [Secr.] Boud. pro sp.), braun var. badia Schaeff.), weiß (var. alba Fries) od. orangerotbraun (var. fulva Schaeff.), zuerst mit ∓ großen weißen wolligen Fetzen, am Rande furchig gestreift. St. hohl, bis > 20 cm lg., sehr gebrechlich, weißlich flockig-schuppig bis fast glatt, am kaum knolligen Grunde von einer lockeren dickhäutigen Scheide umgeben. L. dicht, weiß od. schwach gelblich, Sporen kuglig 9—12—16 μ. In Lb.- u. Ndwäldern, bis ins Gebirge häufig. Geruch u. Geschmack angenehm. Eßbar. V—XI. (Taf. XIII, Fig. 569.)

1268. Scheidenpilz. **A. vaginata** (Bull.) Roze

Hut glockig, dann gewölbt bis flach, bisweilen ∓ genabelt, 5—9 cm br, weiß mit blaß bräunlicher Scheibe, anfangs mit einzelnen Hüllenresten, dann kahl, Rand gestreift. St. 7—13 cm h., 10 mm dick, weiß, am ∓ knolligen Grunde von der weißen, freien, häutigen Volva umgeben. L. weiß, frei, vorn breiter. Fleisch

weiß, dünn. Sporen oblong-elliptisch 11—12×9 μ. Geruch u. Geschmack angenehm. Eßbar. In Wäldern u. Heiden. VIII—X.
1269. Schneeweißer Sch. **Amanitopsis nivalis** (Grev.) Rea
3. Hut gewölbt, dann ausgebreitet, 8—15 cm br., kastanienbraun od. graubraun, nach dem gefurchten Rande ausblassend, mit zahlreichen weißen, bei Berührung schwärzenden Resten der Volva dicht bedeckt. St. 12—30 cm h., 3—4 cm dick, blaß, mit 1—3 ringfg. Scheiden am Stielgrunde. L. weiß u. schwach gelblich, angeheftet, bauchig. Sporen kuglig 8—13 μ. Geschmack angenehm. Eßbar. — In gemischten Wäldern, auf buschigen Weiden, besonders auf Kalkboden. Nicht häufig. V—X. (A. inaurata [Secr.] Boud.)
1270. Doppeltbescheideter Sch. **A. strangulata** (Fries) Roze
A. adnata (W. G. Sm.) Sacc. siehe *1279.* **Amanita junquillea** Quél.

50. Gattung: **Amanita** Pers., Wulstling, Knollenblätterpilz.

Velum universale wie bei vor. Gatt., außerdem noch ein Velum partiale vorhanden, das als häutiger, hängender Ring am St. zurückbleibt. Basidien stets 4 sporig. Sporen wenig ellipsoidisch, farblos. L. weiß, frei, selten angeheftet ohne Zystiden. Viele verdächtig od. giftig, wenige eßbar.

1. Volva vollständig mit dem Stielgrunde verwachsen, nur durch schwache Linie angedeutet. Hut glatt, schmierig. 2.
   Volva deutlich erkennbar. 3.
2. Hut flachgewölbt, stumpf, 8—14 cm br., kahl, glatt, zuerst klebrig, weiß, in der Mitte braun, Rand glatt. St. später oben hohl, weiß, faserig, 8—15 cm lg., 15—25 mm dick, oben gestreift, wurzelartig am Grunde, Ring groß, Scheide undeutlich, verschwindende Flocken bildend. Fleisch geruchlos; Geschmack säuerlich. In Buchenwäldern, selten. IX—X. (Lepiota Persoonii [Fries] Ricken)
1271. Persoons W. **A. Persoonii** (Fries) Schröter
3. Volva als freie, häutige gelappte Scheide am Stielgrunde, Hut meist ganz ohne Hüllenreste. (Scheidenknollenblätterpilze.) 4.
   Volva nicht als freie, häutige Scheide sichtbar. (Saum-Kn.) 19.
4. Hut weiß od. blaß. 5.
   Hut farbig. 6.
5. Hut spitz, kegelfg., dann glockig ausgebreitet, in der Mitte ∓ gebuckelt, 5—10 cm br., weiß, klebrig, glänzend, Rand oft ungleich u. geschweift von den Resten des Vel. partiale ∓ fransig-flockig behangen. St. 8—12 cm l., 15—20 mm dick, voll, schuppig, unten knollig, Ring u. dicke Volva flockig zerreißend, locker. L. mit flockiger Schneide. Sporen kuglig 8—10 μ. Geruch u. Geschmack widerlich scharf rettich- od. chlorartig. Sehr giftig. In feuchten Wäldern, besonders im südlichen Gebiete auf Ur-

gestein, besonders Granit, selten. (Taf. XIII, Fig. 575.) VIII—X. (A. verna Ricken ex p.)

1272. Spitzhüt. weiß. Knollenblätterpilz. **Amanita virosa** Fr.

Hut u. St. ganz weiß; Hut anfangs glockig (nicht kegelfg.), dann flach ausgebreitet ohne Reste der Hülle. St. mit $\mp$ deutlicher Atlaszeichnung. Volva im Stielgrunde $\mp$ verengert. Geruch safranartig od. fehlend; Geschmack milde, dann $\mp$ kratzend. Sehr giftig. — Nur im südlichen Gebiete in Wäldern auf Kalkboden. Nicht häufig. VI—IX. (Frühlingsknollenblätterpilz, Frühlings-Scheiden-W.; A. phalloides var. alba Vitt., A. verna Aut. ex p., A. verna [Bull.] Fr. (Abb. 33, 2.)

1276β. Weißer flachhütiger Scheiden-W.
A. phalloides var. **verna** (Bull.) Fries

Hut u. St. ganz weiß; Hut anfangs glockig, dann flach ausgebreitet, meist mit Resten des Vel. universale. St. schlank ohne

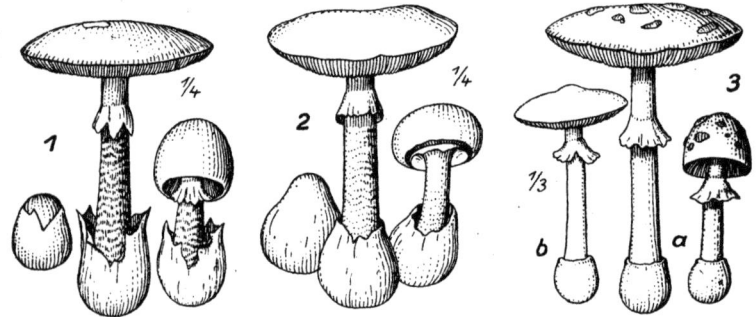

Abb. 33. 1 Amanita phalloides (Vaill.) Fr. — 2 A. phalloides var. verna (Bull.) Fries. — 3 A. mappa Batsch, *a* gewöhnliche Form, *b* var. alba Fries (z. T. nach R. Schulz-Michaël).

Atlaszeichnung. Knolle kleiner, wulstig gerandet, ohne abstehende Lappen der Volva. Geruch $\mp$ widerlich, nach Kartoffeltrieben od. fehlend; fast geschmacklos. Giftig. — In Nd.- u. Mischwäldern Norddeutschlands, meist unter Kiefern auf Sandboden. Nicht selten. VII—XI. (Weißer Saum-W.) (Abb. 33, 3 b.)

1281β. Weißer Kiefern-W. **A. mappa** var. **alba** Fr.

Hut u. St. ganz weiß. Hut anfangs eifg., dann ausgebreitet, 10—20 cm br., ohne Hüllenreste, anfangs mit mehlig-fransigem Rande. St. voll, schuppig-mehlig, mit zäher, weißlicher Scheide, Ring flockig-zerschlissen. L. wässerig-weiß; Sporen eifg. 9—10 $\times$ 6—7 μ. Geruch u. Geschmack angenehm. Eßbar. Nur im südlichen Gebiete; selten. VIII—X.

1273. Eiförmiger W. **A. ovoidea** Bull.

6. Hut aschgrau od. bräunlich. 7.
   Hut $\mp$ grün od. orange. 8.

7. Hut fast aschgrau, 2—3 cm br., ohne Hüllenreste, mit grieftem Rande. St. 4—5 cm lg., 4—5 mm dick, fast hohl werdend, grau mit weißem, unterseits gelbflockigem, hängendem Ring. Volva weißlich, gelappt. L. weiß, gedrängt, frei. Sporen kugelig-elliptisch 9—12 × 7—8 μ. Fleisch weißlich, schließlich fast bräunlich. Ähnlich einer beringten Amanitopsis vaginata. In Lb.-wäldern, selten. VII—IX.

1274. Aschgrauer W. **Amanita cinerea** Bresadola

Hut glockenfg., dann ausgebreitet, 3—10 cm br., trüb- od. purpurbraun, mit filzigen Resten der Hülle od. kahl. St. 7—9 cm h., ∓ 10 mm dick, später hohl, weißlich bis bräunlichgrau, Ring dünn, hängend, bräunlich, Knollen rundlich, 2—3 cm dick, locker, häutig bescheidet. L. weiß, dünn. Sporen 8—10 μ. Geruch sehr widerlich A. mappa ähnlich. Giftig. In Ndwäldern, ziemlich häufig. VII—XI. (Taf. XIV, Fig. 577.) (A. recutita Fries)

1275. Porphyrgrauer W. **A. porphyria** (Alb. et Schwein.) Fries

8. Hut olivgrün mit dunkleren Flecken, meist ganz ohne Hüllenreste 7—10 cm br., schwach seidenglänzend, feucht etwas klebrig. Rand glatt od. etwas gefurcht. St. 8—15 cm lg., 1—2 cm dick, nach oben verjüngt, weiß mit blaß-oliver Atlas-Zeichnung. Ring häutig hängend, weiß od. schwach grünlich; St. oberhalb des Ringes fein flockig mehlig, nach unten stark knollig und 3—5 cm dick, anfangs voll, dann ∓ hohl. Scheide (Volva) weiß, häutig-abstehend, innen oft ∓ grünlich. L. weiß, feucht ∓ grünlich-gelblich angehaucht, frei, eng, mit flockig-mehliger Schneide. Sporen weiß, eifg. bis fast kuglig, 8—14 × 7—9 μ. Fleisch weiß, unter der Huthaut grüngelblich durchzogen, fast geruchlos, schwach süßlich, alt eigenartig widerlich riechend. Sehr giftig! In Lb.- u. Mischwäldern, Parkanlagen, besonders unter Eichen u. Buchen; häufig. VII—X. (Taf. XIV, Fig. 576.) (Grüner Scheiden-W.; A. viridis Pers., A. virescens [Vaill.] Quél., A. bulbosa Pers. z. T.)

1276. Grüner Knollenblätterpilz. **A. phalloides** (Vaill.) Fr.

Sehr veränderlich, aber an den angegebenen Merkmalen stets leicht kenntlich. Durch ganz weißen Hut und St., aber etwas zusammengezogene Volva, fehlenden od. fast safranartigen Geruch, Vorkommen nur auf Kalkboden in Lb.-Wäldern Süddeutschlands u. der Schweiz. VI—IX ist ausgezeichnet. (Frühlingsknollenblätterpilz; A. phall. var. alba Vitt., A. verna (Bull.) Fr., Ricken ex p.) (Abb. 33, 2.)

1276β. Flachhütiger weißer Scheiden-W.

A. phalloides var. verna (Bull.) Fries

Hut halbkuglig, dann ausgebreitet u. verflacht, meist 8—16 cm br., orangefarben, selten gelb, rot, kupferrot, Hüllenreste weiß, meist fehlend, Rand gestreift, Fleisch gelblich. St. etwas bauchig, nach oben verjüngt, 10—16 cm lg., innen wollig-markig, Ring schlaff, Volva weit, sackfg. L. gelb. Sporen eifg., 10—12 × 6—7 μ.

366   Agaricaceae.

Guter Speisepilz. In Wäldern, Heiden, auf Triften, in Mitteldeutschland sehr selten, in Norddeutschland fehlend, häufig aber nur im südl. Alpengebiet. VII—IX. (Taf. XIII, Fig. 574.) (Kaiserschwamm.)

1277. **Kaiserling.** **Amanita caesarea** (Scopoli) Fries

9. Hut mit Hüllenresten; Volva nur als schmaler freier Saum an der Spitze der Knolle sichtbar. 10.
   Hut mit Hüllenresten; Volva nur als warzige Ringgürtel od. ganz undeutlich. 15.
10. Hut schwarzbraun od. blasser braun bis fast weiß. 11.
    Hut satt zitronengelb, ziegelrötlich od. gelblichweiß bis schneeweiß. 12.
11. Hut halbkuglig, dann flach gewölbt, zuletzt flach, anfangs feucht od. ∓ schmierig, 6—10 cm br., umbra-, leder- od. graubraun bis fast weiß (Laubwaldform f. albida R. Schulz), Hüllreste klein, spitz, flockig, klein, weiß, ziemlich regelmäßig, kreisfg. angeordnet,

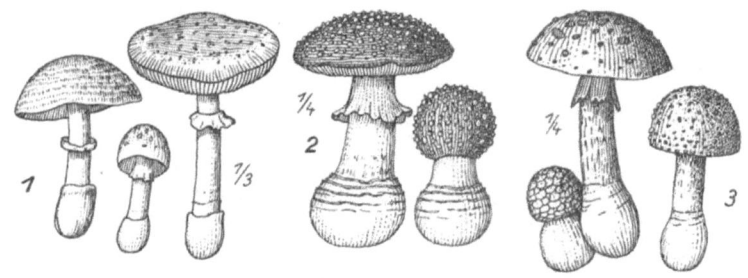

Abb. 34. 1 Amanita pantherina D. C. — 2 A. spissa Fr. — 3 A. rubescens Pers. — (1, 2 z. T. nach Schulz-Michaël, 3 nach Photogr.)

Rand gestreift. St. später hohl, 6—15 cm lg., weiß, Ring oft schief flockig-häutig, hängend, weiß; Knolle fast halbkuglig-zylindrisch, dick, von der ganz- u. stumpf berandeten, angewachsenen, sehr dicken, aber abziehbaren Hülle umgeben. Fleisch weiß. Sporen elliptisch 11—12 × 7—9 μ. Geruch schwach widerlich, Geschmack süßlich. Giftig. In Lb.- u. Ndwäldern, häufig. VII—X. (Taf. XIII, Fig. 573, Abb. 34, 1.) (Agar. maculatus Schaeff.)

1278. **Pantherpilz.** **A. pantherina** D. C.

12. Hut ∓ gelb od. ziegelrötlich. 13.
    Hut weißlich. 14.
13. Hut flachglockig, dann ausgebreitet, 5—6—9 cm br., blaß gelblich, satt zitronengelb bis blaß-bräunlich mit bräunlicher Mitte mit kleinen od. größeren flockigen od. fetzenartigen weißen bis gelblichweißen, regellos angeordneten Hüllresten. Oberhaut abziehbar ∓ klebrig; Rand gerieft bis ∓ höckerig, gefurcht. St.

5—6—12 cm lg. ∓ 10—20 mm dick, weiß, seltener blaßgelblich, Basis ∓ rund-knollig, später hohl. Ring zart, ∓ schief, anliegend, vergänglich, ∓ weiß. Volva anliegend meist dünn. L. weiß, gedrängt mit ∓ flockiger Schneide. Sporen fast kuglig 7—9(—12) ×6—7(—9) μ. Fleisch weiß, weich u. zart. Geruchlos. Geschmack schwach süßlich od. fehlend. Eßbar, aber sehr leicht zu verwechseln! — In Ndwäldern, bis in die oberste Baumregion. Nicht selten. In den sandigen Kiefernwäldern des norddeutschen Flachlandes kleiner u. blasser, in den Fichtenwäldern der Gebirge größer. VII—X. (Amanitopsis adnata [W. G. Smith] Sacc., A. citrina Gonn. Rab., A. vernalis Gill.)

1279. Narzissengelber W. **Amanita junquillea** Quél.
Hut ziegelrötlich-isabellfarben, 7—9 cm br., mit kammfg. gefurchtem, fast weißem Rande; Hüllenreste fast filzig. St. weiß, dann braunfaserig 10—15 cm lg., 10—25 mm dick, aufwärts verjüngt, schließlich hohl; Ring hängend, häutig-manschettenartig, zerrissen. Knolle mit ∓ scharf abgesetztem Rande. L. weiß, gewimpert, ∓ gedrängt. Sporen elliptisch 10—12×6—7 μ (Ricken), 13—15×7—8 μ (Boudier). — In Lbwäldern u. Parkanlagen, besonders unter Eichen. Nicht häufig. VII—IX.

1280. Kammrandiger W. **A. Eliae** Quelet
14. Hut gewölbt, dann flach, 5—10 cm br., etwas klebrig, weißlich, seltener strohgelb, zitronengelblich (var. citrina [Schaeff.] Fr.) od. blaßweiß-grünlich bis schneeweiß (var. alba Fries), meist mit schuppigen Fetzen bedeckt, seltener nackt. St. später hohl, 8—12 cm lg., Knolle fast kuglig, Ring hängend, häutig. Volva angewachsen, mit dickem, anliegendem Saum. L. angeheftet. Sporen rundlich 7—10 μ. Geruch schwach od. unangenehm nach Kartoffeltrieben, Geschmack mild. Giftig. In Ndwäldern u. Gebüschen, in Norddeutschland sehr häufig. (Taf. XIV, Fig. 578, Abb. 33, 3.) (Ag. citrinus Schaeff., Am. citrina [Schaeff.] Quél.)

1281. Gelblicher Knollenblätterpilz. **A. mappa** Batsch
15. Volva an der Knolle als warzige Ringgürtel erkennbar. 16.
    Volva ganz undeutlich. 19.
16. Hut meist rot od. braun. 17.
    Hut weiß od. blaß. 18.
17. Hut kuglig, dann flach scharbig gewölbt, endlich fast scheibig, 8—30 cm br., lebhaft scharlachrot od. orangefarben, oft verblassend, selten leberbraun od. zitronengelb, feucht klebrig, Warzen weiß od. gelblich, dick, fast regelmäßig, abfallend, Rand gestreift, Fleisch unter der Oberhaut orange od. zitronengelb durchzogen. St. später hohl, 6—25 cm lg., weiß, Knolle kuglig od. eifg., ringfg., würfelig-gegürtelt, schuppig, Ring weiß, hängend, oben gestreift. L. am St. streifig herablaufend. Sporen elliptisch 9—10×7—8 μ. Giftig. In Wäldern, Gebüschen, gern unter Birken u. Kiefern, häufig. IX—XI. (Taf. XIII, Fig. 572.)

Sehr formenreich; wichtigste Formen:
I. Hut leuchtend blutrot, scharlachrot od. orangerot, Rand ∓ ausblassend, selten braun, 8—15—20 cm br. L., Ring, Scheide, Hüllreste weiß. Fleisch unter der Oberhaut orangegelb od. zitronengelb. subspec. 1. **genuina** Ulbrich
1. Hut ganz ohne Hüllenreste, meist kleiner.
var. **puella** (Batsch) Cda.
2. Hut gold-orangerot, mit ∓ aufrechten Hüllresten.
var. **aureola** (Kalchbr.) Quél.
II. Hut einfarbig leberbraun, seltener umbrabraun, seltener zitronengelb, 10—30 cm br. L., Ring, Scheide, Hüllenreste weiß, hellgelb od. gelblich. subspec. 2 **umbrina** (Fr.) R. Schulz em.
1. L. weiß, höchstens schwach gelblich angehaucht. — Fichtenwälder der Gebirge.
a) Mit wenigen Schuppengürteln am Stielgrunde.
α) Hut umbrabraun. var. **euumbrina** R. Schulz
β) Hut gelbbraun. var. **hercynica** R. Schulz
b) Mit 3—6 Schuppengürteln am Stielgrunde.
α) Hut meist leberbraun in Gelb übergehend.
var. **sudetica** R. Schulz
β) Hut zitronengelb; Hüllenreste u. sonst gelblich (var. speciosa R. Schulz). — Unter-Fagus.
var. **formosa** Fries
2. L. gelblich. Mit 8—10 Schuppengürteln am Stielgrunde. Hut leberbraun, Rand olivgelb, bis 30 cm br. Stiel, bis 25 cm u. darüber h. Hüllenreste gelblich, sonst in allen Teilen olivgelbblaß. Sehr giftig. In Buchenwäldern. Königs-Fliegenpilz. subspec. 3. **regalis** Fries

1282. Fliegenpilz, Fliegenschwamm. **Amanita muscaria** (L.) Fries

Hut fast kuglig, dann flach ausgebreitet, 8—15—30 cm br., braungraulich, mit mehligen, leicht ablösbaren Warzen, fast grubig-runzelig, Rand gestreift. St. später hohl, 15—20—50 cm lg., 2—3 cm dick, weiß, unterhalb des schlaff hängenden Ringes schwach schuppig od. gürtelig-schuppig, Knolle gerandet, schuppig, zylindrisch, tief im Boden steckend. L. 12—15 mm br., weiß, z. gedrängt. Zystiden kuglig 20—$35\,\mu$. Sporen 8—10×5—$7\,\mu$. In Lb.- u. Ndwäldern der Gebirge, nicht häufig. VIII—IX. — Giftverdächtig. (A. ampla [Pers.] Quel.)

1283. Eingesenkter W. **A. excélsa** Fries
18. Hut gewölbt, dann flach ausgebreitet, 8—12 cm br., auf weißem Grunde blaß schmutzig rötlich od. bräunlich-falb, mit flockigen, unregelmäßigen, leicht ablösbaren Fetzen od. flachen Warzen, Rand schwach gerieft, weißlich. St. voll, 10—16 cm lg,. 1—2 cm dick, weiß, nach unten dachziegelig-schuppig, Knolle unten

zugespitzt, wurzelfg., berandet, Ring zerschlitzt, häutig, hängend, vergänglich. L. weißblaß, schmal. Sporen 8—10 × 5—6 μ. In Lbwäldern unter Eichen, selten. Geruchlos. Geschmack milde. Giftig. VIII—X.

1284. Einsiedler-W. **Amanita solitaria** (Bull.) Fries

Hut u. St. weiß, Hut fast kugelig, dann ausgebreitet, 10 bis 12 cm br., derbfleischig, mit derben, eckigen, fast abgestutztkegelfg., filzigen, grauen Warzen besetzt; Rand behangen. St. derb, 12—18 cm lg., 2—4,5 cm dick, flockig-schuppig, Knolle konzentrisch gegürtelt, wurzelnd; Ring hängend, weiß. L. weiß, gedrängt, ∓ 10 mm br. Sporen 12—14 × 8—10 μ. Fleisch weiß ohne auffallenden Geruch u. Geschmack. Eßbar. In Buchenwäldern u. auf Waldwiesen. VIII—IX. — Nicht häufig.

1285. Fransiger W. **A. strobiliformis** Vitt.

19. Hut ∓ braun. 20.
    Hut blaß. 23.
20. Fleisch weiß und unveränderlich. 21.
    Fleisch od. L. rötend od. bräunend. 22.
21. Hut gewölbt, dann flach, 5—7 cm br., feucht, braun, mit dunklerer Scheibe, mit mehligen, grauen Hüllenresten, Rand schwach gestreift. St. voll, zuletzt zellig hohl, blaß, 6—14 cm lg., 2—4 cm dick mit abstehendem weißen Ring. Knolle weiß, frei, ziemlich dick. Sporen 7—8 × 6—7 μ. Fleisch weiß, unter der Huthaut bräunlich. Geruch- u. geschmacklos. Giftverdächtig. In Mischwäldern. VIII—IX, nicht häufig.

1286. Zellighohler W. **A. cariosa** Fries

Hut gewölbt, dann flach, 7—12 cm br., schwarz- od. graubraun, ausblassend grau, Warzen ∓ spitz, sehr klein, grau, fast mehlig, meist sehr regelmäßig in konzentrischen Kreisen, Rand glatt. St. voll, 8—12 cm lg., grau, schuppig, Ring hellgrau, unterseits gerieft, Knolle gerandet, fast wurzelnd, von oben niedergedrückt, schuppig. L. strichfg., herablaufend, angeheftet, weiß; Sporen 7—10 × 6—7 μ. Fleisch weiß. Geruch- u. geschmacklos. Ungiftig. In Ndwäldern, nicht häufig. VI—X. (Taf. XIII, Fig. 571, Abb. 34, 2.)

1287. Ganzgrauer W. **A. spissa** Fries

22. Hut gewölbt, dann flach, braun, kupferrot od. bräunlich mit mehligen od. stacheligen Warzen, 8—12 cm br., derbfleischig; Rand ∓ gerieft. Hüllreste trocken bräunlich, eckig, in schwarze Spitze ausgezogen. St. blaß, 10—12 cm lg., 15—30 mm dick, braunflockig, aufwärts verjüngt, unten konzentrisch rissigschuppig. Knolle ungerandet. L. weiß, bei Druck bräunend. Sporen elliptisch 10—12 × 7—8 μ. Fleisch weiß, kaum bräunend. Giftverdächtig. Besonders in Ndwäldern der Ebene. VIII bis X. — Selten. (A. capnosa Letellier)

1288. Bräunender W. **A. valida** Fries

Hut kuglig, dann ausgebreitet, 6—14 cm br., schmutzig rötlich od. braunrötlich, verblassend, mit ungleichen, oft konzentrischen Warzen, Fleisch bei Verletzung rötlich werdend. St. voll, 6—12 cm lg., 15—25 mm dick, weiß, dann rötlich, kleinschuppig, Knolle meist unten zugespitzt, nackt, Ring hängend, blaß, gerieft. L. weiß, gedrängt, später rötlich, strichfg. am St. herablaufend. Sporen 8—10×6—7 μ. Fleisch weiß, rötend. Geruchlos. Mild. Eßbar. In Wäldern, Gebüsch, sehr häufig. VII—XI. (Taf. XIII, Fig. 570, Abb. 34, 3.) (A. pustulata Schaeff., A. magnifica [Fl. Dan.] Fr.)

1289. **Perlpilz.** **Amanita rubescens** Fries

23. Hut gewölbt, dann ausgebreitet, dünnfleischig, 4—6 cm br., strohgelblich in bräunlichgrau verfärbend, mit schmutzigweißen Warzen dicht besetzt, Rand glatt, Fleisch unter der Oberhaut gelb. St. blaß, später hohl, 5—8 cm lg. mit zitronengelben, flockig-warzigen Schüppchen. Knolle nicht abgesetzt. Ring hängend, gerieft, weiß mit zitronengelben Schüppchen gesäumt. L. weiß, gedrängt. Sporen 8—9×6—7 μ. Zwischen Moos in Lb.-, besonders Buchenwäldern, ziemlich selten. Giftig. VIII—X.

1290. **Rauher W.** **A. aspera** Fries

A. arida Fries siehe *1247*. **Lepiota ar.** (Fr.) Gillet

A. lenticularis (Lasch) Fr. siehe *1238*. **Lepiota lent.** (Lasch) Cke.

A. megalodactylus Bk. et Br. siehe *1238*. **Lepiota lenticularis** (Lasch) Cke.

28. Familie: Lactariaceae.

Fk. fast stets regelmäßig glockig bis flach schirmfg. mit zentralem St. Fleisch starr, leicht brüchig, außer den gewöhnlichen Hyphen noch Milchsaftröhren vorhanden, die aber nicht immer mit milchiger Flüssigkeit erfüllt sind. L. meist dichtstehend, nicht wachsartig od. häutig, sondern fleischig od. starr, spröde-brüchig, mit blasiger Zwischenschicht (Trama). Zystiden blasig, keulig, spindelig bis pfriemlich. Basidien stets 4sporig. Sporen kuglig od. eifg., stachlig od. punktiert. — Bodenpilze der Wälder.

Bestimmungsschlüssel der Gattungen.

A. Bei Verletzungen Milch absondernd. **1. Lactarius.**

B. Bei Verletzungen keine Milch absondernd. **2. Russula.**

1. Gattung: **Lactarius** Pers., Milchling.

Dickfleischig, im jugendlichen Zustande stets Milch absondernd bei Verletzungen, im Alter oft saftlos. L. fleischig, brüchig, lange u. kurze regelmäßig abwechselnd. Sporenpulver weiß od. gelblich.

Lactariaceae. 371

1. Milch weiß, so bleibend od. erst später sich verfärbend. 2.
   Hut gewölbt, dann flach, zuletzt in der Mitte eingedrückt, 3 bis 15 cm br., ziegel- od. orangerot, gezont, später grünlich werdend, verblassend, Fleisch gelbrot, Rand zuerst scharf eingerollt, kahl. St. 4—8 cm lg., später hohl, gleichfarbig. L. 4—6 mm br. gelbrot, bei Verletzungen grünlich. Zystiden spärlich. Sporen 8—10 ×7—8 μ, stachelig. Milch lebhaft gelbrot, dann grünlich werdend. Guter Speisepilz. (Rotreizker, Wacholderschwamm.) In Wäldern, Heiden, auf Wiesen, häufig. VI—XI. (Taf. VI, Fig. 260.)
   1291. Blutreizker. **Lactarius deliciosus** (L.) Fries [1]
   Hut genabelt-trichterfg., 6—15 cm br., fleischfarben, orange ockergelblich getönt, wässerig-gezont, schmierig. St. 2—6 cm lg., 1—2,5 cm dick, fleischrötlich, wasserfleckig, bei Druck rötend. L. 4—6 mm br., fleischrötlich, bei Druck weinrot, sehr eng, zuletzt grünfleckig. Zystiden pfriemlich 42—50 μ lg. Sporen 8—9 ×7—8 μ. Milch weinrot, unveränderlich mild od. schwach scharf. Geruch angenehm würzig (nach Mentha piperita). Eßbar. In Ndwäldern unter Juniperus u. Picea auf Kalkboden, nicht selten, oft zusammen mit *1291.* VIII—X. (L. vinosus Barla)
   1292. Blutmilchling. **L. sanguifluus** (Paul) Fries

2. Milch mild schmeckend, ohne scharfen Nachgeschmack. 3.
   Milch scharf schmeckend, seltener anfangs mild (man nehme zur Prüfung möglichst junge, milchende Exemplare u. kaue etwas Fleisch davon). 12.

3. Milch weiß, dann aber schnell die Farbe ändernd. 4.
   Milch unverändert weiß od. fast farblos. 5.

4. Hut flach, dann in der Mitte eingedrückt, 3—12 cm br., trocken lederbraun, zuerst rußbraun bereift, fein samtig, dann kahl, ungezont. Rand geschweift, Fleisch gelbbraun. St. 4—8 cm lg., gleichfarbig. L. 4—7 mm br., angewachsen, weiß, dann zimtfarben bis lederbraun. Milch weiß, dann safrangelb werdend. Sporenpulver gelbbräunlich. Sporen 9—10 μ, feinstachelig. In Lb.- u. Ndwäldern u. Gebüschen, zerstreut. VIII—XI. (Taf. VI, Fig. 261. (L. azonites [Bulliard] Quél.)
   1293. Rußiger M. (Ungezonter M.) **L. fuliginosus** Fries

---

[1] Die Fk. dieser, sowie anderer Lactarius- und Russula-Arten, besonders *1322,* sind oft von Ascomyzeten der Hypocreazeen-Gattung Hypomyces befallen, welche die L. deformieren (abnorme Gabelungen u. Querverbindungen), bisweilen sogar zum Verschwinden bringen. Auf *1291* sind besonders häufig Hypomyces lateritius (Fr.) Tul. mit blaßziegelrotem u. H. deformans (Lagger) Sacc. mit weißem Hyphenfilz. Die letztgenannte Art bewirkt fast immer ein Verschwinden der L., an deren Stelle ein festes, anfangs weißes, später von schwärzlichen Pünktchen (den Pykniden) durchsetztes Lager gebildet wird. Derartig mißbildete Fk. werden oft als „Steinreizker" od. „Reizkerporling", in Italien als „Lapacendro infarinato", in Südfrankreich „Sanghin caussinat" bezeichnet.

Hut in der Mitte niedergedrückt, 6—8 cm br., trocken, aschgrau, dunkler graubraun, gezont. St. 5—6 cm lg., blaßgrau. L. herablaufend, weißlich. Sporen kuglig, 8—9 μ, feinstachelig. Milch weiß, schnell violett werdend. In Lbwäldern, auf Waldwiesen, zerstreut. VIII—X. (L. uvidus Fr. var. violascens [Otto] Quél. — Ist identisch mit *1307*.

1294. Violettwerdender M. **Lactarius violascens** Otto

5. Hut anfangs klebrig, schmierig, später glatt u. trocken. 6.
Hut von Anfang an trocken. 7.

6. Hut flach gewölbt, gebuckelt, später niedergedrückt, 1—3(—4) cm br., schwach gezont, klebrig, dann trocken, rissig, fleischrot od. rötlich-scherbenfarbig, trocken grauledergelb, matt. St. 3—6 cm h., voll, blaß. L. bis 3 mm br., herablaufend, zuerst weißrötlich, dann gelblich bereift. Sporen fast kuglig, feinstachelig, 8—10 ×7—9 μ. In lichten Lbwäldern, Erlenbrüchen usw., selten. VIII—XI. (L. cupularis [Bull.] Quél., L. tabidus Fr., Agaricus cup. Bull., A. deliciofoliosus Secr.)

1295. Becherfg. M., Erlen-M. **L. cyathula** Fries

Hut in der Mitte eingedrückt, 4—9 cm br., schmierig klebrig, dann trocken seidenglänzend, zimtbraun, bisweilen schwach gezont, verblassend. St. 5—8 cm lg., voll, rotbraun. Milch blaßgelblich, mild, spärlich. L. 5—7 mm br. angewachsen-herablaufend, weißlich, dann hell gelbbräunlich. Zystiden lanzettlich 50—65 μ lg. Sporen rundlich 7—11×6—9 μ, warzig. Eßbar. In Lbwäldern, zerstreut. VIII—XII. (Taf. VI, Fig. 262.) (Agaricus testaceus Pers.)

1296. Gelbmilchender M. **L. quietus** Fries

7. L. angeheftet od. angewachsen, nicht od. nur wenig (*1301*) herablaufend. 8.

Hut flach gewölbt, bald in der Mitte niedergedrückt, 5—12 cm br., kahl, glatt, rotgelb, hell rötlichbraun od. gelbbraun, alt blasser, ungezont; Rand eingerollt, St. 5—12 cm h., voll, gleichfarben. Milch reichlich, weiß, langsam braun, milchsüßlich. L. 6—10 mm br. herablaufend, dichtstehend, gelblichweiß, dann dunkler. Sporen stachelig-rauh, 7—10×6—9 μ. Zystiden spindelig, verbogen 60—>100 μ lg. Geruch frisch angenehm, alt etwas heringsartig. Eßbar. In Lb.- u. Ndwäldern, nicht selten. VI—XI. (Taf. VI, Fig. 263.) (L. lactifluus [Schaeff.] Quél., Agaricus lactifluus Schaeff., A. ichoratus Hoffm. et Krombh.)

1297. Brätling, Süßling. **L. volemus** Fries

8. Hut u. St. glatt. 9.

Hut schwach gewölbt, später flach, in der Mitte spitz höckerig, 4—7 cm br., anfangs samtartig bereift, dunkelbraun bis fast schwarz, mit starken, gewundenen aderigen Runzeln bedeckt, ungezont, trocken. Fleisch weiß, rötlich werdend. Milch reichlich, weiß, langsam rötlich werdend, mild. St. 6—12 cm lg., gleichfarbig, oben runzelig gefaltet. L. 4—6 mm br., weiß, Druckstellen rötlich, dann ockerfarben. Sporenpulver hellbräunlich. Sporen kuglig 7—10 μ, stachelig. An alten Stämmen zwischen Moos, im Gebirge, zerstreut. VIII—X. (Taf. VI, Fig. 264.) (Lactariella lignyota [Fr.] Schröter; Schwarzkopf-M.)

1298. Holzbewohnender M. **Lactarius lignyotus** Fries
9. L. erst heller, dann rotbraun. 10.
L. heller bleibend, rötlichgelb. 11.
10. Hut flach gewölbt, meist in der Mitte gebuckelt, später niedergedrückt u. oft trichterfg., 3—8 cm br., schmutzig rötlichbraun od. zimtbraun, ungezont od. schwach gezont, Fleisch schmutzig rötlichbraun, Rand eingerollt. St. 3—6 cm hoch, schmutzigrötlichbraun mit rotfilziger bis striegeliger Basis. L. 2—5 mm br., blaßrötlich, später rotbraun, vom Sporenpulver weiß bereift. Zystiden pfriemlich 55—65 μ lg. Sporen blaß bräunlich, kuglig, 7—10 μ, stachelig. Milch häufig einen etwas bitteren Geschmack hinterlassend. Geruchlos. In Lb.- u. auch Ndwäldern, häufig bis ins Gebirge. IX—X. (Taf. VI, Fig. 265.) (L. cimicarius Batsch, L. subumbonatus Lindgr., Agaricus rubescens Schaeff.)

1299. Süßlicher M. **L. subdulcis** (Bulliard) Fries
Hut 3—7 cm br., ziegelbraun, ausblassend, ungezont, runzelig, in frischem Zustande geruchlos od. nach Kampfer, in getrocknetem nach Bocksklee riechend. St. 3—6 cm lg., oft verbogen, dunkelpurpurn, bereift. L. 3—4 mm br., gelblich-bräunlich, mehlig bestäubt, Milch wässerig. Sporen 7—9 μ, stachelig; Ndwald, häufig. VIII—XI.

1300. Kampfer-M. **L. camphoratus** (Bulliard) Fries
11. Hut flach gewölbt, mit einem spitzen Höcker in der Mitte, dann niedergedrückt, 2,5—6 cm br., gelblich rotbraun, in der Mitte dunkler, glatt, ungezont, Fleisch bräunlich, fest, starr; Rand eingerollt. St. 3—8 cm lg., voll, gelblich-rotbraun. L. 3—5 mm br., wenig herablaufend, blaß-gelbrötlich bestäubt. Zystiden blasig 28—33 μ lg. Sporen $\mp$ kuglig, 7—9 $\times$ 6—7,5 μ, stachelig, falb. Milch trüb, fast farblos, spärlich. In Wäldern u. in Gebüschen, häufig. VII—XII.

1301. Serum-M. **L. serifluus** (DC.) Fries
Hut flach gewölbt, dann niedergedrückt u. oft mit einem spitzen Höcker, 2,5—6 cm br., glatt, orangegelb, hellrotbraun od. gelbbraun, ungezont, Fleisch blaß, sehr dünn; Rand schwach eingerollt. Milch weiß, reichlich. St. 6—8 cm lg., voll, gleichfarben. L. 4—5 mm br., angeheftet, blaß, später rötlichgelb, später weißbestäubt. Zystiden pfriemlich 40—50 μ lg. Sporen elliptisch 6—10 $\times$ 5—7 μ, warzig, blaß-bräunlich. Eßbar. In Lbwäldern, nicht selten. VIII—XII. (Taf. VI, Fig. 266.)

1302. Milder M. **L. mitissimus** Fries

12. Milch weiß, sich dann schnell verfärbend. 13.
Milch weiß bleibend. 20.
13. Milch weiß, dann grau, gelb od. rot. 14.
Hut buckelig gewölbt, dann in der Mitte niedergedrückt,
3—10 cm br., stark schleimig, dann trockener, schmutzig-gelblich,
bräunlich od. schmutzig fleischrot, ungezont, Rand anfangs eingerollt, oft anfangs weißfilzig, dann kahl. St. 3—9 cm lg., zuerst
stark schleimig, zuletzt hohl, gleichfarbig. L. 5—7 mm br.,
gelblich-weiß. Zystiden pfriemenfg. 60—80 μ lg. Sporen breit
elliptisch, 8—12×8—10 μ, stachelig. Milch langsam violett
werdend, wenig scharf. In feuchten Lbwäldern, zerstreut.
VIII—XI. (Taf. VI, Fig. 267.) (L. aspideus Fries, L. flavidus
Boud.) — Giftverdächtig.

1303. Feuchter M. **Lactarius uvidus** Fries

14. Milch grau werdend. 15.
Milch rot werdend. 16.
Milch gelb werdend. 17.

15. Hut flach gewölbt, in der Mitte eingedrückt, 6—10 cm br., glatt,
trocken, später rissig, umbrabraun mit olivenbraunem Schein,
ungezont. St. 2—6 cm lg., hellgrau, nach oben meist verjüngt.
L. 5—7 mm br., etwas herablaufend, hellgelblich. Milch weiß,
graufleckend, sehr scharf. Sporen kuglig, 7—10×6—8 μ, rauh,
weiß. In Ndwäldern nicht häufig. IX—X. (Taf. VI, Fig. 268.) Ungenießbar. (L. curtipes Secr., L. picinus Fr., L. Persoonii Otto)

1304. Umbrabrauner M. **L. umbrinus** (Pers.) Fries

Hut schwach gebuckelt, dann verflacht u. in der Mitte niedergedrückt, 3—8 cm br., schleimig, klebrig, trocken seidenglänzend,
fleischrötlich od. graubraun, ungezont, Rand glatt. St. 5—8 cm
lg., hohl, weißlich od. bläulich. L. 2—4 mm br., etwas herablaufend, weißlich, später ockergelb. Zystiden 60—75 μ lg.;
Sporen weiß, ∓ kuglig 7—10×6—9 μ, stachelig. Milch weiß,
graufleckend, etwas scharf. In schattigen Wäldern im Moose,
nicht häufig. IX—X. (Taf. VI, Fig. 269.) Ungenießbar.

1305. Welker M. **L. vietus** Fries

16. Hut unregelmäßig gewölbt, dann niedergedrückt u. trichterfg.,
5—8 cm br., trocken, matt, hell ockerfarben od. graubraun, seltener
fast weiß, ungezont. St. 4—6 cm lg., nach unten verjüngt, bisweilen exzentrisch, oft verbogen, später hohl. Milch scharf, sofort
rosa anlaufend. L. 3—5 mm br., blaßgelb, später hell ockergelb.
Sporen bräunlich, stachelig, fast kuglig 6—11 μ. Sporenpulver
hell gelblich. In Lbwäldern, zerstreut. VIII—XI. (L. pudibundus [Scopoli] Fr.)

1306. Scharfer M., Rosaanlaufender M. **L. acris** (Bolt.) Fries

Hut flach, 6—8 cm br., schleimig, klebrig, graubraun, schwach
gezont. St. hohl, zylindrisch, 5—7 cm lg., blaß. L. 4—5 mm br.,

herablaufend, gelblichblaß, später u. verletzt rötend od. rötlichviolett. Zystiden spindelfg. 55—80 μ lg. Sporen kuglig, stachelig, weiß, 9—13 μ. In Wäldern u. auf Waldwiesen im Moose, selten. IX—X. Giftverdächtig. (L. violascens Otto, L. uvidus Fr. var. viol. [Otto] Fr.) Gezonter Violett-M.

1307. Bleicher M. **Lactarius luridus** (Pers.) Fries
17. Hut in der Jugend schleimig-klebrig, später erst trocken. 18.
   Hut flach, in der Mitte eingedrückt, dann trichterfg., 5—8 cm br., trocken, kahl, hell fleischrot od. gelblich, mit dunklen rötlichen Zonen, Rand anfangs eingerollt. Milch weiß, sofort gelb bis goldgelb werdend, reichlich, sehr scharf. St. 6—8 cm lg., weiß. L. 4—6 mm br., dicht, herablaufend, blaßgelblich od. -rötlich. Zystiden lanzettlich 50—70 μ lg. Sporen weiß, fast kuglig, stachelig, 6—9 × 6—8 μ. In Lb.-, seltener Ndwäldern, zerstreut. VII—X. — Giftverdächtig. (Agaricus zonarius Bolt.)

1308. Gold-M. **L. chrysorrheus** Fries
18. Rand des Hutes filzig od. zottig. 19.
   Hut gewölbt, mit schwachem Höcker, dann niedergedrückt, 3—6 cm br., rot- od. gelbbraun, ungezont, Rand anfangs eingerollt, glatt. St. 4—5 cm lg., hohl, gleichfarbig. Milch wässerigweiß, langsam schwefelgelb werdend, allmählich sehr scharf. L. 4—6 mm br., dicht, angewachsen u. herablaufend, hellrötlich od. blaß gelb, weißbestäubt. Sporen 7—9 × 6—8 μ, stachelig. Giftverdächtig. In Lbwäldern, nicht häufig. VIII—X. (Taf. VII, Fig. 270.)

1309. Schwefel-M. **L. thiogalus** (Bulliard) Quél.
19. Hut in der Mitte niedergedrückt, 8—30 cm br. od. breiter, in der Mitte stark schleimig, gelb, ungezont, derb, Rand anfangs eingerollt, zottig striegelhaarig. St. hohl, 5—6 cm lg., 2,5—3,5 cm dick, gelblich, mit eingedrückten, grubigen Flecken, anfangs voll, bald hohl. L. 8—12 mm br., weißlich gelb mit gelber Schneide; Sporen hellgelb, stachelig, 8—12 × 7—9 μ. Besonders in Nd.-wäldern in kleinen Gruppen, nicht selten. IX—X. Giftig. (Taf. VII, Fig. 271.) (Grubiger Erdschieber)

1310. Grubiger M. **L. scrobiculatus** Scopoli
Hut in der Mitte niedergedrückt, 10—25 cm br., kahl, zuerst klebrig, weiß od. in der Mitte hell ockerfarben, derb, etwas klebrig, Rand zuerst eingerollt, lang-weißzottig. St. 3—6 cm lg., hohl, glatt, weiß, getropft gefleckt. L. 5—8 mm br., herablaufend, weiß, orangegelb. Milch weiß, sofort lebhaft schwefelgelb werdend, scharf. Sporen 6—8 × 6—7 μ stachelig. In Lbwäldern, selten. VIII—IX. Ungenießbar.

1311. Fransen-M. **L. resimus** Fries
20. Hutoberfläche von Anfang an trocken. 21.
   Hut in der Jugend schleimig-klebrig, erst später trocken werdend. 29.

21. Hut am Rande kahl. 22.
    Hut am Rande filzig od. zottig. 26.
22. Hut, Fleisch, L. weiß. 23.
    Hut fahlgelb, aschgrau, braunrötlich bis braunschwarz, L. gelblich. 24.
23. Hut in der Mitte niedergedrückt, dann trichterfg., derb, 8—20 cm br., glatt, weiß, ungezont, Rand anfangs eingerollt. St. voll, weiß, 3—6 cm lg. Milch weiß, brennend scharf, zuerst reichlich, dann spärlich. L. 2 mm br., herablaufend, sehr gedrängt, gabelig. Sporen rundlich 6—7 × 6 μ. Eßbar, aber scharf; Schärfe beim Kochen vergehend. In Lbwäldern, in Norddeutschland nicht häufig. VII—XI. (Taf. VII, Fig. 272.) (L. glaucescens Crossland)

1312. Bitterling, Pfefferpilz. **Lactarius piperatus** (Scopoli) Fries
    Hut wie bei vor., 6—12 cm br. St. voll, 6—10 cm h., weiß, oben meist bläulich, später bräunlich werdend. L. nicht herablaufend, angewachsen, sonst wie vor. In Wäldern, besonders in den Vorbergen, nicht selten. VIII—X. (Pergament-M.)

1312β. **L. piperatus** (Scop.) var. **pergamenus** (Swartz) Quél.

24. Hutoberfläche von Anfang an trocken, ganz ungezont. 25.
    Hut flach gewölbt od. niedergedrückt, 6—10 cm br., glatt, frisch feucht, aber nicht klebrig, aschgrau od. braun, schwach gezont. St. 4—6 cm h., nach unten verdünnt, blaßbräunlich. L. 5—8 mm br., blaßocker, oft mit verhärteten Milchsafttropfen besetzt, ∓ entfernt; Milch weiß, reichlich, erst mild, dann anhaltend sehr scharf. Sporen 8—10 × 6—8 μ, stachelig, ockerblaß. In Gebüschen u. lichten Wäldern, nicht selten. VIII—XI. Ungenießbar. (Taf. VII, Fig. 273.) (L. plumbeus Bull.)

1313. Feuer-M. **L. pyrogalus** (Bulliard) Fries
25. Hut gewölbt, dann eingedrückt, trichterfg., 6—30 cm br., glanzlos, anfangs graubraun, dann schwarzbraun, sehr derb u. hart, Rand anfangs eingerollt. St. 4—8 cm h., 1—3 cm dick, voll, gleichfarbig od. heller. Milch weiß, grau verfärbend, reichlich, scharf. L. 5—7 mm br., schmutzig-gelblich, Druckstellen graufleckig. Sporen weiß, stachelig, 6—8 μ. Zystiden lanzettlich 50—80 μ. Eßbar. Besonders in Ndwäldern, nicht selten. VIII bis XII. (Taf. VII, Fig. 274.) (L. necator [Pers.] Schroet., L. plumbeus [Bulliard] Quel.)

1314. Bleigrauer M., Olivbrauner M. **L. turpis** (Weinm.) Fries
    Hut flach gewölbt, dann niedergedrückt, 5—15 cm br., kahl, später rissig-schuppig, derb, fahlgelb od. blaß braunrötlich, ∓ gezont, Rand herabgebogen, später eingeschnitten od. geschweift. St. 3—9 cm h., ungleich dick. L. 6—8 mm br., hellgelblich-rosa, dick, entfernt. Zystiden keulig 50—95 μ lg. Sporen blaß, 7—9 × 6—8 μ, warzig. Milch weiß, sehr scharf. Zwischen

Moos u. Gras auf lichten Waldstellen, zerstreut. VII—X. Ungenießbar.

1315. Verbogener M. **Lactarius flexuosus** Fries

26. Hut irgendwie braun, L. nicht rein weiß. 27.

Hut hartfleischig, flach gewölbt, bald eingedrückt u. trichterfg., 8—25—30 cm br., feinfilzig, weiß, ungezont, Rand eingebogen, filzig. St. 4—10 cm h., 3—6 cm dick, voll, weiß, flaumhaarig. Milch weiß, reichlich, dann aber spärlich, beißend scharf. L. 4—7 mm br., herablaufend, bisweilen verzweigt, entfernt, Zystiden spitz-zylindrisch 60—110 μ lg.; Sporen weiß, feinstachelig 8×7—8 μ. In Lb.- u. Ndwäldern, sehr häufig. VIII—XII. Ungenießbar. (Taf. VII, Fig. 275.) (Erdschieber, Schieberling.)

1316. Wollschwamm. **L. vellereus** Fries

Hut sehr derb, genabelt-trichterfg., 15—30 cm br., blaß, meist mit unscharfen purpurroten Flecken, purpurscheckig, auch $\mp$ rosablaß, fast schmierig, mit wässerig-gezonten Rande. St. bisweilen exzentrisch, 2—6 cm lg., 2—4 cm dick, sehr derb, weißlich od. rotfleckig, abwärts dünner. L. 4—9 mm br., blaßweißlich-fleischfarben, herablaufend, dünn, sehr eng, schmal. Sporen weiß, 8×6—7 μ, warzig. Milch weiß, scharf. Geruch rübenartig, Geschmack scharf. Ungenießbar. Auf Wiesen, Triften, in Gebüschen, in feuchten Lbwäldern, besonders unter Pappeln. Zerstreut. IX—XI. (L. sanguinalis Batsch, L. lateripes Fr., Agaricus acris Bull., A. rubellus Krombh., A. albidoroseus Gmel.)

1317. Blutfleckiger Milchl. **L. controversus** (Pers.) Fries

27. Hut grau, graubraun, ockerbraun. 28.

Hut flach gewölbt, anfangs in der Mitte spitz gebuckelt, dann eingedrückt, fast trichterfg., 4—11 cm br., anfangs kleinflockig, rotbraun, schimmernd, ungezont, Rand eingerollt, filzig, dann flach, scharf. St. voll, 5—8 cm h., hell-rotbraun, am Grunde flaumhaarig. L. 4—7 mm br., etwas herablaufend, hellgelblich bis rötlich, später rotbraun, weißbestäubt. Zystiden sehr zahlreich, lanzettlich 60—80 μ lg. Sporen weiß 8—10×6—$8\ \mu$, warzig. Geschmack scharf u. brennend. Wird stellenweise nach besonderer Vorbereitung gegessen. In Ndwäldern bis ins Gebirge, häufig. VI—XII. (Taf. VII, Fig. 276.)

1318. Rotbrauner M. **L. rufus** (Scopoli) Fries

28. Hut gewölbt, dann in der Mitte niedergedrückt, 5—12—15 cm br., seidenhaarig, dann feinflockig-schuppig od. rissig, ockerbraun, verblassend, Rand eingerollt. St. 5—8 cm h., später hohl, blaß, feinhaarig. L. herablaufend, blaß weißlich, später ockerfarben. Milch wasserhell. Zystiden zylindrisch 45—70 μ lg. Sporen falbblaß, fast kuglig, 7—11×6—$9\ \mu$, stachelig. Geschmack scharf,

bisweilen milde. Trocken stark nach Zichorien riechend. In Ndwäldern, zerstreut. VII—X. (Taf. VII, Fig. 277.)

1319. Filziger M., Maggipilz. **L. helvus** Fries

Hut halbkuglig, oft gebuckelt, dann verflacht, 2—8 cm br., kleinschuppig, grau od. graubraun, meist mit violettem Schimmer, undeutlich gezont. Rand stark eingerollt. St. voll, 2—8 cm lg.. blaß, außen rauhfaserig. L. 4—7 mm br., herablaufend, blaß, dann ockerfarben. Zystiden lanzettlich 65—70 μ lg. Sporen falbocker, 7—10 × 6—8 μ, stachelig. Geruch eigenartig süßlich, nach Perubalsam. In Ndwäldern, an Wegen, nicht häufig. VII—XI. (Taf. VII, Fig. 278.)

1320. Süßriechender M. **L. glyciosmus** Fries

29. Hutrand filzig. 30.
    Hutrand von Anfang an kahl. 32.
30. Hutoberfläche mit blutroten Flecken od. Zonen. 31.
    Hut in der Mitte eingedrückt, später trichterfg., 6—15 cm br., zuerst stark flockig, dann weißlich, klebrig, meist ohne Zonen, Fleisch weiß, dann gelb, Rand anfangs eingerollt, zottig. St. voll, 3—5 cm h., weißseidig, bereift. L. 5—7 mm br., anfangs weißlich, dann blaßorange. Zystiden lanzettlich 30—42 μ lg. Sporen 8—10 × 6—7 μ, fein stachelig. Milch weiß, sehr scharf. Ungenießbar. Auf Wiesen, Weideplätzen, lichten Ndwäldern usw., zerstreut. VIII—XI. (L. sanguinalis Batsch ex p., Agaricus crinitus Schaeff.)

1321. Flockiger M. **L. cilicioides** Fries

31. Hut gewölbt, dann eingedrückt, derb, 3—12 cm br., schwach klebrig, hell fleischrot, gelblich od. weiß, oft mit sehr regelmäßigen rötlichen Zonen od. schwach gezont, Rand eingerollt, weiß striegelig-zottig. St. 3—6—9 cm lg., bald hohl, gleichfarbig. L. 6—8 mm br., weißlich bis rötlichblaß, dicht. Milch unveränderlich weiß u. brennend scharf. Sporen weiß, stachelig, 8—9 × 7 μ. In Wäldern, auf Grasplätzen, an Wegen, unter Birken häufig. VIII—X. Giftig (?). (Taf. VII, Fig. 279.) (Birkenrietsche, Zottenreizker.) — Oft von Hypomyces torminosus Mont. befallen.

1322. Birkenreizker. **L. torminosus** (Schaeffer) Fries

32. Hut orangefarben od. lederbraun. 33.
    Hut gelblich, rötlich, gelbbräunlich, grünlich. 34.
33. Hut gewölbt, in der Mitte gebuckelt, dann eingedrückt, 3 bis 6 cm br., später glatt, ungezont, leuchtend orangefarben. St. 4—6 cm lg., später hohl, gleichfarbig. L. 4—5 mm br., angewachsen, herablaufend, weißlich, später ockerfarben, bestäubt. Zystiden lanzettlich 60—100 μ lg. Sporen bräunlich, stachelig, 8—10 × 7—9 μ. In Ndwäldern, zerstreut. IX—XI. (Taf. VII, Fig. 280.)

1323. Orangefarbener M. **L. aurantiacus** (Flora danica) Fr.

Hut dünnfleischig, flach gewölbt, dann niedergedrückt, 1 bis 3 cm br., später glatt, mit erhabenen Runzeln, ungezont, leberbraun, klebrig-schmierig, Rand abwärts gebogen, scharf, oft gestreift. St. hohl, 4—6 cm lg., gleichfarben. Geruchlos. L. etwas herablaufend, gelb, dann etwas dunkler entfernt. In Wäldern, auf Heiden, sehr selten. VII—X. (Taf. VII, Fig. 281.)

1324. Leberbrauner M. **Lactarius jecorinus** Fries

34. Hutoberfläche graugrün od. fleischrot. 35.
  Hutoberfläche gelblich. 36.

35. Hut genabelt, 6—10 cm br., glatt, schleimig-schmierig, undeutlich gezont, fleischfarbig bis rotbraun purpurn, verblassend, oft glänzend, mit umgebogenem, dünnem Rande. St. 3—10 cm lg., später hohl, an der Spitze grubig, etwas gefleckt. L. 5—6 mm br., weiß, seltener gelblich. Zystiden lanzettlich, 50—80 μ lg. Sporen blaßocker, stachelig-rauh 7—10 × 6—8 μ. Im Grase in Wäldern, selten. VIII—XI. (Taf. VII, Fig. 282.)

1325. Scharlach-M. **L. hysginus** Fries

Hut niedergedrückt, 4—11 cm br., oft mit konzentrisch gestellten Tropfen, 5—11 cm br., graugrün od. in der Mitte rötlich, St. 2,5—5 cm lg., später hohl, gleichfarbig. L. 3—4 mm br., sehr dicht, weiß, bei Verletzung grau. Zystiden lanzettlich 50—85 μ lg. Sporen weiß, 8—11 × 6—9 μ, warzig. Milch weiß, dann grau, sehr scharf. In Lbwäldern unter Buchen, zerstreut. VIII—X. (Taf. VII, Fig. 283.) Giftverdächtig. (Agar. viridis Schrader)

1326. Graugrüner M. **L. blennius** Fries

(Vgl. auch L. pallidus (*1329*), durch ockerfarbene L. ausgezeichnet.)

36. L. weiß. 37.
  L. blaß gelbrötlich bis ockerfarben. 38.

37. Hut in der Mitte niedergedrückt bis schüsselfg.-trichterig, 4 bis 13 cm br., trocken glänzend, in der Jugend dunkel blaugrau, später schmutzig fahlgelb od. rötlichbraun, ungezont, schleimig-schmierig; Rand eingebogen. Milch weiß, scharf. St. hohl, 4—8—15 cm lg., blaß. L. 6—9 mm br., weiß, dann blaß; Zystiden lanzettlich 60 bis 80 μ lg. Sporen bräunlich 8—10 × 7—9 μ, stachelig. In Nd.- wäldern der Alpen u. des Nordens. VIII—X. (Taf. VII, Fig. 284.)

1327. Nördlicher M. **L. trivialis** Fries

Hut in der Mitte trichterfg. eingedrückt, 4—15 cm br., gelblich bis orangegelb, rötlichgelb gezont, klebrig-schmierig, kahl; Rand eingerollt, oft verbogen. St. 3—4 cm lg., voll, weiß, später gelblich. L. 5—8 mm br., weißlich bis fleischgelblich. Sporen weißlich 9—11 × 7—9 μ, stachelig. Milchweiß, scharf. Ungenießbar. Im Grase in Wäldern u. Gebüschen, selten. VIII bis X. (Taf. VII, Fig. 285.)

1328. Gezonter M. **L. zonarius** (Bulliard) Fries

38. Hut fleischig, gewölbt, dann in der Mitte eingedrückt, 4—15 cm br., blaß ledergelb od. blaß fleischrot, ungezont, stark schleimigschmierig; Rand eingerollt. St. später hohl, 4—6 cm lg., gleichfarbig. L. 4—7 mm br., etwas herablaufend, hell, später ockerfarben, bisweilen gabelig, bereift. Zystiden lanzettlich 60—90 μ lg. Sporen weiß, stachelig, 8—10 × 6—8 μ. In Buchenwäldern, nicht selten. VIII—XI. — Ungenießbar. (L. utilis Weinm.)

1329. Blasser M. **Lactarius pallidus** (Pers.) Fries

Hut genabelt, dann trichterfg., 5—15 cm br., gelblich, schwach gezont. St. später hohl, ca. 4—7—8 cm lg., oft etwas grubig, blaß. L. 5—8 mm br., blaß, gegabelt bis aderig verbunden. Sporen 10—15 × 8—13 μ, stachelig. Milch bleibendweiß, sehr scharf. In schattigen Buchenwäldern, nicht selten. Giftverdächtig. VIII—IX. (Agaricus flexuosus Secr.)

1330. Queraderiger M. **L. insulsus** Fries

2. Gattung: **Russula** Pers., Täubling, Fleischpilz.

Wie Lactarius, aber ohne Milch. Schleim fehlend. L. dick, mit stark blasiger Mittelschicht (Trama), daher zerbrechlich splitternd, mit scharfer Schneide, weiß od. weißlich (wenigstens zu Anfang), stets mit Zystiden. Basidien 4sporig. Sporenpulver weiß, cremefarben bis ockergelb. Sporen rauh, fast stachelig, rundlich. Hutrand stumpf od. scharf. Die scharf schmeckenden Arten sind giftig od. verdächtig. — Meist lebhaft gefärbte Bodenpilze. Viele eßbar.

Übersicht der Gruppen
(nach R. Singer, Monographie der Gattung Russula, 1926).

I. Fleisch weiß, unveränderlich, selten zitronengelb werdend, gebrechlich od. fest. Huthaut feucht schmierig, am Rande od. ganz abziehbar, meist kahl u. nackt, kaum rissig; Sporenstaub weiß bis gelb. Lamellen gleichlang, bisweilen mit unregelmäßig verstreuten halben. Geschmack mild bis scharf.

Sect. I. **Constantes** Sing.

a) Sporen u. Lamellen lebhaft gelb. Fleisch mild od. langsam scharf. L. sehr gebrechlich. Hutrand stumpf.

Subsect. 1. **Russulinae** (Schröt.) Sing.

1. Mild. Mit Zystiden an der Huthaut. Fleisch weiß. Kleinere Arten. 1. Formenkreis: **Russula chamaeleontina.**
2. Mild. Ohne Zystiden an der Huthaut. Fleisch gelblich. Größere Arten. 2. Formenkreis: **R. alutacea.**
3. Mild mit scharfem Nachgeschmack od. bitter, besonders in der Huthaut. 3. Formenkreis: **R. nitida.**

b) Sporen u. L. weiß bis blaßgelblich cremefarben. Fleisch fast sofort beißend scharf, bisweilen mild. L. gebrechlich. Rand stumpf bis scharf.

Subsect. 2. **Piperatae** Bataille

1. Hut rosa, lila, blaß. Sporenstaub cremefarben bis bleichocker. Meist angenehm obstartig riechend. Rand stumpf bis scharf. 4. Formenkreis: **Russula Queletii.**
2. Hut gelb bis rotbraun. Sporenstaub cremefarben bis blaßocker. Geruch stark. Rand scharf.
5. Formenkreis: **R. foetens.**
3. Hut verschieden gefärbt. Sporenstaub cremeblaß, häufiger reinweiß. Rand scharf bis stumpf.
6. Formenkreis: **R. emetica.**
c) Sporen u. L. cremeweiß bis bleichocker u. Rand ∓ stumpf od. Sporen u. L. reinweiß u. Rand ∓ scharf; niemals mit scharfrandigen gelben od. stumpfrandigen weißen, gleichlangen L.; Fleisch mild od. in den jungen L. etwas scharf.
Subsect. 3. **Sapidae** Quélet
1. Hutrand stumpf. L. u. Sporen cremefarben, bleichocker. L. ∓ gedrängt, vorn breiter, wenig od. nicht untermischt, kaum je tränend. Huthaut größtenteils abziehbar.
7. Formenkreis: **R. integra.**
2. Hutrand scharf od. fast scharf. L. u. Sporen reinweiß. L. fest bis sehr gedrängt, oft tränend (wenn Hut rot), untermischt, schmal bis mäßig breit. Haut höchstens am Rande abziehbar. 8. Formenkreis: **R. vesca.**

II. Fleisch im Alter grau od. schwarz u. gelblich, bräunlich od. rotbraun anlaufend; mild, oft riechend; alt schwammig. Huthaut zweischichtig, meist nur am Rande abziehbar, bei nassem Wetter etwas schmierig, bei trockenem Wetter oft bereift bis filzig. Sporenstaub meist cremefarben, weiß od. gelb. L. gleichlang, bisweilen mit unregelmäßig verstreuten halben.
Sect. II. **Decolorantes** Maire
1. Fleisch grau werdend; Sporenstaub weiß.
9. Formenkreis: **R. subdepallens.**
2. Fleisch u. L. grau werdend; Sporenstaub bleichocker, selten ocker. 10. Formenkreis: **R. decolorans.**
3. Fleisch grau; Sporenstaub ocker. Kleine Formen.
11. Formenkreis: **R. ravida.**
4. Fleisch bräunend; Sporenstaub weiß. Riechen.
12. Formenkreis: **R. Du Portii.**
5. Fleisch bräunt; Sporenstaub creme od. bleichocker. Riechen.
13. Formenkreis: **R. xerampelina.**
6. Fleisch bräunt od. gilbt. Sporenstaub ocker. Riechen.
14. Formenkreis: **R. squalida.**

III. Fleisch unveränderlich weiß, meist fest u. hart; Huthaut zweischichtig, lebhaft (lila, blau, rot, grün, weiß, selten oliv od. braungelb) gefärbt, flockig bis schuppig u. felderig, nicht ab-

ziehbar, nicht schmierig. L. meist gleichlang, starr. Mild. Sporen stachelig, weiß bis gelb.
1. Hut braun od. rot, schwachfilzig; Sporen hellocker bis ocker. Rand fast scharf bis fast stumpf. 15. Formenkreis: **Russula rubra.**
2. Hut purpurn, rot, grün, oliv, blaß, trocken stark bereift od. schuppig, feucht etwas schmierig. Sporenstaub ockergelb. Rand stumpf. Fleisch meist mild. 16. Formenkreis: **R. olivacea.**
3. Hut gelb, rot, grün, gelbbraun, blau, bereift-filzig od. felderig. Sporenstaub weiß bis cremefarbig. Rand stumpf. Fleisch meist mild, selten bitterlich. 17. Formenkreis: **R. lepida.**
4. Hut purpurrosa, grünlich, gelb, blau, lila, schwach filzig od. etwas bereift. L. oft gegabelt. Rand scharf. Sporenstaub weiß od. wenig creme. 18. Formenkreis: **R. furcata.**
IV. Fleisch weiß od. schmutzig, häufig rötlich, blau od. schwarz anlaufend, sehr starr u. kompakt, oft verkohlend. Huthaut zweischichtig, meist abziehbar, fahl. Hutrand anfangs eingerollt. Sporen meist feinstachelig-rauh, fast glatt, reinweiß. L. fast nie reinweiß, in drei verschiedenen Längen. Mild od. etwas scharf.

Sect. IV. **Compactae** Fries

a) Hut meist braun od. weißlich. Fleisch unveränderlich, nicht verkohlend-schwarz. L. tränend od. etwas fleckig.

Subsect. 1. **Plorantes** Bataille

1. Hut umbra od. braun od. dunkel gefleckt. L. bräunen etwas. Sporen wenig rauh.

19. Formenkreis: **R. elephantina**

2. Hut meist weiß. L. neigen zum Rosawerden, am St. bläulich schimmernd. Sporen $\mp$ stachelig.

20. Formenkreis: **R. delica**

b) Hut meist schmutzig weißlichgrau bis schwärzlich. Fleisch weißlich, rosa, blau, schwarz od. nicht anlaufend, zuletzt stets kohlig-schwarz; L. dreigestaltig, nicht tränend.

Subsect. 2. **Nigricantes** Bataille

21. Formenkreis: **R. nigricans**

Bestimmungsschlüssel der Arten[1].

1. Sporenstaub ocker- od. neapelgelb. 2.
1.* Sporenstaub blaßockergelb od. cremefarben od. weiß. 12.

---

[1] Die Gattung Russula gehört wegen der Veränderlichkeit der Arten zu den schwierigsten Basidiomyzetengattungen. Die Bestimmung ist vielfach ohne mikroskopische Untersuchung der Sporen und Zystiden nicht möglich. Zur Messung der Sporengröße und Feststellung ihrer Farbe genügt Untersuchung in Wasser. Um die feinere Struktur der Sporen (Bestachelung usw.) zu erkennen, ist jedoch Untersuchung in Jodjodkalium (Mischung von 1,5 g Kaliumjodid + 0,5 g Jod in 20 g Wasser mit

2. Zystiden nur an der Spitze in Sulfovanillin blaufärbend. Kleinere Fk. 3.
2.* Zystiden ganz od. fast garnicht blauend. 5.
3. Huthaut nicht punktfg. bereift, rotgelb od. rötlich. 4.
3.* Huthaut punktfg. bereift, Stielbasis nach Jodoform riechend.
Hut anfangs tief lilablau, dunkelpurpurn, purpurrosa, dann heller, rosa mit gelblichen Flecken, schließlich schmutzig blaßoliv, gewölbt, in der Mitte vertieft, 4—7 cm br., Huthaut flockig, weit abziehbar, nach dem stumpfen, glatten Rande sich punktfg. auflösend. L. gelblich bis ockergelb, mit gegen den Rand rötlicher Schneide, viele gegabelt. Zystiden 56—64 μ lg. Sporen stachelig, gelb, (8) 9—10 × 7—9 μ. St. 3—5 cm lg., weiß, schwach runzelig, zuletzt hohl, sehr gebrechlich. In Nd.-wäldern gesellig. VII—X. Eßbar. (R. amethystina Quél., R. xerampelina Ricken, R. amoena Quél. u. a.)

1331. Jodoform-T., Punktierter T. **Russula punctata** Krombholz

4. L. schmal. Haut nur am Rande abziehbar.
Hut ausgebreitet od. niedergedrückt, 2—5, selten bis 7 cm br., klebrig, sehr verschiedenfarbig u. am Individuum wechselnd, orangerot, rosa, braunrot, gelblich. Rand dünn, stumpf, anfangs glatt, nur zuletzt schwach gestreift. St. 2—6 cm lg., schwammig, dann hohl, gestreift, weiß. L. angewachsen, wenige gegabelt. Zystiden pfriemlich 50—70 μ lg. Sporen kurzstachelig, gelbhäutig, 7—10 × 6—8 μ. In Wäldern u. Gebüschen, häufig. VII—X. Mild. Eßbar. (Taf. VIII, Fig. 315.)

1332. Veränderlicher T. **R. chamaeleontina** Fries

4.* L. breit, bauchig. Haut meist vollständig abziehbar.
1. Hut stumpfgelb, schließlich blaß, nur in der Mitte fleischig, sonst fast häutig, 2—4 cm br., flach gewölbt, dann ausgebreitet, mit schmieriger Haut. Rand stark höckrig gestreift. St. 2—3 cm lg., 4—8 mm dick, hohl werdend, sehr gebrechlich, weiß. L. frei, gleichlg., safrangelb, entfernt, ungegabelt; Zystiden keulenfg. 40—50 μ lg. Sporen länglichrund, stachelig, 8—10 × 7—8 μ. In Ndwäldern, selten.

Chloralhydrat zu gleichen Teilen) erforderlich. Zur Untersuchung der Zystiden benutzt man Sulfovanillin oder Sulfoformol. Die Färbung der Zystiden in diesem Reagens ist je nach den Arten verschieden. Ferner sind Geruch u. Geschmack zu beachten, die ∓ gute Anhaltspunkte zur Bestimmung der Arten ergeben. Gute Abbildungen (vgl. Literaturverzeichnis S. 52) sind zum Vergleich heranzuziehen. Wer sich für Russula besonders interessiert, ziehe die neueste Bearbeitung: R. Singer, Monographie der Gattung Russula zu Rate, die in „Hedwigia", Organ f. Kryptogamenkunde, Bd. LXVI, Heft 3/4, Juni 1926, erschien. Berichtigungen und Nachträge zu einzelnen Arten von R. Singer u. J. Schäffer in Zeitschr. f. Pilzk. Manche Arten bedürfen noch weiterer Klärung.

VIII—X. — Geruch angenehm. Eßbar. (R. lutea [Huds.] Fr. var. vitellina [Pers.] Bataille)

1333. Dottergelber T. **Russula vitellina** (Pers.) Fries

2. Hut flach gewölbt u. gebuckelt, später niedergedrückt, 3 bis 8 cm br., in der Jugend schleimig, typisch rötlich, teilweise gelblich bis fleckig; Sporen gelb, stachelig, $8—9 \times 7—8\,\mu$, schmutzig purpurrot, mit dunklerer Mitte, fast olivenbraun, später am Rande verblassend, gelblich, Rand dünn, erst glatt, dann furchig-streifig. St. 2—3 cm lg., weiß, glaufleckend, voll, feinstreifig. L. angeheftet. Zystiden spindelfg. 50—75 μ lg. Geruch schwach unangenehm. Geschmack mild, dann etwas scharf. In Lb.- u. Ndwäldern, häufig. VI—XI. (Taf. VIII, Fig. 314.) (R. pulchralis Britzel., R. ceresina Mart., R. betulina Burl., R. pulchella Borsz, R. xanthopoea Boud., R. luteoalba Britz., R. elegans Bres.)

1334. Widerlicher T. **R. nauseosa** (Pers.) Fr.

Hut dunkelblutrot, St. 5—7,5 cm lg. Zystiden bis 85 μ lg. Sporen $8—11 \times 7,5—9\,\mu$.

1334β. **R. nauseosa** var. **atropurpurea** All.

5. Fleisch scharf od. schwach bitter. 6.

5.* Fleisch mild. 7.

6. Fleisch bitter. 8.

1. Hut lebhaft rosarot, von der Mitte aus verfärbend blaßgelblich; gewölbt, dann verflacht mit glatten od. schwach gefurchtem, stumpfen Rande. Haut trocken, nur bei Regen etwas schmierig. L. erst weiß, dann creme, schließlich ocker, 9—10 mm br., fast gedrängt, schmal angewachsen od. fast frei. Zystiden lanzettlich 65—100 μ lg. Sporen warzig mit gelblicher Wandung $7,5—9,5 \times 7—8,5\,\mu$. Fleisch weiß, schwammig. Geschmack mild, mit stark bitterem Nachgeschmack. In Lbwäldern, nicht häufig. VIII—X. (R. veternosa Lindb.)

1335. Bitterer T. **R. pseudointegra** Arn.-Gor.

2. Hut dunkelpurpurn, braunrot, dunkellilarot, etwas ausblassend, 2—8 cm br., mit breitem höckerigem Buckel, gewölbt, meist dünnfleischig, aber nicht sehr gebrechlich; Rand stumpf, anfangs fein bereift, dann kahl u. glatt, zuletzt schwach gefurcht-höckerig. Haut bitter, abziehbar, kaum schmierig, trocken etwas glänzend. L. blaß, schließlich ockergelb, 6 mm br., fast gedrängt, einige gegabelt u. untermischt. Zystiden 64—80 μ lg., zylindrisch. Sporen gelblich, stachelig $9—10 \times 8,5—8,75\,\mu$. St. weiß, runzelig, keulig, zuletzt hohl. Fleisch weiß, kaum gebrechlich. Geschmack nicht scharf, kaum bitter. Geruchlos. In Nd.- u. Mischwäldern unter Kiefern. VII—X. Gesellig an lichten, grasigen Stellen. — Eßbar.

1336. Buckel-T. **R. amoenata** Britzelm.

Lactariaceae. 385

6.* Fleisch scharf. 9.
7. Zystiden in Sulfovanillin kaum od. rosa verfärbend. 8.
7.* Zystiden in Sulfovanillin ganz od. fast ganz blau. 11.
8. Zystiden pfriemlich, groß, an der Schneide der L.; Fk. groß.
Hut samtig-schuppig.

Hut schwach seidenhaarig u. kleinschuppig, zuerst schmutzig
purpurrot, dann olivenfarbig od. braun-olivenfarbig. 8—20 cm
br. Huthaut zuletzt zerreißend, schlecht abziehbar. L. weiß
bis gelblich, zuletzt ockergelb, breit, gegabelt, untermischt,
ziemlich gedrängt; Zystiden pfriemlich 90—105 μ lg. Sporen
gelb, stachelig 10—11 × 9,5—10 μ. St. weißblaß, an der Spitze
schön rosa, runzelig, voll. Fleisch weiß. Geschmack mild. Geruchlos. Eßbar. In Ndwäldern, besonders im Gebirge, gesellig.
VII—X. (R.'alutacea Britzelm.)

1337. Olivfarbiger T. **Russula olivacea** (Schaeffer) Fr.

8.* Zystiden schwachbauchig od. zylindrisch, an Fläche u. Schneide
der L.

Hut flach gewölbt, 5—9 cm br., glänzend, klebrig, zitronengelb, orange, rotgelb, Fleisch unter der Oberhaut zitronengelb,
anfangs fest, starr, dann schwammig. Mild. Geruchlos. St.
fest, bis 8 cm lg., weiß od. zitronengelb. L. gleichlg., glänzend,
mit zitronengelber Schneide. Zystiden 55—93 μ lg.; Sporen
länglichrund, gelblich, 9—11—14,5 × 8—10 μ. In Lb.- u. Nd.-
wäldern, besonders unter Abies im Gebirge, selten. VI—X.
(Taf. VIII, Fig. 310.) (R. aurea Pers., R. aurantiicolor Krbhz.,
R. esculenta [Pers.] Britz.)

1338. Goldgelber T. **R. aurata** (Withering) Fr.

9. Hut trocken samtig, zinnoberrot. Scharf. Sporen ziemlich hell.

Hut gewölbt, dann flach od. niedergedrückt, 4—11 cm br.,
leuchtend zinnoberrot, Rand glatt, etwas wellig. Haut filzigsamtig, trocken, bei Regen etwas schmierig, schwer abziehbar.
St. 3,5—7 cm lg., voll, weiß, unten zuletzt schmutzig aschgrau,
schwach runzelig. L. meist gleichlg. u. gabelig, mit wenigen
kürzeren untermischt, stumpf angewachsen. Zystiden 60—78 μ
lg. Sporen fast kuglig, gelblich, warzig, 8—9 × 7—8 μ. Fleisch
weiß, unter der Huthaut rötlich, sofort u. dauernd brennend
scharf. Fast geruchlos od. obstartig riechend. Giftig. In Wäldern, besonders unter Fichten, nicht häufig. VI—X. (Taf. VI,
Fig. 301.)

1339. Roter Gift-T. **R. rubra** (Krbz.) Bres.

9.* Hut nie samtig. 10.
10. Hut hellrot bis rot, rosa od. fleischrot.
  1. Hut fleischrot, fleischrosa, stumpfrosa, bald blaßfleckig od.
  ganz blaß; gewölbt bis flach; 7—11 cm br., fest, fleischig,

mit abziehbarer, trockener Haut; Rand glatt, stumpf. L. blaß, schließlich ockergelb, ziemlich breit, gleichlang, einfach, ziemlich dicht, buchtig angewachsen; Zystiden 58—78 μ lg. Sporen fast kugelig, stachelig, gelbhäutig, 9×8 μ. St. weiß, runzelig, hohlwerdend, 4—7 cm h., 1,7—3,5 mm dick. Fleisch ganz weiß, fest. Geschmack wechselnd bis sehr scharf. Geruchlos. In lichten, mit Birken untermischten Ndwäldern u. auf Schlägen. Gesellig. VII—X. (R. integra Bres.; Roter Birken-T.)

1340. Falscher Spei-T. **Russula pseudoemetica** (Secr.) Sing.

2. Hut flach niedergedrückt, 5—11 cm br., leuchtend rosablutrot od. fleischfarbig, bald ausbleichend, in der Mitte weißlich od. gelblich, am Rande fast häutig, stumpf, glatt od. gefurcht; Haut abziehbar, dünn, feuchtglänzend, etwas schmierig. St. 5—8 cm lg., später hohl, lebhaft rosarot angelaufen, selten ganz weiß. L. creme-ockergelb, angewachsen, ungleich lg. Zystiden lanzettlich 45—75 μ lg.; Sporen fast ellipsoidisch bis kugelig, kleinstachelig, gelbhäutig 8—12 $\times$ 7—11 μ. Fleisch weiß, blasig-fleischig. Scharf schmeckend. Geruchlos. In Lbwäldern, selten. VII—IX. (Taf. VIII, Fig. 307.) (R. maculata Quél., R. acris Steinh.)

1341. Schläfrigmachender T. **R. veternosa** Fries

10.* Hut dunkelrot, tiefpurpurn, braunrot od. violett.

1. Hut dunkelblutrot, Mitte anfangs gebuckelt. St. 5—7,5 cm lg. Langsam scharf schmeckend. In Ndwäldern. VII—XI.

1334β. R. nauseosa var. atropurpurea All.

2. Hut tiefpurpurn, weinrot, kupferrot, nach der Mitte fast schwarz, 4—8 cm br.; schwach gewölbt, dann ausgebreitet, fast glatt mit schmieriger, glatter, abziehbarer, trockenglänzender Haut. Rand stumpf, zuletzt höckerig-gefurcht. L. blaß bis ockergelb, gleichlang, einzelne gegabelt, 6 mm br., dünn, ziemlich dicht. Zystiden kegelfg. 60—95 μ lg. Sporen länglichrund, stachelig, gelb, 8—12 $\times$ 7,5—9 μ. St. weiß, schwach runzelig, voll, starr, 4,5—5,5 cm h., 1—1,5 cm dick. Fleisch weißlich, fest. Mild, dann ziemlich scharf. Schwach obstartig riechend. In Ndwäldern, einzeln od. gesellig. VII bis X. (R. cuprea Krombh., R. nitida Fr. var. cuprea Cke.)

1342. Glänzendroter T. **R. nitida** (Pers.) Fr.

3. Hut dunkelrotbraun od. tief purpurblutrot, Mitte oft fast schwarz, verblassend, 4—10 cm, halbkugelig, dann verflacht; fleischig; Haut schwer u. nur am Rande abziehbar, feucht schmierig, sonst ∓ rauh; Rand ∓ stumpf, glatt, zuletzt höckerig-gefurcht. L. bleich gelblich, dann satt ocker, 6—11 mm br., am St. gabelig, ∓ gedrängt. Zystiden 64—83 μ lg.; Sporen stark warzig, stumpfgelb, 9—11 $\times$ 8—8,5 μ. St, weiß,

häufig am Grunde purpurrötlich, schwach längsrunzelig, voll. Fleisch weiß, unter der Haut schwach purpurn, ziemlich fest. Geschmack lange mild, dann schwach, in den L. sehr scharf brennend. Geruch schwach obstartig, wie Birnenkompott. In Ndwäldern, in Bayern sehr selten. VIII—X. (R. intermedia Karst., R. rubroochracea Murr.)

1343. Braunroter T.   **Russula badia** Quél.

11. Hut leuchtend gelb. Fk. klein.
Hut flach gewölbt od. niedergedrückt, 2—6 cm br., klebrig, mit abziehbarer Oberhaut, lebhaft gelb, in der Mitte dunkler, verblassend (aprikosenfarbig bei var. armeniaca [Cke.] Rea). Fleisch weiß, mild, geruchlos od. schwach aprikosenartig riechend, Rand häutig, glatt, zuletzt schwach höckerig. St. später hohl, 3—4 cm lg., weiß. L. 7 mm br., creme, zuletzt tief ocker, fast orange; ganz frei, dicht, dottergelb. Zystiden keulenfg. 45—70 μ lg. Sporen ockergelb, fast kugelig, mit einzelnen Stacheln, 8—11 ×7—9 μ. In Lbwäldern, in Norddeutschland zerstreut, in Süddeutschland häufig. VI—XI. Eßbar. (Taf. VIII, Fig. 317.) (R. armeniaca Cke., R. Earlei Peck)

1344. Gelber T.   **R. lutea** (Hudson) Fr.

11* Hut nicht leuchtend gelb; mittelgroß bis groß.
Hut ausgebreitet od. niedergedrückt, 7—15 cm br., klebrig, mit dicker, abziehbarer Oberhaut, purpurrot, blutrot od. mehr rosa, grünbraun, verblassend, Rand höckerig-streifig, stumpf. St. voll, bis 12 cm lg., weiß, gelblich od. rötlich. L. blaßgelb, später tief ledergelb, selten rotschneidig, meist einfarbig, frei od. angeheftet. Zystiden zylindrisch-spindelfg. 60—80 μ lg. Sporen stark- u. spitz-bestachelt, gelbhäutig, 9,5—13 × 8—11 μ. Fleisch mild, geruchlos. Eßbar. In Wäldern, häufig. VI—X. (Taf. VIII, Fig. 313.) (Knorpelpilz; R. esculenta Pers., R. subalutacea Burl.)

1345. Ledergelbblätteriger T.   **R. alutacea** (Pers.) Fr.

12. Sporenstaub blaß ocker- od. cremefarben (vgl. 9).   13.

12.* Sporenstaub weiß.   22.

13. Fleisch im Alter grau, R. decolorans Fr. u. Verwandte:
1. Hut kuglig, dann ausgebreitet u. niedergedrückt, 5—13 cm br., rötlichgelb, später gelblich, verblassend, mit (fast) ganz abziehbarer Haut, Fleisch weiß, grau-werdend, Rand glatt, nur im Alter etwas streifig. St. bis 10 cm h., weiß, runzelig streifig, innen grau-werdend. L. blaß, später hellockergelb, zuletzt schmutziggrau, gabelig angeheftet. Zystiden pfriemlich 50—94 μ lg. Sporen gelblich, stachelig, 10—15 × 8—12 μ. Geschmack mild, nur junge L. etwas bitterlich u. scharf. Geruchlos. Eßbar. In Ndwäldern, zerstreut. VII—XI. (Taf. VIII, Fig. 304 u. 308.) (R. depallens Gill.)

1346. Verfärbender T.   **R. decolorans** Fries

2. Hut halbkugelig, später verflacht-vertieft, sattgelb (zitronengoldgelb), ca. 8 cm br. Rand anfangs eingebogen, zuletzt höckerig, glatt; Haut meist trocken, feucht etwas schmierig, glatt, nur am Rande abziehbar. L. bis 9 mm br., zitronengelb bis stroh- u. ockergelb, grauend od. schwärzend, fast gleichlang, dünn. Zystiden 69—74 μ lg. Sporen gelblich, stachelig, 8—10,5 × 7—9 μ. St. weiß, schwach runzelig, bei Druck schwärzend, voll, fest. Fleisch weiß, grau verfärbend. Geschmack mild, Geruch schwach süßlich. An Ufern, unter Erlen u. Birken. VIII—IX. Eßbar. (R. decolorans β. constans Karst.)

1347. Gelber Birken-T. **Russula flava** Romell[1].

13.* Fleisch nicht grau werdend. 14.

14. Geschmack mild od. sehr wenig scharf. 15.

14.* Geschmack im Alter sehr scharf. 20.

15. Fleisch im Alter braun werdend; riecht nach Heringen:
Hut gewölbt, dann flach ausgebreitet, niedergedrückt, 5 bis 12 cm br., tiefpurpurn od. weinrot, matt, in der Mitte dunkler, später verblassend u. rötlichbraun werdend, fest, fleischig, zuletzt schwammig. Rand dick, glatt, stumpf. St. 5—8 cm lg., weiß od. rötlich, runzelig, voll, zuletzt zellig-hohl. L. 9—10 mm br., weißlich, dann creme-ocker, oft purpurschneidig, angeheftet, z. T. gegabelt. Zystiden stumpf-kegelfg. 68—86 μ lg. Sporen gelblich, kugelig, schwach bestachelt, 8,5—10 × 8—9 μ. In Lb.- u. besonders Ndwäldern, nicht selten. Geschmack mild; Geruch heringsartig. Eßbar. VII—X. (Taf. VIII, Fig. 309.) (R. Linnaei Ricken, R. Barlae Sm., R. graveolens Rom., R. purpurea Britzel., R. erythropoda Pelt., R. alutacea Quél., R. foetida Mart.)

1349. Herings-T. **R. xerampelina** (Schaeffer) Fr.

15.* Fleisch nicht braun werdend; riecht nicht nach Heringen. 16.

16. Hut braunoliv bis umbrabraun; Fleisch unter der Huthaut grau:
Hut anfangs glockig, dann ausgebreitet u. schwach vertieft, 7—12 cm br., in der Mitte umbrabraun od. aschgrau-bräunlich, Rand heller, gerade, dünn, scharf, glatt. St. weiß, später vom Grunde aus schmutziggrau, schwach runzelig, erst voll u. fest,

---

[1] Eine zweifelhafte Art ist R. ravida. Lindau gab in der 2. Aufl. folgende Beschreibung:
Hut 3—4 cm br. flach niedergedrückt, geschweift, braun, grau od. gelblich, matt, Fleisch weiß, dann grau werdend, Rand glatt. St. blaßweißlich, braunstreifig. L. angeheftet, gedrängt. Geruch unangenehm. In Ndwäldern, selten. VII—IX. (Taf. VIII, Fig. 316.)

1348. Graugelber T. **R. ravida** (Bull.) Fr.

Singer stellt R. ravida Fr., die nicht identisch ist mit R. ravida Michael, in einen eigenen Formenkreis zusammen mit R. cinereoviolacea Allescher, die flockigen, am Rande gefurchten, grauvioletten, in der Mitte gelblichen Hut, graues Fleisch u. weißen Stiel besitzen soll.

Lactariaceae. 389

dann hohl werdend, 5—8 cm lg., weiß, etwas grubig. L. angeheftet, weiß, mit etwas creme-graulichem Schein, untermischt u. gegabelt, ungleich lg., tränend. Zystiden 65—100 μ lg. Sporen 8—10×6—9 μ, warzig, hyalin. Besonders in Ndwäldern, unter Gebüsch, in den Vorbergen, nicht häufig. Geschmack mild mit scharfem Nachgeschmack; Geruch fehlend od. sehr schwach unangenehm. VII—X. (Taf. VIII, Fig. 297.) (R. livescens Quél., R. sororia Fr., R. mustelina Britz.)

1350. Verwandter T. **Russula consobrina** Fries

1350β. R. consobrina var. pectinatoides (Peck) Sing. siehe S. 392 unter 20, 2.

16.* Hut nicht braunoliv; Fleisch unter der Haut nicht grau. 17·
17. Hut rot. 18.
17.* Hut nicht rot. 19.
18. In Sümpfen. St. rot; seltenere Arten.
  1. Hut blutrot od. dunkelpurpurn mit bräunlicher od. schwarzer Scheibe; gewölbt, bald verflacht, oft schwach gebuckelt 3,5—8,5 cm br. mit leicht abziehbarer, schmieriger Haut u. bald höckerig gefurchtem, stumpfen Rand. L. blaß, schließlich einfarbig ockergelb, 9—11 mm br., einige gegabelt. Zystiden bauchig 65—90 μ lg. mit 14—21 μ lg. Spitzchen. Sporen gelblich mit zylindrischen Stacheln, 9,5—12×7,5 bis 9,5 μ. St. weiß, rosa angehaucht, besonders am Grunde schwach runzelig, schwammig, weich fast kegelfg., 5—9 cm lg. Fleisch weiß, gebrechlich, mild. Geruch schwach obstartig. In Hochmooren, an Ufern, in Sümpfen, unter Birkengesträuch. (VI) VIII—X. (R. betulina Melzer, R. roseipes var. Cke.)

1351. Moor-T. **R. sphagnophila** Kauffm.

  2. Hut leuchtend blutrot, scharlachrot, in der Mitte ausblassend, halbkuglig bis flach, meist fast genabelt, fest, fleischig, 8—15 cm br., mit feucht etwas schmieriger, weit abziehbarer, kahler, oft etwas runzeliger Oberhaut u. glattem, stumpfem Rande. L. weiß, dann blaß ockergelb, 8—10 mm br., nach dem St. zu gabelig, ziemlich gedrängt. Zystiden 58—100 μ lg., bauchig. Sporen stumpf u. kurz bestachelt, blaß gelblich, 9,5—12×8—10 μ. St. weiß, z. T. rötlich angehaucht, ∓ runzlig, voll, schließlich zellig-hohl, 7—15 cm h., Spitze 20—25 mm bisweilen bis 40 mm dick. Fleisch weiß, fest, zuletzt krümlig. Geschmack milde. Geruchlos. Eßbar. In feuchten Ndwäldern, Mooren, an Ufern. VI—XI. (R. pulchra Burl., R. integra var. paludosa [Britz.] Sing., R. elatior Lindb.)

1352. Sumpf-T. **R. paludosa** Britz.

18.* In Wäldern häufig. St. meist weiß:
  1. Hut dünnfleischig, flach ausgebreitet, oft niedergedrückt, 6—10 cm br., frisch klebrig, rosablutrot, schön hellblutrot,

von der Mitte aus bald olivgelb, gelb od. braun, sonst wenig verblassend, mit ganz abziehbarer Haut, Rand häutig, stumpf, ganz zuletzt höckerig-gefurcht. L. fast frei, fast gedrängt, fast gleichlang, $\mp$ gegabelt, anastomosierend. Zystiden schlank keulig 55—58 μ lg. Sporen fast kuglig, gelblich, stachlig, 7,5—9 × 7,5—8 μ. St. weiß, bisweilen schwach rötlich, etwas runzlig, voll, dann ausgestopft 5—6 cm h., 15—20 mm dick, nach oben verjüngt. Fleisch weiß, fest. Geschmack milde. Geruchlos. In Lb.- u. Ndwald, besonders unter Quercus, Betula, Picea. Ziemlich häufig. VI—IX. (Taf.VIII, Fig. 312.) (R. cruentata Quél.-Schulz., R. lutea Vent.)

1353. Unversehrter T. **Russula integra** (L.) Fr.

2. Hut nur in der Mitte fleischig, sonst fleischlos, fast häutig, flach, wenig gewölbt zuerst u. später wenig vertieft, 2,5 bis 7 cm br., schmierig, bleich purpurrosa, in der Mitte mehr bräunlich, am Rande heller, gebrechlich. Haut abziehbar. Rand dünn, stumpf, bald höckerig gefurcht. St. weiß, vom Grunde aus ockergelb werdend, schwachseidig, nach unten verdickt, ausgestopft-starr, 5—7 cm lg., unten 11—13 mm dick. L. angewachsen, dicht, weiß, gilbend, 5 mm br. Zystiden 50—65 μ lg., bauchig od. keulig. Sporen länglichrund, gelblich, stachlig, 8—9 × 6—8 μ. Fleisch weiß, gilbend, gebrechlich. Geschmack mild; geruchlos. Auf sumpfigen Waldstellen, Erlenbrüchen, gesellig, nicht häufig. VII—XI. (Taf. VIII, Fig. 311.) (R. leprosa Bres.)

1354. Jungfräulicher T. **R. puellaris** Fries

19. Hut grün.

Hut flach. gewölbt, oft niedergedrückt, oft fast genabelt, 5—14 cm br., spangrün, grasgrün od. gelbgrün, in der Mitte fast olivgrün, mit glatter, am Rande abziehbarer, feucht klebriger Haut, Rand höckerig-gestreift, stumpf. St. schwammigvoll, 5—6(—12) cm h., weiß, Druckstellen $\mp$ bräunlich anlaufend. L. locker angeheftet, weiß, fast alle von gleicher Länge, nur wenige kürzere, 9 mm br. Zystiden zylindrisch-bauchig 64—65 μ lg. Sporen schwach gelblich, länglichrund bis ellipsoidisch, schwach bestachelt 8—9,5 × 6—8 μ. Fleisch weiß. Geschmack jung nußartig, unscharf. Geruchlos. In Wäldern, zerstreut, unter Birken. V—X. (R. graminicolor [Secr.] Quél., R. livida Gramb., R. heterophylla Rom.) (Taf. VII, Fig. 287.)

1355. Spangrüner T. **R. aeruginea** Lindb.[1]

---

[1] Als Russula urens Romell ist neuerdings (Ztschr. f. Pilzk. Bd. 11 S. 11. 1928) von J. Schäffer eine scharfe, grüne, gelbsporige Art beschrieben worden, deren systematische Stellung noch zweifelhaft ist:
    Hut schmutzig grüngelblich, satt grasgrün bis blaßoliv, 5—10 cm br., Mitte 5—6 mm dick, Rand auch olivbräunlich bis umbraerdbraun. Rand

19.* Hut nicht grün. Seltene Arten (vgl. 27!):
1. Hut erst blaß, dann bunt (blaugrau, gelb, olivfarben) am Rande blaß-rötlich u. -violett, zuletzt stahlgrau mit gelblicher od. bräunlicher Beimischung, gewölbt, dann flach, 4—10 cm br., mit dünnem, stumpfem, später gefurchtem Rand. Haut schmierig. L. weißlich, bleichocker werdend, $\mp$ gedrängt bis 8 mm br., einzelne gegabelt. Zystiden bauchig 50—65 μ lg. Sporen stachlig blaßocker, 7—8—10×6—8 μ. St. weiß, schwach runzlig, voll, zuletzt zellig-hohl, 5 cm h., 7—14 mm dick. Fleisch weiß, ziemlich fest. Geschmack mild, geruchlos. Unter Lb.- u. Ndhölzern an grasigen Stellen in Gebüschen, zerstreut. VII—X. Eßbar. (Grauer T., R. grisea Bres., R. viridulorosea Herp.)

1356. Blaßscheckiger T. Russula subcompacta Britz.

2. Hut bräunlich-gelb, blaß semmelfarbig, mit meist dunklerer Mitte, anfangs gewölbt, dann verflacht bis schüsselfg., fest, 7—15 cm br. mit schmieriger, nicht ablösbarer Haut u. stark höckerig-gefurchtem, scharfem Rand. L. weißlich bis creme, anastomosierend, 10 mm br., fast gleichlg., fast entfernt, angeheftet, schließlich herablaufend. Zystiden 56—90 μ. Sporen stachlig 10—12×8—10 μ. St. blaß, unten schmutzig gelbbraun, voll, 5—9 cm h., 20—25 mm dick. Fleisch weißlich, dann schmutzig-semmelfarben, ziemlich dünn, fest, zuletzt gebrechlich; Geschmack mild od. langsam scharf. Geruch ähnlich R. foetens, doch schwächer. In Bergwäldern, Schluchten, Waldsümpfen u. an Bachufern. Ziemlich selten. VII—X.

1358. Semmelfarbiger T. R. grata Britzelmayr

20. Hut gelb od. braun.
1. Hut anfangs kuglig, später flachgewölbt, 8—15 cm br., anfangs klebrig, gelbbraun od. schmutzig-ockerfarben, Rand dünn, höckrig-furchig. Haut sehr schmierig, nicht ablösbar. St. später hohl, 5—12 cm lg., weiß, oft mit bräunlichem Anflug od. braunpunktiert. L. 6—10 mm br., von verschiedener Länge, gelbblaß, stark tränend, später bei Verletzungen oft bräunlich werdend. Zystiden 45—70—95 μ lg., $\mp$ keulig. Sporen hyalin, mit großen Warzen bedeckt, 7,5—10—12,5 ×7—9—11 μ. Geruch (namentlich jung) scharf mandelartig,

---

jung glatt, schließlich $\mp$ gefurcht, abgerundet, stumpf. L. werden gelb, am St. schwach od. nicht abgerundet, vorn bis ca. 12 mm br., etwas abgerundet-bauchig, dann geschweift, ziemlich queradrig. St. weiß, glatt od. schwach gestreift, fest, voll, 3—5,5 cm lg., 10—24 mm dick, zylindrisch od. fast bauchig verdickt. Fleisch weiß, geruchlos, Geschmack brennend scharf, auch im St. Sporen gelb wie bei R. lutea, 9—11 × 7—9 μ.

1357. Brennender T. R. urens Romell

aber unangenehm. In Wäldern, Gebüschen, nicht selten.
VI—XI. (Taf. VII, Fig. 295.)

1359. Stink-T. **Russula foetens** Pers.

2. Hut in der Mitte umbrabraun, Rand blasser, scharf, fädiggefurcht, oft genabelt, mit feuchter, angewachsener Haut, 6—9 cm br. L. weiß, dann cremegelblich, zuletzt braunfleckig, gegabelt. Sporen mit zylindrischen Stacheln besetzt, 7,5—9 × 6—8 μ. Fleisch weiß; starr. Geschmack mild, dann $\mp$ scharf. Geruch unangenehm rahm-käseartig. Grasige Plätze unter Lbbäumen. VII—X. In Bayern fehlend. (R pectinatoides Peck)

1350 β. **R. consobrina** var. **pectinatoides** (Pk.) Sing.

3. Hut flach gewölbt, meist niedergedrückt, 4—8—10 cm br., strohgelb, mattbraun in der Mitte, Fleisch unter der glanzlosen, nicht ablösbaren Oberhaut gelblich u. nicht bis zum Rand gehend, Rand höckerig-furchig, kammartig. St. 3 bis 5 cm lg., weiß gestreift. L. 8 mm br., nach hinten verschmälert, frei, gleichlg., gedrängt; Zystiden 40—50 μ lg. Sporen eifg., warzig 6—10 × 6—8 μ. Geschmack sehr scharf, Geruch widerlich fischig. In schattigen Ndwäldern im Moos u. Gras, nicht häufig. VII—X. (Taf. VII, Fig. 294.)

1360. Kammartiger T. **R. pectinata** (Bulliard) Fries

4. Hut zitronengelb, am Scheitel goldgelb od. einfarbig semmelocker, am Rande blasser; flach gewölbt bis fast schüsselfg. mit etwas schmieriger, trocken glanzloser $\mp$ rissiger Haut, 2,5—7 cm br., starr. Rand anfangs stumpf, dann scharf, glatt od. höckerig gefurcht. L. blaß, bei Verletzung gelb anlaufend, sehr schmal (2—3 mm br.), fast gleichlang, wenig gegabelt, gedrängt, tränend, bei Verletzung fleckend. Zystiden 50—90 μ lg. Sporen mit vereinzelt stehenden, kurzen Stacheln, gelblich-häutig, 8,5—9,5 × 7—9 μ. St. weiß, mehlig, schwachrunzlig, voll, dann ausgestopft 3,5—5,5 cm h., 5 bis 12 mm dick. Geschmack sehr scharf, Geruch obst- od. seifenartig. Ndwälder, in Bayern, selten. VII—X. (R. disparilis Burl., R. Quéletii var. albocitrina Barb.)

1361. Mehlstieliger T. **R. farinipes** Romell ap. Britz.

20.* Hut rot: R. Quéletii-Gruppe. 21.

21. St. weiß:

Hut lebhaft blutrot, Rand u. Mitte oft heller, halbkugelig, schließlich flach, mit schmieriger, schwer abziehbarer Haut. 4—9 cm br. Rand glatt, stumpf od. kurzhöckrig-gefurcht. L. 4—6 mm br., weiß, zuletzt hellockergelb, fast gedrängt. Sporen länglichrund, fein bestachelt, hyalin, 7—10—6,5—7,7 μ. Zystiden 50—95 μ lg., bauchig. St. weiß, später oft schmutzig-gelblich, starr, zuletzt hohl u. gebrechlich, 3—6 cm h., 10—25 mm dick. Fleisch weiß, unter der Huthaut oft rötlich. Geschmack anfangs mild, dann sehr scharf. Geruchlos. In Lb.- u. Ndwäldern. VII—VIII. (R. serontia Qu.)

1362. Hellblutroter T.   **Russula rubicunda** Quélet

21.* St. ∓ rot:

1. Hut braunrot, dann tiefpurpurn, kaum verblassend; gewölbt, dann flach, fleischig. 5—10 cm br. mit schmieriger, angewachsener Haut. Rand glatt, stumpf. L. bleich zitronengelb, Schneide hell goldgelb, frisch stark tränend, daher später fleckig, bei Verletzung dunkelzitronengelb, 4—9 mm br., viele gabelig, ∓ gleichlang. Zystiden 70—75—105 μ lg. Sporen länglichrund kurzstachlig od. warzig, gelbhäutig, 8—10 ×7—8 μ. St. weißlich, rötlich überlaufen, bei Druck zitronengelb anlaufend, 3—5 cm h., 15—25 mm dick. Fleisch weißlich, gelblich anlaufend. Geschmack sehr scharf, Geruch fein obstartig. In Kiefernwäldern, besonders an lichten Stellen sehr häufig. IX—X. (R. drimeia [Cke. ?] R. Schulz, R. sardonia Ricken ex p., R. chrysodacryon Singer)

1363. Goldtränen-T.   **R. sardonia** Romell s. str.

2. Hut schön hell purpurblutrot od. bleichrosa (var. rosacea [Fr.] Sing.), etwas ausblassend, gewölbt, dann ∓ vertieft bis fast trichterfg., fleischig. Rand scharf, dann stumpflich, zuletzt gefurcht. 5—9 cm br. Haut schmierig, wenig abziehbar. L. weißlich, bald zitronengelblich, bei Verletzung zitronengelb, schwach tränend, zuletzt bräunlich, ∓ gedrängt, 4 bis 5 mm br. Zystiden 62—78 μ lg. Sporen länglichrund, stachligs, gelblich-hyalin, 8,5—10×8 μ. St. bleichlila od. rötlich, bei Druck dunkel zitronengelb-fleckig, zart runzlig, voll, zuletzt schwammig-hohl, 4—5 cm lg., 10—12 mm (oben), 15—18 mm (unten) dick. Fleisch weiß, gilbend, saftig. Geschmack scharf. Geruch schwach birnenartig. An grasigen Stellen in Ndwäldern. VIII—X. (Taf. VIII, Fig. 305.) (R. sardonia Bres., R. sanguinea Cke., R. rosacea Fr., R. elegans Bres. sens. Cke.)

1364. Gelbfleckender T.   **R. luteotacta** Rea

3. Hut jung schwarzrot, aufhellend, schließlich leuchtend dunkelrot, oft mit Olivflecken, halbkuglig, zuletzt flach, hartfleischig, 5—11 cm br. Haut nicht ablösbar, trocken matt, auf der Hutmitte oft runzlig, Rand glatt. L. blaß, zuletzt hellocker, schwach tränend, 5—7 mm br. Zystiden 75—85 μ lg. Sporen kurz bestachelt, gelblichhäutig, 8—10 ×7—9 μ. St. unten hellrot, oben rosa od. weißlich, bei Druck schmutziggelb, glatt, voll, 4—6 cm h., 15—19 mm dick. Geschmack anfangs mild od. bitter, dann sehr stark beißend. Geruch obstartig; alt nach Stärke. Im Fichten- u. Lärchen-

wald, gesellig. VIII—XI; ziemlich selten. (R. rubra Vitt., R. polonica Steinh.)

1365. Schwarzroter T. **Russula drimeia** Cke.

4. Hut gebuckelt, dann flach gewölbt, 4—10 cm br., klebrig, dunkelpurpurn, tiefblutrot, braunrot, kirschrot, in der Mitte gelbbräunlich, nach dem Rande hin kirschrötlich-violett, Rand nicht od. wenig gestreift. Haut bei Regen glänzend, nicht abziehbar. St. voll, kirschrötlich-violett, 5—8 cm h., 12—20 mm br., sehr gebrechlich. L. blaß, wachsgelblich, dann schmutzig, verschmälert angewachsen, schwach mit Tropfen bedeckt. Zystiden 50—75—100 μ lg. Sporen fast kuglig, stachlig, gelblich-hyalin, 8—9,5 × 7,5—8,5 μ. Geschmack sehr scharf, Geruch obstartig, wie Birnenkompott. In lichten Ndwäldern, an sandigen Wegen, selten. VII—XI. (Taf. VII, Fig. 300.) (R. sardonia Ricken ex p., R. memnon Krbhlz.)

1366. Quélets T. **R. Queletii** Fries

5. Hut gewölbt u. in der Mitte gebuckelt, dann niedergedrückt, 6—9 cm br., anfangs etwas feucht, nicht klebrig, dann trocken, blutrot, nach dem Rande abblassend, Haut nicht abziehbar, Rand glatt, dünn. St. voll, fein gestreift, rötlich, selten weißlich. L. weiß, dann creme herablaufend, selten gegabelt, gedrängt, 5 mm br. Zystiden kuglig 55—65 μ. Sporen fast kuglig, stachlig, 10 × 8 μ. Geschmack schnell sehr scharf. Geruchlos. In feuchten Ndwäldern im Grase, zerstreut. VIII—XI. (Taf. VII, Fig. 302.)

1367. Blutroter T. **R. sanguinea** (Bulliard) Fr.

22. L. am St. bläulich. Pilz weiß mit Flecken. Rand u. Geschmack scharf.

Hut weiß, bräunlich gefleckt, gewölbt-genabelt, dann etwas vertieft 5—8 cm br. mit glattem, scharfem Rand. Oberfläche anfangs feinfilzig, dann glatt, kahl. L. weiß, tränend, angewachsen od. herablaufend schmal, fast gedrängt, etwas gegabelt. Zystiden 60—70 μ lg. Sporen reinweiß, fast kuglig, körnig-warzig, hyalin, 7—9 × 6—8 μ. St. weiß, hellbraun werdend, feinfilzig, voll, 2—3,5 cm h., 5—10 mm dick, Fleisch weiß, fest. Geschmack mild mit herbem, fast beißendem Nachgeschmack. Geruch nicht unangenehm. Besonders in Ndwäldern (R. lactea Pers ?) (Taf. VII, Fig. 286.) VIII—X.

1368. Wohlschmeckender T. **R. delica** Fries

Hut bald bräunlich, 10—15 cm br. L. weiß mit bläulichgrünem Schein, dann schmutzig blaugrün, am St. $\mp$ bläulich, bei Druck rosafleckend, fast entfernt. Zystiden 65—90 μ. Sporen stachlig 11—11,5 × 9,5—10 μ bis 13,5 × 11 μ. St. oft mit bläulicher Spitze, 2—5 cm lg., 25—35 mm dick. Geschmack

sehr scharf, Geruch unangenehm. Im Lb.- u. Ndwald, gesellig. VI—XI. (R. chloroides Krbhlz., R. brevipes Peck, R. delica Gill.)
1368β. **Russula delica var. glaucophylla** Quél.
22.* L. nie bläulich. 23.
23. Fleisch unveränderlich, auch nicht schließlich schwarz. Hut farbig od. weiß. 24.
23.* Fleisch läuft an u. wird schließlich schwarz. Hut rußig, anfangs oft weiß. Fleisch sehr fest (kompakt). Nigricantes. 31.
24. Zystiden in Sulfovanillin wenig od. nicht od. rosa verfärbend; Huthaut samtig od. bereift. 25.
24.* Zystiden in Sulfovanillin gewöhnlich zum größeren Teile blau; Huthaut kahl. 27.
25. Hut grün:
1. Hut kuglig, dann flach gewölbt, 6—12 cm br., trocken, spangrün bis gelbgrünlich, flockig od. felderig-rissig, kleiigwarzig, Rand stumpf, oft gestreift. St. voll, 4—6(—8) cm lg., 2—3 cm dick, runzelig-rinnig, weiß. L. ungleich lg., z. T. gabelig. Zystiden 64—95 μ lg. Sporen weiß 8—9×7—8 μ, zartwarzig. Eßbar. In lichten Wäldern, Grasplätzen, häufig. VII—X. (Taf. VII, Fig. 289.) (Gräuling, Kremling. (R. aeruginosa [Pers., Klz.] Rom.)
1369. Grüntäubling. **R. virescens** (Schaeff.) Fr.
2. Hut gewölbt, dann gebuckelt flach bis niedergedrückt u. trichterfg., 6—12 cm br., glatt, seidig schimmernd, umbrabraun, selten lebhaft grün, auch olivweißlich, Rand glatt, scharf, nur zuletzt etwas gefurcht. St. dick, schwach-runzlig, weiß, 4—7,5 cm h., 2—2,5 cm dick. L. angewachsen, herablaufend, gegabelt, bis 8 mm br., fast entfernt, weißblaß, mit grünlichem od. bräunlichem Schein. Zystiden 60—77 μ lg. Sporen weiß, rundlich, stachlig-warzig 7—8×6—6,5 μ. Geschmack mild, geruchlos. In schattigen Wäldern, gern unter Eichen, nicht selten. VIII—X. Eßbar. (R. bifida Schröt.)
1370. Gabelblätteriger T. **R. furcata** (Gmel.) Pers.
25.* Hut nicht grün. 26.
26. Hut rot.
Hut gewölbt, fast halbkuglig, dann ausgebreitet, selten niedergedrückt, 5—10 cm br., rosa od. blutrot mit weißlicher Mitte, später verblassend (ockerbleich, dann isabellfleischfarben bis abendrotfarben var. aurora [Krbhlz.] Bres.), schwach seidenfädig od. rissig-schuppig, Rand glatt, stumpf. Haut kaum abziehbar. St. voll, 3—6 cm lg., 15—20 mm dick, ∓ runzlig, hart, oft weiß od. rosenrot. L. dick, durchlaufende mit gegabelten gemischt, mit roter, feingesägter Schneide. Zystiden 70 bis 90 μ lg. Sporen weißlich-hyalin, stachlig, 7—10×6—9 μ. Fleisch

weiß, hart. Geschmack milde, bisweilen schwach bitterlich (bitter, kleiner, tiefeirot var. amara Quél.); geruchlos. In Lb.- u. Mischwäldern, besonders unter Betula u. Fagus, zerstreut. VIII—X. (Taf. VIII, Fig. 303.) (R. rosacea [Pers.]; R. sanguinea Batsch, R. aurora Krbhlz., R. rosea Maire)

1371. Schuppiger Rot-T. **Russula lepida** Fries

Hierher gehört wahrscheinlich als größere Abart: Hut flach, dann niedergedrückt, 8—12 cm br., trocken, blutrot od. dunkelpurpurrot, Rand stumpf, glatt. St. voll, 3—4 cm lg., in der Mitte bauchig, meist blutrot, furchig. L. etwas herablaufend, durchlaufende mit kürzeren u. gegabelten gemischt. In Skandinavien u. England; von Fries nur einmal beobachtet. (Taf. VIII, Fig. 306.)

1372. Linnés T. **R. Linnaei** Fries

26.* Hut blau.

Hut königsblau, graublau bis blaulila in der Mitte schwarzlila, am Rande lila, gewölbt, dann flach bis niedergedrückt, 3—10 cm br., mit abziehbarer, dünner, kaum schmieriger, feinkörniger Oberhaut; Rand glatt, stumpf. L. weiß, fast gleichlang, stark gabelig 5—9 mm br., fast herablaufend. Zystiden 55—70 μ lg. Sporen reinweiß, spitzstachlig, 8—10 × 7,5—9 μ. St. weiß, glatt, anfangs leicht bereift, dann fast glänzend, voll, dann ausgestopft, 4—6 cm h., 8—15 mm br. Fleisch weiß, fest, mild, geruchlos. Im Ndwald, besonders unter Picea, gesellig. Wohlschmeckend. (R. lilacea Rom.)

1373. Blau-T. **R. azurea** Bres.

27. Hut gelb:

Hut flachgewölbt, oft niedergedrückt, 3—10 cm br., gelb (dunkelstrohgelb bis hellchromgelb, oft etwas grünlich var. claroflava [Grove] Cke.), verblassend, fleischig, fest, dann gebrechlich; Haut feucht-schmierig (kleinwarzig-körnig var. granulosa [Cke.] Rea), nicht abziehbar. Rand glatt, zuletzt ∓ stumpf. St. 2—4 cm lg., weiß, später grau, netzartig gerunzelt. L. hinten abgerundet, weißlich, fast alle gleichlg., ungegabelt. Zystiden 55—72 μ lg. Sporen weiß, eifg.-kugelig, stachelig, 8—12 × 7—10 μ. St. weiß, grau werdend, 5—7 cm h., 12—25 mm br. Fleisch weiß. Geschmack scharf, Geruch schwach obstartig, wie Birnenkompott. In lichten Wäldern, auf Grasplätzen, häufig. VII—XI. (Mild, Sporen 9,5—11 × 8,5—9 μ var. fingibilis [Britz.] Sing.) (Taf. VII, Fig. 293.) (R. verrucosa Blytt, R. fingibilis Britz., R. granulosa Cke., R. constans Britz., R. claroflava Grove)

1374. Ockergelber T. **R. ochroleuca** Pers.

Hut gewölbt, dann flach od. niedergedrückt, gelblichweiß, dann ocker, besonders an der Scheibe, fest, starr, schmierig,

4—8 cm br.; Rand fast scharf, durchscheinend-dünn, höckerig-gefurcht. L. weiß, dann gelb, dick, entfernt, schmal, gabelig, angewachsen. Sporen (Staub reinweiß), kugelig, stachelig, 7—8 bis 9×6—7—8 μ. St. weiß, dann mit Gelb, fest, fast gleichdick od. abwärts verjüngt 5—6 cm lg., 10—25 mm br. Fleisch weiß, elastisch. Geruch schwach, etwas widerlich; Geschmack scharf bis sehr scharf. An grasigen Plätzen unter Buchen. VIII—X; selten. (R. simillima Herpell)

1375. Gelblichweißer T. **Russula subfoetens** Smith

Hut flachgewölbt, bald flach, 5—9 cm br., stroh- od. ockergelb bis fast weiß, mit dunkelgelber Mitte, Fleisch blaß-strohgelb, Rand glatt, stumpflich, kaum gestreift. St. weißblaß, schwachrunzelig, glatt, gleichfarbig, 2—6 cm h., 10—22 mm dick. L. angewachsen, ungleich lg., strohgelb werdend, tränend. Zystiden 63—70 μ lg. Sporen weiß, sehr stachelig, 9—9,25 ×7,5—8,5 μ. Geschmack sehr scharf, Geruch obstartig, alt nach Honig. Besonders in Buchenwäldern, zerstreut. VII—X. (Taf. VII, Fig. 296, Taf. VIII, 318.) (R. ochracea [Schum.].)

1376. Gallen-T. **R. fellea** Fries

Hut flach bis niedergedrückt, etwas verbogen 5—7 cm, einfarbig semmelocker, höchstens Rand blasser; Huthaut anfangs klebrig, bald trocken, dann ∓ rissig u. starr wie bei R. virescens; Rand gefurcht, scharf, gewölbt od. abstehend. L. blaßcreme, schmal 2—3 mm, beiderseits zuspitzend, hinten etwas herablaufend, ungleichlg., tränend, bei Verletzung fleckend, ∓ gedrängt. St. 4—5 cm h., 10—20 mm dick, von der Farbe der L., ∓ flockig-mehlig. Sporen weiß 7—9×6—7 μ rundlich. Fleisch weiß od. blaß, ∓ hart u. starr. Geruchlos. Geschmack scharf bis sehr scharf. — In Wäldern, selten.

Siehe *1361.* Mehlstieliger T. **R. farinipes** Romell 1928

27.* Hut nicht gelb. 28.
28. Hut braun:

Hut schön braun mit hellerem Rande, gewölbt, 7—10 cm br., häufig genabelt, dann flach, zuletzt trichterfg., derb. Huthaut etwas schmierig, dünn, schwer ablösbar; schwach aderig. Rand glatt, ∓ stumpf. L. blaß, dann blaß ledergelb, an der Schneide braunfleckig, bisweilen tränend, häufig gekerbt, 8—11 mm br., häufig gegabelt, ∓ gedrängt. Zystiden 70—108 μ lg. Sporen weiß, sehr schwach warzig, 9—9,5×7,5—8 μ. St. anfangs weiß, dann braun, schwach runzelig, voll, hohlwerdend; knollig (bis 4,5 cm dick), dann gestreckt 3,5—5 cm lg., 25—32 mm dick. Fleisch weiß. Geschmack mild. Geruchlos. In Nd.-, seltener Lbwäldern, besonders in Mittel- u. Norddeutschland. VIII—XI. (R. mustelina auct.)

1377. Elefanten-T. **R. elephantina** Fr.

Lactariaceae.

28.* Hut nicht braun. 29.
29. Geschmack des Fleisches mild. 30.
29.* Geschmack scharf:

Hut flach, wenig eingedrückt, 2—6 cm br., Oberhaut feucht, etwas klebrig, abziehbar, purpurrot od. kirschrot (auch mehr blaßrot od. weiß), in der Mitte stets anders (bräunlichgrün, violett) gefärbt, Rand häutig, höckrig-furchig. St. später hohl, weiß, selten mit rötlichem Anflug, 4—5 cm lg., L. angeheftet, gleichlg. Zystiden 40—83 μ lg., fast keulig. Sporen blaß, stachelig 8—10 × 6—9 μ. Geruch obstartig. Geschmack sehr scharf. Auf feuchten Wiesen, an Waldrändern, häufig. VI—XI. (Taf. VII, Fig. 298.)

1378. Zerbrechlicher T. **Russula fragilis** (Pers.) Sing.

Hut flach, 4—11 cm br., Oberhaut feucht klebrig, ganz abziehbar, glänzend rosarot od. hell leuchtend blutrot, oft verblassend mit helleren Flecken, Rand stumpf, glatt od. gefurcht. St. 2—6 cm lg., schwammig, weiß od. rötlich. L. frei, grauweiß. Zystiden 50—100 μ lanzettlich, stumpf. Sporen reinweiß, stachelig, 8—10 × 7,5—9 μ. Geruch schwach obstartig od. fehlend. Geschmack sehr scharf. Giftig. Auf Wiesen, in Wäldern, häufig. VII—XII. (Taf. VII, Fig. 299.) (R. persicina Krbhlz., R. Clusii Cooke)

1379. Speiteufel. **R. emetica** (Schaeffer) Pers.

Hut 5—12 cm br., gewölbt, dann flach-niedergedrückt, blutrot od. karminrosa, in der Mitte schwarzlila bis schwarz; Scheibe runzelig-grubig. Rand glatt, anfangs scharf. Haut nur am Rande abziehbar, meist trocken. L. weiß, nachdunkelnd-blaßgelb nicht tränend; Zystiden 60—82, alt bis 100 μ lg., schlankkeulig. Sporen weiß 9—13 × 7—10,5 μ feinbestachelt. St. reinweiß, runzelig, voll, dann schwammig, 4—7 cm h., 12—28 mm dick. Fleisch weiß, unter der Huthaut ∓ rot, fest, später gebrechlich. Geschmack scharf. Geruch schwach obstartig, frisch fast geruchlos. Im Lbwald, gesellig. VIII—XI. (R. rugulosa Peck, R. atropurpurea f. peracris Britz.)

1380. Schwarzroter T. **R. atrorubens** Quél.

30. Rand des Hutes scharf;

a) Oberfläche netzig-rauh:

1. Hut 5—15 cm br. gewölbt, dann flach u. niedergedrückt bis fast trichterfg., klebrig, hell violett od. purpurolivgrün (od. bläulich bis bläulichlila, zuletzt stahlblau: f. lilacina Britz., od. einfarbig gras- od. mattgrün: f. Peltereaui Sing., od. blaß: f. pallida Sing.), mit abblassender, oft bräunlicher Mitte u. dunkler-netziger Oberfläche, grünlichem, gestreiftem Rande. Haut schmierig, abziehbar. St. voll, 5—9 cm lg., 2—3 cm dick, schwachrunzelig, weiß

L. hinten abgerundet, durchgehende, kürzere u. gegabelte unregelmäßig gemischt, weiß, ∓ 10 mm br., fast gedrängt. Zystiden 60—95 μ lg., breit spindelig-stumpf. Sporen weiß, stachelig, 8—9,5 × 6,5—8,5 μ. Fleisch weiß, fest; Geschmack milde; geruchlos. Eßbar. In Wäldern, ziemlich häufig. VI—XI. (Taf. VII, Fig. 288.) (Papagei-T.; R. vesca Vent.)

1381. Blaugelber T.   Russula cyanoxantha (Schaeffer) Fr.

2. Hut 5—10 cm br. flach gewölbt, festfleischig, feinaderignetzig-runzlig, klebrig, zuerst wein- od. fleischrötlich, dann etwas dunkler u. in der Mitte rot- od. ockerbräunlich. Haut nur am Rande abziehbar, bald den Rand entblößend. Rand dünn, glatt. St. 2—5 cm lg., voll, starr, weiß, netzigrunzelig. L. 7—9 mm br., jung tränend, angewachsen, dicht, von verschiedener Länge, häufig braun gesprenkelt. Zystiden 67—70 μ lg. Sporen reinweiß, fein stachelig, 7—9 × 6—7,5 μ. Geschmack milde; geruchlos. Eßbar. Besonders in Wäldern, unter Fagus, Quercus, Betula, häufig. VI—X. (R. lilacea Kauffm., R. cinereo-purpurea Krbhlz.)

1382. Speise-T.   R. vesca Fries

Hierher als Unterart:

Hut fleischfarben, hellrosarötlich, -violett, anfangs weißfleckig, mit blasserer od. gelblicher Scheibe fast halbkugelig, dann niedergedrückt mit glatter Huthaut u. kurzgefurchtem ∓ stumpfem Rande. In Gebüschen, Nd.-, seltener Lbwäldern (unter Quercus, Carpinus) an grasigen Stellen. VI—X, besonders im Gebirge. (R. depallens Ricken)

1382β. Verbleichender T. R. vesca subspec. depallens (Rick.) Sing.

b) Oberfläche nicht netzig-rauh:

1. Hut 5—10 cm, gewölbt, dann ∓ niedergedrückt, schön zitronengelb mit hellerem Rande, bisweilen ∓ grünlich, Mitte ausblassend, fleischig. Haut feucht, kaum schmierig, abziehbar. Rand scharf, glatt, zuletzt etwas höckerig. L. weiß, etwas gegabelt leicht herablaufend. Sporen reinweiß, warzig, 8—10 × 7—8 μ. Zystiden kegelig 50—60 μ lg. St. weiß, runzelig, 5—8 cm lg., 10—15 mm br.; Fleisch weiß, unter der Haut messinggelb, ziemlich fest. Geschmack mild; geruchlos. In gemischten Wäldern. VIII—X. In Bayern selten.

1383. Zitronen-T.   R. citrina Gill. (non Michael)

2. Hut 5—8 cm br., flach gewölbt, dann niedergedrückt; gelbgrün mit violettem, grauem od. grünem Rand, fleischig; Haut sehr dünn durchscheinend, glatt, wenig schmierig, nur am Rande abziehbar. Rand scharf, anfangs ein-

gebogen, glatt od. dichtgerieft. L. weiß, schmal, gabelig, gedrängt. Zystiden 45—60 μ lg. Sporen reinweiß, kugelig, zartstachelig, 6,5—8 × 6—7 μ. St. weiß, schwach runzelig, fest, voll, 2—5 cm lg., 10—20 mm br., Fleisch weiß, auch unter der Oberhaut, fest. Geschmack mild. Geruchlos. — Eßbar. In Gebüschen, schattigen u. moosigen Wäldern, auf Waldwiesen. VII—X. (R. livida Schröt., R. galochroa Cooke)

1384. Verschiedenblätteriger T. **Russula heterophylla** Fries

30.* Rand des Hutes stumpf; Oberfläche glatt.

1. Hut 5—12 cm br., dunkelblutrot (rosarot, hellweinrot var. depallens Maire), halbkugelig, dann ausgebreitet bis niedergedrückt; fleischig, fest; Haut schmierig, größtenteils abziehbar; Rand stumpf, stark höckerig-gefurcht. L. weißlich, breit, gleichlg., einfach od. etwas gabelig. Sporen weiß, glatt, 10—11 × 8—11 μ. Zystiden 70—82 μ lg. St. weiß, häufig gilbend, fest. Geschmack milde, nur jung etwas scharf. Geruchlos. Im Lb.- u. Ndwald. VI—IX. (R. purpurea Gill., R. depallens Rom.)

1385. Schwarzpurpurner T. **R. atropurpurea** (Krbhz.) Britz.

2. Hut 3—8 cm br., rosa, fleischfarben, selten violett, Mitte blasser od. bräunlich, ausblassend bis weiß, gewölbt, dann flach bis schüsselfg., fleischig. Haut schmierig, dünn, abziehbar. Rand stumpf, dünn, gerieft-höckerig. L. weiß, gegabelt, ∓ entfernt, dünn, fast gleichlg. Sporen weiß, fast kugelig, stachelig 8 × 6—8 μ. St. weiß, am Grunde rosa, ∓ runzelig, bereift, 4—5 cm h., 6—12 mm br.; Fleisch weiß, fest. Geschmack mild, geruchlos. Im Lbwald. VII—XI.

1386. Rosenroter T. **R. rosea** Quél.

31. Fleisch läuft rot (od. blau) an:

1. Hut weißlich-rußgrau, dann braun, von der Mitte aus schwärzlich, am Rande weiß, 7—10 cm br., flach gewölbt, zuletzt niedergedrückt, fest. Haut etwas klebrig, nicht ablösbar. Rand filzig, kleinwarzig, eingebogen, dann scharf. L. weiß, gelblich od. rötlich, bei Verletzung rötlich, bis 11 mm br., gedrängt. Sporen reinweiß, fast kuglig, wenig stachelig 7—8 × 6—7 μ. St. weiß, schwärzend, glatt, voll, fest, 3—5 cm lg., 15—20 mm br. Fleisch weiß, anlaufend, schließlich schwarz, fest. Geschmack mild-erdig, Geruch obstartigsüßlich. Im Lbwald, selten Ndwald. VIII—XI. (Agaricus densifolius Secr., R. subusta Burl. β)

1387. Dichtblätteriger T. **R. densifolia** (Secr.) Gill.

2. Hut niedergedrückt-genabelt, sehr festfleischig, fast holzig werdend, 7—16 cm br., olivenbraun, dann schwärzlich, Fleisch bis zum Rand gehend, Rand umgebogen, glatt. St. 3—7 cm

lg., 15—30 mm dick, voll, gleichfarbig. L. bis 15 mm br. abgerundet, gelblichweiß, dann grau, ungleich lg., dick, entfernt. Zystiden 58—78 μ lg. Sporen weiß, 8—9 × 6—8 μ. Geschmack mild; geruchlos. In Wäldern, häufig. VI—X. (Taf. VII, Fig. 292.)

1388. Schwärzlicher T. **Russula nigricans** (Bull.) Fr.

31.* Fleisch läuft schwarz od. nicht an:

1. Hut flach gewölbt, dann niedergedrückt, 6—10 (—20 cm f. **gigantea** Britz.) cm br., graubraun, dann schwärzlich (auch bleibend weißlich R. semicremea Fr.), Fleisch schwärzlich, bis zum Rand gehend, Rand anfangs eingebogen, glatt. St 3—5 cm lg., 1—3 cm br., voll, dick, weißlich, dann gleichfarbig. L. angewachsen, etwas herablaufend, weiß, dann grau, verschieden lg., engstehend. Sporen weiß, rauh, 8—10 × 7—9 μ. Geschmack erdig-mild. Geruch widerlich-süßlich-erdig. In Wäldern, meist unter Pinus u. Picea, häufig. VII—XI. (Taf. VII, Fig. 291.)

1389. Brand-T. **R. adusta** (Pers.) Fr.

2. Hut schmutzigweiß, gegen den Rand aschgrau, zuletzt schwärzlich, 6—12 cm gewölbt, dann flach bis schüsselfg., fleischig-starr. Haut schwach schmierig, nicht ablösbar. Rand anfangs eingebogen, dann scharf, glatt. L. schmutzigweiß bis fast orangeblaß, Schneide schwärzend, fast gedrängt, dünn, untermischt. Zystiden 75—90 μ lg. Sporen reinweiß, wenig rauh, hyalin, 7—8 × 7 μ. St. reinweiß, bei Druck schwärzend, voll, 3—5 cm lg., 15—35 mm br., bisweilen exzentrisch. Fleisch weiß, schwärzend, fest. Geschmack mild. Geruchlos. Im Lb.- u. Ndwald. VII—X. (R. adusta var. alb. [Krz.] Fr., R. sordida Peck, R. subsordida Peck)

1390. Weißschwarzer T. **R. albonigra** (Krz.) Fr.

29. Familie: Coprinaceae.

Fk. weichfleischig, zentral gestielt mit flockigem Velum universale, das oft am St.-Grunde als Volva zurückbleibt od. nur mit Velum partiale, mit od. ohne Ring. L. verschieden lg., sehr regelmäßig. L. u. meist auch der Hut bei der Reife zerfließend. Reifung der Sporen vom Hutrand beginnend, stielwärts fortschreitend. Zwischen den Basidien große Zystiden. Sporen meist schwarz, seltener braun.

Bestimmungsschlüssel der Gattungen.

A. Sporenpulver braun od. gelbbraun. **1. Bolbitius.**
B. Sporenpulver schwarz. **2. Coprinus.**

Coprinaceae.

1. Gattung: **Bolbitius** Fries, Goldmistpilz.

Hut dünnhäutig, schnell vergänglich, meist ohne Schleier. L. dünn, wässerig. Sporen braun.

1. Hut irgendwie gelblich. 2.
   Hut 2—3 cm br., kegelfg., lehmbraun, trocken weißlich, in der Mitte schwach klebrig, glatt, Rand gestreift. St. 7—12 cm lg., röhrig, weiß, glatt, glänzend, zähe. L. 2 mm br., blaß-, dann rostbraun. Zystiden spindelfg. 60—80 μ lg. Sporen lachsfarben 18 × 9—10 μ (Rea) 10—11 × 7—8 μ (Ricken). Auf gedüngten Grasplätzen, Waldrändern, in Gewächshäusern usw., selten. V bis X. (Taf. V, Fig. 214.) (B. niveus Massee)
   1391. Kegelfg. G. **B. conocephalus** Bulliard

2. St. anfangs od. bleibend mit Flöckchen od. Schuppen besetzt. 3.
   Hut glockig-kegelfg., dann ausgebreitet, 2—3 cm br., Mitte gelb, klebrig, Rand weißlich, später bräunlich, gestreift u. zerschlitzt. St. glatt, glänzend, hohl, 6—14 cm lg., gelblich. L. 2—3 mm br., blaß, dann purpur- od. rötlichbraun. Sporen tief ockerbraun, 11—15 × 7—9 μ. Auf Kuhmist, gedüngten Wiesen usw., zerstreut. V—X. (Taf. V, Fig. 215.)
   1392. Schwankender G. **B. titubans** (Bulliard) Fries

3. Hut kegelfg., in der Mitte flach gebuckelt, dann ausgebreitet, bis 6 cm br., gelblich mit dunklerer Mitte, dann ausbleichend, Rand glatt, dann gestreift. St. hellgelblich, anfangs mit weißen Flocken besetzt, dann kahl, 6—8 cm h., hohl. L. 4 mm br., gelb, dann rostbraun. Sporen braun 10 × 6 μ. Auf Pferdemist an Waldwegen, Wiesen usw., zerstreut. VI—VIII. (B. Boltoni [Fries] Cke.)
   1392a. Gelblicher G. **B. flavidus** (Bolton) Massee

Hut eifg., dann ausgebreitet, geschweift, 2—6 cm br., klebrig, dottergelb, am Rand später gespalten u. gefurcht. St. hohl, 5 bis 11 cm lg., weißschuppig. L. lehmgelb bis rostbräunlich. Sporen rostbraun 12—14 × 7—8 μ. Auf Pferdemist ebenda, selten. V—X.
1393. Dottergelber G. **B. vitellinus** (Pers.) Fries

Bolb. reticulatus (Pers.) Ricken siehe *887.* **Pluteolus ret.** (Pers.) Fries.

2. Gattung: **Coprinus** Pers., Mistpilz.

Hut meist dünnhäutig, meist mit flockigem od. kleiigem Velum universale, L. häutig, oft glänzend durch die Zystiden, zerfließen (meist mit dem Hut) zu einer tintenartigen Masse.

1. Hut mit dem St. durch einen Schleier vereinigt, deshalb nachher der St. mit Ring. 2.

Hut mit dem Rande dem St. anliegend, höchstens durch feine
Hyphen mit ihnen verbunden. Ohne Ring. 7.
2. Hüte über 4 cm br. 3.
Hut zylindrisch, dann glockenfg. 5—20 mm hoch, höchstens
bis 1 cm br., weißlich od. in der Mitte gelblich, später grau,
anfangs mit kleiigen Schüppchen besetzt, Rand zuletzt umgerollt.
St. 3—5 cm lg., zart, hohl, kahl, weißlich, am Grunde mit zottig
behaarter Verdickung, in der Mitte mit zartem, beweglichem,
weißem Ring. Sporen 7×5—6 μ. Zystiden kuglig 23—30 μ. Auf
Mist, auch in Kulturen, nicht selten. VII—X. (Taf. V, Fig. 216.)
— Homothallisch-schnallenlos.

1394. Vergänglicher M. **Coprinus ephemeroides** (Bulliard) Fries

3. Hutoberfläche mit kleinen Schüppchen, niemals die Haut selbst
in grobe Schuppen zerschlitzt. 4.
Hutoberfläche in grobe, sparrige, dicke Schuppen aufgelöst. 5.

4. Hut eifg., dann ausgebreitet, in der Jugend mehlig-bereift, graubräunlich, glatt od. rissig-schuppig, 5—8 cm br. St. hohl, zerbrechlich, etwas faserig, 4—8 cm lg., mit vergänglichem Ring. L.
angeheftet, umbrabraun bis schwarz. Sporen 10×6 μ. Am
Grunde alter Stämme dicht büschelig, zerstreut. V—XII.

1395. Brauner M. **C. fuscescens** (Schaeffer) Fries

Hut eifg., dann glocken- bis kegelfg., 5—11 cm br., graubraun,
feinhaarig, in der Mitte mit eingewachsenen kleiigen Schuppen,
Rand wellig, anfangs scharf, dann zerschlitzt. St. 10—20 cm lg.,
weiß, faserig, glatt, unter der Mitte mit faserigem, vergänglichem
Ring. L. 10—15 mm br., sehr dicht, weiß, dann von der Schneide
aus braun u. zuletzt schwarz werdend. Zystiden zylindrisch-
sackfg. 50—120 μ lg. Sporen 9—10×5 μ. Geschmack mild.
Eßbar. Am Grunde von Stämmen dichtgedrängt, häufig. V bis
XII. (Taf. V, Fig. 217.) Grauer Tintenpilz.

1396. Tinten-M. **C. atramentarius** (Bulliard) Fries

5. St. bei Berührung nicht schwarz werdend. 6.

Hut kegelfg., dann ausgebreitet, gefurcht, in der Jugend zottig,
in der Mitte sparrig-schuppig schmutzig grau, 2—8 cm br., St.
14 cm lg., faserig, weiß, bei Berührung schwarz werdend, mit
Ring. L. 5—6 mm br., purpurumbrabraun, bauchig mit rötlicher
Schneide. Zystiden blasig. Sporen elliptisch, zweikernig, 14—23
×9—14 μ. Auf Kuhmist, Dunghaufen u. in Gärten; zerstreut.
VII—X. (Taf. V, Fig. 218.) — Homothallisch.

1397. Schwarzwerdender M. **C. sterquilinus** Fries

Hut fleischig, zylindrisch, 4—10 cm h., dann kegelfg. ausgebreitet, weiß mit dicken, sparrigen, haarigen Schuppen, Rand
später zerschlitzt. St. 5—16 cm lg., fest, hohl u. mit flockigen
Fasern gefüllt, faserig, am Grunde knollig, weiß, in der Mitte

mit beweglichem, dauerhaftem Ringe. L. dicht, 1 cm br., weiß, dann vom Hutrande u. von der Schneide rosenrot bis schwarz werdend. Zystiden blasig 45—60 μ lg. Sporen 10—13 × 6—7 μ. Eßbar, wenn die Hüte noch unentwickelt sind. Auf gedüngten Stellen in Wiesen, an Wegen, in Gärten usw., häufig. IV—XII. (Taf. V, Fig. 219.) Heterothallisch. (C. porcellanus Schaeffer)

1398. Porzellan-M. **Coprinus comatus** (Fl. Dan.) Fries

6. Hut eifg., dann ausgebreitet, bis 8 cm br., reinweiß, mit dicken, dachziegelfg., konzentrischen Schuppen. St. 8—11 cm lg., am Grunde knollig, kleinflockig, nach oben kahl, in der Mitte mit vergänglichem Ring. L. weiß, dann von der Schneide aus braun u. schwarz werdend, bis 1 cm br. Auf gedüngtem Boden in Gärten, auf Grasplätzen usw., zerstreut. IV—XII. (C. ovatus Schaeff.)

1398β. Eifg. M. C. comatus var. **ovatus** (Schaeffer) Quél.

7. Hut von Anfang an kahl. 9.

Hut kleiig bestäubt, filzig, schuppig, zottig. 10.

8. L. an den St. heranreichend, Hut größer als 1,5 cm. 9.

Hut eifg., dann flach ausgebreitet u. mit eingeschlagenem Rande, meist 2—4, selten bis 15 mm br., jung hellrötlich-braun, in der Mitte dunkler, später hellbräunlich. St. 2—6 cm lg., hohl, glatt, kahl, weißlich od. hellbräunlich. L. in geringer Zahl, frei, schmal. Sporen 13—15 × 8—12 μ (10—13 × 5—7 μ bei var. proximellus [Karst.] Massee). Auf Mist in Kulturen, selten. Das ganze Jahr.

1399. Schroeters M. **C. Schroeteri** Karsten

9. Hut zylindrisch, dann glockenfg., 1—2 cm br., kahl klebrig, ockergelb, mit feingestreiftem, später eingeschnittenem Rande. St. 2—5 cm lg., hohl, kurz, kahl. L. weiß, dann schwärzlich. Auf der Erde an Wegen, in Gärten, dicht rasig; selten. IX—X. (Taf. V, Fig. 220.)

1400. Gehäufter M. **C. congregatus** (Bulliard) Fries

Hut ei-, dann glockenfg., kahl, weißlich strohgelb, in der Mitte etwas dunkler, 2—3 cm br. St. hohl, 2—14 cm lg., kahl, weiß. L. weiß, dann braunschwärzlich. Sporen 8—9 × 5 μ. Gesellig auf dem Boden in Wäldern, Gebüschen, zerstreut. IX—X. (Taf. V, Fig. 221.)

1401. Fingerfg. M. **C. digitalis** (Batsch) Fries

10. Hutoberfläche kleiig od. feinschülferig, später meist kahl. 11.

Hutoberfläche zuerst mit filzigem Überzug, der sich in Schuppen auflöst, besetzt, später oft kahl. 17.

11. Hüte über 1 cm, meist sogar über 2 cm br. 12.

Hut ei-, dann glockenfg., 4—15 mm br., grau-kleiig, gestreift, später zerschlitzt, in der Mitte mit kleinen punktfg. Wärzchen bedeckt, bläulich-graubraun. St. hohl, 2,5 cm h., hyalin durchscheinend. L. frei, den St. berührend, schwarz. Sporen 7—8 ×6—7 µ. Auf Mist u. feuchtem Boden, zerstreut. VI—X.

1402. Warziger M.   **Coprinus papillatus** (Batsch) Fries
12. L. am St. angeheftet bzw. angewachsen. 13.
    L. frei od. einem Ring angewachsen. 15.
13. St. am Grunde nicht auf einem braunfilzigen Geflecht aufsitzend. 14.
    Hut ei-, dann glockenfg. u. ausgebreitet, 3—4 cm br., graubraun, zuerst kleiig bestäubt, in der Mitte mit stumpfem, gelbbraunem, fleischigem Nabel, Rand gestreift. St. hohl, 2—8 cm lg., glänzend. L. 2—3 mm br., angewachsen, zuerst weißlich, dann braunviolett bis schwarz. Sporen 9—10×4—5 µ, elliptischspindelfg. Der ganze Pilz auf einem dichten, zottigen, gelbbraunen bis rotgelben Filz stehend. An alten Stämmen, in Kellern, Gruben usw., nicht selten. IV—XII. (Taf. V, Fig. 222.) — Schnallenlos-heterothallisch.

1403. Strahliger M.   **Coprinus radians** (Desm.) Fries
14. Hut ei- bis glockenfg., dann flach ausgebreitet, 3—5 cm br., gefurcht, kleiig-schuppig, graubraun, am Scheitel kastanienbraun, Rand umgeschlagen, nicht zerschlitzt. St. 5—8 cm h., verjüngt, weiß, angedrückt seidig. L. 2 mm br. angeheftet, weiß, dann hellrötlich bis braunschwarz. Zystiden kuglig. Sporen 9—10×5—6 µ. In Gärten, auf Viehweiden, in Häusern, nicht selten. IV—XII. (Taf. V, Fig. 223.) — Schnallenlos.

1404. Hausbewohnender M.   **C. domesticus** (Pers.) Fries
Hut ei-, dann glockenfg., ausgebreitet, 1,5—2 cm br., gefurcht, weißlich mit ockerfarbener, gebuckelter Mitte, kleiig bestäubt, später ockerfarben mit dunklerer Mitte, Rand meist zerschlitzt. St. 2—7 cm lg., hohl, glatt, weißlich, seidenglänzend, am Grunde schwach wulstig. L. angeheftet, weiß, dann braun bis schwarz. Zystiden 20—50 µ lg. Sporen 10×5,5—8 µ. Auf Mist, gedüngtem Boden, Laub usw., häufig. V—XI. — Heterothallischschnallenlos.

1405. Eintags-M.   **C. ephemerus** (Bulliard) Fries
15. L. nicht einem Ring angewachsen. 16.
    Hut länglich eifg., dann halbkuglig, zuletzt flach, 1—2,5 cm br., gefurcht-gefaltet, am Scheitel schwach bereift, dann kahl, ockerfarben, später grau mit brauner Mitte, Rand umgeschlagen. St. hohl, 2—8 cm lg., kahl, weißlich, seidenglänzend. L. an einen vom St. entfernten Ring angewachsen, weiß, dann schwärzlich mit von blasigen 60—85 µ lg. Zystiden weißer Schneide. Sporen breit elliptisch 10—12×8—9 µ. Auf Wiesen, an Wegen, häufig. IV bis XI. (Taf. V, Fig. 224.)

1406. Gefalteter M.   **C. plicatilis** (Curtis) Fries

16. Hut fast kuglig, dann glockenfg. u. ausgebreitet, 2—4 cm br., ockerfarben mit rostbrauner, etwas fleischiger Mitte, zuerst dick kleiig bestäubt, Rand gestreift, zerschlitzt. St. hohl, weiß, glatt, 8—12 cm lg. L. frei, an den St. heranreichend, rosenrot dann schwarz. Sporen elliptisch 12—14 × 6 μ. Rasenweise an alten Weidenstämmen, häufig.

1407. Weiden-M. **Coprinus truncorum** (Schaeffer) Fries

Hut länglich eifg., dann glocken- bis kegelfg., 3—5 cm br., ockerfarben, mit rostbrauner, fleischiger Mitte, mit glänzenden, weißlichen, kleiigen, sich leicht ablösenden Körnchen bestreut, Rand gefurcht, zerschlitzt. St. hohl, 5—15 cm lg., glatt, weiß, glänzend. L. frei, weißlich, dann braun bis schwarz mit von länglich zylindrischen 85—140 μ lg. Zystiden weißer Schneide, Sporen eifg.-zugespitzt 9—10 × 5 μ. Rasenweise am Grunde alter Stämme, auf feuchtem Boden usw., häufig. IV—XII. (Taf. V, Fig. 225.) — Heterothallisch.

1408. Glimmer-M. **C. micaceus** (Bulliard) Fries

17. Hüte über 1 cm br., wenn bei C. stercorarius schmaler, dann Sklerotien vorhanden. 18.

Hut sehr zart, zuletzt glockig, 2—7 mm br., gelblich, in der Mitte rötlich, aschgraufilzig, bald zerschlitzt u. gefaltet. St. fädig, hyalin, kahl. L. wenige, frei, blaß schwärzlich. Sporen 7—8 × 4—5 μ. Auf Mist, besonders in Kulturen, häufig. Das ganze Jahr. (Taf. V, Fig. 226.) (Ist nach Brunswik u. a. nur Zwergform von *1414*!)

1409. Strahlenstreifig. M. **C. radiatus** (Bolton) Fries (non Massee)

18. Geruch fehlend, jedenfalls nicht scharf laugenartig. 19.

Hut sehr zart, keulig, dann ausgebreitet, 1—3 cm br., gestreift, von flockigen, zurückgekrümmten Schuppen weiß-zottig, später kahl. St. 3—6 cm lg., weiß wollig, später kahl. L. frei, weiß, dann schwärzlich. Sporen zweikernig 10—12 × 5—6 μ. Geruch scharf laugenartig. Auf Mist an feuchten Orten, zerstreut. X. — Homothallisch.

1410. Starkriechender M. **C. narcoticus** (Batsch) Fries

19. Mit Sklerotien. 20.

Ohne Sklerotien. 21.

20. Hut ei-, dann glockenfg., ausgebreitet, 2—5 cm br., dicht mit einem weißen, pulverig- od. zottig-schuppigen Überzug besetzt. St. meist einem Sklerotium entspringend, hohl, 2,5—8 cm lg., weiß, oben kahl, unten weißflaumig u. schuppig. L. fast frei, grau, dann schwarz. Sklerotien unregelmäßig höckerig, 3—15 mm lg., grau, schwarz gefleckt, innen weiß. Sporen 15 × 10—12 μ. Auf Mist in Wäldern, häufig in Kulturen. Das ganze Jahr. (Taf. V, Fig. 227.) — Heterothallisch.

1411. Schneeweißer M. **C. niveus** (Pers.) Fries

Hut ei-, dann glockenfg., ausgebreitet, 0,3—3 cm br., mit dichtem anfangs weißem, mehlig-kleiigem, später grauem, mehr zottigem Überzug bedeckt, Rand gestreift, eingerollt. St. 3—8 cm lg., zart, weiß, fast hyalin, feinhaarig. L. frei, grau, dann schwarz. Sporen zylindrisch-elliptisch 7—10×7—8 μ. Sklerotien fast kuglig, 1—3 mm br., schwarz, innen weiß. Auf Mist, überall häufig. Das ganze Jahr. (Taf. V, Fig. 228.) — Homothallisch.

1412. Gemeiner M. **Coprinus stercorarius** (Bull.) Fries

21. Hut länglich eifg., dann flach ausgebreitet, 2—5 cm br., weißlich, weißzottig, mit graubrauner Mitte, Rand strahlig gestreift, zuletzt umgebogen. St. 6—10 cm lg., hohl, sehr zerbrechlich, weiß, wollig-schuppig. L. frei, schwarz. Sporen elliptisch 10—12 ×6—8 μ. Auf fettem Boden, zwischen Lb. in Wäldern, zerstreut. VII—X. (Taf. V, Fig. 229.) — Heterothallisch.

1413. Hasenpfoten-M. **C. lagopus** Fries

Hut keulig, dann kegelfg., 2,5—5 cm br. (od. winzig $\mp$ 6 mm br.; Zwergform C. radiatus [Bolt.] Fries), in der Jugend mit flockigen, sparrig abstehenden Schuppen bedeckt, dann nackt, grau, in der Mitte bräunlich, Rand gefurcht, dann zerschlitzt. St. hohl, 5—8 cm lg., weiß, kleinschuppig. L. frei, schwarz. Sporen 12—14×6—8 μ. Auf Mist u. gedüngtem Boden in Wäldern, Gärten usw., häufig. VII—X. (Taf. V, Fig. 230.) — Heterothallisch. (C. cinereus Schaeff.)

1414. Grauer M. **C. fimetarius** (L.) Fries

Hut eifg., dann glockig 4—10 cm br. u. hoch, braunschwarz, gerieft, von weißen flockigen Warzen spechtartig-bunt, fast häutig, zerfließend. St. weiß, schwachschuppig 15—20 cm lg., gebrechlich, Grund knollig. L. grauschwarz, frei, 8—12 mm br. Zystiden kegelig-zylindrisch 100—150 μ lg. Sporen breit elliptisch, 14—18×8—12 μ. Geruchlos od. widerlich riechend. Ungenießbar. In Lbwäldern, besonders unter Fagus; nicht selten, einzeln. VII—XII. — Heterothallisch.

1414a. Specht-M. **C. picaceus** (Bull.) Fr.

C. crenatus (Lasch) Ricken siehe *958.* **Psathyrella crenata** (Lasch) Fr.

C. disseminatus (Pers.) Ricken siehe *960.* **Psathyrella disseminata** (Pers.) Fr.

9. Ordnung: Gasteromycetes.

Fk. rings von einer Peridie umgeben, vollkommen angiokarp, trocken od. fleischig, stäubend od. faulend. Basidien im Innern des Fk. regellos od. in Hymenien, welche Kammern auskleiden, zur Zeit der Sporenreife vergehend, mit 1—12 spitzen- od. seitenständigen Sterigmen.

Coprinaceae.

Bestimmungsschlüssel der Familien.

A. Basidien in Knäueln, regellos, kein Hymenium bildend.
1. Unterordnung: **Sclerodermatales (Plectobasidiineae)**.
   I. Fk. größer als 2 mm.
      a) Fk. ohne scharf gesonderten, säulenfg. St.
         1. Fk. mit dicker, einfacher Peridie, die nicht sternfg. aufreißt.
            α) Fk. bei der Reife von Sporenstaub u. Gewebefetzen (spärlichem Kapillitium) erfüllt ohne scharfe Gliederung in von Haut umgebenen Kammern.
            30. Fam. **Sclerodermataceae**.
            β) Fk. bei der Reife im Innern mit kugeligen od. eckigen, von dünner Haut umgebenen Kammern (Peridiolen), oberirdisch. 31. Fam. **Pisolithaceae**.
         2. Fk. mit dicker, mehrschichtiger Peridie, deren äußere sternfg. aufreißt; im Innern mit pulveriger Sporenmasse.
            α) Fk. mit zweischichtiger Peridie, äußere Schicht dickfleischig-einschichtig, innere dünnhäutig, zerbrechend; im Innern mit isolierbaren rundlichen Körperchen, ohne Kapillitium.
            31. Fam. **Pisolithaceae-Sclerangium**.
            β) Fk. mit mehrschichtiger Peridie, äußere sehr derb, dreischichtig, innere dünnhäutig, sich am Scheitel unregelmäßig od. sternfg. öffnend; im Innern ungekammert mit reichlichem Kapillitium.
            32. Fam. **Calostomataceae**.
      b) Fk. mit scharf gesondertem, säulenfg. St., der auf seiner Spitze die kugelige, trockene, sich mit papillenartigem Loch öffnende, von Sporenstaub u. reichlichem Kapillitium erfüllte innere Peridie trägt. Basidien länglich mit 4 seitlichen Sporen. 34. Fam. **Tulostomataceae**.
   II. Fk. winzig, 1,5—2 mm gr., kugelig, mit vierschichtiger Peridie, deren Mittelschicht aufquillt, Außenschicht sternfg. aufreißt; die kugelige Sporenmasse (Gleba) wird fortgeschleudert.
      33. Fam. **Sphaerobolaceae**.
B. Basidien palissadenartig nebeneinanderstehend, ein Hymenium bildend, das besondere Kammern auskleidet.
   I. Fk. zusammengesetzt, anfangs ∓ kugelig, dann sich öffnend, tiegel- od. becherfg., derb-häutig bis fast holzig, $^1/_2$—2 cm h., auf dem Substrat, im Innern mit festen, linsenfg. Kammern (Sporangiolen), welche das Hymenium enthalten.

2. Unterordnung: **Nidulariales**:
34. Fam. **Nidulariaceae**.

Coprinaceae. 409

II. Fk. einfach, nicht becherfg., ober- od. unterirdisch; Basidien in Kammern; keine Sporangiolen.
3. Unterordnung: **Eugasteromycetales.**
a) Fk. mit reichlichem Kapillitium, oberirdisch, kugelig, birnfg. od. schlauchfg., meist über 1 cm groß, ohne od. mit unscharf abgesetztem, schwammig-gekammerten St. Fleisch in der Jugend weiß, dann grauend od. bräunend. Innere Peridie dünn, papierartig, sich mit Loch öffnend od. zerfallend; Inneres reif stäubend. § 1. Lycoperdineae.
35. Fam. **Lycoperdaceae.**
1. Äußere Peridie dünn, kleiig-abschülfernd od. papierartig zerbrechend, nicht sternfg. aufreißend. Lycoperdeae.
2. Äußere Peridie dick, sternfg. aufreißend, die innere Peridie freilegend. Geastereae.
b) Fk. ohne Kapillitium. § 2. Phallineae.
1. Fk. der Länge nach von einer festen, unverzweigten, dicken Kolumella durchsetzt, die unten in einen festen St. übergeht, trocken, derblederig, reif, im Innern pulverig.
37. Fam. **Secotiaceae.**
2. Fk. ohne Kolumella, fleischig-faulend, meist unterirdisch od. nur die Gleba durch ein Rezeptakulum über dem Erdboden erhoben.
α) Fk. im Innern mit kurzem, basalem, unverzweigtem, sterilem od. ohne Zentralstrang-Gewebe, $\mp$ kugelig od. knollig; Gleba nicht emporgehoben.
38. Fam. **Hymenogastraceae.**
β) Fk. im Innern mit verzweigtem, sterilem Zentralgewebe, dessen Enden die Glebakammern tragen.
* Fk. ganz unterirdisch; kugelig-knollig; Gleba bei der Reife nicht durch ein Rezeptakulum emporgehoben.
39. Fam. **Hysterangiaceae.**
** Fk. in der Jugend ein „Hexenei" bildend; Gleba bei der Reife durch ein fleischig-schwammiges Rezeptakulum über den Erdboden emporgehoben.
○ Rezeptakulum gitterfg., lebhaft rot gefärbt. Gleba zerfließend, zwischen den Maschen des Gitterwerkes. 40. Fam. **Clathraceae.**
○○ Rezeptakulum säulenfg.-stielartig, weiß od. gelblich, an seiner Spitze die abtropfende Gleba tragend. 41. Fam. **Phallaceae.**

1. Unterordnung: **Sclerodermatales (Plectobasidiineae).**
Fk. rundlich-knollenfg., angiokarp, gestielt od. ungestielt, mit
$\mp$ derber lederiger od. derbhäutiger Peridie, im Innern mit regellos

verteilten od. in knäuelfg. Gruppen stehenden, keine Hymenien bildenden od. Kammern auskleidenden Basidien. Basidien meist ∓ kugelig (Chiastobasidien) mit spitzenständigen bis etwas seitenständigen Sterigmen, nur bei Tulostoma länglich (Stichobasidien ?) mit seitlichen Sterigmen. Sporen wenige (1) bis viele (12), meist dunkel gefärbt.

Bestimmungsschlüssel der Familien.

A. Fk. größer als 2 mm.
  I. Fk. ohne scharf gesonderten, sich nachträglich streckenden, säulenfg. St.
   1. Mit dicker, einfacher, nicht sternfg. aufreißender Peridie.
      a) Fk. ober- od. unterirdisch bei der Reife von Sporenstaub u. Gewebefetzen (spärlichem Kapillitium) erfüllt, nicht mit von Haut umgebenen Peridiolen.
        30. Fam. **Sclerodermataceae.**
      b) Fk. ober- od. unterirdisch, ∓ knollig, birnfg. bis gestieltkopfig bei der Reife in erbsengroße Peridiolen (mit Haut umgebene Sporenkammern) zerfallend.
        31. Fam. **Pisolithaceae.**
   2. Mit dicker, mehrschichtiger Peridie, deren äußere Schicht sternfg. aufreißt; innere Peridie kugelig von pulveriger Sporenmasse erfüllt.
      a) Peridie zweischichtig, äußere dickfleischig einschichtig, innere häutig, zerbrechend, im Innern mit isolierbaren rundlichen Körperchen, ohne Kapillitium.
        31. Fam. **Pisolithaceae-Sclerangium.**
      b) Peridie vielschichtig, äußere sehr derb, dreischichtig, innere häutig, sich meist vom Scheitel her unregelmäßig öffnend, im Innern keine rundlichen Körperchen, nur Sporenpulver und reichliches Kapillitium.
        32. Fam. **Calostomataceae.**
  II. Fk. mit scharf gesondertem, gleichmäßig säulenfg. Stiel, der sich mit Beginn der Sporenreife streckt u. auf seiner Spitze die kugelfg., trockene, häutige, sich apikal mit papillenartigem Loch öffnende, von Sporenstaub u. reichlichem Kapillitium erfüllte, innere Peridie trägt. Basidien länglich mit 4 seitlichen, sitzenden Sporen.
        34. Fam. **Tulostomataceae.**
B. Fk. winzig, 1,5—2 mm gr., kugelig, mit vierschichtiger Peridie, deren Mittelschicht aufquillt, Außenschicht sternfg. aufreißt; die kugelige Sporenmasse (Gleba) wird fortgeschleudert. Auf Holz.
        33. Fam. **Sphaerobolaceae.**

30. Familie: Sclerodermataceae.

Fk. kuglig, mit sterilem, stielfg., nach unten faserig in das Myzel übergehendem Grund. Peridie dick od. häutig. Gleba undeutlich gekammert. Zwischenschichten reif erhärtend, faserig-schollig zerfallend, als Gerüst od. Kapillitium ausdauernd. Basidialhyphen büschelig verzweigt u. das ganze Innere gleichmäßig füllend. Basidien vor der Sporenreife vergehend. Kapillitium fehlt od. sehr spärlich. — Ober- od. unterirdische Bodenpilze.

Bestimmungsschlüssel der Gattungen.

A. Bei der Reife im Innern keine bestimmte Kammerung mehr zeigend, alles von Sporenstaub u. Gewebefetzen erfüllt.
   a) Sporen vor der Reife mit dichter Hyphenhülle, ungenabelt; Fk. oberirdisch.   **1. Scleroderma.**
   b) Sporen ohne solche Hülle, mit großem, hellem Nabel; Fk. unterirdisch.   **2. Pompholyx.**
B. Bei der Reife im Innern noch deutliche, rundliche od. eckige, kleine Kammern erkennbar. Peridie fleischig, von der Gleba nicht scharf abgesetzt, Fk. unterirdisch.   **3. Melanogaster.**

1. Gattung: **Scleroderma** Pers., Kartoffelbovist.

Peridie dick, lederig, korkig, weiß, dann schwarz. Gleba kleinkammerig, Zwischengewebe in Fasern zerfallend. Basidien birnenfg. bis keulig, 2—5sporig, mit sehr kurzen, ungleich verteilten oft etwas seitlichen Sterigmen. Sporen kuglig, schwarzbraun, warzig-stachlig.

1. Sporenmasse bei der Reife grau bis graubraun, mit gelben Flocken od. Fasern durchsetzt, Fk. stielfg. am Grunde.   2.

Fk. knollenfg., meist 3—6 cm br., sitzend, am Grunde mit Myzelsträngen. Peridie 2—3 mm dick, schmutzig lederbraun, oben od. seitlich mit unregelmäßigen Löchern od. Spalten sich öffnend. Gleba erst weiß, dann grau, zuletzt schwarz, mit graubraunen Flocken vermischt. Sporen purpurbraun, engmaschig-netzigwarzig, kuglig 8—12 μ. Geruch jung würzig, alt widerlich. Nur jung (solange noch ganz weiß) genießbar, alt giftig. Auf Triften, in lichten Wäldern, häufig. VII—XII. (Taf. XIV, Fig. 602 u. S. 38, Abb. 8, 9.) (Falsche Trüffel, Hartbovist.)

Ändert stark ab:

Peridie glatt: var. **laevigatum** (Fuck.) W. G. Sm. — Peridie orangegelb; besonders in Lbwäldern: var. **aurantiacum** (Bull.) W. G. Sm. — Peridie dunkelbraun glatt. In Buchenwäldern; nicht häufig: var. **spadiceum** (Bull.) W. G. Sm. — Peridie körnig; Fk. klein; in Ndwäldern; nicht häufig: var. cervinum (Pers.) W. G. Sm.

1415. Kartoffelbovist. **Scleroderma vulgare** (Hornemann) Fries

2. Fk. 3—5 cm br., am Grunde zylindrisch verschmälert, oft geteilt u. in weiße Myzelstränge auslaufend. Peridie häutig-lederig, bräunlich gefeldert od. körnig, oben lochfg. od. unregelmäßig aufreißend. Sporenmasse zuletzt grau, mit gelblichen Flocken. Sporen olivbraun, weitmaschig-genetzt, warzig, 10—15 μ kuglig. In Wäldern, Gebüsch, zerstreut. IX—XI. (Taf. XIV, Fig. 603.)

1416. Bräunlicher K. **S. bovista** Fries

Fk. 3—8 cm br., 2—10 cm h., am Grunde stielfg. verschmälert u. in Myzelstränge übergehend. Peridie häutig, dünn, bräunlichgelblich, oben schuppig-gefeldert, am Scheitel weit aufbrechend, zuletzt becherfg. Sporenmasse graubraun, mit gelbweißen Fasern. Sporen schwarzbraun, kuglig, stachelig, nicht netzig, 10—14 μ. Giftig. Auf sandigem Boden in Wäldern, zerstreut. VII—XI.

1417. Warziger K. **S. verrucosum** (Vaill.) Pers.

2. Gattung: **Pompholyx** Corda, Netztrüffel.

Fk. knollig, unterirdisch, dem Myzel aufsitzend, Peridie lederig, einschichtig. Gleba anfangs weiß, fleischig, dann von sterilen Adern durchzogen. Basidien birnfg., vor der Sporenreife verschwindend, mit 4—5 fast seitlichen Sporen. Sporen nicht von Hyphengeflecht eingeschlossen.

Einzige Art: Fk. bis faustgroß, weiß, dann braun, innen schwarzviolett. Sporen kugelig-tetraedrisch, unten hell-genabelt, sonst braun, kleinwarzig. In humöser Erde der Wälder, nur in Böhmen. Eßbar.

1418. Schmackhafte N. **P. sapidum** Corda

3. Gattung: **Melanogaster** Corda Schwarzknolle, Schleimtrüffel.

Fk. kuglig, höckerig, unterirdisch, Oberfläche wergartig mit Myzelsträngen überzogen. Peridie festfleischig, in die Gleba allmählich übergehend. Gleba mit rundlichen Kammern, Zwischengewebe fest, ein Gerüst bildend. Basidien birnfg. bis keulenfg. mit 3—4 kurzen Sterigmen. Sporen länglich, dunkelbraun.

Fk. 2—4 cm br., oliven- dann dunkel lederbraun. Peridie weich, fein wollig faserig, fast glatt, trocken runzlig. Kammern ungleich groß. Sporen fast zitronenfg., 13—16 μ lg., 7—8 μ br. Geruch schwach zwiebelartig. In Wäldern u. Gebüsch, 2—6 cm unter der Oberfläche, am Grunde alter Stämme, besonders Buchen, Eichen, Pappeln, zerstreut. IV—X.

1419. Zweifelhafte S. **M. ambiguus** (Vittad.) Tul.

Fk. höckerig, 3—6 cm br., ockerfarben od. gelblich, dann gelbbraun, mit wenigen Myzelsträngen. Peridie weich, filzig. Kammern klein. Sporen ellipsoidisch, 6—10 μ lg., 3—5 μ br. Geruch juchten- od. obstartig. Unter Laub u. Zweigen im Boden. VI—XI. (Taf. XIV, Fig. 604 Längsschn.)

1420. Bunte S. **Melanogaster variegatus** (Vittad.) Tul.

31. Familie: Pisolithaceae.

Fk. oberirdisch birnfg. od. nach unten stielfg. verschmälert mit derbfaserigem in das Myzel übergehendem Grunde. Peridie dick, fleischig-lederig, einfach od. doppelt, bei der Reife unregelmäßig zerfallend od. äußere lappig aufspringend. Inneres der Fk. in erbsengroße, umhäutete Kammern (Peridiolen) zerfallend, die in einem brüchigen Netzwerk sterilen Gewebes liegen. Peridiolen von trockener Sporenmasse erfüllt. Basidien 2—6sporig, mit sehr kurzen od. ohne Sterigmen. Sporen braun, glatt warzig od. netzig. Bodenpilze sonniger, trockener Standorte.

Bestimmungsschlüssel der Gattungen.

A. Peridie einfach, bei der Reife unregelmäßig zerfallend; Basidien mit sehr kurzen Sterigmen; Sporen warzig. **1. Pisolithus.**
B. Peridie doppelt, äußere fleischig od. zäh, bei der Reife oben lappig-sternfg. aufspringend u. erhärtend, innere häutig, unregelmäßig zerfallend; Basidien ohne Sterigmen; Sporen glatt od. netzig. **2. Sclerangium.**

1. Gattung: **Pisolithus** Alb. et Schwein. (Polysaccum D. C.), . Erbsenstreuling.

Fk. kuglig, knollig, keulig, am Grunde gestielt. Peridie im oberen Teil sehr dünn, brüchig. Gleba mit zahlreichen, rundlichen Kammern, bei der Reife in rundliche bis eckige, erbsenartige Körperchen zerfallend, die von einer festen Hülle umschlossen u. mit Sporen gefüllt sind. Sporen kuglig, braun, warzig.

Fk. kurz gestielt, 3—8 cm lg. u. br., St. 1—2 cm br., eingesenkt u. in Stränge übergehend. Peridie steif, dünn, rost-, gelb- od. rotbraun, oben zerfallend. Innenmasse weiß od. gelblich, dann braun, hart u. eine große Zahl erbsenfg., eckiger Körperchen (Peridiolen) bildend. Sporen rötlichbraun kuglig 9—10 μ (bis 16—20 μ). Auf Sand od. Kies in Wäldern, Heiden, zerstreut. V—X. (Taf. XIV, Fig. 605 Hab. u. Längsschn., Abb. 35, 7.) (Polysaccum pisocarpium [Nees] Fries, P. tuberosum Fr., P. acaule D. C.)

1421. Sand-E. **P. arenarius** Alb. et Schwein.

Fk. keulig, oben abgerundet, gestielt, 1—10 cm lg., 2—10 cm br., St. 2—7 cm br., unten grubig u. dick wurzelartig verzweigt. Peridie ockerfarben, dann braun. Inneres in ungleich große, gelbe, dann braune Körper zerfallend. Sporen 6—10—20 μ. In Wäldern, auf Sandplätzen, nicht selten. V—X. (Polysaccum turgidum Fr., Polys. crassipes D. C.)

1422. **Dickfüßiger** E. **Pisolithus crassipes** (D. C.) Schröter

2. Gattung: **Sclerangium** Léveillé, Hartstreuling.

Fk. rundlich, knollig, nach unten ∓ stielfg. verschmälert, einem kräftigen Myzel aufsitzend. Äußere Peridie fleischig, vom Scheitel aus sternfg. in unregelmäßige, zurückschlagende u. erhärtende Lappen aufreißend, innere dünnhäutig, unregelmäßig zerfallend. Gleba in isolierbaren rundlichen Körperchen. Sporen kuglig dunkelbraun netzig-warzig.

Einzige Art im Gebiete: Fk. 5—15 cm br. graubräunlich od. gelblich, kugelig od. kreiselfg., fast sitzend, feinfilzig-körnig. Gleba dunkelpurpurbraun. Sporen dunkelbraun (7—)10—15 μ gr. netzig u. stumpf-warzig. — Auf trockenem, sandigem Boden nur im südlichsten Teile des Gebietes. Selten. VIII—XI. (Scleroderma Geaster Fr., Sterrebekia G. Lk.)

1422a. Vielwurzeliger H. **Scl. polyrrhizum** (Gmel.) Lév.

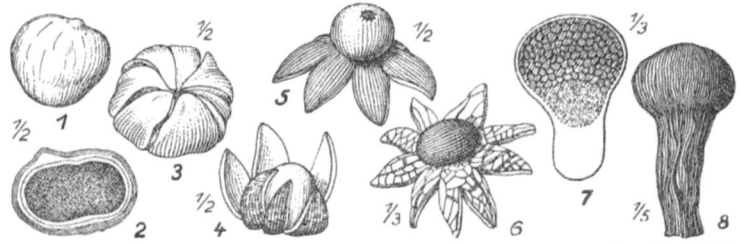

Abb. 35. 1 bis 6 Astraeus stellatus (Scop.) Morg. — 7 Pisolithus arenarius Alb. et Schw. — 8 P. crassipes (D. C.) Schröt. (1 bis 3 nach Ulbrich, 4 bis 8 nach Hollós.)

32. Familie: Calostomataceae.

Fk. kuglig-knollig mit sehr derber dreischichtiger äußerer Peridie, die sternfg. aufreißt u. infolge ihrer Hygroskopizität sich bei Feuchtigkeit ausbreitet, bei Trockenheit schließt; innere Peridie dünnhäutigpapierartig, am Scheitel sich unregelmäßig od. ∓ sternfg. öffnend. Basidien birnfg., mit 4 seitlichen kurzen Sterigmen. Inneres des reifen Fk. nur von den Basidiosporen und dem reichlich entwickelten Kapillitium erfüllt. Im Gebiete

einzige Gattung: **Astraeus** Morg., Wetterstern.

Merkmale der Familie.

Fk. 4—8 cm gr., rundlich-flach, außen grau; äußere Peridie fast hornod. korkartig, vom Scheitel aus unregelmäßig in 7—15 spitze Lappen aufreißend. Innere Peridie rundlich 2—3 cm Durchm., graubraun glatt od. netzig, sitzend mit flachem unregelmäßig sich öffnendem Scheitel. Basidien nicht in Kammern gebildet, sondern regellos im Fk. eingelagert. Sporen rundlich 8—11 μ, warzig, braun. Besonders im lichten, trockenen Ndwald, trockenen Gebüschen. VI—III. Nicht häufig. (Abb. 35, 1 bis 6.) (Geaster hygrometricus Fries, G. stellatus Scop.)

1423. Wetterstern. **Astraeus stellatus** (Scop.) Morgan

33. Familie: Sphaerobolaceae.

Fk. in der Jugend kuglig od. eifg., geschlossen, mit fleischighäutiger Hülle, im Innern mit einer kugelfg. sporenführenden Masse. Peridie mehrschichtig, äußere Schicht sternfg. aufreißend, mittlere verquellend u. die innere hervorstoßend, wodurch die sporenführende Glebakugel bis 1 m weit abgeschleudert wird. Basidien mit 5 bis 8 Sporen.

Einzige Gattung: **Sphaerobolus** Tode, Kugelschneller.

Merkmale der Familie.

Fk. kuglig, 1,5—2 mm Durchm., orangegelb, weißflockig, in 5—8 spitze Lappen sternfg. zerreißend. Innere Schicht der Peridie weiß, halbkuglig nach außen gewölbt, mit den Spitzen der äußeren Schicht aufsitzend. Sporenkugel bräunlich, Sporen weiß, 10—11 ×5—6 μ. Auf faulem Holz, Stengeln in Wäldern, Gärten, nicht selten. IV—XII. (Taf. XIV, Fig. 607.) (S. stellatus [Tode] Pers., Lycoperdon carpobolus L., Carpobolus stell. Desm., C. albicans Willd.)

1424. Kugelschneller. **S. carpobolus** (L.) Schroeter

34. Familie: Tulostomataceae.

Fk. kuglig, mit langem, scharf abgesetztem, sich bei der Reife streckendem St. Gleba ungekammert, von dem büschelig verzweigten Basidialgewebe gleichmäßig erfüllt. Kapillitium haarfg. Basidien länglich mit 4 seitlichen, in verschiedener Höhe inserierten Sterigmen. Sporen kuglig, bräunlich. — Bodenpilze trockener, sonniger Standorte.

Einzige Gattung: Tulostoma Pers., Stielbovist.

Peridie doppelt. Exoperidie häutig abfallend, Endoperidie am Scheitel mit Öffnung. Kapillltium netzfg., mit der Peridie verwachsen.

Fk. kuglig, haselnußgroß, St. 3—6(—10) cm lg., hohl, weißlich od. gelblich. Exoperidie schuppig abfallend. Endoperidie dünn, zäh, weißlich od. ockerfarben, Mündung warzen- od. röhrenfg. ausgezogen, Öffnung kreisfg., scharf umgrenzt, weißgesäumt mit schwärzlicher Zone. Kapillitium u. Sporen lehmfarben; Sporen kuglig 4—5 μ punktiert. Zwischen kurzem Gras u. Moos auf Dämmen, trockenen Wiesen u. Heiden, zerstreut. Fast das ganze Jahr. (Taf. XIV, Fig. 606.)

1425. Zitzenfg. S. **T. mammosum** (Micheli) Fries

Fk. mit braunem, dunkelrot-braunschuppigem 6—8 cm lg., innen weißflockigem Stiel. Innere Peridie kugelig bis flach zusammengedrückt, dunkelbraun mit röhrenfg. vorgezogener, scharf umgrenzter, nicht schwarz umzonter Mündung. Kapillitium hyalin; Sporen lichtgelb, dicht warzig bis stachelig, 5—6,5 μ gr. Auf dürrem, sandigem Boden auf Weiden, Waldlichtungen; stellenweise nicht selten; gesellig. IV—XI. (Lycoperdon squ. Gmel., T. imbricatum Pers., T. Barlae Quél.)

1425a. **Schuppiger St.** **Tulostoma squamosum** (Gmel.) Pers.

Fk. 2—5 cm hoch, $\mp$ 1 cm Durchm., Mündung $\mp$ flach, gewimpert. St. weißlich, kaum schuppig, längs gefurcht. Sporen gelblich, 5—6 μ, schwachwarzig. Auf Sandboden wie vor., zerstreut. (T. Berteroanum Lév.)

1426. **Gewimperter St.** **T. fimbriatum** Fries

2. Unterordnung: **Nidulariales (Nidulariineae).**

Fk. ½—2 cm h., zusammengesetzt, anfangs $\mp$ kuglig, dann sich öffnend, tiegel- od. becherfg., derbhäutig bis fast holzig, dem Substrat (Holz, Erdboden) aufsitzend, in der Höhlung mit kleinen, festen, linsenfg. Glebakammern (Sporangiolen), welche das Hymenium enthalten.

35. Familie: **Nidulariaceae.**

Fk. anfangs kuglig od. keulig. Peridie geschlossen, später aufspringend u. becher- oder schüsselfg. gestaltet, lederig, im Innern mit mehreren linsenfg., gesonderten, meist durch einen Strang an der Peridie befestigten Kammern (Sporangiolen) versehen. Hymenium die Innenfläche der Sporangiolen überziehend. Basidien mit 2 bis 4 Sporen. Sporen ellipsoidisch, farblos, glatt.

Bestimmungsschlüssel der Gattungen.

A. Sporangiolen frei, nicht mit Strang befestigt. **1. Nidularia.**
B. Sporangiolen durch Strang an der Peridie befestigt.
  a) Peridie dick, filzig-häutig, am Scheitel mit kreisförmig abgegrenztem, gleichartigem, schwindendem Deckel. Schleier fehlt. **2. Crucibulum.**
  b) Peridie aus mehreren verschiedenartigen Lagen zusammengesetzt, am Scheitel mit zentraler Öffnung aufspringend, eine Zeitlang noch von einem Schleier geschlossen. **3. Cyathus.**

1. Gattung: **Nidularia** (Fr.) Tul., Nestpilz.

Fk. kuglig, Peridie dünn filzig, oben unregelmäßig od. mit kreisfg. Decke, aufspringend, zuletzt schüsselfg. Sporangiolen zahlreich, in Schleim eingebettet, dann frei.

1. Peridie fast deckelartig sich öffnend, nicht unregelmäßig zerreißend. 2.
Fk. kuglig, 2—4 mm br., einzeln od. zusammenfließend. Peridie dünn, feinfilzig, weißlich, durch die Sporangialen höckerig, unregelmäßig zerfallend. Sporangiolen zahlreich, 0,7 mm br., scheibig, beiderseits genabelt, glatt, glänzend, gelbbraun. Auf feuchten Zweigen, besonders von Nd. in Wäldern, selten. F.

1427. Nackter N. **Nidularia denudata** (Sprengel) Fr. et Nordh.

2. Fk. rasig dicht, oft fast zusammenfließend, kuglig, dann niedergedrückt, 6—7 mm br., 3—5 mm h. Peridie zottig-filzig, schmutzig weißlich od. gelblichgrau, mit fast regelmäßigem kreisfg. Deckel aufspringend. Sporangiolen zahlreich, scheibig, weiß, dann glänzend kastanienbraun, 1—2 mm br. Sporen 8—10 μ lg., 6 μ br. Auf der Erde, Holzsplittern, Zweigen, selten. VII—X. (Taf. XIV, Fig. 599.)

1428. Zusammenfließender N. **N. confluens** Fries et Nordheim

Fk. meist einzeln, kuglig, etwas niedergedrückt, 4—6 mm br., am Grunde meist mit wurzelfg. Fäden. Peridie filzig-zottig, höckerig, schmutzig grau, scharf umschrieben aufreißend. Sporangiolen scheibig, ca. 2 mm br., glänzend braun. Sporen hyalin, elliptisch 4—6 × 6—10 μ. An abgefallenen feuchtliegenden Ästen, Nd., auf Erde in Wäldern, selten. VII—XI.

1429. Gefüllter N. **N. farcta** (Roth) Fr. et Nordh.

2. Gattung: **Crucibulum** Tul., Tiegelteuerling.

Fk. kuglig, dann etwas zylindrisch. Peridie lederig-filzig, am Scheitel mit scharf abgesetztem, kreisfg. Deckel, später nach Zerfall des Deckels topffg., an der Mündung ungesäumt. Sporangiolen linsenfg., mit Strang befestigt.

Einzige Art mit geselligen, 5—8 mm lg., 5—7 mm br. Fk., die meist einem dicken, gelbbraunen Filz aufsitzen. Peridie ockerfarben. Sporangiolen 1,5—2 mm Durchm., weißlich od. hellockerfarben. Sporen weiß, oblong-elliptisch 8—12 × 4—6 μ. Auf Zweigen, Holzstücken, Pfählen, Balken, Stengeln usw., häufig. IX—III. (Taf. XIV, Fig. 600.)

1430. Gemeiner T. **C. vulgare** Tul.

3. Gattung: **Cyathus** Haller, Teuerling.

Fk. zylindrisch, dann kreiselfg. Peridie lederig, mehrschichtig, oben sich öffnend, zuerst mit einer dünnen, weißlichen Haut überspannt, dann becherfg. mit scharfer deutlicher Berandung. Sporangiolen linsenfg., mit Strang befestigt.

Fk. meist gesellig, anfangs eifg., dann kreiselfg., 10—14 mm lg., 6—10 mm br. Peridie lederig, außen filzig, dann glatt, blaß ockerfarben od. grau, innen glatt, glänzend, bleigrau od. bräunlich, Mündung zuletzt wellig zurückgebogen. Sporangiolen 2—3 mm br., glänzend grau. Sporen weiß, breit-elliptisch, 10—14 × 8 μ. Auf faulendem Holz, Brettern, auf Erde usw. in Gärten, Feldern, häufig. II—XI. (Peziza o. Batsch, Nidularia vernicosa Bull., C. vernic. D.C.)

1431. Topffg. T. **Cyathus olla** (Batsch) Pers.

Fk. gesellig, eifg., dann kreiselfg., 10—16 mm h., 8—10 mm br. Peridie rost- bis umbrabraun, zottig-filzig, innen glänzend bleigrau, gestreift, Mündung später scharf kreisfg. mit aufrechten zottigen Haaren. Sporangiolen weißlich, ca. 2 mm br. Sporen weiß, 18—22 × 10 μ. Auf Stümpfen, Zweigen, Holz, Koniferenzapfen. Häufig. I—XII. (Taf. XIV, Fig. 601.)

1432. Gestreifter T. **C. striatus** (Hudson) Pers., Hoffm.

3. Unterordnung: Eugasteromycetales.

Fk. mannigfach, kuglig, knollig, birnfg. od. ∓ gestielt, fleischig od. trocken, ober- od. unterirdisch, wenigstens in der Jugend von einer einfachen od. doppelten bis vielschichtigen Peridie umgeben. Basidien zu regelmäßigen Palisaden vereinigt, welche als Hymenien Kammern od. Platten bekleiden.

1. Familiengruppe: Lycoperdineae.

Fk. kugelig, birnfg., kreiselfg. od. schlauchfg.-kopfig, meist über 1 cm gr., ohne od. mit unscharf abgesetztem stielartigem Grunde; Fleisch des Fk. und des sterilen stielartigen Teiles anfangs gleich, weiß, schwammig-fein, kammerig, trocknend, später der sporenbildende Teil dunkel, sich in Sporenpulver und reichliches fädig-flockiges Kapillitium verwandelnd.

36. Familie: Lycoperdaceae, Stäublinge.

Fk. oberirdisch, aus einer vielkammerigen Gleba bestehend u. von einer Peridie umgeben, die aus einer äußeren, sich ∓ ablösenden Hülle u. aus einer inneren Hülle besteht (Exo- u. Endoperidie). Gleba bei der Reife pulverig zerfallend, zwischen den Sporen Kapillitiumfasern vorhanden. Basidien mit 4—8 Sporen. — Bodenpilze.

Bestimmungsschlüssel der Gattungen.

A. Exoperidie einschichtig, zellig, bei der Reife meist unregelmäßig zerfallend, nicht sternfg. aufspringend.   1. Unterfam. Lycoperdoideae.

  a) Unterer Teil der Gleba steril u. als schwammiges Gewebe bleibend.   **1. Lycoperdon.**

b) Gleba bis unten hin pulverig zerfallend.
  I. Kapillitiumfasern ∓ gleichmäßig dick, ohne
     Stammstück. Sporen bei der Reife unge-
     stielt. 2. **Globaria.**
 II. Kapillitiumfasern mit deutlichem Stamm-
     stück u. zugespitzten Ästen. Sporen bei der
     Reife gestielt. 3. **Bovista.**
B. Exoperidie aus einer zelligen u. faserigen, später
   verquellenden Schicht bestehend, sternfg. aufreißend u. am Grunde mit der Endoperidie verbunden bleibend. 2. Unterfam. Geasteroideae.
   a) Exoperidie u. Endoperidie sich beim Aufreißen
      der Fk. trennend.
    I. Endoperidie sich mit zahlreichen kleinen
       Löchern öffnend, durch mehrere Stielchen
       der Exoperidie aufsitzend. 4. **Myriostoma.**
   II. Endoperidie sich nur mit 1 Loch an der
       Spitze öffnend, mit 1 Stiel der Exoperidie
       aufsitzend. 5. **Geaster.**
   b) Endoperidie an der Exoperidie hängen bleibend,
      daher Kapillitium u. Sporenmasse freiliegend. 6. **Trichaster.**

1. Unterfamilie: **Lycoperdoideae** Ulbr.

Exoperidie einschichtig, zellig, kleiig abschülfernd od. unregelmäßig, zerbrechend, dünn, nicht sternfg. aufspringend.

1. Gattung: **Lycoperdon** Tournef., Stäubling, Bovist.

Fk. ∓ kuglig, am Grunde stielfg. zusammengezogen u. unfruchtbar Exoperidie in Platten, Warzen od. Stacheln zerfallend. Kapillitiumfasern meist reich verzweigt, Enden zugespitzt. Sporen kuglig. — Bodenpilze der Wälder, Heiden und grasiger Orte. Jung, solange noch weiß, eßbar.

1. Endoperidie unregelmäßig zerfallend, Sporen ungestielt, feinwarzig. 2.
   Endoperidie am Scheitel mit einem regelmäßig begrenzten Loch sich öffnend. 3.
2. Fk. keulenfg., 10—20 cm lg., oberer sporenbildender Teil fast kuglig, 5—10 cm Durchm., unten stielfg., 3—6 cm br., Exoperidie weißlich od. ockerfarben, kleiig od. körnig-warzig, Endoperidie im ganzen oberen Teil zerfallend. Kapillitium u. Sporen dunkel oliven- od. umbrabraun, 4,5—5 μ. In Lbwäldern u. Gebüschen, zerstreut. VIII—XI. (Taf. XIV, Fig. 587.) (Utraria uteriformis [Bull.] Quél.)
1433. Schlauchfg. S. **L. uteriforme** Bull.

Fk. 7,5 — > 15 cm h., oberer sporenbildender Teil niedergedrückt flach-kugelig, unten faltig, 2,5—8 cm br., unten plötzlich in den 2,5—5 cm br. faltig-grubigen, bauchig sackfg. Stielteil zusammengezogen. Exoperidie weißlich, körnig-stachelig. Endoperidie dünn, weiß od. grau, von oben her zerbröckelnd u. abfallend. Kapillitium u. Sporen bräunlich-oliv. Sporen kuglig, warzig od. stachelig, 4—6 μ. — In Wäldern u. Gebüschen, oft im Moose, nicht selten. VII—X. Sehr formenreich: Fk. weißlichgelb, dann ocker- bis umbrabraun, stachelig, einer Mörserkeule ähnlich, bis 11 cm lg. var. pistilliforme (Bon.) Hollós (= L. pistilliforme Bon.). — St. 8—15 cm lg., Peridie 5—6 cm br. var. elatum (Massee) Morg. — Peridie bald zitronengelb, schuppig, bis 4 cm br., bis 5 cm h. In Ndwäldern var. flavescens (Rostk.) Hollós (= L. flavescens Rostk.). — Peridie fein punktiert, umbrabraun var. punctata (Rostk.) Hollós u. a. — Abb. 36, 1.

1433a. Sack-S. **Lycoperdon (Calvatia) saccatum** Vahl

Fk. zylindrisch-sackfg., oben verbreitert, 8—16 cm lg., 5—10 cm br., am Scheitel flach. Exoperidie felderig-schuppig, unten feinkörnig, weiß, dann ockerfarben. Endoperidie vollständig zerfallend, daher ein dickgestielter Becher übrig bleibend. Kapillitium u. Sporen olivenbraun. 4—5 μ. Auf Wiesen u. Triften, nicht selten. V—XI. (Taf. XIV, Fig. 588.) (Utraria cael. [Bull.] Quél., L. bovista Pers., Calvatia caelata [Bull.] Morg.)

1434. Hasenbovist. **L. caelatum** (Bull.) Fries

3. Exoperidie in glatte Schuppen od. Körnchen zerfallend. 4.
   Exoperidie in Warzen od. Stacheln zerfallend. 5.

4. Fk. mit kurzem, dünnem St., fast kuglig, von oben etwas niedergedrückt, gelbweiß, später gelbbraun, im obern Teil mit glatten, braunroten Schuppen, Öffnung rund, regelmäßig. Kapillitium u. sterile Basis gelbbraun. Sporen glatt, 4 μ gr. An alten Stümpfen u. Wurzeln zerstreut. X—XI. (L. pyriforme var. serotinum [Bon.] Holl.)

1435. Später S. **L. serotinum** Bonord.

Fk. meist büschelig, birn- od. eifg., 2—4 cm lg., 1,5—2,5 cm br., oben abgerundet od. stumpf kegelfg., unten stielfg. zusammengezogen, mit strangartigem Wurzelgeflecht. Exoperidie oben feinkörnig, unten grobkörnig, ockerfarben, dann dunkelbraun. Endoperidie braun, Mündung klein, fast warzenfg. Kapillitium u. Sporen hellolivenbraun. Sporen glatt, 4 μ gr. Zwischen Moos u. Stümpfen in Wäldern, häufig. V—II. (Taf. XIV, Fig. 589.) (L. ovoideum Bull., L. quercinum Pers., Utraria p. Quél.)

1436. Birnfg. S. **L. piriforme** (Schaeff.) Pers.

5. Sporen feinstachelig. 6.

Fk. meist oben fast kuglig, unten zylindrisch, am Grunde faltig, 2—5 cm lg., 2—3 cm br. Exoperidie fleischig, weiß, in

⟊ regelmäßig gestellte Warzen od. dicke, gebrechliche u. abfallende Stacheln zerfallend, später braun, feinstachelig od. warzig. Endoperidie derb, Mündung scheitelständig, rundlich, fast warzenfg. Kapillitium u. Sporen olivenbraun. Sporen 3—4 μ Durchm., sehr kurz gestielt od. ungestielt, glatt od. fein punktiert, hellolivenbraun. Auf Wiesen, Triften, Heiden, in Wäldern, häufig. V—XI. (Taf. XIV, Fig. 590, Abb. 36, 2a—c.) (L. perlatum Pers., L. candidum Pers., L. pratense Pers., L. proteus Bull.)

1437. Warziger S.   **Lycoperdon gemmatum** Batsch.

6. Fk. ei- od. kreiselfg., 2,5—4 cm lg., 2—3 cm br. Exoperidie in 2—4 mm lange, büschelig gestellte, gekrümmte, ockerfarbene, später dunkelbraune Stacheln zerfallend, die auf einem bräunlichen Filz stehen. Endoperidie lichtbraun; Mündung rundlich, klein, fast warzenfg., Kapillitium u. Sporen dunkelschokoladenbraun. Sporen 4,5—6 μ Durchm., ungestielt, stachlig, dunkelbraun. In Wäldern, nicht selten. III—XI. (Taf. XIV, Fig. 591.) (L. constellatum Fr., Utraria ech. Quél.)

1438. Igelstachliger S.   **L. echinatum** Pers.

Fk. kugelig bis verkehrt-kegelfg., niedergedrückt, unten faltig, wurzelnd, graufleischfarben, dann dunkler, fast purpurrot, trocken u. reif kupferfarbig. Exoperidie in sehr kleine, kegelfg., kreisfg. gestellte u. zusammenneigende Stacheln zerfallend. Öffnung klein, lappig-zähnig. Kapillitium u. Sporen ruß-purpurfarbig. Sporen feinstachlig, 4—7 μ br. In Lbwäldern, zerstreut. VI—XI. (L. hirtum Mart., L. silvaticum Wettst., L. atropurpureum Vitt., L. laxum Bon., L. echinus Batsch, L. cupricum Bon., L. velatum Vitt.) Sehr veränderlich.

1439. Kupfer-S.   **L. umbrinum** Pers.

2. Gattung: **Globaria** Quélet, Kugelbovist.

Fk. kuglig od. eifg., ganz fertil od. am Grunde mit einer flachen, sterilen, weichflockigen Scheibe. Exoperidie häutig, in Fetzen abfallend. Nicht schwarz werdend. Kapillitiumfasern schwach verzweigt. Sporen kuglig, stiellos od. nur sehr kurz gestielt.

Fk. kuglig od. eifg., nach unten etwas verschmälert, 1—2 cm lg. u. br. Exoperidie kleiig-flockig, oben bisweilen gefeldert, weiß, dann gelbbraun. Endoperidie dünn, zähe, gelbbraun, am Scheitel mit kleiner, rundlicher Öffnung. Innen lebhaft gelblich-olivenbraun, am Grunde mit dünner, unfruchtbarer Schicht. Sporen 3—4 μ Durchm. stiellos, glatt, gelbbraun. Auf Heiden, an Waldrändern, nicht selten. VIII—XI. (Lycoperdon f. [Schaeff.] Sacc., L. polymorphum Vitt., L. ericetorum Pers.)

1440. Kleiiger K.   **G. furfuracea** (Schaeff.) Quél.

Fk. fast kuglig od. eifg., meist 15—30 cm br., oft viel größer. Exoperidie weiß, weich, sehr zerbrechlich, fast glatt, später ocker-

farben. Endoperidie dünn, oben unregelmäßig zerfallend. Innen gelblich-olivenbraun, am Grunde mit flacher, steriler Schicht. Sporen 4—5 μ Durchm., kurz gestielt, gelbbraun, glatt od. fein punktiert. In Gärten, auf Äckern, im Gebüsch, sehr zerstreut. V—XI. (Taf.XIV, Fig. 592.) (Lycoperdon maxim. Schaeff., Calvatia maxima [Schaeff.] Morg., Lyc. bov. L., L. giganteum Batsch, Bovista gigantea Nees)
1441. Riesenbovist. **Globaria bovista** (L.) Schroet.

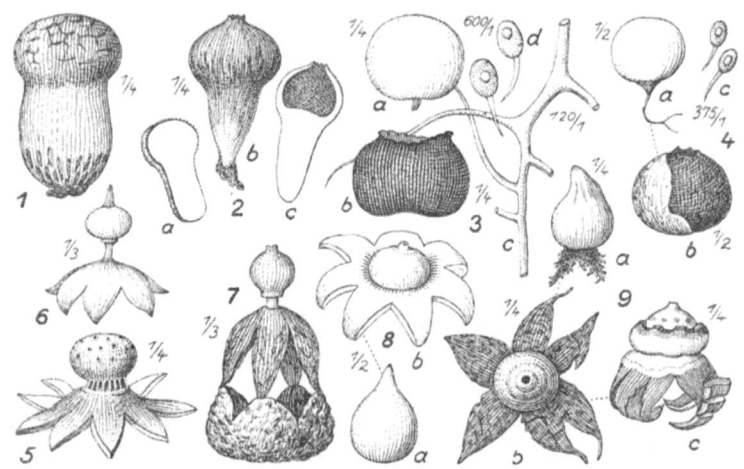

Abb. 36. Lycoperdaceae: 1. Lycoperdon (Calvatia) saccatum Vahl — 2 L. gemmatum Batsch — 3a bis d Bovista nigrescens Pers.— 4 B. plumbea Fr.— 5 Myriostoma coliforme (Dicks.) Cda. — 6 Geaster pectinatus D. C. — 7 G. fornicatus (Huds.) Fr. — 8 G. lageniformis Vitt. — 9 G. triplex Jungh. (5 bis 7 nach der Natur, das übrige nach Hollós.)

3. Gattung: **Bovista** Pers., Bovist.

Fk. kuglig, ungestielt. Exoperidie fleischig, glatt, später trocken papierartig, in Fetzen abfallend, Endoperidie dünn u. zähe, am Scheitel sich öffnend. Unfruchtbare Basis fehlt. Kapillitiumfasern mit kurzem, dickem Stammstück, fast sternfg. verzweigt. Sporen kuglig, lggestielt.

Fk. kuglig, 1,5—2 cm Durchm. Exoperidie weiß, glatt, dann gefeldert u. abfallend, am Grunde meist papierartig bleibend. Endoperidie zähe, blaugrau, Mündung scheitelständig, klein, rund. Innen dunkelbraun. Sporen 4—5 μ Durchm., glatt, braun, Stielchen 9 bis 15 μ lg. Auf Wiesen, in lichten Wäldern, Heiden, nicht selten. III bis XII. (Taf. XIV, Fig. 593, Abb. 36, 4a—c.) (Globaria pl. Quél.)
1442. Bleigrauer B. **B. plumbea** Pers.

Fk. kuglig od. etwas niedergedrückt, 3—6 cm Durchm. Exoperidie weiß, glatt, fetzig abfallend. Endoperidie gelb-, dann schwarzbraun, pergamentartig glänzend, glatt. Öffnung rundlich, gezähnt.

Innen purpur- bis umbrabraun. Sporen 5—6 μ Durchm., purpurbraun, glatt, gestielt. Auf Wiesen, Heiden, Feldern, zerstreut. III—XII. (Abb. 36, 3a—d.)

1443. Schwärzlicher B. **Bovista nigrescens** Pers.

2. Unterfamilie: Geasteroideae Ulbr.

Exoperidie aus einer zelligen u. faserigen, später verquellenden Schicht bestehend, sternfg. aufreißend, am Grunde mit der Endoperidie verbunden bleibend.

4. Gattung: Myriostoma Desv., Sieb-Erdstern.

Fk. kuglig, etwas flachgedrückt, Peridien anfangs geschlossen. Exoperidie sternfg. aufreißend u. in Lappen geteilt, die zurückschlagen. Innere Peridie papierartig, mit zahlreichen Stielchen der Exoperidie aufsitzend, sich mit zahlreichen kleinen Poren siebartig öffnend. Sonst wie Geaster.

Einzige Art: Exoperidie 5—15 cm br., rund, etwas flach, bräunlich-blaß, mit breiten, eckigen, dunkelbraunen Schuppen besetzt, in (4—) 5—10 (—12) spitze Lappen aufreißend. Innere Peridie lederfarben od. bräunlich, flach kugelig, silberig-schimmernd, feinwarzig, 1—8 cm br., auf zahlreichen, kurzen, kantig-zylindrischen Stielchen sitzend mit zahlreichen, fast bewimperten Öffnungen. Sporen umbrabraun, kuglig, warzig, 4—6 μ. Kolumellen zahlreich, verzweigt, fädig. Kapillitium blaßbräunlich, einfach, gebogen, dickästig mit spitzen Zweigenden, spärlich verzweigt, 3—4 μ dick. — Auf Sandboden. Selten, nur stellenweise, z. B. bei Mannheim häufig; IX—XI. (Geaster coliformis [Dicks.] Pers., G. columnaris Lév.) Abb. 36, 5.

1444. Sieb-Erdstern. **M. coliforme** (Dicks.) Corda

5. Gattung: Geaster Micheli, Erdstern.

Fk. kuglig od. eifg., Peridien am Grunde fest verbunden, durch gallertige Mittelschicht getrennt, anfangs geschlossen. Exoperidie papier- od. lederartig, vom Scheitel her sternfg. aufspringend u. in zurückschlagende ∓ spitze Lappen zerteilt. Endoperidie papierartig, glatt, sitzend od. gestielt, am Scheitel mit kleiner, ∓ regelmäßiger Öffnung aufbrechend. Kapillitium fädig, netzfg. Sporen kuglig, sitzend.

1. Endoperidie mit deutlicher, kegelfg. begrenzter Mündung.   2.
2. Mündung gewimpert, glatt, ∓ scharf abgesetzt.   3.
    Mündung kammfg. gefurcht, scharf abgesetzt.   7.
3. Lappen der Exoperidie trocken nur nach unten umgeschlagen.   5.
    Exoperidie in 2 Schichten zerspalten, die untere flach dem Boden aufliegend, nestartig, die äußere sich emporwölbend u. auf die 4—7 Lappenspitzen sich stützend.   4.

4. Fk. 2—4 cm h., Exoperidie ausgebreitet 2—6 cm br., meist 4lappig; Endoperidie auf kurzem, zusammengedrückt-zylindrischem, weißem St., von ihm durch eine scharfe Kante getrennt, eifg. 4—11 mm br., grau od. bräunlich, mit durch eine scharfe Kante begrenzter, faseriger, hellgelblicher, fast scheibenfg. Mündung, die sich kegelfg. emporwölbt u. am Scheitel mit gefaserter Öffnung aufbricht. Kapillitium unverzweigt 5—7 μ dick, umbrabraun. Sporen 4—5 μ Durchm., dunkelbraun, warzig punktiert. Zwischen Nd. in Ndwäldern, zerstreut. VIII—X. (Taf. XIV, Fig. 595.) (G. quadrifidus minor [Bull.] Hollos, G. fornicatus Fr., G. umbilicatus Quél., G. Quéletii Hazsl.)

Äußere Peridie 5—6lappig, sonst wie die typischen Formen: var. multifidus (Pers.) Fr. (G. multifidus Pers.)

1445. Gekrönter E.   **Geaster coronatus** (Schaeff.) Schroet.

Fk. (4) 6—8 cm h.; Exoperidie ausgebreitet 8—12 cm br., außen glatt gelblich, innen rissig, dunkelbraun, meist 4lappig (selten 5—7lappig); Endoperidie 1—1,5 cm h., breit birnenfg. od. flach kugelig, rostfarbig od. dunkelbraun, etwas flaumig am Grunde mit breiter ringfg. Anschwellung (Apophyse) auf ∓ 5 mm hohem u. breitem zylindrischem Stiele. Mündung anfangs kegelig, dann röhrig, nicht od. schwach gefurcht, faserig, ohne Hof. Kapillitium lichtbraun 10—12 μ dick. Sporen 4—4,5 μ dunkelbraun, warzig. In sandigen Misch- u. Ndwäldern, selten. VI—VIII. (Abb. 36, 7.) (G. fenestratus [Batsch] Lloyd, G. quadrifidus major [Buxb.] Hollós, G. Mac-Owani Kalchbr., G. marchicus P. Hennings) — Vergleiche auch *1454* a.

1445a. Nest-E.   **G. fornicatus** (Huds.) Fr.

5. Mündung faserig-wimperig, nicht scharf gezähnt.   6.

Exoperidie dick, fast lederartig, 3,5—8 cm br., bis zur Hälfte in 5—6 Lappen geteilt, dann zurückgerollt, innen rotbraun, glatt. Endoperidie sitzend, 1,5—3 cm br., kuglig od. br. eifg., glatt, blaßbraun, mit gezähnelter; scharf begrenzter Mündung. Sporen 4—5 μ Durchm., dunkelbraun, stachelig-warzig. In Lb.- u. Ndwäldern, selten. IX—X. (Taf. XIV, Fig. 596.) (G. Schaefferi Vitt., G. limbatus Morgan)

1446. Rötlicher E.   **G. rufescens** Pers.

6. Fk. zuerst kuglig-eifg., ausgebreitet 4—6 cm br., Exoperidie zuletzt papierartig, nach außen gerollt u. bis zur Mitte in 6—15, oft ungleiche Lappen zerteilt, innen hellbraun, außen weißlich. Endoperidie kuglig od. etwas zugespitzt, 1—1,5 cm br., ockerfarben od. hellbraun, glatt, am Scheitel mit etwas vorstehender, seidenfaseriger, meist scharf abgesetzter Mündung. Kapillitium unverzweigt, mit den Sporen lehmbraun. Sporen 3—4 μ Durchm., gelbbraun, feinpunktiert. In Lb.- u. Ndwäldern, zerstreut.

V—XI. (G. tunicatus Vitt., G. multifidus Hazsl., G. djakovensis Schulzer, G. lageniformis Cooke)

1447. Gewimperter E. **Geaster fimbriatus** Fries

Exoperidie bis zur Mitte in 5—10 Lappen zerteilt, nach unten gebogen od. ausgebreitet (4—15 cm br.), dickfleischig, innen rotbraun, rissig, außen weißlich od. ockerfarben. Endoperidie 1 bis 3 cm br., kuglig od. eifg., papierartig, braun, glatt, am Scheitel mit undeutlich begrenzter, kleiner, faserig-wimperiger Öffnung. Kapillitium u. Sporen umbrabraun. Sporen 4—5 μ Durchm., dunkelbraun, grob punktiert-warzig. In Wäldern, Gebüsch, zerstreut. IX—XI. (G. coronatus Pers., G. multifidus D. C.)

1448. Gesäumter E. **G. limbatus** Fries

Exoperidie bis etwa zur Mitte in 7—9 Lappen geteilt, nach unten zurückgeschlagen, innen hell ledergelb od. ocker bis fast weiß, ∓ glatt, außen blaßocker bis grauweißlich, ausgebreitet 12—25 mm br.; Endoperidie 8—10 mm br., 9—11 mm h., eifg. gestielt, weiß-kleiig bis lichtbraun, später dunkler, mit ∓ kegelfg., bewimperter Mündung. Kapillitium hyalin, Sporen braun, schwach warzig, 4—5 μ Durchm. Auf grasigen Plätzen, in moosigen lichten Nd.- u. Mischwäldern, besonders im Gebirge, bis 1000 m in den Alpen, nicht selten. VI—XI. (G. alpinus Schleich., G. marginatus Vitt., G. granulosus Fuckel, G. Cesatii Rabenh.)

1448a. Alpen-E., Zwerg-E. **G. minimus** Schweiniz

7. Endoperidie deutlich gestielt. 8.

Exoperidie häutig-lederig, in 4—7 ungleiche Lappen zerspalten, zuletzt eingerollt, ausgebreitet bis 4 cm br., innen wachsweiß, bald braun od. rötlichbraun, oft querrissig, außen meist erdig. Endoperidie 5—10 mm br. kuglig od. ellipsoidisch, meist niedergedrückt, sitzend, weißgrau, glatt, Mündung kegelfg., tief gefurcht, nicht als besondere Scheibe abgesetzt. Kapillitium u. Sporen gelblich-braun. Sporen 5—6 μ Durchm., gelblich-braun, grob punktiert. In Wäldern, Heiden, zerstreut. X—XI. (Taf.XIV, Fig. 597.) (G. elegans Vitt., G. striatus Fr. ex p. non D. C.)

1449. Genabelter E. **G. umbilicatus** Fries

8. St. am Grunde ohne Scheide. 9.

Exoperidie dick, bis zum Grunde in 6—12 Lappen geteilt, umgeschlagen, ausgebreitet bis 5 cm br., außen weißlich-grau, innen rotbräunlich. Endoperidie kuglig, 1—1,5 cm br., grau od. graubraun, dichtwarzig-rauh, kurz-gestielt, unten abgeplattet, scharf berandet, mit einem scheidenfg., häutigen Ringe, darüber gefaltet, Mündung kegelfg., scharf abgesetzt, kammartig gefaltet, grau, ∓ 2 mm h. mit blasserem Hofe. St. zylindrisch, graubraun, am Grunde mit Scheide. Kapillitium gelblich-bräunlich. Sporen dunkelbraun 5—7 μ Durchm., dichtwarzig. In Wäldern u. Gebüsch, zerstreut. VII—XI. (G. striatus Fr. ex p., G. pseudomammosus P. Henn., G. campestris Morg.)

1450. Rauher E. **Geaster asper** Mich.

Exoperidie dickhäutig, bis zur Mitte in 6—10 Lappen zerreißend, zurückgewölbt, ausgebreitet 2—8 cm br., außen schmutzig weißlich, innen grau od. bräunlich. Endoperidie 0,6—2 cm br. kuglig od. fast birnfg., anfangs schneeweiß, dann ocker bis dunkelbraun, schließlich fast schwarz, Mündung kreisfg., abgegrenzt, scheibig, in eine lange zylindrische Röhre übergehend, kammartig gefaltet, St. 3—4 mm lg., bräunlich, am Grunde mit kreisrundem Wall. Kapillitium unverzweigt. Sporen 4—6 μ Durchm., braun, grob punktiert. Zwischen Lb. u. Nd. in Lb.- u. Ndwäldern, selten. III—XI. (G. striatus D. C., G. calyculatus Fuck. ex p.)

1451. Bryants E. **G. Bryantii** Berkeley

9. Exoperidie bis über die Mitte in 5—8 Lappen gespalten, umgebogen, ausgebreitet bis 4 cm br., innen glatt, braun. Endoperidie rhomboidisch im Längsschnitt, unten abgesetzt in einen Halsteil u. dann in den 6—8 mm langen, zylindrischen od. etwas zusammengedrückten St. übergehend, bleigrau-bräunlich, Mündung kreisfg. gerandet, lg. kegelfg., tief furchig-faltig. Kapillitium u. Sporen braun. Sporen 4—6 μ Durchm., grob warzig. In trockenen Ndwäldern, sehr selten. III—XI. (G. fallax Scherff) (Abb. 36, 6.)

1452. Kammförmiger E. **G. pectinatus** Pers.

Exoperidie bis $\mp$ zur Mitte in 5—8 ungleiche, spitze Lappen geteilt, zurückschlagend, innen glatt od. rissig, lichtbraun, ausgebreitet 12—30 mm br. Endoperidie $\mp$ kuglig, nach unten zusammengezogen, 4—10 mm br., bleigrau od. bräunlich, unten mit kreisrunder Anschwellung (Apophyse), einem 1,5—2 mm lg. $\mp$ zylindrischen, blaßgelblichen Stiel aufsitzend, am Scheitel mit angeschwollenem Rande; Mündung lang kegelfg., tief gefurcht, an der Spitze faserig. Kapillitium u. Sporen braun. Sporen 4,5—6 μ gr., rauhwarzig. — Tritt in 2 Formen auf: Endoperidie deutlich gestielt: Mündung scharf umrandet (G. Schmidelii Vitt.) f. typica Scherffel (Taf. XIV, Fig. 598 rechts); — Endoperidie sitzend od. sehr kurz gestielt; Mündung meist nicht deutlich umrandet (G. striatus D. C.) f. striata Scherff. (Taf. XIV, Fig. 598 links). — Auf sandigen Weiden zwischen Gras, auf Waldlichtungen zwischen Moos. VIII—XI. Selten. (Geastrum nanum Pers., G. Rabenhorstii Kunze, G. striatus Kalchbr.)

1452a. Schmidels E. **G. Schmidelii** Vitt.

10. Fk. ungeöffnet, eifg.-flaschenfg. zugespitzt.

Exoperidie ausgebreitet 4—8 cm br., gelblich, eifg.-zugespitzt, in 6—9 Lappen geteilt; Lappen sehr lang u. spitz, fast gleich bis über die Mitte geteilt, mit weißlichen Myzelsträngen am Grunde befestigt, innen blaßbräunlich, braun werdend. Innere Peridie

1—2,5 cm, blaßbräunlich od. falb, fast kugelig, sitzend, häutig. Mündung flach-kegelfg., seidig, gestreift, von einer seidigen Zone rings umgeben. Sporen gelblichbraun, feinwarzig, kugelig, 3—4 μ. Kapillitium blaßbräunlich mit kurzem, fast keulenfg. Fußstück, schwach verzweigt. 6—8 μ dick. — Auf Sandboden in Kiefernwäldern u. Heiden. Selten. IV—IX. (Abb. 36, 8a—b.) (G. vittatus Kalchbr., G. capensis Thüm., G. dubius Berk., G. minutus P. Henn.)

1453. Flaschenförmiger E.   Geaster lageniformis Vitt.

Exoperidie ausgebreitet 5—10 cm br., bräunlich-oliv, ei-flaschenförmig zugespitzt, in 4—7 fast gleiche, breite, spitze, bis zur Mitte reichende Lappen geteilt, innen bräunlich, oft in Areolen zerklüftet, sehr dick, lederig-fleischig, bis auf einen scheibenförmigen Teil um den Fuß der Endoperidie zerklüftend u. aufbrechend. Endoperidie 1,5—3,5 cm, blaßbräunlich, fast kugelig, zusammengedrückt, sitzend, häutig. Mündung blasser, breitkegelfg., faserig. Sporen braun, warzig, kugelig, 4—5 μ. Kapillitium hellbraun, fädig, 6—7 μ dick. — In schattigen Wäldern u. auf Weiden. Nicht häufig. IX—X. (Abb. 36, 9a—c.) (G. Michelianus W. G. Sm., G. mammosus Kalchbr., G. cryptorrhynchus Hazsl., G. Kalchbrenneri Hazsl., G. Pillotii Roze)

1454. Dreifacher E.   G. triplex Jungh.

6. Gattung: Trichaster Czerniaiev, Haarstern.

Fk. wie bei Geaster, aber Endoperidie sehr dünn mit der dreischichtigen Exoperidie verbunden bleibend, daher beim Öffnen des Fk. das Kapillitium mit den Sporen entblößend.

Einzige Art: Peridie in 5—7 Lappen gespalten, doppelt; Endoperidie sehr dünn (12—16 μ), mit der Parenchymschicht der $\mp$ 8 mm dicken Exoperidie verbunden bleibend, daher Lappen innen frisch geöffnet braunflockig, dann verkahlend, in der Mitte den kahlen, dunkelbraunen, $\mp$ 3 cm br. kugeligen Flockenschopf des Kapillitiums mit den 4—5 μ gr. kugeligen, dunkelbraunen, feinwarzigen Sporen freilegend. Kapillitium mit 4 μ dickem Fußstück, sich auf 1—2 μ zuspitzend. — In schattigen Lb.- u. Ndwäldern u. Gärten, besonders unter Fraxinus excelsior. Selten. V—IX. — Nach Hollós u. a. abnorme Form von *1445a.* Geaster fornicatus (Huds.) Fr.

1454a. Schwarzköpfiger H.   Tr. melanocephalus Czern.

2. Familiengruppe: Phallinales (Phallineae).

Fk. oberirdisch od. unterirdisch, trocken od. fleischig-faulend, hutförmig-gestielt od. knollig-kugelig mit säulenfg. unverzweigtem od. koralloidverzweigtem, sterilem Zentralgewebe, stets ohne Kapillitium.

37. Familie: Secotiaceae.

Fk. oberirdisch, gestielt, der Länge nach von einer zentralen, festen, säulenfg., unverzweigten Kolumella (sterilem Zentralgewebe) durchsetzt, welche die direkte Fortsetzung des Stieles darstellt u. am Scheitel in die hutfg. Gleba übergeht, anfangs von einer festen Peridie umgeben, die sich später am unteren Rande vom Stiele ablöst, so daß sich die Gleba $\mp$ hutfg. ausbreitet. Gleba aus plattenfg. Tramazapfen bestehend, die an der Peridie und am obersten Ende der Kolumella entspringen u. $\mp$ strahlenfg. angeordnet sind. Basidien 2—4 sporig.

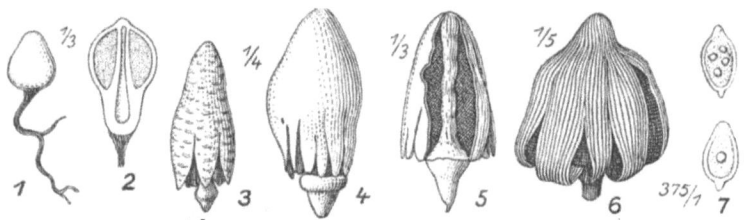

Abb. 37. Secotium agaricoides (Czern.) Hollós: 1 Junger Fruchtkörper mit Myzelstrang. 2 Desgl. im Längsschn. — 3 bis 6 verschieden alte Fruchtkörper. — 5 im Längsschnitt, die Kolumella zeigend. — 7 Sporen. (Nach Hollós u. nach der Natur.)

Einzige Gattung: **Secotium** Kunze, Säulenstäubling.

Fk. trocken, lederigzäh, in der Tracht einer Agaricazee (Coprinus atramentarius) ähnlich, einem langen, wurzelartigen Myzel entspringend, ohne Kapillitium. Auf nacktem, trockenem Boden, besonders Sand u. Triften.

Fk. 1—10 cm br., außen lichtkaffeebraun, ockerlederfarbig, braun, sehr alt $\mp$ purpurn, glatt, biegsam, oft mit weißen, schuppigen Zeichnungen od. Schuppen. Glebamasse gelblichbraun bis pistaziengrün. Sporen bräunlich bis bräunlichgelb, eifg., zitronenfg. mit kleinem, warzenfg. Stiele, 8×6 ($7—13 \times 6—8$) μ gr. Auf grasloser, kahler Erde, Viehtriften. Im Gebiete bisher nur im Österr. Burgenlande; in Ungarn häufig. VII—XI. (Abb. 37, 1—7.) (Endoptychum agaricoides Czern., S. acuminatum Mont., S. Czernaevii Mont., S. erythrocephalum Tul.)

1455. Blätterpilzähnlicher S. **S. agaricoides** (Czern.) Hollós

38. Familie: Hymenogastraceae.

Fk. kugelig bis knollig, halb- od. ganz unterirdisch, Kolumella fehlend, Kammern deshalb gleichmäßig das ganze Innere durchziehend. Peridie einschichtig, dünn, sich in die Kammern direkt fortsetzend u. deshalb nicht abtrennbar.

Hymenogastraceae. 429

Bestimmungsschlüssel der Gattungen.
A. Fk. ohne jede wurzelartigen Myzelstränge.
   a) Sporen ellipsoidisch od. spindelfg.   1. **Hymenogaster.**
   b) Sporen kugelig, stachlig.
     I. Sporen farblos.   2. **Hydnangium.**
     II. Sporen gelb od. braun.   3. **Octaviania.**
B. Fk. von wurzelfg. Myzelsträngen umsponnen.   4. **Rhizopogon.**

1. Gattung: **Hymenogaster** Vittadini, Brauntrüffel, Erdnuß.
Fk. ganz unterirdisch, fast kugelig, Peridie dünn, feinfaserig. Gänge fein, gewunden. Basidien 2 sporig, daneben auch 1—3 sporig. Sporen ∓ rostbraun; warzig od. runzelig, oft mit Stielrest u. Papille, nie rund.

1. Fk. weiß od. weißlich.   2.
   Fk. lebhaft zitronengelb, dann braun.   4.
2. Fleisch (Gleba) wird gelb od. ziegelrötlich.   5.
   Fleisch (Gleba) wird gelbbraun od. rostbräunlich.   3.
3. Fk. 0,5—1,5 cm Durchm., Peridie weiß, dann gelblich u. bräunlich. Gleba später rostbräunlich. Sporen rostbraun, glatt od. feinwarzig, breit-elliptisch 18—20×11—13 μ. Geruch schwach knoblauchartig. In Gewächshäusern auf Blumentöpfen, besonders auf australischen Arten, nicht selten. XI—XII.
1456. Klotzsch' B.   **H. Klotzschii** Tulasne
4. Fk. 2—3 cm gr. unregelmäßig-knollig, seidenflockig, tief gefurcht u. höckerig. Gleba zuletzt dunkelrotbraun mit deutlicher Kammerung. Sporen rotbraun, zitronenfg. mit bis 12 μ langem Stielrest u. kurzer Papille 27—38×11—15 μ, runzelig. Geruch angenehm moschusartig. In Lb- u. Ndwäldern Mittel- u. Süddeutschlands, selten. VII—X.
1457. Zitronengelbe E.   **H. citrinus** Vitt.
5. Fk. 1—2 cm, anfangs silberweiß, glänzend, glatt, rundlich. Gleba wird gelblich-ziegelrötlich, tonrötlich, mit engen, von sterilem Basalgewebe ∓ strahlig verlaufenden Kammern, ziemlich fest. Sporen zitronenfg., mit sehr kurzem Stielrest u. spitzer, durchscheinender Papille, 10—14×8—10 μ, zartwarzig od. fast glatt. Schattige Buchenwälder. VII—X.
1458. Silberweiße E.   **H. tener** Berk.
6. Fleisch (Gleba) wird violettlich-lila od. purpurn.   7.
   Fleisch (Gleba) wird oliv od. grau.   9.
7. Fk. 1—2,5 cm Durchm., Peridie weißlich, dann gelblich. Gleba schmutzig hellviolett, später braun bis schwarzbraun. Sporen kastanienbraun, mit unregelmäßigen Leisten od. Warzen, breit

elliptisch od. stumpflich zugespitzt, 24—28 × 13—15 μ. Fast geruchlos. In Lbwäldern, selten. X—XI.

1459. Schöner B. **Hymenogaster decorus** Tulasne

8. Fleisch wird grau bis dunkelbraun. 10.
9. Fk. 2—3 cm, weißlich, bei Berührung rötend, seidig, eckigrundlich. Gleba wird oliv, zuletzt rotbräunlich mit weißen Kammerwänden. Sporen breitelliptisch mit kurzem Stielrest u. langer Papille 18—20 × 8—10 μ gelbrot. Unter alten Eichen. Westdeutschland. VII—IX.

1460. Olivfleischige E. **H. olivaceus** Vitt.

10. Fk. 1—2,5 cm, weiß, zart behaart, dann falbgrau u. stark rissig, $\mp$ oval, mit spröder, zuletzt papierartiger Peridie. Gleba wird steingrau bis braunschwarz, mit unregelmäßigen Kammern. Sporen birnfg. mit kurzer, stumpfer Papille u. kurzem 2,5 μ breitem Stielrest 16—18 × 11—12 μ, runzelig-warzig, dunkelbraun. Geruch unangenehm. In lichten Eichen- u. Buchenwäldern. VIII—X.

1461. Rissige E. **H. vulgaris** Tul.

2. Gattung: **Hydnangium** Wallroth, Rottrüffel, Heidetrüffel.

Fk. halbunterirdisch, etwa kuglig, Peridie sehr zart. Gleba mit labyrinthfg. Gängen. Basidien meist 2sporig, seltener 1—4sporig. Sporen etwa kuglig, farblos, stachlig.

Einzige Art, 1—2—5 cm Durchm., Peridie weiß. Gleba fleischod. hellrosenrot. Sporen kugelig 13—14 μ. Geruchlos. In Gewächshäusern in Gartenerde, auf Töpfen von australischen Holzgewächsen; auf Heideplätzen, selten. X—XII. (Taf. XIV, Fig. 584, Längsschn.)

1462. Fleischfarbige R. **H. carneum** Wallr.

3. Gattung: **Octaviania** Vittad., Laubtrüffel.

Fk. fast kuglig, Peridie häutig od. flockig, abziehbar. Gleba mit steriler Basis. Basidien 4-, selten 3sporig. Sporen kuglig, breitstachlig, gelbbraun.

Einzige Art 1—3 cm Durchm., Peridie weiß, dann braun bis schwärzlich. Gleba weiß, dann schwarz. Sporenmasse purpurbraun, Sporen stachlig, kuglig, 11—14 μ. Geruch käseartig. In Lb-wäldern besonders von Eichen, unter Lb., selten. VIII—X. (Fig. 585, Längsschnitt.)

1463. Sternsporige L. **O. asterosperma** Vittad.

4. Gattung: **Rhizopogon** Fries, Wurzeltrüffel.

Fk. unregelmäßig knollig, am Grunde u. auch sonst mit wurzelartigen Myzelsträngen. Peridie häutig, nicht von der Gleba scharf gesondert, Gleba mit feinen Gängen, zerfließend. Basidien mit 6—8 Sporen. Sporen eifg.-spindelfg., glatt, hellgelblich.

Fk. oft gehäuft u. dann abgeplattet, 2—6 cm br., mit vielen bräunlichen Myzelsträngen. Peridie weiß, dann gelblich bis olivenbraun. Gleba weiß, dann schmutzig olivengrau. Geruch knoblauchartig. Basidien meist 8-, daneben 4—6sporig. Sporen elliptischspindelfg. 6—7 × 2—3 μ, glatt, farblos. In sandigen Wäldern, auf Heiden, zerstreut. IX—XII. (Taf. XIV, Fig. 586.) (R. virens [Alb. et Schwein.] Fr., Splachnomyces l. Corda)

1464. Gelbbräunliche W. **Rhizopogon luteolus** Fries

Fk. 2—5 cm Durchm., am Grunde mit dicken Myzelsträngen, sonst mit wenigen Fasern, Peridie zuletzt gelblich od. olivenbraun. Gleba gelbbraun od. schmutzig olivengrün, breiartig zerfließend. Sporen 6—7(—8) × 3 μ, blaßbräunlich. Geruch schwach knoblauchartig. Im Sande an Wegen, Abstichen, halb hervorragend, zerstreut. VII—X. (Rh. aestivus [Wulf.] Fr., Lycoperdon aestivum Wulf.)

1465. Rötliche W. **Rh. rubescens** Tul.

Fk. 2—3 cm, unveränderlich kastanienbraun, fast nackt od. nur mit spärlichen losen Myzelfasern, Gestalt sehr unregelmäßig. Gleba wird grün, zuletzt grau. Basidien 4—6-, auch 2sporig. Sporen 7—8 × 3—4 μ. An sandigen Wegrändern in trockenen Kiefernwäldern u. Heiden. Zerstreut. VIII—X. Geruch- u. geschmacklos.

1466. Braune W. **Rh. virens** (Fr.) Ricken

39. Familie: Hysterangiaceae.

Fk. unterirdisch, knollig, innen aus Kammern bestehend, die vom Hymenium ausgekleidet sind, u. deren Wandungen von einem sterilen Gewebe (Kolumella) entspringen. Peridie fest.

Bestimmungsschlüssel der Gattungen.

A. Fk. im erwachsenen Zustande ohne Peridie,
 morgelartig; Sporen mit Längsrippen.   **1. Gautieria.**
B. Fk. im erwachsenen Zustande mit Peridie,
 trüffelartig-knollig; Sporen glatt.   **2. Hysterangium.**

1. Gattung: **Gautieria** Vittadini, Morchling.

Fk. knollig, vom Myzel entspringend. Peridie fehlend, so daß die labyrinthisch runzlige Glebaoberfläche frei liegt. Basidien meist 2-, auch 1—3sporig; Sporen apfelsinenkernartig, mit br. Längsrippen.

Fk. 1,5—3 cm Durchm., fast glatt, weißlich, dann bräunlich-gelb, ebenso innen. Gänge etwa 1 mm weit, labyrinthfg., frei nach außen mündend. Sporen hell rostbraun. Geruch stark zwiebelartig. Sporen fast lanzettlich, 13—17 × 7—9 μ, rostbraun. In Lbwäldern unter Lb. in der Erde, zerstreut. F. (Taf. XIV, Fig. 581, Habitus u. Längsschn.)

1467. Stinkender M. **Gautieria graveolens** Vittad.

Fk. etwa walnußgroß, 2—3 cm, rötlichbraun, auch innen. Glebakammern viel größer, 6 × 3 mm. Sporen bräunlich, elliptisch, 18—20 × 10—12 μ. Wie vor., besonders in Eichenwäldern unter faulenden Blättern. IV—VI. (Taf. XIV, Fig. 582, Längsschn.)

1468. Echter M. **G. morchelliformis** Vittad.

2. Gattung: **Hysterangium** Vittadini, Rettichtrüffel, Schwanztrüffel. Fk. knollig, vom Myzel entspringend. Peridie dickhäutig, leicht von der Gleba ablösbar. Basidien meist 2-, auch 1—3sporig. Sporen eifg., spindelfg., glatt, gelblich.

1. Sporen 20—25 μ lg. 2.
   Sporen kürzer. 3.
2. Fk. 1—2 cm, kugelig, reinweiß, dann gilbend, glatt u. kahl, zuletzt rissig mit langem, wenig verästeltem Myzelstrang. Peridie dick. Gleba dunkelolivgrün, leicht rötend, mit mattblauen Kammerwänden, fast knorpelig. Sporen fast spindelfg., sehr lang, mit deutlichem Stielrest, 20—25 × 6 μ, glatt, glänzend-oliv. In Lbwäldern auf steinigem Boden, gesellig. V—X. Rheinland, Hessen-Nassau, München.

1469. Rissige Schw. **H. stoloniferum** (Tul.) Hesse

3. Sporen über 12 μ lg. 4.
   Sporen bis 12 μ lg. 5.
4. Fk. 1—2 cm, oval bis nierenfg., weiß, nicht verfärbend, in das flockige Myzel eingebettet mit dicker, alt brüchiger Peridie, die an den Schnittflächen u. innen rötlich anläuft. Gleba dunkelblaugrün, sehr kleinkammerig. Sporen lang-elliptisch, glatt, grünlich, 15—18 × 6 μ. Nur im Buchenwalde, ganz unterirdisch, gesellig. VII—IX. Selten. Hessen-Nassau, München.

1470. Wollige Schw. **H. nephriticum** Berk.

Fk. 2—3 cm Durchm., rundlich, vom schopfigen Myzel umsponnen. Peridie weiß, dann gelblich. Gleba später schmutzig graugrün od. olivenbraun. Nach Rettich · od. Schwefeläther riechend. Sporen elliptisch-spindelfg. mit kurzem Stielrest, glatt, oliv, 12—15 × 4—5 μ. In lichten Lbwäldern dicht unter der Bodenoberfläche, selten. VII—X. (Taf. XIV, Fig. 583, Längsschn.)

1471. Stinkende Schw. **H. clathroides** Vittad.

5. In Lbwäldern. 6.
   In Ndwäldern. 7.
6. Fk. 1—2,5 cm, rundlich, weiß, rötend, reif schmutzigrot, oft in schneeweißes flockiges Myzel eingebettet, mit dünner ablösbarer Peridie. Gleba rötlich, von der bläulichen, gallertigen, verzweigten

Kolumella durchzogen, deutlich gekammert. Sporen ∓ elliptisch 12×5—6 μ, mit stellenweise verdickter Außenhaut. — Im Lbwald, unterirdisch. VII—IX. Hessen, Thüringen, Sachsen, Schwaben.

1472. **Rotfleischige Schw.** **H. rubricatum** Hesse

Fk. 1—2 cm, rundlich, weißlich, dann schmutzigbraun, mehligkörnig, mit dicker, weicher, brüchiger, sich stellenweise ablösender Peridie. Gleba wird grau bis graugrün, sehr klein-kammerig, sehr weich, mit dicken, gallertigen Kammerwänden. Sporen langelliptisch 12×4 μ, glatt, grau-grünlich, mit undeutlichem Stielrestchen. In jungen Eichenbeständen, wenig von Lb. bedeckt. VIII—IX. Bei Marburg.

1473. **Brüchige Schw.** **H. fragile** Vitt.

7. Fk. 2—3,5 cm, fast kugelig bis ∓ glatt, lederbraun, bei Berührung rötend, fast kahl, bald schuppig-auflösend, mit dicklichem Myzelstrang; Peridie leicht trennbar. Gleba weiß, bald oliv, knorpelig, mit verschieden gestalteten, leeren Kammern. Sporen verlängert eifg., 7—10×4—5 μ, blaßoliv. — In Ndwäldern Bayern u. Südtirol. VII—IX.

1474. **Lederbraune Schw.** **H. Marchii** Bresadola

40. Familie: Clathraceae.

Myzel strangfg. Fk. in der Jugend rings von einer derbhäutigen, weißen Peridie umgeben, eifg. („Hexenei"), fleischig, faulend. Bei der Reife wird die gekammerte Gleba durch ein gitterförmiges, fleischigschwammiges od. in Lappen od. Arme geteiltes, gestieltes Rezeptakulum über den Erdboden emporgehoben u. fließt ab, während die am Scheitel durchbrochene Peridie als Hülle („Volva") am Grunde des Rezeptakulums zurückbleibt.

Bestimmungsschlüssel der Gattungen.

A. Rezeptakulum ein hohlkugeliges Gitter, ungestielt. **1. Clathrus.**

B. Rezeptakulum gestielt, oben in ∓ freie Lappen od. Arme gespalten.

   I. Rezeptakulum in Lappen gespalten, oben nicht scheibenfg. erweitert. Gleba zwischen den Lappen des Rezeptakulums liegend, die beiden äußeren Flanken bedeckend; Innenseite der Lappen glebafrei. **2. Lysurus.**

   II. Rezeptakulum oben scheibenfg. erweitert und in Arme gespalten. Gleba nur auf der Innenseite des Ablaufes der Arme u. auf der Scheibe. **3. Aseroë.**

1. Gattung: **Clathrus** Mich., Gitterling.

Gitterfg. Rezeptakulum aus dicken, stielrunden od. breit gedrückten Stäben bestehend, außen glänzend scharlachrot, innen blaß u. rauh, 6—12 cm h., 5—10 cm dick. Glebamasse grau, schmierig, aasartig riechend, von der Innenseite des Gitters abfließend. Hülle (Peridie) weißlich, derbhäutig, oben lappig aufreißend u. als Volva am Grunde des Rezeptakulum-Gitters zurückbleibend. Sporen weiß, zylindrisch, 5—6 × 2 μ. In Lbwäldern des südlichen Teiles des Gebietes, selten auch in Mittel- u. Norddeutschland, hier meist in Gärtnereien, Gewächshäusern, z. B. Berlin, Stettin. (C. ruber [Mich.] Pers.) (Abb. 38, 1.)

1475. Scharlachroter Gitterling. **Cl. cancellatus** (Tourn.) Fries

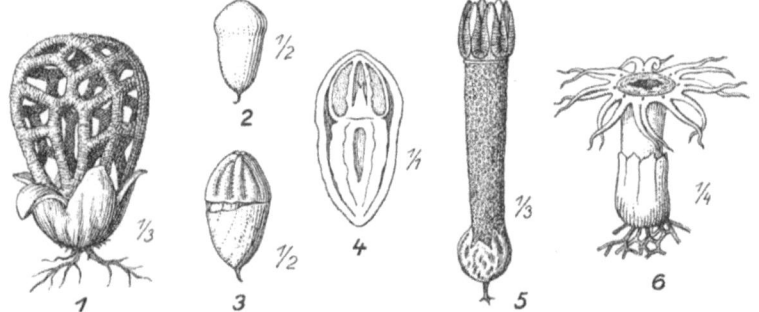

Abb. 38. 1 Clathrus cancellatus (Tourn.) Fr. — 2 bis 5 Lysurus borealis (Burt.) P. Henn 6 Aseroë rubra Labill. (1 nach Fayod, 2 bis 5 nach P. Hennings, 6 nach Berkeley)

2. Gattung: **Lysurus** Fries, Stielgitterling.

Peridie kuglig bis eifg., an der Spitze lappig aufreißend u. als Volva am Grunde des gestielten, oben nicht scheibenfg. erweiterten, in freie Lappen geteilten Rezeptakulums zurückbleibend. Gleba schleimig. Basidien mit 4—6 sitzenden od. fast sitzenden Sporen.

Einzige Art im Gebiete: Volva (Hexenei) 4—5 cm, weiß, kuglig, oben unregelmäßig lappig aufreißend, mit zahlreichen weißen Myzelsträngen im Erdboden sitzend. Rezeptakulum weißlich, 6 cm lg., 2 cm br., zylindrisch, nach unten verschmälert, zellig-schwammig, an der Spitze in 6 Lappen geteilt. Arme tief rotbraun, innen schleimig 15—20 mm lg., am Grunde 4—5 mm br., zugespitzt, mit Längs- u. Querriefen, nicht zellig-schwammig, aufrecht, Spitze leicht gekrümmt. Gleba schokoladenbraun, abfließend. Sporen blaß-rötlichbraun, glatt, länglich-elliptisch 3—4 × 1,5—2 μ. — In Mecklenburg auf einem Spargelfelde; in England auf Triften gefunden. Sehr selten. VIII—X. (Anthurus borealis But., A. Klitzingii P. Henn., Lys. australiensis Cke. et Massee) — Abb. 38, 2—5.

1476. Nördlicher St. **L. borealis** (Burt.) P. Henn.

Phallaceae.

3. Gattung: Aseroë La Billard.

Peridie kuglig, an der Spitze unregelmäßig-lappig aufreißend. Rezeptakulum gestielt, an der Spitze scheibenfg. erweitert u. in strahlige, innen mit der Gleba bedeckte Arme geteilt.

Einzige Art: Rezeptakulum gestielt, rot od. blaßrosa, am Grunde von der weißlichen Volva umgeben, oben in eine breite rote Scheibe erweitert, deren Rand in 5—8 tief-zweiteilige Arme ausläuft. Sporen hyalin, länglich 6—10 × 1,5—2 μ. Mit Erde eingeschleppt in Gewächshäusern. Selten. — Abb. 38, 6.

1477. Rote Aseroë.   **A. rubra** La Billard

41. Familie: Phallaceae.

Myzel strangfg. Fk. aus einem Rezeptakulum, das sich bei der Reife stark streckt, u. aus einem fertilen, gekammerten Geflecht (Gleba) bestehend, deren Wände mit dem Basidienlager ausgekleidet sind; beide zuerst von einer Hülle (Volva) umschlossen u. von eifg. Gestalt. Volva durch das sich streckende Rezeptakulum am Scheitel zerreißend, Gleba bei der Reife zerfließend.

Bestimmungsschlüssel der Gattungen.

A. Gleba nicht als besonderer Hut abgesetzt.   **1. Mutinus.**
B. Gleba auf einem besonderen, glockenfg. „Hut"
sitzend.   **2. Phallus.**

1. Gattung: Mutinus Fries, Hundsmorchel.

Rezeptakulum röhrig, unten vollständig gekammert, oben mit sehr dickwandigen Kammern, die nach innen offen sind.

Einzige Art mit hasel- bis fast walnußgroßen Eiern. Rezeptakulum gestreckt bis 15 cm lg., weiß, an der Spitze rot. Gleba olivengrün, ca. 1,5 cm lg. u. 1 cm dick. Sporen blaßgelblich, länglich, 3—5 × 2 μ. Geruchlos. Am Grunde von Lbstümpfen, im Moos u. Humus, sehr zerstreut. VII—X. (Taf. XIV, Fig. 579.) (Conophallus caninus [Huds.] Fr.)

1478. Hundsmorchel.   **M. caninus** (Hudson) Fries

2. Gattung: Phallus (Micheli) Pers., Gichtmorchel, Stinkmorchel.

Rezeptakulum röhrig, mit gekammerter Wandung, am Scheitel ein glockenfg. „Hut", der die abtropfende Gleba oberflächlich trägt.
1. Volva am Grunde des stielfg. Rezeptakulums rötlich.   3.
    Volva weiß.   2.
2. Mit $\mp$ hühnereigroßen Eiern. Rezeptakulum weiß, gestreckt bis 30 cm lg., mit etwa 3 cm lg. „Hut". Gleba olivengrün, abtropfend u. leere Kammern hinterlassend. Sporen blaß-gelblich, 3—5

×2 μ. Aasartig stinkend. Ungiftig. Das Hexenei eßbar. In schattigen Lb.- u. Mischwäldern (besonders unter Fagus u. Picea) zwischen Lb., Gärten u. Anlagen, oft truppweise, nicht selten, aber unbeständig. VI—VII, häufiger VIII—X. (Taf. XIV, Fig. 580.) (Ithyphallus impudicus [L.] Fr.)
1479. Teufelsei, Stinkmorchel. **Ph. impudicus** (L.) Pers.

3. Mit etwa hühnereigroßen Hexeneiern. Rezeptakulum rosa od. gelblichweiß, gestreckt bis 20 cm lg., mit etwa 2,5—3 cm lg. „Hut". Gleba olivgrün, abtropfend, aasartig stinkend. Im lockeren Dünensande der Nord- u. Ostseeküste zwischen Strandgräsern (Elymus, Ammophila u. a.) nestweise od. vereinzelt; sehr selten u. unbeständig. VIII—X. (Ph. impud. var. iosmus [Berk.] Cke.)
1480. Dünen-Stinkmorchel. **Ph. iosmus** Berk.

Volva 2,5—7 cm gr., außen rot, innen weiß, birnenfg., einem rötlichen od. blaßbläulichem Strangmyzel entspringend. Rezeptakulum weiß, am Grunde rosa, 10—25 cm lg., 2—3 cm br. „Hut" 3—5 cm lg., an der Spitze mit breitem, oft gelblich werdendem u. gekerbtem Discus. Gleba dunkelgrün. Sporen 3—4 × 1,5—2 μ. Geruch angenehm süßlich, wie Glycyrrhiza. Auf sandigem Boden. X. Sehr selten.
1481. Rotscheidige St. **Ph. imperialis** Schulzer

Sachverzeichnis.

Die kursiven Zahlen geben die Nummer der Arten im speziellen Teile an. = bedeutet Synonym. Die angenommenen Gattungen sind gesperrt. Fig. = Figur auf den Tafeln I—XIV. Abb. = Abbildung im Text. Die nicht kursiven Zahlen und S. = Seite. Von deutschen Bezeichnungen sind nur die Namen der Gattungen und die Arten der wichtigeren Speise- und Giftpilze aufgenommen.

abietina (Pers.) Lév., Hymenochaete *247*.
— (Bull.) Fr., Lenzites *506*, Fig. 166.
— (Pers.) Quél., Ramaria *325*, Fig. 67.
abietinum Pers., Stereum = *247*.
abietinus (Dicks.) Quél., Coriolus = *473*.
— (Pers.) Dacryomyces *44a*, Fig. 11.
— (Dicks.) Fr., Polystictus = *157*.
— (Dicks.) Fr., Polystictus *473*, Fig. 147.
abietis Batsch, Marasmius = *639*.
Abschleuderung der Sporen 34.
absinthiata Lasch, Clitocybe = *694*.
— (Lasch) Fr., Russuliopsis *694*.
acanthoides (Bull.) Fr., Polyporus *439*, Fig. 129.
acaule D. C., Polysaccum = *1421*.
acerbum (Bull.) Fr., Tricholoma *1187*, Fig. 553.
acerina Pers., Thelephora = *264*.
acerinum (Pers.) Fr., Stereum = *264*.
acerinus (Pers.) v. H. et L., Aleurodiscus *264*.
acerosus Fr., Pleurotus *1146*.
acervata Fr., Collybia *1104*, Fig. 514.
acheruntius (Humb.) Fr., Paxillus *563*, Abb. 23 S. 197.
Achroomyces Bon. 55.

achyropus (Pers.) Fr., Marasmius *647*.
acicula (Schaeff.) Fr., Mycena *1055*, Fig. 496.
Ackerchampignon *1028*.
acris Bull., Agaricus = *1317*.
— (Bolt.) Fr., Lactarius *1306*.
— Steinh., Russula = *1341*.
acroporphyrea Schaeff., Clavaria = *318*.
acuminatum Mont., Secotium = *1455*.
acuminatus Fr., Panaeolus *966*, Fig. 347.
acus W. G. Sm., Eccilia *761a*, Abb. 25 S. 227.
acuta (Pers.) Fries, Hydrocybe *871*, Fig. 400.
acutesquamosa (Weinm.) Fr., Lepiota *1251*.
Aderzählung 146.
adhaerens (Alb. et Schw.) Fr., Lentinus *626*.
adiposa Fr., Pholiota *954*, Fig.454.
adiposus B. et Br., Polystictus (Polyporus) = *470*.
adnata (W. G. Sm.) Sacc., Amanitopsis = *1279*.
adonis (Bull.) Fr., Mycena *1081*, Fig. 510.
adspersus Schulz., Polyporus = *394*.
adusta (Pers.) Fr., Russula *1389*, Fig. 291.

adusta var. albonigra (Krz.) Fr., Russula = *1390.*
adustus (Willd.) Quél., Leptoporus = *415.*
— (Willd.) Fr., Polyporus *415,* Fig. 115.
advena Quél., Fomes = *407.*
aegerita Hoffm., Kneiffia = *67.*
— (Hoffm.) v. H. et L., Peniophora *67.*
aemulans Karst., Peniophora = *230.*
aereus Bull., Boletus *532,* Fig.183.
— Krombh., Boletus = *536.*
aeruginea Lindb., Russula *1355* Fig. 287.
aeruginosa (Pers., Krbh.) Rom., Russula = *1369.*
— (Curt.) Fr., Stropharia *1006,* Fig. 366.
aestivum Wulf., Lycoperdon = *1465.*
aestivus (Wulf.) Fr., Rhizopogon = *1465.*
Agaricaceae 209.
Agaricales 196.
agariceus (Berk.) Bourd. et Galz., Leptoporus = *454.*
agaricina Schweiniz, Onygena = *612.*
agaricoides Czern., Endoptychum = *1455.*
— (Czern.) Holl., Secotium *1455,* Abb. 37 S. 428.
agathosmum Fr., Limacium *585,* Fig. 241.
aggregata (Schaeff.) Fr., Clitocybe = *1223.*
— Fr., Mucronella *118,* Fig. 72.
aggregatum (Schaeff.) Quél., Tricholoma *1223.*
alba Fr., Amanita = *128 1β.*
— Fr., Amanitopsis = *1268.*
Albertinii Fr., Pleurotus *1130.*
albicans Willd., Carpobolus = *1424.*

albida (Fr.) Bres., Daedalea *590.*
— (Huds.) Fries, Exidia *25.*
— Fr., Lenzites *509.*
— (Fr.) B. et G., Trametes = *509.*
albidoroseus Gmel., Agaricus = *1317.*
albidus Fr., Cantharellus *114.*
— (Trog.) Fr., Polystictus *472.*
Albinos 44.
albobrunneum (Pers.) Fr., Tricholoma *1164,* Fig. 542.
albomarginatus Schum., Agaricus = *1263.*
albonigra (Krbhlz.) Fr., Russula *1390.*
albosordescens Romell, Polyporus = *424.*
albostramineum(Bres.)v. H. etL., Gloeocystidium *228.*
albostramineus Bres., Hypochnus = *228.*
alboviolaceum (Pers.) Fr., Inoloma *832,* Fig. 423.
alboviolascens (Alb. et Schw.) Karst., Cyphella *278,* Fig. 43.
album (Desm.) Microstroma *60.*
— (Schaeff.) Fr., Tricholoma *1202.*
albus (Cda.) Sacc., Ceriomyces *513.*
— Ceriomyces = *425.*
— (Huds.) Bres., Polyporus *424.*
alcalina Fr., Mycena*1052,*Fig.*495.*
aleuriatus Fr., Pluteolus = *887.*
Aleurodiscus Rabh. 124.
Alexandri Fr., Paxillus = *671.*
Algenpilze 17.
algidus (Fr.) Quél., Calathinus = *1149.*
— Fr., Pleurotus *1149.*
alliaceus (Jacq.) Fr., Marasmius *641,* Fig. 334.
alliatus Schaeff., Marasmius *633,* Fig. 330.
alligatus Fr., Polyporus *441.*
alneum (L.) Schizophyllum = *613.*
— Secr., Sistotrema = *162.*

Sachverzeichnis.

alneum Fr., Stereum = *239.*
alni Peck, Plicatura = *349a*, var.
— Fr., Trogia = *349a*, var.
alnicola Secr., Agaricus = *919.*
— Fr., Flammula *936.*
alnicolum Velenovsky, Hydnum = *128.*
Alpenerdstern *1448a.*
alpinus Schleich., Geaster = *1448a.*
alutacea (Fr.) Bourd. et Galz., Odontia = *127.*
— Britzelm., Russula = *1337.*
— (Pers.) Fr., Russula *1345*, Fig. 313.
— Quél., Russula = *1349.*
alutaceum (Schrad.) Bres., Corticium *215.*
— (Schrad.) Bourd. et Galz., Gloeocystidium = *215.*
— Fr., Hydnum *127*, Fig. 78.
alutaceus Fr., Polyporus *418.*
alutarius Fr., Boletus = *519.*
— (Fr.) Karst., Tylopilus *519.*
alutipes (Lasch.) Fr., Myxatium = *799.*
alvearis Cooke, Collybia *1105ε.*
alveolarius D. C., Merulius = *512.*
amadelphus (Bull.) Fr., Marasmius *644*, Fig. 336.
Amanita Pers. 363.
Amaniteae 362.
— Sammeln 3.
Amanitoideae Ulbr. 352.
Amanitopsis Roze 362.
amara Bull., Flammula = *936.*
— Fr., Clitocybe *686.*
amarum Alb. et Schw., Tricholoma = *1187.*
Amaurodon Schroet. 95.
ambiguus (Vitt.) Tul., Melanogaster *1419.*
ambusta Fr., Collybia *1099.*
amethystea Bull., Clavaria = *319.*
amethystina (Batt.) Quél., Ramaria *319*, Fig. 64.
— Bourd., Russuliopsis *690.*
— Quél., Russula = *1331.*

amethystinum Schaeff., Inoloma = *838.*
amethystinus (Schaeff.) Quél., Cortinarius = *838.*
amianthina (Scop.) Fr., Lepiota *1260.*
amicta Fries, Mycena *1073*, Fig. 497.
amoena Quél., Russula = *1331.*
amoenata Britzelm., Russula *1336.*
amorpha (Pers.) Quél., Cyphella = *266.*
— Pers., Peziza = *266.*
amorphum (Pers.) Fr., Corticium = *266.*
amorphus (Pers.) Rbh., Aleurodiscus *266*, Fig. 28.
— (Fr.) Quél., Leptoporus = *421.*
— Fr., Polyporus *421*, Fig. 120.
ampla (Pers.) Quél., Amanita = *1283.*
— (Lév.) R. Maire, Auriculariopsis = *262.*
— Pers., Clitocybe = *1220.*
— (Pers.) Fr., Clitocybe *663.*
— (Lév.) Fr., Cyphella = *262.*
amplum (Pers.) Rea, Tricholoma = *663.*
anatina (Lasch) Fr., Leptonia *739.*
andromedae Peck, Exobasidium *57γ.*
Androsaceus Pat. 216.
androsaceus (L.) Pat., Androsaceus = *632.*
— (L.) Fr., Marasmius *632*, Fig. 329.
anfractus Fr., Cortinarius = *822.*
Anellaria Karst. 291.
angiokarp 39.
anguinaceus Jungh., Agaricus = *584.*
anisoporus Mont., Polyporus = *454.*
Anistramete *493*, Fig. 160.
Anistrichterling *682.*
annosa (Fr.) Pat., Ungulina = *385.*

annosus Fr., Fomes *385*, Fig. 104.
— Karst., Fomitopsis = *385*.
Annularia Schulzer 357.
annulatus Bull., Boletus = *558*.
Annulosae Ricken 355.
Annulus 47.
anomala (Pers.) Pat., Cyphella
= *272*.
— (Pers.) Fr., Solenia *272*, Abb.
20 S. 124, Fig. 40.
anomalus Fr., Agaricus = *845*.
— Fr., Cortinarius = *845*.
anthocephala (Bull.) Pat., Phylacteria = *88*.
— (Bull.) Fr., Thelephora *88*, Fig. 35.
anthochroum (Pers.) Fr., Corticium *210*.
anthochrous (Pers.) Quél., Hypochnus = *210*.
Anthurus Burt. 434.
Apfelporling *423*.
Apfelseitling *1126*.
apiculata Fr., Clavaria = *323*.
— Fr., Eccilia *762*.
— (Fr.) Quél., Ramaria *323*.
appendiculatum (Bull.) Fr., Hypholoma *1000*, Fig. 363.
appendiculatus Schaeff., Boletus *536*, Fig. 187.
applanatum (Pers.) Pat., Ganoderma *393*, Fig. 107.
applanatus Quél., Placodes = *393*.
applicatus (Batsch) Quél., Calathinus = *1150*.
— (Batsch) Fr., Pleurotus *1150*.
apricea Fr., Flammula = *933*.
aquosa (Bull.) Fr., Collybia *1105*ζ.
aquosus Krombh., Boletus = *541*.
arachnoideum Berk., Corticium = *199*.
Archimycetes 17.
arcuatum Fr., Tricholoma = *1216*.
arcularius (Batsch) Quél., Leucoporus = *461*.
— (Batsch) Fr., Polyporus *461*, Fig. 140.

ardenia Sowerb., Clavaria = *310*.
ardosiaca (Bull.) Quél., Eccilia *758*.
ardosiacum (Bull.) Fr., Entoloma = *718*.
arenarius Alb. et Schw., Pisolithus *1421*, Abb. 35 S. 414, Fig. 605.
arenatum (Pers.) Fr., Inoloma *837*.
arenatus Pers., Agaricus = *837*.
areolata (Fr.) Brinkm., Peniophora *81*, Abb. 15 S. 74.
argentatum (Pers.) Fr., Inoloma *830*.
argillacea Pers., Clavaria *314*.
— Bres., Jaapia = *217*.
argillaceum (Bres.) v. H. et L., Gloeocystidium *217*.
Argouane *1129*.
arguta (Fr.) Quél., Odontia = *120*.
argutum Fr., Hydnum *120*.
argyraceum (Bull.) Fr., Tricholoma *1178*.
arida Fr., Amanita = *1247*.
— Fr., Coniophora *255*, Abb. 19 S. 121.
— (Karst.) Sacc., Hymenochaete 250.
— (Fr.) Gill., Lepiota *1247*.
aridus Pers., Agaricus = *914*.
Armbandpilz 349.
armeniaca (Schaeff.) Fr., Hydrocybe *875*, Fig. 402.
— Cke., Russula = *1344*.
Armillaria Fr. 327, 335, 349.
Armillata Ricken 334.
armillata Fr., Telamonia *863*.
arquatum Fr., Phlegmatium *817*.
Arrhenia Fries 86.
Artnamen 47.
arvalis Let., Agaricus = *924*.
arvensis (Schaeff.) Fr., Psalliota *1028*, Abb. 8 S. 38, Fig. 374.
arvinaceum Fr., Myxatium = *799*.
asema Fr., Collybia *1116*.
Aseroë La Bill. 435.

asper Mich., Geaster *1450*.
aspera Fr., Amanita *1290*.
— (Pers.) Quél., Lepiota = *1251*.
aspideus Fr., Lactarius = *1303*.
asprella Fr., Leptonia *743*.
Asterophora Ditm. et Cda. 208.
— Fr., Nyctalis = *612*.
asterosperma Vitt., Octaviania *1463*, Fig. 585.
Asterosporina Schroet. 244.
Asterostromella v. H. et L. 129.
Astraeus Morg. 414.
astragalina Fr., Flammula *935*, Fig. 446.
Astschwindling *642*.
aterrimum Fr., Radulum *344*.
Athelia 109.
atomata Fr., Psathyrella *961*, Fig. 343.
atomatus (Fr.) Quél., Panaeolus = *961*.
atramentarius (Bull.) Fr., Coprinus *1396*, Fig. 217.
atrata Fr., Collybia *1098*.
atrides (Lasch) Fr., Eccilia *759*.
atripes (Rabenh.) Fr., Omphalia *709*.
atrobrunnea (Lasch) Fr., Psilocybe *983*.
atrocoeruleus (Fr.) Quél., Calathinus = *1148*.
atrocoeruleus Fr., Pleurotus *1148*.
atrocyanea (Batsch) Fr., Mycena *1050*.
atropuncta (Pers.) Fr., Eccilia *760*, Fig. 457.
— (Pers.) Quél., Omphalia *760*.
atropurpurea All., Russula = *1334β*.
— (Krbh.) Britz., Russula *1385*.
— f. peracris Britz., Russula = *1380*.
atropurpureum Vitt., Lycoperdon = *1439*.
atrorubens Quél., Russula *1380*.

atrorufa (Schaeff.) Fr., Psilocybe *981*, Fig. 362.
atrotomentosus (Batsch) Fr., Paxillus *568*.
atrovirens Fr., Corticium *195*.
— Bres., Tomentella *174*.
— Fr., Tremella *19*.
— (Pers.) Quél., Tricholoma = *1193* var.
augusta Fr., Psalliota *1033*, Fig. 370.
aurantia Pers., Clavaria = *315*.
— Pers., Thelephora = *267*.
aurantiaca (Bres.) v. H. et L., Gloeopeniophora *229*, Abb. 18 S. 106.
— Bres., Kneiffia = *229*.
— (Sow.) Karst., Phlebia *349*.
— (Wulf.) Studer, Clitocybe *672*, Fig. 208.
aurantiacum (A. et S.) Fr., Hydnum = *149*.
— Bull., Scleroderma = *1415*.
aurantiacus Sow., Agaricus = *594*.
— (A. et S.) Quél., Calodon = 149.
— (Wulf.) Fr., Cantharellus = *672*.
— (Fl. dan.) Fr., Lactarius *1323*, Fig. 280.
— (A. et S.) Schroet., Phaeodon *149*.
aurantiicolor Krbhz., Russula = *1338*.
aurantium Pers., Corticium = *267*.
aurantium (Schaeff.) Fr., Tricholoma *1161*, Fig. 558.
aurantius (Pers.) Schroet., Aleurodiscus *267*.
— Sow., Agaricus = *601*.
— Vahl, Agaricus = *598*.
aurata Quél., Collybia *1105α*.
— (With.) Fr., Russula *1338*, Fig. 310.
aurea Schaeff., Clavaria = *332*.
— (Pers.) Fr., Pholiota *950*, Fig. 452.

aurea (Schaeff.) Quél., Ramaria *332*, Fig. 70.
— Pers., Russula = *1338*.
aureola (Kalchbr.) Quél., Amanita = *1282*.
aureum Arrhen., Limacium *583*, Fig. 240.
aureus Schaeff., Boletus *526*.
— Fr., Merulius *356*, Abb. 21 S. 145.
Auricularia Bull. 56.
Auricularia-Basidie 33.
Auriculariaceae 54.
Auriculariales 54.
auricula Judae (L.) Schroet., Auricularia *4*, Abb. 8 S. 38, Fig. 1.
Auriculariopsis R. Maire 123.
auriscalpium Fries, Arrhenia *104*.
— (L.) Fr., Hydnum (Pleurodon) *135*, Fig. 82.
aurivella (Batsch) Fr., Pholiota *953*, Fig. 453.
aurora Krbhlz., Russula = *1371*.
Austernseitling *1142*, Fig. 478.
australe (Fr.) Pat., Ganoderma = *394*.
australiensis Cke. et Mass., Lysurus = *1476*.
Autobasidien 32.
Autobasidiomycetes 65.
Autochorie 37.
avellana (Fr.) Cke., Hymenochaete = *252*.
avellanum Fr., Stereum = *252*.
avenacea (Fr.) Schroeter, Mycena *1071*.
azaleae Exobasidium = *58*.
azonites (Bull.) Quél., Lactarius = *1293*.
azurea Bres., Russula *1373*.

Bachtrichterling *683*.
Badhamii Berk. et Br., Lepiota *1255*.
badia Schaeff., Amanitopsis = *1268*.

badia Quél., Russula *1343*.
badipes (Fr.) Ricken, Galera *895*.
— Fr., Naucoria = *895*.
badium Pers., Sarcodon, Hydnum = *154*.
badius Fr., Boletus *551*, Abb. 8 S. 38, Fig. 195.
Balkenschwamm 181.
balteatus Fr., Cortinarius = *826 β*.
barba Jovis (With.) Fr., Odontia *341*, Fig. 73.
— Jovis Fr., Odontia = *120*.
Bärentatze *318*.
Barlae Sw., Russula = *1349*.
— Quél., Tulostoma = *1425 a*.
Basidie, Entstehung Abb. 5 S. 30.
Basidientypen Abb. 6 S. 32.
Basidiomyzeten, Bestimmungsschlüssel 18.
Basidiosporen, Keimung 26.
Becherrindenschwamm 123.
Bechertrichterling *659*.
Behang 47.
bella (Pers,) Fr., Clitocybe = *691*.
— Quél., Collybia = *691*.
— (Pers.) Schroet., Russuliopsis *691*.
Benešii Pilat., Psalliota *1031*.
Benzoëschwamm *408*.
benzoinum (Whbg.) Fr., Placoderma *408*.
Bernardii Quél., Psalliota *1032*.
— Ricken, Psalliota = *1031*.
Berteroanum Lév., Tulostoma = *1426*.
betulae (Schum.) Karst., Coniophora *256*.
betulina (L.) Fr., Lenzites *510*, Fig. 167.
— Burl., Russula = *1334*.
— Melzer, Russula = *1351*.
— (Bull.) Pat., Ungulina = *402*.
betulinum (Bull.) Fr., Placoderma *402*, Fig. 119.
betulinus Fl. dan., Agaricus = *358*.
— Bull., Polyporus = *402*.
Biannularia G. Beck 351.

bicolor (A. et Schw.) Fr., Hydnum = 121.
— (A. et Schw.) Bres., Odontia = 121.
— Pers., Thelephora = 244.
— (Pers.) Fr., Tricholoma=1210.
Bienenwabenpilz 177.
biennis (Bull.) Quél., Daedalea = 466.
— (Bull.) Fr., Polyporus 466, Fig. 144.
bifida Schroet., Russula = 1370.
biloba Massee, Volvaria=1235 var.
Birkenpilz 522, Fig. 175.
— gelber 537.
Birkenporling 402.
Birkenreizker, Birkenrietsche 1322.
Birkenseitling 1127.
Birkentäubling, gelber 1347.
— roter 1340.
Birnenstäubling 1436, Fig. 589.
Bitterling 1312.
Bitterpilz 539, Fig. 189.
bivela Fr., Telamonia 859, Fig. 412.
blattaria Fr., Pholiota 943.
Blätterpilze, eigentliche 209.
Blättling 181.
Bläuling 228.
Blautäubling 1373.
Bleiweißtrichterling 681.
blennius Fr., Lactarius 1326, Fig. 283.
Bloxamii Berk., Entoloma=719.
Blutegerling 1014.
Blutmilchling 1292.
Blutreizker 1291, 1292.
Bofist = Bovist 419.
bolare (Pers.) Fr., Inoloma 840, Fig. 427.
Bolbitius Fr. 402.
Boletaceae 183.
Boletus Dill. 185.
Boltoni (Fr.) Cke., Bolbitius = 1392a.

bombycina (Schaeff.) Fr., Volvaria 1236, Fig. 476.
bombycinum (Sommerf.) Bres., Corticium 198.
Bongardii (Weinm.) Fr., Inocybe 780, Fig. 394.
boreale Karsten, Stereophytum = 282.
— Fr., Tricholoma 1206.
borealis Burt., Anthurus = 1476.
— (Burt.) P. Henn., Lysurus 1476, Abb. 38 S. 434.
— (Wahlenbg.) Fr., Polyporus 419, Fig. 117.
— (Whbg.) Pat., Spongipellis = 419.
— (Whbg.) Quél., Daedalea = 419.
Borsten 46.
Borstenkoralle 131.
Borstenscheibe 118.
botryosum Bres., Corticium 189.
botrytes Pers., Clavaria = 318.
— (Pers.) Ramaria 318, Fig. 63.
Boucheanus Klotzsch, Polyporus 454.
Boudieri Bres., Lepiota = 1251.
Bourdotii Bres., Coniophora 257.
bovinus (L.) Fr., Boletus 552, Fig. 196.
Bovist 419, 422.
Bovista Pers. 422.
bovista (L.) Schroet., Globaria 1441, Fig. 592.
— Pers., Lycoperdon = 1434.
— L., Lycoperdon = 1441.
— Fr., Scleroderma 1416, Fig. 603.
brachiata Fr., Clavaria = 310.
brachyporus Pers., Boletus=561.
— Rostk., Boletus = 560.
Brandtäubling 1389.
Brätling 1297.
Brauntrüffel 429.
Braunzahn 95.
Bresadolae Schulz, Boletus=550.
— Quél., Hygrophorus = 583.

Bresadolae Brinkm., Hypochnus = *182*.
— Schulz., Psalliota = *1016*.
— (Brinkm.) v. H. et L., Tomentella *182*.
Bresadolina Brinkm. 85.
brevipes Peck, Russula = *1368β*.
— (Bull.) Fr., Tricholoma *1217*.
Brinkmannii Bres., Corticium = *227*.
— (Bres.) Bourd. et Galz., Grandinia *339*.
— Bres., Odontia = *339*.
Bronzeröhrling, gelbfleischig. *536*.
— weißfleischiger *532*, Fig. 183.
Brownii B. et Br., Cantharellus = *925*.
brumalis (Pers.) Quél,. Leucoporus = *462*.
— (Pers.) Fr., Polyporus *462*, Fig. 141.
brunnea (Pers.) Fr., Telamonia *864*, Fig. 415.
Bryantii Berk., Geaster = *1451*.
Bryogenae Ricken 272.
bryophilus (Pers.) Karst., Leptotus *106*, Fig. 203.
Buchenringrübling *1122*.
Buchensaumpilz *995*.
Buckeltäubling *1336*.
bulbigera (Alb. et Schw.) Fr., Armillaria = *1160*.
bulbigerum (A. et Schw.) Fr., Tricholoma *1160*, Fig. 557.
Bulbillen 29.
bulbosa Pers., Amanita = *1276*.
bullacea (Bull.) Fr., Psilocybe *980*, Fig. 361.
Bulliardii (Pers.) Fr., Inoloma *841*, Fig. 428.
— Fr., Trametes = *496*.
Butterpilz *557*, Fig. 199.
Butterrübling *1115*.
butyracea (Bull.) Fr., Collybia *1115*, Fig. 522.
byssinum Karst., Corticium *197*.
— Pilat, Radulum = *345*.

byssinus Schrad., Boletus = *285*.
— Karst., Lyomyces *197*.
byssisedus (Pers.) Fr., Cladopus *753*.
byssoidea Pers., Kneiffia = *63*.
— (Pers.) Brinkm. Peniophora *63*, Abb. 15 S. 74.
— Pers., Coniophora = *63*.
byssoideum (Pers.) Fr., Corticium = *63*.

cacabus, Fr., Clitocybe *667*, Abb. 25 S. 227.
caelata (Bull.) Morg., Calvatia = *1434*.
— (Bull.) Quél., Utraria = *1434*.
caelatum (Bull.) Fr., Lycoperdon *1434*, Fig. 588.
caerulescens (Schaeff.) Fr., Phlegmatium *816*.
— (Karst.) Sacc. = 195.
caesarea (Scop.) Fr., Amanita *1277*, Fig. 574.
caesariata Fr., Inocybe *786*.
caesia Bres., Peniophora = 82.
caesio-cinereum v. H. et L., Corticium 207.
— (v. H. et L.) Bourd. et Galz. Gloeocystidium = 207.
caesium Bres. Corticium = 82.
caesius (Schrad.) Quél., Leptoporus = *428*.
— (Schrad.) Fr., Polyporus *428*.
Calathinus Quél. 333.
calcea (Pers.) Bres., Sebacina *12*.
— Pers., Thelephora *12*.
calceata (Schaeff.) Fr., Stropharia *1007*.
calceolum (Sternb.) Fr., Tricholoma = *1205*.
calceolus (Bull.) Quél., Polyporus = *451*.
Caldesiella Sacc. 95.
caligata Viv., Armillaria = *1159*.
caligatum (Viv.) Bres., Tricholoma *1159*.
callosa Fries, Poria *370*.

Calocera Fr. 72.
Caloceraceae 68.
Calodon Quél. 95.
calopus (Pers.) Fries, Androsaceus 635.
— (Pers.)Pat.,Androsaceus=635.
— Fr., Boletus 538, Fig. 188.
calorrhiza Bres., Mycena, Agaricus = 1073.
Calostomataceae 414.
calva (A. et Schw.) Fr., Mucronella 119.
Calvatia 420.
calyculatus Fuck., Geaster = 1451.
Calyptella Quél. 127.
Camarophyllus Fr. 206.
campharophyllus Alb. et Schw., Agaricus = 610.
camarophyllus (A. et Schw.) Fr., Hygrophorus = 610.
cameleon Bull., Agaricus = 595.
camerina (Fr.) Ricken, Galera 896.
camerina Fr., Naucoria = 896.
campanella (Batsch) Fr., Omphalia 701.
campanulata (L.) Karst., Chalymotta 973, Abb. 28 S. 287, Fig. 352.
campanulatus (L.) Ricken, Panaeolus = 973.
campestris Morg., Geaster = 1450.
— (L.)Fr., Psalliota 1024. Fig. 372.
camphoratus (Bull.) Fr., Lactarius 1300.
cancellatus (Tourn.) Fr., Clathrus 1475, Abb. 38 S. 434.
cancrina (Fr.) Quél., Eccilia 757.
cancrinus Fr., Clitopilus = 757.
candicans Schaeff. Pholiota = 940.
— Pers., Clitocybe 677, Fig. 531.
candida Pers., Cyphella = 269.
— (Pers.) Fr., Solenia 269.
candidum Schlechtd. Hydnum = 160.
— Pers., Lycoperdon = 1437.

candidum Pers., Sistotrema = 160.
candidus Weinm., Irpex 160.
— (Bolt.) Fr., Marasmius 643.
— Ehrenbg., Xylodon = 160.
Candolleanum Fr., Hypholoma 999.
canina Fr., Dermocybe 846.
caninus (Huds.) Fr., Conophallus = 1478.
— (Huds.) Fr., Mutinus 1478, Fig. 579.
Cantharellaceae 84.
Cantharellales 73.
Cantharelloideae 86.
Cantharellopsis 85.
Cantharellus Ad. 87.
capensis Thüm., Geaster = 1453.
caperata (Pers.) Fr., Pholiota = 957.
— (Pers.) Karst., Rozites 957, Fig. 456.
capillaris (Schum.) Fr., Mycena 1079, Fig. 109.
capnoides Fr., Hypholoma 1002.
capnosa Letellier, Amanita = 1288.
caprinus (Scop.) Fr., Camarophyllus 610, Fig. 259.
— Scop., Hygrophorus = 610.
capucina Fr., Inocybe = 785.
capula Quél., Calyptella = 274.
— (Holmsk.) Fr., Cyphella 274, Fig. 41.
— Holmsk., Peziza 274.
caput Medusae (Fr.) Ricken, Hypholoma 994.
— Medusae Fr., Stropharia = 994.
carbonaria (Fr.) Quél., Flammula 929, Fig. 443.
— Fr., Naucoria = 929.
carbonarius (A. et Schw.) Fr., Cantharellus 113, Fig. 210.
carcharias Pers., Agaricus = 1263.
— (Pers.) Fr., Lepiota 1263.
cardarella Balt., Pleurotus = 1129.

cariosa Fr., Amanita *1286.*
carnea Schaeff., Elvela = *335.*
carneoalba (With.) Quél., Eccilia *756.*
carneoalbus (With.) Fr., Clitopilus = *756.*
carneolum Fr., Tricholoma = *1197.*
carneotomentosus Batsch, Agaricus = *617.*
— (Batsch) Fr., Panus *617.*
carneum Wallr., Hydnangium *1462,* Fig. 584.
— Bonord., Sistotrema *168.*
— (Bull.) Fr., Tricholoma *1197,* Fig. 547.
Carpobolus Desm. 415.
carpobolus L., Lycoperdon = *1424.*
— (L.) Schroet., Sphaerobolus *1424,* Fig. 607.
carpophila (Fr.) Quél., Galera *916.*
— (Fr.) Naucoria *916,* Fig. 441.
cartilagineum Fries, Tricholoma *1222.*
caryophyllea (Schaeff.) Pat., Phylacteria = *91.*
— (Schaeff.) Fr., Thelephora *91,* Fig. 38.
caryophylleus (Schaeff.) Fr., Marasmius 652, Fig. 340.
cascum (Fr.) Karst., Hypholoma = *998.*
castanea (Bull.) Fr., Hydrocybe *879,* Fig. 406.
— Quél., Lepiota *1253.*
castaneus Bull., Boletus = *517.*
— Fr., Fomes *386.*
— (Bull.) Quél., Gyroporus *517.*
— (Bull.) Karst., Suillus *517,* Fig. 173.
caudata Fr., Psathyrella *962.*
caudatus (Fr.) Quél., Panaeolus = *962.*
caudicinus Schaeff., Polyporus *444,* Fig. 132.

cauticinalis Bull., Agaricus = *1108.*
— (Bull.) Schroet., Collybia *1108,*
— (With.) Fr., Marasmius *640.* Fig. 333.
cavipes Opat., Boletus *535,* Fig. 186.
cellaris Bres., Chitonia *1034,* Abb. 29 S. 307.
cellulare Pers., Sistotrema = *350.*
centrifuga Lév., Rhizoctonia = *199.*
centrifugum (Lév.) Bres., Corticium *199.*
centrifugus (Lév.) Tul., Hypochnus = *199.*
centunculus Fr., Naucoria *920.*
centurio Kalchbr., Tricholoma *1220.*
cepistipes (Sow.) Fr., Lepiota *1248,* Fig. 567.
— (Sow.) Pat., Leucocoprinus = *1248.*
ceraceus (Wulf.) Fr, Hygrophorus *600,* Fig. 253.
cerasi (Schum.) Bref., Craterocolla = *31.*
— (Schum.) Karst., Ditangium *31,* Abb. 12 S. 63, Fig. 9.
— Fr., Irpex = *161.*
cerasinus Berk., Hygrophorus = *585.* {
cerebella (Pers.) Duby, Coniophora *254,* Abb. 19 S. 121, Fig. 22.
ceresina Mart., Russula = *1334.*
cerinum (Pers.) Fr., Tricholoma *1198.*
Ceriomyces Corda 182.
cernua (Fe. Dan.) Fr., Psilocybe *985.*
cerodes Fr., Agaricus = *923.*
— (Fr.) Sacc., Naucoria = *923.*
cerussata Fr., Clitocybe *681.*
cervinum Pers., Scleroderma = *1415.*

Sachverzeichnis. 447

cervinus (Schaeff.) Fr., Pluteus *1042*, Abb. 7 S. 35, Abb. 30 S. 322, Fig. 472.
— Pers., Polyporus *489*.
Cesatii Rabenh., Geaster =*1448a*.
cetrata Fr., Nolanea *747*.
chaetophora, Peniophora, Abb. 7 S. 35.
Chaetocypha Cda. 128.
Chailletii (Pers.) Bres., Lloydella *245*.
— (Pers.) Bourd. et Galz., Stereum = *245*.
— Pers., Thelephora = *245*.
chalybaea (Pers.) Fr., Leptonia *736*, Fig. 462.
chalybaeus Schroet., Hypochnus = *195*.
Chalymotta Karst. 291.
chamaeleontina Fr., Russula *1332*, Fig. 315.
Champignon 301.
— echter *1024*.
chelidonia Fr., Mycena *1082*.
Chiastobasidien 32, 33.
chionea Pers., Clavaria = *304*.
chioneus Fr., Polyporus *431*, Fig. 124.
Chitonia Bres. 307.
Chlamydosporen 31, 47.
chlorophanus, Fr., Hygrophorus *596*, Fig. 249.
chloropodia (Fr.) Quél., Leptonia = *733*.
chloroides Krbhlz., Russula = *1368β*.
chordostyla Pers., Clavaria =*292*.
Chrysanthemi Plowr., Peniophora = *196*.
chrysenteron (Bull.) Fr., Boletus *549*, Fig. 194.
chrysocomus (Bull.) Tul., Dacryomyces *45*.
chrysodacryon Singer, Russula = *1363*.
chrysodon Batsch, Hygrophorus = *576*.

chrysodon (Batsch) Fr., Limacium *516*, Fig. 236.
chrysoleuca Pers., Omphalia = *707* var.
chrysophaeus (Schaeff.) Fr., Pluteus *1036*, Fig. 469.
chrysopus G. Beck, Psalliota *1030*.
chrysospermus, Hypomyces 192.
chrysorrhoeus Fr., Lactarius *1308*.
cibarius Fr., Cantharellus *111*, Fig. 207.
cidaris Fr., Naucoria *922*.
ciliata (Fr.) Bres., Peniophora *79*.
ciliatus Fr., Polyporus *459*.
cilicioides Fr., Lactarius *1321*.
cimicarius Batsch, Agaricus, Lactarius = *1299*.
cinctulus Bolt., Panaeolus = *967*.
cinerascens (Batsch) Fr., Clitocybe = *659*.
— (Karst) v. H. et L., Tomentella *170*, Abb. 17 S. 102.
— (Bull.) Quél., Tricholoma *1221*₁
cinerea Bres., Amanita *1274*.
— Bull., Clavaria = *97*.
— Fr., Daedalea *501*.
— (Fr.) Quél., Lenzites = *501*.
— (Fries) Cooke, Peniophora *77*.
— (Bull.) Ricken, Ramaria = *97*.
— (Bull.) Ulbrich, Stichoramaria *97*, Fig. 51.
cinereo-purpurea Krbhlz., Russula = *1382*.
cinereoviolacea Allesch., Russula *1348*, Anmerk.
cinereo-violaceum Fr., Inoloma = *833*.
cinereum Fr., Corticium = *77*.
cinereus (Pers.) Fr., Cantharellus *117*.
— Schaeff., Coprinus = *1414*.
cinnabarina Secr., Daedalea *502*.
— Fr., Dermocybe *849*, Fig. 418.
— (Alb. et Schw.) Karst., Lepiota *1262*.
— Fr., Trametes = *479*.

cinnabarinus (Jacq.) Fr., Polystictus *479*, Fig. 150.
— Quél., Phellinus = *479*.
cinnamomea (L.) Fr., Dermocybe *851*, Fig. 420.
— (Pers.) Bres., Hymenochaete *249*.
cinnamomeum (Pers.) Fr., Corticium = *249*.
cinnamomeus (Jacq.) Fr., Polystictus *487*.
— (Jacq.) Pat., Xanthochrous = *487*.
circinata (Fr.) Quél., Clitocybe = *1134*.
circinatus Fr., Pleurotus *1134*.
— (Fr.) Bres., Polystictus *483*.
— (Fr.) Bourd. et Galz., Xanthochrous = *483*.
— var., Xanthochrous = *482*.
circumsepta (Batsch) Sacc., Tubaria = *905*.
circumseptus Batsch, Agaricus = *905*.
cirrhata (Schum.) Fr., Collybia *1107*, Fig. 517.
cirrhatum (Pers.) Quél., Dryodon = *131*.
— (Pers.) Fr., Hydnum *131*, Fig. 79.
— (Pers.) Fr., Pleurodon = *131*.
citrina Gonn. Rab., Amanita = *1279*.
— (Schaeff.) Quél., Amanita = *1281*.
— Quél., Clavaria = *314*.
— Gill., Russula *1383*.
citrinella (Pers.) Fr., Mycena *1047*.
citrinum Pers., Corticium = *215*.
citrinus Schaeff., Agaricus = *1281*.
— Vitt., Hymenogaster *1457*.
clandestina Fr., Nolanea *751*.
claricolor Fr., Phlegmatium *829*.
claroflava Grove, Russula = *1374*.
Clathraceae 433.

clathroides Vitt., Hysterangium *1471*, Fig. 583.
Clathrus Mich. 434.
Claudopus Sm. 240.
Clavaria Vaill. 83, 135.
Clavariaceae 130.
Clavariella Karsten 131, 137, 138.
clavatum (Fr.) Pat., Neurophyllum *335*, Fig. 46.
clavatus Pers., Cantharellus *335*.
— Fr., Craterellus = *335*.
claviceps Fr., Hebeloma *791*.
clavipes Pers., Clitocybe *687*, Fig. 534.
clavularis (Fr.) B. et G., Phylacteria = *87*.
— Fries, Thelephora *87*.
clavuligerum, Gloeocystidium, 35, Abb. 7.
Clavulina Schroet. 83, 134.
clavus Schaeff., Collybia = *1102*.
— Schaeff., Elvela = *612*.
Clitocybe Fr. 221.
Clitocybeae Ulbr. 221.
Clitocybeoideae Ulbr. 220.
Clitopileae Ulbr. 242.
Clitopilus Fr. 242.
Clusii Cke., Russula = *1379*.
clypeatum (L.) Fr., Entoloma *729*, Fig. 464.
Clypeolariae Ricken 358.
clypeolariae (Bull.) Fr., Lepiota *1258*, Fig. 568.
cnista Fr., Tricholoma *1204*.
coccinea (Scop.) Sacc., Mycena = *1055*.
— (Sowerb.) Quél., Mycena *1069*.
coccineus Bull., Boletus *479*.
— (Schaeff.) Fr., Hygrophorus *601*, Fig. 254.
— Quél., Phellinus = *479*.
cochleatus (Pers.) Fr., Lentinus *625*.
coerulescens Schroet., Agaricus, Mycena = *1073*.
— (Fr.) Cke., Cortinarius = *816*.

Sachverzeichnis.

coeruleum (Schrad.) Fr., Corticium 206.
coliforme (Dicks.) Cda., Myriostoma 1444, Abb. 36 S. 422.
coliformis (Dicks.) Pers., Geaster = 1444.
collariata Fr., Mycena 1060.
collinitum (Fr.) Sow., Myxatium 798, Fig. 429.
collinitus (Sow.) Fr., Cortinarius = 798.
Collybia Fr. 321.
colossus (Fr.) Boud., Armillaria = 1165.
— Fr., Tricholoma 1165, Fig.539.
columbetta Fr., Tricholoma 1174, Fig. 552.
columbinus Bres., Pleurotus 1138.
columnaris Lév., Geaster = 1444.
comatus (Fl. Dan.) Fr., Coprinus 1398, Fig. 219.
— var. ovatus (Schaeff.) Quél., Coprinus 1398 β.
comedens (Nees) Fr., Corticium = 42.
— (Nees) Maire, Vuilleminia 42, Abb. 13 S. 67, Fig. 23.
commune Fr., Schizophyllum 613, Abb. 24 S. 209, Fig. 319.
comosa Fries, Pholiota = 948.
Compactae Fr. 382.
compactum (Pers.) Fr., Hydnum = 152.
— Fr., Tricholoma 1192.
compactus (Pers.) Schroet., Phaeodon 152.
complanata de By., Typhula 295.
complanatum Tode, Sclerotium = 295.
compressus Scop. Agaricus = 623.
comptula, Fr., Psalliota = 1021.
conchatus (Pers.) Bres., Fomes 400.
— (Bull). Fr., Panus 620.
condensata Fr., Clavaria = 331.

condensata (Fr.) Quél., Ramaria 331, Fig. 69.
confluens (Pers.) Fr., Collybia 1111.
— Fr., Corticium 205, Fig. 25.
— (Pers.) Ricken, Marasmius = 1111.
— Fries et Nordh., Nidularia 1428, Fig. 599.
— (Alb. et Schw.) Fr., Polyporus 446, Fig. 134.
— (Pers.) Fr., Sistotrema 166, Abb. 16 S. 99, Fig. 91.
confragosa (Bolt.) Fr., Daedalea 503, Fig. 164.
conglobata (Vitt.) Bres., Clitocybe = 1224.
conglobatum (Vitt.) Rick., Tricholoma 1224.
congregatus (Bull.) Fr., Coprinus 1400, Fig. 220.
conicus (Scop.) Fr., Hygrophorus 594, Fig. 247.
conigena Fr., Collybia = 1102.
— (Pers.) Bres., Collybia 1110, Fig. 519.
conigenus (Pers.) Karst., Marasmius = 1110.
Coniophora D. C. 120.
Coniophoraceae 120.
Coniophorella Karst. 122.
connatus Fr., Fomes 388. Fig.105.
Conocephalae Ricken 272.
conocephalus Bull., Bolbitius 1391, Fig. 214.
Conophallus Fr. 435.
conopilea (Fr.) Ricken, Psathyra = 964.
— Fr., Psathyrella 964, Fig. 345.
conopus Pers., Agaricus = 836.
consobrina Fr., Russula 1350. Fig. 297.
conspersa Bres., Odontia = 72.
— (Bres.) Brinkm., Peniophora = 72.
— (Pers.) Fr., Naucoria = 906.

29

conspersa (Pers.) Fr., Naucoria 917, Fig. 442.
conspicuum Lasch, Tricholoma, = 1187.
constans (Fr.) Lange, Hygrophorus = 597.
— Britz., Russula = 1374.
Constantes Sing. 380.
constellatum Fr., Lycoperdon = 1438.
constricta Fr., Armillaria Fr. = 1157.
— (Fr.) Quél., Lepiota = 1157.
constrictum Fr., Tricholoma 1157.
contigua (Pers.) Fr., Poria 365.
contiguus (Pers.) Quél., Phellinus = 365.
contorta Holmsk., Clavaria = 310.
— Fr., Phlebia = 349 var.
controversus (Pers.) Fr., Lactarius 1317.
Coprinaceae 401.
Coprinarieae Ulbr. 287.
Coprinus Pers. 402.
coprophila (Bull.) Fr., Psilocybe 978, Fig. 360.
coralloides L., Clavaria = 305.
— (L.) Schroet., Clavulina 305, Fig. 55.
— (Scop.) Fr., Hydnum (Dryodon) 133, Fig. 81.
— (L.) Ricken, Ramaria = 305.
— Fries, Thelephora 90, Fig. 37.
Coriolus 175, 180.
corium (Pers.) Fr., Merulius 357.
cornea (Batsch) Fr., Calocera 53, Abb. 14 S. 71, Fig. 15.
corniculata Schaeff., Clavaria = 320.
cornucopiae (Paul.) Quél., Pleurotus = 1124.
cornucopioides (L.) Fr. Craterellus 99, Abb. 8 S. 38, Fig. 44.
— (Bolt.) Lentinus = 625.
— (Pers.) Bres., Pleurotus 1124.

coronatum (Schroet.) v. H. et L., Corticium 188.
coronatus (Schaeff.) Schroet., Geaster 1445, Fig. 595.
— Pers., Geaster = 1448.
— Schroet., Hypochnus = 188.
coronella (Bull.) Fr., Stropharia 1009.
corrugata (Fr.) Lév., Hymenochaete = 253.
corrugis (Pers.) Fr., Psathyra 993.
corticalis (Bull.) Bres., Peniophora = 76.
— Bull., Thelephora = 76.
corticatus Fr., Pleurotus 1125.
Corticiaceae 105.
Corticioideae Ulbr. 106.
Corticium Pers. 106.
corticola (Pers.) Fr., Mycena 1078, Fig. 508.
— Fr., Poria 373.
Cortina 47.
Cortinarieae Ulbr. 251.
Cortinarioideae Ulbr. 242.
Cortinellus Karst. 340.
coryphaeum Fr., Tricholoma = 1169.
cossus Sow., Hygrophorus = 575.
— (Sow.) Fr., Limacium 575.
cotonea Quél., Stropharia = 996.
crassipes (Schaeff.) Fr., Collybia 1121.
— (D. C.) Schroet., Pisolithus 1422, Abb. 35 S. 414.
Craterella Pers. 85.
Craterelloideae 84.
Craterellus Fr. 84.
Craterocolla Bref. = Ditangium Karst 64.
cremea Bres., Kneiffia = 66.
— Bres. Peniophora 66.
crenata (Lasch) Fr., Psathyrella 958, Fig. 341.
crenatus (Lasch) Ricken, Coprinus = 958.
Crepidotus Fr. 270.

Sachverzeichnis. 451

cretacea (Bull.) Fr., Lepiota = 1248β.
— Fr., Psalliota 1027, Fig. 373.
— Fr. ex p., Psalliota = 1245.
cretata (Bk. et Br.) Quél., Eccilia 755.
cretatus B. et Br., Clitopilus = 755.
crinale Fr., Hydnum = 147.
crinitus Schaeff., Agaricus = 1321.
crispa (Pers.) Rea, Plicatura = 349a.
— Wulf., Sparassis = 333.
crispa (Pers.) Fr., Trogia 349a, Fig. 202.
crispum Pers., Stereum 242.
crispus Pers., Boletus = 413.
— (Sow.) Fr., Craterellus 101, Fig. 45.
— Pers., Merulius = 349a.
— Pers., Polyporus 413.
cristata Holmsk., Clavaria = 96.
— (Pers.) Pat., Cristella = 83.
— (Scop.) Fr., Inocybe 779.
— (Alb. et Schw.) Fr., Lepiota 1256.
— (Holmsk.) Ricken, Ramaria = 96.
— (Holmsk.) Ulbr., Stichoramaria 96, Fig. 54.
— (Pers.) Fr., Thelephora 11.
— Pers., Thelephora = 83.
cristatus (Pers.) Fr., Polyporus 442, Fig. 130.
Cristella Patouill. 79.
cristulatum Quél., Stereum = 235.
crocata Fr., Hymenochaete = 252.
crocea Pers., Clavaria = 328.
— Schaeff., Dermocybe = 851 var.
— (Pers.) Holmsk., Ramaria 328.
croceocoerulum (Pers.) Fr., Phlegmatium 804.
croceum (Kunze) Bres., Corticium 212.

croceus Bull., Agaricus = 594.
— Duby, Merulius = 356.
— (Pers.) Pat., Phaeolus = 434.
— croceus (Pers.) Fr., Polyporus 434, Fig. 126.
croceum Kunze et Schm., Sporotrichum = 212.
— Pers., Xylomycon = 356.
Crucibulum Tul. 417.
cruenta (Pers.) Lindau, Cytidia = 261.
— Fr., Mycena 1044a.
cruentata Quél.-Schulz., Russula = 1353.
cruentus Vent., Boletus = 537.
crustosa (Pers.) Quél., Grandinia = 340.
— (Pers.) Quél., Odontia 340.
crustosum Pers., Xylomycon = 354.
crustuliniforme (Bull.) Fr., Hebeloma 793, Fig. 386.
Cryptoporus 195.
cryptorrhynchus Hazsl., Geaster = 1454.
crystallina v. H. et L., Peniophora = 72.
cucullatus Fr., Agaricus = 1061.
cucumis (Pers.) Fr., Naucoria 921, Fig. 384.
culmigena Fr., Pistillaria = 303.
— (Fr.) Schroet., Typhula 303.
cuneifolium Fr., Tricholoma = 1195.
cuprea Krombh., Russula = 1342.
cupricum Bon., Lycoperdon = 1439.
cupularis Bull., Agaricus = 1295.
— Bull., Agaricus = 907.
— (Whbg.) Fr., Arrhenia 103, Fig. 201.
— (Bull.) Quél., Lactarius = 1295; ex p. = 907.
— (Bull.) Fr., Tubaria 907.
Curreyi B. et Br., Cyphella = 278.
curtipes Secr., Lactarius = 1304.

29*

curvipes (Alb. et Schw.) Fr., Pholiota *952.*
cuticularis (Bull.) Fr. Polyporus *436,* Fig. 127.
— (Bull.) Pat., Xanthochrous = *436.*
cyanescens Bull., Boletus = *516.*
— (Bull.) Quél., Gyroporus = *516.*
— (Bull.) Karst., Suillus *516,* Fig. 172.
cyanophaea Fr., Clitocybe *346,* Fußnote.
cyanoxantha (Schaeff.) Fr., Russula *1381,* Fig. 288.
cyathiforme (Schaeff.) Quél., Calodon = *136.*
— (Schaeff.) Fr., Hydnum *136.*
cyathiformis Schaeff., Agaricus = *619.*
— (Bull.) Fr., Clitocybe *659,* Fig. 527.
— (Schaeff.) Fr., Panus *619,* Fig. 322.
cyathula Fr., Lactarius *1295.*
Cyathus Haller 417.
cycadearum P. Henn., Lepiota = *1254.*
cyclophilus Lasch, Agaricus = *1209.*
Cyparissiae D. C., Sclerotium = *301.*
Cyphella Fries 127.
Cyphellaceae 122.
Cystocorticioideae 112.
Cytidia Quél. 123.
cytisinus Bk., Polyporus = *387.*
Czernaevii Mort., Secotium = *1455.*

Dachpilz 309.
Dacryomitra Tul. 71.
Dacryomyces Nees 69.
Dacryomycetaceae 68.
Dacryomycetales 68.
Dacryopsis Massee = Dacryomitra Tul. 71.

daedalaeformis Velen., Irpex = *161.*
Daedalea Pers. 179.
Dauerporling *485,* Fig. 155.
dealbata (Sow.) Fr., Clitocybe *676.*
debilis Fr., Mycena *1059.*
decipiens (Pers.) Fr., Hydrocybe *870,* Fig. 399.
decolorans (Pers.) Fr., Phlegmatium *807.*
— Fr., Russula 1346, Fig. 304, 308.
Decolorantes Maire 381.
decoloratum Fr., Phlegmatium *805.*
Deconia Sm. 292.
decora Fr., Clitocybe = *1131.*
decorum (Fr.) Quél., Tricholoma = *1131.*
decorus Tul., Hymenogaster *1459.*
— Fr., Pleurotus = *1131.*
decumbens Pers., Agaricus = *842.*
— (Pers.) Fr., Cortinarius = *842.*
— (Pers.) Fr., Dermocybe *842.*
deformans (Lagg.) Sacc., Hypomyces 371.
deformis Fr., Irpex *161.*
degener (Schaeff.) Fr., Xerotus *614,* Fig. 320.
deglubens B. et Br., Radulum *13.*
delibutum Fr., Myxatium *800,* Fig. 430.
delibutus Fr., Cortinarius = *800.*
delica Fr., Russula *1368,* Fig. 286.
— Gill., Russula = *1368β.*
delicata (Fr.) Boud., Armillaria = *1240.*
— Fr., Lepiota *1240.*
deliciofoliosus Secr., Agaricus = *1295.*
deliciosus (L.) Fr., Lactarius *1291,* Fig. 260.
deliquescens Bull. Dacryomyces *43,* Abb. 6 S. 32, Abb. 14 S. 71.
Dendrophysen 46.
denigrata (Fr.) Rick., Armillaria = *1226.*

densifolia (Secr.) Gill., Russula 1387.
densifolius Secr., Agaricus = 1387.
denticulata (Bolt.) Quél., Mycena = 1070.
denudata Rabenh., Lepiota 1249.
— (Spr.) Fr. et Nordh., Nidularia 1427.
depallens Gill., Russula = 1346.
— Ricken, Russula = 1382 β.
— Rom., Russula = 1385.
depluens (Batsch) Fr., Crepidotus 883.
Dermineae Ulbr. 269.
Dermocybe Fr. 261.
descissa Fr., Inocybe 783.
destructor (Schrad.) Bourd. et Galz., Leptoporus = 426.
— (Schrad.) Fr., Polyporus 426.
destruens Pers., Merulius = 350.
— (Brond.) Fr., Pholiota 948, Fig. 451.
— Lk., Xylophagus = 350.
diaphanum Schrad., Hydnum 122.
dichroum (Pers.) Fr., Entoloma 714.
dichrous Fr., Polyporus 422, Fig. 121.
Dickblatttrichterling 228.
Dickfuß 259.
Dickfuß-Röhrling 539, Fig. 189.
Dictyolaceae 141.
Dictyolus Pat., 86, 141.
Dictyopus Quél. 187.
— Rostk., Boletus = 530.
Difformia Ricken 346.
difformis Pers., Clitocybe = 697.
— (Pers.) Schroet., Russuliopsis 697.
digitaliformis Bull., Agaricus = 991.
digitalis (Batsch) Fr., Coprinus 1401, Fig. 221.
— (Alb. et Schw.) Fr., Cyphella, 275, Fig. 42.
digitatum Pers., Sistotrema = 161.

diluta (Pers.) Fr., Hydrocybe 876, Fig. 403.
dimitiatus (Schaeff.) Sacc., Pleurotus = 1123.
disciforme (D. C.) Fr., Stereum 263.
disciformis (D. C.) Pat., Aleurodiscus 263.
— D. C., Thelephora = 263.
discoideus Fr., Hygrophorus = 582.
discoideum Pers. Limacium 582, Fig. 239.
dispar Pers., Clavaria = 314.
disparilis Burl., Russula = 1361.
dispersum Fr., Hypholoma 1005.
disseminata (Pers.) Fr., Psathyrella 960, Abb. 28 S. 287, Fig. 342.
disseminatus (Pers.) Ricken, Coprinus = 960.
Ditangium Karst. 64.
Ditiola Fries 70.
djakovensis Schulzer, Geaster = 1447.
domesticus (Pers.) Fr., Coprinus 1404, Fig. 223.
— Falck, Merulius 350.
Doppelringpilz 351.
drimeia (Cke. ?) R. Schulz, Russula = 1363.
— Cke., Russula 1365.
Drüsling 62.
dryadeum (Pers.) Fr., Placoderma 404, Fig. 125.
dryadeus (Pers.) Pat., Phellinus = 404.
dryinus (Pers.) Fr., Pleurotus 1123.
dryophila (Bull.) Fr., Collybia 1105, Abb. 30 S. 322, Fig. 515.
dubium Quél., Corticium = 278.
dubius Berk., Geaster = 1453.
dulcamara (Alb. et Schw.) Fr., Inocybe 776, Fig. 392.
Dunalii D. C., Lentinus = 627.
Dünenstinkmorchel 1480.
Düngerlinge 289.

dura (Bolt.) Fr., Pholiota *941*.
duriusculus Kalchbr. Boletus *523*.

Earlei Peck, Russula = *1344*.
eburneum (Bull.) Fr., Limacium *578*, Fig. 238.
eburneus Bull., Hygrophorus = *578*.
Ecchyna Fr. 58.
Ecchynaceae 57.
Eccilia Fr. 240.
echinata (Roth) Boud., Lepiota = *1012*.
— Roth, Naucoria = *1012*.
— (Roth) Ricken, Psalliota *1012*.
— Quél., Utraria = *1438*.
echinatum Pers., Lycoperdon *1438*, Fig. 591.
echinipes (Lasch) Fr., Mycena *1075*, Fig. 506.
echinosporum Ellis, Corticium = *172*.
— Velen., Hydnum = *121*.
echinosporus (Ellis) Burt., Hypochnus = *172*.
echinus Batsch, Lycoperdon = *1439*.
edulis Krombh., Agaricus = *1028*.
— Bull., Boletus *532*, Abb. 10 S. 43, Fig. 184.
effusa Bref., Exidiopsis *3*.
— (Bref.) Schroet., Platygloea *3*.
— (Bref.) Pat., Sebacina *3*.
Egerling 301.
Eggenpilz 97.
Eichenglucke *334*.
Eichenseitling *1123*.
Eichenwirrschwamm *500*, Fig. 163.
Eichhase *448*, Fig. 135.
Eichpilz *532*.
Eichleri (Bres.) v. H. et L., Gloeocystidium *223*.
Eichleriana Bres., Tulasnella *35*.
Eichleriella Bresad. 60.
Eierschwamm *111*.
Einsiedlerwulstling *1284*.

elaeodes (Bres.) v. H. et L., Tomentella *175*.
elatinus Pers., Agaricus = *615*.
elatior Lindb., Russula = *1352*.
elatum (Batsch) Fr., Hebeloma *795*.
Elefantentäubling *1377*.
elegans Schum., Boletus *558*.
— Vitt., Geaster = *1449*.
— (Bull.) Bourd. et Galz., Melanopus = *452*.
— (Pers.) Fr., Mycena *1072*, Fig. 504.
— (Bull.) Fr., Polyporus *452*.
— Bres., Russula = *1334*.
— Bres. sens. Cke., Russula = *1364*.
elegantius Fries, Phlegmatium *813*.
elephantina Fr., Russula *1377*.
Elfenbeinröhrling *553*.
Elfenbeinschneckling *578*, Fig. 238.
Eliae Quél., Amanita *1280*.
elixus Sow., Agaricus = *610*.
Ellerlinge 206.
elongata Pers., Psilocybe = *982γ*.
Elvela 208.
Elvella Fr. 140.
Elvensis B. et Br., Psalliota = *1033*.
elytroides Fr., Tricholoma *1182*.
emetica (Schaeff.) Pers., Russula *1379*, Fig. 299.
encephala (Willd) Fr. Naematelia *23*, Fig. 4.
— (Willd.) Quél. Tremella = *23*.
Endoptychum Czern. 428.
Entoloma Fr. 233.
Entolomeae Ulbr. 233.
Eocronartium Atkins. 56.
ephemeroides (Bull.) Fr., Coprinus *1394*, Fig. 216.
ephemerus (Bull.) Fr., Coprinus *1405*.
Epibasidien 55.
epiphylla Pers., Athelia = *199*.

Sachverzeichnis. 455

epiphyllus Fr., Androsaceus = 637.
— epiphyllus Fr., Marasmius 637, Fig. 332.
epipterygia (Scop.) Fr., Mycena 1049, Fig. 493.
epixanthum Fr., Hypholoma 1003.
equestre (L.) Fr., Tricholoma 1170, Fig. 535.
Erbsenstreuling 413, Fig. 605.
Erdnuß 429.
Erdritterling 1181, Fig. 545.
Erdschieber 1316.
—, grubiger 1310.
Erdstern 423.
erebia Fr., Pholiota 945.
ericaeus (Pers.) Fr., Panaeolus 969, Fig. 350.
— (Pers.) Rick., Psilocybe = 969.
ericetorum Pers., Clavaria = 314.
— (Bull.) Fr., Clitocybe 666.
— Pers., Lycoperdon = 1440.
— Fr., Sistotrema 167.
ericetosus Bull., Agaricus = 604.
ericeus (Bull.) Schroet., Hygrophorus = 605.
erinacea Gill., Naucoria = 914.
erinaceus (Bull.) Fr., Hydnum (Dryodon) 132, Fig. 80.
— Fr., Agaricus = 914.
Erlenmilchling 1295.
Erlenschwamm 613.
ermineus Fr., Agaricus = 1264.
erubescens Fr., Hygrophorus = 580.
— (Fr.) Bourd. et Galz., Leptoporus = 406.
— Fr., (Polyporus) Placoderma 406.
Eryngii D. C., Pleurotus = 1129.
erythrina Fries, Hydrocybe 869.
erythrocephalum Tul., Secotium = 1455.
erythropoda Pelt., Russula = 1349.
erythropus Fr., Boletus = 531.
— Krombh., Boletus = 528.
— Pers., Boletus 550.
— (Pers.) Quél., Collybia 1104.

erythropus (Pers.) Fr., Marasmius 646.
— Bolt., Phacorrhiza = 298.
— (Bolt.) Fr., Typhula 298, Fig. 48.
escharioides Fr., Naucoria = 915.
esculenta (Wulf.) Fr., Collybia 1102.
— (Pers.) Britz., Russula = 1338.
— Pers., Russula = 1345.
esculentus (Wulf.) Karst., Marasmius = 1102.
Eubasidii 54.
euchroa (Pers.) Fr., Leptonia 734.
Eucraterellus 85.
Eugasteromycetales 418.
Euinocybe Hennings 244.
Eulchen 1241.
eumorpha (Pers.) Fr., Dermocybe 845.
eumorphus Pers., Agaricus = 845.
Eunaucoria Schroet. 276.
euphorbiae Fuckel, Pistillaria = 301.
— (Fuck.) Fr., Typhula 301.
Euramaria 131, 137.
europaeus Fr., Favolus 512, Fig. 169.
Euthelephora 80.
Eutricholoma Ulbr. 334.
euumbrina R. Schulz, Amanita = 1282.
evolvens Fr., Corticium 202.
— Schnizl., Corticium = 263.
excelsa Fr., Amanita 1283.
excentricum Bres., Entoloma 724.
excisa (Lasch) Gill., Mycena 1065.
excissum Fr., Tricholoma = 1218.
excoriata (Schaeff.) Fr., Lepiota 1243, Abb. 32 S. 356, Fig. 564.
Exidia Fr. 62.
Exobasidiaceae 72.
Exobasidiales 72.
Exobasidium Woron. 73.
expallens (Pers.) Fr., Clitocybe 660.
exquisita Vitt., Psalliota = 1028.

exserta (Viv.) Rea, Psalliota *1026α.*
exsertus Viv., Agaricus = *1026α.*
extricabile (Britz.) Fr., Phlegmatium *824.*

Fadenkeulchen 132.
faginea Quél., Calyphella = *280.*
— Lib.; Desm., Cyphella *280.*
— (B. et Br.) Fr., Ecchyna *9.*
— (Fr.) Lk., Phleogena *9.*
— (Schrad.) Karst., Plicatura = *349a.*
fagineum (Pers.) Fr., Radulum = *347.*
— Pers., Sistotrema = *347.*
fagineus Schrad., Merulius = *349a.*
Fälbling 249.
falcata Pers., Clavaria = *94.*
— (Pers.) Ulbrich, Stichoclavaria *94*, Fig. 56.
fallax Scherff., Geaster = *1452.*
— Fr., Hydnum = *347.*
Faltenschwamm 146.
Fältling 146.
Familie 48.
farcta (Roth) Fr. et Nordh., Nidularia *1429.*
farinacea (Pers.) Bourd. et Galz. Grandinia = *123.*
farinaceum (Pers.) Fr. Hydnum *123.*
farinaceus Schum, Panus = *616.*
farinella Fr., Poria = *376.*
farinipes Romell, Russula *1361.*
Farnhelmling *1074.*
fasciata Fr., Hydrocybe *873.*
fasciculare (Huds.) Fr., Hypholoma *1004*, Fig. 365.
fascicularis A. et Schw., Mucronella = *118.*
fasciculata Pers., Cyphella = *268.*
— (Pers.) Fr., Solenia *268*, Fig. 39.
Faserhyphen 29.
Faserkopf 244.
Faserling 294.

fastibile (Fr.) Ricken, Hebeloma = *771.*
— Fr., Hebeloma *790.*
fastibilis Fries, Inocybe *771*, Fig. 390.
fastidiosa (Pers.) Pat., Cristella *83*, Fig. 32.
— (Pers.) Fr., Thelephora = *83.*
fastidiosum (Fr.) Bourd. et Galz., Corticium = *83.*
fastigiata Bull., Clavaria = *322.*
— (Bull.) Quél., Ramaria *322.*
Favolus Fr. 182.
Federfaserling *986.*
Feldchampignon *1024.*
Feldegerling *1024.*
Feldschwindling *652.*
Feldtrichterling *676.*
felina (Pers.) Fr., Lepiota *1259.*
fellea Fr., Russula *1376*, Fig. 296, 318.
felleus Bull., Boletus = *520.*
— (Bull.) Karst., Tylopilus *520.* Fig. 174.
Femsjonia Fr. 70.
Femsjoniana Olsen, Guepinia = *49.*
Fenchelschwindling *655.*
Fencheltramete *491*, Fig. 158.
fenestratus (Batsch) Lloyd, Geaster = *1445a.*
ferruginea Bull., Auricularia = *251.*
— (Bull.) Bres., Hymenochaete *251*, Fig. 31.
— Pers., Tomentella *178*, Fig. 21.
ferrugineum (Fr.) Pat., Calodon = *151.*
— Fr., Hydnum = *151.*
— Fr., Stereum = *251.*
ferrugineus (Pers.) Fr., Hypochnus = *178.*
— (Fr.) Schroet., Phaeodon *151.*
ferruginosa (Fr.) Sacc., Caldesiella = *147.*
ferruginosum Fr., Hydnum = *147.*

ferruginosus (Schrad.) Mass., Fomes = 366.
— (Schrad.) Fr., Phellinus = 366.
— (Schrad.) Fr., Poria 366, Fig. 97.
Feuermilchling 1313.
Feuerschwamm 399, Fig. 110.
Fibrillaria Sow. 130.
fibrillosa (Pers.) Fr., Psathyra 988, Fig. 359.
fibrillosum (Pers.) Quél., Hypholoma = 988.
fibula (Bull.) Fr., Omphalia 703, Fig. 482.
ficoides Bull., Agaricus = 608.
— (Bull.) Schroet., Hygrophorus = 608.
filicina Pers., Clavaria = 292.
filipes (Bull.) Fr., Mycena 1058, Fig. 498.
Filzpilz 101.
fimbriata (Bolt.) Quél., Clitocybe = 1133.
— (Pers.) Fr., Odontia 342.
— Pers., Poria = 285.
— (Pers.) Fr., Tremella 18.
fimbriatum Pers., Hydnum = 285.
— (Pers.) Bourd. et Galz., Mycoleptodon = 342.
— (Pers.) Fr., Porothelium 285, Abb. 20 S. 124, Fig. 170.
— Fr., Tulostoma 1426.
— Pers., Boletus = 285.
— Fr., Geaster 1447.
— (Bolt.) Fr., Pleurotus 1133.
fimetarius (L.) Fr., Coprinus 1414, Fig. 230.
fimicola Fr., Panaeolus 967, Fig. 348.
fimiputris (Bull.) Karst., Anellaria 977, Fig. 356.
— (Bull.) Ricken, Panaeolus = 977.
fingibilis Britz., Russula = 1374.

firma Fries, Hydrocybe 878, Fig. 405.
— (Pers.) Fr., Inocybe 770.
firmum Fr., Hebeloma 792.
— (Fr.) Ricken, Hebeloma = 770.
Fistulina Bull. 149.
Fistulinaceae 149.
fistulosa Fl. dan., Clavaria 310, Fig. 60.
flabelliformis (Bolt.) Fr., Lentinus 621, Fig. 323.
flaccida Fr., Clavaria = 327.
— Sow., Clitocybe 674.
— (Fr.) Holmsk., Ramaria 327.
flammans (Scop.) Schroet., Hygrophorus 603.
— Fr., Pholiota 949.
flammea (Schaeff.) Quél., Calocera = 55.
Flämmling 280.
Flammula Fr. 280.
flammula Alb. et Schw., Pholiota = 949.
Flaschenerdstern 1453.
flava Schaeff., Clavaria = 321.
— (Schaeff.) Quél., Ramaria 321, Fig. 65.
— Romell, Russula 1347.
flavescens (Bon.) Mass., Corticium 191.
— Bres., Corticium = 201.
— Bon., Hypochnus = 191.
— Rostk., Lycoperdon = 1433a.
— Gill., Psalliota = 1023.
flavida (Schaeff.) Fr., Flammula 932, Fig. 447.
flavidus (Bolt.) Massee, Bolbitius 1392a.
— Boud., Lactarius = 1303.
— Fr., Boletus 555, Fig. 198.
flavipes Pers., Clavaria = 314.
flavobrunneum Fr., Tricholoma 1166, Fig. 540.
flavus With., Boletus 533, Fig. 185.
Fleischpilz 380.

flexipes Pers., Agaricus = 853.
— Fr., Cortinarius = 853.
— (Pers.) Fries, Telamonia 853, Fig. 407.
flexuosus Secr., Agaricus = 1330.
— Fr., Lactarius 1315.
Fliegenpilz 1282, Fig. 572.
floccipes Bres., Polyporus = 454.
floccosus Fr., Polyporus = 365.
flocculenta Bres., Cyphella = 262.
— (Fr.) v. H. et L., Cytidia 262, Abb. 20 S. 124.
flocculenta Lagerh., Lomatina = 262.
— Fr., Thelephora = 262.
flocculentum Fr., Corticium = 262.
floriforme (Schaeff.) Quél., Hydnum = 151.
flurstedtiensis (Batsch) Sacc., Crepidotus = 885.
focale Fr., Tricholoma 1162.
focalis Fr., Agaricus = 1162.
foeniculaceus Fr., Marasmius 655.
foenisecii (Pers.) Fr., Panaeolus 968, Fig. 349.
— (Pers.) Rick., Psilocybe = 968.
foetens Pers., Russula 1359, Fig. 295.
foetida Mart., Russula = 1349.
foetidus Trog., Boletus = 528.
— (Sow.) Fr., Marasmius 645, Fig. 337.
foliacea Bref. Exidia = 30a.
— Bref., Tremella = 30a.
— (Pers.) Fr. (non Bref.), Tremella 16.
fomentaria (L.) Pat., Ungulina = 398.
fomentarius (L.) Fr., Fomes 398, Abb. 8 S. 38, Fig. 109.
Fomes Fr. 154.
Fomitopsis Karst. 155.
formosa Fr., Amanita = 1282.
— Pers., Clavaria = 330.
— Fr., Leptonia 732.
— (Pers.) Quél., Ramaria 330, Fig. 68.

fornicatus Pers., Agaricus = 617.
— Fr., Geaster = 1445.
— (Huds.) Fr., Geaster 1445a, Abb. 36 S. 422.
fragiformis (Pers.) Fr., Dacryomyces = 46.
fragile Fr., Hydnum 144, Fig. 85.
— Vitt., Hysterangium 1473.
— (Fr.) Quél., Sarcodon = 144.
fragilis Holmsk., Clavaria 312, Fig. 61.
— (Fr.) Quél., Leptoporus = 420.
— Schaeff., Omphalia = 701.
— Fr., Polyporus 420.
— (Pers.) Sing., Russula 1378, Abb. 10 S. 43, Fig. 298.
fragrans Sow., Clitocybe = 656.
fraternus Lasch, Agaricus = 853.
fraxinea (Bull.) Bourd. et Galz., Ungulina = 387.
fraxineus (Bull.) Fr., Fomes 387.
— Fr., Polyporus = 387.
Friesii Quél., Cantharellus 112.
— Quél., Cyphella = 271.
— (Lasch) Fr., Lepiota 1250.
frondosus (Fl. dan.) Fr., Polyporus 445, Fig. 133.
Frostschneckling 588.
Frostseitling 1149.
Fruchtkörper 29, 38.
Frühlingsknollenblätterpilz 1276β.
frumentacea (Bull.) Fr., Inocybe 772.
frustulata Pers., Thelephora = 240.
frustulatus Pers., Polyporus = 492.
frustulosum Fr., Stereum 240.
fucatum Fr., Tricholoma 1172.
fugax Fr., Merulius = 353.
fulgens (A. et S.) Fr., Phlegmatium 814, Fig. 435.
fuligineoalbum Schmidt, Hydnum 145.
— (Schm.) Quél., Sarcodon = 145.

fuligineus Fr., Polyporus 456.
fuliginosa (Pers.) Bres., Hymenochaete 248.
— (Scop.) Pat., Ungulina = 408.
fuliginosum Pers., Stereum = 248.
fuliginosus Fr., Lactarius 1293, Fig. 261.
fulva Schaeff., Amanitopsis = 1268.
fulvidus Fr., Boletus = 518.
— (Fr). Pat., Gyroporus = 518.
— (Fr.) Karst., Suillus 518.
fulvocinctus Bres., Hypochnus = 175.
fulvofuligineus Alb. et Schw., Agaricus = 809.
fulvosus Bolt., Agaricus = 608.
fulvum (Bull.) Quél., Tricholoma 1166.
fulvus (Scop.) Bres., Fomes 397.
— (Scop.) Pat., Phellinus = 397.
fumosa Fr., Clitocybe = 1221.
— (Pers.) Fr., Clitocybe 665.
— (Pers.) Quél., Collybia = 1112.
fumosum Fr., Corticium = 173.
— (Pers.) Ricken, Tricholoma 665.
— Fr., Tricholoma 1219.
fumosus Fr., Hypochnus = 173.
— (Pers.) Fr., Polyporus 416.
fumosopurpureus Lasch, Agaricus = 1012.
funicularis Fr., Collybia = 1105β.
furcata Fr., Calocera 56.
— (Gmell.) Pers., Russula 1370.
furfuracea (Schaeff.) Quél., Globaria 1440.
— (Pers.) Gill., Tubaria 905, Abb. 27 S. 270.
furfuraceum (Schäff.) Sacc., Lycoperdon = 1440.
furfuraceus Pers., Agaricus = 905.
fusca (Schrad.) Bres., Lloydella 244.
— (Pers.) v. H. et L., Tomentella 183.

fuscescens (Schaeff.) Fr. Coprinus 1395.
fuscidulus (Schrad.) Fr., Polyporus 458.
fuscoalbum Lasch, Limacium 584.
fuscoalbus Fr., Hygrophorus = 584.
fuscoatra (Fr.) Pat., Acia = 125.
fuscoatrum Fr., Hydnum 125.
fuscopurpureus (Pers.) Fr., Marasmius 648, Fig. 338.
fusco-violacea Bres., Tulasnella 34.
fuscoviolaceus (Schrad.) Fr., Irpex 157, Abb. 16 S. 99, Fig. 90.
fuscum (Pers.) Fries, Corticium = 183.
— (Schrad.) Quél., Stereum = 244.
fuscus (Pers.) Fr., Hypochnus = 183.
— (Batt.) Bres., Pleurotus 1129.
fusipes (Bull.) Berk., Collybia = 1118, Abb. 30 S. 322.
fusispora (Schroet.) v. H. et L. Peniophora 62.

Gabeling 141.
Gähling 111.
Galera Fr. 271.
galericulata (Scop.) Fr., Mycena 1067, Fig. 502.
galeropsis Fr., Mycena = 1105δ.
Galerula Karst. 276.
Gallenbildungen 44.
Gallenröhrling 520, Fig. 174.
Gallenstacheling = 155.
Gallentäubling 1376.
Gallentrichterling 692.
Gallerttrichterling 64.
Gallertzahn 59.
Galluschel 111.
galochroa Cooke, Russula = 1384.
galopus (Pers.) Fr., Mycena 1043.
gambosum Fr., Tricholoma 1207, Fig. 550.
Ganoderma Karst. 154.

460 Sachverzeichnis.

Gasritterling *1200*.
Gasteroideae Ulbr. 423.
Gasteromycetes 407.
Gattung 48.
gausapatum Fries, Stereum *235*, Abb. 18 S. 106.
— Fr., Tricholoma *1177*.
gausapatus (Fr.) Karst., Cortinellus = *1177*.
Gautieria Vitt. 431.
Geaster Mich. 423.
Geaster Fr., Scleroderma = *1422a*.
— Lk., Sterrebekia = *1422a*.
Geelchen *111*.
Gefäßhyphen 29.
gelatinosa (Bull.) Fr., Exidia *26*.
gelatinosus (Scop.) Pers., Tremellodon *33*, Abb. 8 S. 38, Fig. 10.
Gelbschwämmchen *111*.
Gelbfuß 200.
gemmatum Batsch, Lycoperdon *1437*, Abb. 36 S. 422, Fig. 590.
Gemmen 45.
Generationswechsel 17.
genistae Lib., Tremella *19*.
gentilis Fries, Telamonia *862*, Fig. 414.
geogenius (D. C.) Bres., Pleurotus = *1145*.
geophila (Bull.) Quél., Inocybe = *777*.
geophylla (Sow.) Fr., Inocybe *777*, Abb. 26 S. 246.
Georgii Secr., Psalliota = *1028*.
— (Clus.) Quél., Tricholoma = *1207*.
— Fr., Tricholoma *1208*.
Georgsritterling *1208*.
geotropa Bull., Clitocybe *675*.
Geotropismus 34.
Gesamtschleier 47.
gibba Lindau, Cyphella = *276*.
gibbosa (Pers.) Fr., Trametes *494*, Fig. 161.
Gichtmorchel 435.
Giftgrünling *1276*.

gigantea Nees, Bovista = *1441*.
— (Sow.) Quél., Clitocybe = *566*.
— Fr., Kneiffia = *70*.
— (Fr.), Mass., Peniophora *70*, Fig. 26.
giganteum Fr., Corticium = *70*.
— Batsch, Lycoperdon = *1441*.
giganteus Sauter, Merulius = *350*.
— (Sow.) Fr., Paxillus *566*.
— (Pers.) Fr., Polyporus *440*.
gilva (Pers.) Fries, Clitocybe *671*, Fig. 530.
— Lasch, Typhula *293*.
Gitterling 434.
glandulosa (Bull.) Fr., Exidia *28*, Fig. 6.
Glaspilz 204.
glaucescens Crossl., Lactarius = *1312*.
— Fr., Stereum = *247*.
glaucophylla Quél., Russula delica var. = *1368β*.
glaucopus (Schaeff.) Fr., Phlegmatium *819*. Fig. 436.
glaucum (Batsch) Karst., Leptoglossum *109*, Fig. 205.
glaucus Batsch, Cantharellus = *109*.
— Quél., Dictyolus = *109*.
Gleba 30, 46.
glebulosa (Fr.) Sacc. et Syd., Peniophora *64*, Abb. 15 S. 74.
Glimmerköpfchen 288.
Glimmertintling *1408*.
Gliocoryne Maire 135.
Globaria Quél. 421.
Globol 15.
Glöckchennabeling = *701*.
Glockenmistling 291.
gloiocephala (D. C.) Fr., Volvaria *1230*, Fig. 473.
Gloeocystidium Karst. 112.
Gloeopeniophora v. Höhn. et Litsch. 114.
Gloeotulasnella v. H. et Litsch. 67.
Gloeozystiden 35, 46.

glossoides (Pers.) Fr., Calocera = *51*.
glossoides (Pers.) Bref. Dacryomitra *51*, Fig. 14.
Glucke 140.
glutineus Batsch, Agaricus = *604*.
glutinifer Fr., Limacium *581*.
glutinosum (Lindgr.) Fr., Hebeloma = *927*.
glutinosus Bull., Agaricus = *581*, *589*.
— (Schaeff.) Fr., Gomphidius *574*, Fig. 233.
glyciosmus Fr., Lactarius *1320*, Fig. 278.
Goldbachii Weinm., Cyphella *281*.
Goldmilchling *1308*.
Goldmistpilz 402.
Goldröhrling *558*.
Goldtränentäubling *1363*.
Gomphidius Fr. 200.
Gonabotrys 113.
gossypina (Bull.) Fr., Psathyra *987*.
gossypinum (Bull.) Quél., Hypholoma = *987*.
gracilenta (Krombh.) Fr., Lepiota *1244*.
gracillima (Weinm.) Fr., Omphalia *698*, Fig. 480.
gracillimus Pilat, Irpex *164*.
gracilis Berk. et Br., Gomphidius *572*.
— (Pers.) Fr., Psathyrella *963*, Fig. 344.
graminicola (Nees) Fr., Naucoria *912*.
graminicolor (Secr.) Quél., Russula = *1355*.
graminum (Lib.) Pat., Androsaceus = *630*.
— (Lib.) Berk., Marasmius *630*, Fig. 327.
grammocephala (Bull.) Fr., Collybia = *1120*.
grammopodium (Bull.) Fr., Tricholoma *1214*.

Grandinia Fr. 142.
granulatum Karst., Corticium = *198*.
granulatus L., Boletus *554*, Fig. 197.
granulosa Fries, Grandinia *338*.
— Pers., Grandinia = *337*.
— (Batsch) Fr., Lepiota *1261*, Fig. 566.
— Cke., Russula = *1374*.
Granulosae Ricken 358.
granulosus Fuckel, Geaster = *1448a*.
grata Britzelm., Russula *1358*.
Graukappe *522*, Fig. 175.
Gräuling *1369*.
Graureizker *1171*, Fig. 536.
graveolens Pers., Agaricus = *1208*.
— Vitt., Gautieria *1467*, Fig. 581.
— (Delast.) Fries, Hydnum *139*, Fig. 83.
— Rom., Russula = *1349*.
grisea Pers., Clavaria = *98*.
— (Pers.) Ricken, Ramaria= *98*.
— Bres., Russula = *1356*.
— (Pers.)Ulbr.,Stichoramaria *98*.
griseocyaneum Fr., Entoloma *715*.
griseola (Pers.) Quél., Omphalia = *709*.
griseopallida Weinm., Cyphella *277*.
— (Desm.) Fr., Omphalia = *709*.
griseus Peck, Polyporus *469*.
grumata (Scop.) Schroet., Russuliopsis *693*.
grumatus Scop., Agaricus = *693*.
Grübling 196.
Grünling *1170*, Fig. 535.
Grünreizker *1170*.
Grünspanpilz *1006*.
Grüntäubling *1369*.
Guepinia Fr. 70.
gummosa (Lasch) Fr., Flammula *931*.
Gürtelfuß 263.

guttata (Pers.) Quél., Lepiota = *1238*.
guttatus Schaeff., Agaricus = *1238*.
guttatum Fr., Tricholoma =*1187*.
Gynmokarpe Fruchtkörper 38.
Gymnoloma Ricken 334.
gymnopodius Bull., Agaricus = *1225* var.
gypsea Fr., Mycena *1091*.
gyrans (Batsch) Fr., Typhula *300*, Fig. 50.
— Batsch, Clavaria = *300*.
Gyrocephalus Pers. 64.
Gyrodon Opat. 196.
gyroflexa Fr., Psathyra = *991*.
gyroflexus Fr., Agaricus = *991*.
Gyrophana Pat. 146.
Gyroporus 184.
gyrosus Pers., Gyrodon = *560*.

Haarstern 427.
Habichtspilz *153*, Fig. 87.
haematochelis (Bull.) Fr., Cortinarius = *853*.
haematopus (Pers.) Fr., Mycena *1045*, Fig. 490.
haematosperma (Bull.) Boud., Lepiota = *1012*.
haemorrhoidaria Kalchbr., Psalliota = *1014*.
Hallimasch *1225*, Abb. 4 S. 28, Fig. 556.
Halsbandritterling *1162*.
hariolorum (D. C.) Fr., Collybia = *1111*.
— (D. C.) Quél., Marasmius = *1111*.
Hartbovist *1415*. Fig. 602.
Hartigsches Netz 41.
Hartpilz *1165*, Fig. 539.
Hartstreuling 414.
Hasenbovist *1434*, Fig. 588.
Hasenpfotentintling *1413*.
Hasensteinpilz *517*, Fig. 173.
Häubling 271.
Hausschwamm *350*, Fig. 92.

haustellaris Fr., Crepidotus *885*.
Hautkopf 261.
Hebeloma Fr. 249.
Heidelbeergrübling *560*.
Heidetrichterling *666*.
Heidetrüffel *430*, Fig. 584.
Helicobasidium 54, 55.
Helmling 310.
helvelloides (D. C) Pers., Gyrocephalus *32*, Abb. 12 S. 63.
helveolum (Rostk.) Fr., Placoderma *409*.
helvetica (Pers.) Fr., Grandinia = *214*.
helveticum (Pers.) Schröt., Corticium *214*.
— Pers., Hydnum = *214*.
helvola (Bull.) Fr., Telamonia *866*.
helvus Fr., Lactarius *1319*, Fig. 277.
hemiangiokarp 38.
hemitricha (Pers.) Fr., Telamonia *855*.
Henningsii Sacc., Lepiota = *1248*.
hepatica Schaeff., Boletus = *359*.
— (Schaeff.) Fr., Fistulina *359*, Fig. 171.
— (Batsch) Quél., Omphalia = *713*.
Herbstblattl *685*.
herculeana Lighf., Clavaria *307*.
hercynica R. Schulz, Amanita = *1282*.
Herkuleskeule *307*, Fig. 57.
Heringstäubling *1349*.
herminea Fr., Lepiota *1264*.
Herrenpilz *532*.
Heterobasidiales 55.
Heterobasidien 55.
heteroclita Fr., Pholiota *947*.
heteromorpha Fr., Lenzites *508*.
heterophylla Fr., Russula *1384*.
— Rom., Russula = *1355*.
heteroporus Fr., Polyporus *466*.
Hexagonia Fr. 177.
Hexenpilz, glattstieliger *550*.
Hexenringe 27.

Sachverzeichnis. 463

Hexenröhrling, netzstieliger 530.
— schuppenstieliger 531.
hiemale Bres., Hebeloma = 793.
hiemalis (Osb.) Fr., Mycena 1080.
himantioides (Fr.) Pat., Gyrophana = 355.
— Bres., Merulius = 126.
— Fr., Merulius 355. Fig. 93.
hinnulea(Sow.) Fr.,Telamonia865.
hinnuleus Sow., Cortinarius = 865.
hirneola Fr., Clitocybe 689.
Hirschschwamm 153.
hirsutum (Willd.) Pers., Stereum 238, Fig. 30.
hirsutus (Wulf.) Quél., Coriolus = 476.
— (Wulf.) Fr., Polystictus 476.
hirtum Mart., Lycoperdon = 1439.
hirtus (Secr.) Quél., Panus = 618.
Hirsepilz 526, Fig. 179.
hispida (Lasch) Fr., Lepiota 1252.
Hispidae Ricken 358.
hispidus (Bull.) Fr., Polyporus 437, Fig. 128.
— (Bull.) Pat., Xanthochrous = 437.
Hollii Kunze et Schm., Irpex 157.
Holocoryne 135.
holophaeumFr.,Hebeloma = 788β.
holosericea Fr., Lepiota 1246.
Holzrötling 730.
Holzschwamm 154.
horizontalis (Bull.) Schr., Derminus = 918.
— (Bull.) Quél., Galera = 918.
— (Bull.) Fr., Naucoria 918, Fig. 383.
Hörnling 72.
Houghtoni Berk. et Br., Hygrophorus = 599.
Hufpilz 1207.
humile (Pers.) Fr., Tricholoma 1218.
humosus Fr., Agaricus = 1224.
Hundsmorchel 435, Fig. 579.
hyacinthus Batsch = 594.

hyalina v. H. et Litsch., Gloeotulasnella 41.
hyalinus (Pers.) Quél., Dacryomyces = 43a.
hybrida (Bull.) Fr., Flammula 937.
Hydnaceae 89.
Hydnangium Wallr. 430.
hydnoides Cooke et .Mass., Peniophora 72.
— (Cke. et Mass.) v. H. et L., Odontia = 72.
Hydnopsis Schroet. 95.
Hydnum L. 89.
Hydrocybe Fr. 266.
hydrogramma (Bull.) Fr., Omphalia 707, Fig. 463.
hydrogrammum Bull., Entoloma = 722.
hydrolips Bull., Cantharellus = 117.
hygrophan 46.
Hygrophana Ricken 345.
Hymenium 30, 46.
Hymenochaete Lév. 118.
Hymenogaster Vitt. 429.
Hymenogastraceae 428.
Hymenophor 30.
Hygrocybe Fr. 204.
hygrometricus Fr., Geaster = 1423.
Hygrophana Ricken 346.
hygrophila Fr., Psilocybe = 984β.
Hygrophoraceae 199.
Hygrophorus Fr. 204.
Hypholoma Fr. 296.
Hypholomeae Ulbr. 296.
hypnophilus (Berk.) Quél., Calathinus = 1155.
— Berk., Pleurotus 1155.
hypnorum (Schr.) Fr., Galera 899, Fig. 381.
Hypobasidien 55.
Hypochnaceae 101.
Hypochnella Schroeter 115.
Hypochniopsis 80.

Hypochnus Fr. = Tomentella Pers. 101.
Hypodon 90.
hypogaeus Fuckel *165*.
Hypomyces-Arten 192, 371.
hypopitys Fr., Volvaria = *1237*.
Hyporrhodius Fr. 309.
hypothejum, Fr., Limacium *588*.
hysginus Fr., Lactarius *1325*, Fig. 282.
Hysterangiaceae 431.
Hysterangium Vitt. 432.

ichoratus Hoffm. et Krbh., Agaricus = *1297*.
icterina Fr., Nolanea *746*, Fig. 458.
Igelstäubling *1438*.
igniarius (L.) Fr., Fomes *399*, Fig. 110.
— (L.) Pat., Phellinus = *399*.
ignicolor Bres., Lepiota *1257*.
iliopodia (Bull.) Fr., Telamonia *857*, Fig. 410.
illinita Fr., Lepiota *1239*.
imberbis (Bull.) Quél., Leptoporus = *410*.
— (Bull.) Fr., Polyporus *410*, Fig. 112.
— (Bull.) Quél., Polyporus = *441*.
imbricatum (L.) Fr., Hydnum = *153*.
— Fr., Tricholoma *1185*.
— Pers., Tulostoma = *1425a*.
imbricatus (Bull.) Fr., Polyporus *443*, Fig. 131.
— (L.) Quél., Sarcodon *153*, Fig. 87.
imperialis Fr., Armillaria = *1229*.
— (Fr.) Beck, Biannularia *1229*, Abb. 30 S. 322.
— (Fr.) Ricken, Clitocybe = *1229*.
— Schulzer, Phallus *1481*.
impolitum (Lasch) Fr., Tricholoma *1188*.

impolitus Fr., Boletus *541*, Fig. 190.
impudicus (L.) Pers., Phallus *1479*, Abb. 4,4 S. 28, Abb. 8 S. 38, Fig. 580.
— var. iosmus (Berk.) Cke., Phallus = *1480*.
inaequale v. H. et. L., Gloeocystidium *225*.
inaequalis Müller, Clavaria *315*, Fig. 62.
— Lasch, Pistillaria *287*.
inaequilatera Schum., Peziza = *283*.
inamoenum Fr., Tricholoma *1201*.
inaurata (Seer.) Boud., Amanitopsis = *1270*.
incana Fries, Leptonia *733*.
incanus Quél., Placodes = *387*.
incarnata Weinm., Clavaria *311*.
— (Pers.) v. H. et L., Gloeopeniophora *230*, Abb. 18 S. 106.
— (Pers.) Bres., Kneiffia = *230*.
— (Pers.) Cke., Peniophora = *230*.
— (Alb. et Schw.) Fr., Poria *363*, Fig. 96.
— Pers., Thelephora = *230*.
— Juel, Tulasnella *38*, Fig. 20.
incisa (Pers.) Fr., Telamonia *856*, Fig. 409.
inclinata Fr., Mycena *1066*, Fig. 501.
— Fr., Mycena ex p. = *1067*.
incomta Fr., Clitocybe = *696*.
— (Fr.) Schroet., Russuliopsis *696*.
incrustans (Pers.) Tul. Sebacina *11*, Fig. 3.
— Pers., Polyporus = *392*.
indecorata Sommerf. Neuh., Tremella *17*, Abb. 12 S. 63.
infractum (Pers.) Fr., Phlegmatium *822*, Fig. 437.
infractus (Pers.) Fr., Cortinarius = *822*.
infula Fr., Nolanea *752*.

Sachverzeichnis. 465

infundibuliforme Alb. et Schw., Helotium = 276.
infundibuliformis (Scop.) Fr., Cantharellus 115, Fig. 211.
— (Schaeff.) Fr., Clitocybe 669, Fig. 528.
— (Alb. et Schw.) Fr., Cyphella 276.
— Rostk., Polyporus = 449.
Inocybe Fr. 244.
Inocybeae Ulbr. 244.
inodora Fr., Trametes 497.
inolens Fr., Collybia 1100.
Inoloma Fr. 259.
inornata (Sow.) Fr., Clitocybe = 567.
inornatus (Sow.) Quél., Paxillus 567.
inquilina (Fr.) Quél., Naucoria = 909.
— (Fr.) W. G. Sm., Tubaria 909, Fig. 440.
insulsus Fr., Lactarius 1330.
integra Bres., Russula = 1340.
— (L.) Fr., Russula 1353, Fig. 312.
— var. paludosa (Britz.) Sing., Russula = 1352.
integrella (Pers.) Fr., Omphalia 700.
intermedia Karst., Russula = 1343.
intybacea (Pers.) Pat., Phylacteria = 85 β.
— Pers., Thelephora 85 β.
intybaceus Fr., Polyporus 447.
inversa (Scop.) Fries, Clitocybe 670, Fig. 529.
investiens (Alb. et Schw.) v. H. et L., Asterostromella 284, Abb. 20 S. 124.
— (Alb. et Schw.) Bres., Corticium = 284.
— Alb. et Schw., Radulum = 284.
involutus Batsch, Paxillus 570, Abb. 23 S. 197, Fig. 213.

ionides (Bres.) Bourd. et Galz. Aleurodiscus = 209.
— Bres., Corticium 209.
— (Bull.) Fr., Tricholoma 1196, Fig. 548.
iosmus Berk., Phallus 1480.
irideus Rostk., Boletus = 536.
irinum Fr., Tricholoma 1209.
iris Bk., Mycena = 1073.
Irisritterling 1209.
Irpex Fr. 97.
irrigatus (Pers.) Fr., Camarophyllus 607, Fig. 257.
— Fr., Hygrophorus = 607.
isabellina (Batsch) Fr., Hydrocybe 880.
— (Fr.) v. H. et L., Tomentella 171, Abb. 17 S. 102.
Ithyphallus Fr. 436.

Jaapia Bres. 112.
janthina Cooke, Lepiota = 1253.
— Fr., Mycena 1056.
japonicum Shirai, Exobasidium 58.
Jasonis Cke. et Massee, Lepiota = 1260.
jecorinus Fr., Lactarius 1324, Fig. 281.
Jodoformtäubling 1331.
jonquilla (Paul.) Quél., Crepidotus = 1151.
jubatum Fr., Entoloma 720.
Judasohr 4.
jugis Fr., Lentinus 623.
juglandis (Bér.) Microstroma 59, Fig. 19.
— Fr., Pleurotus = 1144.
juncea Fr., Clavaria 309, Fig. 59.
junquillea Quél., Amanita 1279.

Kahlkopf 292.
Kaiserling, Kaiserschwamm 1277, Fig. 574.
Kalchbrenneri Hazsl., Geaster = 1454.
Kammkoralle 79.

Lindau, Kryptogamenflora I, 3. Aufl. 30

Kammpilz 144.
Kampfermilchling *1300*.
Kannentrichterling *689*.
Kapillitium 36.
Kapuzinerpilz *522*.
Kartoffelbovist 411, *1415*, Fig. 602.
Keilpilz 200.
Keimmyzel 26.
Kellerschwamm *254*.
Keulchenpilz 134.
Keulenfußtrichterling *687*.
Keulenpilz 83, 135.
Kiefernsaumpilz *994*.
Kiefernwurzelschwamm *385*, Fig. 104.
Kiefernzapfenrübling *1102*.
Klapperschwamm *445*, Fig. 133.
Klingelhelmling *1062*.
Klitzingii P. Henn., Anthurus = *1476*.
Klotzschii Tul., Hymenogaster *1456*.
Kmetii Bres., Eichleriella *13*.
Knäueling 213.
Kneiffia Fr. 144.
— Fries = Peniphora 75.
Kneiffiella Karst. 105.
Knoblauchschwindling 650.
Knollenblätterpilz 363.
Knollenblätterpilz, gelblicher, *1281* Fig. 578.
—, grüner, *1276* Fig. 576.
Knollenmykorrhiza 40.
Knorpelpilz *1345*.
Kochtopftrichterling *667*.
Kohlenfaserling *986*.
Kohlenpfifferling *113*.
Kohlentrichterling *673*.
Kokken 45.
Kompostegerling *1027*.
Konidien 31, 47.
Königsfliegenpilz *1282*.
Königsröhrling *534*.
Kopfträne 70.
Korallenpilz 83, 137.
Korallenschwamm 318.

Koralloide Fruchtkörper 44.
Kornblumenröhrling *516*, Fig. 172.
Körnchenpilz 142.
Kräuselgallerte 64.
Kräuterseitling *1129*.
Kreidechampignon *1027*.
Kreisling *652*.
Kremling *1369*.
Krempling 197.
Krombholzii Fr., Hydrocybe *868*.
Krösling *652*.
Kruggallerte 64.
Krüppelfuß 270.
Kugelbovist 421.
Kugelschneller 415, *1424*, Fig. 607.
Kuhmaul *574*.
Kuhpilz *552*, Fig. 196.
Kuhschwamm *1184*.
Kunzei Fr., Clavaria = *304*.
— (Fr.) Schroet., Clavulina *304*, Fig. 53.
— (Fr.) Ricken, Ramaria = *304*.
Kupferstäubling *1439*.

Laccaria B. et Br. 228.
laccata (Scop.) Fr., Clitocybe = *690*.
— (Scop.) Quél., Collybia = *690*.
— (Scop.) Schroet., Russuliopsis *690*, Abb. 10 S. 43, Abb. 25 S. 227, Fig. 526.
laccatum (Kalchbr.) Bourd. et Galz., Ganoderma = *407*.
lacera Fr., Inocybe = *779*.
lacerata (Lasch) Berk., Collybia *1096*.
laceratus Bolt., Hygrophorus = *597*.
lacerum Fr., Porothelium = *285*.
laciniata (Pers.) Fr., Thelephora *86*.
Lackporling *382*, Fig. 103.
Lacktrichterling *690*.
lacrimabunda (Bull.) Quél., Stropharia = *997*.
lacrimabundum (Bull.) Fr., Hypholoma *996*.

lacrimans (Wulf.) Fr., Merulius 350, Fig. 92.
— Wulf., Boletus = 350.
— Pat., Gyrophana = 350.
— Karst., Serpula = 350.
Lactariaceae 370.
Lactariella Schroeter 373.
Lactarius Pers. 370.
lactea (Pers.) Fr., Mycena 1092.
— Pers., Russula = 1368.
lactescens Berk., Corticium =227.
— (Berk.) v. H. et L., Gloeocystidium 227.
lacteum Fr., Corticium 200, Fig. 24.
lacteus Schaeff., Agaricus = 578.
— Fr., Irpex 158.
— (Fr.) Quél., Leptoporus = 430.
— Fries, Polyporus 430, Fig. 123.
lacticolor Bk. et Br., Merulius = 353.
lactifluus Schaeff., Agaricus = 1237.
— (Schaeff.) Quél., Lactarius 1297.
lacunosum B. et Br., Corticium = 63.
laeta (Fr.) Brinkm., Gloeopeniophora 232.
laetum Karst., Corticium = 210.
— Fr., Radulum = 232.
laetus (Pers.) Fr., Hygrophorus 599, Fig. 252.
laeve (Pers.) Quél., Corticium 202.
laevigata (Lasch) Fr., Mycena 1051, Fig. 494.
— (Lasch) Gill., Mycena 1061.
laevigatum (Sw.) Fr., Hydnum 141.
— (Sw.) Quél., Sarcodon = 141.
— Fuck., Scleroderma = 1415.
laevigatus Lasch, Agaricus = 1061.
laevis Krombh., Agaricus = 1245.
— (Krombh.) Schulzer, Annularia = 1245.

laevis (Pers.) v. H. et L., Peniophora 71.
lageniformis Vitt., Geaster 1453, Abb. 36 S. 422.
— Cooke, Geaster = 1447.
lagopus Fr., Coprinus 1413, Fig. 229.
Lamellen der Blätterpilze 9.
Lamellenansatz der Agaricaceen Abb. 24 S. 209.
lamellirugus (D.C.) Quél., Paxillus = 563.
laminosa Fr., Sparassis 334.
lampropus Fr., Leptonia 740, Abb. 25 S. 227.
lanatus Sow., Agaricus = 914.
lanata (Sow.) Schroet., Naucoria 914.
lanuginosa (Bull.) Bres., Inocybe 768, Fig. 389.
Lapacendro infarinato 371, Fußnote.
Lärchenröhrling 525, 556, Abb. 176.
Lärchenschwamm 405, Fig. 118.
largum (Buxb.) Fr., Phlegmatium 825.
largus Fr., Cortinarius = 825.
Laschii Rabenh., Typhula 296.
lascivum Fr., Tricholoma 1200.
lateraria Ricken, Inocybe = 773.
lateripes Fr., Lactarius = 1317.
lateritia Fr., Galera 888, Fig. 382.
— Weinm., Inocybe = 777.
lateritium (Schaeff.) Fr., Hypholoma = 1001.
lateritius Bres. et Schulz., Boletus = 550.
— (Fr.) Tul., Hypomyces 371.
latissima Fries, Daedalea 498.
latitabundus Britz., Hygrophorus = 590 β.
latum (Pers.) Fr., Phlegmatium 823, Fig. 438.
latus Fr., Cortinarius = 823.
Laubtrüffel 430, Fig. 585.
Lauchpilz 633.

Lauchschwindling *641*.
laxum Bon., Lycoperdon = *1439*.
lazulina Fr., Leptonia *737*.
Leberpilz *359*, Fig. 171.
Lederporling 174.
Lederschwamm 115.
Ledertäubling, ledergelbblätteriger Täubling *1345*.
Leistlinge 84, 87.
Leitstränge 29.
lenta (Pers.) Fr. Flammula *927*, Fig. 445.
lenticularis (Schaeff.) Fr., Amanita = *1238*.
— (Lasch) Cooke, Lepiota *1238*.
Lentineae Ulbr. 212.
Lentinus Fr. 214.
Lenzites Fr. 181.
leoninus Krombh., Boletus = *541*.
— (Schaeff.) Fr., Pluteus *1037*, Fig. 470.
lepida Fr., Russula *1371*, Fig. 303.
lepideus Fr., Lentinus *628*, Fig. 326.
— Fr., Polyporus *460*.
lepidomyces Alb. et Schw., Agaricus = *835*.
— (Alb. et Schw.) Schroet., Inoloma = *835*, Fig. 424.
Lepiota Fr. 354.
— Alb. et Schw., Agaricus = *1130*.
Lepioteae Ulbr. 354.
lepiotoides R. Schulz, Psalliota *1025*.
lepista Fries, Paxillus *565*.
leprosa Bres., Russula = *1354*.
leptocephala (Pers.) Fr., Mycena *1094*.
leptocephalus (Jacq.) Fr., Polyporus *457*, Fig. 139.
Leptoglossum Karst. 87.
Leptonia Fr. 236.
Leptioneae Ulbr. 236.
Leptotus Karsten 86.
Leucocoprinus Pat. 358.
leucocephalum Fr., Tricholoma *1203*.

leucomelas (Pers.) Fr., Polyporus *468*, Fig. 145.
leucophylla Fr., Omphalia *710*, Fig. 486.
leucophyllus Rabenh., Agaricus = *900*.
Leucoporus 172.
leucopus (Bull.) Fr., Cortinarius *868*.
leucotephrum (Bk. et Br.) Fr., Hypholoma *995*.
leucoxanthum Bres., Corticium = *220*.
— (Bres.) v. H. et L., Gloeocystidium *220*.
levis Pers., Cantharellus = *282*.
Lichtmangelbildungen 43.
lignatilis Fr., Pleurotus *1135*, Fig. 477.
lignyota (Fr.) Schroeter, Lactariella *1298*.
lignyotus Fr., Lactarius *1298*, Fig. 264.
ligula (Schaeff.) Fr., Clavaria *308*, Fig. 58.
lilacea Kauffm., Russula = *1382*.
— Rom., Russula = *1373*.
lilacina Fr., Clavaria = *319*.
— Fr., Inocybe = *777*.
lilacinum Quél. Corticium = *1*.
Limacina Ricken 334.
limacinum (Scop.) Fr., Limacium *590*, Fig. 244.
limacinus Sow., Agaricus = *588*.
— Fr., Kalchbr. Hygrophorus = *590*.
Limacium Fr. 201.
limbatus Fries, Geaster *1448*.
— Morg., Geaster = *1446*.
lineata (Bull.) Quél., Mycena *1085*, Fig. 512.
Linnaei Fr., Russula *1372*, Fig. 306.
— Ricken, Russula = *1349*.
liquiritiae (Pers.) Fr., Flammula *939*.
livescens Quél., Russula = *1350*

Sachverzeichnis. 469

lividus Bull. Boletus = *561.*
— (Bull.) Sacc., Gyrodon *561.*
livida Gramb., Russula = *1355.*
— Schroet., Russula = *1384.*
lividopallescens (Secr.) Boud., Amanitopsis = *1268.*
lividum (Bull.) Fr., Entoloma *722,* Fig. 467.
lividus (Bull.) Sacc., Gyrodon *561,* Fig. 178.
Lloydella Bres. 118.
lobatus (Pers.) Quél., Dictyolus = *107.*
— (Pers.) Karst., Leptotus *107.*
— (Huds.) Fr., Polyporus *438.*
Lomatina Lgerh. 124.
longicaudum (Pers.) Fr., Hebeloma *796.*
longipes (Bull.) Quél., Collybia *1117,* Fig. 523.
— (Bull.) Quél., Marasmius = *1117.*
longispora (Pat.) v. H. et Litsch. Peniophora *61.*
longisporus Pat., Hypochnus = *61.*
loricatus Pers., Polyporus = *396.*
Lorinseri Beck, Boletus = *530.*
Loveiana Berk., Volvaria *1237,* Abb. 31 S. 353.
lubrica (Pers.) Fr., Flammula *928,* Fig. 444.
lucidum (Leysser) Karst., Ganoderma *382,* Fig. 103.
lucifuga Fr., Inocybe *778,* Fig. 393.
ludia Fr., Collybia = *1089.*
— Fr., Mycena *1089.*
lugubris Fr., Naucoria *913.*
lupinus Grambg., Boletus = *530.*
lupuletorum Weinm., Marasmius *646.*
luridum (Schaeff.) Fr., Tricholoma *1186,* Fig. 554.
luridus Schaeff., Boletus *530,* Fig. 182.
— (Pers.) Fr., Lactarius *1307.*
— Schaeff. var. rubromaculatus R. Schulz = *531.*
luscina Fr., Clitocybe *688.*

lutea (Huds.) Fr., Russula *1344.* Fig. 317.
— Vitt., Russula = *1353.*
luteo-alba Fr., Femsjonia *49,* Abb. 14 S. 71.
luteoalba (Bolt.) Fr., Mycena = *1083,* Fig. 511.
— Britz., Russula = *1334.*
luteocarneum (Secr.) Quél., Dryodon = *130.*
luteolum Fr., Hydnum (Pleurodon) *134.*
luteolus Fr., Rhizopogon *1464,* Fig. 586.
— Cda., Splachnomyces = *1464.*
luteo-nitens (Fl. dan.) Fr., Stropharia = *1008* γ.
luteoporus Bouch., Boletus = *537.*
luteoscaber Schiffer, Boletus = *537.*
luteotacta Rea, Russula *1364,* Fig. 305.
luteovirens (Alb. et Schw.) Fr., Armillaria = *1158.*
— (Alb. et Schw.) Rick., Tricholoma *1158,* Fig. 559.
luteovirens R. Schulz, Tricholoma = *1193* var.
lutescens Bull., Cantharellus *116*.*
— (Pers.) Fr., Cantharellus = *100.*
— (Pers.) Fr., Craterellus *100.*
— Pers., Tremella *14,* Abb. 6 S. 32, Abb. 12 S. 63.
luteum Bres., Corticium *213.*
— (Bres.) v. H. et L., Gloeocystidium = *213.*
luteus (L.) Fr., Boletus *557,* Fig. 199.
lycii (Pers.) Cke., Corticium = *82.*
— (Pers.) v. H. et L., Peniophora *82,* Abb. 15 S. 74.
Lycoperdaceae 418.
Lycoperdineae 418.
Lycoperdoideae Ulbr. 419.
lycoperdoides Ditm. et Cda., Asterophora = *612.*

lycoperdoides D.C, Merulius = *612*.
— (Bull.) Fr., Nyctalis *612*, Fig. 235.
Lycoperdon Tourn. 419.
Lyomyces 108.
Lysurus Fr. 434.

Mac-Owanii Kalchbr., Geaster = *1445a*.
macrocephalum Schulz., Tricholoma = *1191*.
macroporus Britz., Boletus = *530*.
macropus (Pers.) Fr., Hypholoma *998*.
— (Pers.) Fr., Telamonia *858*, Fig. 411.
macrorrhiza Fr., Clavaria = *310*.
macrorrhizum (Lasch) Fr., Tricholoma *1191*.
macrosporus B. et Br., Dacryomyces *46*.
macroura (Scop.) Fr., Collybia = *1119*.
maculata (A. et Schw.) Fr., Collybia *1113*.
— Quél., Russula = *1341*.
maculatus Schaeff., Agaricus = *1278*.
maculiformis (Fr.)., Gloeopeniphora = *231*.
— (Fr.) Bourd. et Galz., Peniophora = *231*.
madidum Fr., Entoloma *719*.
Maggipilz *1319*.
magnifica (Fl. dan.) Fr., Amanita = *1282*.
Maipilz *1207*, Fig. 550.
mammosa Fr., Nolanea *750*, Fig. 459.
mammosum (Mich.) Fr., Tulostoma *1425*, Fig. 606.
mammosus Kalchbr., Geaster = *1454*.
Mantelegerling 307.
Mantelsporen 47.

mappa Batsch, Amanita *1281*, Abb. 10 S. 43, Abb. 33 S. 364, Fig. 578.
Marasmieae 215.
Marasmioideae Ulbr. 212.
Marasmius Fr. 215.
marchicus P. Henn., Geaster = *1445a*.
Marchii Bres., Hysterangium *1474*.
marginata (Batsch) Fr., Pholiota *946*, Fig. 450.
marginata (Fr.) Pat., Ungulina = *389*.
marginatum Pers., Hypholoma = *1005*.
marginatus Fr., Fomes *389*.
— Vitt., Geaster = *1448a*.
marginella (Pers.) Fr., Mycena *1073*.
Mariae Klotzsch, Lepiota = *1251*.
maritima Fr., Inocybe *769*.
marmoreus Roq., Boletus = *528*.
Maronenpilz *551*, Fig. 195.
Maskenritterling *1210*.
maxima Barla, Armillaria = *1225* var.
— (Schaeff.) Morg., Calvatia = *1441*.
maximum Schaeff., Lycoperdon = *1441*.
medulla panis (Pers.) Quél., Poria *372*, Fig. 98.
— panis Jacq., Polyporus = *372*.
megalodactylon Berk. et Br., Amanita = *1238*.
Mehlpilz *764*.
Mehlrötling *723*.
Mehlscheibe 124.
Melanogaster Corda 412.
melaleucum Fr., Hydnum *138*.
— (Pers.) Fr., Tricholoma *1216*, Fig. 543.
melanocephalus Czern., Trichaster *1454a*.
Melanopus 170.
— (Pers.) Fr., Polyporus *455*, Fig. 138.

melasperma (Bull.) Quél., Stropharia *1010*, Fig. 368.
— Fr., Stropharia = *1009*.
meleagris (Sow.) Fr., Lepiota *1254*.
— J. Schaeffer, Psalliota *1017*.
mellea (Vahl) Ricken, Clitocybe = *1225*.
— (Vahl) Fr., Armillaria *1225*, Abb. 4, 3, S. 28, Fig. 556.
membranaceum (Bull.) Bres., Radulum = *346*.
memnon Krbhlz., Russula = *1366*.
merdaria (Fr.) Ricken, Psilocybe *979*.
— Fr., Stropharia = *979*.
Merisma 81.
merismoides Fr., Phlebia *349* var.
Meruliaceae 145.
merulina (Pers.) Rea, Ditiola = *50*.
— (Pers.) Quél., Guepinia = *50*.
Merulius Fr. 146, 208.
mesenterica (Dicks.) Fr., Auricularia *5*.
— (Retz.) Fr., Tremella *15*, Abb. 12 S. 63, Fig. 5.
mesomorpha (Bull.) Fr., Lepiota *1266*.
Mesomorphae Ricken 355.
mesophaeum Fr., Hebeloma *788*.
metachroa (Fr.) Berk., Clitocybe *658*, Fig. 525.
metulaespora B. et Br., Lepiota = *1258*.
Meyeri Rostk., Boletus = *530*.
micaceus (Bull.) Fr., Coprinus *1408*, Abb. 7 S. 35, Fig. 225.
micans Fr., Derminus = *919*.
— (Fries) Sacc., Naucoria *919*.
— (Pers.) Fr., Pistillaria *286*, Fig. 47.
— (Ehrenbg.) Fr., Poria *362*.
Michelianus W. G. Sm., Geaster = *1454*.
Microdon 90.
microrrhiza (Lasch) Fr., Psathyra *989*.

microspora (Karst.) v. H. et L., Tomentella *177*.
microsporum (Karst.) Bourd. et Galz., Corticium = *177*.
Microstroma Nießl 73.
Milchling 370.
Milchsaftschläuche 30.
miniatoporus Secr., Boletus *531*.
miniatus Scop., Agaricus = *601*.
— Sow., Agaricus = *608*.
— Fr., Hygrophorus = *603*.
— (Scop.) Schroet., Hygrophorus = *601*.
minima Ricken, Psalliota *1019*.
minimus Schweiniz, Geaster *1448a*.
minor Barla, Armillaria = *1225* var.
minutus P. Henn., Geaster = *1453*.
Mistpilz 402.
mitis (Pers.) Fr., Pleurotus *1137*.
mitissimus Fr., Lactarius = *1302*, Fig. 266.
mniophila (Lasch) Fr., Galera *901*.
Möhrling *1165*.
molare Fr., Radulum *346*, Fig. 75.
molariforme Pers., Sistotrema = *346*.
molle Fr., Corticium *203*, Abb. 18 S. 106.
mollis (Schaeff.) Quél., Crepidotus *882*, Abb. 27 S. 270, Fig. 376.
— Fr., Hypochnus = *172*.
— (Pers.) Fries, Polyporus *425*.
— (Sommerf.) Fries, Trametes *489*.
mollusca (Pers.) Fr., Poria *378*.
molluscus Fr., Merulius *353*.
molybdina (Bull.) Fr., Clitocybe *664*.
molybdinum (Bull.) Rick., Tricholoma = *664*.
— (Bull.) Quél., Tricholoma = *1220*.
monachella Quél., Nolanea *744*.

Moortäubling *1351.*
Moosbecher *128.*
Mooshelmling *1093.*
Mooskeule *56.*
Moosling *242.*
Moosseitling *1155.*
morchelliformis Vitt., Gautieria *1468,* Fig. *582.*
morchelloide Formen *43.*
Morchling *431,* Fig. *582.*
Mordschwamm = *1314.*
Mörserkeule *131.*
Mougeotii Fr., Eccilia = *758.*
Mousseron *633.*
— echter *764.*
mucida (Schrad.) Fr., Armillaria = *1122.*
— Pers., Clavaria *306.*
— (Schrad.) Ricken, Collybia *1122,* Abb. 30 S. 322, Fig. *502.*
— (Pers.) Maire, Gliocoryne = *306.*
— Schrad., Lepiota = *1122.*
— (Pers.) Fr., Poria *374.*
mucidum Schroet., Corticium *193.*
— (Pers.) Bourd. et Galz., Hydnum *124.*
— Pers., Radulum = *124.*
mucifluus Fr., Cortinarius = *798.*
mucosum (Bull.) Fr., Myxatium *799.*
Mucronella Fries 89.
mucronellus Fr., Hygrophorus *602.*
multifida Fr., Pterula *290.*
multifidus D. C., Geaster = *1448.*
— Hazsl., Geaster = *1447.*
— Pers., Geaster = *1445* var.
multiformis Fr., Cortinarius = *815.*
multiforme Fr., Phlegmatium *815.*
Mürbling 294.
murina (Batsch) Fr., Collybia *1097,* Fig. 513.
murinaceum (Bull.) Quél., Tricholoma = *1183.*

murinaceus Fr., Hygrophorus = *593.*
muscaria (L.) Fries, Amanita *1282,* Fig. *572.*
Muschelkrempling *563.*
muscicola Quél., Arrhenia = *283.*
— Pers., Clavaria = *6.*
— Fr., Cyphella = *283.*
— (Pers.) Fitzp., Eocronartium *6,* Abb. 11 S. 57.
— (Fries) Pat., Phaeocyphella *283,* Abb. 20 S. 124.
— (Pers.) Fr. Typhula = *6.*
muscigena (Schum.) Fr., Collybia = *1093.*
— (Pers.) Fr., Cyphella = *282.*
— (Schum.) Quél., Mycena *1093.*
— (Pers.)Pat.,Phaeocyphella*282.*
— Pers., Thelephora = *282.*
.muscigenum (Bull.) Karst., Leptoglossum *110,* Fig. 206.
muscigenus Bull., Cantharellus = *110.*
— (Bull.) Quél., Dictyolus=*110.*
muscoides Wulf., Agaricus = *336.*
— (L.) Quél., Ramaria *320.*
muscorum (Hoffm.) Quél., Galera = *908.*
— (Hoffm.) Fr., Tubaria *908.*
mustelina auct., Russula = *1377.*
— Britz., Russula = *1350.*
mutabilis Quél., Daedalea = *504.*
— (Pers.) Bourd. et Galz., Grandinia *337.*
— (Schaeff.) Fr., Pholiota *942,* Fig. 449.
Mutinus Fr. 435.
Mützenhelmling *1067.*
Mycena Fr. 310.
Myceneae Ricken 310.
mycenopsis Fr., Galera *894.*
— (Fr.) Ricken, Galera = *910.*
— Fries, Naucoria *910,* Fig. 439.
Mycoleptodon Pat. 91, 143.
Mykorrhiza 28, 39, Abb. 9 S. 40.
Myriostoma Desv. 423.
Myxatium Fr. 252.

Myzel 16, 26, 45.
Myzelflächen 45.
Myzelstränge 45.
Myzelwatten 45.
Nabelinge 230.
Nabelrötling 240.
Nachtpilz 208.
Nacktbasidie 73.
Nadelschwindling *639*.
Naematelia Fr. 62.
nana (Bull.) Fr., Mycena *1084*.
nanum Pers., Geastrum = *1452a*.
narcoticus (Batsch) Fr., Coprinus *1410*.
naucina Fr., Lepiota *1245*.
naucioides Pat., Lepiota = *1245*.
Naucoria Fr., 276.
nauseosa (Pers.) Fr., Russula *1334*, Fig. 314.
nebrodensis Inz., Pleurotus = = *1129*.
nebularis (Batsch) Fr., Clitocybe *685*, Abb. 25 S. 227, Fig. 533.
necator (Pers.) Schroet., Lactarius = *1314*.
Neesii Fr., Fomes *383*.
nematopus Pers., Agaricus = *629*.
nemoreus Secr., Lasch, Agaricus = *606*.
— (Lasch) Fr., Camarophyllus *606*, Fig. 256.
— Fr., Hygrophorus = *606*.
nephriticum Berk., Hysterangium *1470*.
Nesterdstern *1445a*.
Nestpilz 416.
Nestseitling *1151*.
Netzdachpilz 271.
Netztrüffel 412.
Neurophyllum Pat. 141.
nidorosum Fr., Entoloma *727*.
nidulans (Pers.) Quél., Crepidotus = *1151*
— (Pers.) Fr., Pleurotus *1151*.
— Fr., Polyporus *433*.
Nidularia (Fr.) Tul. 416.

Nidulariaceae 416.
Nidulariales (Nidulariineae) 416.
nidus avis (Secr.) Quél., Entoloma = *721*.
nigrescens Rich. et Roze, Boletus = *537*.
— Pers., Bovista *1443*, Abb. 36 S. 422.
— (Schrad.) Fr., Corticium = *344*.
nigricans Herrmann, Boletus = *547*.
— - Schröter, Platygloea *2*.
— Bres., Mycena = *1050*.
— G. Beck, Psalliota = *1013* var.
— (Bull.) Fr., Russula *1388*, Fig. 292.
Nigricantes Bataille 382, 395.
Nigrocinnamomeum Schulz., Entoloma = *1039*.
nigripunctata Secr., Clitocybe = *695*.
— (Secr.) Schroet., Russuliopsis *695*.
nigrum (Fr.) Quél., Calodon = *137*.
— Fr., Hydnum *137*.
nimbatum (Batsch) Quél., Tricholoma = *1205*.
nitens Krombh., Agaricus = *578*.
— Schaeff., Agaricus = *575*.
— Batsch, Hygrophorus = *593*.
nitida Dur. et Mont., Fr., Hexagonia *487a*.
— (Pers.) Fr., Poria *361*, Fig. 95.
— (Pers.) Fr., Russula *1342*.
nitidum Quél., Entoloma *718*.
— Schaeff., Myxatium *802*, Fig. 431.
nitidus (Schaeff.) Fr., Cortinarius = *802*.
nitratus (Pers.) Fr., Hygrophorus *593*, Fig. 246.
nivalis (Grev.) Rea, Amanitopsis *1269*.

nivea Bull., Clavaria = *312*.
— Quél., Clavaria *313*.
— Quél., Cyphella = *269a*.
— (Pers.) Quél., Odontia = *123*.
— Karst., Plicatura = *349a*, var.
— (Quél.) Ulbrich, Solenia *269a*.
niveum (Pers.) Fr., Hydnum = *123*.
niveus Massee, Bolbitius = *1391*.
— (Scop.) Fr., Camarophyllus *604*, Fig. 255.
— (Pers.) Fr., Coprinus *1411*, Fig. 227.
— Scop., Hygrophorus = *604*.
— Fr., Merulius *349a* var.
Nolanea Fr. 238.
Normalblätterpilze = Agaricaceae 209.
nuda (Berk.) Pat. Dacryomitra *52*.
— (Berk.) Massee, Ditiola = *52*.
— (Fr.) v. H. et L., Gloeopeniophora *231*.
— (Fr.) Bres., Kneiffia = *231*.
nudum (Bull.) Fr., Tricholoma *1211*, Abb. 10 S. 43.
nudus Bull., Agaricus = *1210*, *1211*.
Nyctalis Fr. 208.

obducens (Pers.) Quél., Coriolus = *371*.
— (Pers.) Fr., Poria *371*.
obliqua (Pers.) Bres., Poria = *392*.
obliquum Schrad., Hydnum = *162*.
— Alb. et Schw., Sistotrema = *162*.
obliquus (Pers.) Fr., Fomes *392*, Fig. 106.
— (Schrad.) Fr., Irpex (Xylodon) *162*, Fig. 89.
— (Pers.) Bourd. et Galz., Xanthochrous = *392*.
obolus Fr., Clitocybe *657*.
obrusseus Fries, Hygrophorus *597*, Fig. 250.

obscurocyaneum (Secr.) Fr., Phlegmatium *820*.
obscurus Alb. et Schw., Agaricus = *609*.
obturata Fr., Stropharia = *1009*.
obtusa Fr., Hydrocybe *872*, Fig. 401.
obtusata Fr., Psathyra *992*.
ocellata Fr., Collybia *1103*.
ochracea Schum., Russula = *1376*.
— Hoffm., Solenia *271*, Abb. 20 S. 124.
ochraceum Fr., Corticium (Gloeocystidium) *204*.
— (Pers.) Fr., Hydnum *128*.
— (Pers.) Pat., Mycoleptodon = *128*.
ochroleuca Bres., Coniophora = *258*.
— (Bres.) Brinkm., Coniophorella *258*.
— (Bres.) v. H. et L., Peniophora = *258*, Fig. 293.
— (Schaeff.) Fr., Dermocybe *844*, Fig. 416.
— Pers., Russula *1374*.
ochroleucum Bres., Corticium *216*.
— Fries, Stereum *237*.
ochroleucus (Schaeff.) Fr., Cortinarius = *844*.
Ochsenreische *552*, Fig. 196.
Octaviania Vitt. 430.
Odontia Pers. 143.
odora (Bull.) Fries, Clitocybe *682*, Abb. 10 S. 43.
— (Sommerf.) Fr., Trametes *493*, Fig. 160.
odorata (Wulf.) Fr., Trametes *491*, Fig. 158.
odoratum (Fr.) Bourd. et Galz., Corticium = *239*.
— Fr., Stereum *239*.
odorus Bull., Agaricus = *682*.
— Vitt., Agaricus = *623*.
— Sommerf., Polyporus = *493*.
oedipus Quél., Collybia *1105δ*.

officinale (Vitt.) Fr., Placoderma 405, Fig. 118.
officinalis Vill., Fomes = 405.
— Vill., Polyporus = 405.
— Pat., Ungulina = 405.
Ohrenpilz 56.
oleosum v. H. et L., Corticium = 224.
olivacea (Fr.) Karst., Coniophorella 259, Abb. 19 S. 121.
— (Schaeff.) Fr., Russula 1337, Fig. 290.
olivaceo album Fr., Limacium 589.
olivaceum Fr., Corticium = 259.
olivaceus (Schaeff.) Fr., Boletus 540.
— Vitt., Hymenogaster 1460.
— Bres., Odontia = 337.
olla (Batsch) Pers., Cyathus 1431.
— Batsch, Peziza = 1431.
olorina Fries, Clitocybe 678.
Omphalia Fr., Pers. 230.
Onygena 208.
opaca (Sow.) Fr., Clitocybe 662.
orbiculare Fr., Radulum 345, Fig. 74.
orcella (Bull.) Fr., Clitopilus = 764.
oreades (Bolt.) Fr., Marasmius = 652.
orellana Fr., Dermocybe 852, Fig. 421.
orichalceum (Batsch) Fr., Phlegmatium 811, Fig. 433.
orirubens (Quél.) Fr., Tricholoma 1175.
ornatum (Fr.) Quél., Tricholoma = 1132.
ornatus Fr., Pleurotus 1132.
ostreata (Jacq.) Rick., Clitocybe = 1142.
ostreatus (Jacq.) Fr., Pleurotus 1142, Abb. 8 S. 38, Fig. 478.
Oudemansii Harts., Boletus = 553.
ovata Fr., Pistillaria = 302.
— (Pers.) Fr., Typhula 302.
ovatus Schaeff., Coprinus 1398β.

ovinus (Bull.) Fr., Camarophyllus 609, Fig. 258.
— Fr., Hygrophorus = 609.
— (Schaeff.) Fr., Polyporus 465, Fig. 143.
ovoidea Bull., Amanita 1273.
ovoideum Bull., Lycoperdon = 1436.

pachyphylla Fr., Clitocybe = 692.
— (Fr.) Schroet., Russuliopsis 692.
pachypus Fr., Boletus 539, Fig. 189.
Pachysterigma Bref. = Tulasnella 66.
pallescens Fries, Polyporus 411.
— Schaeff., Pratella = 991.
— (Schaeff.) Ricken, Psathyra 991.
pallida (Pers.) Brinkm., Bresadolina 102.
— Pers., Craterella = 102.
— Pers., Thelephora = 102.
pallidula, Gonabotrys = 224.
— Bres., Peniophora = 224.
pallidulum (Bres.) v. H. et L., Gloeocystidium 224.
pallidum Bres., Corticium = 218.
— (Bres.) v. H. et L., Gloeocystidium 218, Abb. 18 S. 106.
— (Pers.) Cooke, Stereum = 102.
pallidus (Pers.) Fr., Lactarius 1329.
palmata (Schum.) Fr., Calocera 54, Fig. 16.
— Pers., Clavaria = 326.
— (Scop.) Pat., Phylacteria = 89.
— (Pers.) Quél., Ramaria 326.
— (Scop.) Fr., Thelephora 89, Fig. 36.
paludosa (Fr.) Quél., Galera = 903.
— Britz., Russula 1352.
— (Fr.) Gill., Tubaria 903.
panaeolum Fr., Tricholoma 1205.
Panaeolus Fr. 289.
panaeolus Fr., Paxillus 564.

pantherina D. C., Amanita *1278*, Abb. 34, S. 366, Fig. 573.
Pantherpilz *1278*.
pantoleucus Fr., Pleurotus *1127*.
Panucia Karst. 294.
panuoides Fr., Paxillus *563*, Abb. 23 S. 197.
Panus Fr. 213.
Papageitäubling *1381*.
papilionacea (Bull.) Fr., Chalymotta *974*, Fig. 353.
papilionaceus (Bull.) Rick., Panaeolus = *974*.
papillata v. H. et L., Tomentella *181*.
papillatus (Batsch) Fr., Coprinus *1402*.
papillosa Fr., Grandinia = *343*.
— (Fr.) Bres., Odontia *343*.
papyrinus Bull., Merulius = *357*.
parabolica Fr., Mycena *1063*, Fig. 499.
paradoxa Kalchbr., Flammula = *569*.
paradoxum Schrad., Hydnum = *161*.
paradoxus Fr., Irpex = *161*.
— (Kalchbr.) Quél., Paxillus = *569*.
Paraphysen 35, 46.
Parasiten 41.
parasitica Quél., Leptonia = *754*.
— (Bull.) Fr., Nyctalis *611*, Fig. 234.
Parasiticae Nüesch 208.
parasiticus Secr., Agaricus = *611*.
— (Bull.) Fr., Boletus *544*, Fig. 191.
— (Quél.) Fr., Claudopus *754*.
Parasolpilz *1241*, Fig. 563.
parvannulata (Lasch) Fr., Lepiota *1267*.
pascua (Pers.) Fr., Nolanea *748*, Fig. 460.
Patouillardii Bres., Inocybe *773*, Abb. 26 S. 246.
Paxillaceae 197.

Paxillus Fr. 197.
paucirugum Pers., Xylomycon = *351*.
pectinata (Bull.) Fr., Russula *1360*, Fig. 294.
pectinatoides Peck, Russula = *1350 β*.
pectinatus Pers., Geaster *1452*, Abb. 36 S. 422.
pediades Fries, Naucoria *925*.
pelianthina Fr., Mycena *1070*, Fig. 503.
Pelletieri Lév., Paxillus *569*.
— (Lév.) Quél., Phylloporus = *569*.
pellicula Bres., Hypochnus = *172*.
— (Fr.) v. H. et L., Tomentella *172*.
pelliculare Karst., Corticium = *226*.
pellitus (Pers.) Fr., Pluteus *1040*.
Pelloporus 177.
pellucida (Bull.) Quél., Naucoria = *906*.
— (Bull.) Fr., Tubaria *906*.
pellucidus Pers., Agaricus = *906*.
penarium Fr., Limacium *577*, Fig. 237.
pendulus (Alb. et Schw.) Fr., Irpex *156*.
— A. et Schw., Sistotrema = *156*.
penicillata Fr., Telamonia = *834*.
— (Pers.) Fr., Thelephora *84*, Abb. 18 S. 106.
penicillatum Fr., Inoloma *834*.
penicillatus (Fr.) Quél., Cortinarius = *834*.
Peniophora Cooke 75.
Peniophoraceae 75.
pennata Fr., Psathyra *986*.
pennatum (Fr.) Quél., Hypholoma = *986*.
Pequinii Boud., Chitonia *1035*, Abb. 29 S. 307.
pergameus (Sw.) Quél., Lactarius = *1312 β*.

perennis (L.) Fr., Polystictus 485, Fig. 155.
— (L.) Pat., Xanthochrous = 485.
perforans (Fr.) Pat., Androsaceus = 639.
— (Hoffm.) Fr., Marasmius 639.
Peridie 47.
perlatum Pers., Lycoperdon = 1437.
Perlhuhnchampignon 1017.
Perlpilz 1289.
peronata Massee, Psalliota 1033.
peronatus (Bolt.) Fr., Marasmius 653.
perpusillus Fr., Pleurotus 1153.
perrara (Schulz.) Fr., Psalliota 1016.
persicina Krbhz., Russula = 1379.
persicinum Fr., Tricholoma 1213.
persimilis Cott., Clavaria = 315.
personatum Fr., Tricholoma 1210, Fig. 544.
Persoonii (Fr.) Schroeter, Amanita 1271.
— Otto, Lactarius = 1304.
— (Fr.) Ricken, Lepiota = 1271.
pertenue (Karst.) v. H. et L., Corticium = 221.
pescaprae Fr., Agaricus = 1224.
— Pers., Polyporus 464, Fig. 142.
pessundatum Fr., Tricholoma 1167, Fig. 541.
petaloides (Bull.) Fr., Pleurotus 1139.
Petersii Berk. et Curt, Pilacre 9, Abb. 11 S. 57, Fig. 2.
petropolitanus Fr., Merulius 349a, var.
peziza Tul., Guepinia 50, Abb. 14 S. 71, Fig. 13.
pezizoides (Nees) Fr., Crepidotus 886.
Pfefferling 111.
Pfefferpilz 1312.
Pfefferröhrling 527, Fig. 180.
Pfeifferi Bres., Ganoderma = 407.
Pferdechampignon 1024.

Pferdereizker = 1322.
Pfifferling 87, 111, Fig. 207.
— falscher 672.
Pflanzenstecher 3.
Pflaumenpilz 764.
Phacorrhiza Bolt. 133.
phacorrhiza Reich., Clavaria = 294.
— (Reich.) Fries, Typhula 294, Abb. 4, 5a S. 28.
phaeocephalum (Bull.) Quél., Entoloma = 716.
Phaeocyphella Pat. 128.
Phaeodon Schroet. 95.
Phaeotremella Rea 62.
phalaenarum Fr., Panaeolus 971.
Phallaceae 435.
Phallinales (Phallineae) 427.
phalloides (Vaill.) Fr., Amanita 1276, Abb. 8 S. 38, Abb. 33 S. 364, Fig. 576.
Phallus (Mich.) Pers. 435.
Phellodon 90.
Phlebia Fr. 144.
Phlegmatium Fr. 253.
Phleogena Fr. 58.
Phleogenaceae 57.
pholideus Fr., Agaricus = 835.
— Fr., Cortinarius = 835.
Pholiota Fr. 282.
phosphorea Sow., Auricularia = 206.
Phycomycetes 17.
Phylacteria Pat. 81.
phyllophila Pers., Clitocybe 679, Fig. 532.
Phylloporus 199.
picaceus (Bull.) Fr., Coprinus 1414a.
picinus Fr., Lactarius = 1304.
picipes Fr., Polyporus 450, Fig. 136.
pictus (Schultz) Fr., Polystictus 486.
pietra fungaia 453a.
Pilacraceae 57.
Pilacre Fr. 57, 58.

Pilacrella Schroet. 57, 58.
Pillotii Roze, Geaster = *1454*.
Pilzwurzel 39.
Pilzzellulose 16.
pinastri (Fr.) Bourd. et Galz.,
  Gyrophana *126*.
— Fr., Hydnum *126*, Fig. 77.
— (Fries) Burt., Merulius = *126*.
pinetorum A. Schultz, Agaricus,
  Lepiota = *1263*.
pini (Schleich.) Fr., Stereum *243*.
— Schleich., Thelephora = *243*.
— (Thore) Fr., Trametes *490*,
  Fig. 157.
pinicola (Sw.) Fr., Fomes *391*.
Piperatae Bataille 380.
piperatus Bull., Boletus *527*,
  Fig. 180.
— (Scop.) Fr., Lactarius *1312*,
  Fig. 272.
piriforme (Schaeff.) Pers., Lycoperdon *1436*, Fig. 589.
piriodora (Pers.) Fr., Inocybe *781*,
  Fig. 395.
pisocarpium (Nees) Fr., Polysaccum = *1421*.
Pisolithaceae 413.
Pisolithus Alb. et Schw. 413.
Pistillaria Fr. 131.
pistillariforme Bon., Lycoperdon = *1433a*.
pistillaris (L.) Fr., Clavaria *307*,
  Fig. 57.
pithya Fr., Exidia *28a*.
— Fr., Mycena *1090*.
pithyophila (Secr.) Fr., Clitocybe *680*.
pityria Fr., Galera *893*.
placenta Batsch, Entoloma *716*.
placidus (Bon.) Fr., Boletus *553*.
placida Fr., Leptonia *738*,
  Fig. 461.
placidus Bon., Gyrodon = *553*.
Placoderma Fr. 159.
planus Fr., Pleurotus *1140*.
Platygloea Schroet. 55.

platyphylla (Pers.) Fr., Collybia *1120*, Fig. 521.
platyphyllus Pers., Agaricus = *1120*.
Plectobasidiineae 409.
pleopodia Bull., Nolanea *745*.
Pleurodon 90.
Pleurotus Fr. 328.
plicatilis (Curt.) Fr., Coprinus *1406*, Fig. 224.
Plicatura Peck 146.
plicosa Fr., Mycena *1095*.
Plorantes Bataille 382.
plumbea (Schaeff.) Fr., Amanitopsis = *1268*.
— Pers., Bovista *1442*, Abb. 36 S. 422, Fig. 593.
— Quél., Globaria = *1442*.
plumbeus Bull., Lactarius = *1313*.
— (Bull.) Quél., Lactarius = *1314*.
plumulosa (Lasch) Quél., Volvaria = *1237*.
Pluteeae Ulbr. 309.
pluteoides Fr., Entoloma *730*.
Pluteolus Fr. 271.
Pluteus Fr. 309.
pluvialis Speg., Lepiota = *1248*.
polonica Steinh., Russula = *1365*.
polyadelpha (Lasch) Fr., Omphalia *699*.
polyadelphus Lasch, Marasmius = *699*.
polycephala Fr., Psilocybe = *984γ*.
polygonia (Pers.) Bourd. et Galz., Peniophora = *265*.
polygonium Pers., Corticium 265.
polygonius (Pers.) v. H. et L., Aleurodiscus *265*.
polygramma (Bull.) Fr., Mycena *1064*, Fig. 500.
polymorphum Vitt., Lycoperdon = *1440*.
polymorphus (Rostk.) Fr., Polystictus *471*.
— (Rostk.) Bourd. et Galz., Xanthochrous = *471*.
Polyporaceae 149.

Polyporales 100.
Polyporus Mich. 161.
polyrrhizum (Gmel.) Lév., Sclerangium *1422a.*
Polysaccum D. C. 413.
Polystictus Fr. 174.
Polytrichi Fr., Psilocybe=*982β.*
pomaceus Pers., Boletus = *397.*
pometi Fries, Pleurotus *1126.*
Pompholyx Corda 412.
ponderatum Britz., Limacium = *577.*
populinus (Schum.) Fr., Fomes *384.*
porcellanus Schaeff., Coprinus = *1398.*
Porenbecherpilz 129.
Porenhausschwamm *380.*
Porenschwamm 151, 161.
Poria (Pers.) Fries 151.
poriiformis (D. C.) Fr., Solenia *270.*
porinoides Fr., Merulius *351.*
Porling 161.
porosum Bk. et Curt., Corticium = *226.*
Porothelium Fries 129.
porphyria (Alb. et Schw.) Fr., Amanita *1275,* Fig. 577.
porphyrophaeum Fr., Entoloma *716.*
porphyropus (Alb. et Schw.) Fr., Phlegmatium *806.*
porreus (Pers.) Fr., Marasmius *654.*
porrigens (Pers.), Pleurotus *1154.*
portentosum Fr., Tricholoma *1171,* Fig. 536.
Porzellantintenpilz *1398.*
praecox (Pers.) Fr., Pholiota *940.*
praetermissum (Karst.) Bres., Gloeocystidium *221.*
prasinum (Schaeff.) Fr., Phlegmatium *808.*
prasiosmus Fr., Marasmius *650,* Fig. 339.
Pratella 295, 301.

pratense Pers., Lycoperdon = *1437.*
pratensis Fr., Camarophyllus *608.*
— Pers., Clavaria = *322.*
— (Pers.) Fr., Hygrophorus = *608.*
— (Schaeff.) Fr., Psalliota *1026,* Fig. 371.
— Scop., Psalliota = *1028.*
praticola Vitt., Psalliota = *1024β.*
Primäres Myzel 26.
procera (Scop.) Fr., Lepiota *1241,* Fig. 565.
Procerae Ricken 355.
Prolifikationen 43.
prona Fr., Psathyrella *959.*
proteus Bull., Lycoperdon = *1437.*
Protobasidien 33.
Protobasidiomycetes 54.
Protodontia v. H. 59.
protracta Fr., Trametes = *504.*
proximellus Karst., Coprinus = *1399.*
pruinatum Bres. Corticium = *188.*
prunuloides Fr., Entoloma *723,* Fig. 466.
prunulus (Scop.) Fr., Clitopilus *764,* Abb. 25 S. 227, Fig. 468.
— (Scop.) Ricken, Paxillus = *764.*
— Scop., Rhodosporus = *764.*
Psalliota Fr. 301.
Psallioteae Ulbr. 299.
Psalliotoideae Ulbr. 286.
psalliotoides P. Henn., Lepiota = *1245.*
Psathyra Fr. 294.
Psathyrella Fr. 288.
pseudoandrosacea Bull., Omphalia = *707.*
pseudobolare Maire, Inoloma = *841.*
pseudoboletus D. C., Hydnum = *161.*
pseudoemetica (Secr.) Sing., Russula *1340.*
pseudofoliacea Rea, Phaeotremella 22.

pseudoigniarius (Bull.), Polyporus = *404*.
pseudointegra Arn.-Gor., Russula *1335*.
pseudomammosus P. Henn., Geaster = *1450*.
pseudostorea W. G. Sm., Hypholoma = *996*.
pseudo-sulphureus Kallenbach, Boletus *543*.
Psilocybe Fr. 292.
Psilocybeae Ulbr. 292.
psittacinus (Schaeff.) Fr., Hygrophorus *595*, Fig. 248.
pterigena Fr., Mycena *1074*, Fig. 505.
Pterula Fr. 131.
pubera (Fr.) Sacr., Peniophora *68*.
puberum Fr., Corticium = *68*.
pubescens Rieß, Achroomyces = *2*.
— (Schum.) Quél., Coriolus = *417*.
— (Sow.) Fr., Pleurotus = *1152*.
— (Schum.) Fr., Polyporus *417*. Fig. 116.
pudibundus (Scop.) Fr., Lactarius = *1306*.
pudica (Bull.) Quél., Lepiota = *1245*.
pudorinum Fr., Hydnum *129*.
— Fr., Limacium *579*.
puella (Batsch) Cda., Amanita = *1282*.
puellaris Fr., Russula *1354*, Fig. 311.
pulchella Borsz, Russula = *1334*.
pulchra Burl., Russula = *1352*.
pulchralis Britzelm., Russula = *1334*.
pulmonarius Fr., Pleurotus *1144*.
pulverulentus Opat., Boletus *547*.
— Fr., Merulius = *350*.
pulvinatus (Pers.) Fr., Pleurotus *1128*.
pumila (Sow.) Quél., Mycena = *1082*.
— (Pers.) Ulbr., Naucoria *923*.

pumilus Pers., Derminus = *923*.
punctata Fr., Inocybe *775*.
— Krombh., Russula *1331*.
punctatum Fr., Hebeloma *789*.
— (Fr.) Ricken, Hebeloma = *775*.
— Rostk., Lycoperdon = *1433a*.
punctulata (Kalchbr.) Fr., Stropharia = *931*.
punicea (Alb. et Schw.) Schroet., Tomentella *179*.
puniceum (A. et S.) Fr., Corticium = *179*.
puniceus Fr., Hygrophorus *598*, Fig. 251.
— (A. et S.) Sacc., Hypochnus = *179*.
Punktschwamm 174.
pura (Pers.) Quél., Mycena = *1087*.
purpurascens Fr., Phlegmatium *818*.
purpurea Britzelm., Russula = *1349*.
— Gill., Russula = *1385*.
purpureum (Tul.) Pat., Helicobasidium. *1*.
— Pers., Stereum *236*, Fig. 29.
purpureus Fr., Bolet. ex p. = *529*.
— Secr., Boletus = *550*.
pusilla (Pers.) Fr., Pistillaria *288*.
— (Pers.) Quél., Volvaria *1235*.
pustulata Pers., Amanita = *1289*.
pustulatum Pers., Limacium *586*, Fig. 242.
pustulatus Fr., Hygrophorus = *586*.
puteana Fr., Coniophora = *254*.
puteanum Schum., Corticium = *254*.
pygmaeo-affinis Fr., Galera *889*.
pyramidalis (Scop.) Fr., Marasmius *651*.
pyriforme var. serotinum (Bon.) Holl., Lycoperdon = *1435*.
pyriformis (Pers.), Omphalia = *707* var.
— Quél., Utraria = *1436*.

pyrogalus (Bull.) Fr., Lactarius *1313*, Fig. 273.
pyrrhospermus (Bull.) Fr., Hyporrhodius = *1039*.
pyxidata Pers., Clavaria = *317*.
— (Bull.) Fr., Omphalia *713*, Fig. 488.
— (Pers.) Quél., Ramaria *317*.
quadricolor (Scop.) Fr., Telamonia *861*.
quadrifidus major (Buxb.) Holl., Geaster = *1445a*.
— minor (Bull.) Holl., Geaster = *1445*.
Quéletii Schulzer, Boletus = *550*.
— Hazsl., Geaster = *1445*.
— Fr., Russula *1366*, Fig. 300.
— var. albocitrina Barb., Russula = *1361*.
quercina (L.) Fr., Daedalea *500*, Fig. 163.
— (L.) Quél., Lenzites = *500*.
— (Pers.) Cke., Peniophora *76*, Fig. 27.
— Pers., Thelephora = *76*.
— (Schrad.) Pat,. Ungulina = *403*.
quercinum (Pers.) Fr., Corticium = *76*.
— Pers., Lycoperdon = *1436*.
— (Schrad.) Fr., Placoderma *403*.
— Fr., Radulum *347*, Fig. 76.
quietus Fr., Lactarius *1296*, Fig. 262.
quisquiliaris Fr., Pistillaria *289*.

Rabenhorstii Fr., Galera *900*.
— Kunze, Geaster = *1452a*.
Rädchenpilz *631*, Fig. 328.
radians (Desm.) Fr., Coprinus *1403*, Fig. 222.
radiata Fr., Phlebia = *349* var.
— (Holmsk.) Fr., Thelephora *92*.
radiatus (Bolt.) Fr., Coprinus *1409*, Fig. 226.
— (Sow.) Fr., Polyporus = *481*.

radiatus (Sow.) Fr., Polystictus *481*, Fig. 152.
— (Sow.) Pat., Xanthochrous = *481*.
radicans Fr., Boletus ex p. = *547*.
— Pers., Boletus *548*.
radicata (Relh.) Berk., Collybia *1119*.
— (Alb. et Schw.) Fr., Ditiola *47*, Fig. 12.
radiciperda Hart., Trametes = *385*.
radicosa (Bull.) Fr., Pholiota = *787*.
radicosum (Bull.) Fr., Hebeloma *787*, Fig. 448.
radicosus (B. et Br.) Fr., Cantharellus = *113*.
radiosum Fr., Corticium = *215*.
radula (Pers.) Fr., Poria *379*, Fig. 101.
Radulaceae 142.
Radulum Fr. 143.
raeborrhiza (Lasch) Gill., Mycena = *1082*.
Ramaria Holmsk. 83, 135, 137.
ramealis (Bull.) Fr., Marasmius *642*, Fig. 335.
ramentaceum (Bull.) Fr., Tricholoma *1179*, Fig. 560.
ramentaceus Krbh., Agaricus = *1263*.
ramentacia (Bull.) Fr., Armillaria = *1179*.
ramosa Schaeff., Elvella = *333*.
— (Schaeff.) Fr., Sparassis *333*, Abb. 4,1 S. 28, Fig. 71.
ramosissimus (Schaeff.) Fr., Polyporus = *448*.
rapaceus Fr., Cortinarius = *815*.
raphanoides (Pers.) Fr., Dermocybe *850*, Fig. 419.
ravida (Bull.) Fr., Russula *1348*, Fig. 316.
recutita Fr., Amanita, Agaricus = *1275*.
regalis Fr., Amanita = *1282*.

regius Krombh., Boletus *534*.
Rehling *111*.
Rehpilz *153*.
Reibeisenpilz 143.
Reifpilz *957*, Fig. 456.
Reizkerporling 371, Fußnote.
relicina Fr., Inocybe *767*.
repanda Fr., Exidia *27*, Abb. 12 S. 63.
repandum (L.) Fr., Hydnum *142*, Fig. 84.
repens Fr., Collybia = *1120*.
resimus Fr., Lactarius *1311*.
resinaceus Trog., Lentinus = *626*.
resinosum Schrad., Placoderma *407*.
resinosus Fr., Polyporus = *408*.
resplendens Fr., Tricholoma *1173*.
resupinate Fruchtkörper 30.
reticulata (Pers.) Galera = *887*.
— (Pers.) Fr., Poria *376*, Fig. 99.
reticulatus (Pers.) Ricken, Bolbitius = *887*.
— Pers., Derminus = *887*.
— (Pers.) Fr., Pluteolus *887*, Fig. 377.
retirugis (Fr.) Karst., Chalymotta *972*.
— (Fr.) Ricken, Panaeolus = *972*.
retirugus Fr., Cantharellus = *108*.
— (Bull.) Quél., Dictyolus = *108*.
— (Bull.) Karst., Leptotus *108*, Fig. 204.
Rettichhelmling *1087*.
Rettichtrüffel 432, Fig. 583.
Rezeptakulum 31.
rhacodes (Vitt.) Fr., Lepiota *1242*, Abb. 32 S. 356, Fig. 563.
rhagodiosa Fr., Armillaria *1227*.
— (Fr.) Ricken, Clitocybe = *1227*.
Rhizoctonia 109.
Rhizomorpha subcorticalis D. C. *1225*.
Rhizomorphen 29, 45.
Rhizopogon Fries 430.

rhododendri Cram., Exobasidium *57β*.
rhodopolium Fr., Entoloma *728*, Abb. 25 S. 227.
rhodoxanthus (Kr.) Kallenbach, Boletus *529*.
ribis (Schum.) Fr., Fomes *401*, Fig. 111.
Rickenii Grambg., Boletus = *547*.
Riechschwamm 178.
Riesenbovist *1441*, Fig. 592.
Riesenegerling *1031, 1032, 1033*.
Riesenformen 42.
Riesenkrempling *566*.
Riesenporling *440*.
Riesenritterling *1165*, Fig. 539.
Riesenrötling *722*.
Riesentrichterling *675*.
rigens (Pers.) Fr., Hydrocybe *867*, Fig. 398.
Rigida Ricken 342.
rigida (Scop.) Fr., Telamonia *854*, Fig. 408.
rimosa (Bull.) Quél., Inocybe *782*, Fig. 396.
— Cke., Peniophora = *72*.
rimosus Venturi, Boletus *537*.
Rindenpilz 106.
Ring 47.
Ringelpilz 291.
Rißpilz 244.
— ziegelroter *773*.
Ritterling 334.
rivulosa (Pers.) Fr., Clitocybe *683*.
rivulosus Pers., Agaricus = *683*.
robusta (Alb. et Schw.) Fr., Armillaria = *1163*.
robustum (Alb. et Schw.) Fr., Tricholoma *1163*, Fig. 561.
Röhrenpilze 183.
Röhrling 184, 185.
rorida Fr., Mycena *1046*, Fig. 491.
rosacea Fr., Russula = *1364*.
— Pers., Russula = *1371*.
rosea (Bull.) Sacc., Mycena *1087*.
— Maire, Russula = *1371*.
— (Pers.) Sacc., Mycena = *1068*.

Sachverzeichnis. 483

rosea Quél., Russula *1386*.
— (A. et Schw.) Bourd. et Galz.,
Ungulina = *395*.
roseipes Cke., var. Russula =
1351.
rosella Fr., Mycena *1068*.
— Fr., Mycena = *1087*.
Rosenhelmling *1087*.
Rosenritterling *1189*.
roseoalbus Fr., Pluteus *1038*.
roseo-cremeum Bres., Corticium
= *219*.
— (Bres.) Brinkm., Gloeocystidium *219*.
roseus (Pers.) Fr., Corticium *211*.
roseus Bull., Agaricus = *1087*.
— (Alb. et Schw.) Fr., Fomes
395.
— Fr., Gomphidius *573*, Fig. 232.
Rostkovii Fr., Polyporus *449*.
Roßhaarschwindling *632*.
Rotfäuleschwamm *490*.
Rotfüßchen *549*, Fig. 194.
Rotkappe *524*.
Rötlinge 233.
Rotreizker *1291*.
Rottrüffel 430.
rotula (Scop.) Pat., Androsaceus
= *631*.
— (Scop.) Fr., Marasmius *631*,
Fig. 328.
Rozei Quél., Entoloma *717*.
Rozites Karst. 286.
rubeolarius Secr., Boletus = *530*.
rubellus Krbh., Agaricus = *1317*.
ruber (Mich.) Pers., Clathrus =
1475.
rubescens Schaeff., Agaricus =
1299.
— Fr., Amanita *1289*, Abb. 34
S. 366, Fig. 570.
— Trog., Boletus = *562*.
— Boudier, Ceriomyces *514*.
— (Trog.) Sacc., Gyrodon *562*.
— (Pers.) Fr., Limacium *580*.
— Tul., Rhizopogon *1465*.

rubescens (Alb. et Schw.) Fr.,
Trametes *496*.
rubicunda Quél., Russula *1362*.
rubiginosa Pers., Galera = *899*
var.
— (Dicks.) Lév., Hymenochaete
= *251*.
rubiginosus Bres., Hypochnus =
180.
— (Schrad.) Quél., Polyporus
= *393*.
rubiginosa (Bres.) v. H. et L.,
Tomentella *180*.
Rübling 321.
rubra La Bill., Aseroë *1477*,
Abb. 38 S. 434.
— (Krbhz.) Bres., Russula *1339*,
Fig. 301.
— Vitt., Russula = *1365*.
rubricatum Hesse, Hysterangium
1472.
rubro-fibrillosus Britz., Hygrophorus = *580*.
rubroochracea Murr., Russula =
1343.
rubro-testaceus Secr., Boletus =
530.
rudis Fr., Panus *618*.
rufa (Batt.) Quél., Armillaria
= *1162*.
— (Schrad.) Fr., Poria *364*.
— Jacq., Tremella = *32*.
rufescens Pers., Daedalea *467*.
— Pers., Geaster *1446*, Fig. 596.
— (Pers.) Fr., Polyporus *467*.
— Pers., Fr., Sarcodon = *142*.
rufo-olivaceus Fr., Cortinarius
= *810*.
rufum Auct. angl., non Fr., Stereum *13*.
— Batt., Tricholoma = *1162*.
rufus (Schaeff.) Quél., Boletus
524.
— (Jacq.) Bref., Gyrocephalus
= *32*.
— (Scop.) Fr., Lactarius *1318*,
Fig. 276.

31*

rufus Pers., Merulius *352.*
rugosa Bull., Clavaria = *95.*
— (Bull.) Schroet., Clavulina = *95.*
— (Bull.) Ricken, Ramaria=*95.*
— (Bull.) Ulbrich, Stichoramaria *95,* Fig. 52.
rugosum Pers., Stereum *234.*
rugulosa Peck, Russula = *1380.*
rusiophylla (Lasch) Fr., Psalliota *1021.*
Russula Pers. 380.
russula (Schaeff.) Rick., Limacium = *1183.*
— (Schaeff.) Fr., Tricholoma *1189,* Fig. 538.
Russulinae (Schroet.) Sing. 380.
Russuliopsis Schroet. 228.
rustica Fr., Omphalia *712.*
rusticoides Gill., Eccilia *763.*
rutilans (Pers.) Quél., Cytidia *261.*
— (Pers.) Pat., Phaeolus = *432.*
— (Pers.) Fr., Polyporus *432.*
— (Schaeff.) Fr., Tricholoma *1190,* Fig. 546.

saccata (Vahl), Calvatia = *1433a.*
saccatum Vahl, Lycoperdon *1433a,* Abb. 36 S. 422.
saccharina Fr., Exidia = *30.*
— (Fr.) Bref., Ulocolla*30,* Abb.12 S. 63, Fig. 8.
saccharinus (Batsch) Rea, Androsaceus = *638.*
— (Batsch) Fr., Marasmius *638.*
Saccharomycetes 17.
Sackstäubling *1433a.*
Saftling 204.
Safranschirmling *1242.*
sagata Fr., Psalliota *1022.*
Sägeblättling 214.
salicicola Fr., Flammula *933.*
salicinum Fr., Corticium = *261.*
salicinus (Pers.) Fr., Fomes *396.*
— (Pers.) Fr., Fomes ex p. = *400.*
— (Pers.) Quél., Phellinus = *400.*

salicinus (Pers.) Quél., Phellinus = *396.*
— (Pers.) Fr., Pluteus *1041.*
saligna (Fr.) Rea, Daedalea = *414.*
salignus (Pers.) Fr., Pleurotus *1141.*
— Fries, Polyporus *414,* Fig. 114.
Sambuci (Pers.) Fr., Corticium *196.*
— Schroet., Hypochnus = *196.*
— Pers., Thelephora = *196.*
sambucina Mart., Auricularia = *4.*
— Fr., Inocybe *184.*
Sammelbuch 3.
Samtfußkrempling *568.*
Samtfußrübling *1109.*
Sand-Erbsenstreuling *1421.*
Sandpilz *526,* Fig. 179.
Sanghin caussinat 371, Fußnote.
sanguifluus (Paul.) Fr., Lactarius *1292.*
sanguinalis Batsch, Lactarius = *1317,* = *1321.*
sanguinea (Wulf.) Fr., Dermocybe *848,* Fig. 417.
— (Fr.) Bres., Kneiffia = *74.*
— (Fr.) Brinkm., Peniophora *74.*
— Batsch, Russula = *1371.*
— (Bull.) Fr., Russula *1367,* Fig. 302.
— Cke., Russula = *1364..*
sanguineum Fr., Corticium = *74.*
sanguineus Krombh., Boletus = *528.*
sanguinolenta (Alb. et Schw.) Fr., Mycena *1044,* Fig. 489.
— Alb. et Schw., Poria *367.*
sanguinolentum (Alb. et Schw.) Fr., Stereum *241.*
saniosa Fr., Hydrocybe *874.*
Sapidae Quél. 381.
sapidum Corda, Pompholyx *1418.*
sapidus Harzer, Boletus = *541.*
— Kalchbr. et Schulz., Pleurotus = *1124.*
sapinea Fr., Flammula *938.*

Sachverzeichnis. 485

saponaceum Fr., Tricholoma *1193*. Fig. 551.
Saprophyten 41.
sarcita Fr., Leptonia *741*.
Sarcodon Quél. 96.
sardonia Bres., Russula = *1364*.
— Ricken, Russula = *1363*.
— Ricken ex p., Russula = *1366*.
— Romell, Russula *1363*.
satanas Lenz, Boletus *528*, Fig. 181.
Satanspilz *528*, Fig. 181.
Saughyphen 41.
Säulenstäubling 428.
Saumknollenblätterpilze 363.
Saumpilze 296.
scabella (Fr.) Schroet., Asterosporina = *766*.
— Fr., Inocybe *766*, Fig. 388.
scabellus A. et Schw., Agaricus = *1108*.
— (A. et Schw.) Quél., Marasmius = *1108*.
scaber Bull., Boletus *522*, Fig. 175.
scabiosum Fr., Entoloma *721*.
scabra (Fl. dan.) Fr., Inocybe *785*, Fig. 397.
scabrosa Fr., Leptonia *742*.
scabrosum Fr., Hydnum = *155*.
— (Fr.) Quél., Sarcodon *155*.
scalaris Fr., Crepidotus *881*.
— Pers., Polyporus = *492*.
scalpturatum Fr., Tricholoma *1176*.
scarlatinus Bull., Agaricus = *601*.
scaurum, Fr., Phlegmatium *809*.
scaurus Fr., Cortinarius = *809*.
Schaefferi Weinm., Agaricus = *619*.
— Sacc., Clavaria = *319*.
— Vitt., Geaster = *1446*.
Schafegerling *1028*.
Schafeuter *465*, Fig. 143.
Schälpilz *554*, *557*.
Scheidenknollenblätterpilze 363.
Scheidenpilz 362.
Scheidenröhrling 195, *559*.

Scheidling 352.
Schieberling *1316*.
Schiedermayri Heufl., Dryodon *130*.
— Heuffler, Hydnum *130*.
Schipperling *445*.
Schirmling 354.
Schizophyllaceae 208.
Schizophyllum Fr. 209.
Schlauchpilze 18.
Schleimfuß 252.
Schleimkopf 253.
Schleimtrüffel 412, Fig. 604.
Schmerling *554*, Fig. 197.
Schmetterlingspilz *974*.
Schmetterlingsporling *475*, Fig. 149.
Schmidelii Vitt., Geaster *1452a*, Fig. 598.
Schmierling 200.
Schnallenbildungen 26, 45.
Schneckling 201.
Schneereizker *1171*, Fig. 536.
Schnitzling 276.
Schroeteri Karsten, Coprinus *1399*.
Schuppenröhrling 184.
Schüppling 282.
Schusterpilz, Glattstieliger *550*.
— Netzstieliger *530*.
— Schuppenstieliger *531*.
Schütterzahn 99.
Schwammsteine *453a*.
Schwanztrüffel 432.
Schwarzknolle 412.
Schwarzkopfmilchling *1298*.
Schwarzzahn 95.
Schwefelköpfe 296.
Schwefelmilchling *1309*.
Schwefelporling *444*, Fig. 132.
Schwefelritterling *1199*.
Schweinizii (Fr.) Pat., Phaeolus = *453*.
— Fr., Polyporus *463*.
Schweinsohr 141.
Schwindling 215.
Sclerangium Lév. 414.

Scleroderma Pers. 411.
Sclerodermataceae 411.
Sclerodermatales 409.
sclerotioides (Pers.) Fr., Typhula 297.
scorodonius Fr., Marasmius = 633.
scrobiculatus Scop., Lactarius 1310, Fig. 271.
scutellatum A. et S., Sclerotium = 294.
scyphoides Fr., Omphalia 705, Fig. 483.
Scyphopilus 81.
sebacea (Pers.) Fr., Thelephora 11.
Sebacina Tul. 59.
Secotiaceae 428.
Secotium Kunze 428.
Seifenritterling 1193.
Seitling 328.
sejunctum (Sow.) Fr., Tricholoma 1169, Fig. 537.
semicremea Fr., Russula = 1389.
semigilvus Secr., Agaricus = 582.
semiglobata (Batsch) Karst., Anellaria 975, Fig. 354.
— (Batsch) Ricken, Stropharia = 975.
semilanceata (Fr.) Rick., Psilocybe = 970.
semilanceatus Fr., Panaeolus 970, Fig. 351.
seminuda (Lasch) Quél., Lepiota 1265.
semiorbicularis Bull., Derminus = 924.
— (Bull.) Fr., Naucoria 924, Abb. 27 S. 270, Fig. 385.
semitale (Fr.) Ricken, Tricholoma = 1112.
semitalis Fr., Collybia 1112, Fig. 520.
Semmelpilz 446, Fig. 134.
semota Fr., Psalliota 1020.
senescens Batsch, Hebeloma = 787a.
separata (L.) Karst., Anellaria 976, Abb. 28 S. 287, Fig. 355.
separatus Ricken, Panaeolus = 976.
sepiaria (Wulf.) Fr., Lenzites 505, Fig. 165.
sepium Berk., Trametes = 509.
septicus Fr., Pleurotus = 1152.
seriale Fr., Corticium = 65.
serialis (Fr.) v. H. et L., Peniophora 65.
— Fries, Tametes 492, Fig. 159.
Sericella Ricken 342.
sericella (Fr.) Quél., Leptonia 731, Fig. 465.
sericellum Fr., Entoloma = 731.
sericeum (Bull.) Fr., Entoloma 725.
sericeus Pers., Boletus 542.
serifluus (D. C.) Fr., Lactarius 1310.
serotina Quél., Russula = 1362.
serotinum Bon., Lycoperdon 1435.
serotinus (Schrad.) Fr., Pleurotus 1143.
serpens (Tode) Fr., Merulius 354.
serpens Fr., Trametes 488, Fig. 156.
— Pers., Xylomycon = 354, 357.
serrulata (Pers.) Fr., Leptonia 935.
serum Fr., Corticium = 198.
— (Pers.) Quél., Corticium = 196.
sessilis (Bull.) Fr., Crepidotus 884.
setigera Fr., Kneiffia = 69.
— (Fr.) v. H. et L., Peniophora 69.
— (Paul.) Fr., Psalliota 1015.
setigerum (Fr.) Karst., Corticium = 69.
setipes Fr., Omphalia 702, Fig. 481.
setosa (Pers.) Bourd. et Galz., Acia = 130.
setosum (Pers.) Bres., Hydnum = 130.
Setulae 46.
Sieberdstern 423, 1444.

Sachverzeichnis. 487

silvatica (Schaeff.) Fr., Psalliota *1013*, Fig. 375.
silvaticum Wettst., Lycoperdon = *1439*.
silvester Falck, Merulius *350*.
silvicola (Vitt.) Fr., Psalliota *1029*.
simillima Karsten, Mycena = *1067*.
— Herpell, Russula = *1375*.
Simocybe Karst. 278.
sinapizans (Paul.) Fr., Hebeloma *794*.
sinopica Fr., Clitocybe *673*.
sinuans Pers., Thelephora = *240*.
sinuosa Fr., Poria *375*.
— (Fr.) Quél., Trametes = *375*.
sinuosum Fr., Hebeloma *787a*.
Siphonomycetes 17.
Sistotrema Pers. 99.
— Rostk., Boletus = *562*.
— Fr., Gyrodon *560*, Fig. 177.
sistotremoides (Alb. et Schw.) Fr., Polyporus = *463*.
Sklerotien 28, 29, 45.
Sklerotienrübling *1107*.
slavonicus Sacc. et Cub., Boletus = *550*.
Sobolewski Weinm., Hydnum = *146*.
Solani Burt., Corticium = *189*.
— Prill. et Del., Corticium = *189*.
— Prill. et Del., Hypochnus = *189*.
— Cohn et Schroet., Pilacrella *8*.
— Kühn, Rhizoctonia = *189*.
Solenia Hoffm. 126.
solitaria (Bull.) Fr., Amanita *1284*.
sordarius Fr., Boletus = *530*.
sordida Peck, Russula = *1390*.
sordidum Karst., Corticium = 65.
— Weinm., Hydnum = *126*.
— (Schum.) Fr., Tricholoma *1212*.
sororia Fr., Russula = *1350*.

spadicea (Pers.) Bres., Lloydella *246*.
— (Fr.) Quél., Psathyra = *984*.
— (Schaeff.) Fr., Psilocybe *984*, Abb. 28 S. 287, Fig. 357.
— Pers., Thelephora = *246*.
spadiceogrisea (Schaeff.) Fr., Psathyra *990*, Fig. 358.
— (Schaeff.) Fr., Psilocybe = *990*.
spadiceum (Batsch) Fr., Phlegmatium *828*.
— Bull., Scleroderma = *1415*.
— Fr., Stereum = *235*.
— Pers., Stereum = *246*.
spadiceus Schaeff., Boletus *545*, Fig. 192.
— Fr., Cortinarius = *828*.
— (Scop.) Fr., Hygrophorus *591*, Fig. 245.
Spaltblättlinge 208, 209.
Spangenabeling *703*.
Sparassis Fries 140.
Spargelchampignon = *1398*.
sparsus, Aleurodiscus, Abb. 7 S. 35.
spartea Fr., Galera *891*, Fig. 379.
spathulatum Pers., Sistotrema = *159*.
spatulatum Schrad., Hydnum = *159*.
spatulatus, Fr., Irpex (Xylodon) *159*.
Spechttintling *1414a*.
Species 47.
speciosa R. Schulz, Amanita = *1282*.
— Fr., Volvaria *1234*, Fig. 474.
spectabilis Fr., Pholiota *956*, Fig. 455.
Speisetäubling *1382*.
Speiteufel *1379*.
Sphaerobolaceae 415.
Sphaerobolus Tode 415.
sphagnophila Kauffm., Russula *1351*.
spicula (Lasch) Fr., Galera *890*.

spiculosa Tul., Exidia = *29*.
Spindelträger 114.
spinipes (Sw.) Sacc., Mycena *1086*.
spintrigera Fr., Stropharia = *1000*.
spinulosa (Berk. et Curt.) Burt., Eichleriella *13*.
spinulosum Berk. et Curt., Radulum *13*.
spissa Fr., Amanita *1287*, Abb. 34 S. 366, Fig. 571.
splachnoides (Hornem.) Rea, Androsaceus = *634*.
— (Horn.) Fr., Marasmius *634*, Fig. 331.
Splachnomyces Cda. 431.
spoliatum Fr., Hebeloma *797*.
spongia Fr., Polyporus = *463*.
Spongiosa Ricken 344.
— (Alb. et Schw.) v. H. et L., Tomentella *185*.
spongiosum A. et Schw., Corticium = *185*.
Spongipellis Pat. 163.
Sporangiolen 37.
Sporenmenge 37.
Sporenpapier 13.
Sporotrichum 111.
spumeus (Sow.) Fr., *423*.
— (Sow.) Pat., Spongipellis = 423.
spumosa Fr., Flammula *930*.
squalidus (Lasch) Fr., Hygrophorus *592*.
— Fr., Merulius = *350*.
squamosa (Pers.) Fr., Stropharia *1008*, Fig. 367.
squamosum Gmel., Lycoperdon = *1425a*.
— Cooke, Tricholoma = *1193* var.
— (Gmel.) Pers., Tulostoma *1425a*.
squamosus (Schaeff.) Quél., Lentinus = *628*, Abb. 10 S. 43.
— (Huds.) Pat., Melanopus = *453*.

squamosus (Huds.) Fr., Polyporus *453*, Fig. 137.
squamula Batsch, Agaricus = *637*.
squamulosa (Pers.) Fr., Clitocybe *668*.
squarrosa (Fl. dan.) Fr., Pholiota *955*.
squarrulosum Bres., Tricholoma = *1179*.
Stachelpilze 89.
Stachelspitzchen 89.
stagnina (Fr.) Quél., Galera = *904*.
— (Fr.) Gill., Tubaria *904*.
stagninus Fr., Agaricus = *904*.
stannea Fr., Mycena *1054*.
stans Fr., Agaricus, Tricholoma = *1167*.
Stäublinge 418, 419.
Staubträger 120.
Steinpilz *532*, Fig. 184.
Steinreizker 371.
Steinschwamm *142*.
stellata Sow., Fibrillaria = *285*.
— Fr., Omphalia *704*.
stellatus (Scop.) Morg., Astraeus *1423*, Abb. 35 S. 414, Fig. 594.
— Desm., Carpobolus = *1424*.
— Scop., Geaster = *1423*.
— (Tode) Pers., Sphaerobolus = *1424*.
stenodon (Pers.) Bourd. et Galz., Acia = *122*.
stenospora Karst., Kneiffia = *127*.
Stephensii Berk., Marasmius = *649*.
Steppenläufer 36.
stercoraria Fr., Stropharia *1011*, Fig. 369.
stercorarius (Bull.) Fr., Coprinus *1412*, Abb. 4, 5c S. 28, Fig. 228.
Stereoideae Ulbr. 115.
stereoides (Fr.) Quél., Coriolus = *474*.
— Fr., Polystictus *474*, Fig. 148.
— (Fr.) Bres., Trametes = *474*.

Sachverzeichnis. 489

Stereophytum Karst. 129.
Stereum Fr. 115.
Sternfilzlager 129.
sterquilinus Fr., Coprinus *1397*, Fig. 218.
Sterrebekia Lk. 414.
Stichobasidien 32.
Stichoclavaria Ulbrich 83.
Stichoclavariaceae 82.
Stichoramaria Ulbrich 83.
Stielbovist 415.
Stielgitterling 434.
Stilbum (Tode) Juel 57.
stillatus (Nees) Fr., Dacryomyces *44*.
Stinkchampignon *1018*, *1023*.
Stinkkoralle *83*.
Stinkmorchel 435, *1479*, Fig. 580.
Stinkschwindling *645*.
Stinktäubling *1359*.
stipitaria Gill., Collybia = *1108*.
stipitarius Fr., Agaricus = *1108*.
— (Fr.) Pat., Crinipellis = *1108*.
stipitata Fuckel, Solenia *273*.
stipticus (Bull.) Fr., Panus *616*, Fig. 321.
— Quél., Leptoporus = *412*.
— (Pers.) Fr., Polyporus *412*, Fig. 113.
stipularis Fr., Mycena *1077*.
Stockschwämmchen *942*, Fig.449.
stolonifera Jungh., Collybia = *1110*.
stoloniferum (Tul.) Hesse, Hysterangium *1469*.
Stoppelpilz *142*.
stramineum Bres., Gloeocystidium *226*.
Strangbildungen 28.
strangulata (Fr.) Roze, Amanitopsis *1270*, Fig. 569.
Straußmykorrhiza 40.
striato-pellucidus Pers., Pleurotus = *1156*.
striatulus (Fr.) Quél., Calathinus = *1156*.
— Fr., Pleurotus *1156*.

striatum (Schaeff.) Quél., Tricholoma = *1164*.
striatus Schaeff., Agaricus=*1164*.
— (Huds.) Pers., Hoffm., Cyathus *1432*, Fig. 601.
— D. C., Geaster = *1451*, = *1452 a*.
— Fr., Geaster = *1449*, = *1450*.
— Kalchbr., Geaster = *1452 a*.
stricta Pers., Clavaria = *324*.
— (Pers.) Quél., Ramaria *324*, Fig. 66.
strobilaceus (Scop.) Fr., Boletus = 515.
— (Scop.) Berk., Strobilomyces *515*, Fig. 200.
strobiliformis Vitt., Amanita *1285*.
strobilina (Pers.) Fr., Mycena = *1069*.
Strobilomyces Berk. 184.
Stropharia 299.
Strubbelkopf *515*.
strumosa Fr., Collybia *1114*.
Stummelfüßchen 240.
stylobates (Pers.) Fr., Mycena *1076*, Fig. 507.
suaveolens (Scop.) Quél., Calodon = *148*.
— (Schum.) Fr., Clitocybe *656*, Fig. 524.
— Scop., Hydnum = *148*.
— (Scop.) Schroet., Phaeodon *148*, Fig. 86.
— Fr., Stereum = *239*.
— (L.) Fr., Trametes *494*.
suavis Lasch, Leptonia = *732*.
subalutacea (Batsch) Fr., Clitocybe *684*.
— Burl., Russula = *1345*.
subannulatum Batsch, Tricholoma = *1164*.
subatrata (Batsch) Fr., Psathyrella *965*, Fig. 346.
subcava (Schum.) Fr., Armillaria *1228*.
— (Schum.) Ricken, Clitocybe = *1228*.

subcompacta Britz., Russula *1356*.
subcoronatum v. H. et L., Corticium *190*.
subcorticalis D. C., Rhizomorpha *1225*.
subdepluens Fitzp., Claudopus = *754*.
subdulcis (Bull.) Fr., Lactarius *1299*, Fig. 265.
subferruginea (Batsch) Fr., Hydrocybe *877*, Fig. 404.
subfoetens Smith, Russula *1375*.
subfusca (Karst.) v. H. et L., Tomentella *184*.
subfuscus Karst., Hypochnus = *184*.
subgelatinosa B. et Br., Kneiffia *348*.
subinvoluta Batsch, Clitocybe ex p. = *671*.
sublamellosum Bull., Sistotrema = *166*.
sublanatum (Sow.) Fr., Inoloma *836*.
sublanatus Sow., Agaricus = *836*.
— Fr., Cortinarius = *836*.
sublateritium Fr., Hypholoma *1001*, Fig. 364.
submutabile v. H. et L., Corticium *192*.
submutabilis (v. H. et. L) Rea, Hypochnus = *192*.
subpurpurascens Fr., Phlegmatium = *818*.
subsimile (Pers.) Fr., Phlegmatium *803*.
subsordida Peck, Russula = *1390*.
subsquamosum Batsch, Hydnum = *154*.
subsquamosus (L.) Fr., Polyporus *469*, Fig. 146.
— (Batsch) Quél., Sarcodon *154*, Fig. 88.
subsulfurea (Karst.) v. H. et L., Peniophora *73*.
subtestaceus (Bres.) Bourd. et Galz., Phaeolus = *435*.
— Bres., Polyporus *435*.
subtile Fr., Hydnum *121*.
subtilis Pers., Clavaria = *316*.
— (Pers.) Quél., Ramaria *316*.
subtomentosus (L.) Fr., Boletus *546*, Fig. 193.
subtortum (Pers.) Fr., Phlegmatium *821*.
subtortus Pers., Agaricus = *821*.
subulata Fr., Pterula *291*.
subumbonatus Lindgr., Lactarius = *1299*.
subusta Burl. β, Russula = *1387*.
subversus Schum., Pleurotus = *1153*.
sudetica R. Schulz, Amanita = *1282*.
suecica Fr., Clavaria = *329*.
— (Fr.) Holmsk., Ramaria *329*.
suffrutescens (Brot.) Fr., Lentinus *624*, Fig. 324.
suffucata (Peck) Mass., Coniophora = 256.
Suillus Karst. 184.
sulfurea (Pers.) Quél., Coniophora = *173*.
— (Pers.) Karst., Tomentella *173*.
sulfureum (Bull.) Fr., Tricholoma *1199*.
sulfureus Quél., Leptoporus = *444*.
— (Bull.) Fr., Polyporus = *444*.
sulphurea (Weinm.) Fr., Armillaria = *1225* var.
sulphureum Fr., Corticium = *212*.
— (Pers.) Bres., Corticium = *173*.
sulphureus Fr., Boletus *521*, Abb. 22 S. 185.
— (Bull.) Fr. = *444*, Fig. 132.
sulphurinum Quél., Tricholoma = 1193 var.
Sumpftäubling *1352*.
superba Jungh., Psathyra = *964*.
Suppenpilz *652*.

Süßling *1297.*
Symbiophile 41.
Syncoryne 135.
Synonyme 48.

tabacina Pers., Auricularia = *235.*
— Sow., Auricularia = *252.*
— (Sow.) Lév., Hymenochaete *252*, Abb. 18 S. 106,
— (D. C.) Fr., Naucoria *926.*
tabacinum (Sow.) Fr., Stereum = *252.*
tabacinus Bres., Hypochnus = *176.*
tabescens (Scop.) Fr., Clitocybe = *1225* var.
tabidus Fr., Lactarius = *1295.*
tabularis (Bull.) Fr., Cortinarius = *843.*
— (Bull.) Fr., Dermocybe *843.*
Tachaphantium Tiliae Bref. = 2.
talus Fr., Cortinarius = *815.*
Tammii Fr., Flammula = *569.*
Täubling 380.
—, spangrüner *1355.*
Taubenritterling *1174.*
Täublingsritterling *1189.*
Taylori Berk., Volvaria *1233.*
Teilschleier 47.
Telamonia Fries 263.
telephorea, Tulasnella, Abb. 13 S. 67.
Tellerling *689.*
tenacella Fr., Collybia = *1110.*
— (Pers.) Fr. Collybia *1101.*
tenella (Batsch) Sacc., Mycena = *1047.*
tener Berk., Hymenogaster *1458.*
tenera (Schaeff.) Fr. Galera *892.* Abb. 27 S. 270, Fig. 380.
tenue (Pat.) v. H. et L., Gloeocystidium *222.*
tenuis (Pat.) Bres., Kneiffia = *222.*
tenuissima (Weinm.) Fr., Galera *902.*

tephroleucum Pers., Limacium *587*, Fig. 243.
tephroleucus Fr., Hygrophorus = *587.*
tephrotrichus Fr., Pleurotus = *1130.*
terginus Fr., Marasmius *649.*
terrestre Kniep, Corticium *199a.* Abb. 6 S. 32.
terrestris Kniep, Hypochnus = *199a.*
— Massee Peniophora = *72.*
— (Ehrh.) Big. et Guill., Phylacteria = *85.*
— (D. C.) Fr., Poria *368.*
— Ehrh., Thelephora *85*, Fig. 34.
— var. intybacea Theleph. Fig. 33.
terreum (Schaeff.) Fr., Tricholoma *1181*, Fig. 545.
terrigenum Bres., Corticium 109, Fußn.
tesselatus Gill., Boletus = *537.*
testaceum Fr., Phlegmatium *810.*
testaceus Pers. Agaricus = *1296.*
— Cke., Cortinarius = *810.*
— (Fr.) Bourd. et Galz., Leptoporus = *427.*
— Fr., Polyporus *427.*
Teuerling 417.
Teufelsei *1479.*
teutoburgense Brinkm., Corticium *201.*
thejogalus (Bull.) Quél., Lactarius = *1309.*
Thelephora Fr. 80.
Thelephoraceae 79.
thiogalus (Bull.) Quél., Lactarius *1309*, Fig. 270.
thrausta Kalchbr., Stropharia = *1008.*
Tiegelteuerling 417, Fig. 600.
Tigerritterling *1180.*
tigrinum (Schaeff.) Fr., Tricholoma *1180.*
tigrinus (Bull.) Fr., Lentinus *627*, Fig. 325.
tiliaceus Pilat, Irpex *163.*

Tiliae (Lasch) v. Höhn., Achroomyces 2.
— Lasch Stictis, Tachaphantium = 2.
Tintenchampignon *1017*.
Tintenpilz, grauer *1396*.
tintinnabulum Fr., Mycena *1062*.
titubans (Bull.) Fr., Bolbitius *1392*, Fig. *215*.
Todei Fr., Typhula *292*.
Tomentella Pers. 101.
tomentella Bres., Peniophora = *63*.
Tomentellina v. H. et Litsch. 105.
tomentelloides v. H. et L., Corticium = *214*.
tomentosum Schrad. Hydnum = *147*.
tomentosus (Fr.) Quél., Pelloporus = *484*.
— (Schrad.) Schroet., Phaeodon *147*.
— (Fr.) Lloyd, Polystictus *484*, Fig. 154.
— (Fr.) Pat., Xanthochrous *484*.
tophaceum Fr., Inoloma *839*. Fig. 426.
torminosus Mont., Hypomyces unter *1322*.
— (Schaeff.) Fr., Lactarius *1322*, Fig. 279.
tornata Fr., Clitocybe *681*.
torulosus Fr., Agaricus = *617*.
torquatus Fr., Marasmius *629*.
torva Fr., Telamonia *860*, Fig. 413.
Totentrompete 99.
trabea (Pers.) Fr., Lenzites *504*.
— (Pers.) Bres., Trametes = *504*.
trabeus (Rostk.) Bourd. et Galz., Leptoporus = *429*.
— Rostk., Polyporus *429*, Fig. 122.
traganum Fr., Inoloma *838*, Fig. 425.
Trama 46.
Tramete 178.

Trametes Fr. 178.
Tränenmütze 71.
Tränenpilz 69.
Traubige Mykorrhiza 40.
Träuschling 299.
Tremella (Dill.) Fr. 60.
Tremella-Basidie 33.
Tremellaceae 58.
Tremellales 58.
Tremellodon Pers. 65.
tremelloides Wakef. et Pears. Tulasnella *40*.
tremellosus (Schrad.) Fr., Merulius *358*, Fig. 94.
— Pers., Xylomycon = *358*.
tremulus (Schaeff.) Fr., Pleurotus *1147*, Fig. 479.
Trichaster Czern. 427.
Tricholoma Fr. 334.
— (Alb. et Schw.) Fr., Inocybe *765*, Fig. 387.
— (A. et Schw.) Ricken, Paxillus = *765*.
Tricholomoideae Ulbr. 308, 327.
Trichterling 221.
tricolor (Bull.) Fr., Lenzites *507*.
— (Alb. et Schw.) Fr., Omphalia *708*, Fig. 485.
trigonosperma (Bres.) v. H. et L., Tomentella *169*.
trigonospermum Bres., Corticium = *169*.
triplex Jungh., Geaster *1454*, Abb. *36* S. 422.
triqueter (Alb. et Schw.) Fr., Polystictus *482*, Fig. 153.
triscopa (Fr.) Quél., Galera *897*.
— Fr., Naucoria = *897*.
tristis Pers., Agaricus = *594*.
— Karst, Hypochnus = *186*.
— (Karst.) v. H. et L., Tomentella *186*.
trivialis Fr., Lactarius *1327*. Fig. 284.
Trockenschwamm 212.
Trogia Fr. 86, *146*.
Trompetenpfifferling *115*.

Sachverzeichnis. 493

Trompetenpilz 84.
Trompetenschnitzling 274.
Trüffel, falsche 1415.
truncata Quél., Clavaria = 307.
— Fr., Exidia 29, Fig. 7.
truncorum (Schaeff.) Fr., Coprinus 1407.
Tubaria W. G. Sm. 274.
tubarius Quél., Polyporus = 454.
tuberaster (Jacq.) Fr., Polyporus 453a.
tubercularia Berk., Tremella 21.
tuberculosa (Schaeff.) Fr., Pholiota 959.
tuberosa (Bull.) Fr., Collybia 1106, Abb. 4, 5 b S. 28, Fig. 516.
tuberosum Fr., Polysaccum = 1421. '
tuberosus Quél., Dictyopus = 528.
tubiformis Fr., Cantharellus 116, Fig. 212.
Tulasnei (Pat.) Juel, Tulasnella 36.
Tulasnella Schroet. 66.
Tulasnellaceae 65.
Tulasnellales 65.
tulasnelloides v. H. et L., Corticium 208.
tulipiferae Fr., Irpex = 158.
— Schw., Poria = 158.
Tulostoma Pers. 415.
Tulostomataceae 415.
tumidum (Pers.) Fr., Tricholoma 1194.
tunicatus Vitt., Geaster = 1447.
turbidum Fr., Entoloma 726.
turbinatum (Bull.), Phlegmatium, Fries 812, Fig. 434.
turgidum Fr., Polysaccum = 1422.
turpis (Weinm.) Fr., Lactarius 1314, Fig. 274.
turritum Fr., Tricholoma 1215.
Tylopilus Karst. 184.
Tylostoma = Tulostoma 415.

Typhula Fr. 132.
Tyrodon 90.
uda (Pers.) Quél., Flammuloides = 982.
uda v. Hoehn., Protodontia 10.
— (Pers.) Fr., Psilocybe 982.
ulicis Plowr., Ditiola 48, Abb. 14 S. 71.
ulmaria (Sow.) Pat., Ungulina = 390.
ulmarium Bull., Tricholoma = 1136.
ulmarius (Sow.) Lloyd, Fomes 390.
— (Bull.) Fr., Pleurotus 1136, Fig. 549.
Ulmenseitling 1136.
Ulocolla Bref. 64.
umbellatus Pers., Polyporus 448, Abb. 4,2 S. 28, Fig. 135.
umbellifera (L.) Fr., Omphalia 707, Abb. 25 S. 227, Fig. 484.
umbilicata (Schaeff.) Fr., Omphalia 711, Fig. 487.
umbilicatus Fr., Geaster 1149, Fig. 597.
— Quél., Geaster = 1445.
umbonatus Gmel., Cantharellus = 336.
— (Gmel.) Pat., Dictyolus 336, Fig. 209.
umbrina (Fr.) R. Schulz, Amanita = 1282.
— A. et S., Coniophora = 260.
— (A. et S.) Bres., Coniophorella 260.
umbrinum (A. et S.) Fr., Corticium = 260.
— Pers., Lycoperdon 1439.
umbrinus Weinm., Irpex = 506.
— (Pers.) Fr., Lactarius 1304, Fig. 268.
— Pers., Polyporus = 392.
umbrosus (Pers.) Fr., Pluteus 1039, Fig. 471.
undata (Fr.) Quél., Eccilia = 761.

undata (Pers.) Bres., Poria = *470*.
undatus (Pers.) Fr., Polystictus *470*.
undulata (Pers.) Fr., Thelephora *93*.
ungulatus (Schaeff.) Bres., Fomes = *389*.
unicolor (Bull.) Pat., Coriolus *499*.
— (Bulb.) Fr., Daedalea *499*, Fig. 162.
— (Fl. dan.) Fr., Pholiota *944*.
urania Fr., Mycena *1057*.
urens Bull., Marasmius = *653*.
— Romell, Russula *1357*.
Urpilze 17.
ursinus Fr., Lentinus *622*.
ustale Fr., Tricholoma *1168*.
uteriforme Bull., Lycoperdon *1433*, Fig. 587.
uteriformis (Bull.) Quél., Utraria = *1433*.
utilis Weinm., Lactarius = *1329*.
Utraria Quél. 419.
uvidum Fr., Corticium *3*.
uvidus Fr., Lactarius *1303*, Fig. 267.

vaccinii (Fuck.) Woron., Exobasidium *57*, Abb. 15 S. 74, Fig. 18.
vaccinum (Pers.) Fr., Tricholoma *1184*, Fig. 555.
vaccinus (Pers.) Karst., Cortinellus = *1184*.
vaga Fr., Phlebia = *173*.
vaginata (Bull.) Roze, Amanitopsis *1268*, Fig. 569.
vagum Berk. et Curt., Corticium = *189*.
Vaillantii (Pers.) Fr., Marasmius *636*.
— (D. C.) Fr., Poria *381*.
valga Fr., Dermocybe *847*.
valida Fr., Amanita *1288*.
vaporaria (Pers.) Fr., Poria *380*, Fig. 102.
— Krombh., Psalliota = *1024γ*.

variabilis Cda., Chaetocypha = *281*.
— Pers., Crepidotus = *884*.
— Rieß, Typhula *299*, Fig. 49.
varicosus Fries, Marasmius = *648*.
variegata Fr., Lenzites *511*. Fig. 168.
variegatus Swartz, Boletus *526*, Fig. 179.
— (Vitt.) Tul., Melanogaster *1420*, Fig. 604.
variicolor Gramb., Boletus = *530*.
— (Pers.) Fries, Phlegmatium *826*.
varium (Schaeff.) Fr., Phlegmatium *827*.
varius (Fr.) Bourd. et Galz., Melanopus = *450*.
vastator Tode, Merulius = *350*.
vegetum (Fr.) Romell, Ganoderma *394*, Fig. 108.
vegetus Fr., Polyporus = *394*.
velatum Vitt., Lycoperdon = *1439*.
Velenovskyi Smotl., Boletus = *537*.
vellereus Fr., Lactarius *1316*, Fig. 275.
velum partiale und universale 38, 47.
velutina (D. C.) Bres., Kneiffia = *75*.
— (D. C.) Cooke, Peniophora *75*.
velutinum (D. C.) Fr., Corticium = *75*.
— (Pers.) Fr., Hypholoma *997*.
velutinus Fr., Polyporus = *417*.
— (Pers.) Fr., Polystictus *477*.
velutipes (Curt.) Fr., Collybia *1109*, Fig. 518.
venosum Quél., Stereum = *246*.
ventricosus Berk. et B., Hygrophorus = *577*.[1]
Verbänderungen 43.
Verdauungsschicht 41.
Vergiften für das Herbar 15.
vermicularis Scop., Clavaria *312*.

Sachverzeichnis. 495

verna (Bull.) Fr., Amanita = *1276β*.
— Ricken ex p., Amanita = *1272*, = *1276β*.
vernalis Gill., Amanita = *1279*.
vernicosa Bull., Nidularia = *1431*.
vernicosus D. C., Cyathus = *1431*.
verrucosa Blytt., Russula = *1374*.
verrucosum (Vaill.) Pers., Scleroderma *1417*.
versatilis Fr., Nolanea *749*.
versicolor W. G. Sm., Armillaria = *1225* var.
— (L.) Quél., Coriolus = *475*.
— Bres., Peniophora *80*.
— (L.) Fr., Polystictus *475*, Fig. 149.
— Berk., Tremella *20*.
— Pers., Xylomycon = *355*.
versipelle (Fr.) Ricken, Hebeloma = *774*.
— Fr., Hydnum *143*.
versipellis Quél., Boletus = *537*.
— Fries, Boletus = *524*.
— Fr., Inocybe *774*, Fig. 391.
versiporus Pers., Polyporus = *374*.
vervacti Fr., Naucoria *911*.
Verwachsungen 42.
Verwandtschaftskreise 48.
vesca Fr., Russula *1382*.
— Vent., Russula = *1381*.
— subsp. depallens (Rick.) Sing, Russula *1382β*.
veternosa Fr., Russula *1341*, Fig. 307.
— Lindb., Russula *1335*.
vibecina Fr., Clitocybe *661*.
vibratile Fr., Myxatium *801*.
vibratilis Fr., Cortinarius = *801*.
vietus Fr., Lactarius *1305*, Fig. 269.
vilis Fr., Eccilia *761*.
— Fr., Clitopilus = *761*.
villatica (Brond.) Magn., Psalliota *1018*.
villosa (Pers.) Karst., Cyphella *279*.
— Pers., Peziza *279*.

Villosae Ricken 338.
vinosus Bark, Lactarius = *1292*.
violacea (Awd.) Schroet., Hypochnella *233*.
— (A. et S.) Fr., Poria *360*.
— (Bref. et Ols.) Juel, Tulasnella *39*.
violaceocinereum (Pers.) Fr., Inoloma *833*.
violaceo-fulvus Batsch, Agaricus = *615*.
— (Batsch) Quél., Panus *615*.
violaceo-livida (Sommerf.) Bres., Peniophora *78*.
violaceo-lividum Sommerf., Corticium = *78*.
violaceum (L.) Fr., Inoloma *831*, Fig. 422.
violaceus (Pers.) Quél., Irpex = *157*.
violascens Alb. et Schw., Hydnum *140*.
— Otto, Lactarius *1294*, = *1307*.
— (A. et Schw.) Quél., Sarcodon = *140*.
violea (Quél.) Bourd. et Galz., Tulasnella *37*.
violeus Quél., Hypochnus = *37*.
viperina Fr., Volvaria *1231*.
virens (Alb. et Schw.) Fr., Rhizopogon = *1464*.
— (Fr.) Ricken, Rhizopogon *1466*.
— R. Schulz, Tricholoma = *1193* var.
virescens (Vaill.) Quél., Amanita = *1276*.
— (Schum.) Cda., Naematelia *24*.
— Gramberg, Ramaria = *325*.
— (Schaeff.) Fr., Russula *1369*, Fig. 289.
— (Schum.) Quél., Tremella *24*.
virgatum Fr., Tricholoma *1183*.
virgineus (Wulf.) Fr., Camarophyllus *605*.
viride Bres., Corticium *194*.
— Alb. et Schw., Hydnum = *146*.

viridiflava Barla, Armillaria = *1225* var.
viridimarginatus Schum., Agaricus = *1006*.
viridis Schrader, Agaricus = *1326*
— Pers., Amanita = *1276*.
— (Alb. et Schw.) Fr., Amaurodon *146*.
— (A. et Schw.) Pat., Caldesiella = *146*.
viridula (Schaeff.), Stropharia = *1006*.
viridulorosea Herpell, Russula = *1356*.
virosa Fr., Amanita *1272*, Fig. 575.
viscidus L., Boletus *525*, *556*, Fig. 176.
— (L.) Fr., Gomphidius *571*, Fig. 231.
viscosa (Pers.) Fr., Calocera *55*, Fig. 17.
Viscosae Ricken 354.
vitellina Pers., Clavaria = *322*.
— (Pers.) Fr., Russula *1333*.
vitellinipes Secr., Cortinarius = *824*.
vitellinus (Pers.) Fr., Bolbitius *1393*.
vitellum (Alb. et Schw.) Limacium = *588*.
vitrea Fr., Mycena *1053*.
— (Pers.) Fr., Poria *369*.
vittatus Kalchbr., Geaster = *1453*.
vittiformis Fr., Galera *898*, Fig. 378.
vitulinus Pers., Agaricus = *608*.
volemus Fr., Lactarius *1297*, Fig. 263.
Volva 38, 47.
volvacea (Bull.) Fr., Volvaria *1232*, Abb. 31 S. 353, Fig. 475.
Volvaria Fr. 352.
Volvarieae Ulbr. 352.
volvatus Pers., Boletus = *559*.
— (Pers.) Shear, Cryptoporus 195.

volvatus (Pers.) P. Henn., Volvoboletus *559*, Abb. 22 S. 185.
Volvoboletus P. Henn. 195.
Vuilleminia Maire 67.
Vuilleminiaceae 67.
vulgare Tul., Crucibulum *1430*, Fig. 600.
vulgaris Tul., Hymenogaster *1461*.
— (Pers.) Fr., Mycena *1048*, Fig. 492.
— Fr., Poria *377*, Fig. 100.
vulgare (Horn.) Fr., Scleroderma *1415*, Abb. 8 S. 38, Fig. 602.
— (Tode) Fries, Stilbum *7*, Abb. 11 S. 57.
vulgaris Pers., Thelephora = *282*.
vulpinus Fr., Polystictus *480*, Fig. 151.
— (Fr.) Bourd. et Galz., Xanthochrous = *480*.

Wabenschwamm 182, Fig. 169.
Wacholderschwamm *1291*, *1292*.
Wachskruste 59.
Wachspilz 182.
Wachsstieltrichterling *677*.
Waldchampignon, Brauner *1013*.
Waldegerling, Dünnfleischiger *1029*.
Waldfreund, Waldrübling *1105*.
Warzenpilz 80.
Wasserkopf 266.
Wattenbildungen 28.
Weichohr 86.
Weichzunge 87.
Weidenmistling *1407*.
Weidenschwamm *396*, *400*, *414*, *494*.
Weidenseitling *1141*.
Weinmannii Fries, Hydnum *125*.
—. Fr., Polyporus = *406*, *420*.
Wetterstern 414, *1423*.
Wiesenchampignon *1026*.
Winterhelmling *1080*.
Winterpilz *1109*, Fig. 518.
Winterrübling *1109*.

Sachverzeichnis. 497

Wirrschwamm 179.
Wollschwamm *1316*.
Wulstling 363.
Wurzeltrüffel 430, Fig. 586.

Xanthochrous 174, 176, 177.
xanthoderma Genev., Psalliota = *1023*.
xanthopoea Boud., Russula = *1334*.
xanthoporus var. sanguineo-maculatus Krombh., Boletus = *541*.
xerampelina Ricken, Russula = *1331*.
— (Schaeff.) Fr., Russula *1349*, Fig. 309.
Xerotus Fr. 212.
Xylodon 98.
Xylomycon 147.
Xylophagus Lk. 147.

Zähnchenpilz 143.
Zapfenrübling *1110*.
Zärtling 236.
zephirus Fr., Mycena *1088*.
Ziegelroter Risspilz *773*.
Ziegenbart 137.
Ziegenfuß *464*, Fig. 142.
Ziegenlippe *546*, Fig. 193.
Zigeuner *957*, Fig. 456.
Zimtpilz *851*.

Zimtröhrling *517*.
Zitronentäubling *1383*.
Zitterpilz 60.
Zitterzahn 65.
zonarius Bolt., Agaricus = *1308*.
— (Bull.) Fr., Lactarius *1328*, Fig. 285.
zonatum (Batsch) Fr., Hydnum = *150*.
zonatus (Batsch) Quél., Calodon = *150*.
— (Fr.) Quél., Coriolus = *478*.
— (Batsch) Schroet., Phaeodon *150*.
— Fr., Polyporus = *478*.
— (Nees) Bres., Polystictus *478*.
Zottenreizker *1322*.
Zuckerschwindling *638*.
Zunderschwamm *398*, Fig. 109.
Zungenpilz *359*.
Zwergbecher 127.
Zwergerdstern *1448a*.
Zwergformen 42.
Zwerghelmling *1082*.
Zwergröhre 126.
Zwiebelschwindling *654*.
Zwitterling 208.
zygodesmoides (Ell.) Burt., Hypochnus = *176*.
— (Ell.) v. H. et L., Tomentella *176*.
Zystiden 35, 46.

Verlag von Julius Springer / Berlin

Kryptogamenflora für Anfänger

Eine Einführung in das Studium der blütenlosen Gewächse für Studierende und Liebhaber

Begründet von

Prof. Dr. Gustav Lindau †

Fortgesetzt von Prof. Dr. R. Pilger

Zweiter Band, 1. Abteilung: **Die mikroskopischen Pilze** (Myxomyceten, Phycomyceten und Ascomyceten). Von Prof. Dr. Gustav Lindau. Zweite, durchgesehene Auflage. Mit 400 Figuren im Text. VIII, 22 und 222 Seiten. 1922. RM 6.30; gebunden RM 7.80
— 2. Abteilung: **Die mikroskopischen Pilze** (Ustilagineen, Uredineen, Fungi imperfecti). Von Prof. Dr. Gustav Lindau. Zweite, durchgesehene Auflage. Mit 520 Figuren im Text. VI, 312 Seiten. 1922. RM 7.—; gebunden RM 8.10
Dritter Band: **Die Flechten.** Von Prof. Dr. Gustav Lindau. Zweite, durchgearbeitete Auflage. Mit 305 Figuren im Text. VIII, 252 Seiten. 1923. RM 6.50; gebunden RM 7.50
Vierter Band, 1. Abteilung: **Die Algen.** Von Prof. Dr. Gustav Lindau. Zweite, umgearbeitete und vermehrte Auflage von Dr. **Hans Melchior,** Assistent am Botan. Museum in Berlin-Dahlem. Mit 489 Figuren auf 16 Tafeln und 2 Figuren im Text. VIII, 314 Seiten. 1926. Gebunden RM 20.40
— 2. Abteilung: **Die Algen.** Von Prof. Dr. Gustav Lindau. Mit 437 Figuren im Text. VI, 200 Seiten. 1914. Gebunden RM 6.70
— 3. Abteilung: **Die Meeresalgen.** Von Prof. Dr. Robert Pilger, Privatdozent der Botanik an der Universität Berlin, Kustos am Botanischen Museum zu Dahlem. Mit 183 Figuren im Text. XXIX, 125 Seiten. 1916. RM 3.60; gebunden RM 4.60
Fünfter Band: **Die Laubmoose.** Von Dr. **Wilhelm Lorch.** Zweite, verbesserte und vermehrte Auflage. Mit 273 Figuren im Text. VIII, 236 Seiten. 1923. RM 6.50; gebunden RM 7.50
Sechster Band: **Die Torf- und Lebermoose.** Von Prof. Dr. **Wilhelm Lorch.** Mit 296 Figuren im Text. **Die Farnpflanzen** (Pteridophyta). Von **G. Brause.** Neubearbeitet von H. **Andres.** Mit 75 Figuren im Text. Zweite, verbesserte und stark vermehrte Auflage. VIII, 358 Seiten. 1926. Gebunden RM 21.—

Grundzüge der chemischen Pflanzenuntersuchung.
Von Dr. L. **Rosenthaler,** a. o. Professor an der Universität Bern. Dritte, verbesserte und vermehrte Auflage. Mit 4 Abbildungen. IV, 160 Seiten. 1928. Gebunden RM 9.—

Beispiele zur mikroskopischen Untersuchung von Pflanzenkrankheiten.
Von Geh. Regierungsrat Dr. **Otto Appel,** Direktor der Biologischen Reichsanstalt für Land- und Forstwirtschaft, Honorar-Professor an der Landwirtschaftlichen Hochschule Berlin. Dritte, vermehrte und verbesserte Auflage. Mit 63 Textabbildungen. IV, 54 Seiten. 1922. RM 1.65

Verlag von Julius Springer / Berlin

Lehrbuch der Pflanzenphysiologie auf physikalisch-chemischer Grundlage. Von Dr. **W. Lepeschkin,** früher o. ö. Professor der Pflanzenphysiologie an der Universität Kasan, jetzt Professor in Prag. Mit 141 Abbildungen. VI, 297 Seiten. 1925. RM 15.—; gebunden RM 16.50

Lehrbuch der Pflanzenphysiologie. Von Dr. **S. Kostytschew,** ord. Mitglied der Russischen Akademie der Wissenschaften, Professor der Universität Leningrad.
Erster Band: **Chemische Physiologie.** Mit 44 Textabbildungen. VIII, 568 Seiten. 1925. RM 27.—; gebunden RM 28.50
Zweiter Band. In Vorbereitung.

Pflanzenatmung. Von Dr. **S. Kostytschew,** ord. Mitglied der Russischen Akademie der Wissenschaften, Professor der Universität Leningrad. Mit 10 Abbildungen. („Monographien aus dem Gesamtgebiet der Physiologie der Pflanzen und der Tiere", Band VIII.) VI, 152 Seiten. 1924. RM 6.60; gebunden RM 7.50

Elektrophysiologie der Pflanzen. Von Dr. **Kurt Stern,** Frankfurt a. M. („Monographien aus dem Gesamtgebiet der Physiologie der Pflanzen und der Tiere", Band IV.) Mit 32 Abbildungen. VII, 219 Seiten. 1924. RM 11.—; gebunden RM 12.—

Die Regulationen der Pflanzen. Ein System der ganzheitbezogenen Vorgänge bei den Pflanzen. Von Prof. Dr. **E. Ungerer,** Privatdozent an der Technischen Hochschule Karlsruhe. („Monographien aus dem Gesamtgebiet der Physiologie der Pflanzen und der Tiere", Band X.) Zweite, erweiterte Auflage. XXIV, 364 Seiten. 1926. RM 22.80; gebunden RM 24.—

Monographien aus dem Gesamtgebiet der wissenschaftlichen Botanik. Herausgegeben von Prof. Dr. **W. Benecke,** Münster i. W., Dr. **A. Seybold,** z. Zt. Utrecht, Prof. Dr. **H. Sierp,** Köln, Privatdozent Dr. **W. Troll,** München.
Bisher erschien Band I:
Organisation und Gestalt im Bereich der Blüte. Von Dr. **Wilhelm Troll,** Privatdozent an der Universität München. Mit 312 Abbildungen. XIII, 413 Seiten. 1928. RM 39.—

Die Pflanzenalkaloide. Von Dr. **Richard Wolffenstein,** a. o. Professor an der Technischen Hochschule zu Berlin. Dritte, verbesserte und vermehrte Auflage. VIII, 506 Seiten. 1922. Gebunden RM 18.—

Schlüssel zur mikroskopischen Bestimmung der Wiesengräser im blütenlosen Zustande für Kulturtechniker, Landwirte, Tierärzte und Studierende. Von Reg.-Rat Dr. **Hans Schindler,** Oberinspektor an der Bundesanstalt für Pflanzenbau und Samenprüfung in Wien. Mit Geleitwort von Prof. Dr. Otto Porsch, Vorstand der Lehrkanzel für Botanik an der Hochschule für Bodenkultur in Wien. Mit 16 Abbildungen. IV, 32 Seiten. 1925. RM 2.10
(Verlag von Julius Springer, Wien.)

MIX
Papier aus verantwortungsvollen Quellen
Paper from responsible sources
FSC® C105338

If you have any concerns about our products,
you can contact us on
ProductSafety@springernature.com

In case Publisher is established outside the EU,
the EU authorized representative is:
**Springer Nature Customer Service Center GmbH
Europaplatz 3, 69115 Heidelberg, Germany**

Printed by Libri Plureos GmbH
in Hamburg, Germany